New Concept Analog Circuits（Ⅰ）

新概念模拟电路（上）

晶体管、运放和负反馈

杨建国 著　臧海波 审

人民邮电出版社
北京

图书在版编目（CIP）数据

新概念模拟电路. 上，晶体管、运放和负反馈 / 杨建国著. -- 北京 : 人民邮电出版社, 2023.3
ISBN 978-7-115-60274-9

Ⅰ. ①新… Ⅱ. ①杨… Ⅲ. ①模拟电路 Ⅳ. ①TN710.4

中国版本图书馆CIP数据核字(2022)第195523号

内容提要

本系列图书共分 3 册：《新概念模拟电路（上）——晶体管、运放和负反馈》《新概念模拟电路（中）——频率特性和滤波器》《新概念模拟电路（下）——信号处理和源电路》。《新概念模拟电路》系列图书在读者具备电路基本知识的基础上，以模拟电路应用为目标，详细讲解了基本放大电路、滤波器、信号处理电路、信号源和电源电路等内容，包括基础理论分析、应用设计举例和大量的仿真实例。

本系列图书大致可分为 6 个部分：第 1 部分介绍晶体管放大的基本原理，并对典型晶体管电路进行细致分析；第 2 部分为晶体管提高内容；第 3 部分以运放和负反馈为主线，介绍大量以运放为核心的常用电路；第 4 部分为运放电路的频率特性和滤波器，包括无源滤波器和有源滤波器；第 5 部分为信号处理电路；第 6 部分为源电路，包括信号源和电源。本书涵盖第 1～3 部分内容，即晶体管、运放和负反馈部分。

本系列图书适合大学阶段、研究生阶段学习模拟电路的学生使用，也适合从事相关专业领域的工程师使用，并可作为模拟电路教师的参考书。参加电子竞赛的学生也能通过阅读本系列图书而有所收获，书中有大量实用电路，对实际设计非常有用。

◆ 著　　杨建国
责任编辑　冯　华
责任印制　马振武
◆ 人民邮电出版社出版发行　北京市丰台区成寿寺路 11 号
邮编　100164　电子邮件　315@ptpress.com.cn
网址　https://www.ptpress.com.cn
北京天宇星印刷厂印刷
◆ 开本：787×1092　1/16
印张：21　　2023 年 3 月第 1 版
字数：621 千字　　2025 年 1 月北京第 7 次印刷

定价：159.80 元

读者服务热线：(010)53913866　印装质量热线：(010)81055316
反盗版热线：(010)81055315
广告经营许可证：京东市监广登字 20170147 号

出版说明

这是一套什么样的书呢？我也在问自己。

先说名字。本书命名为《新概念模拟电路》，仅仅是为了起个名字，听起来好听些的名字，就像多年前我们学过的新概念英语一样。谈及本书有多少新概念，确实不多，但读者会有评价，它与传统教材或者专著还是不同的。

再说内容。原本是想写成模电教材的，将每一个主题写成一个小节。但写着写着，就变味了，变成了多达 148 个小节的、包罗万象的知识汇总。

但，本书绝不会如此不堪：欺世盗名的名字，包罗万象的大杂烩。本书具备的几个特点，让我有足够的信心将其呈现在读者面前。

内容讲究。本书的内容选择完全以模拟电子技术应涵盖的内容为准，且包容了大量最新的知识。不该涵盖的，绝不囊括。比如，模数和数模转换器，虽然其内容更多与模电相关，但历史将其归到了数电，我就没有在本书中过多提及。新的且成熟的内容，必须纳入。比如全差分运放、信号源中的 DDS、无源椭圆滤波器等，本书就花费大量篇幅介绍。

描写和推导细致。对于知识点的来龙去脉、理论基础，甚至细到如何解题，本书不吝篇幅，连推导的过程都不舍弃。如此之细，只为一个目的：读书就要读懂。看这本书，如果看不懂，只有一种可能，就是你没有好好看。

类比精妙。类比是双刃剑：一个绝妙的类比，强似万语千言；而一个蹩脚的类比，将毁灭读者的思维。书中极为慎重地给出了一些精妙的类比，不是抄的，全是我自己想出来的。这源自我对知识的爱——爱则想，想则豁然开朗。晶体管中的洗澡器、反馈中的发球规则、魔鬼实验、小蚂蚁实现的蓄积翻转方波发生器、水池子形成的开关电容滤波器等，不知已经让多少读者受益。

有些新颖。反馈中的 MF 法、滤波器中基于特征频率的全套分析方法、中途受限现象，都是我深思熟虑后提出的。这些观点或者方法，也许在历史文献中可以查到，也许是我独创的，我不想深究这个，唯一能够保证的是，它们都是我独立想出来的。

电路实用。书中除功放和 LC 型振荡器外，其余电路均是我仿真或者实物实验过的，是可行的电路。说得天花乱坠，一用就漏洞百出，这事我不干。

有了这几条，读者就应该明白，本书是给谁写的了。

第一，以此为业的工程师或者青年教师，请通读此书。一页一页读，一行一行推导，花上 3 年时间彻读此书，必有大收益。

第二，学习《模拟电路技术》的学生，可以选读书中相关章节。本书可以保证你读懂知识点，会演算习题，也许能够知其然，知其所以然。

第三，参加电子竞赛的学生，可以阅读运放和负反馈、信号处理电路部分。书中包含大量实用电路，对实施设计是有用的。

此书从开始写到现在，我能保证自己是认真的，但无法保证书中没有错误。

读者所有修改建议，可以发邮件到我的电子邮箱：yjg@xjtu.edu.cn。

书中出现的 LT 公司本是一家独立的、在模拟领域颇具特色的公司，其高质量电源、线性产品具有非常好的口碑，在我写书的过程中，在 2016 年 LT 被 ADI 公司收购，这是一项战略合并。书中涉及的 LT 产品，本应修改为 ADI 产品。但考虑到写书时间，ADI 公司同意本书不做修改。特此声明。

杨建国

前言

PREFACE

《新概念模拟电路》系列图书分为3册，由浅入深，从理论到实践，不断引导读者爱模电、懂模电、用模电。书中有大量的细致推导，是作者一步一步推导出来的；有大量的实用电路，是作者一个一个实验过的，这确保了本书内容扎实。

这套书经3年撰写，于2017年年底成稿，2018年由亚德诺半导体（ADI）公司在网上发布，得到了读者的广泛支持；受人民邮电出版社厚爱，再经部分增补、删减、修改，得以出版成书。

本系列图书第一册主题是“晶体管、运放和负反馈”。内容有4章，分别为模拟电子技术概述、晶体管基础、晶体管提高，以及负反馈和运算放大器基础。这部分内容与传统模电教材内容较为吻合，作者力图将这些基础理论讲透，以供初学者阅读，因此部分章节后会有一些思考题。

本系列图书第二册主题是“频率特性和滤波器”。内容包括运放电路的频率特性，与滤波器相关的基础知识，运放组成的低通、高通、带通、带阻、全通滤波器，以及有源/无源椭圆滤波器、开关电容滤波器等。这部分内容在注重理论的同时，兼顾了实用性，适合专注于滤波器的读者，也适合参加大学生电子竞赛的选手阅读。

本系列图书第三册主题是“信号处理和源电路”，这是内容最为庞杂且最为实用的一册，很多读者关心的电路方法在此册出现。其中，信号处理部分包括峰值检测和精密整流、功能放大器、比较器、高速放大电路、模拟数字转换器（ADC）驱动电路，以及最后的杂项（比如复合放大电路、电荷放大器、锁定放大等）；源电路部分则包括信号源和电源。这些内容中，直接数字频率合成器（DDS）是重点介绍内容。本册适合所有喜爱模拟电路的读者。

阅读这套书，有两种方法。第一种方法是备查式阅读。用到什么内容就查阅对应电路。由于本书有大量实用电路，且所有电路都经过仿真实验，不出意外拿来就能用，因此将本书作为工具书是可以的。第二种方法是品味式阅读，就把它当成小说一般阅读，一边读，一边分析，顺带做做实验。在过程中品味理论的魅力，学习中可能会稍遇困难，但很有趣，就像吃牛肉干一样，虽然难嚼，味道却很好。

无论用哪种方法，只要您阅读了此书，我相信您是不会后悔的。

杨建国

CONTENTS 目录

第四章 负反馈和运算放大器基础（205）

第一章 模拟电子技术概述

本章主要讲述模拟电子技术的基本情况及其在知识体系中的位置，希望通过本章内容能引起同学们对模拟电路的兴趣。模拟电子技术是电子工作者的看家本领，是电子相关专业学生在大学课堂中尤为关键的几门重点课之一。既然同学们不得不学好它，那么不妨试着爱它吧。爱它，就能学好它。

1 概述

1.1 晶体管对世界的影响

1904 年英国的弗莱明发明了真空管（Vacuum Tube），1906 年美国的德福雷斯特发明了真空三极管，将人类带入了电子世界。电，作为人类最伟大的发现之一，不仅能提供能源，而且开始在信息领域发挥巨大作用。电话、电报机、收音机、电视机等以“电”字起头命名，或者以“电”为核心的新玩意儿，出现在人们面前。

但是，在晶体管诞生之前，庞大、耗能巨大的真空管（也称电子管）就像一个个燃烧的火炉，在处理信息的同时耗费着巨大的能量，这直接限制了人类对它的应用。

1947 年 12 月，美国贝尔实验室的肖克利、巴丁和布拉顿成功研制出世界上首个晶体管（Transistor）。这看似普通的发明，却引发了一场时至今日尚未结束的技术革命。现代电子技术自此展开。但是，这场革命却像指数曲线一样，经历了漫长而缓慢的爬坡。1970 年，6 岁的我看着桌子上一个奇怪的、能够发出人说话的声音的盒子，心中充满了好奇。有一天我爬上桌子，想打开这奇怪的盒子，看看里面那一男一女到底有多大，能钻到里面不吃不喝，天天说话。也不知道我当时用了什么方法，最终打开了它。里面没有人，只有几个像灯泡一样的管子，“嗞嗞”地响着。这就是电子管。用它做成的收音机在 1970 年，也就是晶体管发明 23 年后，还摆放在我家的桌子上。

1969 年，美国法院认定集成电路是由仙童半导体公司（Fairchild Semiconductor）的诺伊斯和德州仪器公司的基尔比“共同发明”的，这使一场耗时 10 年的发明官司结束了。

诺伊斯曾是肖克利的下属，于 1956 年加入肖克利的研究所。但在 1957 年 10 月底，以诺伊斯为首的 8 个年轻人结伴从肖克利的研究所辞职，开创自己的事业，这就是电子史上著名的“八叛逆”（The Traitorous Eight）。这 8 个年轻人后来都成了半导体行业的顶尖人物，比如诺伊斯是现今大名鼎鼎的 Intel 公司的创始人之一；摩尔也是 Intel 公司的创始人之一，他还提出了著名的摩尔定律。这 8 个年轻人开创的仙童半导体公司后来成了半导体行业的顶尖公司，很多半导体公司的创始人出身于仙童半导体公司。

现在，一些年轻人进入大学后想着怎么能混到大学毕业，然后找一份“住得近、干得少、挣钱多”的工作，准备就这样度过一生。看看“八叛逆”，再看看自己，让人感慨生命是相似的，但生活却是完全不同的。

1958 年到 1960 年是德州仪器公司的基尔比和仙童半导体公司的诺伊斯埋头苦干的几年，他们共同发明了集成电路。

集成电路将更多的晶体管集成在一个微小的芯片内，以实现更加复杂的功能。非常典型的就是 1971 年全球第一个微处理器 Intel 4004 的诞生，它先用数十个晶体管实现了最简单的逻辑门电路，而后用若干个逻辑门组成了一个可以存储指令、读取指令、执行指令的功能模块。微处理器的诞生是电子工业的又一个重要里程碑。

1979 年，Intel 公司又推出了具有更多晶体管的微处理器 Intel 8088。随后，IBM 公司利用这个微处理器生产出世界上第一台大规模出售的个人计算机 IBM PC。此时，任何一个购买了 IBM PC 的人，都可以利用它编写程序，控制个人计算机执行一些功能。当然，那时候的计算机只能完成一些简单的操作。

1983 年，正在念大学的我见到并且使用了我人生中的第一台计算机，它的型号是 Apple II。我用当时流行的 BASIC 语言编写了一段程序，成功打印了一张徐悲鸿的《奔马图》。那时候，CASIO 的计算器开始盛行，取代了计算尺和数学用表。在此之前，学生的书包里总是放着一本数学用表（一本几十页的小册子）。

随后，在硬件上，个人计算机开始沿着 Intel 公司的命名（如 80286、80386 等）发展，IBM 公司开放了个人计算机架构，使“攒机”盛行。那时候，计算机已经可以为我们做很多事情了。比如我绘制电路板、编写文稿，都使用计算机来完成。

在软件上，比尔 · 盖茨于 1981 年改进了操作系统 MS-DOS（微软磁盘操作系统），并将其出售给 IBM，在 IBM PC 获得成功的同时，我们也熟知了“微软”这个名字。随后，Windows 操作系统开始出现，最先是 Windows 3.1，后来是 Windows 95/98/2000/XP 等。

20 世纪 90 年代后期，基于个人计算机的网络开始进入人们的生活。

在通信领域，以晶体管为核心的手机也在悄悄改变着人们的生活。1973 年 4 月 3 日，美国摩托罗拉公司的库珀打通了世界上第一次手机通话。那时候的我，一个 9 岁的少年，正推着铁环，满院子转悠。1983 年，摩托罗拉公司经过 10 年的研发，推出了世界上第一部商业手机 DynaTAC。

1994 年，我花费 9000 元购买了我的第一部手机——摩托罗拉翻盖手机。那时候更加实惠的通信方式是传呼机——一种别在腰间的小机器，当别人试图联系你时，他会通过传呼台把他的电话号码传呼给你。当时，朋友道别的时候总会说：“有事呼我。”

仅仅几年工夫，手机迅速降价，传呼机退出了市场。2000 年后，我身边的朋友大部分有手机了，而且多数用手机套把手机别在腰间的皮带上。谁也没有想到，一种叫智能手机的东西在之后更大地改变了我们的生活。

2014 年夏天，在苏州火车站，我和妻子正为买不到火车票发愁的时候，儿子用他那灵活的手指在手机上划弄，一会儿工夫，就帮我们预定了南京的酒店、南京至西安的机票，并且用手机完成了支付。这在以前是难以想象的。

这就是晶体管给我们带来的改变。

让我们看看身边的东西吧，计算机、电话、洗衣机、冰箱、空调、电视机、汽车、医疗设备，这些都用到了晶体管，甚至不需要动力的自行车，也装备了电子码表。最常见的白炽灯，也被由晶体管控制的 LED 取代。

晶体管对世界的改变已经持续了几十年，但是这种改变还远远没有结束。

我写这一部分的时候，是 2014 年下半年。电子技术对人类生活的改变，正处于一个飞速却纠结的时期：手机、平板电脑在普及、介入人们生活的同时，也快速卷走了人们的金钱，而各个厂商却在琢磨，下一个大规模夺取收益的增长点是什么？是从 3G 到 4G ？或者从 4G 到 5G ？这种数字增长看起来已经毫无新意。或者是可穿戴设备？比如智能手环或其他健康产品。又或者是汽车电子、大规模物联网节点？

总有一天，这种浪涌式的发展会演变成沉默的“长江”，缓慢却有庞大的积分量。电子技术会在可预知的几十年内，以润物细无声的姿态，在我们身边处处渗透。这种实例太多，不胜枚举，此处仅给一例。

中医号脉具有一定的准确性，这毋庸置疑。能否用电子产品代替老中医，得到重复性更好、准确性更高的号脉诊断？已有很多科学家在研究一种叫脉象仪的东西。但可以肯定的是，至今它还不能很好地代替老中医。那我们能做到吗？要做好它，需要模拟老中医的行为和思维，包括脉位的确定、探头的施压、脉动的检测、脉动规律与疾病的关系等，这是一个以电子技术为核心、集成多项技术的综合项目。

这绝对不是一个浪涌式的、商人盼望的经济增长点，但是它却可以改善我们的生活，让我们更早、更方便地发现已有的疾病。

以此为目标，不是人生的一个很好的追求吗？

1.2 什么是电子技术？

电子元器件改变人类的生活，需要3个层面的技术：第一层是电子元器件的设计生产，第二层是利用电子元器件实现某种实际的功能，第三层是把若干个功能模块组成一个系统。

以手机为例，手机内部包含大量集成电路，以及单个的晶体管、电阻、电容等分立元器件，这些部件的设计生产就属于第一层面，称为器件级；把这些集成电路和分立元器件按照一定的规则组合到一起，构成一部手机，就属于第二层面，称为电路板级；中国移动、中国联通等运营商建立庞大的基站和运营体系，实现手机的正常使用，就属于第三层面，称为系统级。

电子技术就是完成第二层面的工作。它的核心定义是以集成电路、分立元器件等电子零部件为基础，设计生产出符合要求的功能电路或者独立小系统。

一般来讲，电子技术又被分为信息电子技术、功率电子技术（也称电力电子技术）两类，前者以采集信息、处理信息、释放信息为核心，手机、计算机、医疗设备等都属于此类；后者以控制大功率设备为主，比如电网中的电能质量监测和改善、大功率电源、电动汽车等都属于此类。

信息电子技术又包含模拟电子技术和数字电子技术。

1.3 模拟信号和数字信号

要记录一段美妙的音乐，我们至少有两种方法：第一种是塑料唱片，第二种是数码文件。

任何一段乐曲都是一个随时间连续变化的信号，如图1.1（a）所示。它本身具有两个特点。第一，在时间轴上，信号是连续的，即每一个时间位置都有确定的信号存在。第二，在纵轴上也是连续的，即其任何一点的实际信号值都是无限精细的。这种信号，我们称之为模拟信号。世上任何客观存在的信号都是模拟信号。

将这样的信号用机器压制到一个塑料唱片上，就实现了对音乐信号的记录。将这个唱片放入留声机中，唱针位置不动而唱片匀速运动，此时唱针上下运动，使扬声器发出与音乐信号完全相同的声音信号，如图1.1（b）所示。理论上，这个记录、重现的过程是完全保真的。

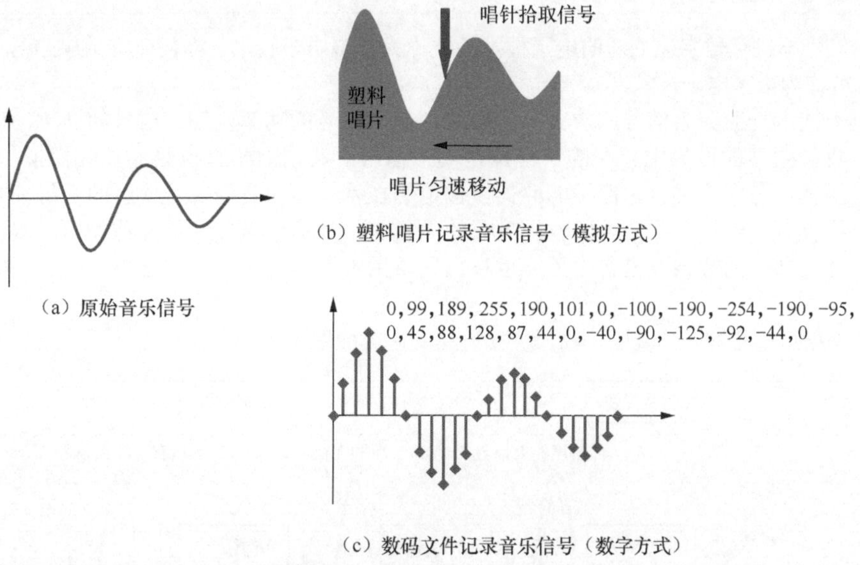

（a）原始音乐信号

（b）塑料唱片记录音乐信号（模拟方式）

（c）数码文件记录音乐信号（数字方式）

图1.1　用塑料唱片和数码文件都可以记录音乐信号

但是这种方法也有弊端，随着唱片播放次数的增加，唱片上记录的信号会有一定的磨损，一些原本尖锐的信号逐渐变得圆滑，声音的高频分量越来越小。

现今能够保存模拟音乐信号的媒介只有唱片和磁带，两者都存在上述弊端。

如果能够将音乐信号用数字记录在纸上或者其他数字媒介上，那么它就不会被磨损了。记录方法是以固定采样率，比如10μs一次，对音乐信号进行采样，获得每个采样点音乐信号的量化值，按照顺序记录这些量化值，就永久性地保存了音乐信号。如图1.1（c）所示，红色样点在外形上基本与原始音乐信号吻合，记录成数据依次为：0，99，189，255，190，101，0，…，-44，0。这些被记录的数字，就是数字信号。

数字信号有两个特点：第一，在时间轴上，它是离散的；第二，在纵轴上，它是被量化的。如果在时间轴上的离散点特别细密，比如由10μs采样一次改为1ns采样一次，并且在纵轴上的量化是无限精细的，比如将99变为98.8547823，那么它就可以非常接近原始信号。当然，这样的后果是原本两行数字就可以完成的信号记录，会写满几十页纸。

没有人会把数字信号记录在纸上，这太费事了。实际上，数字信号可以用多种媒介保存，比如计算机的存储器、硬盘、U盘、Micro SD卡、光盘等。MP3播放器就是利用数字信号进行存储和回放的。它以192Kbit/s的采样率、16位以上的量化分辨率对音乐信号进行数字化，基本可以保证音质不受影响。当然，如果你想听到更加逼真的音乐效果，可以采用更高的采样率、更高位数分辨率，使其时间轴和纵轴均非常细密，这样的话，一首几分钟的歌曲，可能会占用多达GB级的存储容量，而现在一般的MP3歌曲，一首歌只有几MB的存储容量。

将原本连续的模拟信号转变成离散、量化的数字信号，虽然可能带来一些微弱的失真，但是由此带来的好处是非常多的：第一，它不会被磨损，数字信号是以二进制的形式保存的；第二，可以使用各种各样的算法对原始数字信号进行后期处理，比如手机中的魔音技术，可以将男人的声音变为女人的声音；第三，它可以被精准访问。在录音机中要想准确地从某个句子开始重复读音，难度很大。但是MP3播放器可以精准定位到某个确定的位置。

正因为如此，越来越多的电子设备开始采用数字化技术。其核心是先用一种叫作模数转换器（ADC）的部件，将模拟信号转变成数字信号，处理器按照设计者的意愿，对这些数字信号进行各式各样的复杂处理，然后再通过一种叫作数模转换器（DAC）的部件，将数字信号转变成模拟信号，驱动扬声器发出声音。

1.4 模拟电子技术

对原始信号不进行数字化处理的电子技术，被称为模拟电子技术。专门研究数字信号的运算处理的电子技术被称为数字电子技术。

模拟电子技术一般分为信号的放大、信号的调理、信号的功率驱动、信号的产生，以及专门的电源技术。我们生活的世界中存在的信号都是模拟信号，我们的感官也只能接收模拟信号，因此，无论数字电子技术怎样发展，它都不能取代模拟电子技术。比如我们现在使用的手机都是数字化手机，但是话筒收集说话声音，扬声器发出对方的说话声，都是模拟技术在发挥作用。双话筒降噪技术可以把远处大部分的嘈杂背景音去掉，尽量只保留主人说话的声音，这就是一个典型的模拟技术应用。

本书作为模拟电子技术的基础读物，主要讲述的内容如图1.2所示。

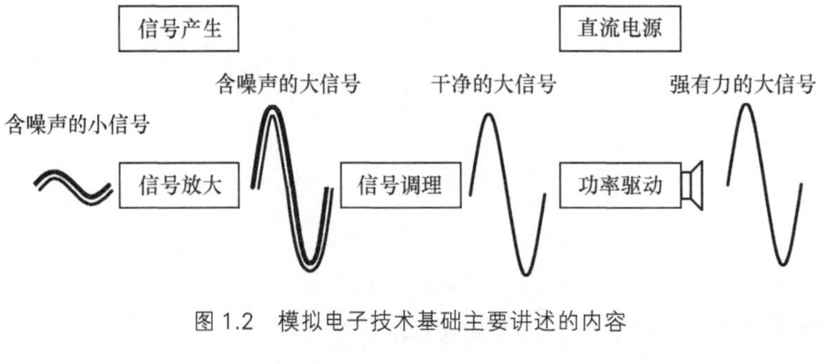

图1.2　模拟电子技术基础主要讲述的内容

1.5 模拟电子技术的学习方法

模拟电子技术属于专业基础课，相信阅读本书的朋友都有一定基础，因此，在学习方法上，它与此前的基础课有所不同。

（1）它不再以作业为主，而以解决实际电路问题为主。

（2）学习过程中，不再严格遵循“公理——定理——推论”的流程。有些地方告知你们的结论可能来自科学实验，给出的公式可能是一个近似公式。请善待它们，合理应用它们。

（3）不要忽视理论的作用。很多人接受了上一条（即（2）），就开始矫枉过正。在学习和工作中，他们更强调经验的作用，而忽视了其中蕴藏着的理论规律。请大家注意，没有理论支持的经验，只能是个别情况个别对待，经验再多，也只是完成了加法。而经过理论升华的经验，就可以完成乘法。

因此，我建议大家遵循以下规则，学好这门课。

第一，熟练掌握仿真软件。Multisim、TINA、PSPICE 等均可，在自己的计算机上安装好这些软件。

第二，对上课讲的关键电路进行“理论估算——仿真验证——对比分析”。所谓的对比分析是指当理论估算与仿真验证存在区别时，最好能够通过更细致地探测和推算，找到它们不同的根本原因。每构建一个仿真电路，就在仿真工作台上写下自己的分析过程和结论，并记录仿真结论，写下对比分析。

第三，注重实验。学习模拟电子技术的过程无非就是理论分析、仿真验证、实验实证 3 个步骤。请珍惜实验过程，珍惜发现的实验与仿真、理论分析的区别，抓住一个机会，就深入琢磨，直到你清晰地认识到，实验结论是合理的。

第二章 晶体管基础

1947 年肖克利、巴丁、布莱顿发明的晶体管属于双极型晶体管（Bipolar Junction Transistor，BJT）。晶体管还有另外一个分支，叫场效应管（Field Effect Transistor，FET），场效应管可分为结型场效应管（Junction Field Effect Transistor，JFET）和应用更为广泛的金属氧化物半导体场效应管（Metal-Oxide-Semiconductor Field Effect Transistor，MOSFET）。它们各有特点，应用于不同的场合。

本章讲述晶体管的工作原理和常见应用场合，以及常见的分析方法。

2 双极型晶体管的工作原理及放大电路

2.1 电压信号如何放大——晶体管的引入

将一个幅度只有 10mV 的正弦波输入电压信号，放大成幅度为 100mV 的正弦波输出电压信号，要如何实现呢？理论上，受控源可以实现这个目标。

◎压—压受控源（VCVS）和流—压受控源（CCVS）

电压控制电压源（VCVS，也被称为压—压受控源）是实现此目标最直接的方法，如图 2.1 所示，只要受控源的控制倍率为 10 倍即可。

现实中有这样的电压控制电压源吗？我们现在知道的，只有变压器。但是变压器做信号放大存在一个问题，它只能放大高频信号，对于低频或者直流电压，它无能为力。因此我们得另想办法。

电流控制电压源（CCVS，也被称为流—压受控源）如图 2.2 所示。理论上它也能完成此任务。但是，现实中不存在这样的元器件，至今也没有发现。

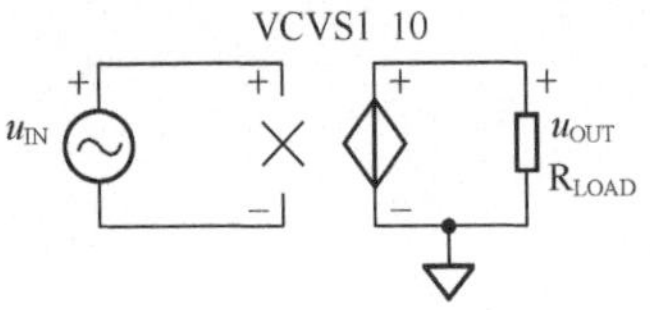

图 2.1 VCVS 实现电压信号放大

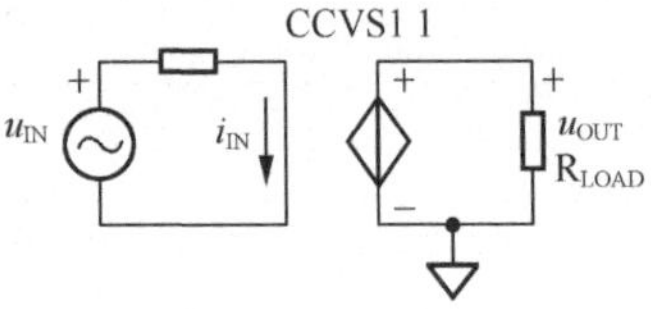

图 2.2 CCVS 实现电压信号放大

◎流—流受控源（CCCS）和压—流受控源（VCCS）

电流控制电流源（CCCS，也被称为流—流受控源）实现电压信号放大的原理如图 2.3 所示。输入电压信号 u_{IN} 通过电阻 R_{IN}，演变成输入电流 i_{IN}，受控电流源的电流为 i_{OUT}，经过电阻 R_{LOAD}，演变成输出电压。

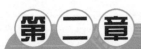

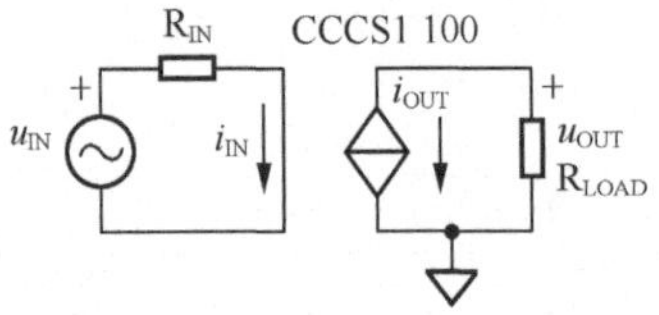

图 2.3 CCCS 实现电压信号放大

$$u_{OUT} = -i_{OUT}R_{LOAD} = -ki_{IN} \times R_{LOAD} = -k\frac{u_{IN}}{R_{IN}} \times R_{LOAD} \quad (2\text{-}1)$$

其中，k 是电流源控制系数。

图 2.4 所示的电压控制电流源（VCCS，也被称为压—流受控源）也可以很方便地实现电压信号的放大，这里不赘述。

问题是，现实中存在这样的受控电流源吗？非常幸运的是，有。1947 年，美国人肖克利、巴丁、布莱顿发明的双极型晶体管，就是一个与此非常相似的流控电流源，其电路符号如图 2.5 左侧所示，它的 3 个管脚被称为 3 个极：基极（b）、集电极（c）、发射极（e），它可以用图 2.5 右侧所示的简化模型近似表示。

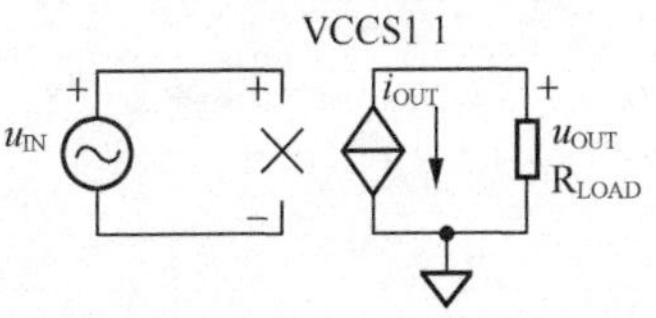

图 2.4 VCCS 实现电压信号放大

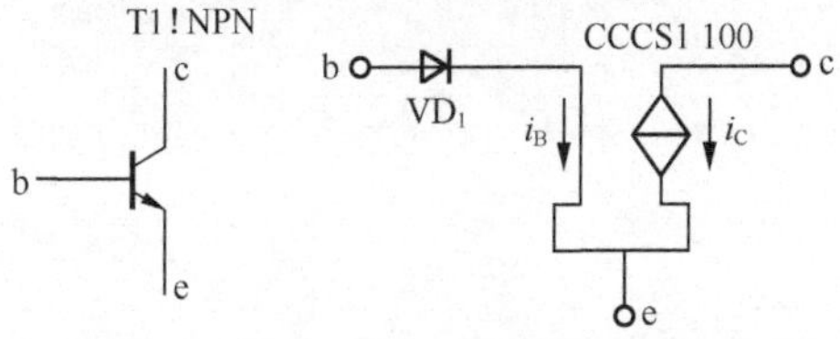

图 2.5 双极型晶体管及其简化模型

它与标准 CCCS 很像，但有以下区别。

（1）它的 b、e 之间是单向导通的，即只有 b 端电位高于 e 端电位时，才会有明显的 i_B 存在，这可以用一个二极管近似表示。

（2）i_B 这个电流的大小与 b、e 两端电位差不是线性关系，更像一个二极管特性。

（3）受控电流源仅在 c 端电位高于 e 端电位时，呈现出如下关系：

$$i_C = \beta i_B \quad (2\text{-}2)$$

不要苛求什么完全一致，这已经非常棒了。晶体管被誉为 20 世纪最伟大的发明是毫无争议的。在模拟信号领域，它可以被用于信号放大、功率放大、制作集成运算放大器；在数字信号领域，它可以构成最基本的数字门电路、开关电路，以及由数字门衍生出的大规模数字集成电路、微处理器等。可以说，当今世界电子领域大部分电路离不开晶体管。

顺便说一句，VCCS 也有实际器件诞生，一种是叫结型场效应管的器件，另一种是叫金属氧化物半导体场效应管的器件。它们也是晶体管，合称为场效应管，是 BJT 的兄弟。历史发展证明，弟弟超越了哥哥，成了应用更为广泛的器件。

◎初识双极型晶体管

双极型晶体管分为 NPN 型晶体管（简称 NPN 管）和 PNP 型晶体管（简称 PNP 管）。

所谓的 N，是 Negative（负）的意思，指 N 型半导体，即在 4 价的硅材料中掺杂少量 5 价元素，如砷、磷等，形成 N 型掺杂半导体。所谓的 P，是 Positive（正）的意思，指 P 型半导体，即在 4 价的硅材料中掺杂少量的 3 价元素，如硼等，形成 P 型掺杂半导体。

NPN 型晶体管是指组成该晶体管的结构是两个 N 型半导体夹着一个 P 型半导体，如图 2.6 所示。PNP 型晶体管是指组成该晶体管的结构是两个 P 型半导体夹着一个 N 型半导体（如图 2.6 所示）。如果将 NPN 描述为肉夹馍，那么 PNP 就是馍夹肉。

每个双极型晶体管都有 3 个管脚，分别为基极（b）、集电极（c）和发射极（e）。它们的电路符号如图 2.6 所示。其中图 2.6 中的子图（a）和子图（c）用于解释管脚，在实际电路中一般简化成图 2.6 中的子图（b）和子图（d）。双极型晶体管的基极最好辨认，另外两个极中，带箭头的是发射极，不带箭头的是集电极。

对于 NPN 管，直观来看，b、e 组成了一个 PN 结，被称为发射结，而 b、c 组成了另一个 PN 结，被称为集电结。但是，晶体管完全不是两个简单 PN 结的集合，其内部载流子运动非常复杂。

可以看出，晶体管中箭头方向代表了晶体管的类型：箭头向外的，是 NPN 型；箭头朝里的，是 PNP 型。因此，一个箭头起到了两个作用：第一，标注了哪个管脚是发射极；第二，指明该晶体管是 NPN 型还是 PNP 型。

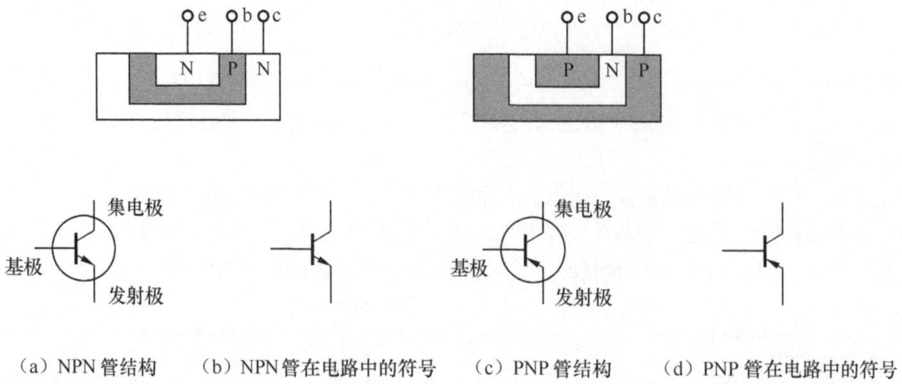

图 2.6　晶体管符号

◎晶体管的厂商、型号、数据手册

任何一个晶体管都有它的生产厂商和型号。同时，生产厂商会为这个晶体管发布一份数据手册。数据手册的作用是让用户更加清晰地了解该产品的具体性能，包括指标、测试条件等，有些厂商还提供一些常用电路供参考。

某个晶体管是否适合你设计的电路，取决于数据手册的指标。因此，学会找到数据手册、读懂数据手册，是学好电子技术的关键。而要找到数据手册，第一种方法是从网络上直接搜索；第二种方法是找到专业的数据手册提供方，有些网站专门整理汇总数据手册，你可以在那里轻松下载需要的数据手册；第三种方法就是找到生产商的官方网站，从官方网站下载最新的数据手册，甚至还有应用笔记、用户指南等。第三种方法是最可靠的方法，虽然可能会麻烦一些。

图 2.7 所示是几种常见晶体管的外形、结构图，来源均为各自的数据手册。其中，左上角的 2N2222A 是一种晶体管的型号，来自 ON Semiconductor（安森美）公司。一般情况下，各个厂商对自己产品的型号命名是有别于其他厂商的，但是也不排除几个厂商使用相同型号命名的情况。比如 2N2222 就有多个厂商生产。图 2.7 还展示了这个晶体管的外形，这是一个金属壳的晶体管，有 3 个管脚，俯视图标注了管脚的定义。

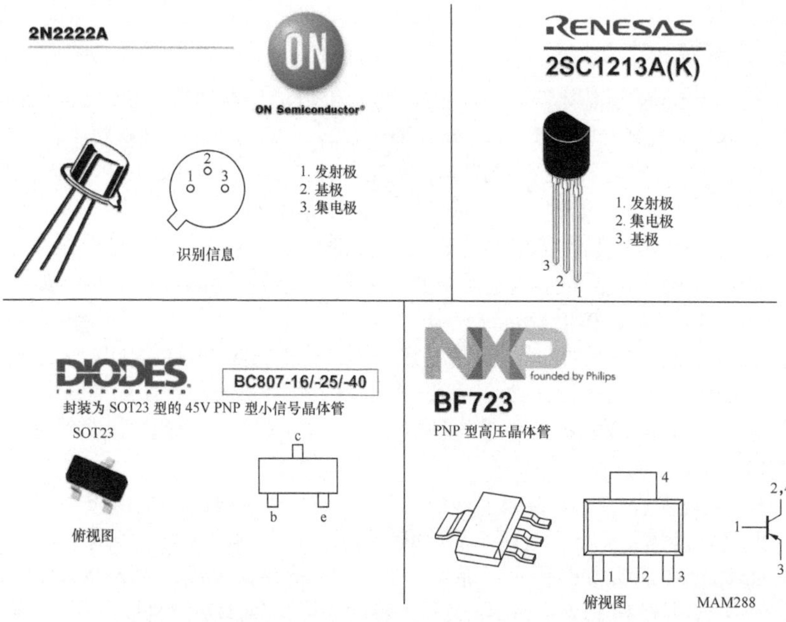

图 2.7　几种晶体管的厂商数据（均来自厂商的数据手册）

类似地，Renesas（瑞萨）的 2SC1213A(K) 也是 NPN 管。它的外形更像一个塑料圆柱形被切掉了三分之一。这种类型的晶体管之所以被切出一个平面，是为了方便用户识别管脚：将平面朝向自己，管脚朝下，从左到右依次为 e、c、b。

Diodes(达尔)的BC-807分为-16、-25、-40这3种子产品，都是耐压45V的PNP型小信号晶体管，封装为 SOT23 型，即图 2.7 中所示的表面贴封形状。它的管脚不再是前面两种的插针，而是 3 个金属片，可以直接焊接在没有插孔的电路板上。

NXP（恩智浦）的 BF723 是一款 PNP 型高压晶体管。它有 4 个管脚，其中 2、4 脚都是集电极。它也是表面贴封装的。近年来这种封装的产品越来越多，一个原因是它更便于批量化生产，另一个原因是它的体积可以做得更小，带来更好的性能，比如杂散电感更小。但是，这种封装的晶体管无法使用面包板插接。

◎晶体管的基本电流关系

晶体管有 3 个管脚，如果细致分析，它表现出的电压电流关系是极其复杂的。但对于初学者来说，我们需要的是简化关系。在给出这些关系之前，我们先对晶体管的电流和电压进行如图 2.8 所示的定义。

（1）电流的定义非常简单，它依从于发射极电流的方向。对于 NPN 管，如果发射极电流 i_E 是流出的，那么基极电流 i_B 和集电极电流 i_C 都定义为流入的。而对于 PNP 管，如果发射极电流 i_E 是流入的，那么基极电流 i_B 和集电极电流 i_C 都定义为流出的。

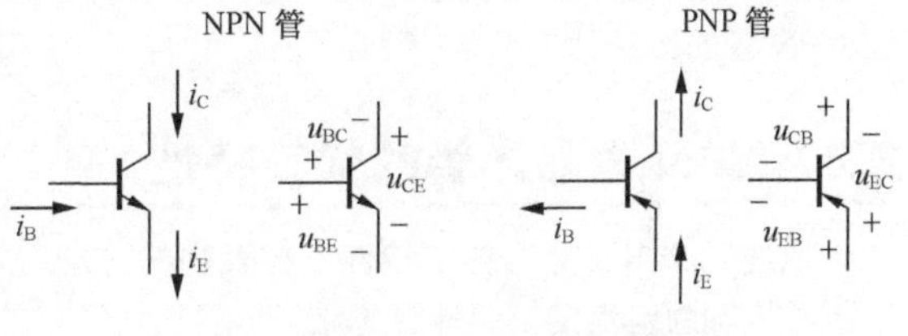

图 2.8 晶体管的电流、电压定义

（2）对于 NPN 管，基极是 P 型半导体，定义基极电位 u_B 减去发射极电位 u_E 为发射结电压，写作 u_{BE}，此值为正值才能让发射结的 PN 结处于正向导通状态。PNP 管则相反，其基极是 N 型半导体，则定义发射极电位 u_E 减去基极电位 u_B 为发射结电压，写作 u_{EB}，此值为正值才能让发射结处于正向导通状态。

完成这些最基本的定义后，晶体管表现出的简单规律如下。

（1）晶体管的 3 个管脚电流永远满足基尔霍夫电流定律：

$$i_B + i_C = i_E \tag{2-3}$$

（2）在晶体管处于放大状态下，它的集电极电流 i_C 唯一受控于基极电流 i_B，而与 c、e 两端电压 u_{CE} 无关：

$$i_C = \beta i_B \tag{2-4}$$

这是目前我们生活的电子世界中最伟大的公式，没有之一。它说明晶体管其实就是一个受控电流源——由一个较小的电流 i_B 控制产生一个较大的电流 i_C，而 β 被称为电流放大倍数，不同的晶体管具有不同的值，但对于一个确定的晶体管，它基本上是恒定的，在几十到几百之间。

（3）根据式（2-3）和式（2-4），可以推算出：

$$i_E = (1+\beta)i_B = \frac{1+\beta}{\beta} i_C \tag{2-5}$$

◎用洗澡器模拟 NPN 型晶体管

我年轻的时候，没有燃气热水器，也没有电热水器。要洗澡，只能去公共澡堂，或者用一种被称为洗澡器的东西，自己烧好热水，按图 2.9 所示进行连接，就可以洗澡了。

洗澡器是一个由金属制成的三通管，有凉水进水管、热水进水管，以及温水出水管。用一根皮管子将凉水管接到水龙头上，用另一根皮管子将热水管接到一桶热水中。此时，打开水龙头，凉水就会进入洗澡器，受大气压力和虹吸现象影响，与凉水成比例的热水被“吸”进三通管中，两者混合，形成温水，从花洒中喷出，就可以洗澡了。

凉水流量就像 NPN 管中的 i_B，是一切动作的源头。热水流量就像 NPN 管中的 i_C，受控于凉水流量，与两个管子的管径比例有关。而花洒流出的温水流量是两者之和。

这与 NPN 管的特性太像了。

这样的洗澡器的好处是，如果热水温度确定，冷水温度确定，那么只要管径比例合适，出来的温水温度就是确定的，且非常舒适——无论水流量大，还是小。这源于热水流量在一定范围内正比于凉水流量。

热水流量有极大值，其与大气压和热水管管径有关。当水龙头拧到最大，凉水喷涌而来时，通常热水流量会受限，固定的凉水、热水比例关系会被打破，温水温度就会下降。这与后续要讲的 NPN 管的饱和状态非常类似。

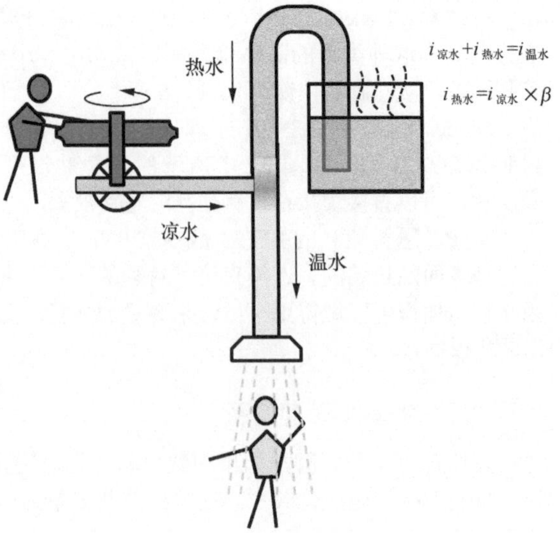

图 2.9　用三通型洗澡器可以近似模拟 NPN 型晶体管

2.2 NPN 型晶体管的伏安特性

描述一个电学元器件的特性，最直观的方法就是了解其伏安特性。所谓的伏安特性，是指横轴为电压、纵轴为电流的一组测试记录。

晶体管有 3 个脚，怎么用伏安特性描述它呢？科学家一般通过两个伏安特性来展示晶体管的特征，即输入伏安特性和输出伏安特性。

◎输入伏安特性

晶体管的输入伏安特性是指基极电流 i_B 与发射结电压 u_{BE} 之间的关系，其可能受到 u_{CE} 的影响。

将晶体管按照图 2.10 所示电路进行连接。将 u_{CE} 设为 5V，改变 u_{BE}，测量基极电流 i_B，即可得到基极电流 i_B 与 u_{BE} 的关系，如图 2.11 所示。将 u_{CE} 从 5V 开始，每次降低 1V，即可得到多条曲线。由图 2.11 可知，除 u_{CE}=0 比较特殊外，其余的曲线基本上是重合的，我们称之为一簇线。

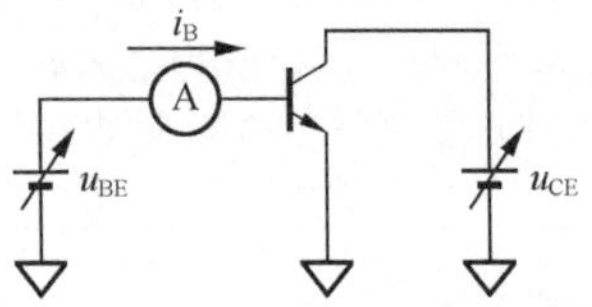

图 2.10　晶体管输入伏安特性测试方法

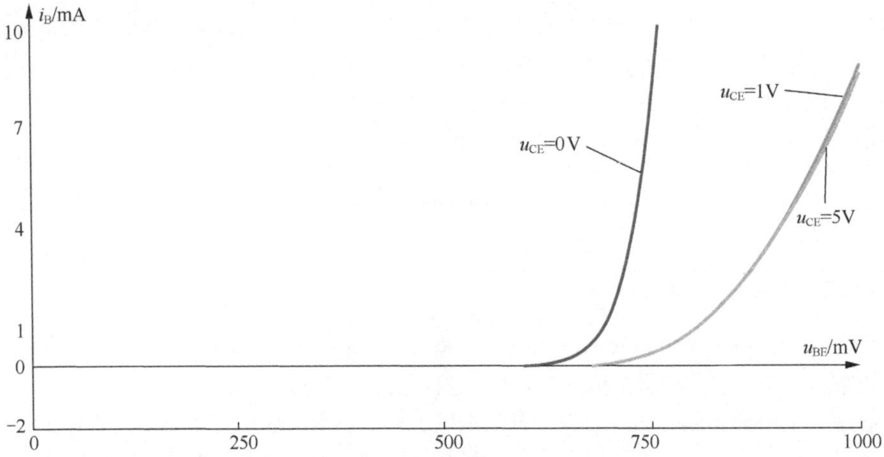

图 2.11　晶体管输入伏安特性曲线

这一簇线就是晶体管的输入伏安特性——因为晶体管在大多数情况下工作在 $u_{CE}>0$ 的情况下。这一簇线可以用如下表达式近似描述：

$$i_B = I_S\left(e^{\frac{u_{BE}}{U_T}} - 1\right) \tag{2-6}$$

其中，U_T 为热电压，是一个与绝对温度成正比的值，在 27℃时约为 26mV。I_S 为反相饱和电流，每个晶体管具有不同的值，但很小。在式（2-6）中，当 u_{BE} 趋于负无穷时，i_B 趋于 $-I_S$。

可以看出，当发射结电压 u_{BE} 远大于 U_T 时，式（2-6）近似为一个指数表达式。

一般情况下，当 $u_{BE}>0.7V$ 时，晶体管的 i_B 开始呈现出较为明显的电流。

◎输出伏安特性

晶体管输出伏安特性是指在一个确定的基极电流 i_B 下，集电极电流 i_C 与 u_{CE} 之间的关系。测试电路如图 2.12 所示。

从前述的晶体管电流关系来看，集电极电流 i_C 应该仅与基极电流 i_B 成正比，而与施加在集电极和发射极之间的电压无关，如图 2.13 所示，这是理想状况。但现实状况总是没有理想状况完美，实际情况如图 2.14 所示。

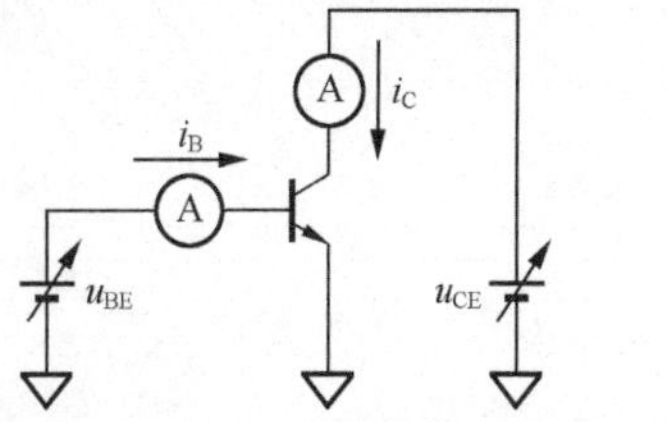

图 2.12　晶体管输出伏安特性测试电路

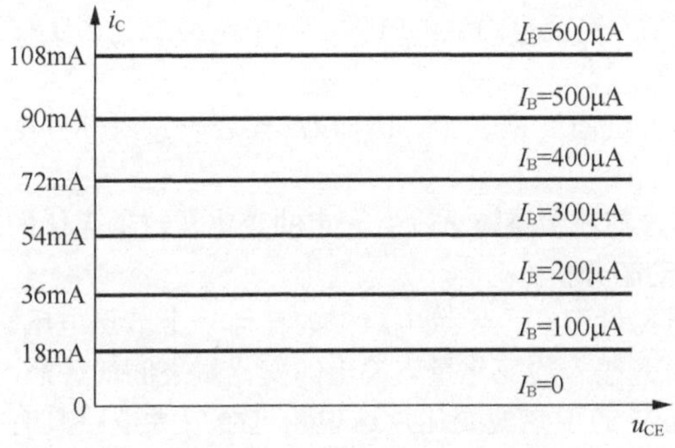

图 2.13　理想 NPN 管输出伏安特性

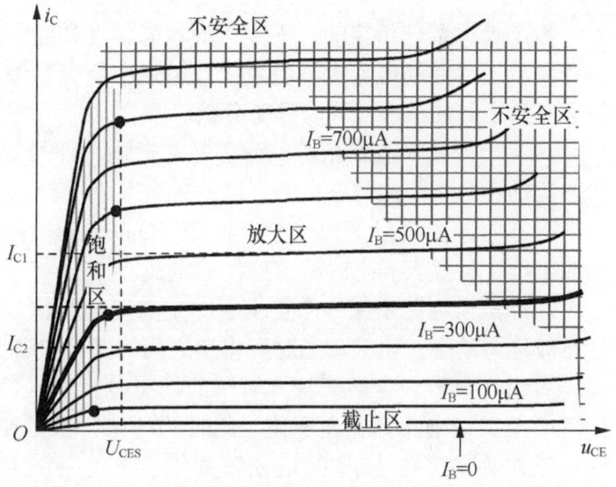

图 2.14　实际晶体管的输出伏安特性

◎输出伏安特性中的区域划分

（1）放大区。图 2.14 中标注的中心空白区域，即图 2.14 中伏安特性曲线为微微上翘的平直线的区域，在此区域内，晶体管的 i_C 几乎不受电压 u_{CE} 控制，近似满足下式：

$$i_C = \beta i_B \tag{2-7}$$

（2）饱和区。图 2.14 中标注的竖线区域。在此区域内，i_C 随着电压 u_{CE} 的增大而增大。为了简单表示，一般认为当 $u_{CE}<U_{CES}$ 时，属于饱和区。其中 U_{CES} 被称为晶体管的饱和压降，是饱和区和放大区的分界电压，一般为 0.3V。但很显然，随着 I_B 的增大，饱和压降会上升。

（3）截止区。当 I_B=0 时，i_C 并不为 0，而是存在与 u_{CE} 相关的漏电流。我们定义 I_B=0 的区域为截止区。截止区的含义是晶体管处于几乎没有任何电流流进流出的状态，就像完全关闭一样。

◎简化的输出伏安特性

图 2.14 所示的伏安特性虽然真实，却很难用简单的数学公式描述。在大多数情况下，我们并不需要如此真实、复杂的表述。而如图 2.13 所示的理想图又过于简单，因此，这里给出一种简化的输出伏安特性，如图 2.15 所示。

（1）在放大区，集电极电流 i_C 恒等于基极电流 i_B 的 β 倍，与 u_{CE} 无关。

（2）在饱和区，集电极电流随 u_{CE} 的增大而增大，近似为线性。

（3）饱和区和放大区的分界线为 U_{CES}=0.3V 的垂直线——其左侧为饱和区，右侧为放大区。

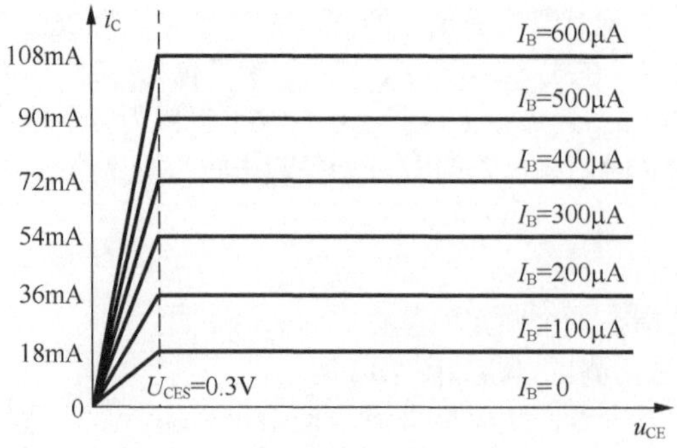

图 2.15 简化的 NPN 管输出伏安特性

◎初步认识静态和动态

静态是指某一特定的、不变化的状态。比如给一个无源部件施加一个电压，此时部件确定，电压不变，流过部件的电流也不会变化，电路中所有参量都处于静止状态，这就叫静态。研究静止状态下各个参量之间的关系被称为静态分析。

对于一个放大电路来说，静态通常指输入信号等于 0，也就是静默的时候，整个电路所处的工作状态包括各个支路的静态电流，以及各个节点的静态电压。

静态时的所有量都用一个下标 Q（Quiescent，静止、沉寂）来表示。比如 U_Q 代表静态时部件两端的电压，I_Q 代表静态时流过部件的电流。

动态是指电路中某一个量发生一定数量的变化，导致其他参量随之发生一定的变化，这种变化的状态被称为动态。研究动态时变化量之间的关系被称为动态分析。

对于一个放大电路来说，所谓的动态是指输入信号持续存在，导致电路中的任何一个节点电压、任何一个支路电流都存在变化。此时的动态分析主要研究输入的变化量与输出的变化量之间的关系。比如输入为幅度为 1mV 的正弦波变化，输出存在 100mV 的正弦波变化，这说明这个放大电路具有 100 倍的放大倍数。

静态量是对当前静默值的描述，而动态量是对在静态基础上的变化量的描述。

◎静态电阻和动态电阻

给一个无源部件两端施加恒定的电压 U_Q，测得流过部件的电流 I_Q，按照欧姆定律，可以算出这种情况下该部件的等效电阻，此值被称为静态电阻，可以用大写的 R 或者 R_Q 表示。

$$R_Q = \frac{U_Q}{I_Q} \tag{2-8}$$

上述的无源部件中，在某种静态下，施加的电压发生了一定量的变化 ΔU，会导致流过部件的电流也发生 ΔI 变化，此时电压变化量与电流变化量之间的比值被称为动态电阻，用小写 r 或者 r_D（下标 D 表示 Dynamic，动态）来表示。

$$r_D = \frac{\Delta U}{\Delta I} \tag{2-9}$$

图 2.16 中的实粗线为一个电阻器的伏安特性线，它是一个过零点的直线；虚粗线为一个二极管的伏安特性曲线，它是一个过零点的、增速越来越快的类似指数曲线的线。图 2.16 中有 3 个静态工作点，分别用 QA、QB、QC 表示。

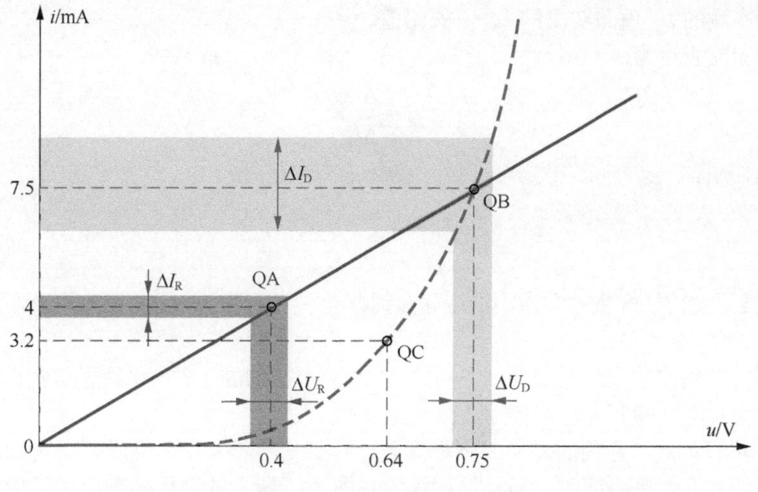

图 2.16　初步认识静态和动态，以电阻和二极管为例

对于电阻器来说，它的静态电阻无论在 QA 点还是 QB 点，都是相等的。

$$R_{QA}=\frac{U_{QA}}{I_{QA}}=100\Omega$$

$$R_{QB}=\frac{U_{QB}}{I_{QB}}=100\Omega$$

还可以证明，在任何一个静态点处，电阻器的动态电阻值均相等，且与静态电阻值相同，是 100Ω。

对于二极管来说，不同的静态工作点处具有不同的静态电阻：

$$R_{QB}=\frac{U_{QB}}{I_{QB}}=100\Omega$$

$$R_{QC}=\frac{U_{QC}}{I_{QC}}=200\Omega$$

在 QB 点处，二极管的动态电阻为：

$$r_{QB}=\frac{\Delta U_D}{\Delta I_D} \tag{2-10}$$

当ΔU_D趋于无穷小时，有：

$$r_{QB}=\lim_{\Delta U_D\to 0}\frac{\Delta U_D}{\Delta I_D} \tag{2-11}$$

即，此处的动态电阻等于该点切线斜率的倒数。

对于任何一个伏安特性曲线，在任意点处的静态电阻为该点连向 0 点的直线的斜率的倒数。在该点处的动态电阻为该点切线斜率的倒数。

图 2.16 中，QB 点是电阻器和二极管静态电阻相等处。请大家思考，在二极管的伏安特性曲线中，哪个点的动态电阻与电阻器电阻相等？

◎静态β和动态β

对于一个晶体管来说，其电流放大倍数也存在静态和动态的区别。

静态β有时被写作$\overline{\beta}$，即头顶带一条横线：

$$\overline{\beta}=\frac{I_{CQ}}{I_{BQ}} \tag{2-12}$$

即当前工作点处实测的 I_{CQ} 值与实测的 I_{BQ} 值的比值。

而动态 β 可粗略表达为：

$$\beta = \frac{\Delta I_{CQ}}{\Delta I_{BQ}} \tag{2-13}$$

也可精细表达为：

$$\beta = \lim_{\Delta I_{BQ} \to 0} \frac{\Delta I_{CQ}}{\Delta I_{BQ}} \tag{2-14}$$

即在当前工作点处，当 I_{BQ} 产生一个微小的变化量时，会使 I_{CQ} 相应产生一个变化量，后者与前者的比值就是动态 β。

从晶体管实际的输出伏安特性来看，不同的 I_{BQ} 具有不同的静态 β，并且静态 β 和动态 β 也不完全相等。这看起来有点混乱和复杂，但实际情况就是这样。

好消息是，尽管如此，它们的差异并不是太大，对于初学者来说，可以忽略它们的差别。在一般应用中，我们会假设它们是不变的，而且是相等的。图 2.15 所示的简化的输出伏安特性，描述的正是这种假设。

2.3 用 NPN 晶体管构建一个放大电路

学到这里的时候，我已经迫不及待地想用晶体管搭建一个电路，实现对一个微小正弦波的放大。于是，我在仿真软件中搭建了如图 2.17 所示的电路。

首先我给输入基极施加一个固定电压 E_B 和一个小信号正弦波 u_i 的叠加，产生了如图 2.18 中子图（c）所示的波形。这个电压作用在输入伏安特性（子图（d））的横轴上，在纵轴会产生一个变化电流波形，基极电流 i_B 如子图（e）所示。i_B 被放大 β 倍，形成 i_C，如子图（f）所示。注意，u_O 点对地电压等于 E_C 减去 R_C 上的压降，而 R_C 上的压降正比于 i_C，如子图（g）所示。最终得到的输出电压波形如子图（h）所示。

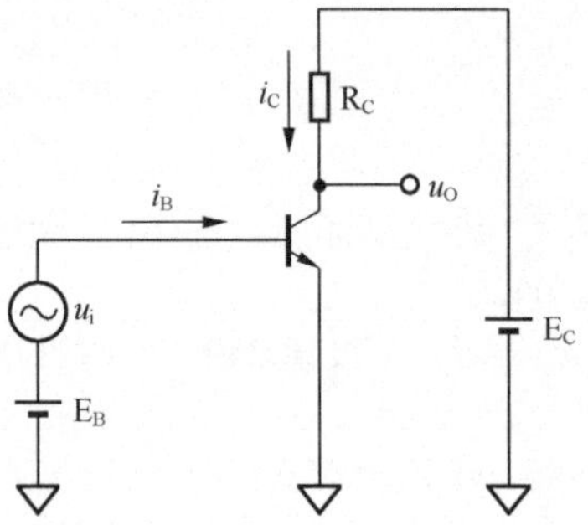

图 2.17 原理最简单的信号放大器

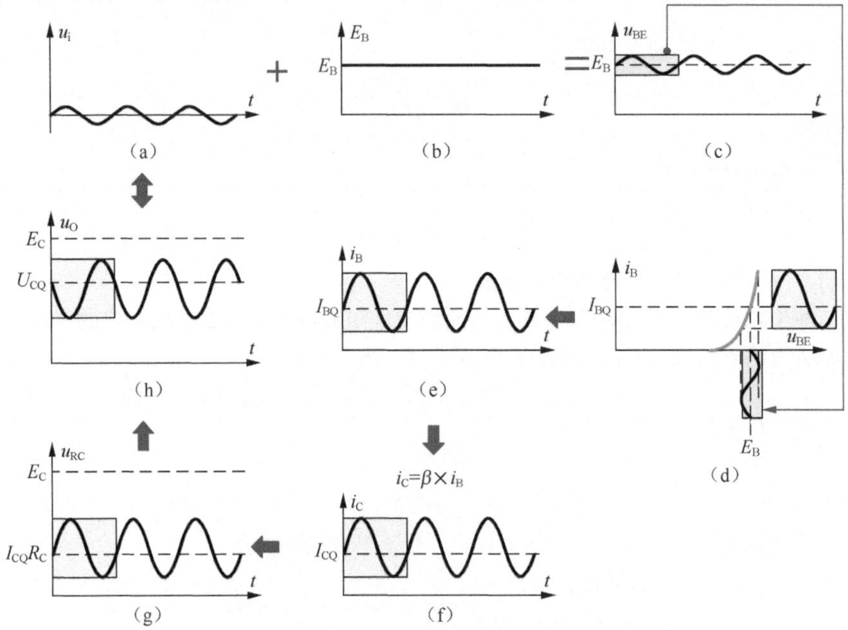

图 2.18 NPN 管实现小信号放大的过程

可以看出，子图（h）的电压幅度大于子图（a）的输入幅度，信号被放大了，这非常棒。但是请注意，这是我刻意设计的电路参数。如果 E_B 不合适，会导致波形的中心位置（图 2.18 中的 I_{BQ}、I_{CQ} 等）发生偏移，最终导致子图（g）的波形上移或者下移，输出波形的上面或下面会被削掉。如果 R_C、E_C 设置得不合适，也会出现类似的结果。

这说明，要想完美地放大信号，让晶体管在不加入信号的时候就处于一个较为合适的位置是非常必要的。这个合适的位置就是晶体管的静态工作点。

另外，细心的同学可能会发现，子图（d）中横轴电压波形还是正弦波，但电流波形已经变形了，变成了上高下矮的失真波形，这会导致输出也失真。但这不是目前的主要矛盾，我们暂且搁置它。

2.4　静态工作点和信号耦合

要想让晶体管对输入电压信号进行有效的放大，必须解决两个问题：确定合适的静态工作点，以及完成对信号的输入耦合、输出耦合。

◎什么是静态工作点？

所谓的静态工作点是指晶体管放大电路在电源供应正常，且没有施加输入信号的情况（即静态）下，晶体管各管脚电流以及电压的集合，它是对静态的准确描述，通常在输入、输出伏安特性图中表现为一个确定的位置，因此称之为静态工作点。该点用 Q 表示，代表该点的电压、电流量以下标加 Q、全大写表示。

◎为什么要有合适的静态工作点？

一个舞者要想跳出美丽的舞蹈，开始的位置也就是静态，最好在舞台中央，这样他才会有足够的施展空间。放大器也一样。图 2.19 所示是一种静态不合适的电路，在没有施加信号 u_i 的情况下（相当于 A 点接地），它的静态工作点处于晶体管的截止位置：U_{BEQ}=0，I_{BQ}=0，I_{CQ}=0，U_{CEQ}=E_C。这相当于舞台的一个边缘（另外一个边缘在饱和位置）。

此时，输入信号如果是大于 0 的正弦波前半周，电路的输出会跟着变化。但是如果输入信号出现负值，则 i_B 会受到 PN 结单向导电制约，不可能出现负值，只能维持 0 不变，输出就一点都没有变化。而大多信号，包括我们经常使用的信号源，其输出是正负变化的。

很显然，通过改进这个电路，让 U_{CEQ}=0.5E_C，即 C 点电位处于 E_C 的一半，是一个合适的静态位置。图 2.20 所示是一个改进的静态电路，合理选择 R_B、R_C、E_C，一定能让该电路具有合适的静态工作点。

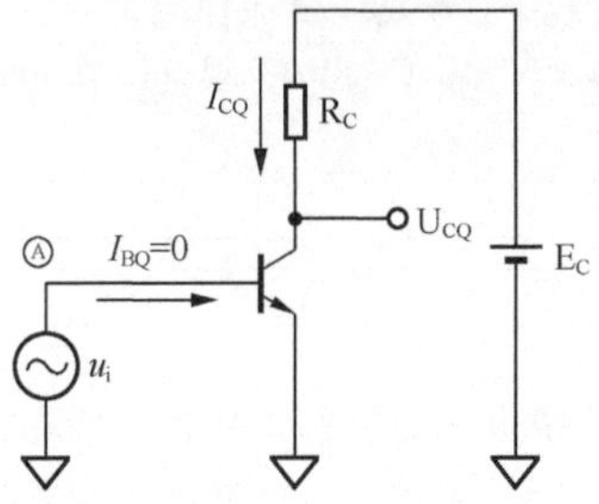

图 2.19　一种静态不合适的电路

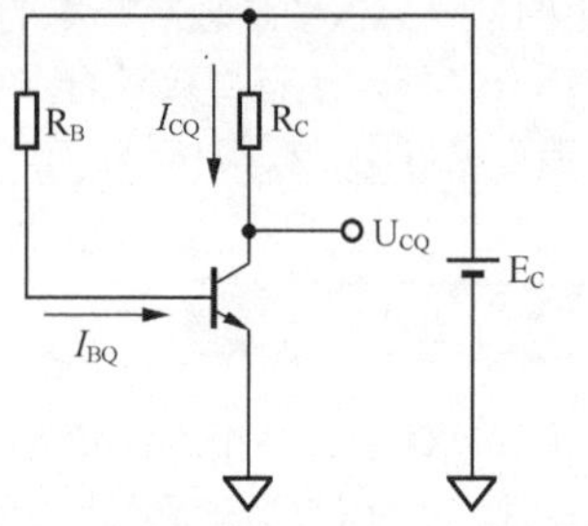

图 2.20　NPN 管的一种静态电路

但是，输入信号怎么接进电路中呢？

◎耦合

耦合的英文为 Coupling，源自 Couple（两个东西的对接）。虽然在不同的领域耦合有不同的解释，但是在电子学领域，耦合的含义是两组或者两组以上的电子学系统通过合适的方法（无论有线、无线，电阻、电容、变压器或者空间场），实现能量或者信息的传递。

在如图 2.19 所示的静态电路中，用一种方法将变化的输入信号传递到电路中，让电路“动起来”——电流开始变化，电压也开始变化，这就是输入耦合。

想想图 2.17，它好像已经实现了这个目的：将输入信号叠加在一个直流电压源上，输入信号被成功耦合到了电路中。但是这是一个理想化电路，在实际应用中无法实现。原因在于输入信号 u_i 很难实现和直流电压源的串联——除非它是一个变压器的副边。我们常用的信号源都是单端输出的，其负端都是默认接地的，一旦这样连接，就等同于将 E_B 接地。

图 2.19 所示是一个静态合适的电路，但是，如何连接，才能够让输入信号 u_i 介入这个电路中，使其发生与图 2.17 所示理想电路类似的工作效果呢？这就是输入信号如何耦合到放大电路中，或者说如何实现输入耦合。

◎阻容耦合

图 2.21 给出了一种解决方案，也是我们第一次见到的标准放大电路，该电路的全称是“NPN 管组成的阻容耦合共射极单级放大电路”。

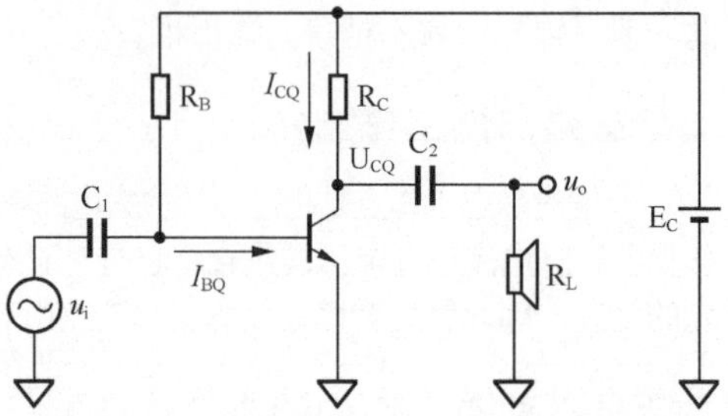

图 2.21 实现输入、输出耦合的放大电路

图 2.21 电路中，C_1 起到了输入耦合的作用，负责在不影响晶体管静态工作点的情况下，将输入信号耦合到放大电路中。工作原理如下：在输入信号为 0 的静态下，C_1 内含大量的电荷，使其具有与 U_{BEQ} 完全相等的电压，在输入信号开始变化时，由于电容 C_1 的值很大，且输入端存在一定的阻值，使其充放电时间常数很大，输入信号对它的快速充电或者放电都不足以改变 C_1 两端的电压，即 C_1 两端电压为恒定值。因此，输入信号变为正时，C_1 左侧电位上升，会导致 C_1 右侧电位跟着上升，u_{BE} 也就上升，i_B 变大，输入信号就被成功引入晶体管的基极。反之，输入信号变为负，u_{BE} 就下降，i_B 变小。可以看出，在输入信号频率较高时，C_1 起到了将电容左侧电位变化传递到电容右侧的作用。

很妙吧，这种方法叫阻容耦合。它也有缺点，若输入信号为一个直流量，比如体重信号，这个电路就完全失效了，电容 C_1 起到隔直作用，把输入直流量完全阻断在放大电路之外，耦合没有成功。同学们可以想想，除了用 C_1 和输入电阻实现的阻容耦合方式，还有什么方法可以使直流信号、交流信号都能顺利耦合呢？

同样地，在输出端也需要这样的耦合，靠电容 C_2 配合负载电阻 R_L 实现。经此耦合后，图 2.21 中扬声器 R_L 上的信号只保留了较高频率的交流信号，阻隔了低频信号或者直流信号。

除阻容耦合之外，还有直接耦合、变压器耦合等，其常用于模拟信号的耦合。在负反馈电路的配合下，光电耦合也可用于模拟信号。

学习任务和思考题

（1）用仿真软件设计一个最简单的晶体管放大电路，实现合适的静态工作点，实现输入信号的耦合，用仿真软件中的示波器观察各点波形，看波形是否放大了。

（2）在上述设计中，用变压器实现输入耦合，取代阻容耦合。

2.5 晶体管的 4 种工作状态

晶体管有 4 种工作状态，分别是截止、放大、饱和以及倒置。

◎截止状态

截止状态是指晶体管基极没有产生明显的电流，即 I_{BQ} 非常小，导致 I_{CQ} 也很小，就像整个晶体管没有导通一样。至于多么小算截止，取决于电路的具体要求。

一般情况下，当发射结零偏或者反偏，而集电结反偏时，此状态为截止状态。

◎放大状态

放大状态是指晶体管处于I_{BQ}合适且满足$I_{CQ}=\beta I_{BQ}$的状态，在输出伏安特性图中，静态工作点处于放大区。这种状态是模拟电子技术最常使用的状态，此时，输入导致i_B产生变化，相应地，i_C也会产生变化。

一般情况下，当发射结正偏且集电结反偏时，此状态为放大状态。

◎饱和状态

饱和状态是指晶体管在输出伏安特性图中进入了饱和区。此时，$I_{CQ}<\beta I_{BQ}$且随U_{CEQ}变化。饱和状态容易被人理解为I_{CQ}太大，大到不能再大了，这是错误的。I_{CQ}很小时，也会进入饱和状态。任何状态下，只要U_{CEQ}小于U_{CES}，晶体管就处于饱和状态。

在饱和状态下，即使I_{BQ}继续，I_{CQ}也几乎不再增加，这是饱和的唯一关键特征。

一般情况下，当认定发射结正偏、集电结也正偏时，为饱和状态。

上述3种状态是晶体管常见的工作状态：在模拟电路中，晶体管常工作于放大状态，避免出现截止状态或者饱和状态；而在数字电路或者电力电子中，则期望晶体管处于截止状态，或者处于饱和状态，唯独不期望它处于放大状态。

◎倒置状态

除上述3种状态外，晶体管还有第4种奇异的状态，我们称之为倒置状态。所谓的倒置状态，就是在放大电路中把集电极和发射极接反了。比如一个设计好的电路，按照晶体管管脚排列，正常接入就是放大电路，但是有人粗心地把晶体管的管脚搞错了，将应该接集电极的插孔接入了晶体管的发射极，而将应该接入发射极的插孔接入了集电极。这就使得电路中的晶体管处于倒置状态。把它拔下来，把c和e管脚颠倒一下，就好了。

当然，也有个别电路中的晶体管没有接反，但在某种情况下工作于倒置状态。

由于晶体管在PN结拓扑上，集电极和发射极没有本质区别，因此这样接一般不会烧毁晶体管，只是此时的晶体管β下降非常严重。

一般情况下，当认定晶体管发射结处于反偏、集电结正偏时，为倒置状态。

学习任务和思考题

(1)仿真软件设计的简单放大电路中，将晶体管c、e两极故意对调，同样设计电路的静态工作点，加入信号耦合，然后观察输入输出波形，看是否放大了。

(2) 仿真软件设计的简单放大电路中，改变静态工作点，观察在饱和状态、截止状态下的输入输出波形，体会晶体管的多种工作状态。特别要观察顶部失真、底部失真的形状，分析失真的原因。

2.6　给定电路求解静态——包括状态判断

对于晶体管电路的静态求解，确定了晶体管目前处于4种工作状态中的哪一种，也就确定了晶体管电路的性质：对于模拟信号放大来说，晶体管在静态时一般处于放大状态；而当数字信号传递或者运算时，晶体管一般处于饱和状态或者截止状态。倒置状态比较特殊，一般很少使用。

面对一个给定的晶体管电路，学会判断晶体管工作状态，并准确求解其静态，包括各极的静态电流、静态电压，是本节的目的。

◎放大结构定义和判断

图2.22的箭头表示NPN、PNP型晶体管处于正常放大状态时的静态电流方向，暂称之为“期望电流方向”。在电路中，晶体管外部的电源都是试图让晶体管产生电流的，把晶体管的任何两极之间

视为电阻，则电源会产生一个“电源电流方向”。在一个电路中，若“电源电流方向”与晶体管的“期望电流方向”吻合，则该电路属于放大结构。

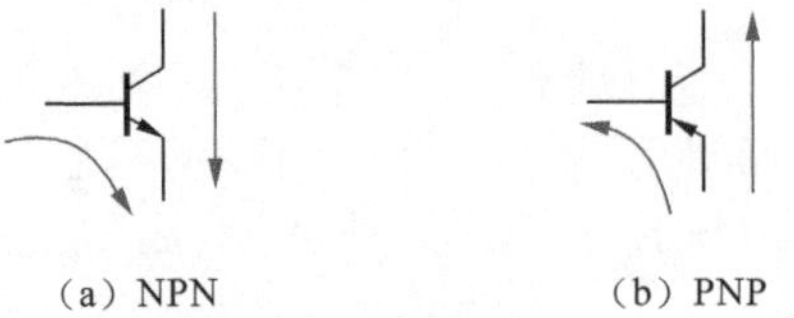

图 2.22　静态电流方向

图 2.23 是各种不同类型的晶体管直流通路。所谓的直流通路，是完整电路中去除信号耦合部分，留下的只影响晶体管直流（静态）状态的那部分电路。利用它可以清晰地计算出静态工作点。注意，图 2.23 中晶体管的 β 均为 100。

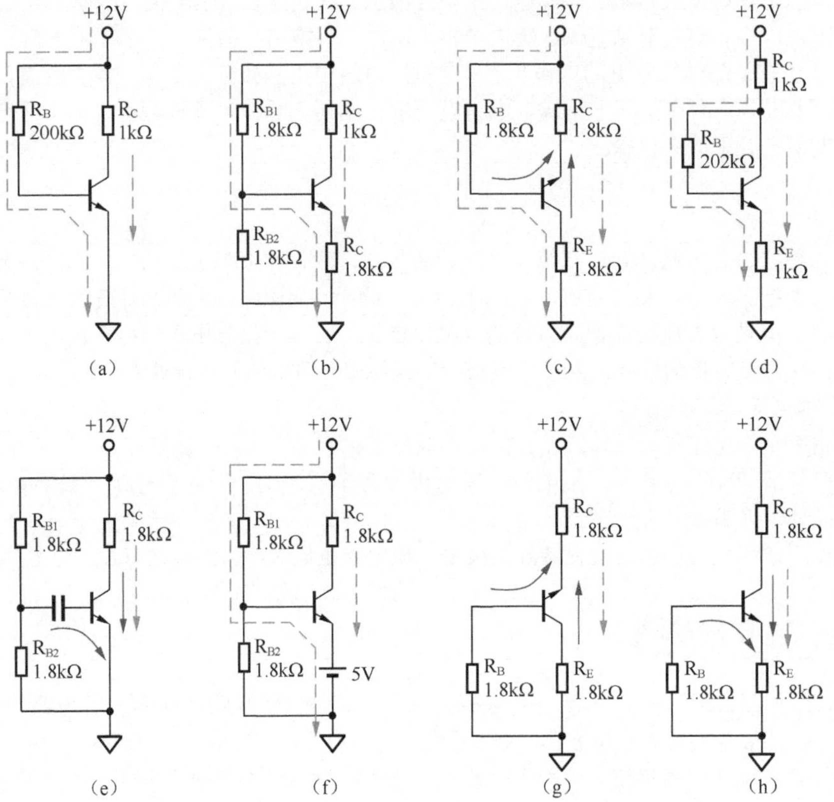

图 2.23　不同类型的晶体管直流通路

可以看出，子图（a）、子图（b）、子图（d）、子图（f）属于放大结构，其余都不是。在这些不是放大结构的电路中，实线为“期望电流方向”，虚线为“电源电流方向”。子图（e）中的电容阻断了基极的电源电流，而子图（g）和子图（h）中不会产生基极电流。

◎根据放大结构判断晶体管工作状态的法则

我们已经学会判断一个电路是否属于放大结构，据此判断一个电路中的晶体管属于哪种工作状态就比较简单了，如图 2.24 所示。

先看图 2.24 左侧，初步判断电路不属于放大结构。此时，如果对调晶体管的 c 和 e，电路变为放大结构，那么此前它一定是倒置状态，因为倒置状态的本质定义为，将放大状态下晶体管的 c 和 e 对调后一定变为倒置状态。

如果对调之后，仍不是放大结构，那么它一定是截止状态。

因此，以目前的能力，无须任何计算，就可以判断截止状态和倒置状态。

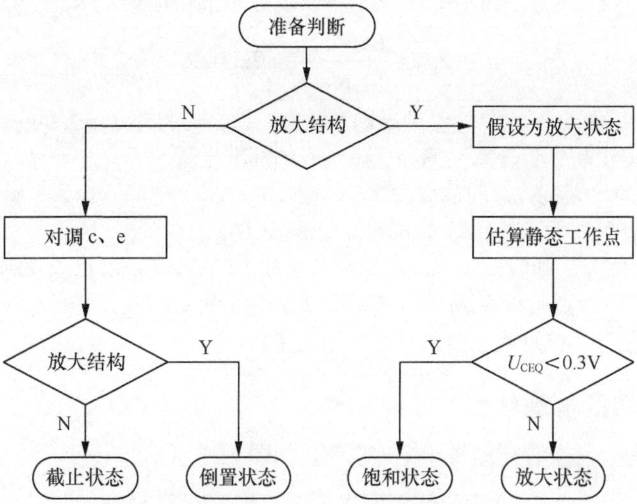

图 2.24 晶体管电路工作状态判断流程

再看图 2.24 右侧。如果电路属于放大结构，那么它一定是放大状态或者饱和状态，到底是哪一种呢？这就需要进行静态估算，即图 2.24 中的“估算静态工作点”。

◎晶体管电路的静态估算

所谓的静态估算，就是用简单的方法大致计算出晶体管电路的静态，包括各支路电流、各节点电位。估算的核心是假设晶体管的 U_{BEQ} 约等于 0.7V。除此之外，所有的计算都依赖于最简单的欧姆定律、基尔霍夫定律。

换句话说，只要你学过电路课，再知道 U_{BEQ}=0.7V，一切估算都不在话下。

在静态估算中，一般要求给出的静态工作点是 I_{CQ} 和 U_{CEQ}。这两个值一旦获得，其工作状态一目了然。

◎图 2.23（a）电路的静态估算

根据图 2.23（a），先求解基极电流。据电路结构，可得：

$$E_C = I_{BQ} \times R_B + U_{BEQ} \tag{2-15}$$

即$12 = I_{BQ} \times 200 + 0.7$，解得 I_{BQ}=56.5μA。

然后，假设晶体管处于放大状态，则 $I_{CQ}=\beta I_{BQ}$=5.65mA，计算得：

$$U_{CEQ} = E_C - I_{CQ}R_C = 6.35\text{V}$$

可以看出，U_{CEQ}>0.3V，此时晶体管的静态工作点位于输出伏安特性图的中间位置，是舒适的放大状态，与假设吻合。

让我们试着把 2.23（a）的电路参数改变一下，让晶体管工作在饱和区，也就是上述假设不成立，看看会出现什么情况。

只改变 R_C，R_C 由原电路的 1kΩ 变为 5kΩ。

那么 I_{BQ} 还是 56.5μA，仍假设晶体管处于放大状态，则：

$$I_{CQ}=\beta I_{BQ}=5.65\text{mA}$$

$$U_{CEQ} = E_C - I_{CQ}R_C = -16.25\text{V}$$

显然，这是一个错误的结论。由于 e 端接地，U_{EQ}=0，U_{CEQ} 其实就是 U_{CQ}，在供电为 0V/12V 的系统中，没有储能元件，U_{CQ} 无论如何都不可能是负电压。问题就出在我们的假设上——假设其工作在放大状态，这是错误的。

电路是放大结构，又不是放大状态，那么晶体管就处于饱和状态，$U_{CEQ}=U_{CES}=0.3V$，据此可得：

$$I_{CQ}=\frac{E_C-U_{CES}}{R_C}=2.34mA$$

因此，当电路中 $R_C=5k\Omega$ 时，晶体管处于饱和状态，$U_{CEQ}=0.3V$，$I_{CQ}=2.34mA$。

至此，我们可以得出晶体管静态估算和状态判断的标准步骤。

（1）依据 $U_{BEQ}=0.7V$，完成 I_{BQ} 的估算。

（2）假设晶体管处于放大状态，即 $I_{CQ}=\beta I_{BQ}$，求解出 U_{CEQ}。

（3）如果 $U_{CEQ}\geqslant 0.3V$，则假设成立，晶体管处于放大状态，I_{CQ} 和 U_{CEQ} 如前所求。

（4）如果 $U_{CEQ}<0.3V$，则假设不成立，晶体管处于饱和状态：U_{CEQ} 强制等于 0.3V，并据此计算出 I_{CQ}。其实此时即使我们计算出这两个值，意义也不大了。

◎图 2.23（b）电路的静态估算

这个电路稍复杂些，需要使用戴维宁定理求解，如图 2.25 所示。

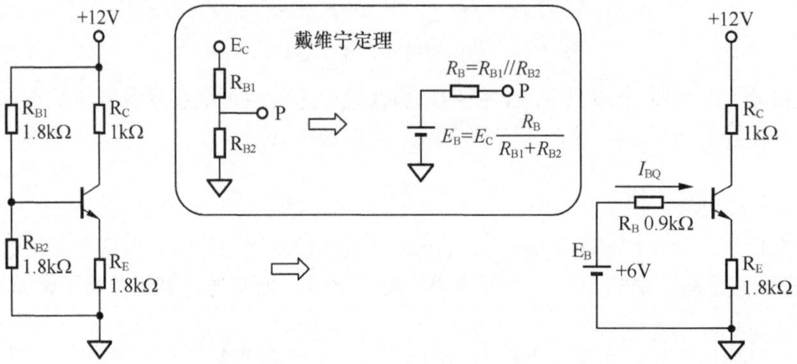

图 2.25　图 2.23（b）的戴维宁等效电路

完成戴维宁等效电路后，利用基尔霍夫电压定律，列出方程：

$$E_B=I_{BQ}R_B+U_{BEQ}+(1+\beta)I_{BQ}R_E \tag{2-16}$$

解得：

$$I_{BQ}=\frac{E_B-U_{BEQ}}{R_B+(1+\beta)R_E}=29.01\mu A$$

根据放大状态下，晶体管基本电流关系：

$$I_{EQ}=(1+\beta)I_{BQ}=2.930mA$$

$$I_{CQ}=\beta I_{BQ}=2.901mA$$

根据欧姆定律，有：

$$U_{EQ}=I_{EQ}\times R_E=5.274V$$

$$U_{CQ}=E_C-I_{CQ}\times R_C=9.099V$$

根据计算得到的 U_{CQ}（集电极对地电位）、U_{EQ}（发射极对地电位），可得：

$$U_{CEQ}=U_{CQ}-U_{EQ}=3.825V$$

$U_{CEQ}>0.3V$，因此上述假设成立，此时晶体管处于放大状态。

同样，大家可以试试，把电路中的 R_{B1} 变为 0.3kΩ，看其能否进入饱和状态，然后计算它的静态工作点。

◎图 2.23（d）电路的静态估算

这个电路的计算，也是先假设电路处于放大状态，设 I_{BQ} 为未知量。注意，此时流过 R_C 的电流等于流过 R_E 的电流，都是 $(1+\beta)I_{BQ}$，列出方程：

$$E_C = I_{BQ}\left(R_B + (1+\beta)(R_C + R_E)\right) + U_{BEQ} \tag{2-17}$$

解得：

$$I_{BQ} = \frac{E_C - U_{BEQ}}{R_B + (1+\beta)(R_C + R_E)} \tag{2-18}$$

$$I_{EQ} = (1+\beta)\frac{E_C - U_{BEQ}}{R_B + (1+\beta)(R_C + R_E)} = \frac{E_C - U_{BEQ}}{\frac{R_B}{(1+\beta)} + R_C + R_E} = 2.825\text{mA}$$

$$I_{CQ} = \frac{\beta}{1+\beta} I_{EQ} = 2.797\text{mA}$$

$$U_{CEQ} = E_C - I_{EQ}(R_C + R_E) = 6.35\text{V}$$

根据上述表达式而不看具体数值，可以得出如下结论：

（1）当$\frac{R_B}{(1+\beta)} \ll R_C + R_E$时，$U_{CEQ} = U_{BEQ} = 0.7\text{V}$；

（2）当$\frac{R_B}{(1+\beta)} = R_C + R_E$时，$U_{CEQ} = 0.5(E_C + U_{BEQ}) = 6.35\text{V}$。

这个电路永远不会出现饱和状态。

举例 1

图 2.26 中 NPN 管的 β=100，PNP 管的 β=567，判断下列电路中晶体管的工作状态。

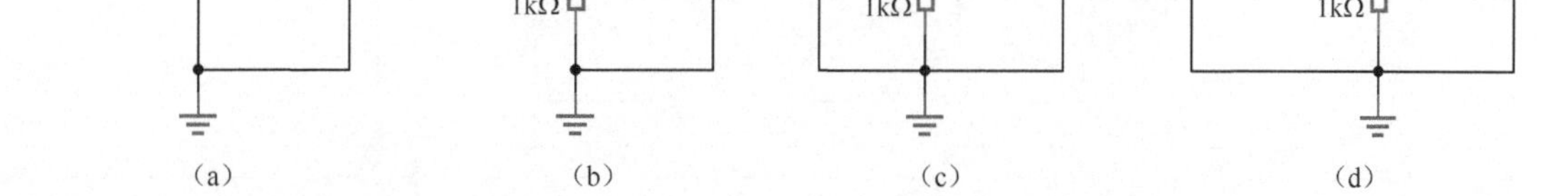

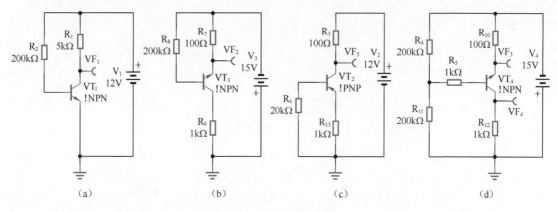

图 2.26 举例 1 电路

解图 2.26（a）：先判断电路是否为放大结构。

在图 2.27（a）中绘出实线箭头表示晶体管的期望电流方向，虚线箭头表示电源电流方向。可以看出，两者是吻合的，因此这个电路属于放大结构。

其次，假设其为放大状态，计算静态工作点。

$$I_{BQ} = \frac{V_1 - U_{BEQ}}{R_2} = 56.5\mu\text{A}$$

$$I_{CQ}=\beta I_{BQ}=5.65\text{mA}$$

$$U_{CEQ}=V_1-I_{CQ}\times R_1=-16.25\text{V}$$

因为计算得到的U_{CEQ}<0.3V，所以该晶体管处于饱和状态。

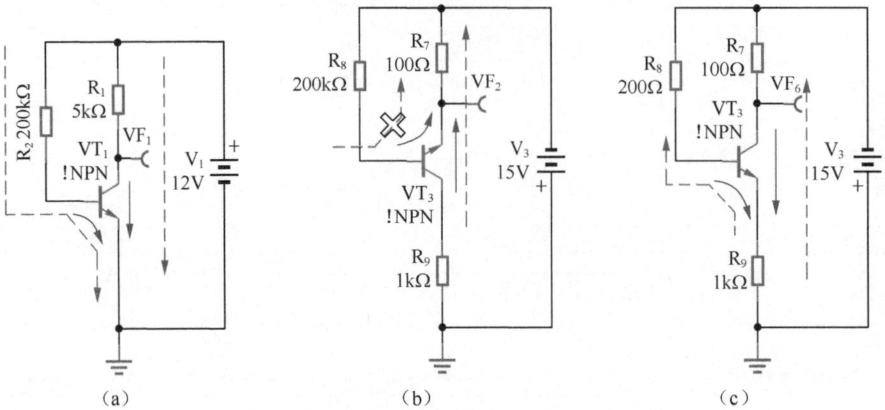

图 2.27　举例 1（解图 2.26（a）和图 2.26（b））

解图 2.26（b）：先判断电路是否为放大结构。原始电路如图 2.27（b）所示，可以看出集电极到发射极电流是吻合的，但是电源无法提供相同的基极电流（图 2.27（b）中画叉回路），因此它不是放大结构。将图 2.27（b）中晶体管的集电极和发射极颠倒，如图 2.27（c）所示，可以看出，两个电流方向均不吻合，仍不是放大结构。根据判断规则，原电路中的晶体管处于截止状态。

解图 2.26（c）：先判断电路是否为放大结构。

解图 2.26（b）时，我们采用的方法是，判断能否由电源产生相同方向的基极电流。本题可采用其他方法：电源通过电阻 R_3、PN 结（集电结）、R_6 形成回路，电流如图 2.28（a）中的虚线所示。此线与实线不吻合，于是得出结论：原图不是放大结构。

将原图中的集电极和发射极颠倒，如图 2.28（b）所示。可以看出，此时两个电流方向都吻合了，是放大结构，根据判断规则，原图电路中的晶体管处于倒置状态。

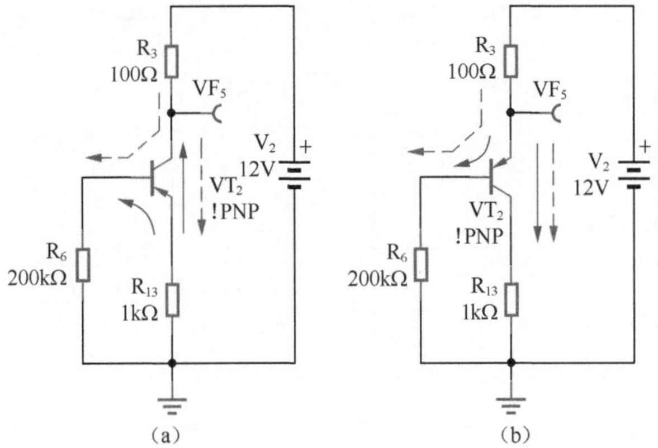

图 2.28　举例 1（解图 2.26（c））

解图 2.26（d）：先判断电路是否为放大结构。基极电源电流如图 2.29 中的虚折线（R_5 左侧是中间电位，R_{10} 顶端是最负电位，因此必然存在如图 2.29 所示的电源电流）所示，与期望电流方向吻合。集电极到发射极电流也吻合，因此，这是一个放大结构。

其次，假设其为放大状态，求解静态。

对 R_4 和 R_{11} 使用戴维宁定理，可得：

$$E_B=V_4\times\frac{R_{11}}{R_{11}+R_4}=-7.5\text{V}$$

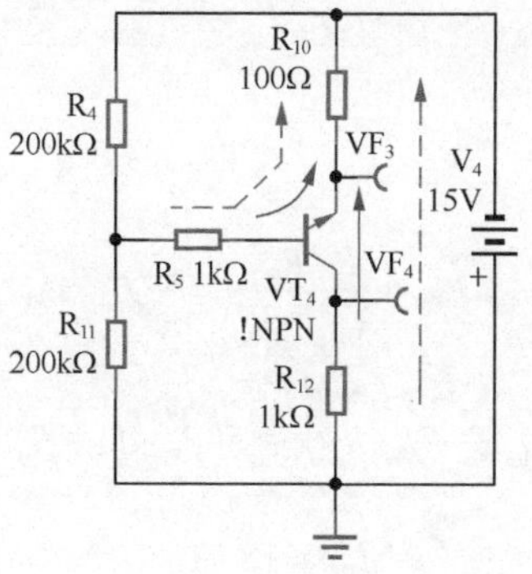

图 2.29　举例 1（解图 2.26（d））

$$R_B = \frac{R_4 R_{11}}{R_{11} + R_4} = 100\text{k}\Omega$$

从基极回路，列出如下等式：

$$E_B - U_{BEQ} - V_4 = I_{BQ}\left(R_B + R_5\right) + I_{EQ}R_{10} \tag{2-19}$$

即：

$$6.8\text{V} = I_{BQ}\left(R_B + R_5 + (1+\beta)R_{10}\right) = I_{BQ}\left(100\text{k}\Omega + 1\text{k}\Omega + 101 \times 100\Omega\right)$$

解得：

$$I_{BQ} = 61.2\mu\text{A}$$

$$I_{CQ} = \beta I_{BQ} = 6.12\text{mA}$$

$$I_{EQ} = (1+\beta)I_{BQ} = 6.18\text{mA}$$

$$U_{CEQ} = 0 - V_4 - I_{CQ} \times R_{12} - I_{EQ} \times R_{10} = 8.262\text{V}$$

因为计算得到的U_{CEQ}>0.3V，所以该晶体管处于放大状态。

举例 2

图 2.30（a）中 PNP 管的β=567，判断电路中晶体管的工作状态，求解静态。

解：先根据原图（图 2.30（a）），画出静态通路，如图 2.30（b）所示（方法是将全部电容去掉，即拔掉，只留下影响晶体管静态的电路）。

其次，分析电路是否为放大结构。画出晶体管的期望电流方向，如图 2.30（b）中的实线所示，画出电源电流方向，如图 2.30（b）中的虚线所示，两者吻合，电路属于放大结构。

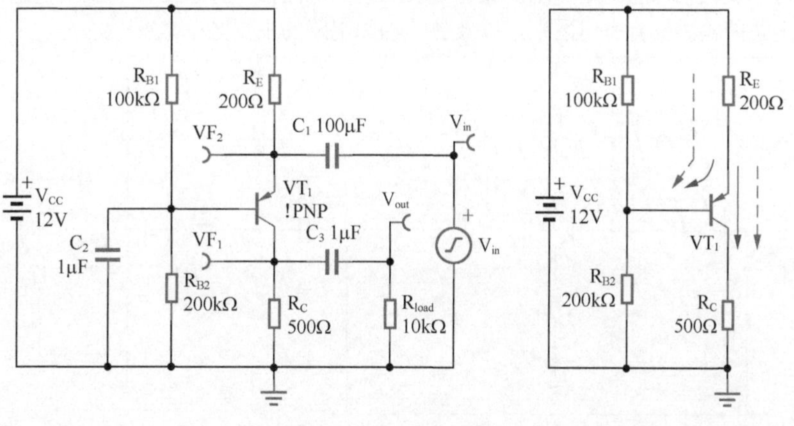

图 2.30　举例 2

最后，假设晶体管处于放大状态，求解静态。

根据戴维宁定理，可得：

$$E_B = V_{CC} \times \frac{R_{B2}}{R_{B1}+R_{B2}} = 8V$$

$$R_B = \frac{R_{B1}R_{B2}}{R_{B1}+R_{B2}} = 66.67k\Omega$$

从基极回路，列出如下等式：

$$V_{CC} - U_{EBQ} - E_B = I_{BQ}R_B + I_{EQ}R_E = I_{BQ}\left(R_B + (1+\beta)R_E\right) = I_{BQ} \times 180.27k\Omega$$

解得：

$$I_{BQ} = 18.31\mu A$$

$$I_{CQ} = \beta I_{BQ} = 10.38mA$$

$$U_{ECQ} = V_{CC} - \beta I_{BQ} \times R_C - (1+\beta)I_{BQ} \times R_E = 12 - 5.190 - 2.080 = 4.73V$$

因为 U_{ECQ} 大于 0.3V，所以晶体管处于放大状态。静态值为 I_{CQ} 和 U_{ECQ}。

学习任务和思考题

（1）求解图 2.23（f）所示电路的晶体管工作状态，并用仿真实验验证。

（2）判断图 2.31 中各个晶体管的工作状态。图 2.31 中 AM 是电流表，内阻为 0。晶体管 β=100。

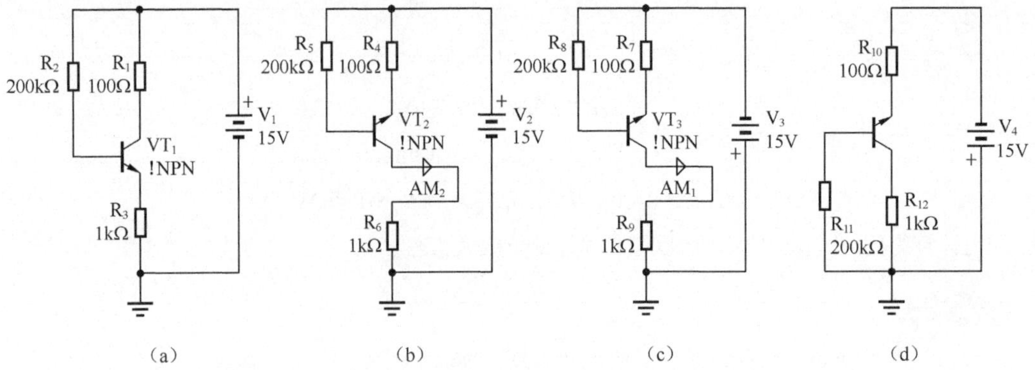

图 2.31　思考题（2）

（3）图 2.32 所示电路中，β=100，请对各个电路（以 V_{outi} 序号为区别）实施判断。

- 在结构上，哪些属于放大电路？
- 对于符合放大结构的电路，求解其静态，判断哪些晶体管静态工作在放大状态？
- 讨论电路的输出耦合有何区别，以及各个相邻电路的主要区别。

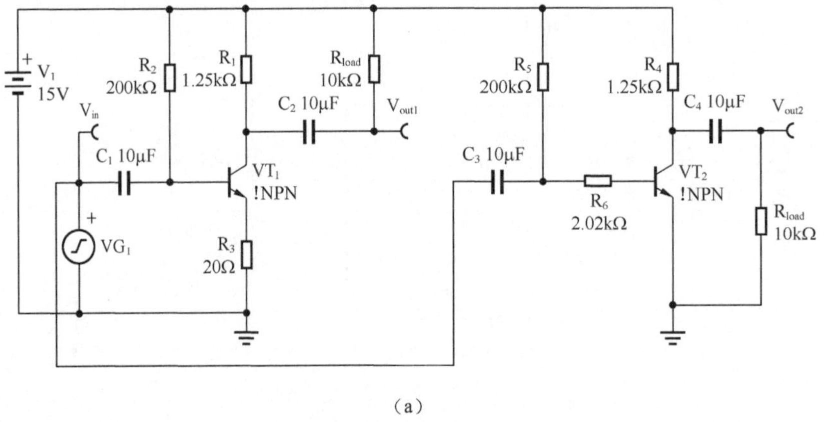

图 2.32　思考题（3）

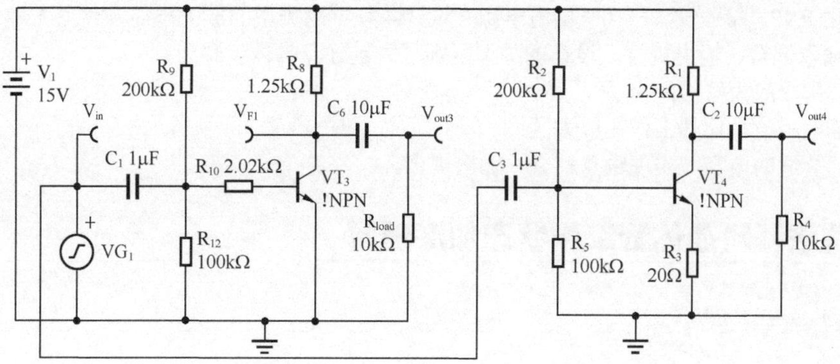

（b）

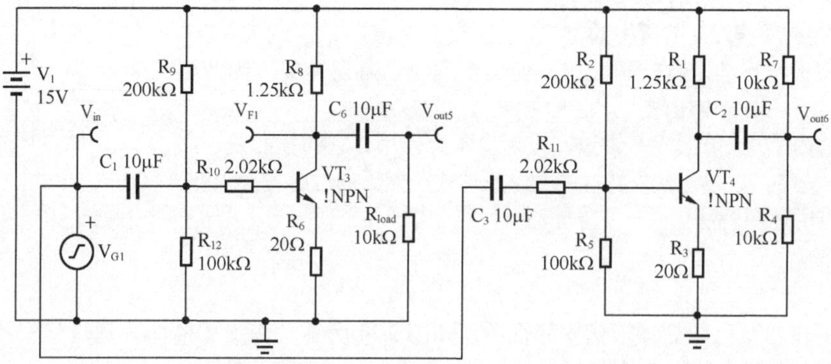

（c）

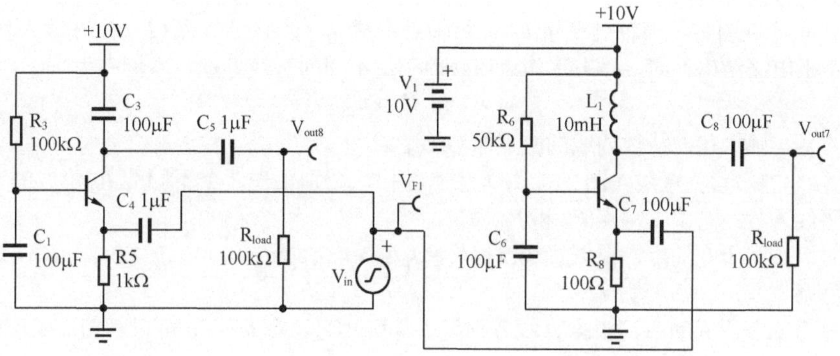

（d）

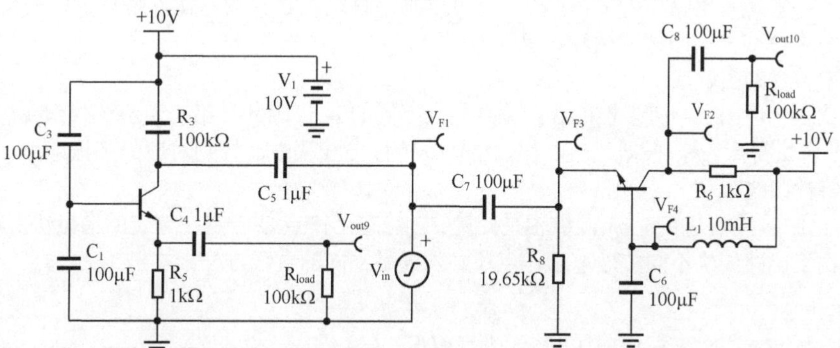

（e）

图 2.32 思考题（3）（续）

025

（4）使用 PNP 型晶体管、+10V 供电电源，设计 4 种不同类型的放大电路，使其工作在放大状态，且能够实现输入耦合、输出耦合。设计的类型区别越大越好。具体步骤为：

- 使其构成放大结构；
- 计算电阻值，使其工作在放大区；
- 增加合适的电容，实现输入耦合、输出耦合。

2.7 图解法，对晶体管工作状态加深理解

◎ 3 种求解方法

电路如图 2.33 所示，求解 I_{BQ2} 和 U_{BEQ2}。有 3 种方法可以解答这个问题：估算法、函数求解法，以及图解法。

- 估算法就是第 2.6 节所用的方法。它的核心是假设 U_{BEQ} 约为 0.7V。一旦使用此假设，后续求解就很简单，但这个假设是有误差的，因此估算结果不太准确。供电电压越大，这种方法的误差越小。
- 函数求解法，前面没有讲过，今后也不会使用。它的核心是，必须知道输入伏安特性、输出伏安特性的数学表达式，然后通过解方程求解。

本节重点讲述图解法。

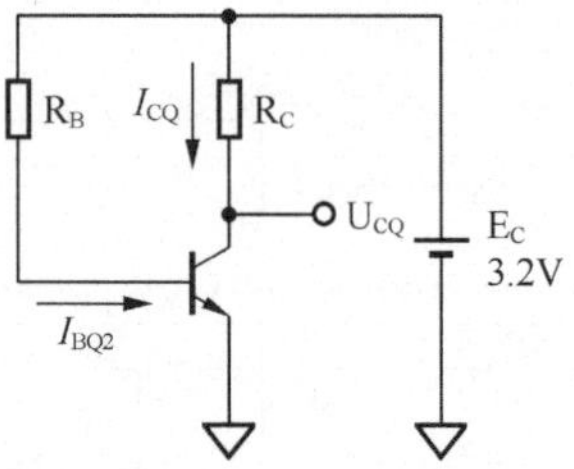

图 2.33　一种静态电路

◎图解法

图解法的核心是已知晶体管伏安特性图，如图 2.34 所示。在图 2.34 中，通过伏安特性曲线和另一直线的交点，求解静态工作点的位置，然后目测结果。具体方法如下。

输入伏安特性的图解法

在输入伏安特性图中，横轴是变量 u_{BE}，纵轴是变量 i_B，静态工作点 Q 一定在输入伏安特性曲线上。同时，由于电路结构不同，静态工作点还必须满足不同的直线方程，本例中为：

$$E_C = i_B R_B + u_{BE} \tag{2-20}$$

该直线方程与输入伏安特性曲线的交点即 $Q(U_{BEQ}, I_{BQ})$。

图 2.34（a）中，紫色直线（图 2.34（a）中有 3 根，分别代表 3 个不同的 R_B 形成的 $Line_0$、$Line_1$、$Line_2$）即该直线方程，它由关键点 P_A 和 P_B 决定。

- P_A 是纵轴等于 0 的点，根据直线方程$E_C = i_B R_B + u_{BE}$，令i_B=0 可以解得$u_{BE} = E_C$，该点为图 2.34（a）中的红色点。
- P_B 是横轴等于 0 的点，根据直线方程$E_C = i_C R_C + u_{CE}$，令 $u_{BE} = 0$ 可以解得 $i_B = E_C/R_B$，根据 R_B 取值的不同，该点为图 2.34（b）中的 3 个绿色点 P_{B0}、P_{B1}、P_{B2}。

因此，只要知道了电路中的 E_C 和 R_B，就可以画出直线，它与输入伏安特性曲线的交点就是输入伏安特性图中的 Q 点，肉眼读取横轴、纵轴值即可。

输出伏安特性的图解法

在输出伏安特性图中，有多根曲线，分别代表不同的 I_{BQ}。因此，第一步应该找到我们需要的那根曲线：使用图解法得到 I_{BQ}，根据此值，在输出伏安特性曲线簇中，找到对应的那根即可，此线即选定的输出伏安特性曲线。

图 2.34(b)中，横轴是变量 u_{CE}，纵轴是变量 i_C，静态工作点 Q 一定在选定的输出伏安特性曲线上。同时，由于电路结构不同，静态工作点还必须满足不同的直线方程，本例中为：

$$E_C = i_C R_C + u_{CE} \tag{2-21}$$

该直线方程与输入伏安特性曲线的交点即 $Q(U_{CEQ}, I_{CQ})$。

图 2.34（b）中，紫色直线即该直线方程，它由两个关键点 P_A 和 P_B 决定。

- P_A 是纵轴等于 0 的点，根据直线方程$E_C = i_C R_C + u_{CE}$，令 $i_C = 0$ 可以解得$u_{CE} = E_C$，该点为图 2.34（b）中的红色点。

- P_B 是横轴等于 0 的点，根据直线方程 $E_C = i_C R_C + u_{CE}$，令 $u_{CE} = 0$ 可以解得 $i_C = E_C/R_C$，该点为图 2.34（b）中的绿色点。

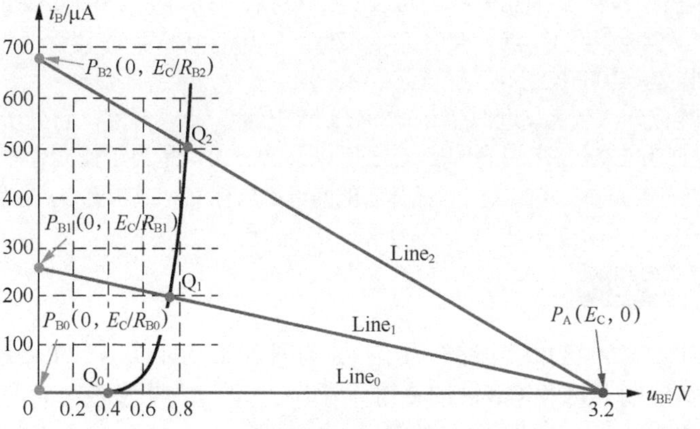

（a）输入伏安特性曲线

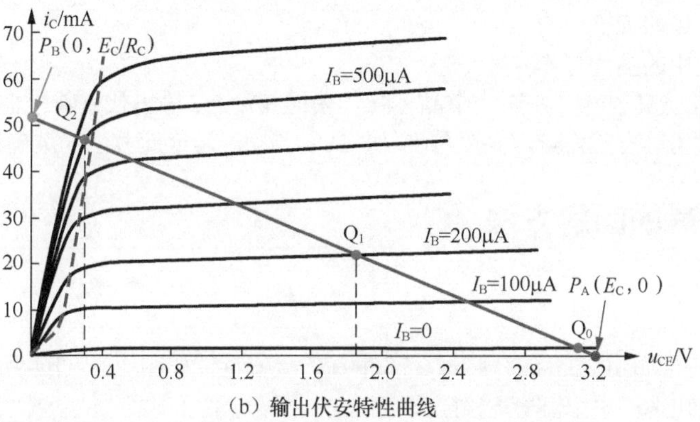

（b）输出伏安特性曲线

图 2.34 图解晶体管工作状态

因此，只要知道了电路中的 E_C 和 R_C，就可以画出直线，它与选定输出伏安特性曲线的交点就是输出伏安特性图中的 Q 点，肉眼读取横轴、纵轴值即可。

◎在图中看 3 种工作状态的切换

这些准备工作做完了，下面我们来看如何让这个电路工作在 3 种不同的状态。

假设电路中 E_C=3.2V，R_C=61.9Ω，晶体管 β=100。我们来分析如何改变 R_B 的值，让晶体管在 3 种状态中切换。

（1）状态 1：选择 R_{B1}=12.4kΩ。

在输入伏安特性图上，标注两个关键点以实现直线方程绘图。关键点 $P_{B1}(0, E_C/R_{B1})$=(0, 258μA)，关键点 P_A(3.2V, 0)，连接两点，绘出直线 $Line_1$。

该直线与输入伏安特性曲线相交于图中的 Q_1 点，Q_1 即状态 1 的静态工作点。读取该点信息，得 I_{BQ1}=200μA，U_{BEQ1}=0.75V。

在输出伏安特性图中找到 I_{BQ1}=200μA 的曲线。

在输出伏安特性图中标注两个关键点，$P_B\ (0, E_C/R_C)$=(0, 51.7mA)，P_A (3.2V, 0)，连接两点，绘出直线。该直线与输出伏安特性中 I_{BQ1}=200μA 的曲线的交点为 Q_1。读取该点信号，得 I_{CQ1}=20mA，U_{CEQ1}=1.73V。

可以看出，此工作点位于输出伏安特性图中的放大区。

（2）状态 2：选择 R_{B2}=4.75 kΩ。

减小 R_B，会使 I_{BQ} 增大，如果晶体管可以产生相应的 $I_{CQ}=\beta\times I_{BQ}$，那么晶体管永远不会进入饱和状态。但是遗憾的是，晶体管所能产生的集电极电流最大不会超过 3.2V 除以 R_C，因此，总会出现 I_{BQ} 不断增大，但 I_{CQ} 不再跟着增大的情况，这就是饱和状态。

利用上述方法，在输入伏安特性曲线上可以找到 Q_2 点，此时 I_{BQ2}=500μA，U_{BEQ1}=0.82V。转移到输出伏安特性曲线上，也能找到 Q_2 点，此时 I_{CQ1}=47mA，U_{CEQ1}=0.3V，晶体管处于饱和状态。

（3）状态 0：选择 R_{B0}=100MΩ。

这是一个极大的电阻，大到 I_{BQ0} 近似为 0，如图 2.34 中的 Q_0 点。显然，它处于截止状态。此时，I_{CQ0} 近似为 0，而 U_{CEQ0} 近似为 3.2V。图 2.34 中 U_{CEQ0} 之所以不是 3.2V，是为了让读者看清楚 I_B=0 时，I_C 有漏电流存在，这根线画得有点偏高，实际上一般晶体管的漏电流只有 1μA 或者更小，在图中几乎显现不出来。

学习任务和思考题

（1）图 2.33 所示电路中，已知原电路静态工作点为图 2.34 中的 Q_1 点。书中解释了改变 R_B 导致静态工作点由放大区移动到截止区和饱和区的原因。请思考，改变如下参数，能否实现类似的工作点移动，让其进入饱和区和截止区，并用图解法解释。

- 改变图 2.33 中的 R_C。
- 改变图 2.33 中的 E_C。
- 改变图 2.33 中的晶体管 β。

（2）用 TINA-TI 仿真软件，任选一个晶体管，获得其输入 / 输出伏安特性曲线，然后自制一个简单电路，用图解法解得静态工作点，并用仿真软件的实测功能验证此方法的准确性。

2.8 两部件串联的图解方法

◎问题起源

部件 A 的伏安特性如图 2.35（a）所示，部件 B 的伏安特性如图 2.35（b）所示。将这两个部件连接成如图 2.36 所示的电路，用图解法求解电路输出。

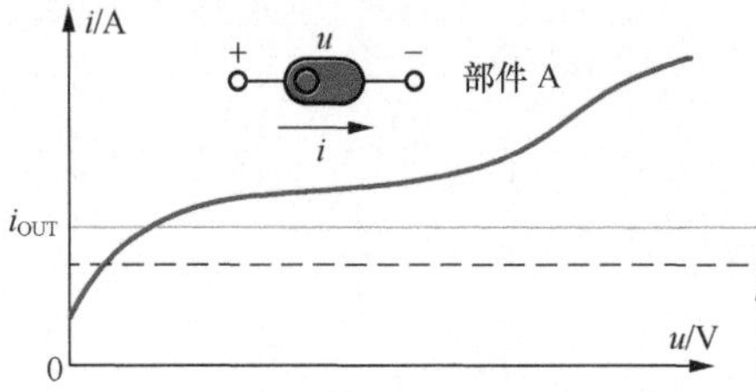

（a）部件 A 的伏安特性

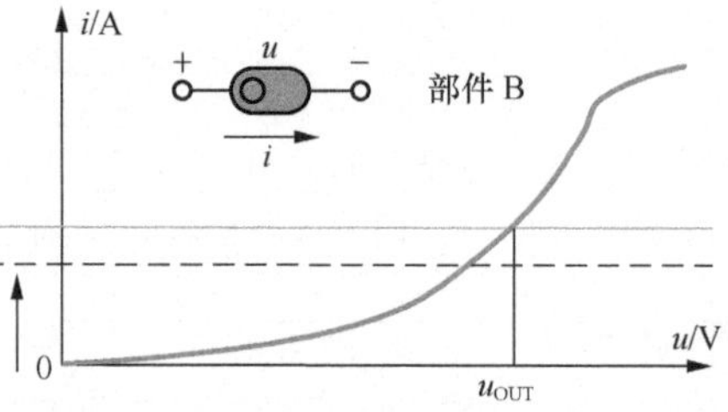

（b）部件 B 的伏安特性

图 2.35　部件 A 和 B 的伏安特性

当两个部件的伏安特性不能用数学函数表达，或者即便能用数学函数表达，也难以解出方程时，获得答案是困难的。而图解法则是万能的，一般的方法如下。

在图 2.35 中启用一根浅蓝色横线，由 0 开始上升，此时它与两根曲线都有交点，当交点横坐标之和等于输入电压 u_I 时，停止浅蓝横线的上升，此时部件 B 的电压即输出值。但这种方法比较笨，也不直观。

本节教授一种新方法。

在电路中，输出电压是部件 B 两端的电压。因此，以部件 B 的伏安特性曲线为基础，在图中找到横轴等于 u_I 的位置，以此位置为中心，将部件 A 的伏安特性曲线实施横向镜像，绘制在原图中，此时，两根曲线一定会有一个交点。此交点的横轴坐标即输出电压，纵轴就是输出电流，如图 2.37 所示。

◎以二极管和电阻串联为例

二极管和电阻的串联电路如图 2.38 所示，求解输出电压和输出电流。

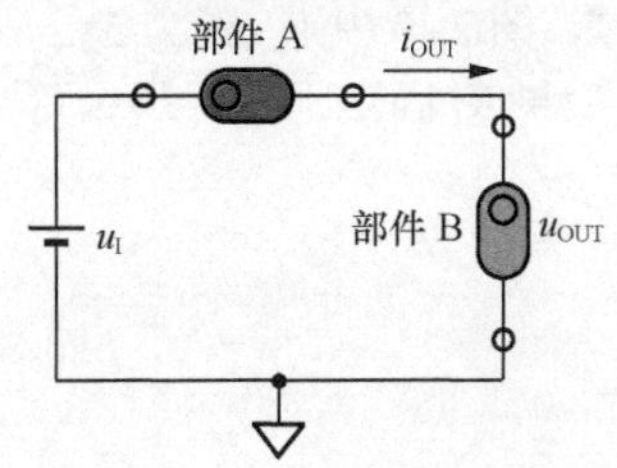

图 2.36　两个部件串联电路

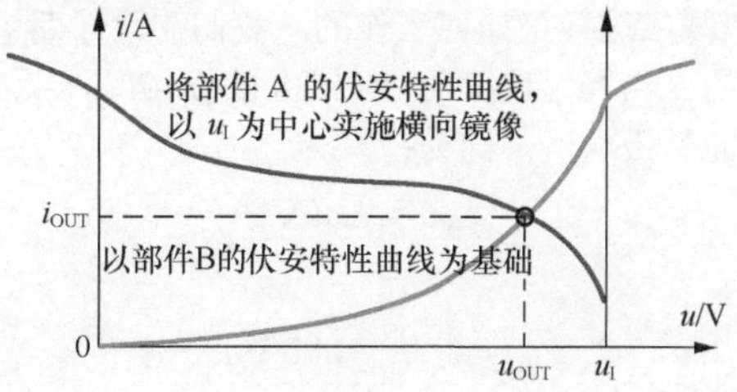

图 2.37　串联电路图解法

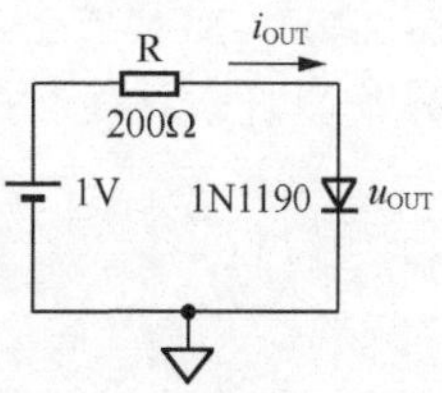

图 2.38　二极管和电阻的串联电路

用 TINA-TI 仿真软件，获得二极管 1N1190 的伏安特性，如图 2.39 左侧所示，在右侧手动延长横轴，找到 1V 位置。绘制 200Ω 电阻的伏安特性的镜像线，如图 2.39 所示。两线交点为图 2.39 的黑色小圆圈，肉眼可以大致读出：u_{OUT}=463mV，i_{OUT}=2.7mA。

此即答案。

为了验证此方法的正确性，用 TINA-TI 对此电路实施了仿真，结果为：u_{OUT}=464.21mV，i_{OUT}=2.68mA。与图解法可以很好地吻合。

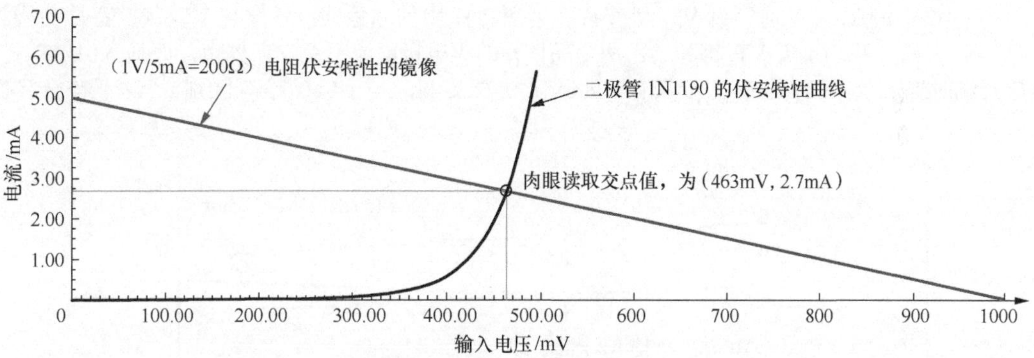

图 2.39　图 2.38 电路的图解法

◎以两个晶体管串联为例

对于初学者来说，图 2.40 是一个新颖电路。一个 NPN 管，头顶一个 PNP 管，怪怪的。先看 VT_1，R_1 是给 VT_1 提供偏置的，让 VT_1 管存在基极电流，如果没有 R_2 和 VT_2，而将一个电阻 R_C 放置在 VT_1 的集电极和 10V 电源之间，这就是一个传统的两电阻晶体管静态电路。从这个角度看，很显然，VT_2 和 R_2 的组合是为了代替传统电路中的 R_C。事实也确实如此，本书第 4.1 节会细致描述以这个电路为静态通路的放大电路。

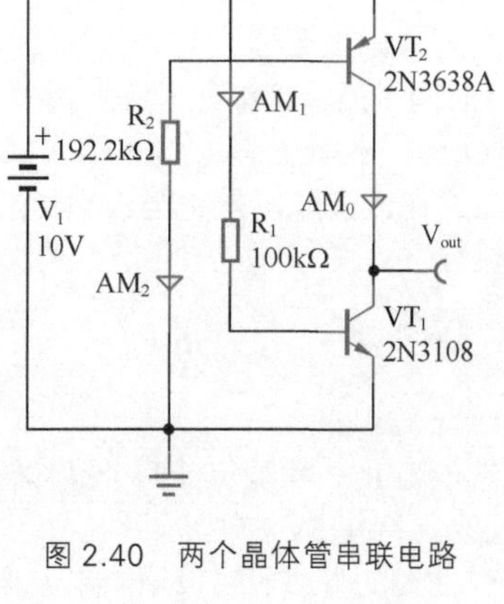

图 2.40　两个晶体管串联电路

本节先关注这两个晶体管串联成这样是如何工作的。我们的设计期望是，图 2.40 中 V_{out} 约为 5V。

图 2.40 中 NPN 管 2N3108 的 β_1=126，PNP 管 2N3638 的 β_2=206，此时如果 R_1 固定不变，那么可以求解出 NPN 管具有一个确定的基极电流，约为：

$$I_{BQ1} \approx 93\mu A$$

则：

$$I_{CQ1} = \beta_1 I_{BQ1} \approx 11.7mA$$

同样，可以求解出 PNP 管电流：

$$I_{CQ2} = \beta_2 I_{BQ2} \approx 9.96mA$$

而电路中有一个事实原则，那就是两个晶体管的集电极电流必须相等，而理论分析时却不相等，这是怎么回事？换句话说，这个电路中，两个晶体管的地位是完全相同的，各自有各自的偏置电路，存在各自的基极电流，也有各自的 β，但到了要求它们的集电极电流相等时，谁屈从谁呢？

其实，它们谁都没有屈从谁。最终的电流是两者妥协的结果。用图解法可以清晰地说明这一点。

首先，我们将 VT_1 的输出伏安特性曲线绘制在图 2.41 中，为红色曲线——这是一根 R_1=100kΩ、I_{BQ1}=93.25μA（仿真实测值）的曲线。按照上述方法，将 VT_2 的输出伏安特性曲线镜像在图中：任选一个 R_2，比如 300kΩ，此时得到 VT_2 伏安特性为图 2.41 中的绿色线，该线与 VT_1 伏安特性曲线相交于 Q_1 点。此时，我们发现 VT_1 饱和了，两个晶体管的集电极电流不受 VT_1 约束，而基本由 VT_2 控制，但是，此时 V_{out}，即 VT_1 的 U_{CEQ1}，只有 108mV（仿真实测，与手绘图略有区别）。这不符合我们的要求。

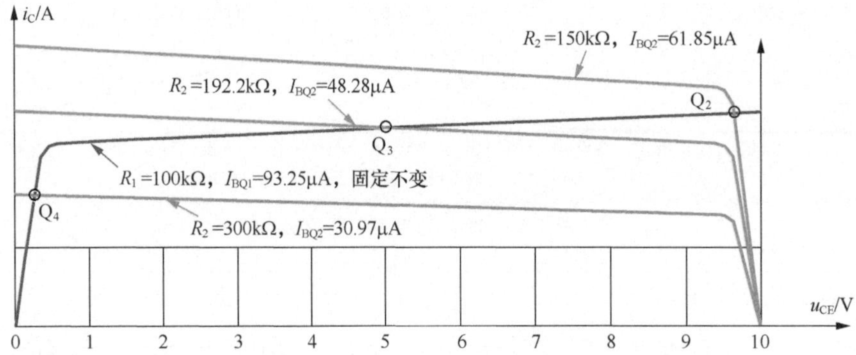

图 2.41　两个晶体管串联的图解分析

此时，减小 R_2 的值以增加 I_{BQ2}，可以使交点向上、向右移动。于是将 R_2 由 300kΩ 变为 150kΩ，绿色的 VT_2 伏安特性曲线上移了，交点变为 Q_2。此时，VT_2 饱和了，两个晶体管的集电极电流不受 VT_2 约束，而基本由 VT_1 控制。但是，此时 V_{out}，即 VT_1 的 U_{CEQ1}，接近 10V。这也不符合我们的要求。

用牛顿迭代法总能找到合适的 R_2，让绿色线与红色线的交点的电压约为 5V。在此例中，R_2=192.2kΩ，交点为图 2.41 中的 Q_3，此时两个晶体管都处于放大状态，U_{CEQ1}=5.03V。

能够看出，让静态工作点位于 Q_3 是一件比较困难的事情。好在两根曲线都有明显的向上倾斜趋势（u_{CE} 越大，i_C 越大），如果两根曲线在放大区，是完全水平的，即 i_C 完全不受 u_{CE} 影响，那么在理论上是无法找到这个交点的。

学习任务和思考题

（1）在图 2.40 中，需要小心遴选电阻 R_2，才能保证两个晶体管都处于放大状态。这在实际应用中很难做到。有什么办法能够让 V_{out} 自动保持在 5V 左右？

（2）在图 2.42 中，输出伏安特性曲线的直线段可以用斜率 k 来描述其向上倾斜的程度。假设静态

工作点处于图中 Q_1 点。当 VT_1 曲线保持斜率 k_1 不变，发生了纵向变化 Δy 时，会导致交点变为 Q_2 点，产生了横向变化 Δx，如图 2.42 所示。求：$A=\dfrac{\Delta x}{\Delta y}$，用两个曲线的斜率表示。

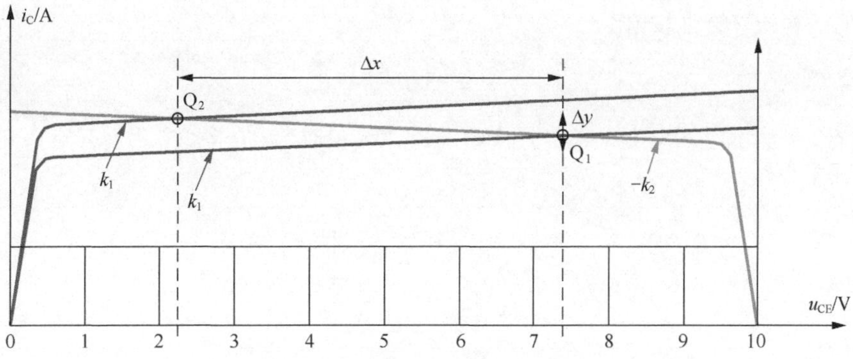

图 2.42　思考题（2）伏安特性曲线

2.9 | 动态求解方法——以硅稳压管为例

本节之前，我们完成了 3 个任务。第一，学习了晶体管的伏安特性和基本原理；第二，了解了晶体管具有 4 种工作状态，知道了静态的重要性，学会了计算放大电路的静态工作点，并能够准确判断晶体管在电路中的工作状态；第三，知道了输入信号如何耦合到放大电路。

但是，将一个输入正弦波电压（其幅度为 1mV）耦合到一个确定的放大电路中后，它的输出电压幅度是多少？我们还不会计算。

本节将解决这个问题。这就涉及一种新的分析方法——动态求解法。

我们以硅稳压管为例，看看动态求解法的原理和好处。

◎硅稳压管介绍

硅稳压管是一种特殊二极管。它的正向特性与普通二极管相似，在反向特性中，它具有稳定、明显的击穿曲线。由于它在正常使用中工作在反向击穿状态，本书在不改变其阳极、阴极定义的前提下，将其电压和电流方向取反，在此情况下，其工作曲线如图 2.43 中的粗曲线所示。

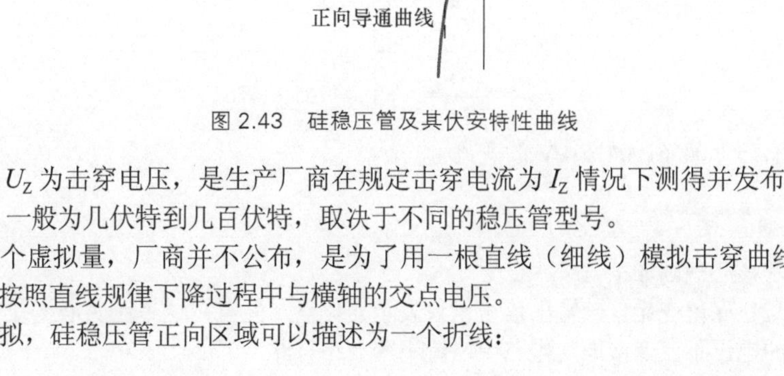

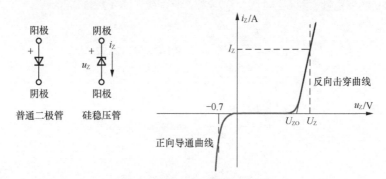

图 2.43　硅稳压管及其伏安特性曲线

图 2.43 中，U_Z 为击穿电压，是生产厂商在规定击穿电流为 I_Z 情况下测得并发布的，是硅稳压管的重要指标。U_Z 一般为几伏特到几百伏特，取决于不同的稳压管型号。

而 U_{ZO} 是一个虚拟量，厂商并不公布，是为了用一根直线（细线）模拟击穿曲线而专门定义的，指反向击穿曲线按照直线规律下降过程中与横轴的交点电压。

按此近似模拟，硅稳压管正向区域可以描述为一个折线：

$$\begin{cases} i_Z = 0, \; u_Z < U_{ZO} \\ i_Z = \dfrac{u_Z - U_{ZO}}{r_Z}, \; u_Z \geqslant U_{ZO} \end{cases} \tag{2-22}$$

其中，r_Z 被称为稳压管的动态电阻。

◎任务

电路如图2.44所示。其中，U_{ZO}=8V，r_Z=10Ω。问，当u_i=0时，u_Z是多少？当u_i有 ±1V 的变化量时，u_Z 的变化量是多少？

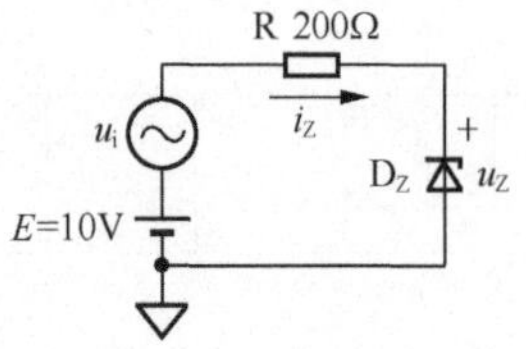

图 2.44　任务电路

首先，解答第一问。我们发现，这是一个器件伏安特性与一个直线方程的交点问题，直线方程如下：

$$E + u_i = i_Z \times R + u_Z \tag{2-23}$$

与式（2-22）联立求解，得：

$$E = \frac{u_Z - U_{ZO}}{r_Z} R + u_Z \tag{2-24}$$

$$u_Z = \frac{E + \dfrac{R}{r_Z} U_{ZO}}{1 + \dfrac{R}{r_Z}} \tag{2-25}$$

代入数值得：

$$u_Z = 8.095\text{V}$$

◎笨办法解答第二问

若 u_i 有 ±1V 的变化量，则 E_{max}=11V，E_{min}=9V，分别代入式（2-25）得：

$$u_{Zmax} = \frac{E_{max} + \dfrac{R}{r_Z} U_{ZO}}{1 + \dfrac{R}{r_Z}} = 8.142857142857\text{V}$$

$$u_{Zmin} = \frac{E_{min} + \dfrac{R}{r_Z} U_{ZO}}{1 + \dfrac{R}{r_Z}} = 8.047619047619\text{V}$$

$$\Delta u_Z = \frac{u_{Zmax} - u_{Zmin}}{2} = 0.047619047619\text{V}$$

因此，u_Z 具有 ±0.047619047619V 的变化量。

◎动态求解法解答第二问

动态求解法的核心规则如下。

（1）输入信号只保留变化量，输出信号也只表示变化量（注意，这里不关心变化量频率）。

（2）电路中的电压不变点接地，电路中电流不变支路开路。

（3）电路中的某个元件在某个范围内可以用直线表示其伏安特性，且在输入变化过程中，该元件的工作点始终在直线上，则该元件可以用其动态电阻代替。

按照上述规则形成的新电路被称为原电路的动态等效电路。

据此，画出图 2.45 所示的动态等效图，可以立即计算出结果如下：

$$\Delta u_Z = \frac{r_Z}{R + r_Z}\Delta u_i = 0.047619047619\text{V}$$

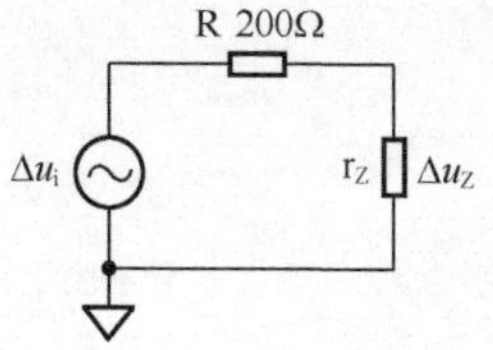

图 2.45　图 2.44 的动态等效图

这与前述的笨办法求解的结论完全一致。

◎为什么电压不变点接地？

动态分析的核心任务是在一个线性系统（或者微变情况下的线性系统）中，求解输入的变化量如何影响输出变化量。但是在动态等效图中，为什么可以将电压不变点做接地处理呢？

对图 2.46（a）所示的线性系统，它有一个输入，称为 u_I，输出称为 u_O，当输入存在变化量时，可以表示为：

$$u_I = U_I + u_i \tag{2-26}$$

其中，U_I 是输入中固定不变的量，而 u_i 是输入中的变化量。

图 2.46 中，U_1、U_2、U_3 是整个电路中的电压不变点，无论它们是外部接入的，还是内部形成的。在线性系统中，整个输出均可表示为：

$$u_O = mu_I + m_1U_1 + m_2U_2 + m_3U_3 = U_O + u_o \tag{2-27}$$

在一个线性系统中，可以使用叠加原理：

$$u_O = u_{O\_ui} + u_{O\_UI} + u_{O\_U1} + u_{O\_U2} + u_{O\_U3} \tag{2-28}$$

其中，u_{O_ui} 代表仅有纯粹的变化量 u_i 作为输入时产生的输出，u_{O_UI} 代表仅有 U_I 作为输入时的输出，u_{O_uI}代表仅有 U_1 作为输入时的输出。可以看出，后 4 项不会产生任何变化量输出。因此，输出变化量为：

$$u_o = u_{O\_ui} \tag{2-29}$$

即仅当输入变化量存在时的输出。而在叠加原理应用中，求解仅有 u_i 存在时的输出，需要将全部其他输入做接地处理。因此，就形成了图 2.46（b）所示的动态电路。

这就是为什么。

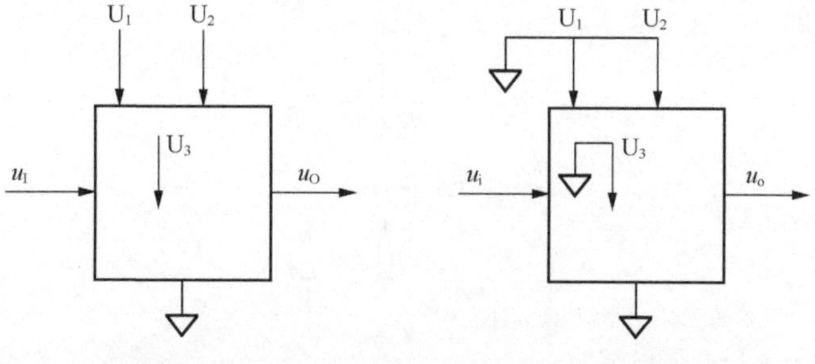

（a）静态电路　　（b）动态电路

图 2.46　静态电路和动态电路

◎动态求解法举例

动态求解法的电路如图 2.47 所示。当 U_I 的变化量为 u_i 时，求 U_O 变化量的表达式。

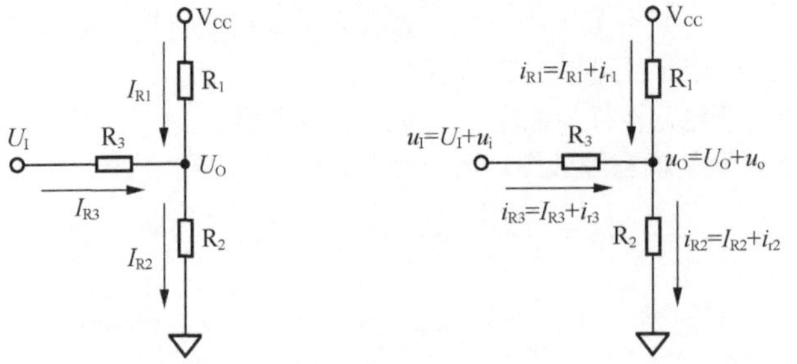

（a）输入不变化　　　（b）输入存在变化

图 2.47　动态求解法的电路

读者可以先按照笨办法求解：写出输入为 U_I 时的 U_O 表达式，再写出输入为 U_I+u_i 时的 U_O 表达式，两者相减即可得到结果。

使用叠加原理，此电路输出受两个输入影响，即 u_I 和 V_{CC}，则有如下结论。

u_I 单独作用时，将 V_{CC} 接地，得：

$$u_{O\_uI}=u_I\times\frac{R_1//R_2}{R_1//R_2+R_3} \tag{2-30}$$

V_{CC} 单独作用时，将 u_I 接地，得：

$$u_{O\_VCC}=V_{CC}\times\frac{R_3//R_2}{R_3//R_2+R_1} \tag{2-31}$$

根据叠加原理，总输出为：

$$u_O=u_{O\_uI}+u_{O\_VCC}=u_I\times\frac{R_1//R_2}{R_1//R_2+R_3}+V_{CC}\times\frac{R_3//R_2}{R_3//R_2+R_1} \tag{2-32}$$

当输入没有变化量时，u_I=U_I，即一个不变的电压，则有：

$$u_{O1}=U_I\times\frac{R_1//R_2}{R_1//R_2+R_3}+V_{CC}\times\frac{R_3//R_2}{R_3//R_2+R_1} \tag{2-33}$$

当输入存在变化量时，u_I=U_I+u_i，即一个不变的电压加上一个变化量，则有：

$$u_{O2}=\left(U_I+u_i\right)\times\frac{R_1//R_2}{R_1//R_2+R_3}+V_{CC}\times\frac{R_3//R_2}{R_3//R_2+R_1} \tag{2-34}$$

将两个输出表达式直接相减，得到的就是输出存在的变化量，用小写 u_o 表示：

$$u_o=u_{O2}-u_{O1}=u_i\times\frac{R_1//R_2}{R_1//R_2+R_3} \tag{2-35}$$

这样求解，看起来还是比较麻烦的 。如果按照动态求解法，就会非常简单。

画出动态等效电路，如图 2.48 所示。直接写出答案：

$$u_o=u_i\times\frac{R_1//R_2}{R_1//R_2+R_3} \tag{2-36}$$

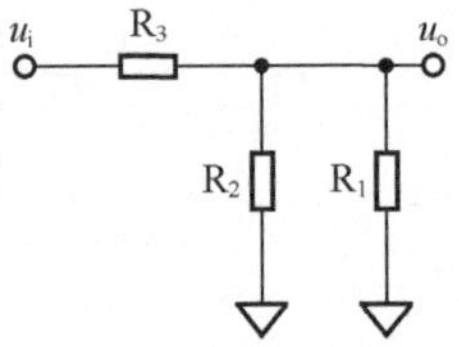

图 2.48　图 2.47 的动态等效电路

2.10 | 双极型晶体管的动态模型——微变等效模型

以上述动态求解方法为基础，可以获得晶体管的动态模型。所谓的动态模型是指一个新的电路结构，它由我们熟悉的电路元器件组成，包括电阻、电容、电感、电源、受控源等，针对动态输入，也就是输入的变化量，该电路结构可以客观表征原晶体管各个节点电压和支路电流的变化量。

比如，一个稳压管包括击穿电压、击穿后的曲线斜率等信息，如果用基本电路元件去完整描述它，需要较多元件。但是在击穿状态下，它可以被描述成一个只表征击穿曲线斜率的电阻 r_Z，当电压发生 Δu_Z 的变化量时，一定会出现 Δi_Z 的电流变化量，且有：

$$\Delta i_Z = \frac{\Delta u_Z}{r_Z} \tag{2-37}$$

动态模型是完整模型的简化，有助于简化动态结果的求解过程，但只对动态输入，即输入变化量有效。

下面看看如何构造晶体管的动态模型。

对于晶体管低频动态模型，使用电阻、受控电流源即可实现，它客观描述如下动态变化过程：

- u_{BE} 的变化量会导致 i_B 产生多大的变化量；
- i_B 的变化量会导致 i_C 产生多大的变化量。

晶体管的高频模型（包括电容器）用于描述上述变化量关系在高频时的改变。理论上，晶体管的高频模型涵盖了高频、低频，低频模型只是高频模型的一个子集。但是，针对低频信号，使用相对简单的低频模型就足够了。因此，本节只研究低频模型。

假设如图 2.49 所示的电路具有合适的静态工作点。当把输入信号耦合到电路中时，晶体管的信号传递过程体现在如下几个环节。

◎从 Δu_{BE} 到 Δi_B

在静态工作点 Q_1，u_{BE} 存在静态值，在此基础上，信号的作用使得 u_{BE} 产生了峰值为 Δu_{BE} 的变化量，进而引起 i_B 产生峰值为 Δi_B 的变化量。这个环节可以用一个动态电阻 r_{be1} 来近似表述。从图 2.50 来看，Q_1 点的动态电阻理论上就是该点切线斜率的倒数。当输入变化量 Δu_{BE} 非常小时，用图 2.50 中的虚线来近似描述输入伏安特性曲线在 Q_1 处的一小段是非常吻合的。

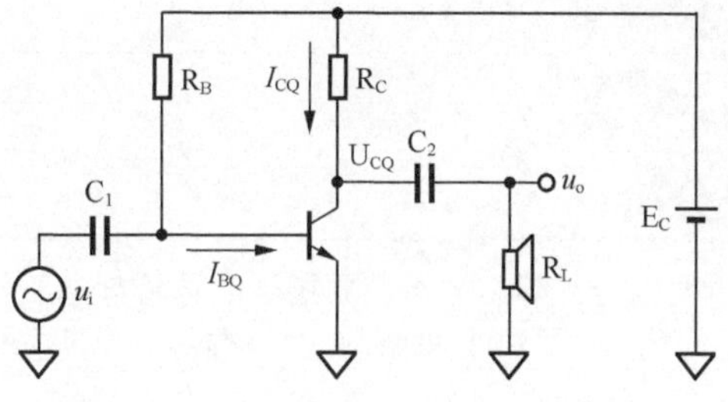

图 2.49　实现输入、输出耦合的放大电路

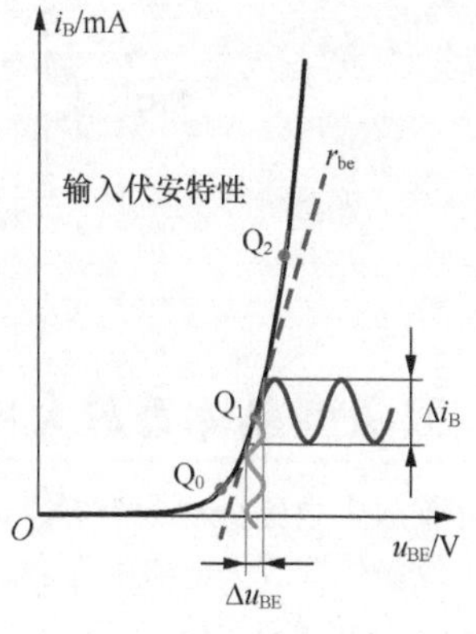

图 2.50　输入伏安特性的微变等效

对于输入伏安特性中的任何一个静态工作点，有：

$$r_{be} = \lim_{\Delta u_{BE} \to 0} \frac{\Delta u_{BE}}{\Delta i_B} = \frac{1}{\frac{di_B}{du_{BE}}} \tag{2-38}$$

在不同的静态工作点处，动态电阻是不同的，研究发现，在放大状态下，Q_1 点处的动态电阻可以近似表示为：

$$r_{be} = r_{bb'} + \frac{U_T}{I_{BQ1}} \tag{2-39}$$

其中，$r_{bb'}$ 为体电阻，一般为几欧姆～几百欧姆；U_T 为热电压，与热力学温度成正比，25℃（298K）

时 U_T 为 25.7mV，一般将其约等于 26mV。本书一般将 $r_{bb'}$ 设为 40Ω 左右，也可以采用题目给定的值。

此时，u_{BE} 产生如图 2.50 所示的正弦变化量，其峰值为 Δu_{BE}，就会产生峰值为 Δi_B 的电流波形。两者的比例近似为 r_{be}。

$$\Delta i_B \approx \frac{\Delta u_{BE}}{r_{be}} \tag{2-40}$$

当 Δu_{BE} 非常小时，两者的近似程度很高。这就是我们将这个模型称为"微变等效模型"的原因。

◎从 Δi_B 到 Δi_C

根据晶体管简化特性，这个过程可以用一个倍率为 β 的电流控制电流源表述。

针对一个晶体管的微小动态变化过程，我们可以将晶体管用如图 2.51 所示的微变等效模型表示。此后，我们将用全部小写的 i_b 代替 Δi_B，用 u_{be} 代替 Δu_{BE}，用 i_c 代替 Δi_C，它们的含义为这些变化量的峰值。

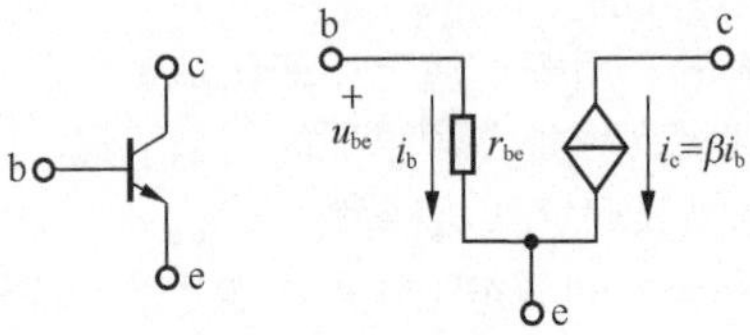

图 2.51　晶体管简化微变等效模型——低频

学习任务和思考题

晶体管完整等效模型如图 2.52 所示。思考在低频下为什么能够转化成图 2.51。

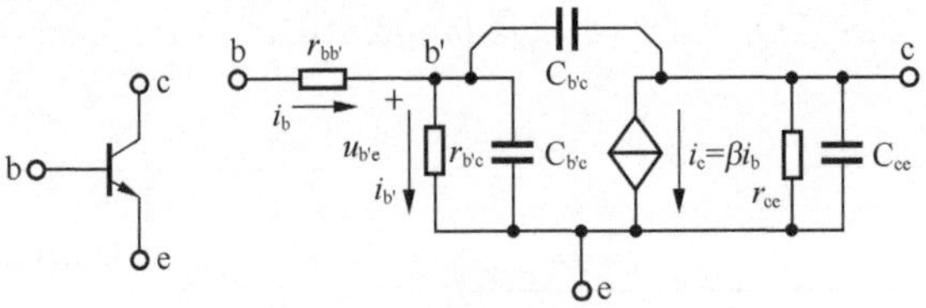

图 2.52　思考题电路

2.11 | 双极型晶体管放大电路的动态分析

晶体管放大电路分析分为静态分析和动态分析两部分。静态分析主要用于晶体管静态工作点的求解，以确保晶体管放大电路处在合适的静态下，同时为式（2-39）求解 r_{be} 做好准备。而动态分析主要完成以下 3 个指标的计算。

◎动态分析的 3 个重要指标

（1）电压放大倍数

电压放大倍数也叫电压增益，用 A_u 表示，也可以用 G 表示，无单位。当输入正弦波的峰值为 u_i、输出正弦波的峰值为 u_o 时，电压放大倍数为：

$$A_u = \frac{u_o}{u_i} \tag{2-41}$$

电压放大倍数也常用 dB（英文为 deciBel，中文为分贝）表示，其定义为：

$$A_u = 20 \times \lg\left(\frac{u_o}{u_i}\right) \tag{2-42}$$

即对原倍数取以 10 为底的对数，然后乘以 20。比如电压放大倍数为 100 倍，也可以说电压放大倍数为 40dB。常见的电压放大倍数和 dB 的关系见表 2.1。

表 2.1　电压放大倍数和 dB 的关系

电压放大倍数	0.01	0.1	0.25	0.5	0.707	1	1.414	2	4	10	100	1000
dB	−40	−20	−12.04	−6.02	−3.01	0	3.01	6.02	12.04	20	40	60

（2）输入电阻 r_i

在放大电路正常工作时，针对输入信号，从放大电路的输入端来看，等效电阻即输入信号电压变化量除以由此产生的输入电流变化量，显然，它属于动态电阻。

$$r_i = \frac{u_i}{i_i} \tag{2-43}$$

多数情况下，我们希望一个放大电路的输入电阻越大越好。

（3）输出电阻 r_o

输出电阻 r_o 指输出端带负载的能力。当放大器不带负载时，其输出端具有的输出信号电压叫空载电压。当放大器输出端接上负载后，一般情况下输出电压会下降。输出电阻越小，这种下降越微弱。其具体含义与计算方法将在本节后续部分细讲。

◎动态分析的步骤

放大电路的动态分析可以拆分成如下几个步骤。

第一步，以晶体管微变等效模型为核心，针对原始电路画出动态等效电路。

针对原电路画出动态等效电路，有如下几个要点。

（1）对于电路中的电压不变点，实施接地。

（2）对于电路中的大电容，实施短接；对于电路中的小电容，实施开路。

（3）将晶体管用晶体管的动态模型，即微变等效模型代替。

（4）稍作整理，画成较为清晰的等效电路。

以如图 2.49 所示电路为例，由于输入信号一般为高频信号，图 2.49 中 C_1 和 C_2 的容量足够大（通常为 10 ～ 100μF），因此在动态分析中，常常把大电容短接。将图 2.49 中电压不变点接地。将图 2.49 中的晶体管用晶体管微变等效模型代替。稍加整理，即可得到如图 2.53 所示的动态等效电路。

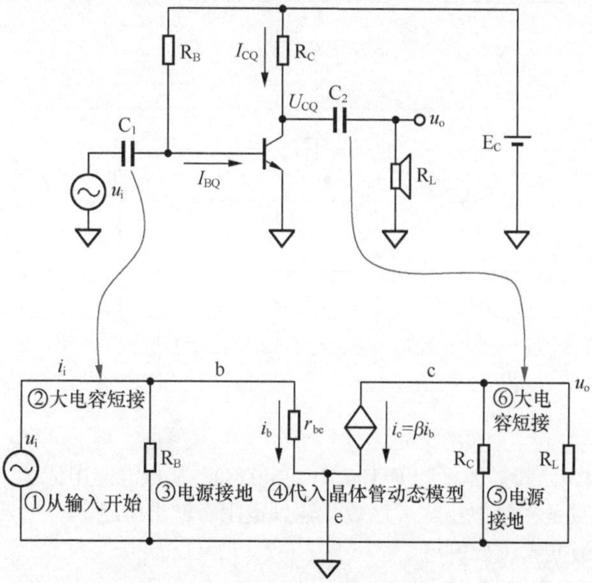

图 2.53　图 2.49 的动态等效电路

第二步，依次求解 A_u、r_i。

根据动态等效电路，可以很轻松地得到如下结论：

$$A_u=\frac{u_o}{u_i}=\frac{-\beta i_b\times R_C // R_L}{i_b\times r_{be}}=-\frac{\beta\times R_C // R_L}{r_{be}} \tag{2-44}$$

注意，在求解放大倍数时，有一个窍门，就是把输入、输出都写成 i_b 的表达式，然后，消掉 i_b 即可。

而输入电阻为：

$$r_i=\frac{u_i}{i_i}=R_B // r_{be} \tag{2-45}$$

其中，r_i 的获得仅靠肉眼就能看出来，无须计算。如果遇到更加复杂的电路，可以假设 u_i 已知，计算出电路的 i_i，然后按照式（2-45）的前半部分求解即可。

第三步，求解 r_o。

放大电路可以画成如图 2.54 所示的方框图。虚线内为放大电路本身，包括输入电压 u_i、输出电压 u_o、输入电阻 r_i 和输出电阻 r_o，以及最关键的放大环节：压控电压源 $A_u u_i$。

输出电阻的计算可按照如图 2.55 所示方法进行，此为理论分析法。

1）先去掉负载电阻。任何放大电路的输出电阻都与负载电阻无关。

2）让输入激励源等于 0，对输入电压短接即可，此时受控源一定变为 0。

3）在输出端加一个虚拟电压源 u_v，在电路中计算由此引起的 i_v，则：

$$r_o=\frac{u_v}{i_v} \tag{2-46}$$

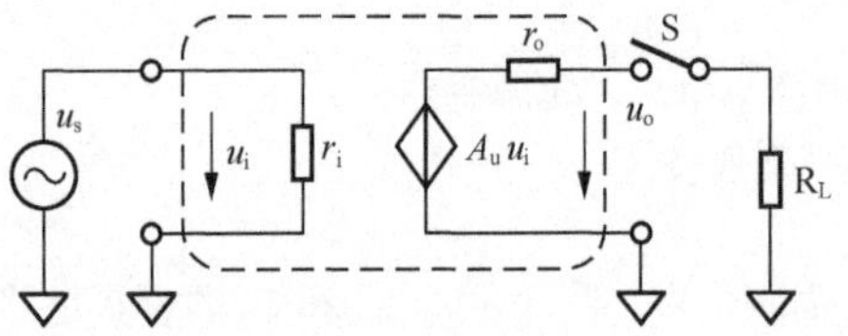

图 2.54　放大电路方框图

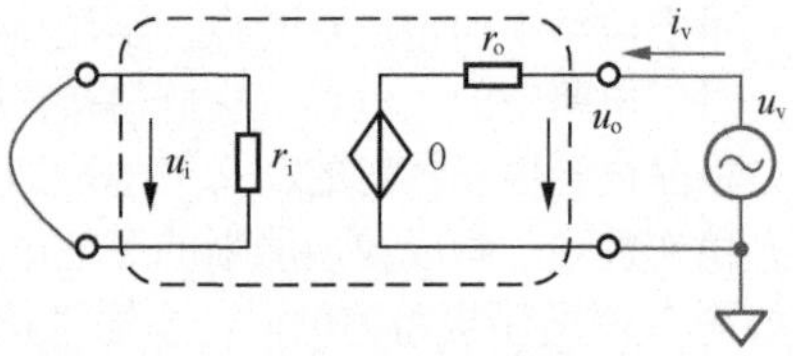

图 2.55　理论分析法求解输出电阻

根据这个方法，对图 2.53 进行处理，得到图 2.56，可得：

$$r_o=R_C \tag{2-47}$$

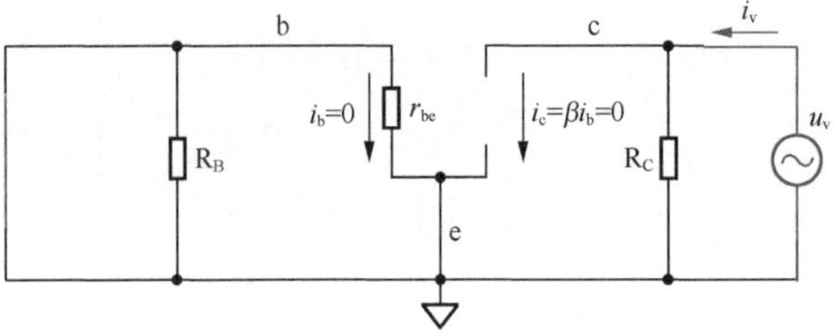

图 2.56　通过图 2.53 求解输出电阻

举例 1

电路如图 2.57 所示。已知晶体管的 β=100，$r_{bb'}$=40.8Ω，基极静态电流为 I_{BQ}=129.75μA，其他元件如图 2.57 所示。求解电路的中频电压放大倍数、输入电阻、输出电阻。

解：首先求解 r_{be}，根据式（2-39）：

$$r_{be}=r_{bb'}+\frac{U_T}{I_{BQ1}}=241.2\Omega$$

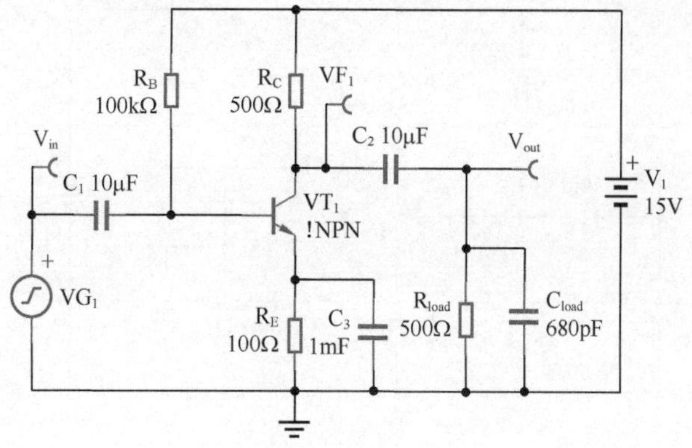

图 2.57 举例 1 电路

其次，画出动态等效图。牢记原则：大电容短接、小电容开路，电压不变点接地，将晶体管动态模型代入，稍加整理。具体画法是，先画一根长长的地线，然后从输入端开始，见什么画什么，把每个元件、晶体管都落到实处。图 2.58 为详细绘制过程，图 2.59 为最终的动态等效图。

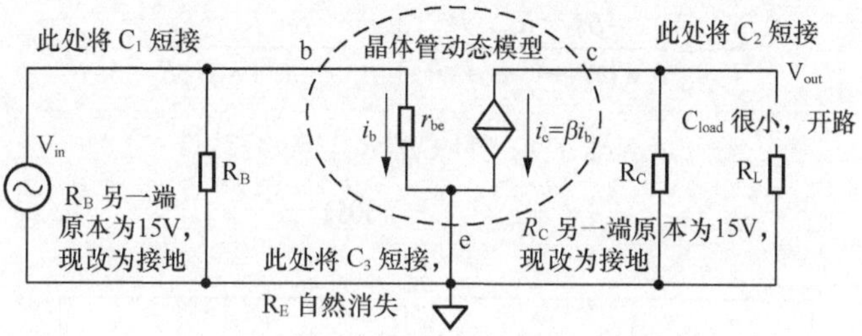

图 2.58 举例 1 的动态等效电路形成过程

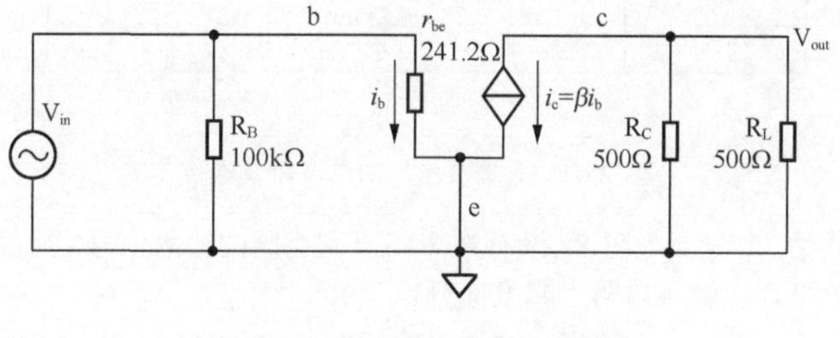

图 2.59 举例 1 的动态等效电路

最后，根据动态等效图，分别求解三大指标：

$$A_u=\frac{V_{out}}{V_{in}}=\frac{-\beta i_b\times R_C//R_L}{i_b\times r_{be}}=-\frac{\beta\times R_C//R_L}{r_{be}}=-103.7$$

$$r_i=R_B//r_{be}\approx 241.2\,\Omega$$

$$r_o=R_C=500\Omega$$

至此，解题完毕。

读者可以用 TINA-TI 软件对上述电路进行仿真，结合第 2.12 节的实验测量法，可以发现仿真实测结果与上述理论估算基本吻合。

举例 2

电路如图 2.60 所示。已知晶体管的 β=100，$r_{bb'}$=40.8Ω，基极静态电流 I_{BQ}=129.75μA，其他元件如图 2.60 所示。求解电路的中频电压放大倍数、输入电阻、输出电阻。

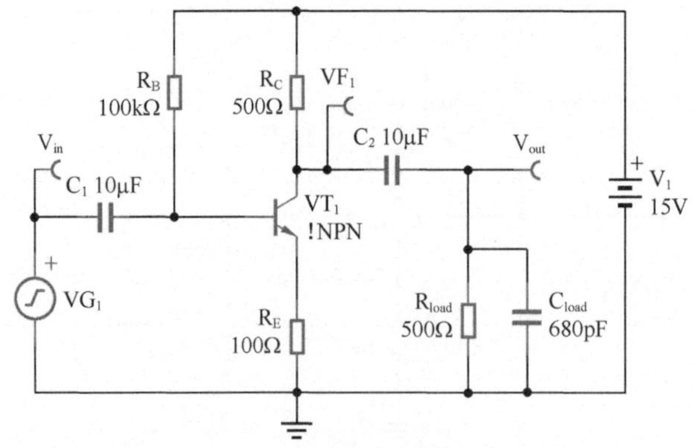

图 2.60　举例 2 电路

解：从图 2.60 可以看出，举例 2 与举例 1 唯一的区别在于它缺少电容 C_3，因此静态没有改变，电阻 r_{be} 也不变。动态等效电路如图 2.61 所示。可以看出，由于 C_E 不存在，无法实施短接，电阻 R_E 就被暴露出来。此电阻的呈现将直接影响动态分析结果。

$$A_u=\frac{V_{out}}{V_{in}}=\frac{-\beta i_b\times R_C // R_L}{i_b\times\left(r_{be}+(1+\beta)R_E\right)}=-\frac{\beta\times R_C // R_L}{r_{be}+(1+\beta)R_E}=-2.42$$

$$r_i=R_B // \left(r_{be}+(1+\beta)R_E\right)=9.372\text{k}\Omega$$

$$r_o=R_C=500\Omega$$

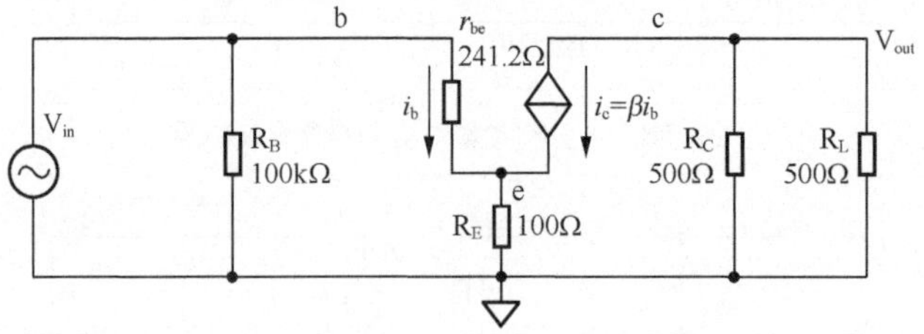

图 2.61　举例 2 电路的动态等效电路

由此可见，缺少电容 C_E 导致电阻 R_E 没有被短路，在相同的输入信号电压下，输入电流变小，这使得电压增益大幅度降低，而输入电阻大幅度提升。

举例 3

图 2.62 中 PNP 管的 β=567，$r_{bb'}=1800\Omega$，求解电路的中频段带载电压放大倍数 A_{uload}、电路的输入电阻 r_i，以及电路的输出电阻 r_o。

解：第一步，求解静态，为动态求解做准备。

细心的读者能够发现，图 2.62 的静态通路与第 2.6 节举例 2 的电路完全相同，因此本例不重复求解，直接利用已有答案：

$$I_{BQ}=18.31\mu\text{A}$$

根据式（2-39），求解 r_{be}：

$$r_{be}=r_{bb'}+\frac{U_T}{I_{BQ}}=3220\Omega$$

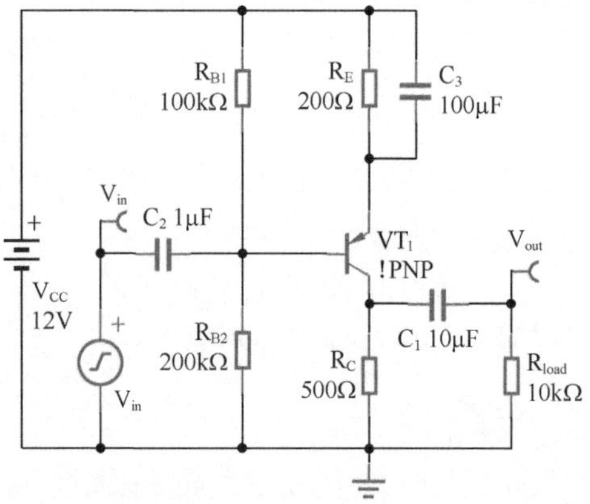

图 2.62　举例 3 电路

第二步，画出动态等效电路，如图 2.63 所示。注意晶体管的发射极通过大电容 C_3 短接到电源，而电源是电压不变点，接地。另外，C_1 和 C_2 均短接。

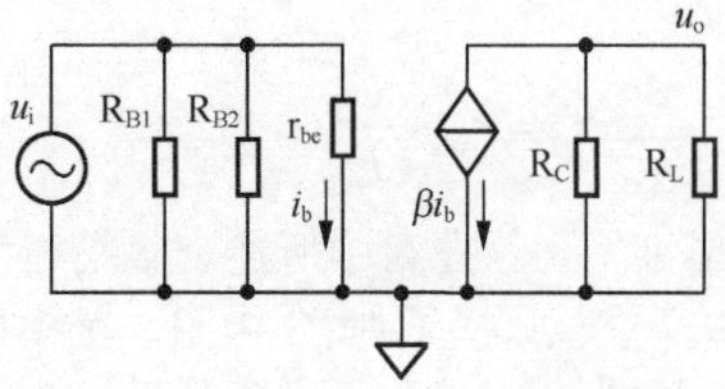

图 2.63　举例 3 电路的动态等效电路

同时我们可以发现，PNP 管和 NPN 管在动态分析中没有任何区别。

第三步，根据动态等效电路求解关键指标：

$$A_{\text{uload}}=\frac{u_o}{u_i}=\frac{-\beta i_b\times(R_C\,//\,R_L)}{i_b\times r_{be}}=-\frac{\beta\times(R_C\,//\,R_L)}{r_{be}}=-83.82$$

$$r_i=R_{B1}\,//\,R_{B2}\,//\,r_{be}=3072\,\Omega$$

$$r_o=R_C=500\Omega$$

举例 4

图 2.64 中晶体管为 2N3495，其静态$\overline{\beta}$=72，动态 β=67，$r_{bb'}$=132Ω。VG1 为一个理想信号源，含有 R_S=1kΩ 的输出阻抗。（1）求解电路静态。（2）求晶体管的 r_{be}。（3）求 S 断开时的空载电压放大倍数：$A_{us}=\frac{V_{out}}{V_s}$和$A_{ui}=\frac{V_{out}}{V_{in}}$。（4）求 S 闭合时的带载电压放大倍数 A_{usl}、A_{uil}（同上）。（5）求 S 闭合时的电路的输入电阻。（6）求电路的输出电阻。

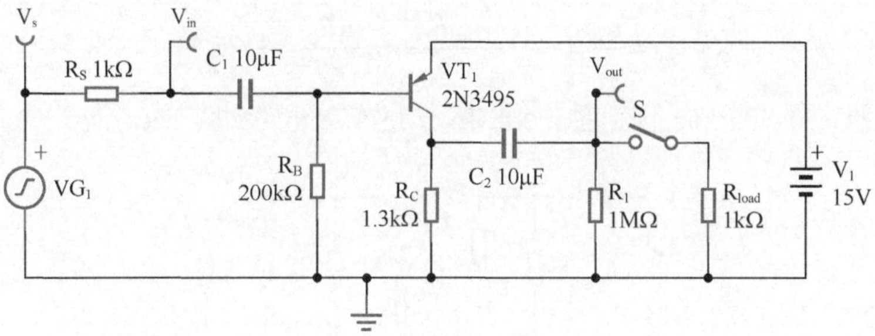

图 2.64　举例 4 的电路

解：这是一个由 PNP 管组成的共射极放大电路，电阻 R_B 和发射结形成通路，提供确定的静态电流 I_{BQ}，进而形成 I_{CQ}，实现静态，电容 C_1 完成了阻容信号输入耦合，电容 C_2 完成了输出阻容耦合，形成了动态通路。

对于这类题目，可以轻易看出电路属于放大结构，可以直接进入静态求解过程，当然它有可能不处于放大状态，而处于饱和状态。

（1）可以看出，原电路的静态通路只包含 V_1、T_1、R_B 和 R_C，可以写出如下关系：

$$V_1=U_{EBQ}+I_{BQ}\times R_B \tag{2-48}$$

解得：

$$I_{BQ}=\frac{V_1-U_{EBQ}}{R_B}=71.5\mu\text{A}$$

$$I_{CQ}=\overline{\beta}\times I_{BQ}=5.148\text{mA}$$

$$U_{\mathrm{ECQ}} = V_1 - I_{\mathrm{CQ}} \times R_{\mathrm{C}} = 8.3076\mathrm{V}$$

对于 PNP 管来说，U_{ECQ}>0.3V，说明其处于放大状态。静态求解完毕。

（2）利用式（2-39），有：

$$r_{\mathrm{be}} = r_{\mathrm{bb'}} + \frac{U_{\mathrm{T}}}{I_{\mathrm{BQ}}} = 495.6\Omega$$

（3）（此为说明，在解题时不需要写出）题目中所述空载是指负载（电阻）没有接入的状态。而带载是负载接入的状态。图 2.65 中，空载只接了 1MΩ 电阻，是模拟测量用示波器的输入电阻，在计算放大倍数时，1MΩ 电阻可被视为无穷大。显然，一般情况下，带载时的输出信号幅度会比空载时小。电路中，用一个开关来实现空载和带载的状态切换。另外，题目中要求求解空载时的两个放大倍数，其一是输出除以原始输入信号 V_s，称之为 A_{us}，但是这在实际中很难实现，原因是任何信号源都具有相对固定的输出电阻 R_s，R_s 大多是 50Ω，这个电阻在信号源内部封着，你从外边看不到。你能接触或者测量到的是 R_s 的右侧，也就是图 2.65 中的 u_i 处。因此实际测量时，一般只能测到输出信号，以及 u_i 处信号，这才有了第二个放大倍数，输出除以 u_i，称之为 A_{ui}。

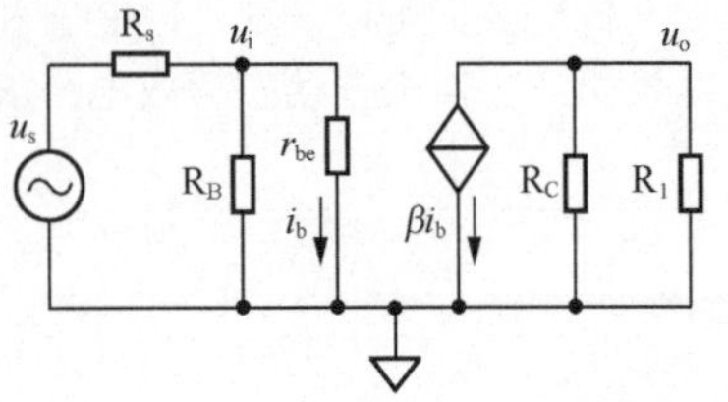

图 2.65　空载时电路的动态等效电路

按照标准画法，画出空载时电路的动态等效电路，如图 2.65 所示。为了适应标准画法，对输入输出符号进行了重新定义。

$$A_{\mathrm{us}} = \frac{u_{\mathrm{o}}}{u_{\mathrm{s}}} = \frac{-\beta i_{\mathrm{b}} \times (R_{\mathrm{C}} // R_1)}{u_{\mathrm{Rs}} + u_{\mathrm{i}}} = \frac{-\beta i_{\mathrm{b}} \times (R_{\mathrm{C}} // R_1)}{R_{\mathrm{s}}\left(i_{\mathrm{b}} + \dfrac{i_{\mathrm{b}} \times r_{\mathrm{be}}}{R_{\mathrm{B}}}\right) + i_{\mathrm{b}} \times r_{\mathrm{be}}} =$$

$$-\frac{\beta (R_{\mathrm{C}} // R_1)}{R_{\mathrm{S}} + \dfrac{R_{\mathrm{S}} r_{\mathrm{be}}}{R_{\mathrm{B}}} + r_{\mathrm{be}}} \approx -58.14$$

$$A_{\mathrm{ui}} = \frac{u_{\mathrm{o}}}{u_{\mathrm{i}}} = \frac{-\beta (R_{\mathrm{C}} // R_1)}{r_{\mathrm{be}}} \approx -\frac{\beta R_{\mathrm{C}}}{r_{\mathrm{be}}} = -175.75$$

（4）此间与第（3）问的唯一区别在于输出端，动态等效电路如图 2.66 所示。

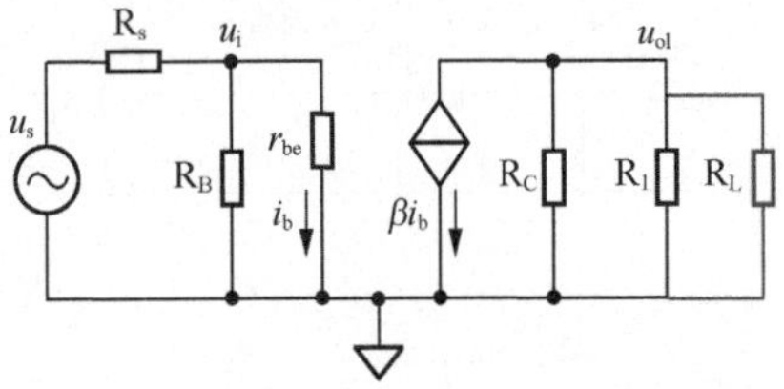

图 2.66　SW 闭合时，图 2.64 的动态等效电路

$$A_{\mathrm{usl}} = \frac{u_{\mathrm{ol}}}{u_{\mathrm{s}}} = -\frac{\beta (R_{\mathrm{C}} // R_1 // R_{\mathrm{L}})}{R_{\mathrm{S}} + \dfrac{R_{\mathrm{S}} r_{\mathrm{be}}}{R_{\mathrm{B}}} + r_{\mathrm{be}}} \approx -25.28$$

$$A_{\mathrm{uil}} = \frac{u_{\mathrm{ol}}}{u_{\mathrm{i}}} = -\frac{\beta (R_{\mathrm{C}} // R_1 // R_{\mathrm{L}})}{r_{\mathrm{be}}} \approx -76.41$$

（5）求解电路的输入电阻时，需要注意电路中的 R_s 是信号源的输出电阻，而电路的输入端在图 2.64 中的 V_{in} 处，因此有：

$$r_{\mathrm{i}} = r_{\mathrm{be}} // R_{\mathrm{B}} \approx r_{\mathrm{be}} = 495.6\Omega$$

（6）电路的输出电阻是 R_C。

$$r_{\mathrm{o}} = R_{\mathrm{C}} = 1.3\mathrm{k}\Omega$$

◎利用方框图简化求解

举例 4 中出现了 4 个放大倍数，可能会把读者搞糊涂。利用方框图，可以清晰地解决这类问题。图 2.67 中，虚线部分是一个标准放大电路的方框图，它包含如下 3 个部分。

（1）输入电阻 r_i，是两个真正输入端之间存在的、相对于信号的等效电阻。

（2）空载电压放大倍数 A_u，是图 2.67 中受控电压源的值与两个真正输入端电压的比值。在举例 2 中，A_u 就是空载时的 A_{ui}，也就是 175.75。

（3）电路的输出电阻 r_o。

注：此方框图对共射极、共基极电路是有效的，因为它们的输入环和输出环是相互独立的，如图 2.67 所示，但是此方框图对共集电极电路是无效的。

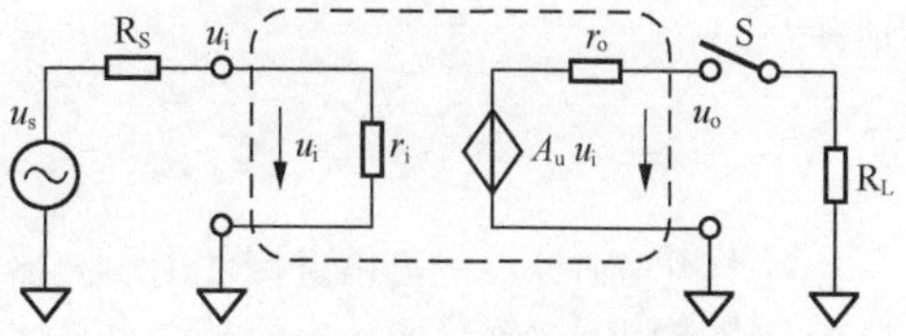

图 2.67　含信号源内阻的放大器框图

对于输入端来说，若已知电路的输入电阻 r_i 和串联电阻 R_s，可以根据图 2.67，得到放大倍数 A_{ui} 和 A_{us} 之间的关系。

$$A_{ui}=\frac{u_o}{u_i}=\frac{u_o}{u_s\times\dfrac{r_i}{R_s+r_i}}=\left(\frac{R_s+r_i}{r_i}\right)\times\frac{u_o}{u_s}=\frac{R_s+r_i}{r_i}\times A_{us} \tag{2-49}$$

同理，可以得到：

$$A_{us}=\frac{r_i}{R_s+r_i}\times A_{ui} \tag{2-50}$$

无论负载是否连接，上述结论都是成立的。

根据输出端是否接负载，可以列出如下关系：

$$A_{uil}=\frac{u_{ol}}{u_i}=\frac{u_o\times\dfrac{R_L}{R_L+r_o}}{u_i}=\frac{R_L}{R_L+r_o}\times A_{ui} \tag{2-51}$$

$$A_{ui}=\frac{R_L+r_o}{R_L}\times A_{uil} \tag{2-52}$$

无论输入端是否串联信号源内阻，上述结论都是成立的。

2.12　实验测量法

要想获得一个放大电路的三大动态指标，有 3 种常用方法，分别为理论分析法、实验测量法以及仿真测量法。在已知电路图上直接分析就是理论分析法。还有一种情况是，你手里拿着一个可以正常工作的放大电路，要获得它的三大指标，只能动用实验室设备，这叫实验测量法。另外，现在有很多仿真软件，比如 Multisim、PSPICE、TINA-TI 等，可以把电路图、实物电路转移到仿真软件上，利用仿真软件提供的仿真仪表获得电路的指标，这叫仿真测量法。

理论分析法虽然需要扎实的理论基础，但是毕竟只是在纸上写写画画，还是比较方便的。然而，多数情况下，它采用了简化模型，因此分析准确度不高。实验测量法要用到信号源、示波器、晶体管毫伏表、万用表等仪器，还要选择信号源频率、幅度等，因此，操作起来要远比理论分析法困难。但是，这种方法是最可靠的。仿真测量法操作简单，无须实际搭接电路，而且可信度较高，因此，近年来获得了广泛的应用。

◎放大倍数的实验测量方法

放大倍数的测量思路是，让被测放大电路处于正常放大状态，用可靠的仪器和方法测得输入信号大小、输出信号大小，两者的比值即放大倍数。

第一步，给放大电路供电，输入端接入正弦波信号源。考虑到电路中的隔直电容，一般可以选择

10kHz 作为信号频率（此频率下 10μF 电容的容抗为 1.59Ω，可以近似认为该电路短路）。当电路的放大倍数较大时，为了避免输出端出现信号幅度过大带来的失真，一般选择输入幅度为 1 ～ 10mV 的正弦波。

第二步，用示波器观察输出波形，其应为与输入信号同频率的正弦波，以不失真为目标。

第三步，用晶体管毫伏表测量输入信号的有效值，记为 U_{i_rms}，测量输出信号的有效值，记为 U_{o_rms}，则有：

$$A_u = \frac{U_{o\_rms}}{U_{i\_rms}} \tag{2-53}$$

对于粗略估计，也可以直接使用示波器，读取输出信号和输入信号的幅值，将二者相除即可。很显然，直接用示波器读取输出信号大小是比较可靠的，但用它读取输入信号就不够精确了，毕竟一般示波器的最小分辨率是 0.5mV/div，而输入信号幅度可能就是这个量级。

◎输入电阻的实验测量方法

输入电阻的测量思路是，让被测放大电路处于正常放大状态，测量输入信号的电压幅度，以及输入信号产生的电流信号幅度，将二者相除即可。

一个放大电路的输入电阻可能与输出是否带负载有关。在如图 2.68 所示的电路中，输入电阻是与负载无关的，但这不能表明所有电路均如此。因此，测量一个放大电路的输入电阻时，一般应标注清楚是否带负载，以及负载多大。图 2.68 中不接负载。

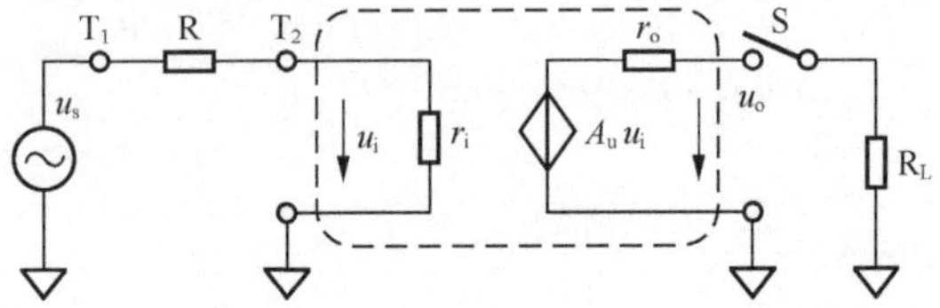

图 2.68　实验测量法获得输入电阻

测量电路如图 2.68 所示，u_s 为正弦波信号源，T_1、T_2 为两个测试点，虚线框内是待测的放大电路。

第一步，给放大器供电。将电阻 R 接入放大器的输入端，R 的选择一般接近实际输入电阻，以保证测量的准确性。选择信号源频率为 10kHz，信号源幅度为 1 ～ 10mV，理由同上。

第二步，用示波器观察输出信号，保证其输出正常。

第三步，用晶体管毫伏表分别测量 T_1 点信号有效值（记为 U_{T1_rms}）和 T_2 点信号有效值（记为 U_{T2_rms}），则有：

$$r_i = \frac{U_{T2\_rms}}{U_{T1\_rms} - U_{T2\_rms}} R \tag{2-54}$$

◎输出电阻的实验测量方法

测量放大电路输出电阻的基本思路是，让被测放大电路处于正常放大状态，空载时测量输出电压，带载时测量输出电压，根据两个输出电压的关系计算输出电阻。

第一步，给放大器供电。选择信号源频率为 10kHz，选择信号源幅度为 1 ～ 10mV，理由同上。接法如图 2.69 所示。

第二步，在开关 S 断开的情况下，用示波器观察输出信号，保证其输出正常。

第三步，按照上述基本思路进行测量，则有：

$$r_o = \frac{u_{o\infty} - u_{oL}}{u_{oL}} \times R_L \tag{2-55}$$

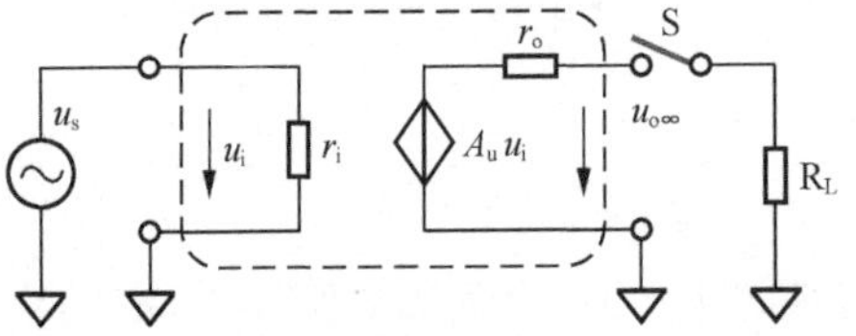

（a）断开负载，测量 $u_{o\infty}$

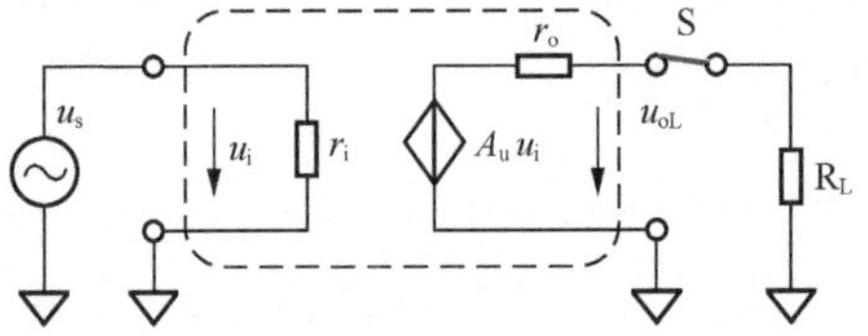

（b）带负载测量 u_{oL}

图 2.69　实验测量法获得输出电阻

很显然，为了测量更加准确，R_L 特别大或者特别小都是不合适的。事先预估 r_o 的大小，选择与它大小都相似的 R_L，是提高测量准确性的关键。据此，也有人对此方法进行改进，将 R_L 用一个电位器代替，不断调节电位器，使得 $u_{oL}=0.5u_{o\infty}$，然后取下电位器，用万用表测量 R_L 的值，测得的值即输出电阻。

学习任务和思考题

（1）能否用万用表电阻挡测量实际放大电路的输入电阻？
（2）能否用万用表电阻挡测量实际放大电路的输出电阻？

2.13 共基极放大电路、共集电极放大电路和 PNP 管电路

此前我们给出的晶体管放大电路大多为共射极电路。晶体管放大电路还有另外两种结构：共基极和共集电极。本节讲述这两种电路结构，并分析它们与共射极电路的区别。

◎怎么区分共 ×× 极电路？

我们经常见到共射极电路、共基极电路、共集电极电路，到底怎么区分它们呢？

输入信号加载到晶体管的哪个极，输出信号取自晶体管的哪个极，是决定叫共什么极的关键。理论上说，这种组合方式有 6 种。

从晶体管放大机理来看，它的核心思路是“u_{BE} 变化，引起 i_B 变化，映射出 i_C、i_E 变化”。因此，能够让 u_{BE} 变化的就是输入信号，这是因为只有 b、e 两个极能够作为输入端。而输出信号一定在 c 或者 e 极。

这样，c 极不作为输入，而 b 极不作为输出。剩下的几种组合如下。

- 基极 b 作为输入，集电极 c 作为输出，叫共射极放大电路，全称为共发射极放大电路。
- 基极 b 作为输入，发射极 e 作为输出，叫共集电极放大电路，也称射极跟随器。
- 发射极 e 作为输入，集电极 c 作为输出，叫共基极放大电路。

晶体管有 3 个极，一个作为输入，一个作为输出，剩下什么极，就叫共什么极放大电路。

◎共基极放大电路

共基极放大电路如图 2.70 所示。其静态偏置电路（直流通路）与四电阻共射极放大电路完全一致。在信号耦合中，从发射极输入，从集电极输出。为了保证足够的电压增益，一般在基极增加大电容 C_B。

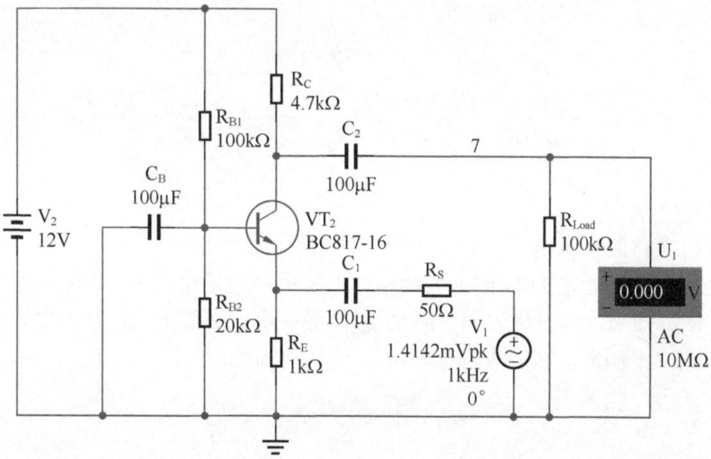

图 2.70 共基极放大电路

共基极放大电路的动态等效电路如图 2.71 所示。为了求解动态指标，设 e 端动态电位为 u_e，列出节点电压方程如下：

$$\begin{cases}\dfrac{u_e}{R_E}=\dfrac{u_s-u_e}{R_S}+(1+\beta)\dfrac{0-u_e}{r_{be}}\\ \beta\dfrac{0-u_e}{r_{be}}=\dfrac{0-u_o}{R_L'}\end{cases} \tag{2-56}$$

其中$R_L'=R_C//R_L$。消去u_e，得到：

$$A_{us}=\frac{u_o}{u_s}=\frac{\beta R_E R_L'}{r_{be}(R_S+R_E)+(1+\beta)R_S R_E} \tag{2-57}$$

当信号源内阻R_S为0时，或者将e端视为输入u_i，可得：

$$A_{ui}=\frac{u_o}{u_i}=\frac{\beta R_L'}{r_{be}} \tag{2-58}$$

这说明，共基极放大电路在不考虑信号源内阻的情况下，具有与共射极放大电路大小相等的电压增益，只是极性为同相放大，而共射极电路是反相放大。

从式（2-57）能看出，R_S以$(1+\beta)$倍呈现在分母上，它的存在将大幅度降低电压增益。而在共射极放大电路中，R_S对电压增益的影响却没有这么明显。从信号源输出电阻与放大电路的输入电阻匹配角度，也可以猜想出共基极放大电路的输入电阻应该比较小。

还有一种不同于列节点电压方程的方法也能得到相同的结果。如图2.72所示，我们先画出输入环节的戴维宁等效电路，然后直接写出答案。

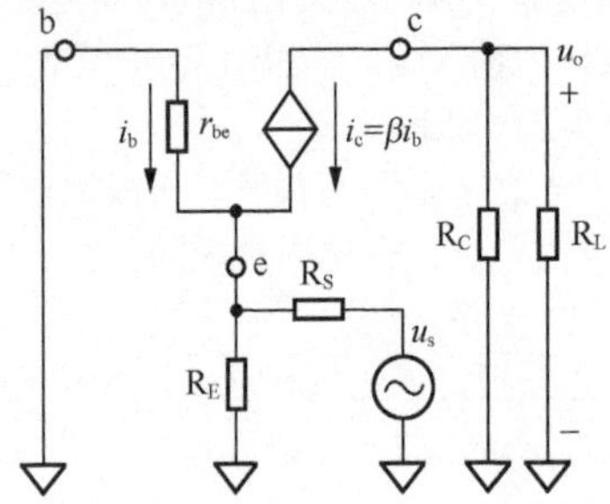

图2.71　共基极电路的动态等效电路

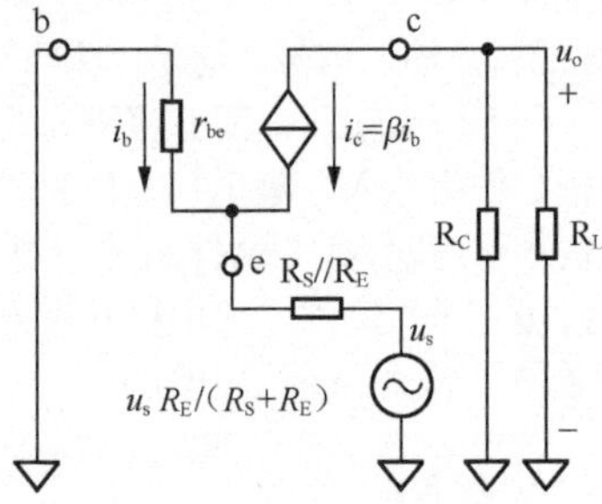

图2.72　输入环节的戴维宁等效电路

$$\begin{cases}u_s\dfrac{R_E}{R_S+R_E}=i_b\left((1+\beta)(R_S//R_E)+r_{be}\right)\\ u_o=\beta i_b R_L'\end{cases} \tag{2-59}$$

$$A_{us}=\frac{u_o}{u_s}=\frac{\beta i_b R_L'}{\dfrac{i_b\left((1+\beta)(R_S//R_E)+r_{be}\right)\times(R_S+R_E)}{R_E}}=\frac{\beta R_E R_L'}{r_{be}(R_S+R_E)+(1+\beta)R_S R_E} \tag{2-60}$$

两种方法的结论完全相同。

下面分析共基极电路的输入电阻。

输入电阻应是从输入端看进去的电阻，如图2.71所示，它是电阻R_E和以e端看进去电阻的并联，不应包括信号源内阻。而从e端看进去的电阻是r_{be}和受控电流源等效电阻的并联，由于受控电流源的流进电流是r_{be}流进电流的β倍，它的等效电阻应为r_{be}/β，因此：

$$r_i=R_E//r_{be}//\frac{r_{be}}{\beta}=R_E//\frac{r_{be}}{1+\beta} \tag{2-61}$$

这说明，共基极放大电路的输入电阻很小。

共基极放大电路的输出电阻仍是R_C，求解方法与共射极电路相同。

$$r_o=R_C \tag{2-62}$$

举例 1

电路如图 2.73 所示。其中晶体管的 β=100，$r_{bb'}$=132Ω，其他参数如图 2.73 所示。VG1 是信号源，内阻 R_s=50Ω。

（1）求解电路静态。

（2）求电路的输入电阻。

（3）求电路的输出电阻。

（4）求中频段电压放大倍数：$A_{ui}=\frac{V_{out}}{V_{in}}$和$A_{us}=\frac{V_{out}}{V_{G1}}$。

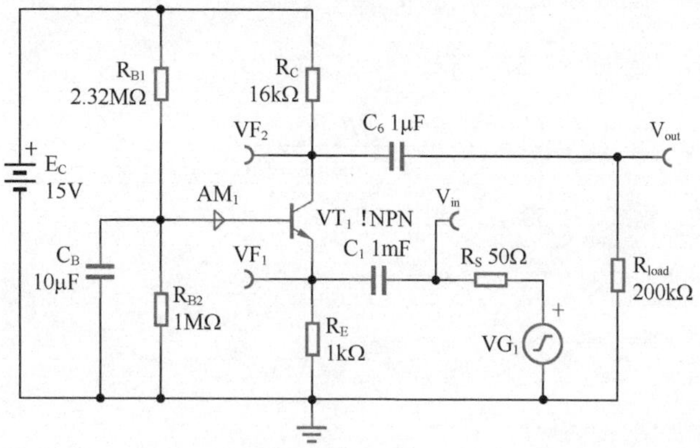

图 2.73　共基极电路

解：（1）先求解静态。自己画出静态通路。熟悉了，可以不画，直接求解：

$$E_B=E_C\times\frac{R_{B2}}{R_{B1}+R_{B2}}=4.518\text{V}$$

$$R_B=\frac{R_{B1}R_{B2}}{R_{B1}+R_{B2}}=0.6988\text{M}\Omega$$

列出输入回路的计算式：

$$E_B-U_{BEQ}=I_{BQ}\left(R_B+(1+\beta)R_E\right) \tag{2-63}$$

解得：

$$I_{BQ}=\frac{E_B-U_{BEQ}}{R_B+(1+\beta)R_E}\approx 4.77\mu\text{A}$$

在 TINA-TI 中进行仿真实验，得出 I_{BQ}=4.87μA，存在误差，其原因是此时 I_{BQ} 很小，PN 结导通电压也会比 0.7V 稍小，在仿真实验中为 0.628V。这会导致后续分析中处处都存在误差。但在理论分析过程中，我们先不要理睬这个误差，继续解题。

$$I_{CQ}=\beta I_{BQ}=0.477\text{mA}$$

$$U_{CEQ}=E_C-I_{CQ}R_C-(1+\beta)I_{BQ}R_E=6.886\text{V}$$

此时，晶体管的U_{CEQ}>0.3V，处于放大状态。

根据静态电流，利用式（2-39），求解晶体管的 r_{be}。

$$r_{be}=r_{bb'}+\frac{U_T}{I_{BQ}}=5582\Omega$$

（2）求解输入电阻。根据图 2.71，以及式（2-61），得到：

$$r_i = R_E // \frac{r_{be}}{1+\beta} = 52.37\Omega$$

（3）求解输出电阻。根据图 2.71 得到：

$$r_o = R_C = 16k\Omega$$

（4）求解放大倍数。

$A_{ui} = \dfrac{V_{out}}{V_{in}}$是指输出信号除以$V_{in}$，等同于给$V_{in}$加载了一个输出内阻等于0的信号源，利用式(2-58)，得：

$$A_{ui} = \frac{u_o}{u_i} = \frac{\beta R_L'}{r_{be}} = 265.4$$

而$A_{us} = \dfrac{V_{out}}{V_{G1}}$，则可以利用式（2-57），得：

$$A_{us} = \frac{u_o}{u_s} = \frac{\beta R_E R_L'}{r_{be}\left(R_S + R_E\right) + \left(1+\beta\right) R_S R_E} = 135.77$$

也可利用方框图法，据式（2-50），得到相同的结论：

$$A_{us} = \frac{r_i}{R_s + r_i} \times A_{ui} = 135.77$$

◎共集电极放大电路

共集电极放大电路如图 2.74 所示。

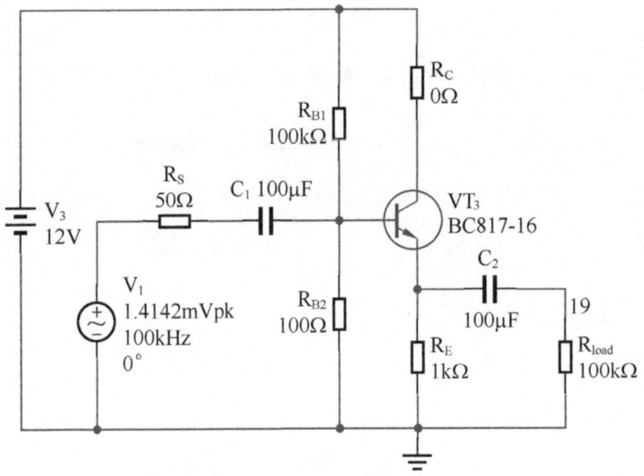

图 2.74 共集电极放大电路

静态偏置电路与共射极电路、共基极电路唯一的区别在于 R_C 可以为 0。其实细细想想，在共射极电路、共基极电路中，R_C 的存在也不是静态偏置电路所必需的，只要这个电路是畅通的，晶体管就可以处于 I_{BQ} 所决定的静态下。在共射极电路、共基极电路中，R_C 的作用是将 i_C 的变化量演变成电压变化量，以实现电压放大输出。

但是在共集电极放大电路中，电路的输出端变为发射极，此时 R_C 不是必需的，而 R_E 变成了必需的——就靠它将 i_E 的变化量演变成电压变化量，以实现电压放大输出。

电路的静态分析与上述两类电路基本相同，不再赘述。

$$E_B = E_C \times \frac{R_{B2}}{R_{B1} + R_{B2}} \tag{2-64}$$

$$R_B = \frac{R_{B1} R_{B2}}{R_{B1} + R_{B2}} \tag{2-65}$$

$$I_{BQ}=\frac{E_B-U_{BEQ}}{R_B+(1+\beta)R_E}\approx\frac{E_B-0.7}{R_B+(1+\beta)R_E} \tag{2-66}$$

$$I_{EQ}=(1+\beta)I_{BQ} \tag{2-67}$$

$$U_{CEQ}=E_C-I_{EQ}R_E \tag{2-68}$$

动态等效电路如图 2.75 所示。

$$A_{ui}=\frac{u_o}{u_i}=\frac{i_b(1+\beta)R_L'}{i_b\left(r_{be}+(1+\beta)R_L'\right)}=\frac{(1+\beta)R_L'}{r_{be}+(1+\beta)R_L'} \tag{2-69}$$

其中，$R_L'=R_E\,//\,R_L$。多数情况下，$(1+\beta)R_L'\gg r_{be}$，则 A_{ui} 近似为 1。即本电路的电压增益约为 1，且输入输出同相，因此也将共集电极放大电路称为射极跟随器。

共集电极放大电路的输入电阻为：

$$r_i=R_B\,//\left(r_{be}+(1+\beta)R_L'\right) \tag{2-70}$$

很显然，共集电极放大电路的输入电阻远大于共射极放大电路的输入电阻（约为 r_{be}），更大于共基极放大电路的输入电阻（约为 $r_{be}/(1+\beta)$）。此特性是射极跟随器的显著优点。

在已知输入电阻的情况下，利用式（2-50）得：

$$A_{us}=\frac{r_i}{R_s+r_i}\times A_{ui}$$

（2-71）

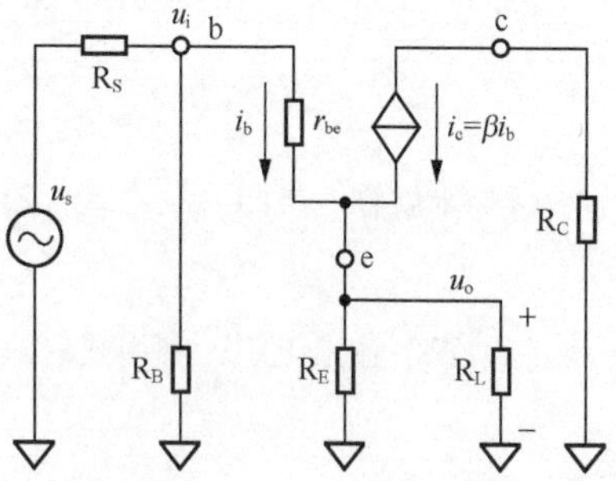

图 2.75　共集电极电路的动态等效电路

参照共基极放大电路输入电阻求解方法（式 2-61），共集电极放大电路的输出电阻为：

$$r_o=R_E\,//\,\frac{r_{be}+R_S\,//\,R_B}{1+\beta} \tag{2-72}$$

该输出电阻很小，一般仅有几欧姆到数十欧姆。

共集电极放大电路虽然不具备电压放大能力，但是第一具有电流放大能力，第二具有输入电阻大、输出电阻小的特点，因而在扩流、阻抗匹配中获得了广泛应用。

需要特别指出的是，共射极电路、共基极电路都有如下特点：输入电阻与负载无关，输出电阻与信号源内阻无关。但共集电极电路却不是如此。它的输入电阻与负载有关，输出电阻与信号源内阻有关，在多级电路级联时需要特别注意。

举例 2

电路如图 2.76 所示。其中晶体管的 β=100，$r_{bb'}$= 132Ω，其他参数如图 2.76 所示。VG1 是信号源，内阻 R_s=50Ω。

（1）求解电路静态；

（2）求电路的输入电阻；

（3）求电路的输出电阻；

（4）求中频段电压放大倍数：$A_{ui}=\dfrac{V_{out}}{V_{in}}$和$A_{us}=\dfrac{V_{out}}{V_{G1}}$。

解：（1）求解静态。

$$E_B=E_C\times\frac{R_{B2}}{R_{B1}+R_{B2}}=13.16\text{V}$$

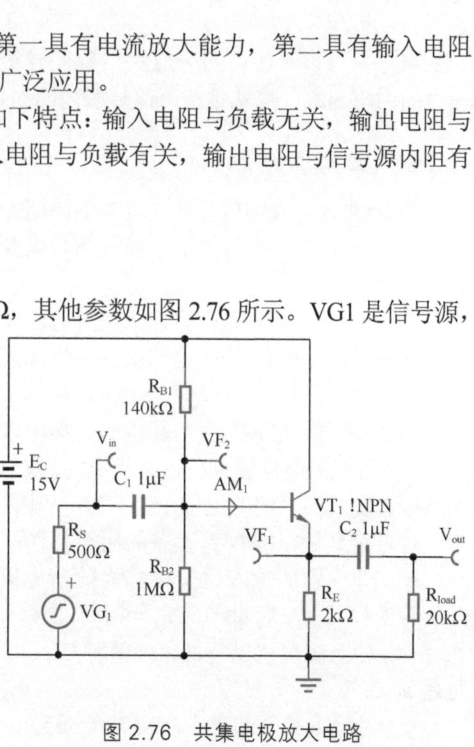

图 2.76　共集电极放大电路

$$R_B = \frac{R_{B1}R_{B2}}{R_{B1}+R_{B2}} = 122.81\text{k}\Omega$$

列出输入回路计算式：

$$E_B - U_{BEQ} = I_{BQ}\left(R_B + (1+\beta)R_E\right) \tag{2-73}$$

解得：

$$I_{BQ} = \frac{E_B - U_{BEQ}}{R_B + (1+\beta)R_E} \approx 38.36\mu\text{A}$$

$$I_{EQ} = (1+\beta)I_{BQ} = 3.874\text{mA}$$

$$U_{CEQ} = E_C - I_{EQ}R_E = 7.25\text{V}$$

因为U_{CEQ}>0.3V，所以晶体管处于放大状态，上述求解合理。

$$r_{be} = r_{bb'} + \frac{U_T}{I_{BQ}} = 809.79\Omega$$

（2）求解输入电阻。利用式（2-70）得：

$$r_i = R_B // (r_{be} + (1+\beta)R_L') = 73.72\text{k}\Omega$$

（3）求解输出电阻。利用式（2-71）得：

$$r_o = R_E // \frac{r_{be} + R_S // R_B}{1+\beta} = 8.48\Omega$$

（4）利用式（2-69），先求解：

$$A_{ui} = \frac{u_o}{u_i} = \frac{(1+\beta)R_L'}{r_{be} + (1+\beta)R_L'} = 0.9956$$

再根据式（2-50）求解：

$$A_{us} = \frac{r_i}{R_s + r_i} \times A_{ui} = 0.9949$$

从这里可以看出，两个放大倍数差异很小。这源自此电路极高的输入电阻 73.72kΩ，以及信号源较小的内阻 50Ω。也就是说，信号源内阻对这个电路的放大倍数影响不大。

◎ PNP 管放大电路

由 PNP 管构成的单管放大器与 NPN 管基本一致。最简单的组成方式为，将原 NPN 管电路中的晶体管换成 PNP 管，再将供电电源改为负电源即可。这两种电路仅在静态分析中有区别，在动态分析中完全一样。

分析 PNP 管的静态，有如下两种方法，任选一种即可。但是不要两种混用。

方法一：对 PNP 管的全部伏安特性都实施反向定义。

- 所有的电流方向均与 NPN 管相反。比如，对于 NPN 管的基极电流方向，定义是流进基极的，而在 PNP 管中，定义为流出基极的。集电极和发射极电流也做类似的处理，这可以参考图 2.8。
- 所有的电位差定义也是相反的。发射结电压在 NPN 管中用 u_{BE} 表示，在 PNP 管中则用 u_{EB} 表示，集电极和发射极之间的电位差在 NPN 管中用 u_{CE} 表示，在 PNP 管中则用 u_{EC} 表示。

这样定义后，NPN 管具备的所有特性都将在 PNP 管中一一对应。举例如下。

- NPN 管的输入伏安特性为随着电压越来越大，电流逐渐增大，在 0.7V 后电流明显增大。而 PNP 管的输入伏安特性与此完全相同。
- 对于输出伏安特性，PNP 管与 NPN 管几乎是一样的，唯一的区别在于定义，横轴不再是 u_{CE}，而是 u_{EC}。
- 对于饱和区的界定，NPN 管是当 u_{CE}<0.3V 时，进入饱和区；PNP 管是当 u_{EC}<0.3V 时，进入饱

和区。

方法二：遵循 NPN 管已有的全部定义，那么所有求解值都将是反的，所有的图都从第一象限镜像到第三象限。

在 NPN 管的伏安特性中，无论输入特性还是输出特性，都在第一象限；在 PNP 管中，如果遵循 NPN 管的电压、电流定义，那么这两个特性曲线都出现在第三象限。因此，电压、电流方向都发生了反转。I_{BQ}、I_{CQ}、I_{EQ} 都将是负值，U_{BEQ}、U_{CEQ} 也将是负值。而且，PNP 管饱和的条件变为：$U_{CEQ} > U_{CES} = -0.3V$。

本节重点讲述方法二。

图 2.77 所示是一个负电源供电的 PNP 管共射极放大电路，β=185.2。

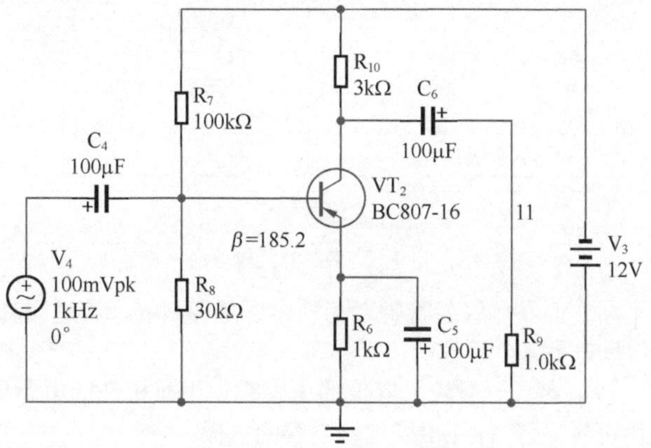

图 2.77　负电源 PNP 管共射极放大电路

利用戴维宁定理，对该电路进行静态分析。

$$E_B = V_3 \frac{R_8}{R_7 + R_8} = -2.77V，R_B = \frac{R_7 R_8}{R_7 + R_8} = 23.08k\Omega$$

$$E_B - U_{BEQ} = -2.07V = I_{BQ}\left(R_B + (1+\beta)R_6\right)$$

$$I_{BQ} = -9.89\mu A$$

$$U_{EQ} = (1+\beta) I_{BQ} R_6 = -1.84V$$

$$U_{CQ} = -12 - \beta I_{BQ} R_{10} = -6.51V$$

$$U_{CEQ} = U_{CQ} - U_{EQ} = -4.67V$$

这说明，电路处于放大状态。

在求解晶体管微变等效模型中的 r_{be} 时，需要稍加改变，为：

$$r_{be} = r_{bb'} + \frac{U_T}{|I_{BQ}|} \tag{2-74}$$

动态分析与 NPN 管完全一致，不再赘述。

当只有正电源时，可以利用图 2.78 实现 PNP 管放大电路。这个电路是从图 2.77 直接得来的，只需更换位置，无须新的计算。如果不相信，我们来计算一下。

$$E_B = V_2 \frac{R_3}{R_2 + R_3} = 9.23V，R_B = \frac{R_2 R_3}{R_2 + R_3} = 23.08k\Omega$$

$$E_B - U_{BEQ} - V_2 = -2.07V = I_{BQ}\left(R_B + (1+\beta)R_5\right)$$

$$I_{BQ} = -9.89\mu A$$

$$U_{EQ} = 12 + (1+\beta) I_{BQ} R_5 = 10.16V$$

$$U_{CQ} = -\beta I_{BQ} R_1 = 5.49V$$

$$U_{CEQ} = U_{CQ} - U_{EQ} = -4.67V$$

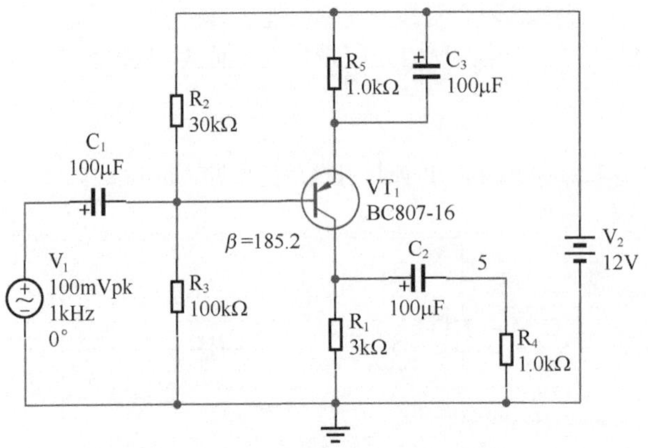

图 2.78　正电源 PNP 管共射极放大电路

虽然各点对地电位不同，但晶体管各管脚之间的电压是相同的，流进或者流出各管脚的电流是相同的，因此晶体管的工作状态是完全相同的。

电路中如果使用了电解电容（一般较大容值的电容都使用有极性的电解电容），则需要注意电容极性的区别。图 2.78 中用符号“+”标注出了电解电容的正极。

◎电解电容的极性

电解电容具有极性，在外壳上印有“-”的管脚为负极，另一脚为正极。在使用中应保持正极电位高于负极电位——瞬间的反向不可怕，可怕的是持续反向。

当电解电容的负极电位持续高于正极电位时，在电特性上，它的直流漏电阻会降低，类似于一个电阻并联于电容器，且等效的电容值也会下降。特别需要注意的是，这样还会导致电解电容发生爆炸。

学习任务和思考题

（1）电路如图 2.79 所示。晶体管的 β=567，U_{BEQ}=-0.7V，$r_{bb'}$=1800Ω，其他参数如图 2.79 所示。其中电阻 R_5 是负载电阻，VF_1 是电路的输入，VF_3 是电路的输出。

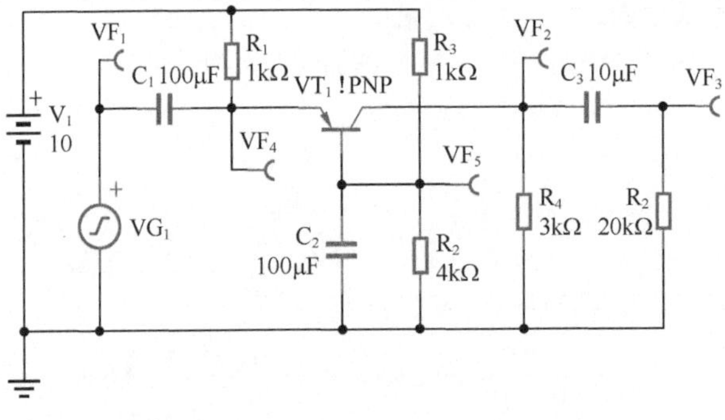

图 2.79　正电源 PNP 管共基极放大电路

- 求解晶体管的静态 I_{CQ}、U_{CEQ}。

- 求解电路的放大倍数、输入电阻、输出电阻。

（2）电路如图 2.80 所示。晶体管的 β=100，U_{BEQ}=0.7V，$r_{bb'}$=132Ω，其他参数如图 2.80 所示。其中 VG_1 和 R_5 串联，表征一个具有 50Ω 输出电阻的信号源。

- 求解晶体管的静态 I_{CQ}、U_{CEQ}。
- 求 R_7 上流过的静态电流。
- 求解电路的放大倍数：$A_{u1}=\dfrac{VF_4}{VF_1}$、$A_{u2}=\dfrac{VF_2}{VF_1}$、$A_{u3}=\dfrac{VF_4}{VG_1}$、$A_{u4}=\dfrac{VF_2}{VG_1}$。
- 求解从 VF_1 处，向右看进去的输入电阻。R_4 为负载电阻，求解 VF_4 处、VF_2 处的输出电阻。VG_1 为幅度 100mV、频率 100kHz 的正弦波，画出 VF_3 的波形。

（3）（选做题）电路如图 2.81 所示。晶体管为 BC817-25LT1，请通过 TINA-TI 仿真软件，自行获得其关键参数。其他参数如图 2.81 所示。

- 求解电路的静态 I_{CQ}、U_{CEQ}，并与仿真实测进行对比。
- S 闭合时，求解电路的放大倍数、输入电阻、输出电阻，并利用仿真软件进行实测，然后对比。
- 当输入为幅度为 5V、频率为 1kHz 的正弦波时，用仿真软件观察 VF_2 的波形，当 S 闭合或者断开时，观察 VF_2 的波形变化，解释为什么。

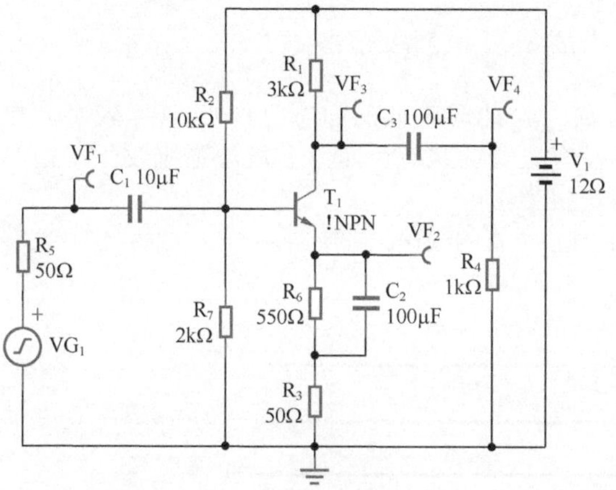

图 2.80　电路 1

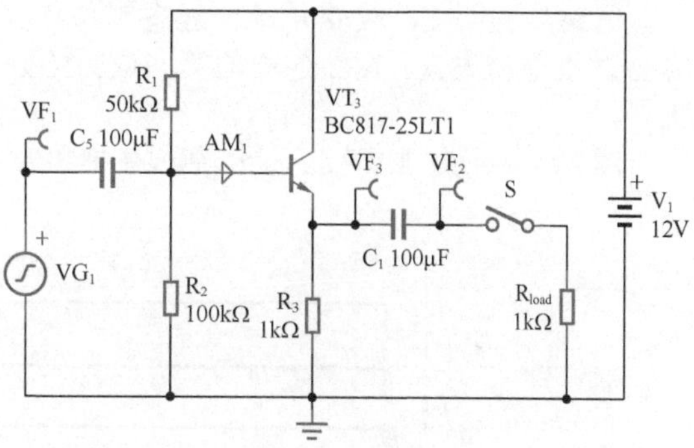

图 2.81　电路 2

2.14　大信号情况下的失真分析

◎输出级失真和输入级失真

晶体管放大电路工作时，如果输入的正弦波信号很小，输出也是正弦波，则没有失真。这是我们期望的状态。而在实际工作中，有两种原因可以造成输出信号失真。

其一，如果输出信号过大，在正峰值或者负峰值处，晶体管或者进入饱和区，或者进入截止区，此时晶体管失去了放大作用。输入发生变化时，输出不再变化，输出波形必然出现失真。这种失真被称为输出级失真。

其二，即输出信号还没有大到产生输出级失真，晶体管输入伏安特性的非线性也会导致输出失真。当输入正弦波电压信号很小时，可以用一个微小的直线段描述输入伏安特性。但信号较大时，由于输入伏安特性曲线是一个类似于指数曲线的曲线，它的非直线成分就完全显现出来，造成 u_{be} 是正弦波，而 i_b 已经不是正弦波。这种失真来源于输入伏安特性的非线性，因此称之为输入级失真。输入级失真较为复杂，本书暂不过多介绍。

因此，本节中只研究“输出幅度特别大产生的输出级失真”。

◎输出级失真的两种类型：饱和失真和截止失真

在输出级失真中，晶体管进入饱和区产生的输出波形失真被称为饱和失真；晶体管进入截止区产生的输出波形失真被称为截止失真。有时，输出波形会既有截止失真，又有饱和失真。

以图 2.82 为例，假设晶体管静态处于 $u_{CE}=U_{CEQA}$，当输入信号很小时，u_C 点输出电压波形为正常波形，即图 2.83 的第一段，为一个标准正弦波，没有失真。此时增大输入信号幅度，输出信号幅度也会增大，但是 u_C 点电压不超过电源电压 E_C。此时，流过 R_C 的电流为 0，晶体管处于截止状态，就发生了截止失真——第二段输出波形出现了“削顶”。谨慎降低输入信号幅度，会减少这种失真，并逐渐达到图 2.83 中的第三段，刚好没有发生截止失真。

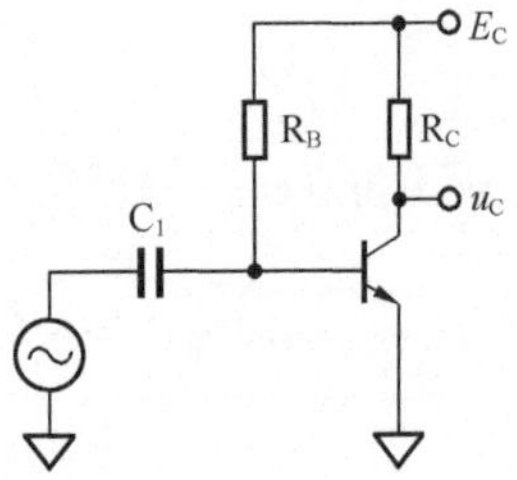

图 2.82　电路

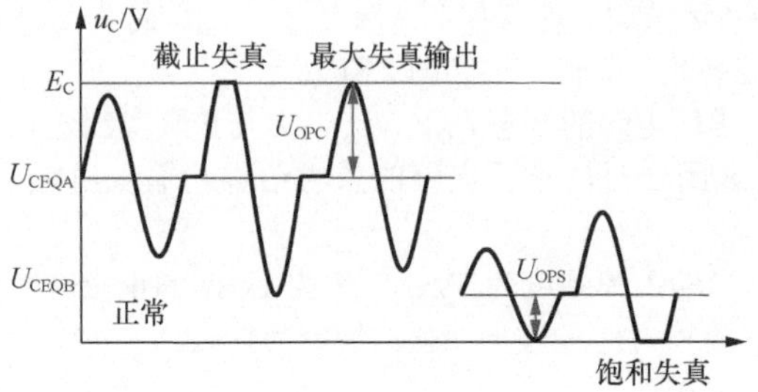

图 2.83　波形

电路结构不变，改变 R_B，使静态工作点变为 U_{CEQB}，此时较低的静态工作点（U_{CE} 较小）更容易发生饱和失真。图 2.83 中的第四段为恰好都没有失真的状态，而第五段波形则发生了饱和失真。

图 2.84 所示为理想情况下晶体管发生饱和失真、截止失真的过程。

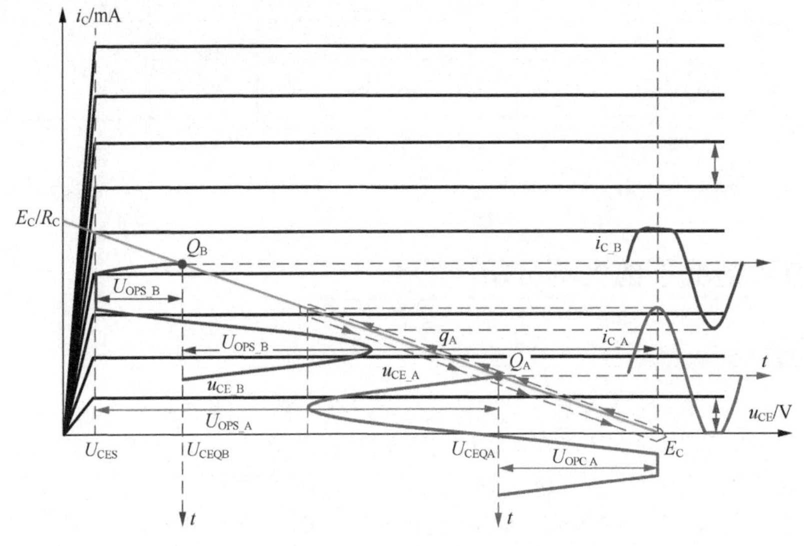

图 2.84　图 2.82 出现的饱和失真、截止失真

◎失真电压裕度（Distortion Voltage Margin）

所谓的失真电压裕度是对输出电压信号不失真空间的描述，即能保证输出电压信号不失真的电压空间。其标准定义为：在一个晶体管放大电路中，输入为正弦波电压信号，输出所能达到的最大的不失真正弦信号的峰值幅度，用 U_{OPP} 表示，单位是 V。

而输出产生的超范围失真或者由饱和引起，或者由截止引起，因此失真电压裕度又被分成饱和失真电压裕度（用 U_{OPS} 表示）和截止失真电压裕度（用 U_{OPC} 表示），且有：

$$U_{OPP}=2\min\left(U_{OPS},U_{OPC}\right) \tag{2-75}$$

即总的失真电压裕度是饱和失真电压裕度和截止失真电压裕度两者中最小值的两倍，因为两者是“或”的关系，所以只要有一个失真了，总的就失真了。

传统教科书中采用“动态范围”（Dynamic Range）来表示类似的概念：在一个晶体管放大电路中，输入为正弦波电压信号，输出所能达到的最大的不失真正弦信号的峰值用 U_{OPP} 表示，单位是 V。但是很遗憾，“动态范围”这个词已被广泛应用于 ADC 指标中，而且它是一个倍数，没有单位，因此本书不再使用这个词。

若确定了当前静态工作点为 $Q(U_{CEQ},I_{CQ})$，则饱和失真电压裕度为：

$$U_{OPS}=U_{CEQ}-U_{CES} \tag{2-76}$$

其中，U_{CES} 为晶体管的饱和压降，小信号情况下一般为 0.3V 左右。

截止失真电压裕度为：

$$U_{OPC}=U_{CE\_max}-U_{CEQ} \tag{2-77}$$

其中，U_{CE_max} 是指在输入信号加载情况下 u_{CE} 所能达到的最大电压，在图 2.82 电路中，U_{CE_max} 即 E_C，在其他电路中，这个值可能不是 E_C。

从图 2.83 可以看出，对于静态工作点 Q_A，其饱和失真电压裕度 U_{OPS_A} 远大于其截止失真电压裕度 U_{OPC_A}。而对于静态工作点 Q_B，其饱和失真电压裕度 U_{OPS_B} 小于其截止失真电压裕度 U_{OPC_B}。

◎静态负载线和动态负载线

在图 2.82 中，保持电源电压 E_C 和电阻 R_C 不变，改变 R_B 可以确定一个静态工作点 $Q(U_{CEQ}, I_{CQ})$。全部静态工作点的集合在输出伏安特性图上会形成一条直线，该直线就叫静态负载线。分析可知，静态负载线的方程为：

$$E_C=U_{CEQ}+I_{CQ}\times R_C \tag{2-78}$$

确定了静态工作点后，一旦输入加载信号，在任何一个时刻，晶体管都有一个摆脱了 Q 点的新的组合 (u_{CE}, i_C)，此点被称为工作点，或者动态工作点，用 q 表示。显然，唯一的 Q 点是众多 q 点的子集。

众多 q 点的集合一定会形成一条直线，该直线就叫动态负载线。

图 2.82 中，动态负载线的方程为：

$$E_C=u_{CE}+i_C\times R_C \tag{2-79}$$

由此可知，在此电路中，动态负载线与静态负载线是重合的。

静态负载线描述了在 E_C 和 R_C 不变的情况下静态工作点受到的约束。而动态负载线描述了电路开始工作后，u_{CE} 和 i_C 受到的约束。

在图 2.84 中，静态负载线和动态负载线由于是重合的，都用绿色直线表示。显然，Q_A 点和 Q_B 点都应该在静态负载线上。而基于 Q_A 的工作点 q 移动的轨迹，如图 2.84 中含箭头的蓝色虚线所示。显然，q 点的移动受到了 u_{CE} 不得大于 E_C 的限制，或者说 i_C 不得小于 0 的限制。

◎不重合的静态负载线、动态负载线

上述电路中，在任何情况下，流过电阻 R_C 的电流始终为 i_C，因此式（2-76）成立。但是，在图 2.85 中，这个条件是不成立的。

如图 2.86 所示，对于较高频率的输入信号，电容 C_2 相当于短接，因此，动态电流 i_c 会按照比例分配给 R_C 和 R_L。利用动态分析方法可知，此时同样的动态电流 i_c 引起 u_C 端产生的动态电压将比图 2.82 中的小。

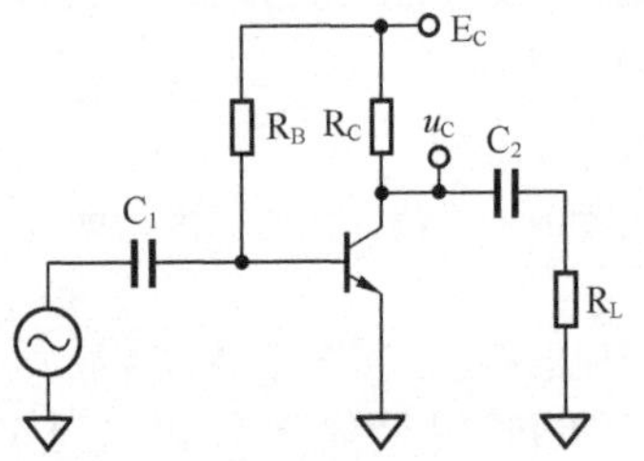

图 2.85　电路

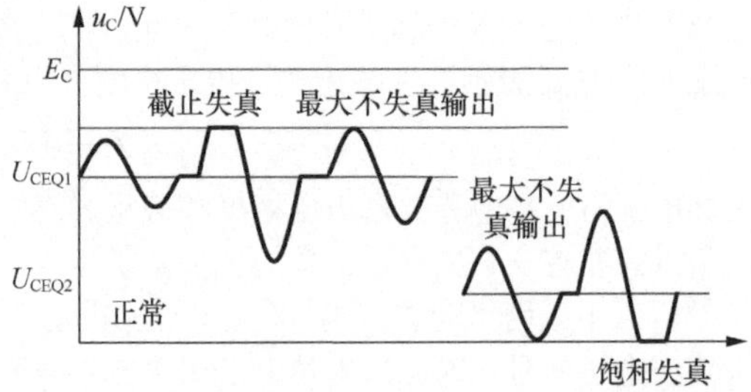

图 2.86　波形

在图 2.82 电路中，有下式成立：

$$\Delta u_C = -\Delta i_C \times R_C \tag{2-80}$$

即动态负载线的斜率为 $-1/R_C$，如图 2.87 中的绿色线所示。

而在图 2.85 中，有下式成立：

$$\Delta u_C = -\Delta i_C \times \left(R_C // R_L\right) \tag{2-81}$$

即动态负载线的斜率变为 $-1/(R_C// R_L)$，负载线变为图 2.87 中的红色线。由此可以推导出，动态负载线的方程为：

$$u_{CE} = U_{CEQ} + \left(R_C // R_L\right)\left(I_{CQ} - i_C\right) \tag{2-82}$$

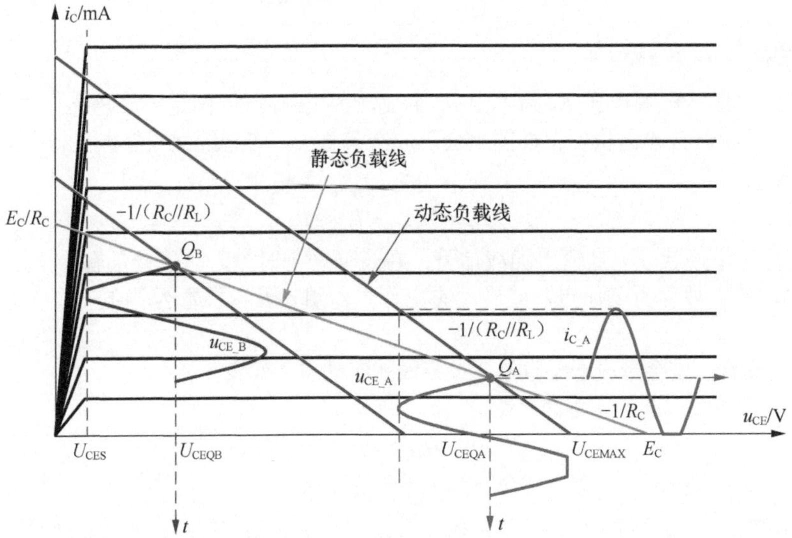

图 2.87　针对图 2.85 电路出现的饱和失真、截止失真

将 $i_C=0$ 代入，可求得动态负载线与横轴的交点，即U_{CE_max}为：

$$U_{CE\_max} = U_{CEQ} + I_{CQ} \times (R_C // R_L) \tag{2-83}$$

此时，电路的饱和失真电压裕度没有改变，但是截止失真电压裕度变为：

$$U_{OPC} = U_{CE\_max} - U_{CEQ} = I_{CQ} \times \left(R_C // R_L\right) \tag{2-84}$$

$$U_{OPP} = 2\min\left(U_{CE\_max} - U_{CEQ}, U_{CEQ} - U_{CES}\right) = 2\min\left(I_{CQ} \times R_C // R_L, U_{CEQ} - U_{CES}\right) \tag{2-85}$$

在图 2.85 中我们假设 $R_L=R_C$，因此静态工作点为 Q_A 时失真电压裕度变为原先的 1/2。

◎普适的失真电压裕度求解方法

按照上述分析，我们可以得出求解失真电压裕度的普适方法。

（1）饱和失真电压裕度，如式（2-76）所示：

$$U_{\mathrm{OPS}}=U_{\mathrm{CEQ}}-U_{\mathrm{CES}}$$

无论动态负载线是否与静态负载线重合，这个方法都是有效的。

（2）截止失真电压裕度：

静态工作点为 $Q(U_{\mathrm{CEQ}},I_{\mathrm{CQ}})$，该点与截止失真发生点（$i_C$=0）存在 I_{CQ} 的差距，我们试图求解的截止电压失真裕度其实就是计算从 Q 点到截止失真发生点的电压差距。而截止失真发生点是动态负载线和横轴的交点。

将 $i_C=0$ 代入，可求得动态负载线与横轴的交点，即 $U_{\mathrm{CE\_max}}$ 为：

$$U_{\mathrm{CE\_max}}=U_{\mathrm{CEQ}}+I_{\mathrm{CQ}}\times(R_{\mathrm{C}}//R_{\mathrm{L}}) \tag{2-86}$$

此时，根据式（2-77），截止失真电压裕度变为（式（2-84）、式（2-85））：

$$U_{\mathrm{OPC}}=U_{\mathrm{CE\_max}}-U_{\mathrm{CEQ}}=I_{\mathrm{CQ}}\times(R_{\mathrm{C}}//R_{\mathrm{L}})$$

$$U_{\mathrm{OPP}}=2\min\left(U_{\mathrm{CE\_max}}-U_{\mathrm{CEQ}},U_{\mathrm{CEQ}}-U_{\mathrm{CES}}\right)=2\min\left(I_{\mathrm{CQ}}\times R_{\mathrm{C}}//R_{\mathrm{L}},U_{\mathrm{CEQ}}-U_{\mathrm{CES}}\right)$$

显然，动态负载线与静态负载线不重合，受到影响的只有截止失真电压裕度，它会变小。

举例1

电路如图 2.88 所示。晶体管的 β=150，$r_{\mathrm{bb'}}$=50Ω，U_{BEQ}=0.75V，U_{CES}=0.3V，E_{C}=12V，两个电容容值均足够大。问此时失真电压裕度是多少？当输入信号为正弦波，幅度为 20mV 时，会产生什么失真？输入信号幅度变为多少时，恰巧不失真？

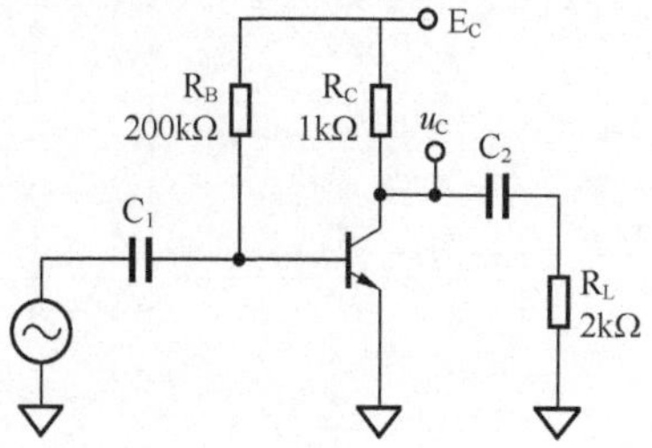

图 2.88　举例 1 电路

解：本题需要关心输入信号大小，必然需要电压增益，因此进行静态求解、动态求解。

静态求解：

$$I_{\mathrm{BQ}}=\frac{E_{\mathrm{C}}-U_{\mathrm{BEQ}}}{R_{\mathrm{B}}}=56.25\mu\mathrm{A}$$

$$I_{\mathrm{CQ}}=\beta I_{\mathrm{BQ}}=8.4375\mathrm{mA}$$

$$U_{\mathrm{CEQ}}=E_{\mathrm{C}}-I_{\mathrm{CQ}}R_{\mathrm{C}}=3.5625\mathrm{V}$$

$$r_{\mathrm{be}}=r_{\mathrm{bb'}}+\frac{U_{\mathrm{T}}}{I_{\mathrm{BQ}}}=512.22\Omega$$

动态求解：

$$A_{\mathrm{u}}=-\frac{\beta R_{\mathrm{C}}//R_{\mathrm{L}}}{r_{\mathrm{be}}}=-195.23$$

第一问：失真电压裕度求解。

直接利用式（2-85）得：

$$\begin{aligned}U_{\mathrm{OPP}}&=2\min\left(I_{\mathrm{CQ}}\times R_{\mathrm{C}}//R_{\mathrm{L}},U_{\mathrm{CEQ}}-U_{\mathrm{CES}}\right)=2\min\left(8.4375\times0.6667,3.5625-0.3\right)\\&=2\min\left(5.625,3.2625\right)=6.525\mathrm{V}\end{aligned}$$

饱和失真电压裕度为 3.2625V，截止失真电压裕度为 5.625V，失真电压裕度为 6.525V。

第二问：当输入信号幅度为 20mV，则输出信号幅度应为：

$$u_{\mathrm{o}}=\left|A_{\mathrm{u}}\right|\times u_{\mathrm{i}}=3.9046\mathrm{V}$$

它大于饱和失真电压裕度、小于截止失真电压裕度，因此，输出将产生饱和失真，而没有截止失真。

第三问：当输入信号使输出幅度为饱和失真电压裕度时，输出刚好不失真，即：

$$U_{OPS}=|A_u|\times u_i=3.2625V$$

则：

$$u_i=\frac{U_{OPS}}{|A_u|}=16.71mV$$

举例 2

电路如图 2.89 所示。晶体管的 β=100，$r_{bb'}$=132Ω，U_{BEQ}=0.7V，U_{CES}=0.3V，E_C=15V，3 个电容容值均足够大。

（1）当 S 断开时，求电路的失真电压裕度。当输入信号逐渐增大时，先发生什么失真？

（2）当 S 闭合时，求电路的失真电压裕度。当输入信号逐渐增大时，先发生什么失真？

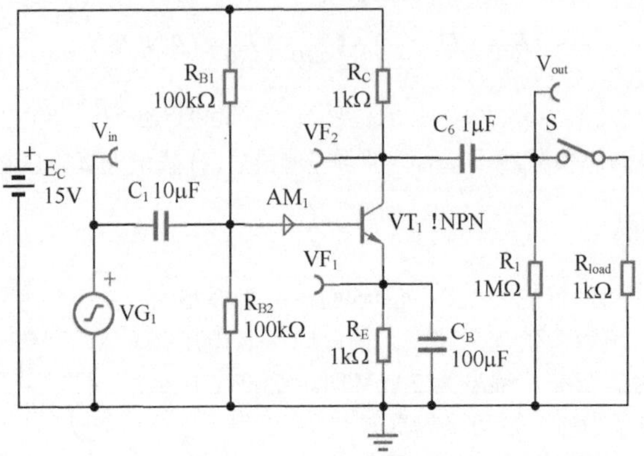

图 2.89 举例 2 电路

解：本题只要求失真电压裕度，不涉及输入信号大小，因此无须求解放大倍数，先求解电路静态，然后求解失真电压裕度即可。

$$E_B=E_C\times\frac{R_{B2}}{R_{B1}+R_{B2}}=7.5V$$

$$R_B=\frac{R_{B1}R_{B2}}{R_{B1}+R_{B2}}=50k\Omega$$

列出输入回路计算式：

$$E_B-U_{BEQ}=I_{BQ}\left(R_B+(1+\beta)R_E\right) \tag{2-87}$$

解得：

$$I_{BQ}=\frac{E_B-U_{BEQ}}{R_B+(1+\beta)R_E}\approx 45.03\mu A$$

$$I_{CQ}=\beta I_{BQ}=4.503mA$$

$$I_{EQ}=(1+\beta)I_{BQ}=4.548mA$$

$$U_{EQ}=I_{EQ}R_E=4.548V$$

$$U_{CEQ}=E_C-I_{CQ}R_C-I_{EQ}R_E=5.949V$$

（1）当 S 断开时，相当于 R_L=1MΩ。

利用式（2-76），饱和电压裕度为：

$$U_{OPS}=U_{CEQ}-U_{CES}=5.649V$$

利用式（2-84），截止失真电压裕度为：

$$U_{OPC}=I_{CQ}\times(R_C\,//\,R_L)=4.503V$$

由于截止失真电压裕度小于饱和失真电压裕度，先发生截止失真。总的失真电压裕度 U_{OPP} 是两者的较小值的两倍，为 9.006V。

（2）当 S 闭合时，相当于 R_L=1//1，R_L 约为 1kΩ。

利用式（2-76），饱和电压裕度为：

$$U_{OPS}=U_{CEQ}-U_{CES}=5.649V$$

利用式（2-84），截止失真电压裕度为：

$$U_{OPC}=I_{CQ}\times(R_C//R_L)=2.25V$$

由于截止失真电压裕度小于饱和失真电压裕度，先发生截止失真。总的失真电压裕度 U_{OPP} 是两者的较小值的两倍，为 4.5V。

举例3

电路如图 2.90 所示。晶体管的 β=300，$r_{bb'}$=100Ω，U_{BEQ}=0.7V，U_{CES}=0.3V，E_C=12V，两个电容容值均足够大。

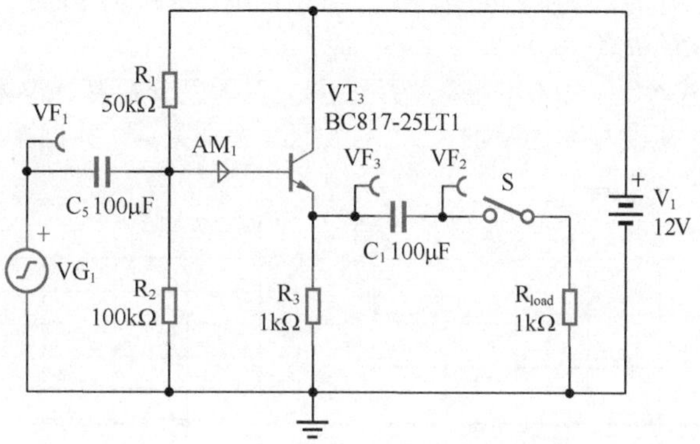

图 2.90 举例 3 电路

（1）当 S 断开时，求电路的失真电压裕度。先发生什么类型的失真？

（2）当输入为幅度为 5V、频率为 10kHz 的正弦波，且 S 闭合时，VF_2 会出现什么波形？

解：图 2.90 为一个射极跟随器，在分析此类题目时，可以假设电路的电压放大倍数为 1 倍。先求解电路静态。

$$E_B=E_C\times\frac{R_2}{R_1+R_2}=8V,\ R_B=\frac{R_1R_2}{R_1+R_2}=33.33k\Omega$$

$$I_{BQ}=\frac{E_B-U_{BEQ}}{R_B+(1+\beta)R_E}\approx 21.83\mu A$$

$$I_{EQ}=(1+\beta)I_{BQ}=6.572mA$$

$$U_{CEQ}=E_C-I_{EQ}R_E=5.428V$$

（1）当 S 断开时，$R_L=\infty$。

利用式（2-76），饱和电压裕度为：

$$U_{OPS}=U_{CEQ}-U_{CES}=5.128V$$

此电路结构不同于共射极电路，因此式（2-84）不再适用，需要利用截止失真电压裕度的本质定义，得出其修正式（读者可以自行推导）：

$$U_{OPC}=I_{EQ}\times(R_E//R_L) \tag{2-88}$$

将 $R_L=\infty$代入得：

$$U_{OPC}=I_{EQ}\times R_E=6.572V$$

由于截止失真电压裕度大于饱和失真电压裕度，先发生饱和失真。总的失真电压裕度 U_{OPP} 是两者的较小值的两倍，为 10.256V。

（2）当 S 闭合时，截止失真电压裕度变小，为：

$$U_{OPC}=I_{EQ}\times(R_E//R_L)=3.286V$$

因此，当输入信号为 5V 的正弦波时，输出幅度理论上近似为 5V，必然发生截止失真，输出波形底部会被“削顶”，出现平线。

◎实际电路的失真——提前发生的非线性失真

前文讲述了理想晶体管发生超范围失真的情况。这些内容都是以理想的输出伏安特性为基础的，且没有考虑输入伏安特性的非线性因素。

而一般的晶体管放大电路的输入信号多为正弦电压信号 u_i，它必须经过“非线性的输入伏安特性图”转换成输入电流 i_b，此时如果 u_i 较大，则 i_b 会发生严重的变形，即失真。此时，在尚未达到超范围失真的情况下，信号 i_b 已经严重失真，这种非线性失真在信号流程上提前于超范围失真，将使得后续的超范围失真分析失去意义。就像我们照相时，在镜头已经严重失真的情况下还在拼命研究照片印刷保真技术一样。

因此，在实际电路工作时，我们难以看到图 2.83 中的削顶式失真，而是在这种失真远没有达到之前，就看到了一种馒头状的失真。

图 2.91 用数学表达式绘出了输入电压 u_{be} 为正弦波，其幅度分别为 1mV 和 20mV 时，电流 i_b 的失真情况。细看可以发现，在输入为 1mV 时，i_b 已经出现了微弱失真，其正峰值比负峰值略大一点。在输入为 20mV 时，失真非常严重。

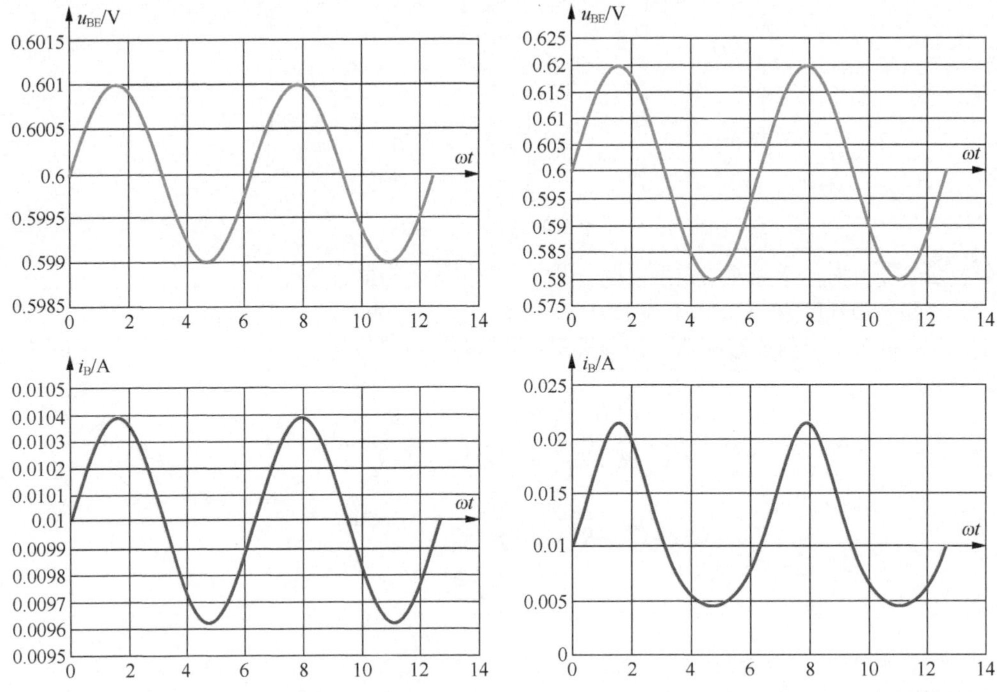

（a）u_{be} 为幅度为 1mV 的正弦波，i_b 失真很微弱　　（b）u_{be} 为幅度为 20mV 的正弦波，i_b 失真很严重

图 2.91　输入伏安特性非线性引起的，u_{be} 为正弦波，而 i_b 出现失真的情况

为了说明上述问题，我用 TINA 仿真软件设计一个单管放大电路，如图 2.92（a）所示。电路中的晶体管选择为理想模型，β=100。电源电压为 10V，设置的静态工作点的 U_{CEQ}=5V、I_{CQ}=5mA，电路的电压放大倍数约为 181，按照超范围失真计算，其截止失真电压裕度约为 4.975V，饱和失真电压裕度为 4.7V。在输入信号达到 4.7/181=26mV 时才会先发生饱和失真。但是，在实际仿真测试中，可以看出当输入信号幅度为 5mV 时，输出波形如图 2.92（b）所示，肉眼看不出失真。当输入信号幅度为 20mV 时（如图 2.92（c）所示），在截止方向（即输出波形上部）早已出现较为严重的馒头状失真，

这已不是超范围失真。当输入信号幅度为 30mV 时（如图 2.92（d）所示），饱和失真已经明显出现，而截止区仍然像“馒头”一样。

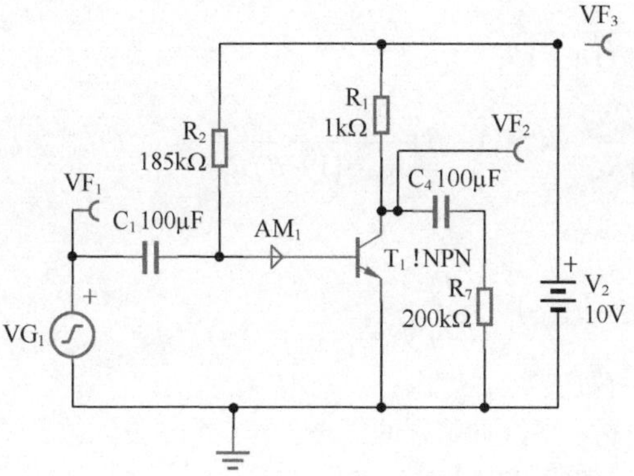

（a）单管放大电路

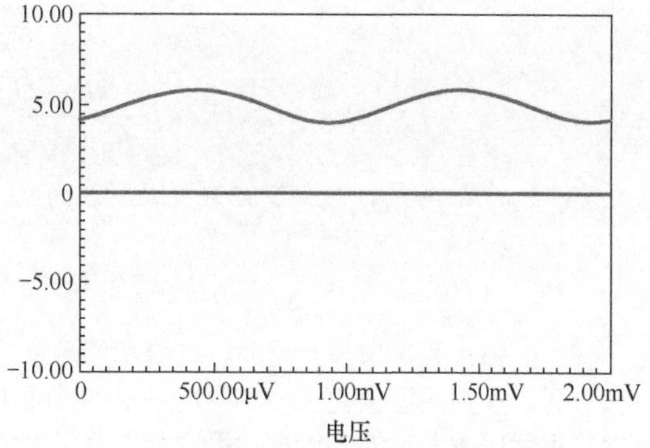

（b）输出波形（输入信号幅度为 5mV）

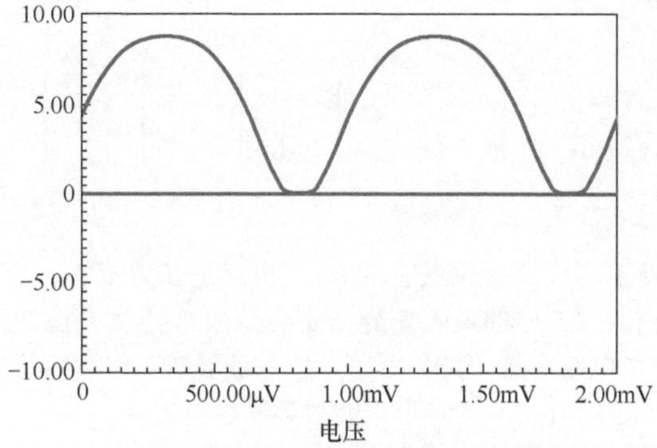

（c）输出波形（输入信号幅度为 20mV）

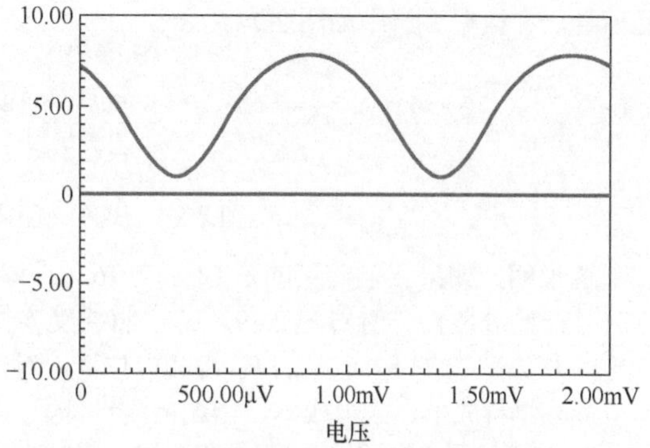

（d）输出波形（输入信号幅度为 30mV）

图 2.92 用 TINA 仿真共射极放大电路的失真

2.15 放大电路的综合分析

前文讲述了晶体管放大电路的静态分析、动态分析、失真分析。本节首先讲述一些补充内容，以丰富读者的认识，其后，以较多的举例，将静态分析、动态分析、失真分析等综合考虑，尽量列举不同的题型，以达到学以致用的目的。

◎ 4 个电阻提供静态工作点的好处

图 2.93 是一个共射极放大电路，其中晶体管的 β=100，$r_{bb'}$=132Ω。

该电路的静态是靠 4 个电阻实现的（在考虑静态时，R_{E1} 和 R_{E2} 应被视为一个电阻 R_E，为两者的串联）。图 2.49 只需要 2 个电阻就能给晶体管施加偏置——让其工作在非 0 的合适的静态工作点。为什么还要用 4 个电阻呢？

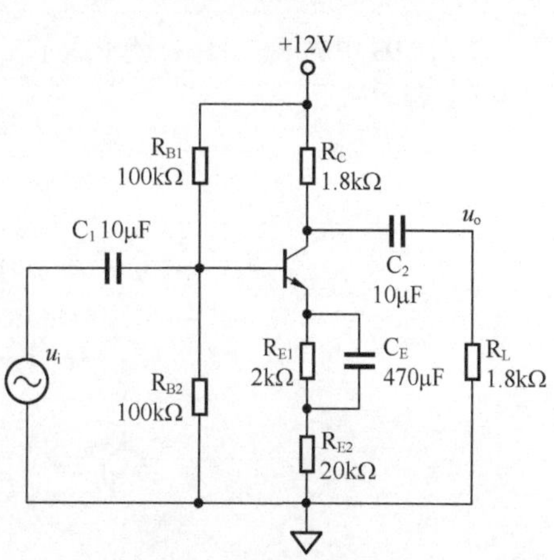

图 2.93 共射极四电阻电路

请读者写出这个电路的静态求解过程，然后你会发现，这个电路的静态工作点与晶体管的 β 关系很小，特别在 R_B 较小的时候，I_{CQ}、U_{CEQ} 几乎与 β 无关。

$$k = \frac{R_{B2}}{R_{B1} + R_{B2}} \tag{2-89}$$

$$R_B=\frac{R_{B1}\times R_{B2}}{R_{B1}+R_{B2}} \tag{2-90}$$

$$I_{BQ}=\frac{kE_C-U_{BEQ}}{R_B+(1+\beta)R_E} \tag{2-91}$$

$$U_{CEQ}=E_C-R_C\times\beta\frac{kE_C-U_{BEQ}}{R_B+(1+\beta)R_E}-R_E\times(1+\beta)\frac{kE_C-U_{BEQ}}{R_B+(1+\beta)R_E} \tag{2-92}$$

当$(1+\beta)R_E\gg R_B$，式（2-92）可以近似为：

$$U_{CEQ}\approx E_C-(kE_C-U_{BEQ})\left(1+\frac{R_C}{R_E}\right) \tag{2-93}$$

式（2-93）看起来与β无关，这给我们带来的好处实在太大了。

首先，不怕温度变化了。如果用图 2.49 所示电路，冬天调整好的静态工作点到了夏天就变了，这会增加售后服务人员的工作量。用这个电路可以大大改善这种情况。

其次，不怕晶体管的分散性了。晶体管在出厂的时候，一般明确标注了β的分散性，比如 BC817 晶体管，在数据手册中如图 2.94 所示。

DC Current Gain (I_C = 100 mA, V_{CE} = 1.0 V)		h_{FE}			
	BC817-16, SBC817-16		100	-	250
	BC817-25, SBC817-25		160	-	400
	BC817-40, SBC817-40		250	-	600

图 2.94　BC817 晶体管在数据手册中的参数

这说明，如果我们购买的是 BC817-16，晶体管生产厂商会保证它的 h_{FE}，也就是β为 100 ～ 250，这就是产品分散性。看看图 2.49，U_{CEQ} 直接受β控制，2.5 倍的最大差异一定会造成 Q 点大范围变化。唯一的办法就是给每个电路的 R_B 增加电位器，对每块电路实施个体化调节，以保证静态工作点的稳定。这将提高物料成本、人力成本，增加调测设备数量，延长时间，同时带来的故障率也将提高。

而有了如图 2.93 所示的四电阻电路，这一切都不是问题了。放大电路板可以直接进流水线生产，而不必进行个体化调节。虽然它的电路会稍复杂一些，占用面积也会大一些，还多了 2 个电阻的成本。但是，哪个更划算，一目了然。

有人说，就不能让晶体管生产厂商生产出分散性很小的晶体管吗，比如β为 99 ～ 101 ？可以，请提高交易价格。或者，你多买很多，自己去挑选。

◎三电阻静态电路

将图 2.93 中的 R_{B2} 开路，就形成了三电阻静态电路，如图 2.95 所示。它同样具有稳定静态工作点的作用。分析如下：

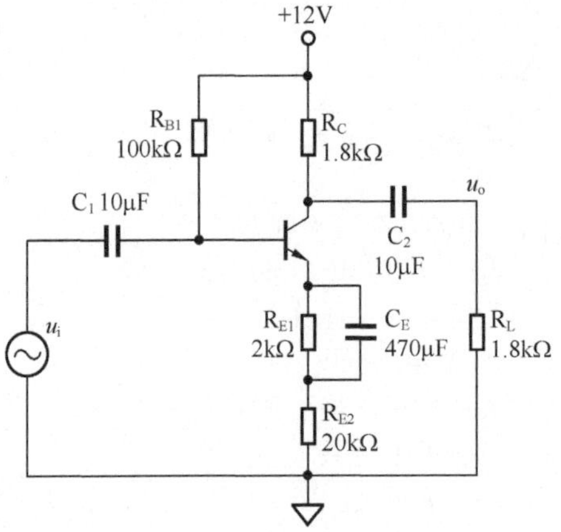

图 2.95　三电阻静态电路

$$I_{BQ}=\frac{E_C-U_{BEQ}}{R_B+(1+\beta)R_E} \tag{2-94}$$

$$U_{CEQ}=E_C-R_C\times\beta\frac{E_C-U_{BEQ}}{R_B+(1+\beta)R_E}-R_E\times(1+\beta)\frac{E_C-U_{BEQ}}{R_B+(1+\beta)R_E} \tag{2-95}$$

当$(1+\beta)R_E \gg R_B$，式（2-95）可以近似为：

$$U_{CEQ}\approx E_C-(E_C-U_{BEQ})\left(1+\frac{R_C}{R_E}\right) \tag{2-96}$$

静态工作点与β关系不大。但这个电路不好，使用者甚少。原因如下：若要满足稳定静态工作点的要求，即$(1+\beta)R_E \gg R_B$，则有：

$$U_{EQ}=R_E\times(1+\beta)\frac{E_C-U_{BEQ}}{R_B+(1+\beta)R_E}\approx E_C-U_{BEQ} \tag{2-97}$$

即发射极静态电位接近电源电压，晶体管的工作区间变得很小。

请读者思考，为什么四电阻电路不存在这个问题？

◎单管放大电路的静态工作点选择

静态工作点 Q 一般是指输出伏安特性曲线中的位置，由I_{CQ}和U_{CEQ}两个量组成。选择其位置对放大电路整体性能有重要影响。

静态工作点的选择没有一成不变的规则。考虑的因素不同，设计的侧重点不同，就会带来不同的选择依据。这与午饭吃什么几乎是一样的。但即便这样，你也应该在营养、价格、口味、就餐环境等因素中，说出个子丑寅卯来。

（1）对于U_{CEQ}来说，一般情况下应选择动态负载线的中心位置，以保证其有尽量大的失真电压裕度。当两级单管放大器通过直接耦合级联时，还需要考虑第一级的输出静态电位能不能驱动后级输入回路。这在本节后续部分会有简单说明。

（2）对于I_{CQ}来说，情况就比较复杂。对于低功耗设计，尽量让I_{CQ}小一点。但这样做势必会使用较大的电阻，这会导致整个电路的噪声增大，进而导致输入电阻增大。而在没有低功耗要求的情况下，稍大一些的静态电流会给输入电流变化带来足够的空间，这有利于降低干扰信号对电路的影响。换句话说，低功耗和抗干扰是矛盾的，这取决于设计者更看重什么。

◎静态和动态分离，以及增益改变

前文很多种电路具备如下特点：某个电阻如果在静态电路中存在，那么它也一定会出现在动态电路中。这就导致了一个结果：静态和动态是互相影响的。有时候，我们需要将静态和动态分离，以实现更灵活的设计，特别是，使放大电路的电压增益可以独立调节。

对于静态和动态分离，一种方案是从电路结构上解决：让变化量的动态信号走另外一条路。这在后面的差动放大电路部分会做讲解。另一种方案是，利用动态信号总是具有一定的频率的特点，使用电容器将静态电路和动态电路分离。

图 2.93 中，电容C_E就起到了这个作用。在静态分析中，I_{EQ}经过了电阻R_{E1}和R_{E2}，而在动态分析中，由于变化信号的频率较高，C_E容抗很小，电容器起到了让R_{E1}短路的作用。

◎四电阻共射极电路的静态分析

图 2.96 的左侧为图 2.93 的直流通路，右侧是它的戴维宁等效电路。此电路属于放大结构。根据戴维宁等效电路，计算如下：

$$I_{BQ}=\frac{E_B-U_{BEQ}}{R_B+(1+\beta)R_E}=20.86\mu A$$

$$I_{CQ}=\beta I_{BQ}=2.086mA$$

$$I_{EQ}=(1+\beta)I_{BQ}=2.107\text{mA}$$

$$U_{CEQ}=E_C-I_{CQ}R_C-I_{EQ}R_E=3.989\text{V}$$

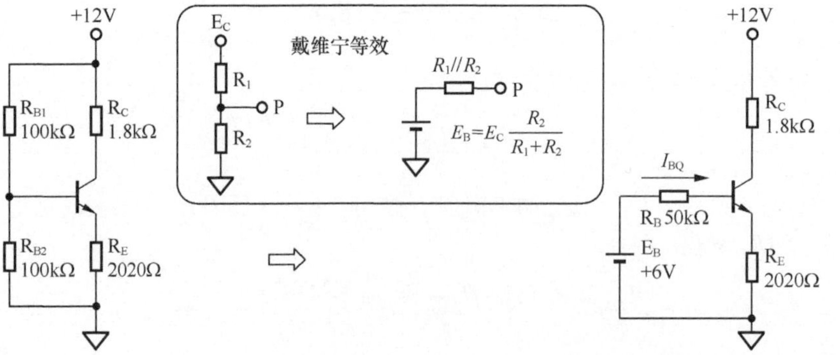

图 2.96 图 2.93 的静态分析

显然，晶体管处于放大区。静态分析完毕。为了进一步进行动态分析，完成静态分析后一般应立即求解微变等效模型中的 r_{be}。

$$r_{be}=r_{bb'}+\frac{U_T}{I_{BQ}}=1256\Omega$$

◎四电阻共射极电路的动态分析

画出图 2.93 的动态等效电路，如图 2.97 所示。

$$A_u=\frac{u_o}{u_i}=\frac{-\beta i_b(R_C//R_L)}{i_b(r_{be}+(1+\beta)R_{E2})}=-27.47$$

负号表明共射极放大电路的输出与输入是反相的。

$$r_i=R_{B1}//R_{B2}//(r_{be}+(1+\beta)R_{E2})=3075\Omega$$

$$r_o=R_C=1.8\text{k}\Omega$$

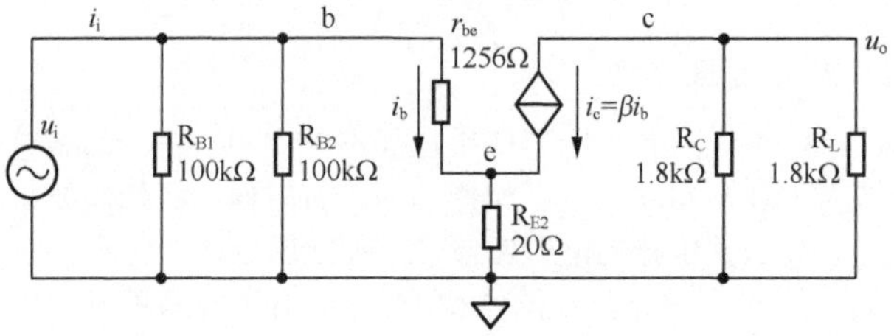

图 2.97 图 2.93 的动态等效电路

举例 1

电路如图 2.98 所示。其中晶体管 β=100，$r_{bb'}$=132Ω。

（1）求解电路静态。

（2）求解电压放大倍数、输入电阻、输出电阻。

（3）分析图 2.98 中各电容器和电阻 R_s 在静态和动态分离中起到的作用。

（4）在不改变静态的情况下，有多少种方法可以改变电路的电压放大倍数？

解：（1）求解静态

电路静态通路如图 2.99 所示。可以看出，电阻 R_s 被悬空，对电路没有任何影响。因此有：

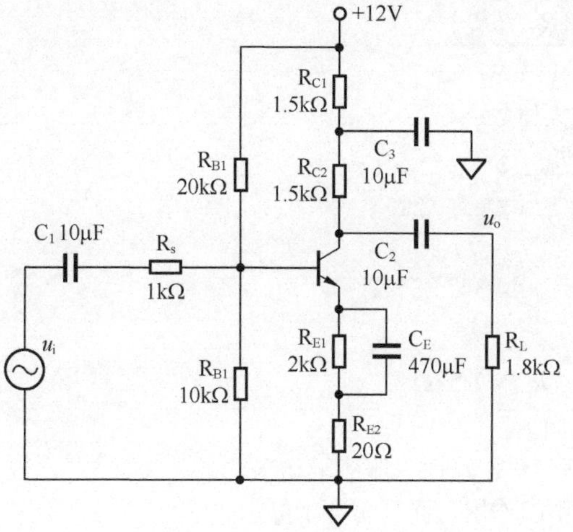

图 2.98 举例 1 电路

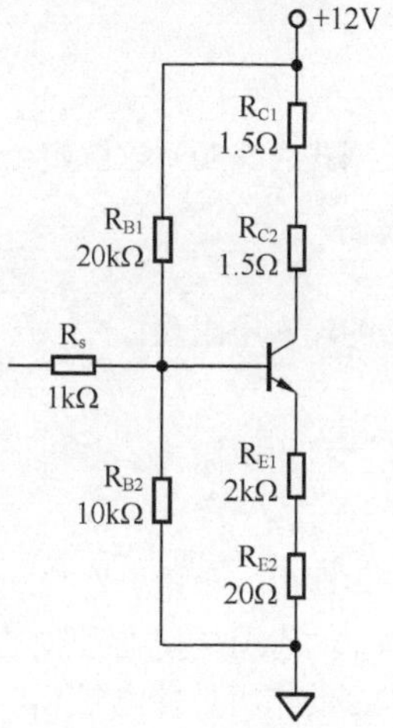

图 2.99 举例 1 电路之静态通路

$$E_B = E_C \times \frac{R_{B2}}{R_{B1} + R_{B2}} = 4\text{V}$$

$$R_B = \frac{R_{B1}R_{B2}}{R_{B1} + R_{B2}} = 6.667\text{k}\Omega$$

列出输入回路的计算式：

$$E_B - U_{BEQ} = I_{BQ}\left(R_B + (1+\beta)(R_{E1} + R_{E2})\right) \tag{2-98}$$

解得：

$$I_{BQ} = \frac{E_B - U_{BEQ}}{R_B + (1+\beta)(R_{E1} + R_{E2})} \approx 15.66\mu\text{A}$$

$$I_{CQ} = \beta I_{BQ} = 1.566\text{mA}$$

$$U_{CEQ} = E_C - I_{CQ}(R_{C1} + R_{C2}) - I_{EQ}(R_{E1} + R_{E2}) = 4.107\text{V}$$

因为U_{CEQ}>0.3V，所以晶体管处于放大状态，上述求解合理。顺手求出：

$$r_{be} = r_{bb'} + \frac{U_T}{I_{BQ}} = 1792.28\Omega$$

（2）求解动态，画出动态等效电路，如图 2.100 所示。注意，电阻 R_{C1} 消失了，这是因为它的一端都是电压不变点，接地，另一端是大电容短接，也接地。

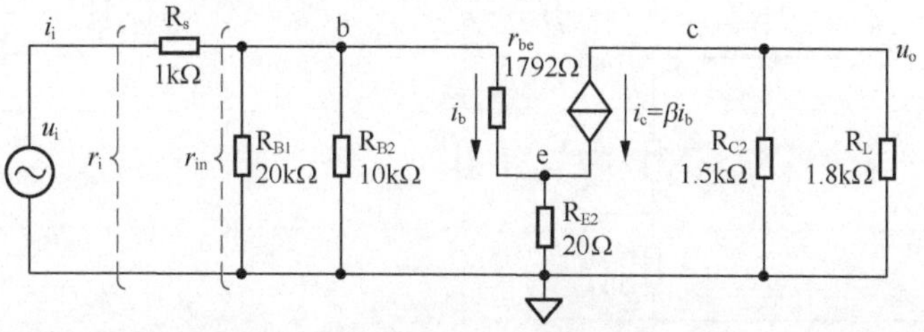

图 2.100 举例 1 的动态等效电路

我习惯用如下方法求解，将电阻 R_s 与后面电路分开来看：

$$r_{in} = R_{B1} // R_{B2} // \left(r_{be} + (1+\beta)R_{E2}\right) = 2425.36\Omega$$

从 b 点加载信号产生的电压放大倍数为：

$$A_1 = -\frac{\beta\left(R_{C2} // R_L\right)}{r_{be} + \left(1+\beta\right) R_{E2}} = -21.43$$

再根据式（2-50）求解整个电路的电压放大倍数：

$$A_u = \frac{r_{in}}{R_s + r_{in}} \times A_1 = -15.17$$

电路的输入电阻为：

$$r_i = R_s + r_{in} = 3425.36\Omega$$

电路的输出电阻为：

$$r_o = R_{C2} = 1.5k\Omega$$

（3）电路中各个电容在静动分离中的作用如下。

- C_1 的作用是使电阻 R_s 在静态分析中不起作用，而只服务于动态。
- C_E 的作用是使电阻 R_{E1} 在动态分析中不起作用，而只服务于静态。
- C_3 的作用是使电阻 R_{C1} 在动态分析中不起作用，而只服务于静态。
- C_2 的作用是使电阻 R_L 在静态分析中不起作用，而只服务于动态。
- R_s 只影响电路的放大倍数和输入电阻，不影响静态。

（4）电路中不改变静态，而能够改变电压放大倍数的方法有如下几种。

- R_s 影响电路的放大倍数和输入电阻。
- 调节 R_{C1} 和 R_{C2}，让其总和不变。R_{C2} 变大，将引起放大倍数增大，输出电阻增加。
- 调节 R_{E1} 和 R_{E2}，让其总和不变。R_{E2} 变大，将引起放大倍数减小，输入电阻增加。但这种改变需要缜密计算。

举例 2

电路如图 2.101 所示。其中晶体管 β=100，$r_{bb'}$=132Ω。

（1）求解电路静态。

（2）求解电压放大倍数、输入电阻、输出电阻。

（3）分析本电路与本节举例 1 的区别。

解：（1）求解静态。静态通路如图 2.102 所示。

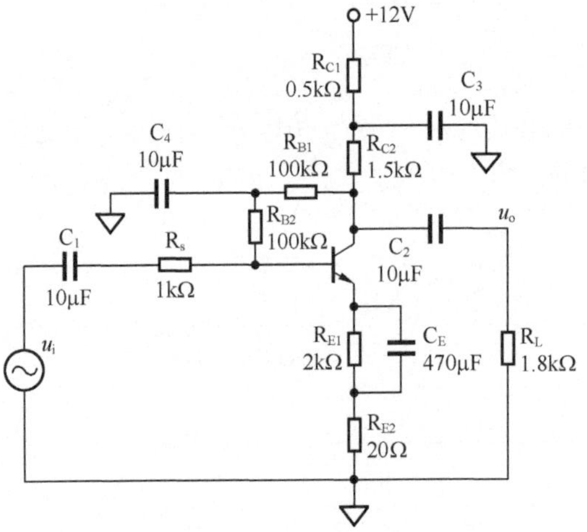

图 2.101　举例 2 电路

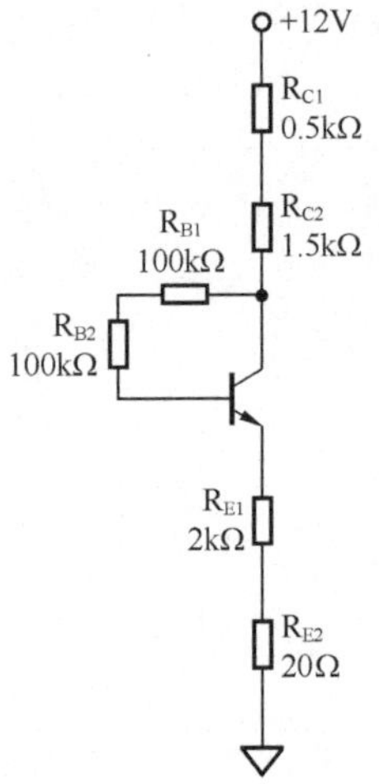

图 2.102　举例 2 静态通路

$R_B = R_{B1} + R_{B2} = 200k\Omega$，$R_C = R_{C1} + R_{C2} = 2k\Omega$，$R_E = R_{E1} + R_{E2} = 2.02k\Omega$。

经过 R_C 的电流等于经过 R_E 的电流，参见图 2.23（d），因此有：

$$E_C = I_{BQ}\left(R_B + (1+\beta)(R_C + R_E)\right) + U_{BEQ} \tag{2-99}$$

解得：

$$I_{BQ} = \frac{E_C - U_{BEQ}}{R_B + (1+\beta)(R_C + R_E)} \tag{2-100}$$

$$I_{EQ} = (1+\beta)\frac{E_C - U_{BEQ}}{R_B + (1+\beta)(R_C + R_E)} = \frac{E_C - U_{BEQ}}{\dfrac{R_B}{(1+\beta)} + R_C + R_E} \tag{2-101}$$

$$U_{CEQ} = E_C - I_{EQ}(R_C + R_E) = E_C - \frac{E_C - U_{BEQ}}{\dfrac{R_B}{(1+\beta)} + R_C + R_E}(R_C + R_E) = E_C - \frac{E_C - U_{BEQ}}{\dfrac{R_B}{(R_C + R_E)(1+\beta)} + 1} =$$

$$E_C - (E_C - U_{BEQ})\left(\frac{(R_C + R_E)(1+\beta)}{R_B + (R_C + R_E)(1+\beta)}\right) \tag{2-102}$$

$$\frac{dU_{CEQ}}{d\beta} = -(E_C - U_{BEQ})\frac{(R_C + R_E)R_B}{\left(R_B + (R_C + R_E)(1+\beta)\right)^2} \tag{2-103}$$

当$(R_C + R_E)(1+\beta) \approx R_B$时，导数很小，意味着$U_{BEQ}$受$\beta$影响很小，工作点非常稳定。

代入数值，得：

$$I_{BQ} = \frac{E_C - U_{BEQ}}{R_B + (1+\beta)(R_C + R_E)} = 18.646\mu A$$

$$I_{EQ} = \frac{E_C - U_{BEQ}}{\dfrac{R_B}{(1+\beta)} + R_C + R_E} = 1.8833\text{mA}$$

$$U_{CEQ} = E_C - I_{EQ}(R_C + R_E) = 4.429\text{V}$$

因为U_{CEQ}>0.3V，所以晶体管工作于放大状态。顺手求出：

$$r_{be} = r_{bb'} + \frac{U_T}{I_{BQ}} = 1526.38\Omega$$

（2）求解动态。其动态等效电路如图 2.103 所示，解法与举例 1 类似：

$$r_{in} = R_{B2} // \left(r_{be} + (1+\beta)R_{E2}\right) = 3424.92\Omega$$

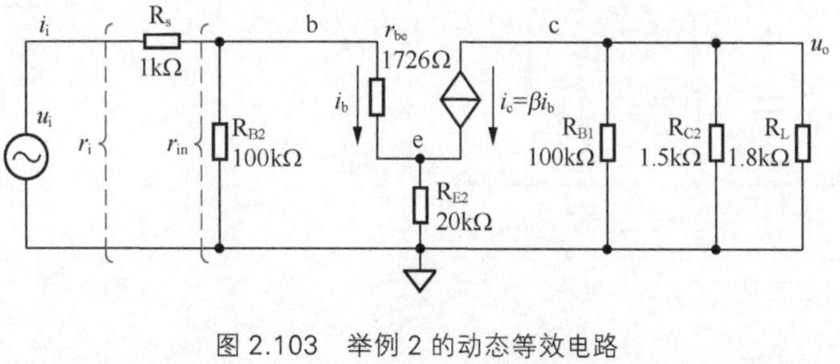

图 2.103　举例 2 的动态等效电路

从 b 点加载信号产生的电压放大倍数为：

$$A_1 = -\frac{\beta(R_{B1} // R_{C2} // R_L)}{r_{be} + (1+\beta)R_{E2}} = -22.88$$

再根据式（2-50）求解整个电路的电压放大倍数：

$$A_u = \frac{r_{in}}{R_s + r_{in}} \times A_1 = -17.71$$

电路的输入、输出电阻为：

$$r_i = R_s + r_{in} = 4424.92\Omega$$

$$r_o = R_{B1} // R_{C2} = 1477.8\Omega$$

（3）分析电路的区别。

- 本电路保留了改变增益环节。
- 与举例 1 电路相比，本电路采用负反馈结构来稳定静态工作点：输出电位 U_{CQ} 通过两个串联电阻 R_B 回送到输入端。关于负反馈，后文会有详细讲解。而举例 1 采用的是四电阻结构稳定工作点。
- 电路中的 C_4 不影响静态的反馈，但是隔断了动态反馈：集电极上的变化电压量到达 C_4 时，会被短接到地，无法回到基极输入端。

举例 3

电路如图 2.104 所示。其中晶体管 β=100，$r_{bb'}$=132Ω。

（1）求解电路静态。

（2）求解电压放大倍数、输入电阻、输出电阻。

（3）分析图 2.104 中输入端 3 个电阻组成的 T 型结构与前述举例电路的区别。

解：（1）求解电路静态，画出静态通路如图 2.105 所示。

设$R_C = R_{C1} + R_{C2} = 2k\Omega$，$R_E = R_{E1} + R_{E2} = 2.02k\Omega$。

$$E_B = E_C \times \frac{R_{B2}}{R_{B1} + R_{B2}} = 6V$$

$$R_B = \frac{R_{B1}R_{B2}}{R_{B1} + R_{B2}} = 0.5k\Omega$$

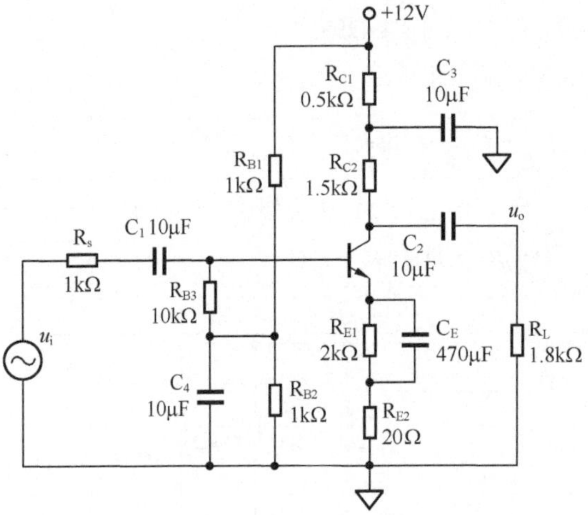

图 2.104　举例 3 电路

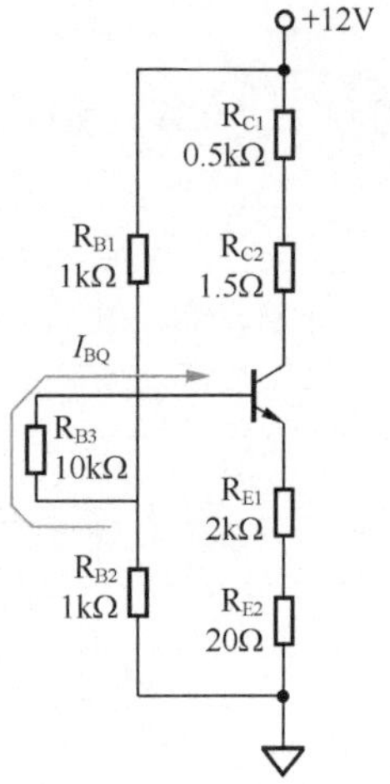

图 2.105　举例 3 的静态通路

列出输入回路的计算式：

$$E_B - U_{BEQ} = I_{BQ}\left(R_B + R_{B3} + (1+\beta)R_E\right) \tag{2-104}$$

解得：

$$I_{BQ} = \frac{E_B - U_{BEQ}}{R_B + R_{B3} + (1+\beta)R_E} \approx 24.7\mu A$$

$$I_{CQ}=\beta I_{BQ}=2.47\text{mA}$$

$$U_{CEQ}=E_C-I_{CQ}R_C-I_{EQ}R_E=2.02\text{V}$$

因为U_{CEQ}>0.3V，所以晶体管处于放大状态，上述求解合理。顺手求出：

$$r_{be}=r_{bb'}+\frac{U_T}{I_{BQ}}=1184.6\Omega$$

（2）求解动态。画出动态等效电路如图 2.106 所示。

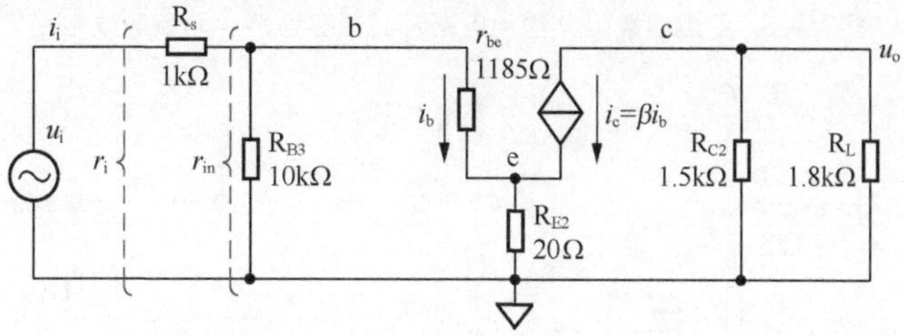

图 2.106　举例 3 的动态等效电路

$$r_{in}=R_{B3}//\left(r_{be}+(1+\beta)R_{E2}\right)=2426.9\Omega$$

从 b 点加载信号产生的电压放大倍数为：

$$A_1=-\frac{\beta\left(R_{C2}//R_L\right)}{r_{be}+(1+\beta)R_{E2}}=-25.54$$

再根据式（2-50）求解整个电路的电压放大倍数：

$$A_u=\frac{r_{in}}{R_s+r_{in}}\times A_1=-18.08$$

电路的输入、输出电阻为：

$$r_i=R_s+r_{in}=3426.9\Omega$$

$$r_o=R_{C2}=1500\Omega$$

（3）分析 T 型偏置电路的特点。

两电阻分压偏置电路如图 2.107 所示，T 型偏置电路如图 2.108 所示，两者的区别在于 T 型偏置电路多了一个电阻 R_{B3}。从结构来看，两者区别不大，只是 T 型偏置更加灵活。

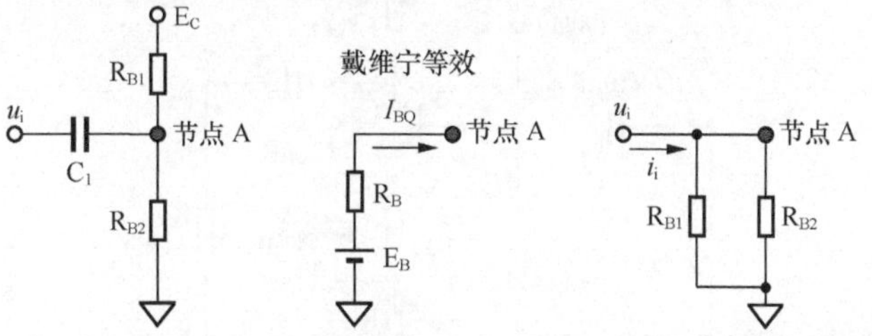

图 2.107　两电阻分压偏置阻容耦合电路及其静态通路、动态等效电路

当要求图 2.107 中的 E_B 较小，同时输入电阻较大时，设计将非常困难。E_B 较小，意味着 R_{B1} 要比 R_{B2} 大很多。同时该电路的输入电阻为两个电阻的并联，又很大，那么这意味着其中较小的 R_{B2} 必须很大。这样设计，将导致 R_{B1} 非常大，有可能超过我们能够买到的最大电阻，比如 10MΩ。

但如图 2.108 所示的 T 型偏置电路则不存在这个问题。它的输入电阻等于 R_{B3} 加上两个电阻 R_{B1} 和 R_{B2} 的并联，而 E_B 则由 R_{B1} 和 R_{B2} 的分压决定，两者之间是独立的。

T 型偏置电路除了设计灵活，更大的好处在于，它允许给节点 A 处增加去耦电容，如图 2.109 所示，以减少电源电压的噪声对输入端的影响。

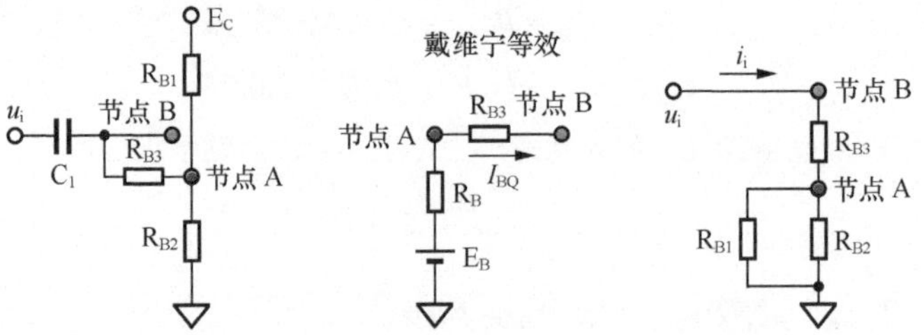

图 2.108　T 型偏置阻容耦合电路及其静态通路、动态等效电路

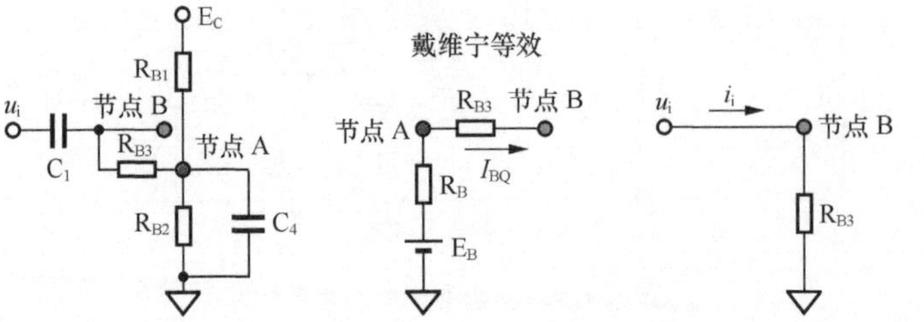

图 2.109　包含去耦电容 C_4 的 T 型偏置电路及其静态通路、动态等效电路

举例 4

电路如图 2.110 所示，晶体管为 NPN 型，其 β=100，$r_{bb'}$=40Ω。

（1）求解静态工作点。

（2）求电路的电压放大倍数。

（3）求输入电阻、输出电阻。

（4）假设晶体管存在 0.3V 的饱和压降。当输入信号为多大幅度时，输出信号达到最大不失真？此时再增大输入信号，输出信号会发生什么区域（饱和或者截止）的失真？

（5）当 C_E 意外开路时，静态、动态（放大倍数、输入电阻、输出电阻）分别发生什么变化？

（6）当 C_E 恢复正常，而电源电压由 15V 变为 10V 时，电压放大倍数怎样变化？变大？变小？还是近似不变？

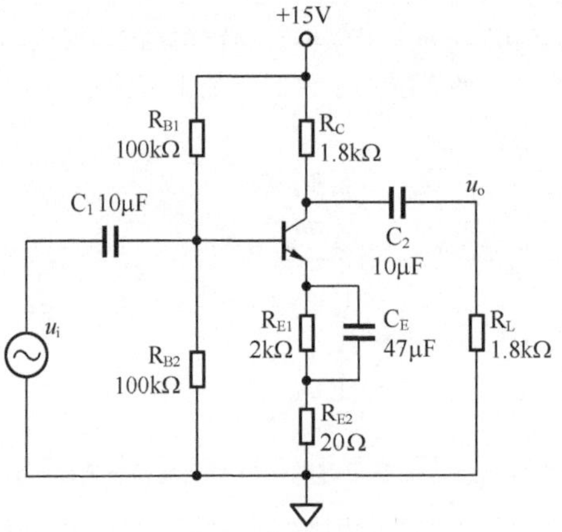

图 2.110　举例 4 电路

解：（1）求解静态工作点。

图 2.111 左侧为图 2.110 的静态通路，右侧是戴维宁等效电路。此电路属于放大结构。根据戴维宁等效电路计算如下：

$$I_{BQ}=\frac{E_B-U_{BEQ}}{R_B+(1+\beta)R_E}=26.77\mu A$$

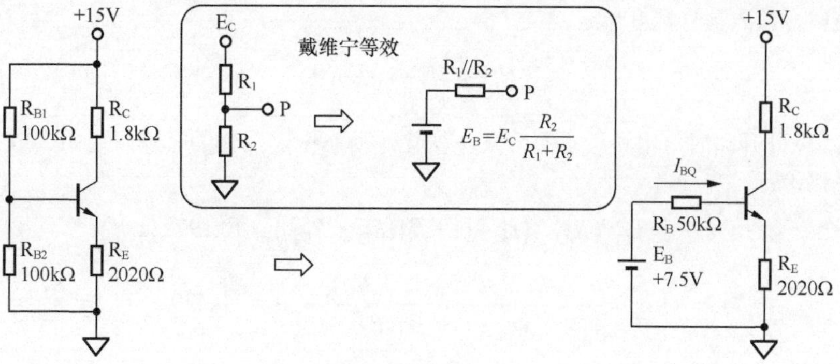

图 2.111 举例 4 的静态分析

$$I_{CQ}=\beta I_{BQ}=2.677\text{mA}$$

$$I_{EQ}=\left(1+\beta\right)I_{BQ}=2.704\text{mA}$$

$$U_{CEQ}=E_C-I_{CQ}R_C-I_{EQ}R_E=4.719\text{V}$$

显然，晶体管处于放大区。静态分析完毕。为了进一步分析动态，完成静态分析后一般应立即求解微变等效模型中的 r_{be}。

$$r_{be}=r_{bb'}+\frac{U_T}{I_{BQ}}=1011\Omega$$

（2）求解电压放大倍数。

画出图 2.110 的动态等效电路，如图 2.112 所示。

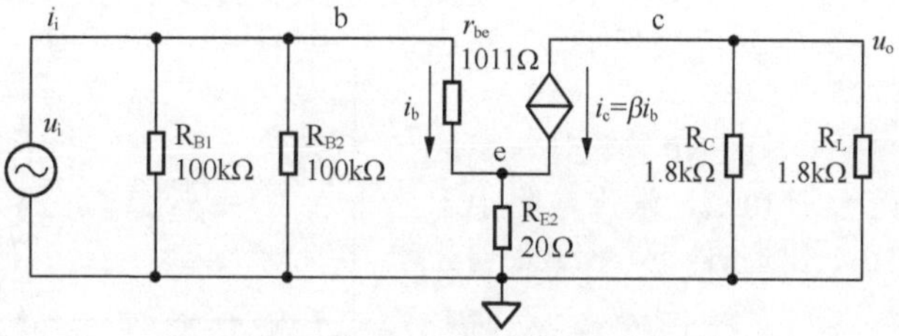

图 2.112 举例 4 的动态等效电路

$$A_u=\frac{u_o}{u_i}=\frac{-\beta i_b\left(R_C//R_L\right)}{i_b\left(r_{be}+\left(1+\beta\right)R_{E2}\right)}=-29.69$$

负号表明共射极放大电路的输出与输入是反相的。

（3）求解输入输出电阻。

$$r_i=R_{B1}//R_{B2}//\left(r_{be}+\left(1+\beta\right)R_{E2}\right)=2858\Omega$$

$$r_o=R_C=1.8\text{k}\Omega$$

（4）求解失真电压裕度。

根据式（2-76），饱和失真电压裕度为：

$$U_{OPS}=U_{CEQ}-U_{CES}=4.419\text{V}$$

根据式（2-84），截止失真电压裕度为：

$$U_{OPC}=I_{CQ}\times\left(R_C//R_L\right)=2.403\text{V}$$

因此，当输入信号增加时，先发生截止失真，其失真电压裕度为：

$$U_{OP}=\min\left(U_{OPS},U_{OPC}\right)=2.4003\text{V}$$

发生失真时，输入信号幅度为：

$$U_{\mathrm{i}}=\frac{U_{\mathrm{OP}}}{A_{\mathrm{u}}}=80.8\mathrm{mV}$$

（5）当 C_E 意外开路时，电路静态不会发生变化。动态中，变化的有输入电阻、放大倍数，而输出电阻不会变化：

$$r_{\mathrm{i}}=R_{\mathrm{B1}}//R_{\mathrm{B2}}//\left(r_{\mathrm{be}}+(1+\beta)\left(R_{\mathrm{E1}}+R_{\mathrm{E2}}\right)\right)=40.197\mathrm{k\Omega}$$

$$A_{\mathrm{u}}=\frac{u_{\mathrm{o}}}{u_{\mathrm{i}}}=\frac{-\beta i_{\mathrm{b}}\left(R_{\mathrm{C}}//R_{\mathrm{L}}\right)}{i_{\mathrm{b}}\left(r_{\mathrm{be}}+(1+\beta)\left(R_{\mathrm{E1}}+R_{\mathrm{E2}}\right)\right)}=-0.439$$

（6）当电源电压由 15V 变为 10V 时，主要有两方面变化。第一是静态工作点变化，导致失真电压裕度变化。第二是静态工作点变化，引起 r_{be} 变化，进而导致动态参数变化。针对题目要求的放大倍数，变化理由如下：

电源电压降低到 10V，导致 I_{BQ} 减小，引起 r_{be} 变大，使得放大倍数下降。读者可以重新计算一遍，但题目没有这个要求。

学习任务和思考题

（1）针对图 2.110，保持负载电阻不变，如何修改电路参数使静态工作点不发生改变，而使带载放大倍数由 -27.47 变为 -50？

（2）针对图 2.110，改变一个电路参数使其工作在饱和区、放大区、截止区，用 TINA 仿真软件分别观察此时的输出波形。重点研究改变什么能够达到目标。

（3）用 TINA 中的一个实际 PNP 管设计一个放大电路，要求输入电阻大于 10kΩ，输出电阻小于 0.5kΩ，放大倍数大于 10。相同条件下，探索如何让放大倍数大于 50。

（4）电路如图 2.113 所示。晶体管的 β=180，U_{BEQ}=0.6V，$r_{bb'}$=10Ω，其他参数如图 2.113 所示。求解晶体管的静态 I_{CQ}、U_{CEQ}；求解电路的放大倍数、输入电阻、输出电阻。

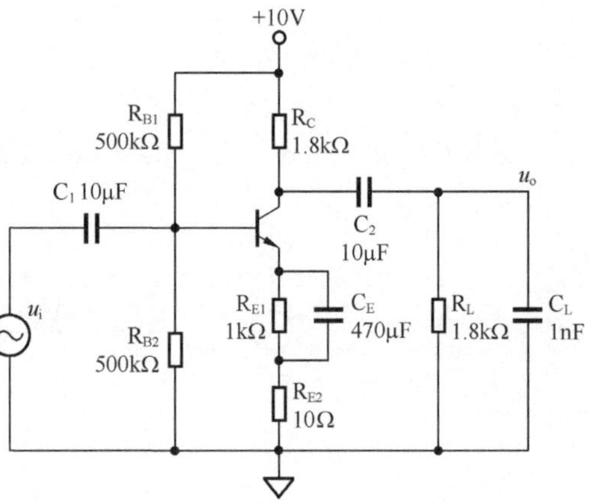

图 2.113 含静态稳定的共射极放大电路

2.16 多级放大电路

单晶体管可以组成共射极、共基极、共集电极 3 种组态的放大电路，将它们通过合适的方式级联起来，就可以形成多级放大电路。通常来说，多级放大电路最直观的目的是增大放大倍数，但除此之外，还有其他目的，包括增加输入电阻、减少输出电阻、扩展频带、增大输出功率等。

◎多级放大电路的几个基本概念

多级放大电路的分级

多级放大电路可以是 2 级、3 级、4 级甚至更多。在宏观上一般分为输入级、中间级和输出级，但这个定义并不严格，比如 2 级放大电路就没有中间级。

多级放大电路的级间耦合方式

上述“将它们通过合适的方式级联起来”就是指级间耦合方式。级间耦合方式包括如下几种。

直接耦合：将两级放大电路用导线、电阻、二极管等直接连接（或者说，不用电容、变压器和光敏管）。两级之间除能够传递信号外，静态工作点也相互影响。这种耦合方式的优点是，可以进行直流电压或者低频信号放大；缺点是前级静态工作点会影响后级静态，首先计算会比较麻烦，其次后级静态工作点很难稳定。图 2.114 是一个直接耦合 3 级共射极放大电路。从图 2.114 可以看出，它没有使用任何隔直电容，3 级之间的静态是后推式影响的——前级变化会导致后级变化。

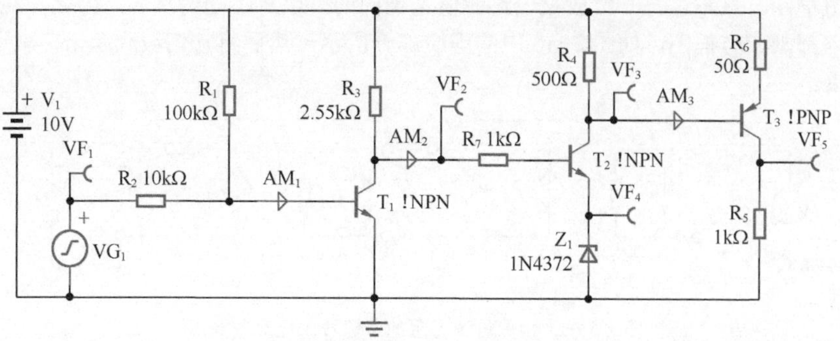

图 2.114　直接耦合 3 级共射极放大电路

阻容耦合：用隔直电容将两级放大电路连接起来，利用后级输入电阻和此电容组成阻容耦合。这样连接后，频率较高的信号可以顺利传递给后级。它的优点是，由于电容的隔直作用，两级放大器之间的静态是互不影响的，各级静态工作点比较好选择且容易稳定；缺点是，它不能放大直流信号，对低频信号有较强的衰减作用。图 2.115 是一个阻容耦合 2 级共射极放大电路，本电路比较特殊，实际是两个独立的、完全一样的共射极放大电路的串联。

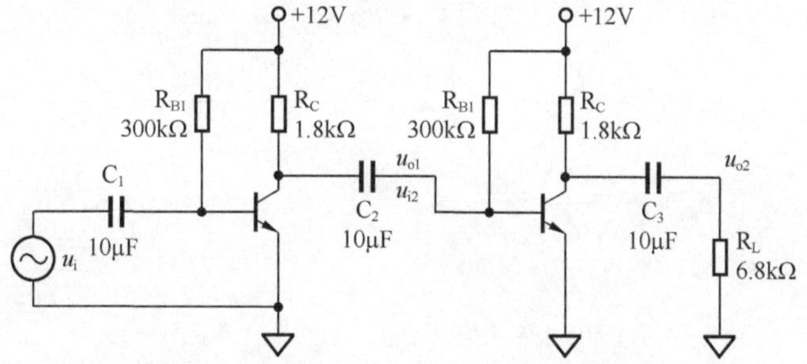

图 2.115　阻容耦合 2 级共射极放大电路

变压器耦合：用变压器连接前后两级放大电路，可以实现高频信号的传递，且隔开了前后两级放大电路的静态，具有与阻容耦合类似的优缺点，在频率较高时使用较多。

光电耦合：将前级输出加载到光电耦合器的发光管上，将光电耦合器的光敏晶体管输出接到后级放大电路的输入上，用光传递信号。光电耦合多用于数字信号传输，在模拟信号放大中使用较少。

不同组态放大电路的组合方式

上述 2 个电路都是共射极单元电路的串联。实际应用中存在各式各样的组合方式，不同组态放大电路的灵活组合可以表现出不同的效果。

共集电极电路（射极跟随器）由于具有输入电阻大、输出电阻小的特点，经常被用于多级放大器的输入级和输出级，而共射极电路和共基极电路由于具有比较大的电压增益，常被用于中间级。因此，最常见的多级放大电路通常由共集电极开始，中间是共射极或者共基极，最后一级通常又是共集电极。

本节重点介绍共射极—共基极组合和共集电极—共基极组合。

◎阻容耦合多级放大电路的方框图求解方法

通过电容器将两个或者更多个独立的晶体管单管放大电路连接起来，就形成了阻容耦合多级放大电路。对于频率较高的信号，电容器相当于短路，第一级的输出信号就可以耦合到第二级的输入，如此一级级传递，就可以实现较高增益的多级放大；同时，两级之间的电容器又隔断了两级之间的静态电位，导致每一级放大电路的静态求解变为完全独立的。这给我们带来的好处是，对于多级阻容耦合放大电路，单独求解各级的静态求解即可，无须考虑它们之间的相互影响。

任何一个电压放大器都包含输入电阻 r_i、空载电压放大倍数 A_u（压控电压源），以及输出电阻 r_o，这就形成了方框图，只不过每一级放大电路的值是不同的，也有不同的标号。因此，在动态分析中，把每一级电路都画成方框图，如图 2.116 中的虚线部分所示，然后将它们级联起来，就可以很方便地获得最终结果。

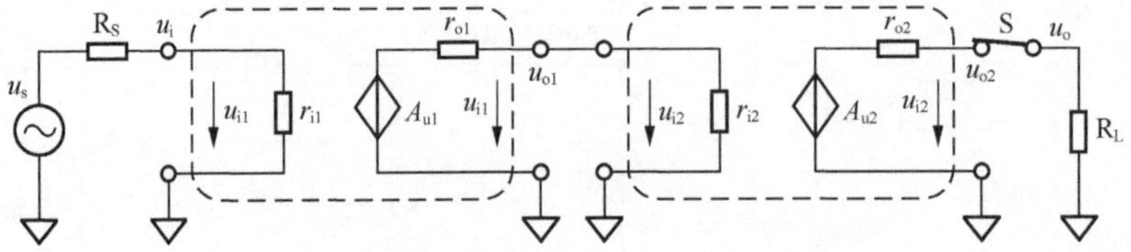

图 2.116　含信号源内阻的多级放大电路方框图

先看第一级，有：

$$u_{i1}=u_s\frac{r_{i1}}{R_s+r_{i1}} \tag{2-105}$$

$$u_{o1}=A_{u1}u_{i1}\frac{r_{i2}}{r_{o1}+r_{i2}}=A_{u1}(u_s\frac{r_{i1}}{R_s+r_{i1}})\frac{r_{i2}}{r_{o1}+r_{i2}} \tag{2-106}$$

对于第二级，也就是最后一级，有：

$$u_{i2}=u_{o1}$$

$$\begin{aligned}u_o=u_{o2}=A_{u2}u_{i2}\frac{R_L}{r_{o2}+R_L}=A_{u2}\left(A_{u1}\left(u_s\frac{r_{i1}}{R_s+r_{i1}}\right)\frac{r_{i2}}{r_{o1}+r_{i2}}\right)\frac{R_L}{r_{o2}+R_L}=\\ u_s\times A_{u1}\times A_{u2}\times\frac{r_{i1}}{R_s+r_{i1}}\times\frac{r_{i2}}{r_{o1}+r_{i2}}\times\frac{R_L}{r_{o2}+R_L}=u_s\times A_{u1}\times A_{u2}\times K_1\times K_2\times K_3\end{aligned} \tag{2-107}$$

即有：

$$u_o=u_s\times A_{u1}\times A_{u2}\times K_1\times K_2\times K_3 \tag{2-108}$$

其中，K_i 是电路中每一处的分压比，称为衰减因子。因此，对于多级放大电路来说，要求解其总的电压放大倍数，可以先求解出每一个放大电路的三大参数，然后计算出电路中的所有衰减因子，再按照式（2-109）计算即可。

图 2.116 完全适用于共射极电路和共基极电路，但是对于共集电极电路，也就是射极跟随器，需要特别注意。因为射极跟随器的输入阻抗与后级电路的输入阻抗有关。那么它的输入阻抗计算和放大倍数计算，需要把后级输入阻抗考虑进去。此时，因后级输入阻抗已经被利用，这个环节的衰减因子必须视为 1，具体方法是将共集电极模块的输出电阻视为 0。为了证明这个结论，以一个共集电极放大电路和共射极放大电路的级联为例，其动态等效电路如图 2.117 所示。

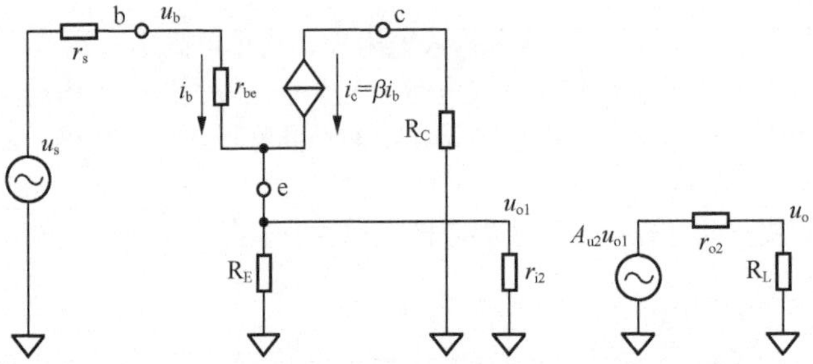

图 2.117　共集电极、共射极串联的动态等效电路

首先，不使用方框图法，按照最基本的电路分析方法求解：

$$u_b = \frac{r_{i1}}{r_s + r_{i1}} u_s \tag{2-109}$$

其中，

$$r_{i1} = r_{be} + (1+\beta)(R_E // r_{i2}) \tag{2-110}$$

第一级输出为：

$$u_{o1} = \frac{(1+\beta)(R_E // r_{i2})}{r_{be} + (1+\beta)(R_E // r_{i2})} u_b = A_{u1} u_b \tag{2-111}$$

$$A_{u1} = \frac{(1+\beta)(R_E // r_{i2})}{r_{be} + (1+\beta)(R_E // r_{i2})} \tag{2-112}$$

第二级输出为：

$$u_o = A_{u2} u_{o1} \frac{R_L}{r_{o2} + R_L} = A_{u2} \times A_{u1} \times \frac{r_{i1}}{r_s + r_{i1}} \times \frac{R_L}{r_{o2} + R_L} \times u_s \tag{2-113}$$

如果按照方框图法，画出与上述动态等效电路对应的方框如图 2.118 所示。其中第一级的输入电阻包括第二级的输入电阻，第一级的电压增益也包括第二级的输入电阻，而第一级的输出电阻视为 0，于是可以直接写出输出表达式：

$$u_o = A_{u2} \times A_{u1} \times \frac{r_{i1}}{r_s + r_{i1}} \times \frac{R_L}{r_{o2} + R_L} \times u_s \tag{2-114}$$

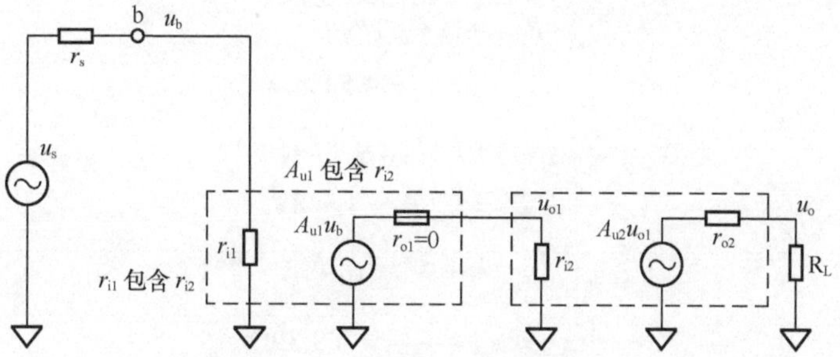

图 2.118　图 2.117 的方框图画法

其中：

$$A_{u1} = \frac{(1+\beta)(R_E // r_{i2})}{r_{be} + (1+\beta)(R_E // r_{i2})}，注意包括r_{i2} \tag{2-115}$$

$$r_{i1} = r_{be} + (1+\beta)(R_E // r_{i2})，注意包括r_{i2} \tag{2-116}$$

举例 1

电路如图 2.119 所示。其中晶体管 β=100，$r_{bb'}$=132Ω。

（1）求解电路的静态。

（2）求电路的输入电阻、输出电阻。

（3）求解 S 断开时，电路的电压放大倍数 $A_{us}=V_{out}/VG_1$。

（4）求解 S 闭合时，电路的电压放大倍数 $A_{us}=V_{out}/VG_1$。

解：（1）第一级电路静态为：

$$I_{BQ1} = \frac{E_{B1} - U_{BEQ}}{R_{BB1} + (1+\beta) R_E} \approx 38.36\mu A$$

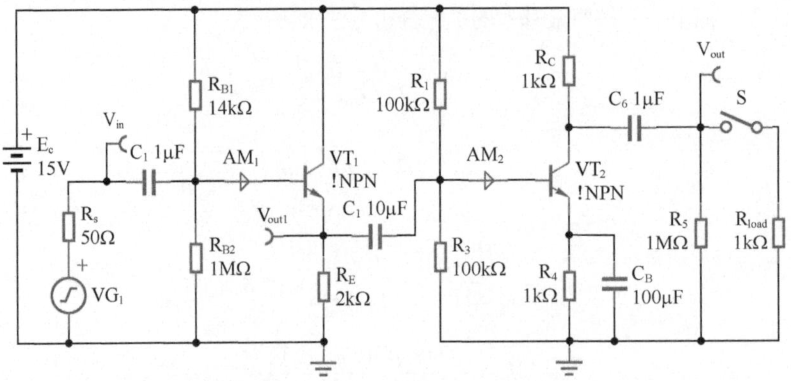

图 2.119　举例 1 多级放大电路

$$I_{\mathrm{EQ1}}=(1+\beta)I_{\mathrm{BQ1}}=3.874\mathrm{mA}$$

$$U_{\mathrm{CEQ1}}=E_{\mathrm{C}}-I_{\mathrm{EQ1}}R_{\mathrm{E}}=7.25\mathrm{V}$$

因为 U_{CEQ}>0.3V，所以晶体管处于放大状态，上述求解合理。

$$r_{\mathrm{be1}}=r_{\mathrm{bb'}}+\frac{U_{\mathrm{T}}}{I_{\mathrm{BQ1}}}=809.79\Omega$$

第二级静态为：

$$I_{\mathrm{BQ2}}=\frac{E_{\mathrm{B2}}-U_{\mathrm{BEQ}}}{R_{\mathrm{BB2}}+(1+\beta)R_4}\approx 45.03\mu\mathrm{A}$$

$$I_{\mathrm{CQ2}}=\beta I_{\mathrm{BQ2}}=4.503\mathrm{mA}$$

$$I_{\mathrm{EQ2}}=(1+\beta)I_{\mathrm{BQ2}}=4.548\mathrm{mA}$$

$$U_{\mathrm{EQ2}}=I_{\mathrm{EQ1}}R_4=4.548\mathrm{V}$$

$$U_{\mathrm{CEQ2}}=E_{\mathrm{C}}-I_{\mathrm{CQ2}}R_{\mathrm{C}}-I_{\mathrm{EQ2}}R_4=5.949\mathrm{V}$$

$$r_{\mathrm{be2}}=r_{\mathrm{bb'}}+\frac{U_{\mathrm{T}}}{I_{\mathrm{BQ2}}}=709.39\Omega$$

（2）将两级电路独立开，分别计算三大参数。

先计算第二级，这是因为计算第一级时需要第二级的输入电阻。

$$r_{\mathrm{i2}}=R_3 // R_1 // r_{\mathrm{be2}}=699\,\Omega$$

$$A_{\mathrm{u2}}=-\frac{\beta R_{\mathrm{C}}}{r_{\mathrm{be2}}}=-140.97$$

$$r_{\mathrm{o2}}=R_{\mathrm{C}}=1000\Omega$$

再计算第一级：

$$r_{\mathrm{i1}}=R_{\mathrm{B1}} // R_{\mathrm{B2}} //(r_{\mathrm{be1}}+(1+\beta)(R_{\mathrm{E}} // r_{\mathrm{i2}}))=37.08\mathrm{k}\Omega$$

$$A_{\mathrm{u1}}=\frac{(1+\beta)(R_{\mathrm{E}} // r_{\mathrm{i2}})}{r_{\mathrm{be1}}+(1+\beta)(R_{\mathrm{E}} // r_{\mathrm{i2}})}=0.9848$$

$$r_{\mathrm{o1}}=R_{\mathrm{E}} // \frac{r_{\mathrm{be1}}+R_{\mathrm{s}} // R_{\mathrm{B1}} // R_{\mathrm{B2}}}{1+\beta}=8.48\,\Omega$$

因此，电路的输入电阻为第一级的输入电阻：

$$r_{\mathrm{i}}=r_{\mathrm{i1}}=37.08\mathrm{k}\Omega$$

电路的输出电阻等于第二级的输出电阻：

$$r_o = r_{o2} = 1000\Omega$$

（3）求 S 断开时的电压放大倍数：

$$K_1 = \frac{r_{i1}}{R_s + r_{i1}} = 0.9987$$

由于 K_2=1，射极跟随器衰减因子为 1，则：

$$K_{3\_S\_OFF} = \frac{R_5}{R_5 + r_{o2}} = 0.999$$

$$A_{us} = A_{u1} \times A_{u2} \times K_1 \times K_2 \times K_{3\_S\_OFF} = -138.51$$

（4）求 S 闭合时的电压放大倍数：

$$K_1 = \frac{r_{i1}}{R_s + r_{i1}} = 0.9987$$

由于 K_2=1，射极跟随器衰减因子为 1，则：

$$K_{3\_S\_ON} = \frac{R_5 // R_{load}}{R_5 // R_{load} + r_{o2}} = 0.4997$$

$$A_{us} = A_{u1} \times A_{u2} \times K_1 \times K_2 \times K_{3\_S\_ON} = -69.29$$

建议读者，对于包含射极跟随器（除非为最后一级）的电路，尽量不要使用方框图法。

◎共射—共基型放大电路

共射—共基型放大电路如图 2.120 所示。假设图 2.120 中 VT_1 的 β_1=170，$r_{bb'1}$=176Ω，VT_2 的 β_2=100，$r_{bb'2}$=41Ω。

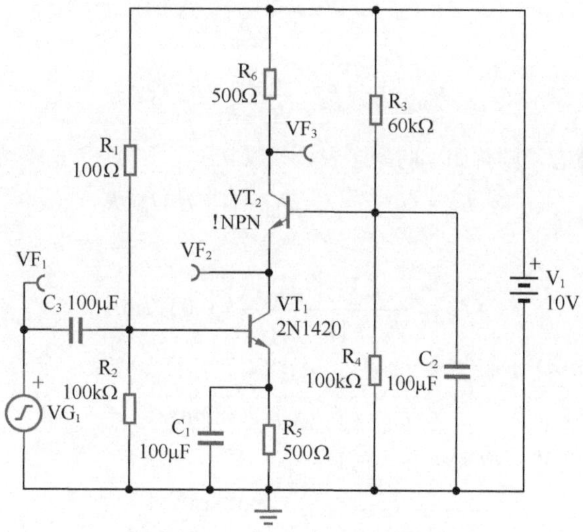

图 2.120 共射—共基型放大电路

首先分析静态工作原理，其静态通路及其戴维宁等效电路如图 2.121 所示。对于晶体管 VT_1，电阻 R_1 和 R_2 组成对电源 V_1 的分压，加载到 VT_1 的基极，再通过电阻 R_5 到地，输入回路是通的，可以形成确定的基极静态电流 I_{BQ1}。但是要想产生对应的 $I_{CQ1}=\beta_1 I_{BQ1}$，那么 VT_2 必须是导通的，且 U_{CEQ1} 必须大于 0.3V。而 VT_2 是否导通又取决于其发射结是否正向导通。从戴维宁等效电路中可以看出，E_{B2}=6.25V 让 VT_2 发射结具有正偏的趋向，至于是否能够导通，取决于 VF_2 处的静态电位。从后面的计算可知，VT_1 的集电极，即 VF_2 处，其静态电位最小值（U_{EQ1}+0.3V）为 3.01V，是有能力让 VT_2 发射结正向导通的。

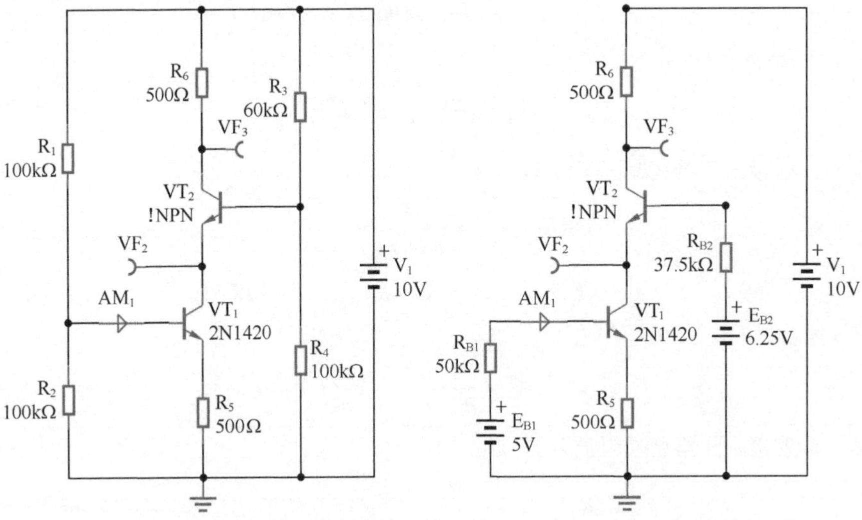

（a）静态通路　　（b）戴维宁等效电路

图 2.121　共射—共基型放大电路的静态通路及戴维宁等效电路

这样，两个晶体管都会导通，且从后面的计算可知，两个晶体管都处于放大状态。并且，VT_2 的电流完全受控于 VT_1 的电流——VT_1 通过自动调节 VF_2 处的静态电位来调节 VT_2 的 U_{BEQ2}，进而控制 I_{BQ2}、I_{CQ2}、I_{EQ2}，迫使 I_{EQ2} 永远等于 I_{CQ1}。

静态计算过程如下，先进行戴维宁等效变换：

$$E_{B1}=V_1\times\frac{R_2}{R_1+R_2}=5\text{V}$$

$$R_{B1}=R_1//R_2=\frac{R_1R_2}{R_1+R_2}=50\text{k}\Omega$$

假设 VT_1 处于放大状态，则有如下的静态表达式成立：

$$E_{B1}-U_{BEQ1}=I_{BQ1}R_{B1}+(1+\beta_1)I_{BQ1}R_5 \tag{2-117}$$

则可解出：

$$I_{BQ1}=\frac{E_{B1}-U_{BEQ1}}{R_{B1}+(1+\beta_1)R_5}=0.0317\text{mA}$$

此时，VT_1 的集电极电流为：

$$I_{CQ1}=\beta_1 I_{BQ1}=5.389\text{mA}$$

对于 VT_2，假设其也工作于放大状态，则有：

$$I_{EQ2}=I_{CQ1}=5.389\text{mA}$$

$$I_{BQ2}=\frac{1}{1+\beta_2}I_{EQ2}=0.05336\text{mA}$$

$$I_{CQ2}=\frac{\beta_2}{1+\beta_2}I_{EQ2}=5.336\text{mA}$$

据此，可以计算出两个晶体管的各极电位：

$$U_{BQ2}=E_{B2}-I_{BQ2}\times R_{B2}=4.249\text{V}$$

$$U_{CQ2}=V_1-I_{CQ2}\times R_6=7.332\text{V}$$

$$U_{EQ2}=U_{BQ2}-U_{BEQ2}=3.549\text{V}$$

得：

$$U_{CEQ2}=U_{CQ2}-U_{EQ2}=3.783V>0.3V$$

因为 U_{CEQ2}>0.3V，所以晶体管 VT_2 处于放大状态，同样可得 VT_1 的各极电位：

$$U_{EQ1}=\left(1+\beta_1\right)I_{BQ1}\times R_5=2.71V$$

$$U_{CQ1}=U_{EQ2}=5.35V$$

$$U_{CEQ1}=U_{CQ1}-U_{EQ1}=2.64V>0.3V$$

因为 U_{CEQ1}>0.3V，所以晶体管 VT_1 也处于放大状态。至此，静态求解完毕。顺手得：

$$r_{be1}=r_{bb'1}+\frac{U_T}{I_{BQ1}}=996\Omega$$

$$r_{be2}=r_{bb'2}+\frac{U_T}{I_{BQ2}}=528\Omega$$

接着分析动态，画出动态等效电路，如图 2.122 所示。从图 2.122 中可以看出：

$$\left(1+\beta_2\right)i_{b2}=\beta_1 i_{b1} \tag{2-118}$$

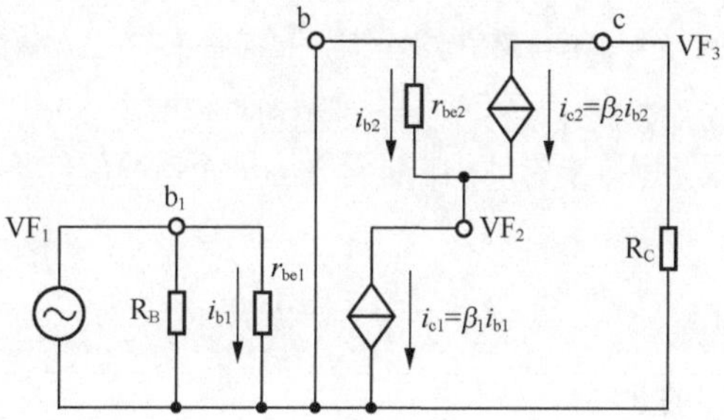

图 2.122 共射—共基放大电路的动态等效电路

则有：

$$i_{b2}=\frac{\beta_1}{1+\beta_2}i_{b1} \tag{2-119}$$

由此可知，电压增益为：

$$A_u=\frac{VF_3}{VF_1}=-\frac{\beta_2 i_{b2}R_C}{i_{b1}r_{be1}}=-\frac{\beta_2\dfrac{\beta_1}{1+\beta_2}i_{b1}R_C}{i_{b1}r_{be1}}=-\frac{\dfrac{\beta_1\beta_2}{1+\beta_2}R_C}{r_{be1}}=-84.496$$

当$\beta_2\gg 1$时，有：

$$A_u\approx-\frac{\beta_1 R_C}{r_{be1}}=-85.34$$

电路的输入电阻为：

$$r_i=R_B\,//\,r_{be1}=976\Omega$$

电路的输出电阻求法是，将输入信号短接，则 i_{b1}=0，导致 i_{c2}=0，从输出端看进去，受控电流源 i_{c2} 是断开的，只剩下 R_C，因此输出电阻为：

$$r_o=R_C=500\Omega$$

这三大参数求解完毕后，我们发现，它们与共射极放大电路几乎是一模一样的。那么，为什么还要用两个晶体管组合成如此复杂的电路呢？其实，共射—共基型电路最大的优点在于，它的带宽比共射极电路要大一些。此事超出了本书范围，不进行说明。

◎直接耦合多级放大电路的几点分析

直接耦合放大电路与上述阻容耦合放大电路有些区别，需要特别注意。我们以图 2.114 为例，将其各部分拆开分析，逐步求解。

输入信号的耦合

输入信号是正负变化的，也被称为双极型信号。在直接耦合放大电路中，输入耦合一般如图 2.123 左侧所示。

采用两个分压电阻 R_1 和 R_2，一方面给晶体管 VT_1 提供偏置电流 I_{BQ}，另一方面实现了正负输入信号的耦合接入。从 VT_1 基极向左看，利用戴维宁定理和叠加原理，等效电路如图 2.123 右侧所示。

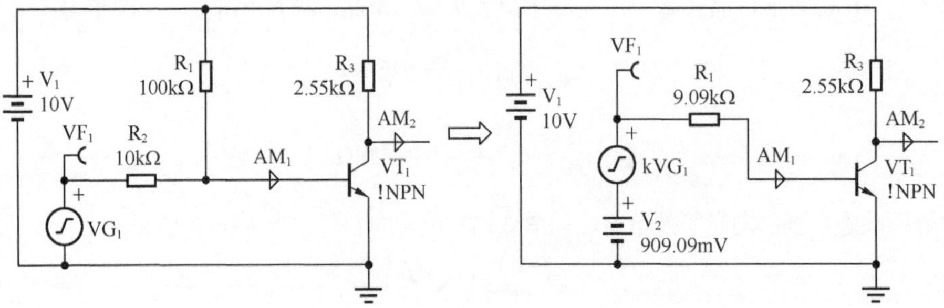

图 2.123　直接耦合电路的等效电路（包括信号源和直流偏置电路）

对于基极来说，有两个源对其施压，分别为信号源和直流电压源 V_1，可以对它们使用叠加原理。

（1）对于信号源来说，根据戴维宁定理，它被等效为一个新的信号源串联一个新电阻加载到基极。其中，新信号源变为 kVG_1：

$$k = \frac{R_1}{R_1 + R_2} = 0.909$$

而新电阻为两个分压电阻的并联：

$$R = R_1 // R_2 = \frac{R_1 R_2}{R_1 + R_2} = 9.09\text{k}\Omega$$

（2）对于直流电压源 V_1 来说，同样利用戴维宁定理，将其等效为一个新的电压源串联一个新电阻加载到基极。其中，新的电压源变为：

$$V_2 = V_1 \frac{R_2}{R_1 + R_2} = 0.909\text{V}$$

新电阻仍为两个分压电阻的并联：

$$R = R_1 // R_2 = \frac{R_1 R_2}{R_1 + R_2} = 9.09\text{k}\Omega$$

这就形成了如图 2.123 右侧所示的电路。分析静态时，将信号源短接；分析动态时，将 V_2 短接。据上述分析，假设 VT_1 的 U_{BEQ1}=0.67V，图 2.123 的静态结果为：

$$I_{BQ1} = \frac{V_2 - U_{BEQ1}}{R} = 0.0264\text{mA}$$

$$I_{CQ1} = \beta I_{BQ1} = 2.64\text{mA}$$

直接耦合多级放大电路的静态求解方法

多级直接耦合静态求解如图 2.124 所示。以晶体管 VT_1 为例，它的难点在于，我们只知道 VT_1 的基极电流和集电极电流，但是经过电阻 R_3 的电流并不是 I_{CQ1}，因此我们无法一次计算出 U_{CQ1}（在阻容耦合电路中，由于后级电容的隔直作用，$U_{CQ1}=E_C-I_{CQ}R_C$，然而在直接耦合电路中，这个表达式不成立）。因此，对于直接耦合多级电路，我们需要联立方程求解。通常需要先设 VT_1 集电极电位为 U_{CQ1}，然后在集电极列电流方程：

$$I_{R3} = \frac{V_1 - U_{CQ1}}{R_3} \tag{2-120}$$

$$I_{BQ2}=\frac{U_{CQ1}-U_{BQ2}}{R_7} \tag{2-121}$$

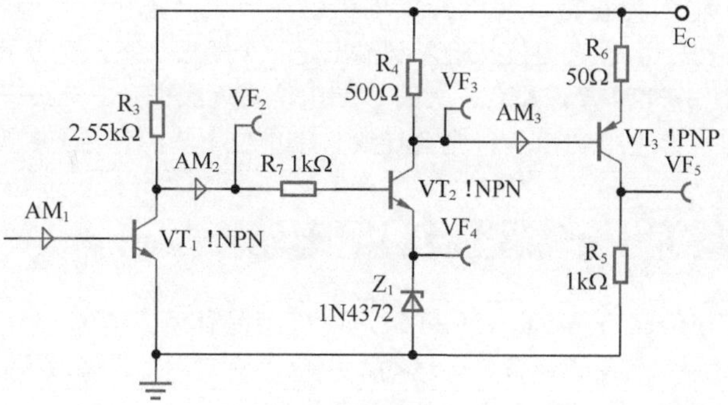

图 2.124 直接耦合的静态求解

经过电阻 R_3 的是总电流，将其减去 I_{BQ2} 的分支电流，等于另一个分支电流 I_{CQ1}：

$$I_{R3}-I_{BQ2}=\beta_1 I_{BQ1}=C \tag{2-122}$$

其中，C 为已知量——在计算获得输入电流 I_{BQ1} 后。

将式（2-120）和式（2-121）代入式（2-122），得：

$$\frac{V_1-U_{CQ1}}{R_3}-\frac{U_{CQ1}-U_{BQ2}}{R_7}=C \tag{2-123}$$

化简：

$$R_7V_1-R_7U_{CQ1}-R_3U_{CQ1}+R_3U_{BQ2}=R_3R_7C \tag{2-124}$$

$$R_7U_{CQ1}+R_3U_{CQ1}=R_7V_1+R_3U_{BQ2}-R_3R_7C \tag{2-125}$$

可以解得U_{CQ1}为一个确定值：

$$U_{CQ1}=\frac{R_7V_1+R_3U_{BQ2}-R_3R_7C}{R_3+R_7} \tag{2-126}$$

一旦解出U_{CQ1}，后面的求解就会迎刃而解。将式（2-126）代入式（2-121）得：

$$I_{BQ2}=\frac{\dfrac{R_7V_1+R_3U_{BQ2}-R_3R_7C}{R_3+R_7}-U_{BQ2}}{R_7}=\frac{\dfrac{R_7}{R_3+R_7}V_1-\dfrac{R_7}{R_3+R_7}U_{BQ2}-\dfrac{R_3R_7}{R_3+R_7}C}{R_7}= \\ \frac{V_1-U_{BQ2}}{R_3+R_7}-\frac{R_3}{R_3+R_7}C=\frac{V_1-U_{BQ2}-R_3C}{R_3+R_7} \tag{2-127}$$

其中，U_{BQ2} 为稳压管的击穿电压 2.5V 和 VT_2 发射结导通电压 0.67V 的叠加，为 3.17V。

根据上述信号耦合部分的分析结果，I_{BQ1}=0.0264mA，则有：

$$C=\beta_1 I_{BQ1}=2.64\text{mA}$$

将结果代入式（2-127）得：

$$I_{BQ2}=\frac{V_1-U_{BQ2}-R_3C}{R_3+R_7}=0.0276\text{mA}$$

至此，第二级的输入电流 I_{BQ2} 就知道了。那么，按照相同的方法，就可以求解第二级的静态电压 U_{CQ2}，以及第三级的输入电流 I_{BQ3}，就像“多米诺骨牌”一样。

可以看出，电阻 R_7 对 I_{BQ2} 的影响巨大，增大此电阻，可以减小其敏感性，但是一旦 R_7 很大，在动态分析中，将严重降低放大倍数。这也是多级放大电路设计中的难点。

直接耦合多级放大电路的稳压管的作用

稳压管具有一个特点，其动态电阻远小于静态电阻，这样在静态分析中它可以消耗静态电压，但在动态分析时，在稳压管上却只有很小的动态电压，有利于提高放大倍数。

直接耦合多级放大电路的 NPN 和 PNP 交替使用的妙处

NPN 管共射极电路，输入为基极，输出为集电极，在放大状态下，集电极电位会高于基极电位——集电极反偏，也就是说，其静态电位从输入到输出是一个爬坡状态。大家可以想象一下，如果这个多级共射极放大电路都使用 NPN 管，那么各级的 C 端电位将逐级提升，一级一级级联，最后一级的 C 端电位将会很高。而在某一级使用 PNP 管，则会导致 C 端电位下降，有利于多级的静态电位调配。

3 场效应晶体管的工作原理及应用电路

场效应晶体管（Field Effect Transistor，FET）是单极型晶体管，与双极型晶体管（BJT）都属于晶体管。在双极型晶体管中，载流子包含电子运动，也包含空穴运动，像双重合力一般流向两个极；而在场效应管中，只有一种载流子运动，或者电子或者空穴，流向一个极，因此叫单极型晶体管。

单极型的场效应晶体管虽然诞生较晚，但从它一出世，就以其自身固有的优点，比如低噪声、高阻低功耗、热稳定性好等，与双极型晶体管展开了“殊死搏斗”。两者都能实现放大功能和开关功能，因此在哪些场合用什么，就成了必须讨论的问题。首先在处理器中，也就是数字领域，FET 中名为金属氧化物场效应晶体管（Metal- Oxide- Semiconductor Field Effect Transistor，MOSFET）的一类，以其极低的功耗吸引了科学家和投资者。这使得 MOSFET 在初选中就赢得了先机，它的缺点也被科学家和投资者一一克服。现在的处理器全部使用 MOSFET 实现，在此领域 FET 完胜对手。在运算放大器、模数转换器、电源模块等模拟器件中，这些原本属于双极型晶体管的阵地，现在也开始逐步拱手相让。因此，越来越多的用人单位开始要求高校加大对 FET 的讲解力度。

虽然如此，双极型晶体管仍有其固守阵地的资本，比如超高频、电流放大能力强、价格便宜、电路成熟、会用的人多，以及其他细微的特点。总之，我们固有的观念一天天被打破——小个子跳高得了冠军——我们不断见到一个个原本属于双极型晶体管优势应用的场合被 FET 占领。但至少现在，仍不是宣布 BJT 消亡的时刻。

3.1 场效应晶体管分类和管脚定义

◎分类

场效应晶体管在大类上分为结型场效应晶体管（Junction FET，JFET）和 MOSFET。

结型场效应晶体管工作电流很小，适用于模拟信号放大，它分为 N 沟道和 P 沟道两种。像双极型晶体管中的 NPN 和 PNP 一样，N 沟道和 P 沟道仅是工作电流的方向相反。结型场效应晶体管由于应用场合有限，数量较少。以某大型半导体专卖公司产品种类为例，可以看出一些端倪。在该公司，JFET 种类为 153 种，最大电流仅为 500mA，多数在 100mA 以下。

MOSFET 分为增强型（Enhancement Mode）和耗尽型（Depletion Mode）两种，但是两者数量相差很大。增强型 MOSFET 在该公司多达 7843 种，而耗尽型无一入选。我知道的耗尽型 MOSFET 只有不超过 10 种，而且它只有 N 沟道的。因此本书不过多介绍耗尽型 MOSFET，以下所说的 MOSFET，均指增强型。

在 MOSFET 中，也分为 N 沟道和 P 沟道两种。

同时，MOSFET 以其工作电流和工作电压区分，一般分为小信号 MOSFET 和功率 MOSFET（Power MOSFET）两种。其中功率 MOSFET 种类繁多，最大电流可以高达几百安培。至于哪个是小信号 MOSFET，哪个是功率 MOSFET，分界线在哪里，也无从考证。

本书重点介绍小信号 MOSFET。

◎管脚定义

所有的 FET 都有 3 个管脚，分别为门极 G（Gate）——对应于双极型晶体管的基极 b、漏极 D

(Drain)——对应于双极型晶体管的集电极 c、源极 S（Source）——对应于双极型晶体管的发射极 e。在内部，FET 的源极 S 和衬底连在一起。个别 MOSFET 将衬底引出，形成了第 4 脚。

场效应晶体管分类和管脚定义如图 3.1 所示。

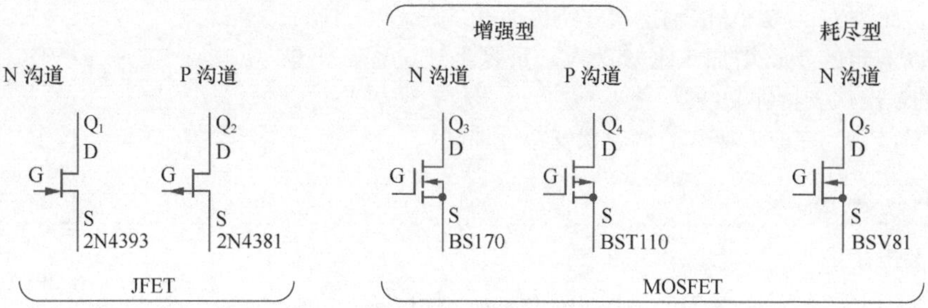

图 3.1 场效应管全家福

需要注意的是，在场效应晶体管中，源极和漏极是对称的，可以互换。但是在 MOSFET 中，由于衬底和源极在内部已经连通，甚至很多 MOSFET 内部还在 D、S 之间并联了一个二极管，因此 D 和 S 不能互换。

正常工作时，所有场效应晶体管的门极都没有电流。因此，其漏极电流一定等于源极电流。场效应晶体管的核心原理是，GS 两端的电压控制漏极电流，因此也被称为"压控型"器件。这有别于 BJT 的 i_B 控制 i_C，即流控型器件。

3.2 JFET

我们无法像 BJT 一样，研究 JFET 的输入电压 u_{GS} 与输入电流 i_G 的关系，因为结型场效应晶体管门极具有极高的输入阻抗，i_G 近似为 0。只能研究输入电压 u_{GS} 与输出电流 i_D 的关系，称之为转移特性；输出电压 u_{DS} 与输出电流 i_D 的关系被称为输出特性。如图 3.2 所示。测试电路如图 3.3 所示。

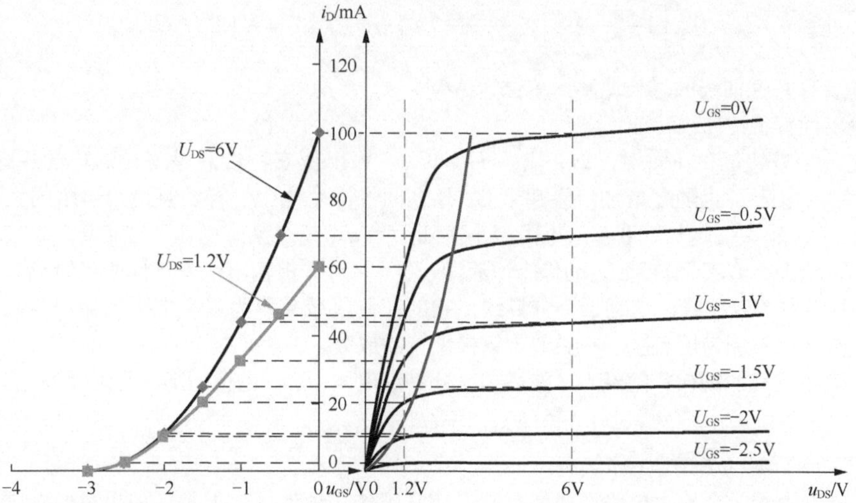

图 3.2 N 沟道 JFET 的伏安特性，左图为转移特性，右图为输出特性，共用纵轴

◎转移特性的获得方法

在图 3.3 中，先设定 V_2，即 U_{DS} 为一个规定值（不同厂商不同型号会有不同的规定），比如 6V。在此情况下，改变 V_1，即 U_{GS} 从 −4V 到 0V，记录（U_{GS}，I_D）形成样点，绘于图 3.2 左图中，形成一条曲线。

你还可以改变 V_2 为另外一个值，重复上述过程，获得另外一个转移特性。比如图 3.2 中，用绿色线绘制了 V_2=1.2V 的曲线。

◎输出特性的获得方法

设定 U_{GS} 为一个确定值，比如 -2.5V，改变 U_{DS}，从 0V 到某个较大的电压，记录（U_{DS}，I_D）形成样点，绘于图 3.2 右图中，形成一条曲线，此为 U_{GS}=-2.5V 的输出伏安特性曲线。

将 U_{GS} 以规定的步长增加，比如 0.5V，重复上述过程，记录 U_{GS}=-2.0V 的输出伏安特性曲线。

如此不断，直到完成 U_{GS}=0 的输出伏安特性曲线。

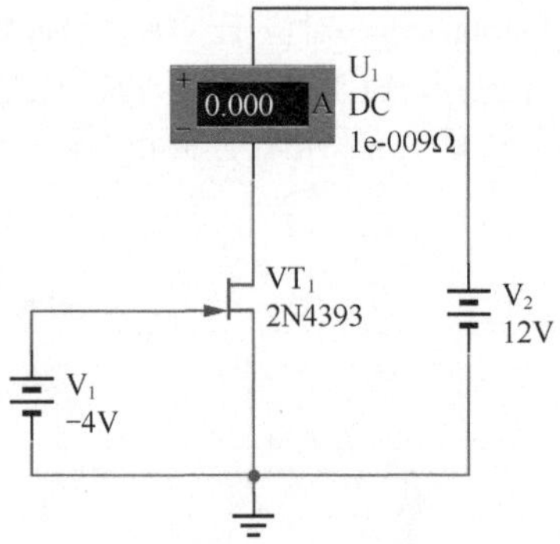

图 3.3　N 沟道 JFET 的测试电路

◎伏安特性之关键

（1）夹断电压 U_{GSOFF}

从图 3.2 可以看出 U_{GSOFF}=-3V。当 N-JFET 的 u_{GS} 小于 U_{GSOFF} 时，无论 U_{DS} 多大，电流 i_D 均为 0，似乎晶体管被夹断一样。

N-JFET 在 u_{GS} 等于 0 时，处于导通状态，只有给它施加反压，且反压超过 U_{GSOFF} 时，才能关断它，因此它属于长通管。一般 N-JFET 的夹断电压为 -10 ～ -0.2V。

（2）零偏漏极电流 I_{DSS}

在转移特性曲线中（图 3.2，左图），当 u_{GS} 等于 0 时的漏极电流被称为零偏漏极电流，这也是 N-JFET 所能提供的最大电流。从图中可以看出，似乎 u_{GS} 大于 0，i_D 还有增长的趋势，是的，没错。但是，此时晶体管的 G、S 之间就不再是高阻的，因此，N-JFET 禁止 u_{GS} 大于 0。

（3）转移特性曲线的数学表达式

经研究，在恒流区，它是一个平方曲线，近似为式（3-1）。

$$i_D = I_{DSS}\left(1-\frac{u_{GS}}{U_{GSOFF}}\right)^2 \tag{3-1}$$

也可以将式（3-1）改为：

$$i_D = I_{DSS}\left(1-\frac{u_{GS}}{U_{GSOFF}}\right)^2 = \frac{I_{DSS}}{U_{GSOFF}^2}\left(u_{GS}-U_{GSOFF}\right)^2 = K\left(u_{GS}-U_{GSOFF}\right)^2 \tag{3-2}$$

其中 K 影响转移特性曲线的增长速率，单位为 A/V^2。

（4）输出伏安特性曲线特征

当给定一个非夹断的 U_{GS} 时，即 $U_{GSOFF}<U_{GS} \leqslant 0$，输出伏安特性总是遵循这样的规律：当 u_{DS} 从 0 开始增加时，电流 i_D 也随之增加，看起来 D、S 之间像一个电阻一样，且这个电阻的大小随不同的 U_{GS} 而变化，U_{GS} 越大（越靠近 0V），电阻越小。随后当 u_{DS} 超过某个电压，我们称之为 U_{DS_dv} 时，电流 i_D 几乎不再增加，看起来 D、S 之间像个恒流源一样。将每一根输出伏安特性曲线的 U_{DS_dv} 连接起来，就是图 3.2 右图中的红色线，这是一个分界线，它的左侧区域被称为可变电阻区——类似于双极型晶体管的饱和区，而右侧为恒流区——类似于双极型管的放大区。

我们发现了这样的规律，随着 U_{GS} 的增加，分界点电压 U_{DS_dv} 也在增加，且近似满足：

$$U_{DS\_dv} = U_{GS} - U_{GSOFF} \tag{3-3}$$

据此可以判断 N-JFET 的工作状态。

把 N-JFET 用于一个放大电路，我们自然希望它工作在恒流区。但是，如果我们希望这个晶体管起到一个可变电阻的作用，比如用它代替双极型晶体管放大电路中的 R_C，就可以用一个电压 U_{GS} 控制它的电阻，实现程控增益的目的。这看起来有点诱人。

另外，在图 3.2 右图中的恒流区，随着 u_{DS} 的上升，i_D 也是微弱上升的。这是一个客观规律，用一个参数 λ 表达，在本书中为简化描述，暂时忽略了这个作用。

（5）两根曲线的关系

其实转移特性曲线和输出特性曲线是冗余的。大家可以从一个图绘制出另外一个图。

比如在图 3.2 右图中，把 6V 纵线和多根曲线相交得到的点绘制出来，就是左图（标注 U_{DS}=6V）；

移动 6V 纵线到 5.5V，又可以产生一系列点，在左图描绘出来，就成了另外一个转移特性曲线，标注为 U_{DS}=5.5V；这两根线是近似重合的。当 U_{DS}=3V 甚至更小时，比如图中设定的 1.2V，就可以得到完全不同的转移特性曲线。

◎在 Multisim12.0 中获得转移特性、输出特性

测试电路如图 3.3 所示。在 Simulate—Analysis—Dc-sweep 中，设定电源电流的负值为输出，分别利用两个 source1——主横轴和 source2——每根线变化，得到期望的伏安特性。得到图后，找到一个输出到 EXCEL 的图标，按下 check all，可以选择全部数据，软件会自动启动 EXCEL，得到一个 EXCEL 文件，文件中包含所有测试样点的数据。使用 EXCEL 工具，可以得到漂亮的图 3.4。

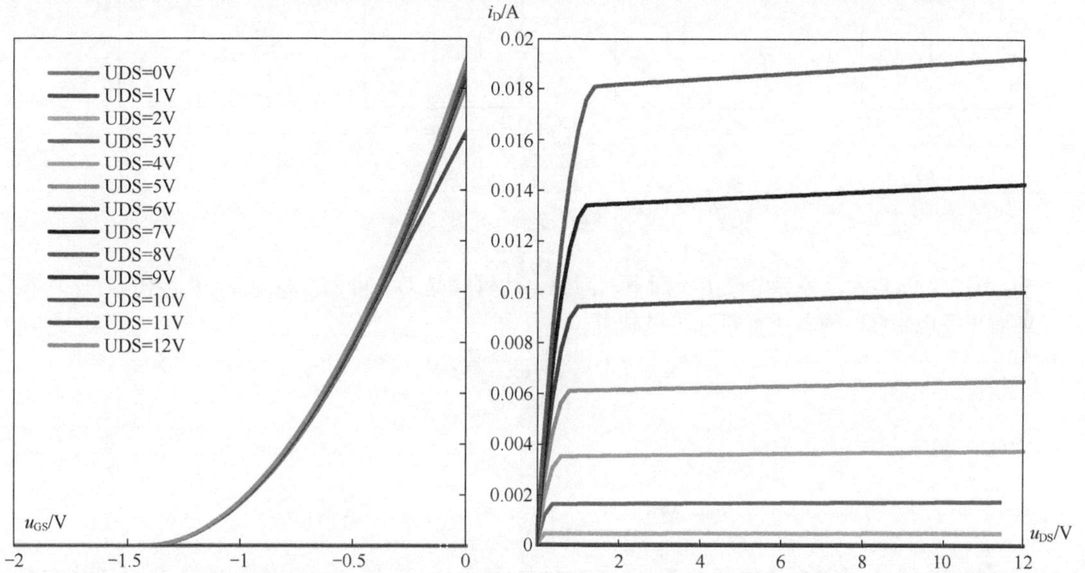

图 3.4 Multisim12.0 中的 2N4393 转移、输出伏安特性曲线

◎判断 JFET 的工作状态

JFET 的工作状态比较复杂。在正常工作时，它可以工作在截止区、可变电阻区以及恒流区。除此之外，它还有异常工作状态，比如对 N 沟道 JFET，u_{GS} 大于 0V 的状态。

S 和 D 的区分

很多电路图中 JFET 的 S 和 D 是没有标注的。因此，我们必须学会对一个电路中的 JFET 进行 S、D 区分。规则如下：

- 对 N 沟道 JFET，外部电源产生的电流方向是由 D 流向 S 的。
- 对 P 沟道 JFET，外部电源产生的电流方向是由 S 流向 D 的。据此可得出判断。

状态的判断

明确了 D 和 S 两个脚，根据表 3.1 可以轻松判断。

表 3.1 状态判断依据

分类	判断依据		
N 沟道 JFET	$u_{GS} \leqslant U_{GSOFF}$	$U_{GSOFF} < u_{GS} \leqslant 0$	u_{GS}>0V
	截止区	$u_{DS} < U_{DS\_dv}$，可变电阻区	异常状态
		$u_{DS} > U_{DS\_dv}$，恒流区	
P 沟道 JFET	$u_{GS} \geqslant U_{GSOFF}$	$0V \leqslant u_{GS} < U_{GSOFF}$	u_{GS}<0V
	截止区	$u_{DS} > U_{DS\_dv}$，可变电阻区	异常状态
		$u_{DS} < U_{DS\_dv}$，恒流区	

举例1

电路如图 3.5 所示。2N3369 是 N 沟道 JFET，其关键参数为：U_{GSOFF}=−2.0712V，I_{DSS}=1.6mA，判断 JFET 的工作状态，估算电流。

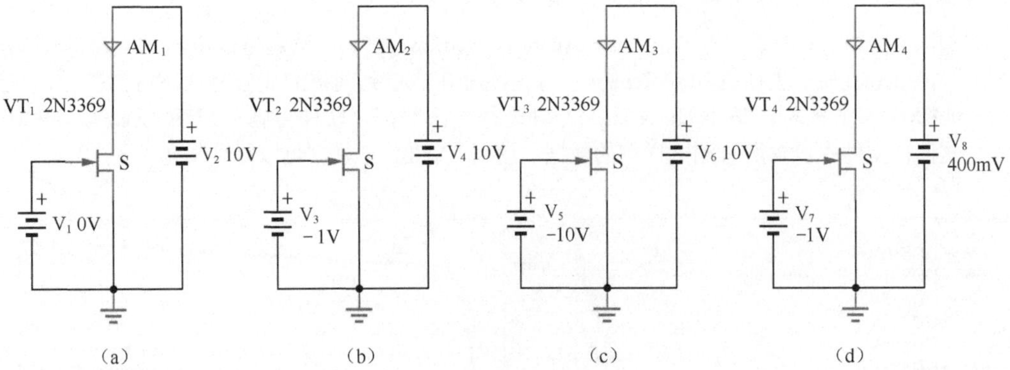

图 3.5　举例 1 电路

解：图 3.5（a）中，外部电流由上而下，因此上边管脚是 D。可知，u_{GS}=0V，u_{DS}=10V，工作在恒流区或者可变电阻区。有如下计算式可以利用：

$$U_{DS\_dv}=U_{GS}-U_{GSOFF}=2.0712V$$

$$u_{DS}=10V>U_{DS\_dv}$$

因此，JFET 工作在恒流区。

$$i_D=AM_1=I_{DSS}\left(1-\frac{u_{GS}}{U_{GSOFF}}\right)^2=1.6mA$$

图 3.5（b）中，外部电流由上而下，因此上边管脚是 D。可知，u_{GS}=−1V，u_{DS}=10V，工作在恒流区或者可变电阻区。有如下计算式可以利用：

$$U_{DS\_dv}=U_{GS}-U_{GSOFF}=1.0712V$$

$$u_{DS}=10V>U_{DS\_dv}$$

因此，JFET 工作在恒流区。

$$i_D=AM_2=I_{DSS}\left(1-\frac{u_{GS}}{U_{GSOFF}}\right)^2=0.428mA$$

图 3.5（c）中，外部电流由上而下，因此上边管脚是 D。可知，u_{GS}=−10V，u_{DS}=10V，工作在截止区。

$$i_D=AM_3=0mA$$

图 3.5（d）中，外部电流由上而下，因此上边管脚是 D。可知，u_{GS}=−1V，u_{DS}=0.4V，工作在恒流区或者可变电阻区。有如下计算式可以利用：

$$U_{DS\_dv}=U_{GS}-U_{GSOFF}=1.0712V$$

$$u_{DS}=0.4V<U_{DS\_dv}$$

因此，JFET 工作在可变电阻区。电流介于 0 和 0.428mA 之间，如果一定要估算，可以把这一段视为直线，由两个点（0，0）、（1.0712，0.428mA）组成，则有：

$$i_D=AM_4=0.16mA$$

举例2

电路如图 3.6 所示。2N3369 是 N 沟道 JFET，其关键参数为：U_{GSOFF}=−2.0712V，I_{DSS}=1.6mA，判断

JFET 的工作状态，估算电流。

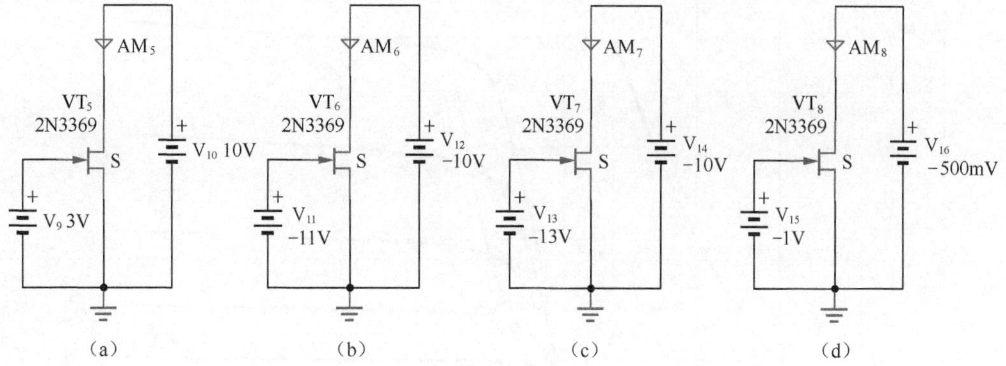

图 3.6　举例 2 电路

解：图 3.6（a）中，下面管脚为 S 脚。此时，u_{GS}=3V，JFET 工作于异常状态。AM_5 不好计算，但一定较大。

图 3.6（b）中，上面管脚为 S 脚。此时可知 u_G=−11V，u_S=−10V，u_D=0V，u_{GS}=−1V，u_{DS}=10V，此值与举例 1 中图 3.5（b）完全相同。有下式可以利用：

$$U_{DS\_dv} = U_{GS} - U_{GSOFF} = 1.0712V$$

$$u_{DS} = 10V > U_{DS\_dv}$$

因此，JFET 工作在恒流区。

$$i_D = -AM_6 = I_{DSS}\left(1 - \frac{u_{GS}}{U_{GSOFF}}\right)^2 = 0.428mA$$

图 3.6（c）中，上面管脚是 S 脚。此时，u_G=−13V，u_S=−10V，u_D=0V，u_{GS}=−3V，u_{DS}=10V，可知 JFET 工作于截止区，电流应为 0。

图 3.6（d）中，上面管脚是 S 脚。u_G=−1V，u_S=−0.5V，u_D=0V，u_{GS}=−0.5V，u_{DS}=0.5V，

$$U_{DS\_dv} = U_{GS} - U_{GSOFF} = 1.5712V$$

$$u_{DS} = 0.5V < U_{DS\_dv}$$

因此，JFET 工作在可变电阻区。电流不好估算。

学习任务和思考题

（1）针对图 3.6 所示电路，自行设计电源电压，越奇特越好，然后做出判断。用 TINA-TI 仿真软件验证自己的判断。

（2）设计一个由 2N3369 组成的 JFET 静态电路，让其工作于恒流区。用 TINA-TI 仿真软件验证自己的分析结论。然后，将 JFET 的 D、S 两脚对调，再观察结果是否发生变化。

3.3　MOSFET

MOSFET 包含耗尽型和增强型两类。其中耗尽型的伏安特性曲线与 JFET 非常相似，关键指标的定义也完全相同，唯一的区别在于：它允许 u_{GS} 大于 0，导致转移特性曲线包含大于 0 的部分，延续了已有公式，输出伏安特性曲线中增加了 u_{GS} 大于 0 的曲线。

图 3.7 所示是增强型 MOSFET 的伏安特性曲线，也用图 3.3 所示电路实施测量。

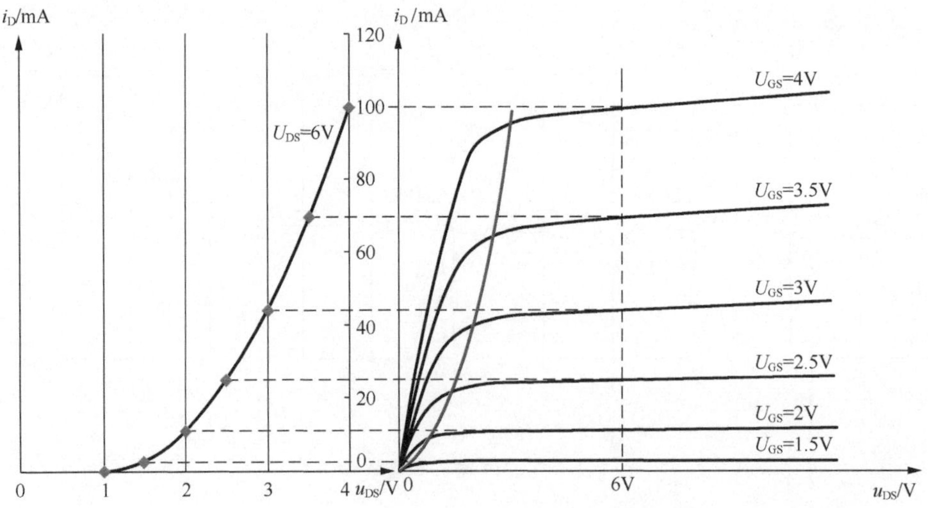

图 3.7　N 沟道 MOSFET 的伏安特性，左图为转移特性，右图为输出特性，共用纵轴

◎伏安特性之关键

（1）开启电压 U_{GSTH}

从图 3.7 可以看出 U_{GSTH}=1V。当 MOSFET 的 u_{GS} 小于 U_{GSTH} 时，无论 U_{DS} 多大，电流 i_D 均为 0（当然，U_{DS} 必须为正值），似乎晶体管被夹断一样，只在 u_{GS} 大于 U_{GSTH} 时，晶体管才可能存在电流，即所谓的开启。一般 MOSFET 的开启电压均为 0.5 ～ 3V。

（2）转移特性曲线的数学表达式

经研究，在恒流区，它是一个平方曲线，近似为式（3-4）：

$$i_D = K\left(u_{GS} - U_{GSTH}\right)^2 \tag{3-4}$$

其中 K 影响转移特性曲线的增长速率，单位为 A/V^2。

（3）可变电阻区和恒流区的分界线

随着 U_{GS} 的增加，分界点电压 U_{DS_dv} 也在增加，且近似满足：

$$U_{DS\_dv} = U_{GS} - U_{GSTH} \tag{3-5}$$

其他方面与 JFET 差别不大。

图 3.8 是利用 Multisim 得到的 2N7000 伏安特性曲线。

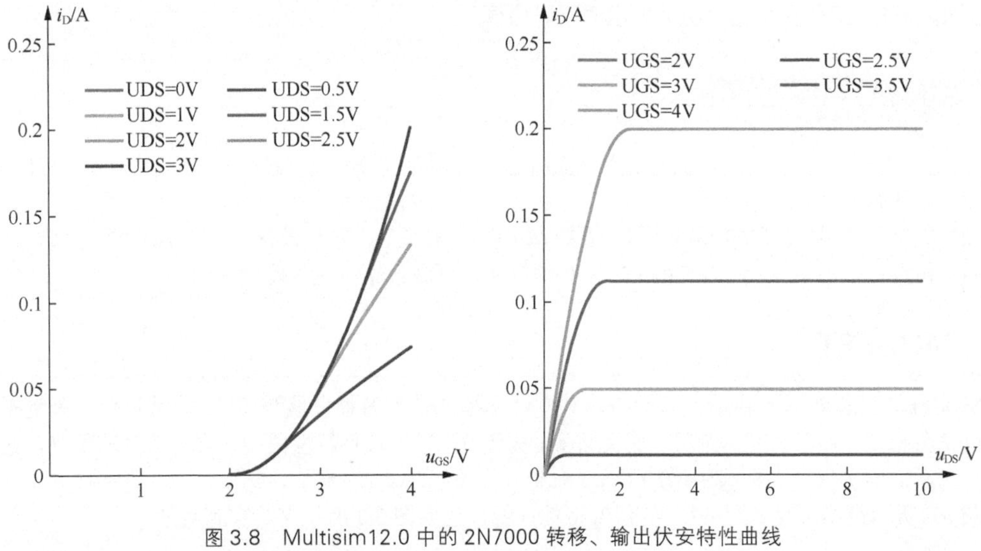

图 3.8　Multisim12.0 中的 2N7000 转移、输出伏安特性曲线

◎判断 MOSFET 的工作状态

MOSFET 的工作状态相对简单。它的 D 和 S 是明确区分的，严禁反接。因此要求，N 沟道 MOSFET 的外部电源电流必须由 D 流向 S，P 沟道 MOSFET 的外部电源电流必须由 S 流向 D。在这种情况下，它可以工作在截止区、可变电阻区以及恒流区。

表 3.2 用于判断 MOSFET 的工作状态。

表 3.2　工作状态判断依据

分类	判断依据	
N 沟道 MOSFET	$u_{GS} \leqslant U_{GSTH}$	$u_{GS} > U_{GSTH}$
	截止区	$u_{DS} < U_{DS\_dv}$，可变电阻区
		$u_{DS} > U_{DS\_dv}$，恒流区
P 沟道 MOSFET	$u_{GS} \geqslant U_{GSTH}$	$u_{GS} < U_{GSTH}$
	截止区	$u_{DS} < U_{DS\_dv}$，恒流区
		$u_{DS} > U_{DS\_dv}$，可变电阻区

举例1

电路如图 3.9 所示。2N6755 是 N 沟道 MOSFET，其关键参数为：U_{GSTH}=3.128V，K 约为 3.5A/V^2，判断 MOSFET 的工作状态，估算电流。

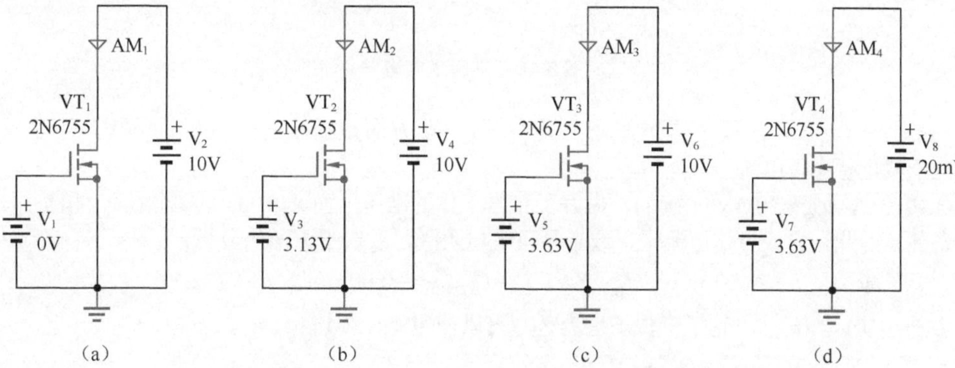

图 3.9　举例 1 电路

解：图 3.9（a）中，u_{GS}=0V，不足以开启，MOSFET 处于截止状态，电流为 0。

图 3.9（b）中，u_{GS}=3.13V，刚开启，MOSFET 处于临界导通。因此它或者是恒流区，或者是可变电阻区，这取决于下面的分析：

$$U_{DS\_dv} = U_{GS} - U_{GSTH} = 2\text{mV}$$

而$U_{DS} = 10\text{V} > U_{DS_dv}$，因此它处于恒流区，可以使用如下计算式：

$$i_D = K\left(u_{GS} - U_{GSTH}\right)^2 = 14\mu\text{A}$$

但是可以看出，这个电流实在太小了，说它在恒流区是没错的，但是和截止区也没有什么区别了。

图 3.9（c）中，u_{GS}=3.63V，因此它或者是恒流区，或者是可变电阻区，这取决于下面的分析：

$$U_{DS\_dv} = U_{GS} - U_{GSTH} = 0.502\text{V}$$

而 $U_{DS} = 10\text{V} > U_{DS\_dv}$，因此它处于恒流区，可以使用下式：

$$i_D = K\left(u_{GS} - U_{GSTH}\right)^2 = 0.882\text{A}$$

图 3.9（d）中，u_{GS}=3.63V，因此它或者是恒流区，或者是可变电阻区，这取决于下面的分析：

$$U_{DS\_dv} = U_{GS} - U_{GSTH} = 0.502V$$

而$U_{DS} = 20mV < U_{DS_dv}$，因此它处于可变电阻区，不能使用式（3-4）计算电流。但是我们知道，它的电流一定小于图 3.9（c）的 0.882A。将可变电阻区伏安特性近似为一根过（0V，0A）、（0.502V，0.882A）的直线，则可粗估电流大约为：

$$AM_4 \approx 35mA$$

举例 2

电路如图 3.10 所示。2N6804 是 P 沟道 MOSFET，其关键参数为：U_{GSTH}=-3.695V，K 约为 -2.2A/V^2，判断 MOSFET 的工作状态，并估算电流。

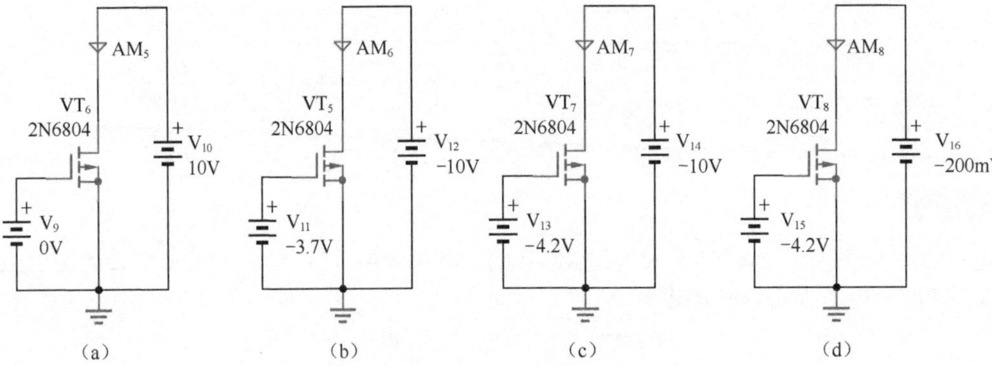

图 3.10　举例 2 电路

解：图 3.10（a），由于是 P 沟道管子，其 D、S 电压方向是正确的，但是 u_{GS}=0V，不足以开启，因此它处于截止状态，电流为 0。

图 3.10（b），u_{DS}=-10V 是正确的，做好了正常工作的准备，而 u_{GS}=-3.7V，比 U_{GSTH} 稍负，也具备了开启条件。因此，它或者是恒流区，或者是可变电阻区，取决于下面的分析：

$$U_{DS\_dv} = U_{GS} - U_{GSTH} = -0.005V$$

而 $U_{DS} = -10V < U_{DS\_dv}$，管子工作于恒流区。可以使用式（3-4）：

$$AM_6 = i_D = K\left(u_{GS} - U_{GSTH}\right)^2 = -55\mu A$$

图 3.10（c），u_{DS}=-10V 是正确的，做好了正常工作的准备，而 u_{GS}=-4.2V，比 U_{GSTH} 负，也具备了开启条件。因此，它或者是恒流区，或者是可变电阻区，取决于下面的分析：

$$U_{DS\_dv} = U_{GS} - U_{GSTH} = -0.505V$$

而 $U_{DS} = -10V < U_{DS\_dv}$，管子工作于恒流区。可以使用式（3-4）：

$$AM_7 = i_D = K\left(u_{GS} - U_{GSTH}\right)^2 = -0.561A$$

图 3.10（d），u_{DS}=-0.2V 是正确的，至少在方向上做好了正常工作的准备，而 u_{GS}=-4.2V，比 U_{GSTH} 负，也具备了开启条件。因此，它或者是恒流区，或者是可变电阻区，取决于下面的分析：

$$U_{DS\_dv} = U_{GS} - U_{GSTH} = -0.505V$$

而 $U_{DS} = -0.2V < U_{DS\_dv}$，管子工作于可变电阻区。但我们知道，此电流的绝对值一定比 0.561A 小，硬要估算，可以约等于：

$$AM_4 \approx -222mA$$

举例 3

电路如图 3.11 所示。2N6804 是 P 沟道 MOSFET，其关键参数为：U_{GSTH}=-3.695V，K 约为 -2.8A/V^2。

（1）判断 MOSFET 的工作状态，估算电流。

（2）当 VG_1 为正弦输入信号时，它如何影响输出 VF_2。

（3）改变电阻 R_3，观察其对晶体管工作状态的影响。对 P 沟道 MOSFET 使用正电源的话，还有没有其他结构也可以让其工作在恒流区，且工作点的稳定性有所提高？

解：这是一个正电源供电的 P 沟道 MOSFET 电路。在实际应用中，正电源到处都是，而负电源比较稀罕。因此举例 2 的电路多数只存在于理论分析中，实际的 P 沟道 MOSFET 应用电路多数采用本例中的结构。

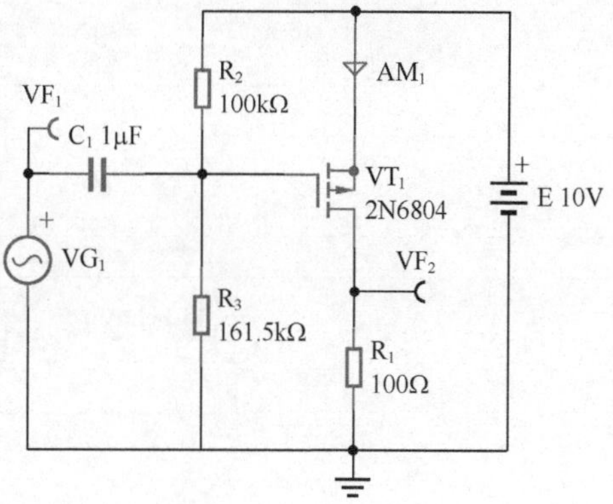

图 3.11 举例 3 电路

（1）判断工作状态，并求解静态电流。

因为分压电阻 R_2 和 R_3 交点的左侧面对隔直电容，右侧面对没有电流的晶体管门极 G，两者都不存在静态电流，所以有：

$$U_{GQ}=E\times\frac{R_3}{R_2+R_3}=6.176\text{V}$$

$$U_{GSQ}=U_{GQ}-U_{SQ}=-3.824\text{V}$$

与双极型晶体管分析方法类似，先假设其工作在恒流区，则有：

$$AM_1=I_{SQ}=-I_{DQ}=-K\left(U_{GSQ}-U_{GSTH}\right)^2=46.6\text{mA}$$

$$U_{DQ}=-I_{SQ}R_1=4.66\text{V}$$

$$U_{DSQ}=U_{DQ}-U_{SQ}=-5.34\text{V}$$

$$U_{DS\_dv}=U_{GSQ}-U_{GSTH}=-0.129\text{V}$$

$U_{DSQ}<U_{DS\_dv}$，则 MOSFET 工作在恒流区，前述假设成立。

（2）当输入为正弦信号，0 ~ 90° 时，通过阻容耦合，G 点电位会上升，导致 U_{GSQ} 绝对值下降，i_D 瞬时电流也下降，进而引起 VF_2 输出电位也下降。同样，一个正弦波周期内，输出 VF_2 正好与输入信号反相。输入信号可以随动影响输出。其实这就是一个最简单的 P 沟道 MOSFET 单管放大电路。

（3）读者可以自己实验发现，改变电阻 R_3 对静态工作点影响很大。因此这个电路并不实用。读者可以参考双极型晶体管四电阻结构，也可以自己创造，探究如何提高静态稳定性。

学习任务和思考题

（1）针对图 3.11 电路及已知参数，计算电阻 R_3 的取值范围，以保证晶体管处于恒流区。

（2）用 TINA-TI 中的任意一种 N 沟道 MOSFET，设计一个与图 3.11 所示电路类似的电路，让其工作在恒流区，估算并用软件验证。

3.4 FET 放大电路的静态电路和信号耦合

◎三电阻 MOSFET 电路的静态分析

图 3.12 为一个增强型 MOSFET，2N7000 的放大电路，为共源极电路。其信号耦合电路与双极型晶体管电路一样。

静态电路包括电源、晶体管和 3 个电阻 R_2、R_3、R_1。已知 2N7000 的 U_{GSTH}=2V，K=0.0502A/V^2，求解静态工作点。

$$U_{GSQ}=V_2\times\frac{R_3}{R_2+R_3}=2.3452\text{V}$$

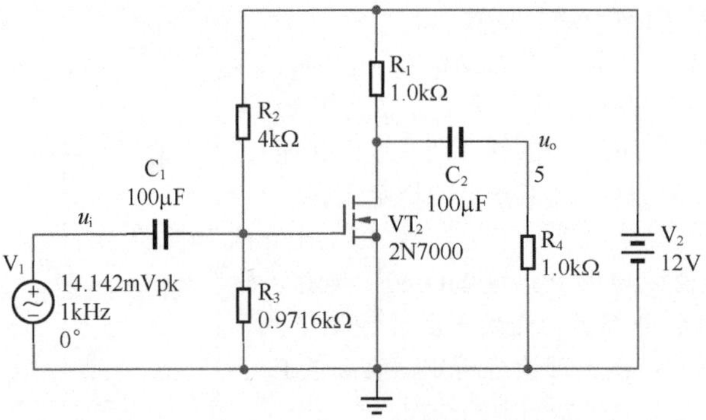

图 3.12　三电阻 MOSFET 共源极放大电路

据式（3-4），得

$$I_{DQ} = K\left(U_{GSQ} - U_{GSTH}\right)^2 = 5.98\text{mA}$$

$$U_{DSQ} = V_2 - I_{DQ}R_1 = 6.02\text{V}$$

此时分界电压为：

$$U_{DS\_dv} = U_{GSQ} - U_{GSTH} = 0.3452\text{V}$$

$U_{DSQ}>U_{DS\_dv}$，即工作点位于分界线右侧，晶体管处于恒流区。

在实际电路中，图中的 R_2 和 R_3 可以选择更大的电阻值，以适应输入电阻的要求。

◎ JFET 电路的静态分析

JFET 要工作在恒流区，需要让 U_{GSQ} 为负电压。图 3.13 用一种称为自给（ji—汉语拼音三声）偏压的电路，只使用一个正 12V 电源，就能让 JFET 工作在恒流区，或者说能让 U_{GSQ} 为负电压。此电路是共源极放大电路。

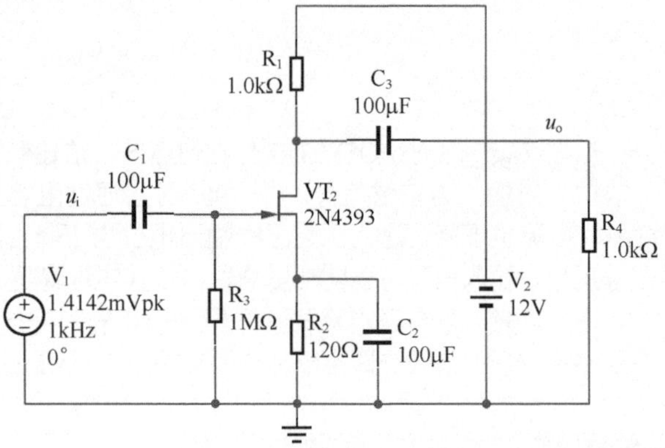

图 3.13　JFET 共源极放大电路

已知 2N4393 的 U_{GSOFF} 为 −1.45V，I_{DSS} 为 19.7mA，求解电路静态。

此电路的关键是增加了一个电阻 R_2，由于门极没有电流，因此 U_{GQ}=0V，而一旦 I_{DQ} 不为 0，则 U_{SQ} 一定大于 0，这就造成了 U_{GSQ} 小于 0V，即产生了负压。但是，显然 I_{DQ} 影响着 U_{GSQ}，而 U_{GSQ} 又决定着 I_{DQ}，必须列联立方程组才能获得答案。

首先，U_{GSQ} 和 I_{DQ} 之间满足式（3-1），就是那个平方关系。其次，U_{GSQ} 和 I_{DQ} 之间还满足下式，一个直线方程。

$$U_{GSQ} = U_{GQ} - U_{SQ} = -U_{SQ} = -I_{DQ}R_2$$

代入数值，设 $x=U_{GSQ}$，$y=I_{DQ}$，可列出如下方程组：

$$\begin{cases} x = -yR_2 = -120y \\ y = I_{DSS}\left(1 - \dfrac{x}{U_{GSOFF}}\right)^2 = 0.0197\left(1 + \dfrac{x}{1.45}\right)^2 = 0.0197\left(1 - 82.7586y\right)^2 \end{cases}$$

化简为如下的一元二次方程：

$$134.925y^2 - 4.2607y + 0.0197 = 0$$

解得 y_1=5.626mA，y_2=25.95mA，将 y_1、y_2 代入直线方程，得 x_1=−675.12mV，x_2=−3114mV，显然后者是直线与平方曲线中小于 U_{GSOFF} 部分相交点，不属于正解。

因此，可得 U_{GSQ}=−0.675V，I_{DQ}=5.626mA。进而得到：

$$U_{DSQ}=V_2-I_{DQ}\left(R_1+R_2\right)=5.699\text{V}$$

此时分界电压为：

$$U_{DS\_dv}=U_{GSQ}-U_{GSOFF}=0.775\text{V}$$

U_{DSQ}>U_{DS_dv}，即工作点位于分界线右侧，晶体管处于恒流区。

◎利用图解法求解以上电路的静态

图解法的核心是在晶体管伏安特性曲线图中，找到另外一条约束线，它和伏安特性曲线的交点就是静态工作点。一般来说，这条约束线是直线。

比如在 JFET 的转移伏安特性曲线图中，横轴是 u_{GS}，纵轴是 i_D，由于电阻 R_3 上没有静态电流，门极静态电位等于 0V，因此，u_{GS}=−i_DR_2 成立。

它是一条过零点的直线，如图 3.14 左边图中的红色直线，它和转移伏安特性曲线簇相交于大致的 Q 点，即静态工作点。

在输出伏安特性曲线图中，横轴是 u_{DS}，纵轴是 i_D，同样具有一条约束线，其表达式为：

$$V_2=12\text{V}=i_D\left(R_1+R_2\right)+u_{DS}$$

这根直线有两个特殊点，有助于快速画出这根线。第一个点是它与横轴的交点，即 i_D=0 时，u_{DS}=V_2，即供电电压 12V。第二个点是它与纵轴的交点，即 u_{DS}=0V 时：

$$i_D=\frac{V_2}{R_1+R_2}=10.7\text{mA}$$

找到这两个点，画出直线，如图 3.14 右边图中的红色直线，这就是约束线。由于在左图中已经确定了 Q 点的 I_{DQ}，只需将左图的 Q 点拉一根平行于横轴的绿色直线，其与约束线的相交点即输出伏安特性中的 Q 点。

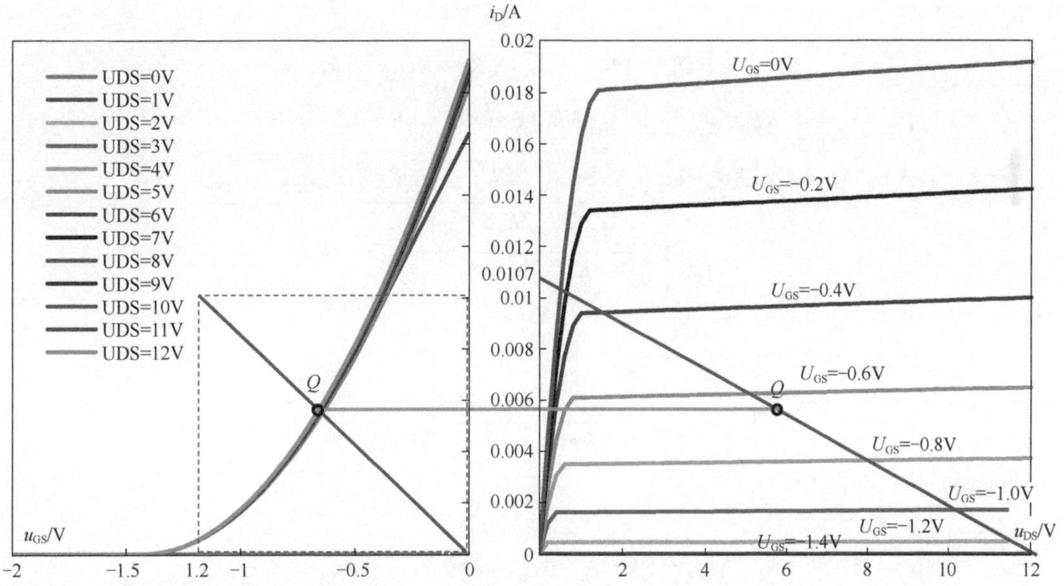

图 3.14　利用图解法求 JFET 电路的静态工作点

◎四电阻 MOSFET 电路的静态分析

图 3.12 所示电路的 U_{GQ} 是由外部电阻分压确定的，而 U_{SQ}=0，导致其 U_{GSQ} 是独立的，且非常简单就可以获得。但是这种电路的静态稳定性不好，分压电阻稍有偏差或者电源电压稍有波动，U_{GSQ} 即随之变化，导致 I_{DQ} 随之改变，静态工作点也随之改变。一种更为实用的电路如图 3.15 所示。它与前述 MOSFET 电路的主要区别在于增加了电阻 R_5 以及电容 C_3。本书暂称之为四电阻 MOSFET 电路。

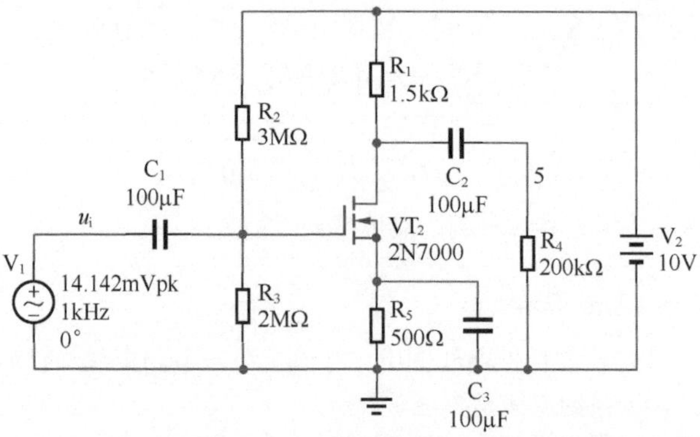

图 3.15　四电阻 MOSFET 共源极放大电路

静态分析方法与前述方法类似。其中，U_{GQ} 可以根据分压电阻直接获得：

$$U_{GQ}=V_2\times\frac{R_3}{R_2+R_3}=4\text{V}$$

仍以转移特性为突破口，设 $x=U_{GSQ}$，$y=I_{DQ}$，可列出如下方程组：

$$\begin{cases}i_D=K\left(u_{GS}-U_{GSTH}\right)^2\text{（MOSFET遵循的转移特性）}\\u_{GS}=U_{GQ}-i_DR_5\text{（外电路遵循的基本电路定律）}\end{cases}$$

即：

$$\begin{cases}y=K\left(x-U_{GSTH}\right)^2\\x=U_{GQ}-yR_5\end{cases}$$

解上述方程，得：

$$x=U_{GQ}-\left(Kx^2-2U_{GSTH}Kx+KU_{GSTH}^2\right)R_5$$

$$KR_5x^2+\left(1-2U_{GSTH}KR_5\right)x+\left(KU_{GSTH}^2R_5-U_{GQ}\right)=0$$

$$x=\frac{2U_{GSTH}KR_5-1\pm\sqrt{\left(1-2U_{GSTH}KR_5\right)^2-4KR_5\left(KU_{GSTH}^2R_5-U_{GQ}\right)}}{2KR_5}$$

$$=U_{GSTH}-\frac{1}{2KR_5}\pm\frac{\sqrt{1+4KR_5(U_{GQ}-U_{GSTH})}}{2KR_5}$$

即：

$$U_{GSQ}=U_{GSTH}-\frac{1}{2KR_5}\pm\frac{\sqrt{1+4KR_5(U_{GQ}-U_{GSTH})}}{2KR_5}\tag{3-6}$$

将具体数值代入式（3-6），得：

$$U_{GSQ}=2.263\text{V}$$

注意，理论上存在两个解，应舍弃较小的答案。为什么？请思考。

已知 U_{GSQ}，可获得漏极电流：

$$I_{DQ}=K\left(U_{GSQ}-U_{GSTH}\right)^2=3.474\text{mA}$$

为判断该静态结果是否满足放大器条件，需要利用式（3-7）得到分界点：

$$U_{DS\_dv}=U_{GS}-U_{GSTH}=0.263\text{V}\tag{3-7}$$

且可得：

$$U_{DSQ}=V_2-I_{DQ}\left(R_1+R_5\right)=3.052\text{V}$$

$U_{DSQ} > U_{DS\_dv}$，可知工作点处于分界点的右侧，晶体管处于放大区（恒流区）。

◎四电阻 MOSFET 电路的图解法分析

图 3.8 所示是 2N7000 的伏安特性，但是它太“宏观”了，本例中我们需要更“微观”的伏安特性，以清晰显示图解法的魅力。为此，利用 Multisim 软件，配合 EXCEL，得到如图 3.16 所示的 2N7000 转移伏安特性。图 3.16 中，U_{DS}=0V 的那根线，被横坐标遮住了，能看见的剩下 3 根线，棕色的 U_{DS}=0.2V，绿色的 U_{DS}=0.4V，以及 $U_{DS} \geqslant 0.6V$ 的线——它们重叠在一起，成为图 3.16 中的深绿色线。

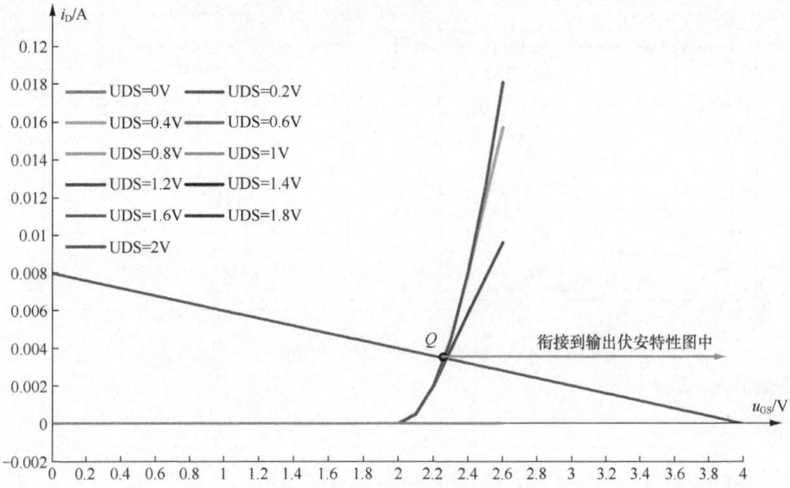

图 3.16 利用图解法求四电阻 MOSFET 电路的静态工作点——转移特性

由于转移伏安特性的横轴是 u_{GS}，纵轴是 i_D，因此我们要寻求 u_{GS} 和 i_D 在电路中的关系，以形成约束线，根据电路图，得：

$$u_{GS} = U_{GQ} - i_D R_5 \tag{3-8}$$

利用分压关系可得 U_{GQ}=4V，此时式（3-8）描述的就是如图 3.16 所示的红色直线——起点是横轴上的 U_{GQ}=4V，斜率的倒数为 R_S=500Ω。

此约束线与转移伏安特性的交点为 Q 点，肉眼可以读出：U_{GQ} = 2.25V，I_{DQ} = 3.5mA。此结果与前述的估算求解结果 2.263V 和 3.474mA 非常接近。

利用类似的方法，可以在输出伏安特性曲线上得到 U_{DSQ}，如图 3.17 所示，其值约为 3.1V，也与理论估算很接近。

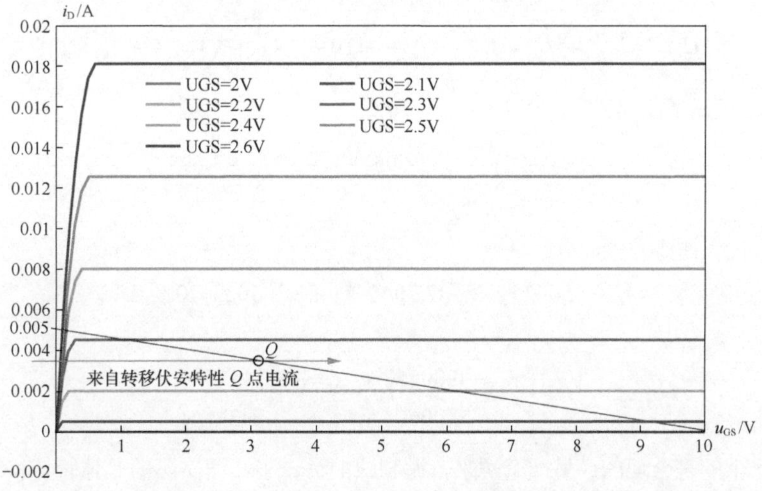

图 3.17 利用图解法求四电阻 MOSFET 电路的静态工作点——输出特性

举例1

图 3.18 中 2N6804 是 P 沟道 MOSFET，其关键参数为：U_{GSTH}=−3.695V，K 约为 −2.2A/V^2。

（1）求电路静态。（2）当确定上方分压电阻为 100kΩ 时，求两个电路中要求晶体管工作于恒流区，下方电阻的取值范围。由此对比哪个电路的稳定性更好。

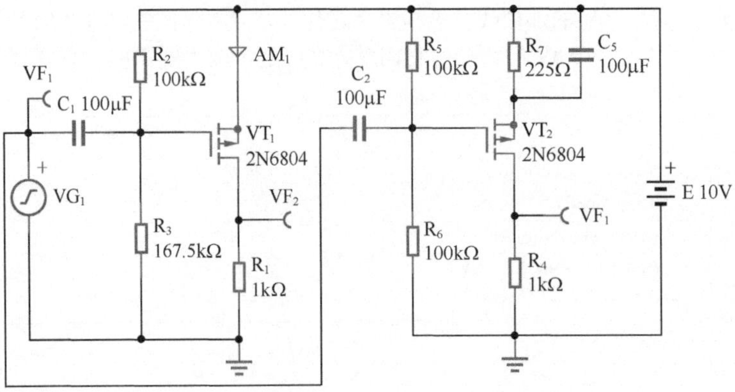

图 3.18　举例 1 电路

解：（1）求解电路静态。

对于左半部分电路而言：

$$U_{GQ}=E\times\frac{R_3}{R_2+R_3}=6.262\text{V}$$

$$U_{GSQ}=U_{GQ}-U_{SQ}=-3.738\text{V}$$

假设晶体管工作于恒流区，则有：

$$I_{DQ}=K\left(U_{GSQ}-U_{GSTH}\right)^2=-0.004128\text{A}=-4.128\text{mA}$$

$$U_{DSQ}=U_{DQ}-U_{SQ}=-I_{DQ}R_1-10=-5.872\text{V}$$

$$U_{DS\_dv}=U_{GSQ}-U_{GSTH}=-0.043\text{V}$$

$U_{DSQ}<U_{DS\_dv}$，晶体管工作于恒流区。以上假设成立，电流、电压如所求。

对于右半部分电路而言，求解静态需要联立方程：

$$\begin{cases}I_{DQ}=K\left(U_{GSQ}-U_{GSTH}\right)^2\\ U_{GSQ}=U_{GQ}-U_{SQ}=E\times\dfrac{R_6}{R_5+R_6}-\left(10-\left(-I_{DQ}\right)R_7\right)=-5-I_{DQ}\times225\end{cases}$$

设上式中 $I_{DQ}=y$，$U_{GSQ}=x$，上式变为：

$$\begin{cases}y=-2.2\left(x-(-3.695)\right)^2=-2.2\left(x+3.695\right)^2\\ x=-5-225y\end{cases}$$

将直线方程代入曲线方程，得：

$$50625y^2+587.704545y+1.703025=0$$

得两个解：

$$\begin{cases}y_1=-0.00558\text{A};\ x_1=-3.745\text{V}\\ y_2=-0.00603\text{A};\ x_2=-3.643\text{V}\end{cases}$$

其中只有一个解是合理的（另一个解来自抛物线的另一半，而实际的晶体管转移特性曲线只包含一半抛物线）。哪个是合理的呢？从电压上比较好区分：x_2= −3.643V，意味着 U_{GSQ}= −3.643V，它比开启电压大，对于 P 沟道 MOSFET 来说，这意味着还没有开启，因此，角标 2 系列，是不合理解。因此得：

$$I_{DQ}=-5.58\text{mA};\quad U_{GSQ}=-3.745\text{V}$$

（2）确定电阻取值范围。

对于左半部分电路来说，确定了 R_2=100kΩ，求 R_3 的取值范围。

R_3 越大，会导致 U_{GSQ} 的绝对值越小，导致晶体管无法导通到临界值。因此有：

$$U_{GSQ}=E\times\frac{R_{3\_max}}{R_2+R_{3\_max}}-10=U_{GSTH}=-3.695$$

即：

$$10\times\frac{R_{3\_max}}{100\text{k}\Omega+R_{3\_max}}-10=-3.695$$

解得：

$$R_{3\_max}=170.64\text{k}\Omega$$

R_3 越小会导致晶体管越来越导通，直到它由恒流区进入可变电阻区。此时有下式成立：

$$U_{GSQ}=E\times\frac{R_{3\_min}}{R_2+R_{3\_min}}-10$$

$$I_{DQ}=K\left(U_{GSQ}-U_{GSTH}\right)^2$$

$$U_{DSQ}=U_{DQ}-U_{SQ}=-I_{DQ}R_1-10$$

$$U_{DS\_dv}=U_{GSQ}-U_{GSTH}$$

且满足$U_{DSQ}=U_{DS_dv}$，因此有：

$$E\times\frac{R_{3\_min}}{R_2+R_{3\_min}}-10-U_{GSTH}=-K\left(\left(E\times\frac{R_{3\_min}}{R_2+R_{3\_min}}-10\right)-U_{GSTH}\right)^2R_1-10$$

设$R_{3_min}=x\text{k}\Omega$，将已知量代入，得：

$$\frac{10x}{100+x}-6.305=2.2\times\left(\frac{10x}{100+x}-6.305\right)^2\times1000-10$$

$$x_1=173.71\text{k}\Omega\qquad x_2=167.63\text{k}\Omega$$

因 x_1 大于前面求解的最大值，显然不合理。因此 R_{3_min}=167.63kΩ。据此得，对于左图，R_3 的取值范围是 167.63 ～ 170.64kΩ。这实在太苛刻了。

对于右半部分电路来说，确定了 R_5=100kΩ，求 R_6 的取值范围。

R_6 越大会导致电阻 R_5 两端的压降越小，而这个压降导致晶体管临界开启。

$$U_{GSQ}=E\times\frac{R_{6\_max}}{R_2+R_{6\_max}}-\left(10-\left(-I_{DQ}R_7\right)\right)=U_{GSTH}=-3.695$$

在临界开启时，晶体管 I_{DQ}=0，电阻 R_7 上没有压降，据此有：

$$E\times\frac{R_{6\_max}}{R_2+R_{6\_max}}-10=-3.695$$

这与左半部分电路得出的条件一模一样，因此结论也相同：

$$R_{6\_max}=170.64\text{k}\Omega$$

R_6 越小，电流越来越大，两个电阻 R_4 和 R_7 的压降越来越大，导致晶体管进入可变电阻区。

$$U_{GSQ}=E\times\frac{R_{3\_min}}{R_2+R_{3\_min}}-\left(10-\left(-I_{DQ}R_7\right)\right)$$

$$I_{DQ}=K\left(U_{GSQ}-U_{GSTH}\right)^2$$
$$U_{DSQ}=U_{DQ}-U_{SQ}=-I_{DQ}R_1-10$$
$$U_{DS\_dv}=U_{GSQ}-U_{GSTH}$$

且满足$U_{DSQ}=U_{DS_dv}$。

显然，前两个式子可以解出 U_{GSQ}、I_{DQ} 与 R_{3_min} 的关系，只是表达式比较复杂，可以参考式（3-6），本书实在不敢再深入求解了，否则读者就厌倦了。后两个式子可以建立起 R_{3_min} 的等式，就可求出 R_{3_min}。

在 TINA-TI 中，通过仿真实验可得，R_{3_min} 约为 80kΩ。

至此可以知道，右半部分的四电阻静态电路的分压电阻的取值范围更大了，也就更容易设置，其稳定性也就高了许多。

举例 2

图 3.19 中 2N6804 是 P 沟道 MOSFET，其关键参数为：U_{GSTH}=−3.695V，K 约为 −2.2A/V^2。

（1）求解电路静态。（2）T_4 电路中，信号能否耦合到输入端？从中体会电阻 R_9 的作用。

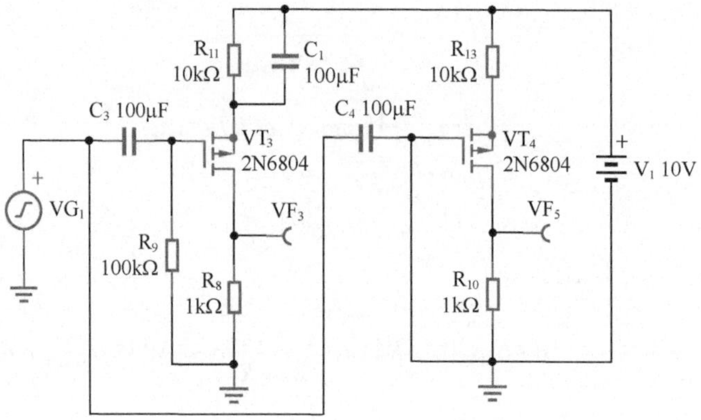

图 3.19　举例 2 电路

解：（1）求解电路静态。

对于左半部分电路而言，求解静态需要联立方程：

$$\begin{cases}I_{DQ}=K\left(U_{GSQ}-U_{GSTH}\right)^2\\U_{GSQ}=U_{GQ}-U_{SQ}=0-\left(10-\left(-I_{DQ}\right)R_{11}\right)=-10-I_{DQ}\times10000\end{cases}$$

设上式中 $I_{DQ}=y$，$U_{GSQ}=X$，上式变为：

$$\begin{cases}y=-2.2\left(x-(-3.695)\right)^2=-2.2\left(x+3.695\right)^2\\x=-10-10000y\end{cases}$$

将直线方程代入曲线方程，得：

$$-\frac{y}{2.2}=\left(6.305+10000y\right)^2$$
$$100000000y^2+126100.4545y+39.753=0$$

得两个解：

$$\begin{cases}y_1=-0.6287\text{mA};\quad x_1=-3.713\text{V}\\y_2=-0.6323\text{mA};\quad x_2=-3.677\text{V}\end{cases}$$

因为系列 2 中，$U_{GSQ}=-3.677$V，还没有达到开启电压 −3.695V，所以是无效解。系列 1 为正解，

即 $I_{DQ}=-0.6287\text{mA}$，$U_{GSQ}=-3.713\text{V}$。

此时，$U_{DS\_dv}=U_{GSQ}-U_{GSTH}=-0.018\text{V}$，而$U_{DSQ}=-(10-(-I_{DQ}(R_{11}+R_8))=-3.0843\text{V}$，显然符合恒流区条件。

对于右半部分电路而言，因 G 点静态电位也是 0V，其静态求解与半部分图完全相同，不赘述。

（2）T_4 电路中，由于 G 端直接接地，信号通过电容器到达，无论如何不能改变 G 端电位，因此无法实现信号的输入耦合。电阻 R_9 在此起到了阻容耦合中电阻的作用。

举例 3

图 3.20 中 2N3369 是 N 沟道 JFET，其关键参数为：U_{GSOFF}=−2.0712V，I_{DSS}=1.6mA。2N2608 是 P 沟道 JFET，其关键参数为：U_{GSOFF}=2.4489V，I_{DSS}=−2.59mA。

（1）确定晶体管的 D、S 端，并求解电路静态。（2）在电路中找到合适位置，将电容搭接于此，实现阻容耦合输入，并找到合适的输出位置。

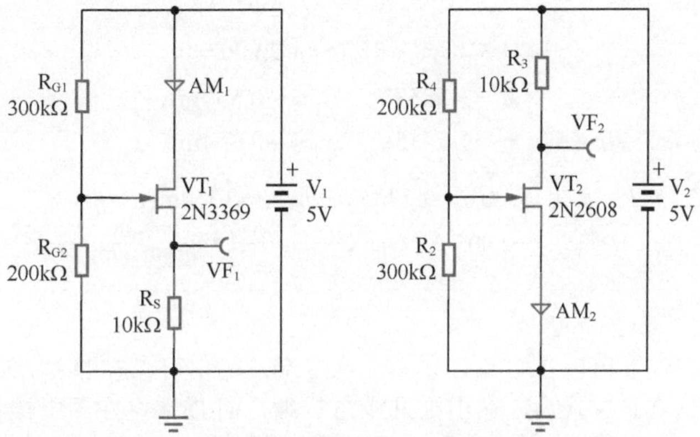

图 3.20　举例 3 电路

解：（1）确定管脚，求解静态。

对于左图，可以看出电源电流方向是从上向下的，而这是一个 N 沟道 JFET，电流应该是从 D 流向 S，因此该图中上端为 D 端。对于右图，晶体管为 P 沟通 JFET，因此该图上端为 S 端。

左图静态求解，列出联立方程如下：

$$\begin{cases} I_{DQ}=I_{DSS}\left(1-\dfrac{U_{GSQ}}{U_{GSOFF}}\right)^2 \\ U_{GSQ}=U_{GQ}-U_{SQ}=V_1\dfrac{R_{G2}}{R_{G1}+R_{G2}}-I_{DQ}R_S \end{cases}$$

设 $x=U_{GSQ}$，$y=I_{DQ}$，并将已知量代入得：

$$\begin{cases} y=0.0016\left(1+\dfrac{x}{2.0712}\right)^2 \\ x=2-10000y \end{cases}$$

将 y 代入 x 表达式，有$x=2-3.7297(2.0712+x)^2$，化简得：

$$3.7297x^2+16.45x+14=0$$

$$\begin{cases} x_1=-1.1519\text{V};\ y_1=0.315\text{mA} \\ x_2=-3.2586\text{V};\ y_2=0.526\text{mA} \end{cases}$$

显然，系列 1 是合理的。因此有：$U_{GSQ}=-1.1519\text{V}$，$I_{DQ}=0.315\text{mA}$。

此时，$U_{DS\_dv}=U_{GSQ}-U_{GSTH}=0.9193V$，而$U_{DSQ}=5-I_{DQ}R_S=1.85V$，显然符合恒流区条件。

右图静态求解，列出联立方程如下：

$$\begin{cases} I_{DQ}=I_{DSS}\left(1-\dfrac{U_{GSQ}}{U_{GSOFF}}\right)^2 \\ U_{GSQ}=U_{GQ}-U_{SQ}=V_2\dfrac{R_2}{R_2+R_4}-\left(V_2-\left(-I_{DQ}\right)R_S\right) \end{cases}$$

设 $x=U_{GSQ}$，$y=I_{DQ}$，并将已知量代入得：

$$\begin{cases} y=-0.00259\left(1-\dfrac{x}{2.4489}\right)^2 \\ x=-2-10000y \end{cases}$$

将 y 代入 x 表达式，有$x=-2+4.3187\left(2.4489-x\right)^2$，化简得：

$$4.3187x^2-22.15x+23.90=0$$

$$\begin{cases} x_1=3.5853\text{V};\quad y_1=-0.559\text{mA} \\ x_2=1.5435\text{V};\quad y_2=-0.354\text{mA} \end{cases}$$

显然，系列 2 是合理的。因此有：U_{GSQ}=1.5435V，$I_{DQ}=-0.354$mA。

此时，$U_{DS\_dv}=U_{GSQ}-U_{GSOFF}=-0.9054V$，而$U_{DSQ}=0-\left(5+I_{DQ}R_S\right)=-1.46V$，显然符合恒流区条件。

（2）寻找合适的输入耦合位置。

理论上，输入耦合位置可以在 G 端，也可以在 S 端，输出可以在 D 端，也可以在 S 端。但是，两个电路中，当输入耦合到 S 端后，输出则只能在 D 端，而 D 端在左图中接 +5V，在右图中接地，均不能成为输出节点。因此，输入耦合到 S 端是不能成功的。

只能把输入耦合到图中的 G 端，而将 S 端作为输出端。这种解法类似于双极型晶体管的射极跟随器。

学习任务和思考题

（1）用 TINA-TI 中的任意一种 N 沟道 MOSFET，设计一个与图 3.15 所示电路类似的电路，让其工作在恒流区，估算并用软件验证。

（2）电路如图 3.21 所示。已知 U_{GSOFF}=−2.0712V，I_{DSS}=1.6mA，求电路静态。

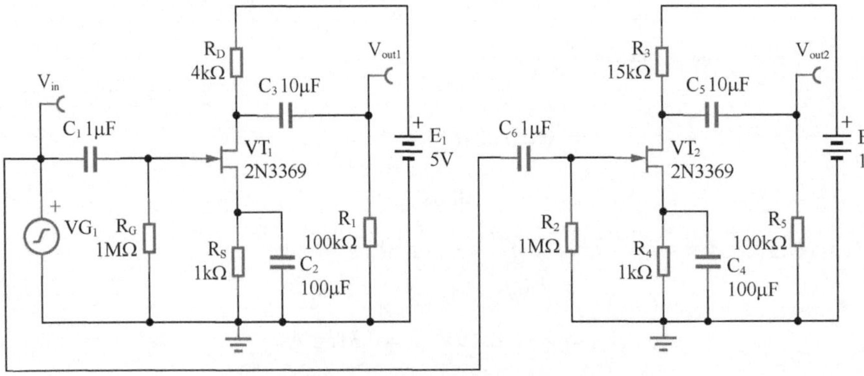

图 3.21　思考题（2）电路

3.5 FET 的微变等效模型

一个微变电压信号加载在 G、S 两端，不会带来 G 端任何电流，只会以一个受控源的形式影响 D、S 之间的电流，其电压电流转换规律来自于 FET 的转移特性，如图 3.22 所示。

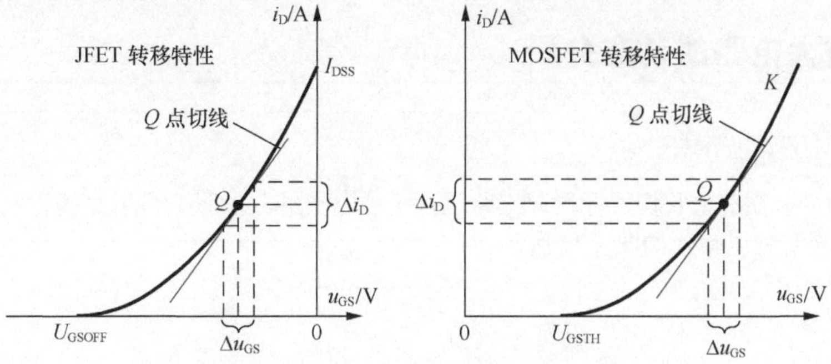

图 3.22 从转移特性看 FET 的动态等效行为

在给定的一个 U_{GSQ} 处，转移特性的横轴上发生 Δu_{GS} 的变化量，一定会引起纵轴上产生 Δi_D 的变化量，则有：

$$g_m = \lim_{\Delta u_{GS} \to 0} \frac{\Delta i_D}{\Delta u_{GS}} = \frac{di_D}{du_{GS}} \tag{3-9}$$

g_m 被称为跨导，为 Q 点处转移特性曲线的切线斜率。

在微变等效模型中，JFET 和 MOSFET 的唯一区别在于其跨导 g_m 表达式在形式上有区别，见式（3-11）和式（3-13）。同时，可以看出，随着 Q 点的上移，其切线斜率上升，跨导会变大；同样地，Δu_{GS} 的变化会带来更大的 Δi_D。

因此，对于 JFET 和 MOSFET，无论是增强型还是耗尽型，其微变等效模型都如图 3.23 所示。

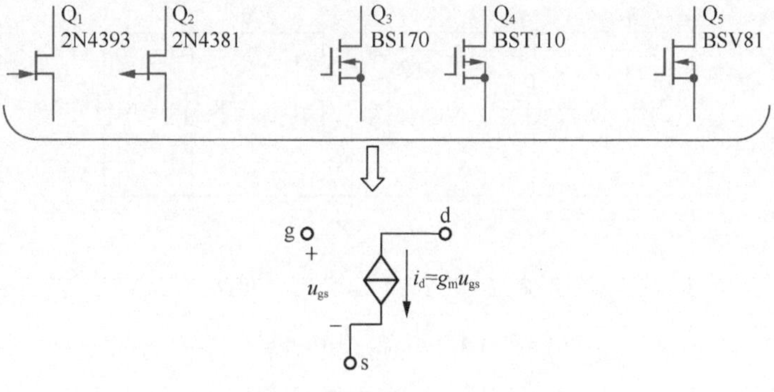

图 3.23 FET 的微变等效简化模型

对于 JFET 而言，有下式成立：

$$i_D = I_{DSS}\left(1 - \frac{u_{GS}}{U_{GSOFF}}\right)^2 \tag{3-10}$$

$$g_m = \frac{di_D}{du_{GS}} = -\frac{2}{U_{GSOFF}} I_{DSS}\left(1 - \frac{U_{GSQ}}{U_{GSOFF}}\right) = -\frac{2}{U_{GSOFF}}\sqrt{I_{DSS} \times I_{DQ}} \tag{3-11}$$

这说明，某个 Q 点的跨导与晶体管本身影响曲线倾斜度的参数 U_{GSOFF}、I_{DSS} 有关，还与静态工作点 I_{DQ} 有关，这与跨导的原始定义是吻合的。

对于 MOSFET 而言，有下式成立：

$$i_D = K(u_{GS} - U_{GSTH})^2 \tag{3-12}$$

$$g_{\rm m}=\frac{{\rm d}i_{\rm D}}{{\rm d}u_{\rm GS}}=2K\left(U_{\rm GSQ}-U_{\rm GSTH}\right)=2\sqrt{K\times I_{\rm DQ}} \tag{3-13}$$

同样地，某个 Q 点的跨导与晶体管本身影响曲线倾斜度的参数 K 有关，还与静态工作点 $I_{\rm DQ}$ 有关，这与跨导的原始定义是吻合的。

3.6 FET 放大电路的动态分析

◎ JFET 放大电路的动态分析

以图 3.24 为例。在前文我们已经对此电路进行了静态求解。按照双极型晶体管放大电路的动态分析方法，画出动态等效电路，如图 3.25 所示。

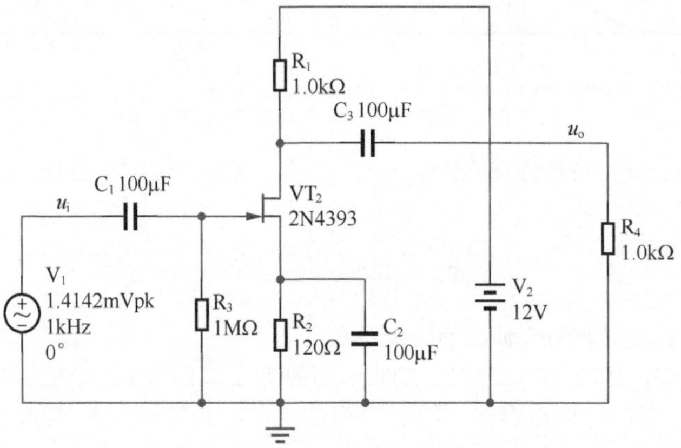

图 3.24　JFET 放大电路

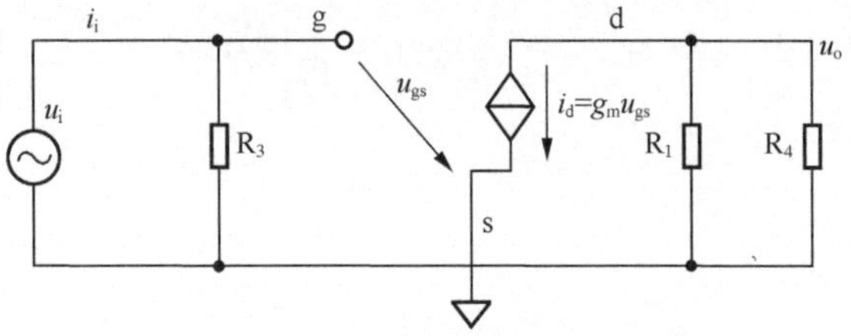

图 3.25　图 3.24 的动态等效电路

在获得静态工作点的基础上，按照式（3-11）得跨导如下：

$$g_{\rm m}=-\frac{2}{U_{\rm GSOFF}}\sqrt{I_{\rm DSS}\times I_{\rm DQ}}=14.52{\rm mS}$$

S 为西门子，1S=1A/V=1/Ω。根据图 3.25，可以直接得到：

$$A_{\rm u}=\frac{u_{\rm o}}{u_{\rm i}}=\frac{-g_{\rm m}u_{\rm gs}R_1 // R_4}{u_{\rm gs}}=-g_{\rm m}R_1 // R_4=-7.26$$

$$r_{\rm i}=R_3=1{\rm M}\Omega$$

$$r_{\rm o}=R_1=1{\rm k}\Omega$$

此电路实现了反相放大，称之为共源极放大电路。增益为 −7.26 倍，显然比双极型晶体管的电压放大能力要弱。但是，其输入电阻取决于 R_3，可以由用户设计选择，一般可以大于 1MΩ。这是双极型晶体管电路无法实现的。

特别提醒，注意电路中的 C_2 的作用。R_2 起到了自给偏压作用，但是在动态分析中，它的存在会降低放大倍数，而 C_2 旁路了动态的高频信号，使得动态电路中 R_2 被短接。

◎ MOSFET 共漏极放大电路的动态分析

已知 2N7000 关键指标为：U_{GSTH}=2V，K=0.0502A/V^2，电路其他参数如图 3.26 所示。求解电压放大倍数、输入电阻、输出电阻，并使用 Multisim 对其实施仿真验证。

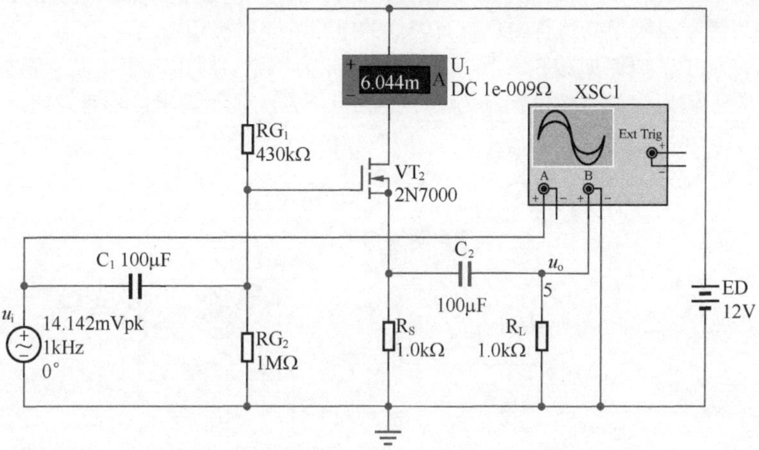

图 3.26 MOSFET 构成的源极跟随器电路

第一步，求解静态：

$$U_{GQ} = E_D \frac{R_{G2}}{R_{G1} + R_{G2}} = 8.3916\text{V}$$

$$U_{GSQ} = U_{GQ} - I_{DQ}R_S = 8.3916 - I_{DQ}R_S \tag{3-14}$$

$$I_{DQ} = K\left(U_{GSQ} - U_{GSTH}\right)^2 \tag{3-15}$$

联立求解式（3-14）和式（3-15），得 I_{DQ1}=6.045mA，I_{DQ2}=6.758mA，利用式（3-14），得 U_{GSQ1}=2.347V，U_{GSQ2}= 1.6336V，可判断出 Q_1 为正解，即 I_{DQ}=6.045mA，U_{GSQ}=2.347V。

Q 点处的跨导为：

$$g_m = 2\sqrt{K \times I_{DQ}} = 34.84\text{mS}$$

第二步，求解动态：

画出动态等效电路如图 3.27 所示。

$$A_u = \frac{u_o}{u_i} = \frac{g_m u_{gs} R_S // R_L}{u_{gs} + g_m u_{gs} R_S // R_L} = \frac{g_m R_S // R_L}{1 + g_m R_S // R_L} = 0.9457$$

$$r_i = R_{G1} // R_{G2} = 300.7\text{k}\Omega$$

对输出电阻的求解，可将动态等效电路改为图 3.28 所示。

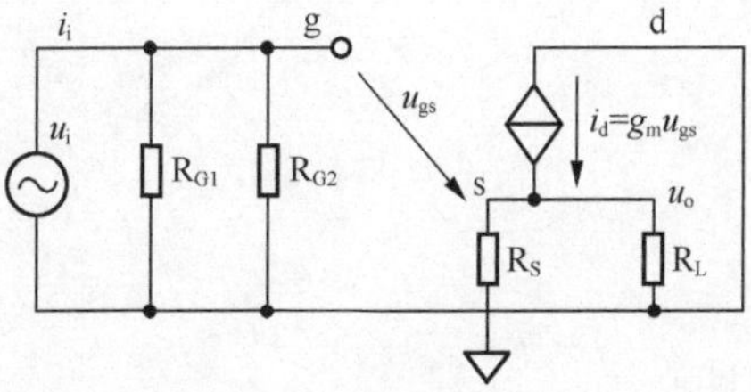

图 3.27 动态等效电路

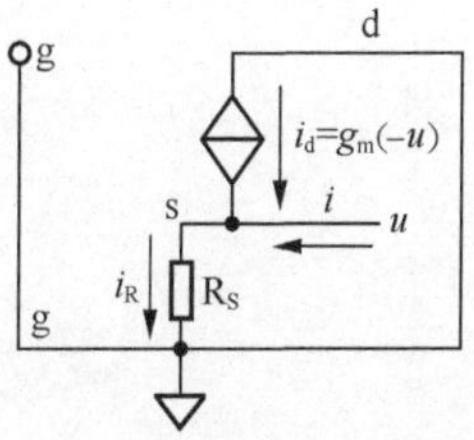

图 3.28 输出电阻求解

$$i = i_{\rm R} - i_{\rm d} = \frac{u}{R_{\rm S}} + g_{\rm m}u$$

$$r_{\rm o} = \frac{u}{i} = R_{\rm S} // \frac{1}{g_{\rm m}} = 27.9\Omega$$

这个电路具有很大的输入电阻（300.7kΩ）、很小的输出电阻（27.9Ω）、接近 1 的电压放大倍数（0.9457），叫作源极跟随器，也被称为共漏极放大电路，常用于两级电路的阻抗匹配。

按照同样的思想，双极型晶体管中也具有类似的电路，叫射极跟随器。

在 Multisim 环境中，电路如图 3.29 所示。其中，U_1 为一个直流电流表，显示静态的 I_{DQ}；U_3 为一个交流电压表，显示输入信号有效值；U_2 为一个交流电压表，显示输出信号有效值。仿真结果和估算结果的对比见表 3.3，误差很小。

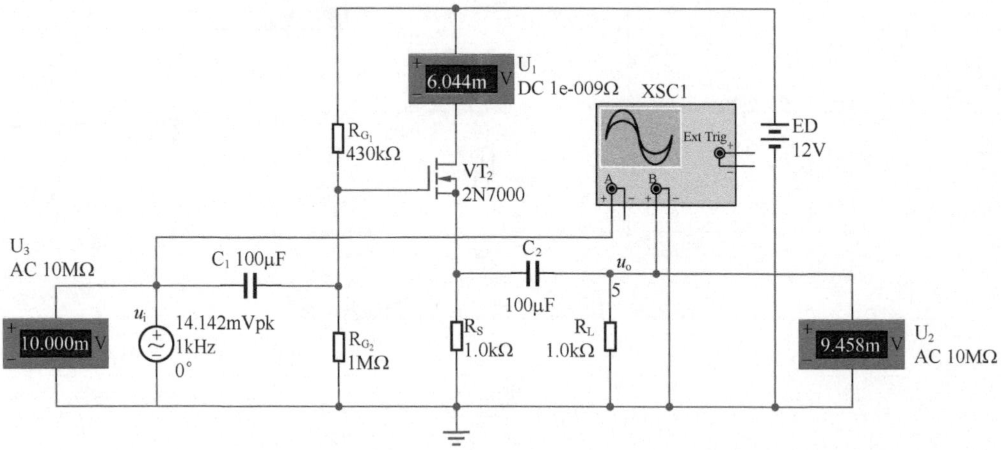

图 3.29　Multisim12.0 仿真 MOSFET 源极跟随器

表 3.3　仿真结果和估算结果的对比

指标	估算值	仿真结果	误差
I_{DQ}	6.045mA	6.044mA	-0.01654%
A_u	0.9457	0.9458	0.01057%

用仿真平台中的示波器观察输入信号和输出信号，得到图 3.30。红色为输入信号，其幅度略大于棕色的输出信号，且输出波形没有明显失真，放大电路工作正常。

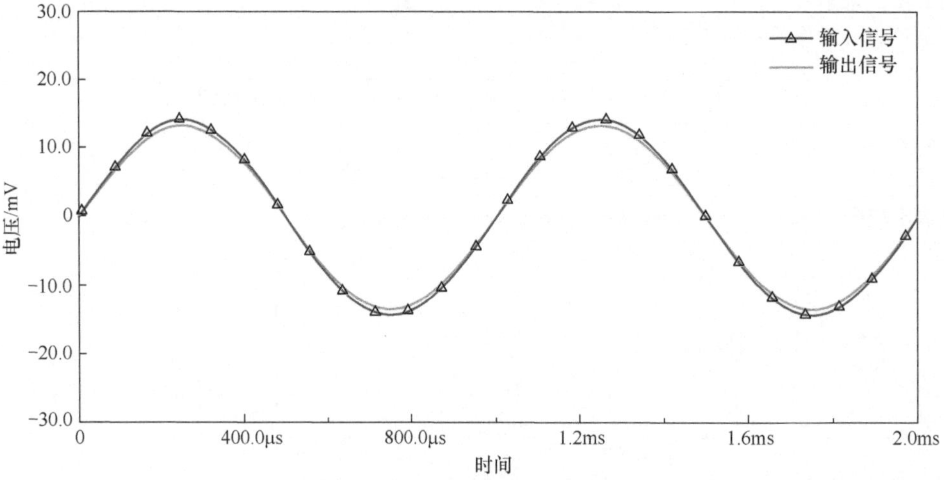

图 3.30　仿真中的输入输出示波器波形

读者可以进一步研究此电路的输出电阻是否为 27.9Ω。

◎ MOSFET 共栅极放大电路的动态分析

已知 2N7000 关键指标为：U_{GSTH}=2V，K=0.0502A/V^2，电路其他参数如图 3.31 所示。求解电压放大倍数、输入电阻、输出电阻，并使用 Multisim 对其实施仿真验证。

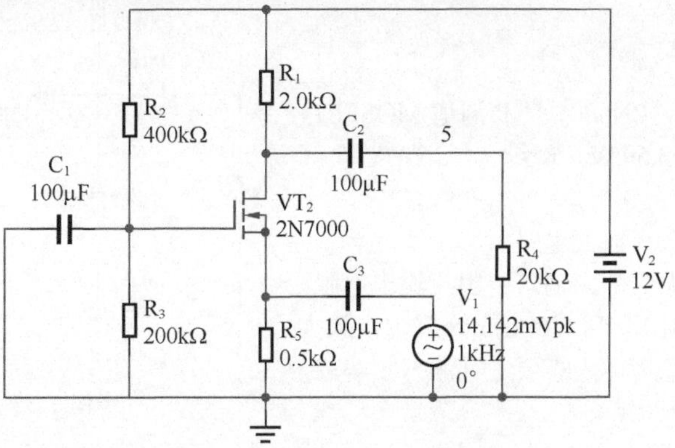

图 3.31　MOSFET 构成的共栅极电路

第一步，求解静态：

$$U_{GQ}=V_2\frac{R_3}{R_3+R_2}=4V$$

利用式（3-16）：

$$U_{GSQ}=U_{GSTH}-\frac{1}{2KR_5}\pm\frac{\sqrt{1+4KR_5(U_{GQ}-U_{GSTH})}}{2KR_5} \tag{3-16}$$

解得U_{GSQ}=2.263V，再利用式（3-17）：

$$i_D=K\left(u_{GS}-U_{GSTH}\right)^2 \tag{3-17}$$

解得 I_{DQ}=3.474mA。同时可获得：

$$U_{DSQ}=V_2-I_{DQ}\left(R_1+R_5\right)=3.315V$$

利用式（3-18）求解放大区分界点：

$$U_{DS\_dv}=U_{GSQ}-U_{GSTH}=0.263V \tag{3-18}$$

由于实际的 U_{DSQ} 为 3.315V，大于分界点 0.263V，因此晶体管处于恒流区（放大区）。至此，完整的静态求解完毕。

在进入动态分析前，先确定晶体管动态模型中的跨导 g_m，据式（3-13）：

$$g_m=\frac{di_D}{du_{GS}}=2K\left(U_{GSQ}-U_{GSTH}\right)=2\sqrt{K\times I_{DQ}}=0.02641$$

解得 g_m=26.41mS。

第二步，求解动态：

画出动态等效电路，如图 3.32 所示。根据以前学过的方法求解：

$$A_u=\frac{u_o}{u_i}=\frac{-g_m u_{gs}\times R_1/\!/R_4}{-u_{gs}}=g_m\times R_1/\!/R_4=48.02$$

其输入电阻为：

$$r_i=\frac{u_i}{i_i}=\frac{-u_{gs}}{\frac{-u_{gs}}{R_5}-g_m u_{gs}}=\frac{1}{\frac{1}{R_5}+g_m}=R_5/\!/\frac{1}{g_m}=35.2\Omega$$

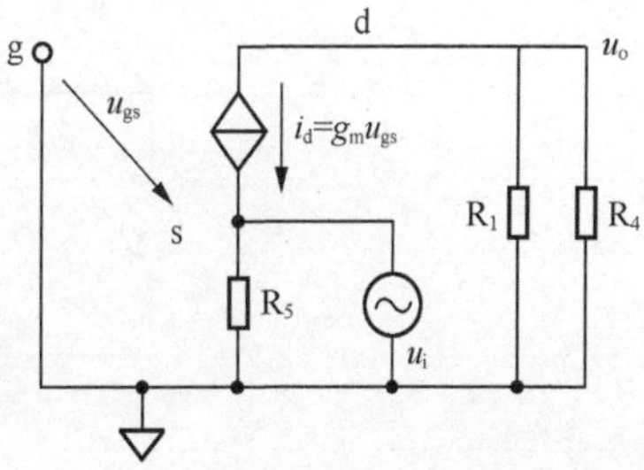

图 3.32　共栅极电路的动态等效电路

其输出电阻为：

$$r_o = R_1 = 2000\Omega$$

用 Multisim 仿真，静态结果为 I_{DQ}=3.474mA，与理论估算完全吻合。

电压放大倍数为 A_u=48，输入电阻为 35Ω，也与理论估算吻合。

举例 1

电路如图 3.33 所示，2N6804 是 P 沟道 MOSFET，其关键参数为：U_{GSTH}=−3.695V，K 约为 −2.2A/V²。其他参数如图 3.33 所示。

（1）这是一个共什么极放大电路？

（2）求解电路的放大倍数、输入电阻、输出电阻。

解：这是一个 P 沟道 MOSFET 组成的共源极放大电路。为求解第 2 问动态指标，需要进行静态求解。

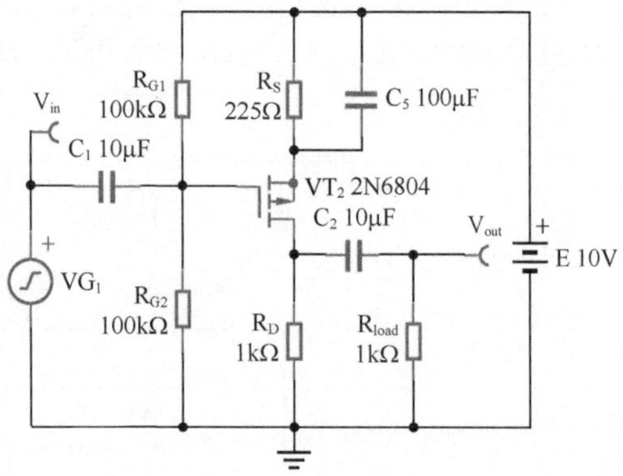

图 3.33　举例 1 电路

求解静态需要联立方程：

$$\begin{cases} I_{DQ} = K\left(U_{GSQ} - U_{GSTH}\right)^2 \\ U_{GSQ} = U_{GQ} - U_{SQ} = E \times \dfrac{R_{G2}}{R_{G1}+R_{G2}} - \left(10 - \left(-I_{DQ}\right)R_S\right) = -5 - I_{DQ} \times 225 \end{cases}$$

设上式中 $I_{DQ}=y$，$U_{GSQ}=x$，上式变为：

$$\begin{cases} y = -2.2\left(x-(-3.695)\right)^2 = -2.2\left(x+3.695\right)^2 \\ x = -5 - 225y \end{cases}$$

将直线方程代入曲线方程，得：

$$50625y^2 + 587.704545y + 1.703025 = 0$$

得两个解：

$$\begin{cases} y_1 = -0.00558\text{A}; \quad x_1 = -3.745\text{V} \\ y_2 = -0.00603\text{A}; \quad x_2 = -3.643\text{V} \end{cases}$$

其中只有一个解是合理的，得：

$$I_{DQ} = -5.58\text{mA};\ U_{GSQ} = -3.745\text{V}$$

静态求解的目的主要是获得跨导，有了跨导 g_m，才能计算动态。据式（3-13）：

$$g_m = 2\sqrt{K \times I_{DQ}} = 0.2216\text{S} = 221.6\text{mS}$$

画出动态等效电路，如图 3.34 所示，据此得到：

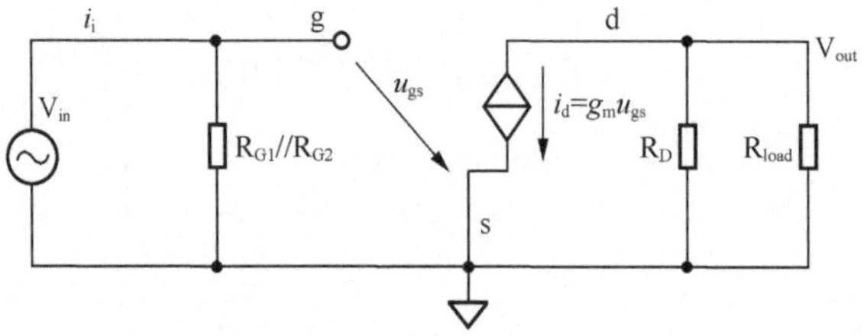

图 3.34　图 3.33 的动态等效电路

$$A_u = \frac{V_{out}}{V_{in}} = \frac{-g_m u_{gs} R_D // R_{load}}{u_{gs}} = -g_m R_D // R_{load} = -110.8$$

$$r_i = R_{G1} // R_{G2} = 50k\Omega$$

$$r_o = R_D = 1k\Omega$$

举例 2 JFET共漏极放大电路

电路如图 3.35 所示，2N3369 是 N 沟道 JFET，其关键参数为：U_{GSOFF}=−2.0712V，I_{DSS}=1.6mA。其他参数如图 3.35 所示。

（1）这是一个共什么极放大电路？（2）求解电路的放大倍数、输入电阻、输出电阻。

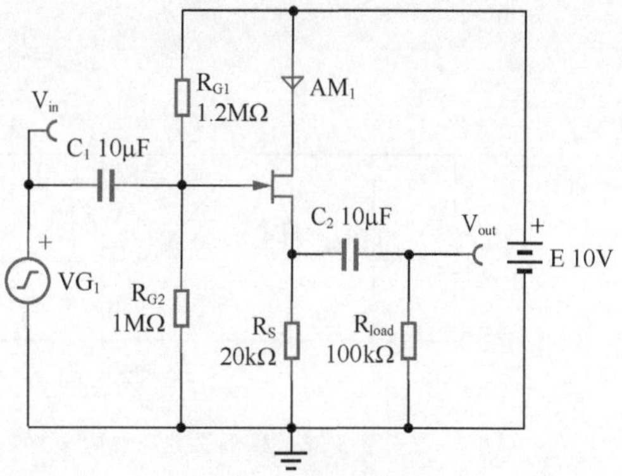

图 3.35 举例 2 电路

解：（1）这是一个 JFET 共漏极放大电路。

要求解其动态指标，需要先确定其静态。

先从容易获得的入手：

$$U_{GQ} = E \times \frac{R_{G2}}{R_{G1} + R_{G2}}$$

接着列出联立方程：

$$\begin{cases} I_{DQ} = I_{DSS}\left(1 - \dfrac{U_{GSQ}}{U_{GSOFF}}\right)^2 \\ U_{GSQ} = U_{GQ} - I_{DQ} \times R_S \end{cases}$$

设 $I_{DQ}=y$，则上式变成一个等式：

$$y = I_{DSS}\left(1 - \frac{U_{GQ} - y \times R_S}{U_{GSOFF}}\right)^2 = I_{DSS}\left(1 + \left(\frac{U_{GQ} - y \times R_S}{U_{GSOFF}}\right)^2 - 2 \times \frac{U_{GQ} - y \times R_S}{U_{GSOFF}}\right)$$

按照一元二次方程求解方法（本书不赘述），可以得到：

$$y = I_{DQ} = \frac{U_{GQ} - U_{GSOFF}}{R_S} + \frac{U_{GSOFF}^2}{2R_S^2 I_{DSS}}\left(1 - \sqrt{1 + \frac{4R_S I_{DSS}\left(U_{GQ} - U_{GSOFF}\right)}{U_{GSOFF}^2}}\right) \tag{3-19}$$

此式可以兼顾几乎全部 JFET 的静态分析。将已知量代入式（3-19）得：

$$U_{GQ} = E \times \frac{R_{G2}}{R_{G1} + R_{G2}} = 4.55V$$

$$I_{DQ} = 0.287mA$$

据此可得出：

$$U_{SQ} = I_{DQ} \times R_S = 5.74V$$

$$U_{DSQ} = U_{DQ} - U_{SQ} = 4.26V$$

$$U_{GSQ} = U_{GQ} - U_{SQ} = -1.19V$$

$$U_{DS\_dv} = U_{GSQ} - U_{GSOFF} = 0.88V$$

由于 $U_{DSQ} > U_{DS\_dv}$，晶体管处于恒流区。

利用式（3-11），求解跨导如下：

$$g_m = -\frac{2}{U_{GSOFF}}\sqrt{I_{DSS} \times I_{DQ}} = 0.6543mS$$

（2）求解动态指标。画出动态等效电路，如图 3.36 所示。

$$A_u = \frac{V_{out}}{V_{in}} = \frac{g_m R_S // R_L}{1 + g_m R_S // R_L} = 0.916$$

$$r_i = R_{G1} // R_{G2} = 545.5\text{k}\Omega$$

对输出电阻的求解，可将动态等效电路改为图 3.37 所示。具体方法是：首先将输入信号短接接地，其次将负载电阻去掉，然后在输出端加载电压 u，计算产生的电流 i。

$$i = i_R - i_d = \frac{u}{R_S} + g_m u$$

$$r_o = \frac{u}{i} = R_S // \frac{1}{g_m} = 1420\Omega$$

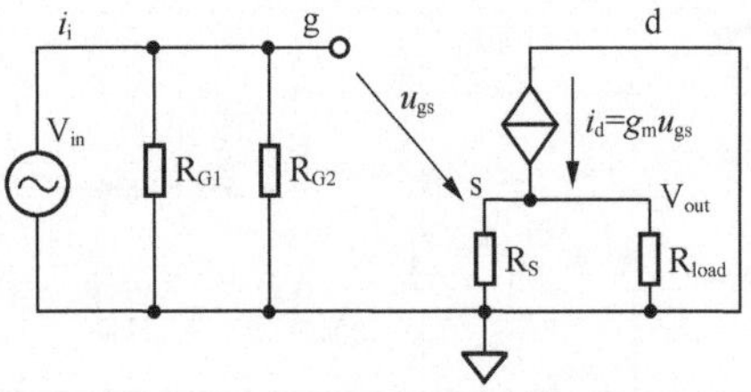

图 3.36　举例 2 动态等效电路

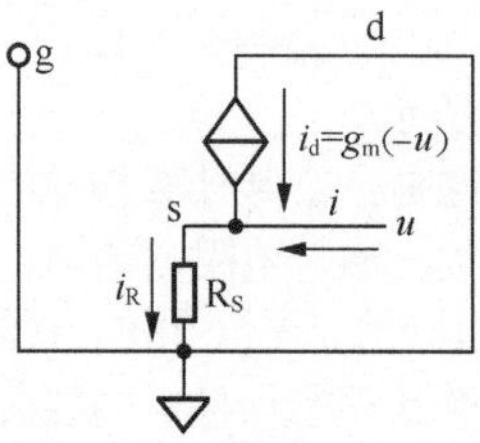

图 3.37　输出电阻求解

学习任务和思考题

（1）电路如图 3.38 所示，2N7000 关键指标为：U_{GSTH}=2V，K=0.0502A/V^2。求解：静态工作点；电压放大倍数、输入电阻、输出电阻，并使用 Multisim 对其实施仿真验证。

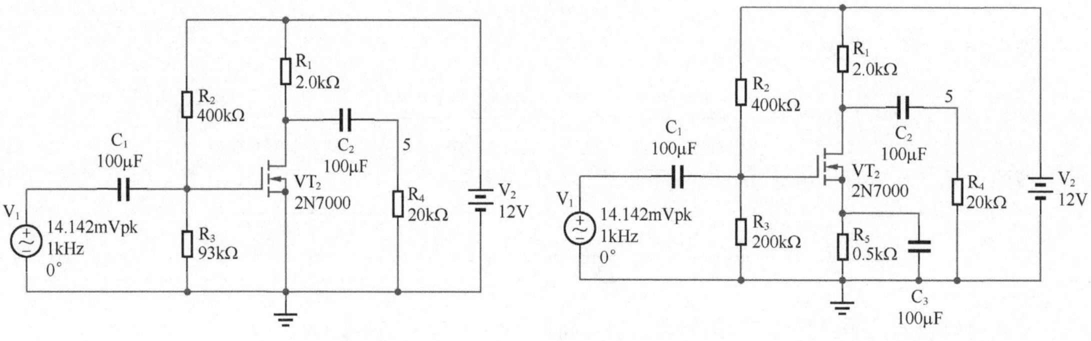

（a）　　　　　　　　　　（b）

图 3.38　思考题（1）电路

（2）图 3.39 中 2N3369 是 N 沟道 JFET，其关键参数为：U_{GSOFF}=−2.0712V，I_{DSS}=1.6mA。求两个电路的静态。求两个电路的电压放大倍数、输入电阻和输出电阻。并思考，我为什么要出此题？

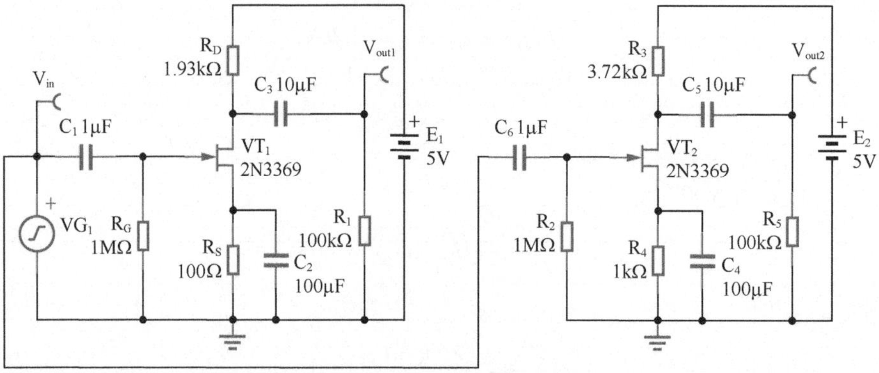

图 3.39　思考题（2）电路

第三章 晶体管提高

4 晶体管的其他应用电路

前面两节主要讲述了 BJT 和 FET 两种晶体管组成的单级放大电路，这是模拟电子技术的基础，是加深对晶体管理解的必由之路。但是，真正把晶体管作为放大器件实现信号放大的场合，并不是很多——多数这样的设计需求被更加简单易用的运算放大器取代。但是，晶体管消亡了吗？没有。很多大型半导体公司仍在大规模生产晶体管，这就说明晶体管仍然活跃在电子世界中。

本节讲述的部分晶体管的典型应用都集中在模拟电子领域。其中第 4.12 ～第 4.16 节涉及后续知识，不要求读者全面读懂，仅作为开阔眼界用。

4.1 恒流源实现高增益放大

传统晶体管放大电路的增益为什么难以改变？

在图 4.1 所示电路中，存在一个看似奇怪，却完全正常的现象：当负载电阻 R_L 很大时，该电路的电压放大倍数约为$A_u=-\frac{\beta R_C}{r_{be}}$，当我们要求 $U_{CQ}=kE_C$ 时（k<1），电压放大倍数居然是不可变的。增大 R_C 或者 β，减小 r_{be}，试图提高电压增益，都无济于事。

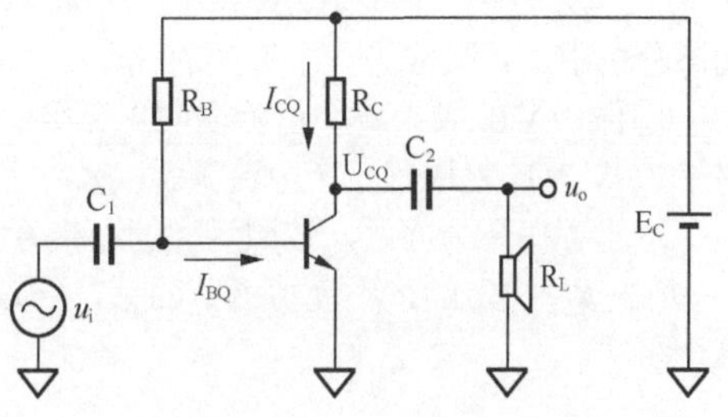

图 4.1 实现输入、输出耦合的放大电路

比如电源电压 E_C=12V，要求静态工作点 U_{CQ}=0.5E_C=6V。那么以增大 R_C 为例：要保持 U_{CQ}=5V，一旦增大 R_C，则必须成比例降低 I_{CQ}，即成比例降低 I_{BQ}，此时 $r_{be}=r_{bb'}+U_T/I_{BQ}$ 也会近似成比例增大，导致 A_u 几乎不变。

理论分析如下：

$$A_u=-\frac{\beta R_C}{r_{be}}=-\frac{\beta R_C}{r_{bb'}+\beta\frac{U_T}{I_{CQ}}}=-\frac{\beta R_C}{r_{bb'}+\beta\frac{U_T}{\frac{E_C-U_{CQ}}{R_C}}}=\frac{\beta R_C}{r_{bb'}+\beta\frac{U_T}{\frac{E_C(1-k)}{R_C}}} \tag{4-1}$$

r_{bb}作为基区体电阻，一般为 10Ω 数量级，多数情况下可以忽略，则有：

$$A_u\approx-\frac{\beta R_C}{\beta\frac{U_T}{\frac{E_C(1-k)}{R_C}}}=-\frac{E_C(1-k)}{U_T}=-\frac{U_{R_C}}{U_T} \tag{4-2}$$

即电压放大倍数仅与 R_C 上的静态压降有关。按照 E_C=12V、U_{CQ}=6V 代入，可知此电路无论怎么选择不同的晶体管（不同的 β），怎么选择 R_C，其电压放大倍数 A_u 总是 230 左右。

这看起来很奇怪。但是仔细琢磨，它一点都不奇怪。因为这个电路的动态参数 A_u 直接受到 r_{be} 的影响，而 r_{be} 又直接受到静态电流的影响，所以我们无法实现在保证静态 U_{CQ} 不变的情况下改变 A_u。

这带来另外一个看似诡异的结论：晶体管的β也不能影响电压放大倍数。我小时候总是默默地以为，单晶体管共射级放大电路，差不多有100多倍的放大倍数来源于晶体管的β，β等于100多。其实不然，理论上说，即便一个晶体管的β小于1，它组成的共射级放大电路仍然可以放大100多倍。或者说，晶体管放大电路的放大倍数源自它的受控源结构，而不是β等于多少。

◎以恒流源代替 R_C，大幅度提升电压增益

能不能在E_C=12V、U_{CQ}=6V的要求下，让A_u由230左右上升到1000以上呢？答案是可以的。只要我们把电路中的R_C用一个晶体管恒流源电路代替，就可以实现，如图4.2所示。

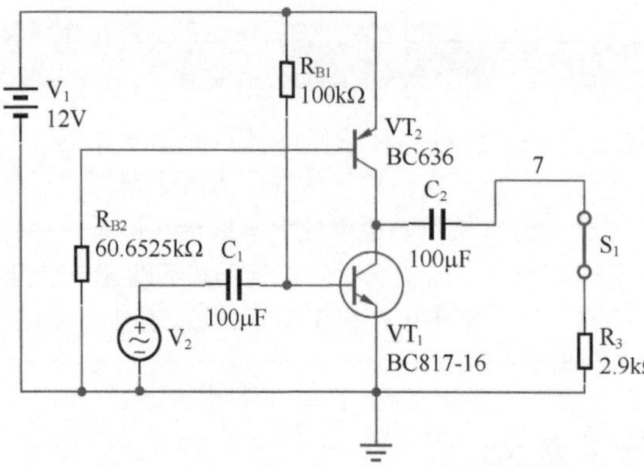

图4.2　恒流源代替 R_C 放大电路

图4.2中VT_1为主晶体管，VT_2为恒流源（有些地方称之为恒流源负载），它的c、e之间的静态电阻（U_{CEQ2}/I_{CQ2}）较小，但是其动态电阻（$\Delta u_{CE2}/\Delta i_{C2}$）很大。在静态电路中，它相当于一个较小的$R_C$，在动态分析中，它又成为一个很大的$R_C$。

怎样让VT_2成为一个恒流源呢？只要让它的基极电流不变即可。图4.2中用一个固定电阻R_{B2}设定了I_{BQ2}，VT_2就成了一个恒流源。

这里存在一个问题，按照这样的连接方式，两个晶体管的I_{CQ}肯定是一样的，I_{CQ1}是由R_{B1}决定的，I_{CQ2}是由R_{B2}决定的，不谨慎调节的话，一定会造成某个晶体管处于饱和状态。用图4.3可以清楚解释这个事实。

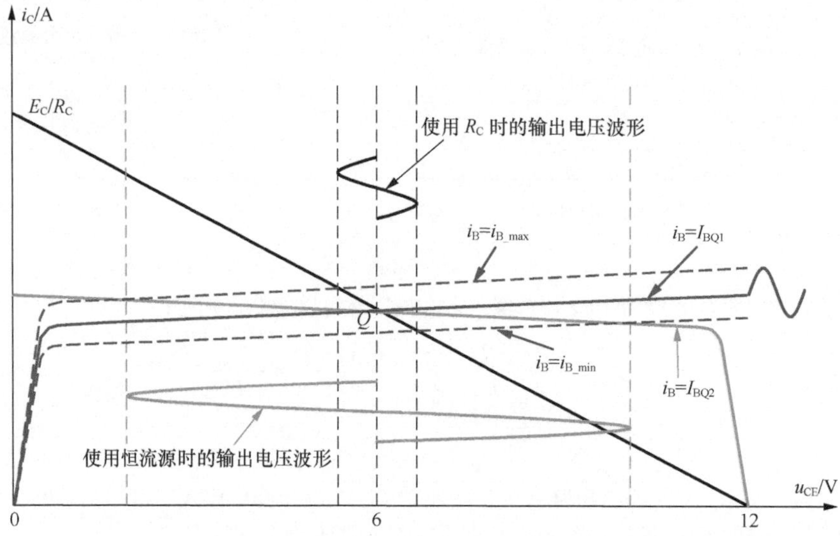

图4.3　以恒流源代替 R_C 电路的图解分析

图 4.3 中，红色曲线是 VT_1 的输出伏安特性曲线，绿色曲线是 VT_2 的输出伏安特性曲线。特别之处在于，这个图中将 VT_2 的输出伏安特性曲线颠倒方向画在了一个图中。第一，两个晶体管的 U_{CE} 之和为 E_C，那么将 VT_2 伏安特性这样画，它们的交点刚好满足这个条件。第二，两个晶体管的电流相等，在图中它们的交点也刚好满足这个条件。关于这种画法，请参考本书第 2.8 节。

当 R_{B1}=100kΩ 时，就确定了 I_{BQ1}，即在输出伏安特性中确定了图中的红色实线，此时 VT_1 的 I_{CQ1} 和 U_{CEQ1} 受这条红色实线约束。此时，选择 R_{B2}，可以使得图 4.3 中绿色实线上下移动，它与红色实线的交点可以精确定位到图 4.3 中的 Q 点位置，此时，两个晶体管的 U_{CEQ} 均为 6V。当然，选择 R_{B2} 是极为困难的，因为两个输出伏安特性曲线都非常平坦。比如，在此状态下，将 R_{B2} 稍稍加大，则绿色线会下移，Q 点会迅速左移，使得晶体管 VT_1 处于饱和状态，反之，则会使得 Q 点迅速右移，导致 VT_2 处于饱和状态。

图 4.3 中针对这两只特定的晶体管，我反复试验，选择 R_{B2}=60.6525kΩ，达到了 U_{CEQ1}=6V 的目的。

实测表明，这个电路的电压放大倍数为 2536 倍。为什么会出现这么大的放大倍数呢？看图 4.3。晶体管 VT_1 在加载信号后，i_B 会从静态的 I_{BQ} 出发，围绕 I_{BQ} 上下波动，最大达到 i_{B_max}，最小到达 i_{B_min}，产生了两个边界伏安特性曲线——用红色虚线表示。如果用传统的 R_C，电路的负载线为图中的黑色直线。负载线与边界伏安特性曲线相交，就产生了输出波形如图 4.3 黑色正弦波所示，它的幅度很小。如果用恒流源 VT_2，电路的负载线则变为图 4.3 中的绿色晶体管 VT_2 的伏安特性曲线，它和 VT_1 的边界伏安特性曲线的交点位置就大大拓展了，形成了绿色的正弦波输出。

很显然，在引入恒流源 VT_2 代替传统的 R_C 后，输出幅度的大小完全取决于这两个晶体管输出伏安特性的平直程度。如果两个晶体管输出伏安特性都是平直的，即 i_C 完全不受 u_{CE} 影响，那么电压放大倍数将是无穷大。当然，这样的话，我也没法调节 R_{B2}，完成 U_{CEQ1}=6V 的设定。

最后，需要说明的是，实际应用中，没人像我这么傻，在 Multisim 上用如此愚蠢的方法调节 R_{B2}，以实现 U_{CEQ1}=6V。第一，这样调节在实际应用中根本没法实现；第二，确实有更好的方法能够自动设定，让两个晶体管都处于放大区。怎么实现的，以后再讲。

◎关于恒流源负载的总结

将一个晶体管的输入级固定，形成恒定的 I_{BQ}，且输出具备正确的偏压，则其 c 端输出就形成了一个恒流源。该恒流源具有如下特点。

- 在 u_{CE} 很大的变化范围内，i_C 基本保持不变，这来自晶体管输出伏安特性中，设定 I_{BQ} 后，i_C 受 u_{CE} 影响的那根平直线。即很大的 Δu_{CE} 只能引起极小的 Δi_C，或者很小的 Δi_C 即能引起很大的 Δu_{CE}。因此针对变化量，c、e 之间呈现为一个很大的动态电阻。
- 在晶体管的静态工作点处，当前的 U_{CEQ} 和 I_{CQ} 之比呈现为一个较小的静态电阻。
- 将这样一个静态电阻小、动态电阻大的电路接入其他电路中，称之为恒流源负载，它可以起到提高动态电阻，进而提高增益的作用。

4.2 | 差动放大器 1：差分信号的来源

一般的电压信号需要两根线传输，一根是信号线，另一根是地线。这种信号被称为单端信号（Single-End Signal）。我们常用的信号源就是这种类型。此时，在描述信号时一般只有一个端子 u_S 即可，另外一个端子默认为地，如图 4.4 所示。

单端信号在远距离传输过程中，不可避免地要受到外界电场的干扰。信号一旦被干扰侵害，从中提取信号是非常困难的。如图 4.5 所示。

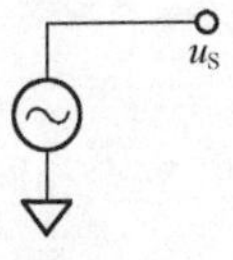

图 4.4　单端信号源

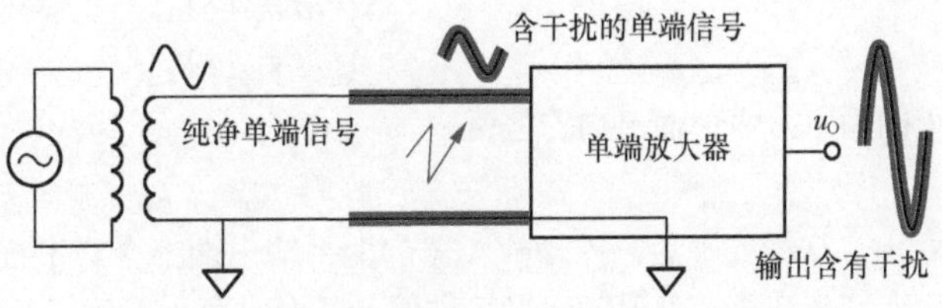

图 4.5　单端信号远距离传输中引入干扰的过程

科学家想出了一种办法解决这个问题，将单端信号改为差分信号（Differential Signal）。所谓的差分信号同样需要两根线，但两根线都是信号线，一根是正信号线，另一根是负信号线。对于信号线上传递的信号而言，两根线上的相位是刚好相反的，如图 4.6 所示。差分信号用差值 $u_D=u_{S+}-u_{S-}$ 表达信号的大小。但是，不可避免地，这两根信号线也会受到外部干扰，这种干扰通常是同时施加给两个信号线的，就构成了更加普适的差分信号结构，如图 4.7 所示。

定义 1：差分信号中两根信号线之间的差值信号被称为差模信号（Differential Mode Signal），用 u_D 表示：$u_D=u_{S+}-u_{S-}$。

定义 2：差分信号中两根信号线共有的信号被称为共模信号（Common Mode Signal），用 u_C 表示，实际就是两个信号的平均值：$u_C=0.5(u_{S+}+u_{S-})$。

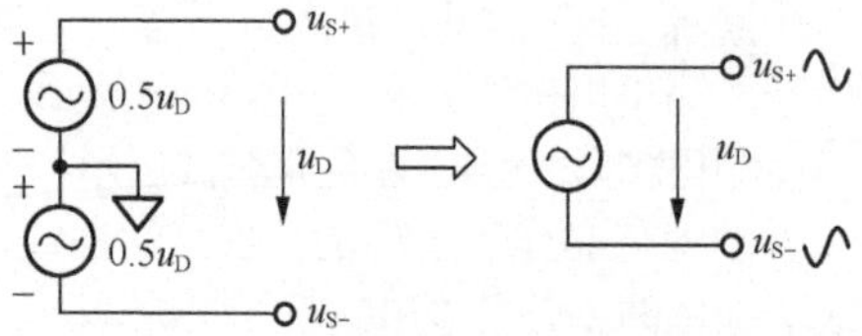

图 4.6　纯差分信号的内部构成和外部形式

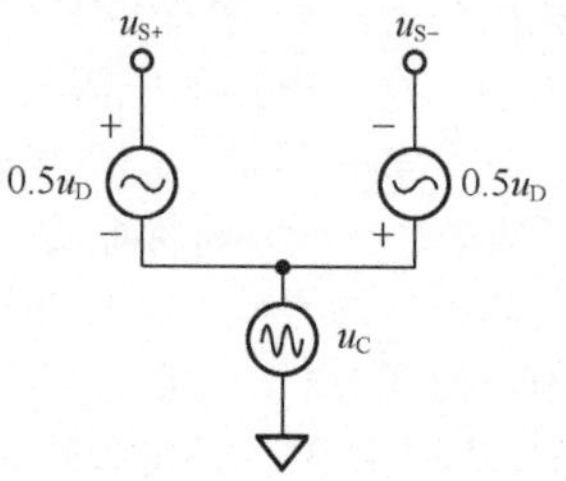

图 4.7　含差模、共模的差分信号

从中，也可以得到以下反推的表达式：

$$\begin{cases} u_{S+}=u_C+0.5u_D \\ u_{S-}=u_C-0.5u_D \end{cases} \tag{4-3}$$

特别提醒，所谓的共模信号和差模信号只适用于差分形式的信号源，单端信号源没有这个概念。

在信号从诞生到最终被使用的传递链路（也叫信号链，Signal Chain）中，如果全部使用差分信号形式，则可以有效抑制外部干扰。如图 4.8 所示，机理如下。

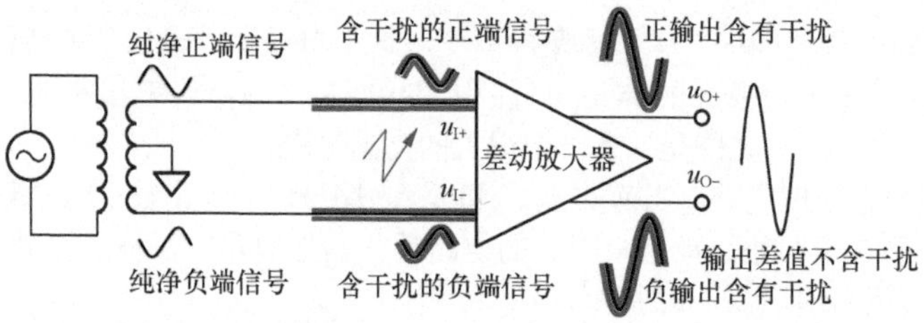

图 4.8　差分信号远距离传输中抑制干扰的过程

我们把传输信号的两根线用双绞线的形式紧密缠绕在一起。在信号传输过程中，由于两根线距离很近，我们相信两根线受到了相同的外部干扰，即正信号中叠加了一个干扰信号，负信号中也会叠加相同的干扰信号。此时，差模信号是待测的有用信号，而共模信号是干扰。

科学家建议，制作一种差动放大器，它有两个输入端 u_{I+}、u_{I-}，两个输出端 u_{O+}、u_{O-}，这个差动放大器的输入输出关系如下：

$$\begin{cases} u_{O+}=A\times u_{I+} \\ u_{O-}=A\times u_{I-} \end{cases} \tag{4-4}$$

且定义真正的输出为两个输出端的差值：

$$u_{OD}=u_{O+}-u_{O-} \tag{4-5}$$

可以看出，这样处理后，差动放大器的两个输出端都含有干扰，但是由于干扰完全相同，而信号完全相反，实施减法后，差值输出仅包含信号，而没有了干扰。

因此，这种方法放大了有用的差模信号，同时抑制了我们不需要的共模干扰信号。

4.3 | 差动放大器 2：差动放大器雏形

按照图 4.8 要求，设计两个完全相同的放大器，将它们的输出端实施减法即差动放大器的雏形，如图 4.9 所示，其中 β=100。为了在示波器上观察差分信号，我们用压控电压源 V_3 将差分输出变成一个单端信号，方便示波器观察（因为示波器只接收单端信号的测量显示）。

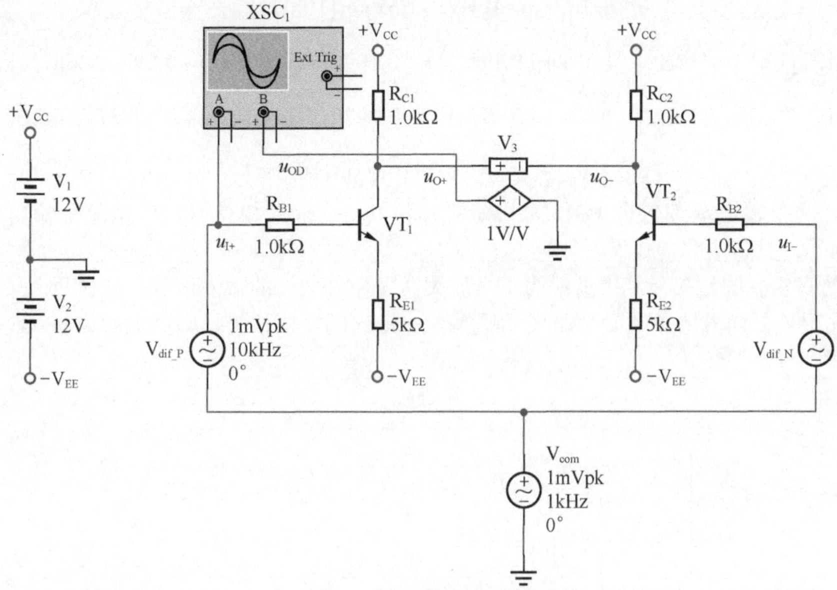

图 4.9　差动放大器雏形

为了区分共模信号和差模信号，在图 4.9 中我们设定共模信号为频率为 1kHz、峰值为 1mV 的正弦信号，图 4.9 中用 V_{com} 代表。

$$u_C = V_{com} \tag{4-6}$$

设定差模信号为频率为 10kHz、峰值为 2mV（由两个 1mV 串联组成）的正弦信号，图 4.9 中用 V_{dif_P} 表示正输入端信号，用 V_{dif_N} 表示负输入端信号，有：

$$u_D = V_{dif\_P} - V_{dif\_N} \tag{4-7}$$

先分析电路静态。

利用此前学过的知识，可知其中单个放大电路（以 VT_1 组为例）为一个共射级放大电路。其静态求解如下：

$$I_{BQ1}R_{B1} + 0.7V + (1+\beta)I_{BQ1}R_{E1} = 0 - (-V_{EE}) = 12V$$

解得：

$$I_{BQ1} = \frac{12V - 0.7V}{R_{B1} + (1+\beta)R_{E1}} = 22.33\mu A$$

$$U_{EQ1} = -V_{EE} + (1+\beta)I_{BQ1}R_{E1} = -0.72V$$

$$U_{CQ1} = V_{CC} - \beta I_{BQ1}R_{C1} = 9.77V$$

$$U_{CEQ1} = U_{CQ1} - U_{EQ1} = 10.49V$$

晶体管工作在放大区，符合要求。

同时，解出 r_{be1} 及动态指标如下：

$$r_{be1} \approx \frac{U_T}{I_{BQ1}} = 1.16\text{k}\Omega$$

$$A_{u1} = \frac{-\beta R_{C1}}{R_{B1} + r_{be1} + (1+\beta) R_{E1}} = -0.197$$

放大电路对差模、共模的放大倍数均为 0.197（衰减了），表达式为：

$$u_{I+} = 1\text{mV}\sin(1\text{kHz}) + 1\text{mV}\sin(10\text{kHz})$$

$$u_{I-} = 1\text{mV}\sin(1\text{kHz}) - 1\text{mV}\sin(10\text{kHz})$$

$$u_{O+} = -0.197\left(1\text{mV}\sin(1\text{kHz}) + 1\text{mV}\sin(10\text{kHz})\right) = -0.197\text{mV}\sin(1\text{kHz}) - 0.197\text{mV}\sin(10\text{kHz})$$

$$u_{O-} = -0.197\left(1\text{mV}\sin(1\text{kHz}) - 1\text{mV}\sin(10\text{kHz})\right) = -0.197\text{mV}\sin(1\text{kHz}) + 0.197\text{mV}\sin(10\text{kHz})$$

$$u_{OD} = u_{O+} - u_{O-} = -0.394\text{mV}\sin(10\text{kHz})$$

即两个输入端、两个输出端都包含 1kHz 的共模信号和 10kHz 的差模信号，但是差分输出端却只有 10kHz 的差模信号，虽然幅度衰减了。

图 4.10 为仿真实验的结果，其中蓝线为 1 号放大器（左侧的）的输入信号，包含两个频率量的叠加，而红线为输出差分信号的单端变换结果，只包含 10kHz 的差模信号，幅度大约为 400μV。与理论计算基本吻合。

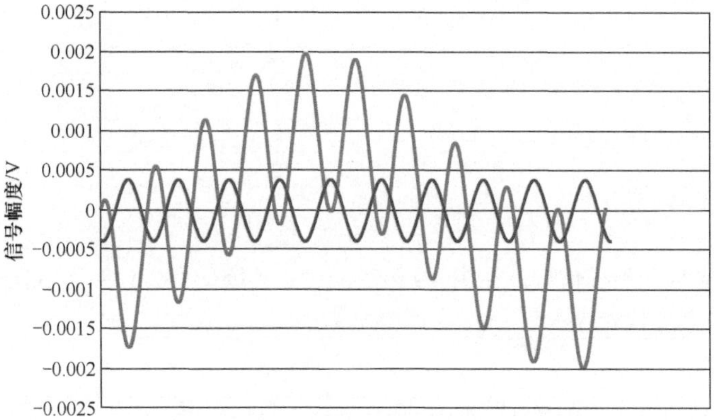

图 4.10　“差动放大器雏形”的仿真结果

这看起来很妙，确实抑制了我们不希望有的共模干扰。但是，科学家对此并不满意。第一，这个电路对我们期望的差模信号和我们不期望的共模信号一视同仁，这让科学家感到不爽——明显好坏不分嘛。第二，这个电路是衰减的，这也不好。第三，抑制共模的核心机理依赖于两个放大电路的完全对称，这在实际应用中很难做到。

能不能有一个电路，它能够对差模信号实施放大，对共模信号实施衰减，在差动放大器的输出端中，就已经能够看到对共模的抑制和对差模的放大，然后再利用相减原理，进一步消除共模？

科学家将目光对准了图 4.9 中的两个 R_E，它们是造成衰减的核心原因。经过漂亮的修改，标准的差动放大器诞生了，下节介绍。

4.4 差动放大器 3：标准差动放大器

标准差动放大器如图 4.11 所示。与雏形电路相比，关键之处在于它将原本的 R_{E1} 和 R_{E2} 合并成了一个 R_E，这看似简单的改变却带来了本质变化：它使得整个放大器在实施减法之前，就具有对差模信号放大、对共模信号衰减的作用。

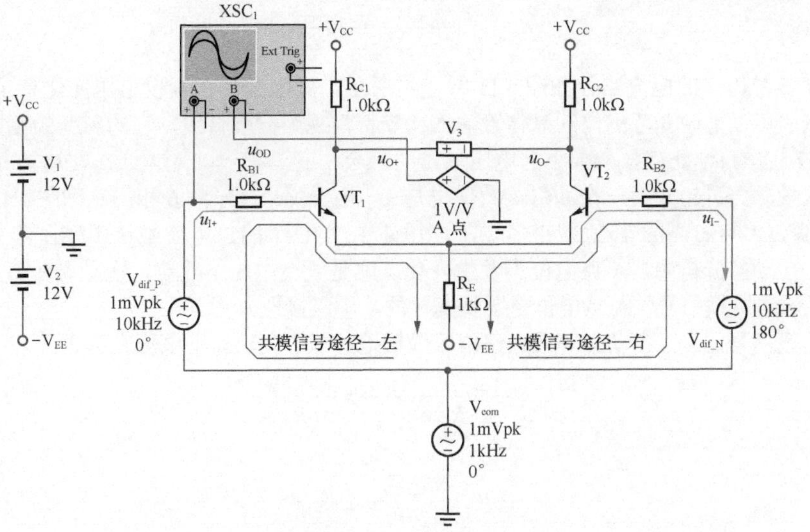

图 4.11 标准差动放大器

◎无负载时标准差动放大器分析

先看静态求解，它与雏形电路差别不大。假设两边电路对称，则有：

$$I_{BQ1}R_{B1}+0.7V+2(1+\beta)I_{BQ1}R_E=12V$$

其中 R_E 上流过的电流是两个 I_{EQ} 之和，且两边对称，因此有上式。解得：

$$I_{BQ1}=\frac{12V-0.7V}{R_{B1}+2(1+\beta)R_E}=55.67\mu A$$

$$U_{EQ1}=-V_{EE}+2(1+\beta)I_{BQ1}R_E=-0.756V$$

$$U_{CQ1}=V_{CC}-\beta I_{BQ1}R_{C1}=6.433V$$

$$U_{CEQ1}=U_{CQ1}-U_{EQ1}=7.189V$$

晶体管工作在放大区，符合要求。同时，立即解出 r_{be1} 及动态指标如下：

$$r_{be1}\approx\frac{U_T}{I_{BQ1}}=0.467k\Omega$$

下面分析最精彩的动态部分。关键在于差模电压信号流过的途径与共模电压信号流过的途径不同，导致其遇到的电阻不同，使得基极电流不同。

先看共模信号（看共模信号时，需要将差模信号源短路），与雏形电路几乎完全相同，它的信号电流从 V_{COM} 端出发，到 $-V_{EE}$ 端结束，图 4.11 中用棕色线表示。据此，列出共模信号作用下的基极动态电流为：

$$i_{b\_com}=\frac{V_{com}}{R_{B1}+r_{be}+2(1+\beta)R_E} \quad (4\text{-}8)$$

$$u_{O+\_com}=-\beta i_{b\_com}R_{C1} \quad (4\text{-}9)$$

因此，在不绘制动态等效电路的情况下，也可以解出共模电压的放大倍数为：

$$A_{C单}=\frac{u_{O+\_com}}{V_{com}}=-\frac{\beta R_{C1}}{R_{B1}+r_{be}+2(1+\beta)R_E}=-0.49 \quad (4\text{-}10)$$

下标“单”字是指输出为单端。结论说明，本电路在单个输出端 u_{O+} 处，对共模输入的放大倍数为 -0.49。

当输出为差分形式时，即将两个输出端的差值作为输出，由于电路两侧是完全对称的，有：

$$A_{C双}=\frac{u_{O+\_com}-u_{O-\_com}}{V_{com}}=0 \tag{4-11}$$

再看差模信号，它的电流路径如图 4.11 绿色线所示。原因是，在假设电压变化量足够小（微变）的情况下，我们可以把微变范围内的晶体管输入伏安特性视为一段直线，它的斜率的倒数是 r_{be}，那么可以认定：当左边的 u_{I+} 处有一个微小的电压增量时，会引起 i_B 有一个增量 i_b，右边的 u_{I-} 处由于具有相同的电压减量，会引起 i_B 有一个减量，数值也是 i_b，由于两个管子的 β 相同，则图 4.11 中 A 点左侧的 i_{E1} 变大多少，A 点右侧的 i_{E2} 就减小多少，这保证了流过 R_E 的总电流维持不变，即 A 点对地电位不发生变化。在动态分析中，A 点电位不发生变化，就是一个电压不变点，在动态等效电路中可以接地处理（回头看看共模信号，A 点电位是发生变化的，不能接地）。

由于对差模信号，A 点在动态等效电路中可以接地，即可列出如下电流表达式：

$$i_{b\_dif}=\frac{V_{dif\_P}-V_{dif\_N}}{2\left(R_{B1}+r_{be}\right)}=\frac{V_{dif}}{2\left(R_{B1}+r_{be}\right)} \tag{4-12}$$

$$u_{O+\_dif}=-\beta i_{b\_dif}R_{C1} \tag{4-13}$$

$$u_{O-\_dif}=\beta i_{b\_dif}R_{C1} \tag{4-14}$$

$$A_{D单}=\frac{u_{O+\_dif}}{V_{dif}}=-\frac{\beta R_{C1}}{2(R_{B1}+r_{be})}=-34.08 \tag{4-15}$$

其中，$A_{D单}$用左侧放大器输出来代表，它与输入差模信号反相。如果用右侧放大器输出来代表，则 $A_{D单}$ 为正值。这说明，在两个输出端，相对于输入差模信号，它们都有 34.08 倍的电压增益，同时两个输出端信号方向相反。而以差分形式输出的话：

$$A_{D双}=\frac{u_{O+\_dif}-u_{O-\_dif}}{V_{dif}}=-\frac{\beta R_{C1}}{R_{B1}+r_{be}}=-68.17 \tag{4-16}$$

至此，我们发现，这个电路最大的好处在于，在单个输出端，它已经完成了对共模的衰减（0.49）、对差模的放大（34.08 倍），即便不采用差分输出（即两个输出实施相减操作），它也起到了抑制共模、放大差模的作用。如果再使用差分输出，已经很小的共模输出将被相减为 0，而两个被放大 34.08 倍的信号极性相反，一相减，就变成了 2 倍输出。

以上是标准差动放大器的核心分析过程，其中没有连接负载。当给电路连接不同形式的负载时，其计算方法也会稍有变化。

◎含差分负载时分析

含差分负载的标准差动放大器如图 4.12 所示。

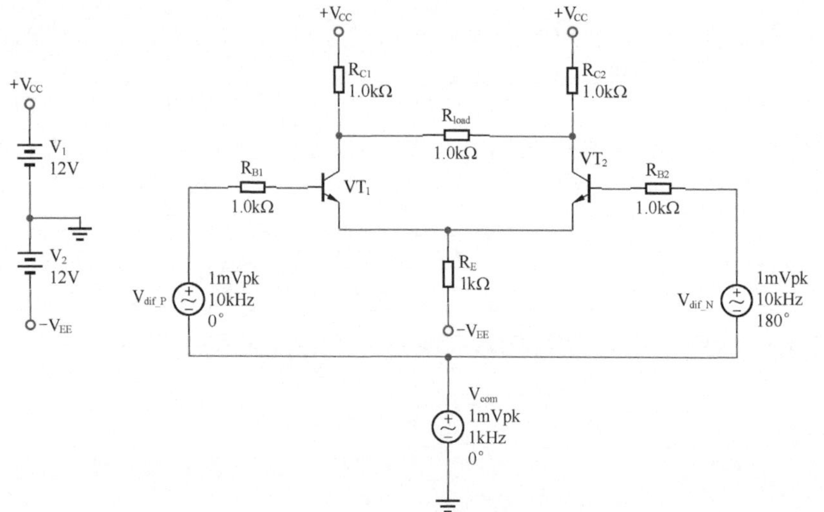

图 4.12　标准差动放大器含差分负载

静态分析中，在没有接入负载电阻时，两个输出端静态电位完全相同，因此 R_{load} 的接入不会对原静态电路造成任何影响。

在动态分析中，对共模输入信号，由于两个输出端也是完全相同的，R_{load} 的接入也不会对原计算结果造成任何影响。式（4-10）和式（4-11）仍旧成立，不包含 R_{load}。

对差模信号输入，输入部分都没有改变，唯一发生变化的是输出环节。电路的输出环节动态等效图如图 4.13 的上半部分所示。对输出环节，可以采用以下两种方法进行等效，以方便求解。

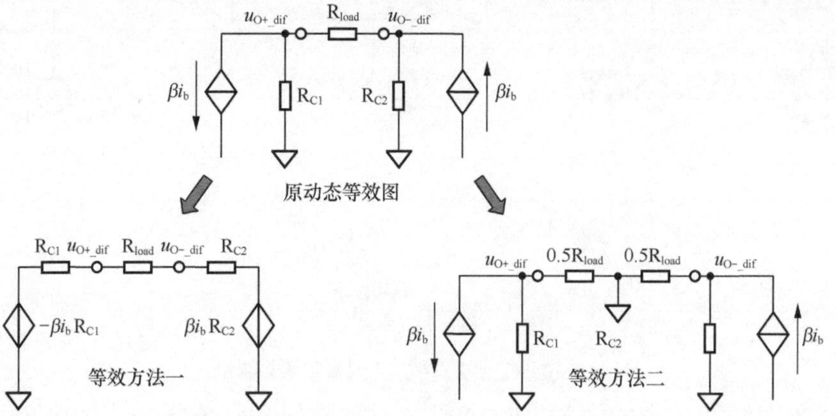

图 4.13 含差分负载时输出端等效

第一种方法，将受控电流源变为受控电压源，如图 4.13 的左下部分所示。可列出：

$$u_{O+\_dif} = -\beta i_b R_{C1} + \frac{\beta i_b R_{C2} - (-\beta i_b R_{C1})}{R_{C1} + R_{C2} + R_{load}} \times R_{C1} \tag{4-17}$$

当 $R_{C1}=R_{C2}=R_C$，则有：

$$\begin{aligned} u_{O+\_dif} &= -\beta i_b R_C + \frac{2\beta i_b R_C}{2R_C + R_{load}} \times R_C = -\beta i_b R_C \left(1 - \frac{2R_C}{2R_C + R_{load}}\right) = -\beta i_b R_C \left(\frac{R_{load}}{2R_C + R_{load}}\right) = \\ & -\beta i_b \frac{R_C \times 0.5R_{load}}{R_C + 0.5R_{load}} = -\beta i_b \left(R_C // 0.5R_{load}\right) \end{aligned} \tag{4-18}$$

$$A_{D单} = \frac{u_{O+\_dif}}{V_{dif}} = -\frac{\beta\left(R_C // 0.5R_{load}\right)}{2(R_{B1} + r_{be})} = -11.36 \tag{4-19}$$

$$A_{D双} = \frac{u_{O+\_dif} - u_{O-\_dif}}{V_{dif}} = -\frac{\beta\left(R_C // 0.5R_{load}\right)}{R_{B1} + r_{be}} \tag{4-20}$$

第二种方法更简单。可以看出，当差模信号输入时，两个输出端一个有负向变化，则另一个一定有同等大小的正向变化，对于负载来说，其电阻的中心点是没有电位变化的，因此可以视为动态地电位。将负载电阻一分为二，每个都是 $0.5R_{load}$，它们的连接处接地，可以很方便得出与式（4-19）和式（4-20）一样的结果。

◎含单端负载时分析

含单端负载的标准差动放大器如图 4.14 所示。它一般用于差分输入—单端输出的转换。因此，前述的 $A_{D双}$、$A_{C双}$在此没有意义。

先看静态：与无负载电路相比，I_{BQ}、U_{EQ} 的求解完全相同，VT_2 的静态也完全相同。

$$I_{BQ1} = \frac{12V - 0.7V}{R_{B1} + 2(1+\beta)R_E} = 55.67\mu A$$

$$U_{EQ1} = -V_{EE} + 2(1+\beta)I_{BQ1}R_E = -0.756V$$

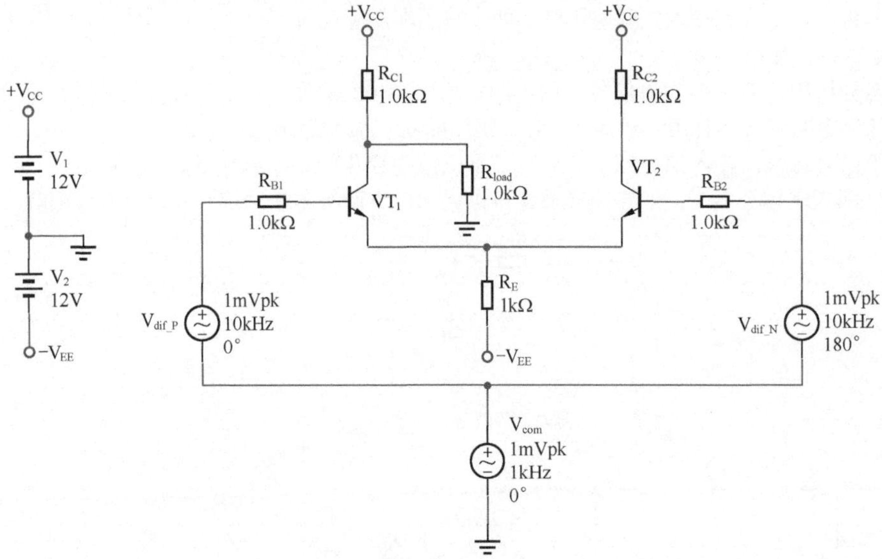

图 4.14　标准差动放大器含单端负载

区别发生在晶体管 VT_1 的 U_{CQ1}，因为负载电阻也会流过静态电流，使得 R_{C1} 上流过的电流不再是 I_{CQ1}。

$$I_{CQ1}=\beta I_{BQ1}=5.567\text{mA} \tag{4-21}$$

$$\frac{V_{CC}-U_{CQ1}}{R_{C1}}=\frac{U_{CQ1}}{R_{load}}+I_{CQ1} \tag{4-22}$$

解得：

$$U_{CQ1}=\frac{V_{CC}R_{load}-I_{CQ1}R_{load}R_{C1}}{R_{load}+R_{C1}} \tag{4-23}$$

动态分析，有：

$$A_{C单}=\frac{u_{O+\_com}}{V_{com}}=-\frac{\beta(R_{C1}//R_{load})}{R_{B1}+r_{be}+2(1+\beta)R_E}=-0.25 \tag{4-24}$$

$$A_{D单}=\frac{u_{O+\_dif}}{V_{dif}}=-\frac{\beta(R_{C1}//R_{load})}{2(R_{B1}+r_{be})}=-17.04 \tag{4-25}$$

◎输入电阻

标准差动放大器中，输入电阻分为两种，第一，相对于差模信号的输入电阻：

$$r_{iD}=2\left(R_{B1}+r_{be}\right) \tag{4-26}$$

其实就是差模信号流经回路的总电阻。

第二，相对于共模信号的输入电阻：

$$r_{iC}=\frac{R_{B1}+r_{be}+2\left(1+\beta\right)R_E}{2} \tag{4-27}$$

是共模信号从左侧看进去的电阻和从右侧看进去的电阻的并联。

◎输出电阻

标准差动放大器中，输出电阻也分为两种，分别是单端输出时的输出电阻：

$$r_{o+}=R_{C1}，\ r_{o-}=R_{C2}$$

以及双端输出（即差分输出，是两个输出端的减法）时的输出电阻：

$$r_{oD} = R_{C1} + R_{C2} \tag{4-28}$$

4.5 差动放大器 4：共模抑制比及其提高方法

◎共模抑制比

我们希望差动放大器能够尽量放大差模信号，尽量抑制共模信号，因此定义一个新量，称之为共模抑制比（Common Mode Rejection Ratio，CMRR），其为差模增益除以共模增益，越大越好。

$$\text{CMRR} = \frac{A_D}{A_C} \tag{4-29}$$

CMRR 是一个无量纲参数，也常用 dB 表示其大小：

$$\text{CMRR} = \frac{A_D}{A_C} = 20 \times \lg\left(\frac{A_D}{A_C}\right)\text{dB} \tag{4-30}$$

比如，CMRR=100=40dB，CMRR=10000=80dB。

CMRR 在某些教科书中也被写作 K_{CMR}。

在前述的差动放大器中，如果输出为差分形式，且电路完全对称，CMRR 为无穷大。

如果输出为单端形式，则将前述分析结果代入，有：

$$\text{CMRR} = \frac{A_{D单}}{A_{C单}} = \frac{-\dfrac{\beta R_{C1}}{2(R_{B1}+r_{be})}}{-\dfrac{\beta R_{C1}}{R_{B1}+r_{be}+2(1+\beta)R_E}} = \frac{R_{B1}+r_{be}+2(1+\beta)R_E}{2(R_{B1}+r_{be})} \tag{4-31}$$

对图 4.14 所示电路，有：

$$\text{CMRR} = \frac{R_{B1}+r_{be}+2(1+\beta)R_E}{2(R_{B1}+r_{be})} = 69.348 = 36.82\text{dB}$$

举例 1 无恒流源NPN管

电路如图 4.15 所示。晶体管的 β=100，$r_{bb'}$=41Ω，U_{BEQ}=0.65V，U_{CES}=0.3V，求解电路的静态工作点、单端输出差模放大倍数 $A_{D单}$、共模放大倍数 $A_{C单}$，以及共模抑制比 CMRR。

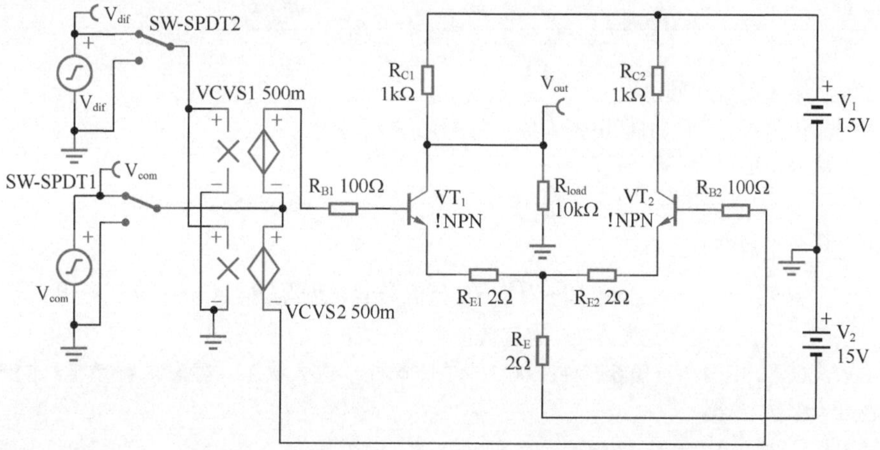

图 4.15 举例 1 电路

解：图中 VCVS1 和 VCVS2 是两个电压控制电压源，配合两个 2 选 1 开关，可以实现两个输入端包含独立的共模信号和差模信号。R_{B1} 左侧为 u_{i1}，R_{B2} 右侧为 u_{i2}。

求解静态的方法是，将两个输入端 u_{i1} 和 u_{i2} 均接地，在此状态下计算。

据此，从 u_{i1} 端的 0V 开始，到 -15V，可以列出一个静态的电压方程：

$$0\text{V}-(-15\text{V})=U_{\text{RB1}}+U_{\text{BEQ1}}+U_{\text{RE1}}+U_{\text{RE}}$$

即：

$$15\text{V}=I_{\text{BQ}}R_{\text{B1}}+U_{\text{BEQ1}}+(1+\beta)I_{\text{BQ}}R_{\text{E1}}+2(1+\beta)I_{\text{BQ}}R_{\text{E}}$$

解得：

$$I_{\text{BQ}}=\frac{15\text{V}-0.65\text{V}}{R_{\text{B1}}+(1+\beta)R_{\text{E1}}+2(1+\beta)R_{\text{E}}}=35.49\mu\text{A}$$

假设晶体管处于放大状态，有两种方法可以解得 U_{CQ1}。

方法一，对晶体管 VT_1 的集电极，列出电流方程：

$$I_{\text{RC1}}=I_{\text{CQ1}}+I_{\text{Rload}} \tag{4-32}$$

即：

$$\frac{V_1-U_{\text{CQ1}}}{R_{\text{C1}}}=\beta I_{\text{BQ}}+\frac{U_{\text{CQ1}}}{R_{\text{load}}} \tag{4-33}$$

化简求解：

$$(V_1-U_{\text{CQ1}})R_{\text{load}}=\beta I_{\text{BQ}}R_{\text{load}}R_{\text{C1}}+U_{\text{CQ1}}R_{\text{C1}} \tag{4-34}$$

$$U_{\text{CQ1}}(R_{\text{C1}}+R_{\text{load}})=V_1R_{\text{load}}-\beta I_{\text{BQ}}R_{\text{load}}R_{\text{C1}} \tag{4-35}$$

$$U_{\text{CQ1}}=\frac{R_{\text{load}}}{R_{\text{C1}}+R_{\text{load}}}V_1-\beta I_{\text{BQ}}\frac{R_{\text{load}}R_{\text{C1}}}{R_{\text{C1}}+R_{\text{load}}}=10.41\text{V}$$

方法二，利用戴维宁等效，将输出部分 V_1、R_{C1}、R_{load} 等效为一个新电源 VV_1 和一个新电阻 R，则有：

$$\text{VV}_1=\frac{R_{\text{load}}}{R_{\text{C1}}+R_{\text{load}}}V_1 \tag{4-36}$$

$$R=\frac{R_{\text{load}}R_{\text{C1}}}{R_{\text{C1}}+R_{\text{load}}} \tag{4-37}$$

据此可以列出如下等式：

$$U_{\text{CQ1}}=\text{VV}_1-I_{\text{CQ}}\times R=\frac{R_{\text{load}}}{R_{\text{C1}}+R_{\text{load}}}V_1-\beta I_{\text{BQ}}\frac{R_{\text{load}}R_{\text{C1}}}{R_{\text{C1}}+R_{\text{load}}}=10.41\text{V}$$

与前述解法结果完全相同。

下面求解晶体管 VT_1 的发射极电位 U_{EQ1}，也有两种方法。

方法一，从 R_{B1} 左侧的 0V 开始，有：

$$U_{\text{EQ1}}=0\text{V}-U_{\text{RB1}}-U_{\text{BEQ1}}=-I_{\text{BQ}}R_{\text{B1}}-U_{\text{BEQ1}}=-0.65355\text{V}\approx-0.65\text{V}$$

方法二，从负电源开始，有：

$$U_{\text{EQ1}}=-V_2+U_{\text{RE}}+U_{\text{RE1}}=-15+2(1+\beta)I_{\text{BQ}}R_{\text{E}}+(1+\beta)I_{\text{BQ}}R_{\text{E1}}=-0.6548\text{V}\approx-0.65\text{V}$$

两种方法都可以，其误差来源于 I_{BQ} 的有效位数。

至此可知，U_{CEQ1}=10.41V-(-0.65V)=11.06V，晶体管处于放大状态。静态求解完毕。同时可知，晶体管 VT_2 也处于放大状态。

晶体管 VT_1 的 r_{be} 为：

$$r_{\text{be1}}=r_{\text{be2}}=r_{\text{be}}=r_{\text{bb}'}+\frac{U_{\text{T}}}{I_{\text{BQ}}}=773.6\Omega$$

下面求解动态：无须画出动态等效图，按照输入差模信号流经回路，可写出下式。

$$A_{D单}=-\frac{\beta i_b\left(R_{C1}//R_{load}\right)}{\left(R_{B1}+r_{be1}+(1+\beta)R_{E1}+(1+\beta)R_{E2}+r_{be2}+R_{B2}\right)i_b}=-\frac{\beta\left(R_{C1}//R_{load}\right)}{2\left(R_{B1}+r_{be}+(1+\beta)R_{E1}\right)}=-42.26$$

同样，按照输入共模信号流经回路，可以得到：

$$A_{C单}=-\frac{\beta i_b\left(R_{C1}//R_{load}\right)}{\left(R_{B1}+r_{be1}+(1+\beta)R_{E1}+2(1+\beta)R_E\right)i_b}=-0.224$$

据此可得共模抑制比为：

$$\mathrm{CMRR}=\left|\frac{A_D}{A_C}\right|=188.66=45.5\mathrm{dB}$$

举例 2 无恒流源JFET管

电路如图 4.16 所示。晶体管 2N3822 为 N 沟道 JFET，其 U_{GSOFF}=−1.96V，I_{DSS}=4.38mA，求解电路的静态工作点、单端输出差模放大倍数 $A_{D单}$、共模放大倍数 $A_{C单}$以及共模抑制比 CMRR。

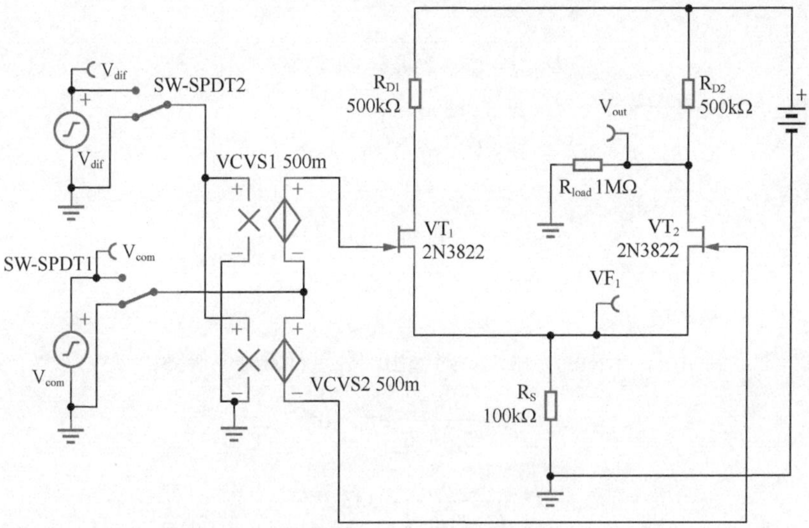

图 4.16　举例 2 电路

解：先求解电路静态。求解静态的基本条件是将输入信号短接为 0。在本电路中，就是将放大电路的输入端接地，则两个晶体管的门极电位为 0V，且两个晶体管的 S 极接在一起，其 U_{SQ} 相等，则两个晶体管 U_{GSQ} 相等，因此在恒流区工作时，两个晶体管的 I_{DQ} 相等。设 I_{DQ}=y，U_{GSQ}=x，则有以下两个表达式成立。

（1）x、y 满足晶体管的转移伏安特性曲线：

$$y=I_{DSS}\left(1-\frac{x}{U_{GSOFF}}\right)^2 \tag{4-38}$$

（2）x、y 满足晶体管外部电路的直线方程：

$$U_{SQ}=2I_{DQ}\times R_S \tag{4-39}$$

$$U_{GSQ}=0-2I_{DQ}\times R_S \tag{4-40}$$

即：

$$x=-2yR_S \tag{4-41}$$

将式（4-41）代入式（4-38），得：

$$y = I_{\rm DSS}\left(1+\frac{2yR_{\rm S}}{U_{\rm GSOFF}}\right)^2 \tag{4-42}$$

化简：

$$y = I_{\rm DSS} + \frac{4yR_{\rm S}I_{\rm DSS}}{U_{\rm GSOFF}} + \frac{4I_{\rm DSS}R_{\rm S}^2}{U_{\rm GSOFF}^2}y^2 \tag{4-43}$$

$$4I_{\rm DSS}R_{\rm S}^2y^2 + \left(4R_{\rm S}I_{\rm DSS}U_{\rm GSOFF} - U_{\rm GSOFF}^2\right)y + I_{\rm DSS}U_{\rm GSOFF}^2 = 0 \tag{4-44}$$

代入实际值，得：

$$4\times4.38\times10^{-3}\times10^{10}\times y^2 + \left(4\times10^5\times4.38\times10^{-3}\times(-1.96)-(-1.96)^2\right)y + 4.38\times10^{-3}\times(-1.96)^2 = 0$$

$$1.752\times10^8\times y^2 - 3437.76y + 0.0168262 = 0$$

$$y = I_{\rm DQ} = \frac{3437.76-\sqrt{(-3437.76)^2-4\times1.752\times10^8\times0.0168}}{2\times1.752\times10^8} = 9.347\mu\text{A}$$

据式（4-41）得：

$$U_{\rm GSQ} = x = -2yR_{\rm S} = -1.87\text{V}$$

恒流区和可变电阻区的分界线为（参见式（3-3））：

$$U_{\rm DS\_dv} = U_{\rm GS} - U_{\rm GSOFF} = 0.09\text{V}$$

对于晶体管 VT_1，有：

$$U_{\rm DQ1} = V_1 - I_{\rm DQ}R_{\rm D1} = 10.33\text{V}$$

$$U_{\rm DSQ1} = U_{\rm DQ1} - U_{\rm SQ} = 8.46 > U_{\rm DS\_dv}$$

因此，晶体管 VT_1 处于恒流区。

对于晶体管 VT_2，利用举例 1 中的方法二，对输出部分进行戴维宁等效：

$$\text{VV}_1 = \frac{R_{\rm load}}{R_{\rm D2}+R_{\rm load}}V_1 = 10\text{V}$$

$$R = \frac{R_{\rm load}R_{\rm D2}}{R_{\rm D2}+R_{\rm load}} = 333.3\text{k}\Omega$$

据此可以列出如下等式：

$$U_{\rm DQ2} = \text{VV}_1 - I_{\rm DQ}\times R = 6.89\text{V}$$

$$U_{\rm DSQ2} = U_{\rm DQ2} - U_{\rm SQ} = 5.02\text{V} > U_{\rm DS\_dv}$$

因此，晶体管 VT_2 处于恒流区。至此，静态求解完毕。可以得到晶体管的跨导为：

$$g_{\rm m} = -\frac{2}{U_{\rm GSOFF}}\sqrt{I_{\rm DSS}\times I_{\rm DQ}} = 0.21\times10^{-3}\text{S}$$

下面求解动态：先分析差模信号输入情况。画出动态等效电路，如图 4.17（a）所示。由于电阻 R_S 上不存在动态电流，图中将其视为开路。据此，可以列出输出表达式：

$$V_{\rm out} = -u_{\rm gs2}\times g_{\rm m}\times\left(R_{\rm D2}//R_{\rm load}\right) = 0.5u_{\rm id}\times g_{\rm m}\times\left(R_{\rm D2}//R_{\rm load}\right) \tag{4-45}$$

$$A_{\rm D单} = \frac{V_{\rm out}}{u_{\rm id}} = 0.5g_{\rm m}\times\left(R_{\rm D2}//R_{\rm load}\right) = 34.99$$

接着分析共模输入情况，画出动态等效电路，如图 4.17（b）所示。可得：

$$V_{\rm out} = -u_{\rm gs2}\times g_{\rm m}\times\left(R_{\rm D2}//R_{\rm load}\right) \tag{4-46}$$

$$u_{\rm ic} = u_{\rm gs2} + 2u_{\rm gs2}\times g_{\rm m}\times R_{\rm S} \tag{4-47}$$

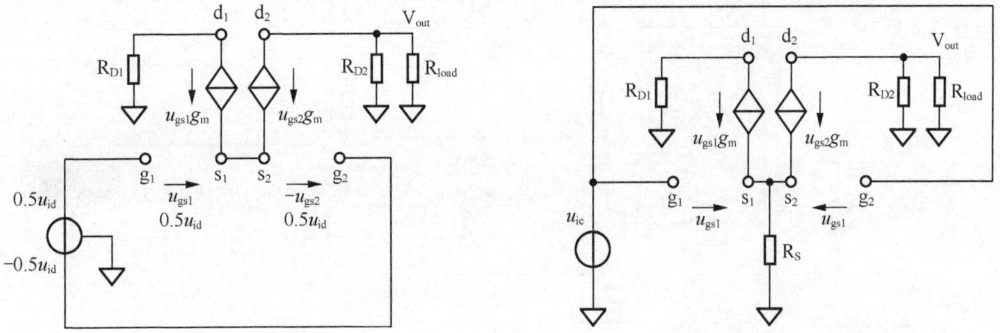

（a）差模信号输入时的动态等效电路　　（b）共模信号输入时的动态等效电路

图 4.17　差模信号 / 共模信号输入时的动态等效电路

$$A_{C单}=\frac{V_{out}}{u_{ic}}=\frac{-u_{gs2}\times g_m\times(R_{D2}//R_{load})}{u_{gs2}+2u_{gs2}\times g_m\times R_S}=-\frac{g_m\times(R_{D2}//R_{load})}{1+2g_mR_S}=-1.63$$

至此，可以得到共模抑制比为：

$$CMRR=\left|\frac{A_D}{A_C}\right|=21.47=26.64dB$$

◎标准差动放大器提高 CMRR 的难点

前述举例中，CMRR 均为几十倍，这个指标并不高。如果我们想让 CMRR 成千上万倍的增大，在图 4.14 中更改电路参数，难度是很大的。从式（4-31）看出，对于单端输出形式，要想提高共模抑制比，增大电流放大倍数 β，或者增大电阻 R_E，看起来都是可行的方法。但是，在实际操作中我们发现，β 的增加是有限的，将 R_E 由 1kΩ 变为 1MΩ，似乎可以大幅度提升 CMRR，但是新问题又出现了，为了保证静态工作点维持原状，即 I_{CQ} 不变，则必须保证 I_{EQ} 不变。在图 4.14 所示电路中，将 R_E 变为 1MΩ，又维持 I_{EQ} 不变，只能将 $-V_{EE}$ 由现在的 -12V 变为 -12000V 左右。这个要求实在让人难以接受。 123

◎用恒流源电路提高 CMRR

有没有一个新的电路，能够保持静态的 I_{EQ} 维持原状，而又使得从 A 点到负电源之间的动态电阻（即动态电路中的 R_E）非常大？以此来提高 CMRR。

本书第 4.1 节的恒流源，能否唤起读者的一些灵感？是的，就是它。

图 4.18（a）和图 4.18（b）是同一个电路差模、共模输入的两种情况，它是一个改进的差动放大器，用一个晶体管 VT_3 组成的恒流源电路代替了原先的 R_E。据第 4.1 节内容，可知当 VT_3 形成恒流源后，VT_3 的 c 端看下去是一个很大的动态电阻，用于代替标准差动放大器中的 R_E，据式（4-31），可使得 CMRR 成倍增大。

图 4.18（a）中，只有差模信号输入，峰值为 $1.4142mV_p$（其有效值为 $1mV_{rms}$），仿真结果中交流电压表显示的是单端输出电压的交流有效值，为 $34mV_{rms}$。可知单端输出情况下，差模电压放大倍数为 34。

图 4.18（b）中，只有共模信号输入，峰值为 $141.42mV_p$（其有效值为 $100mV_{rms}$），交流电压表显示为 $0.053mV_{rms}$。可知其共模电压放大倍数为 0.00053。因此，其 CMRR 为：

$$CMRR=\frac{A_{D单}}{A_{C单}}=64150.9=96.14dB$$

图 4.19 是恒流源等效电阻的求解图。从 c 端看进去的电阻为 r_O，是一个非常大的值。图中 r_{ce} 为晶体管本身具有的，它与输出伏安特性曲线的斜率有关，一般为 10kΩ 量级。

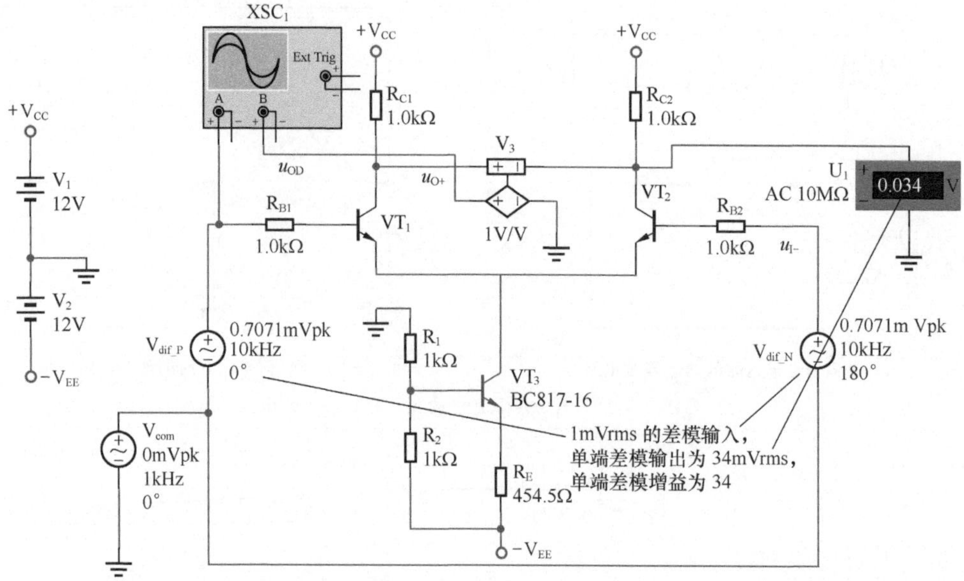

（a）含恒流源的差动放大器——差模放大

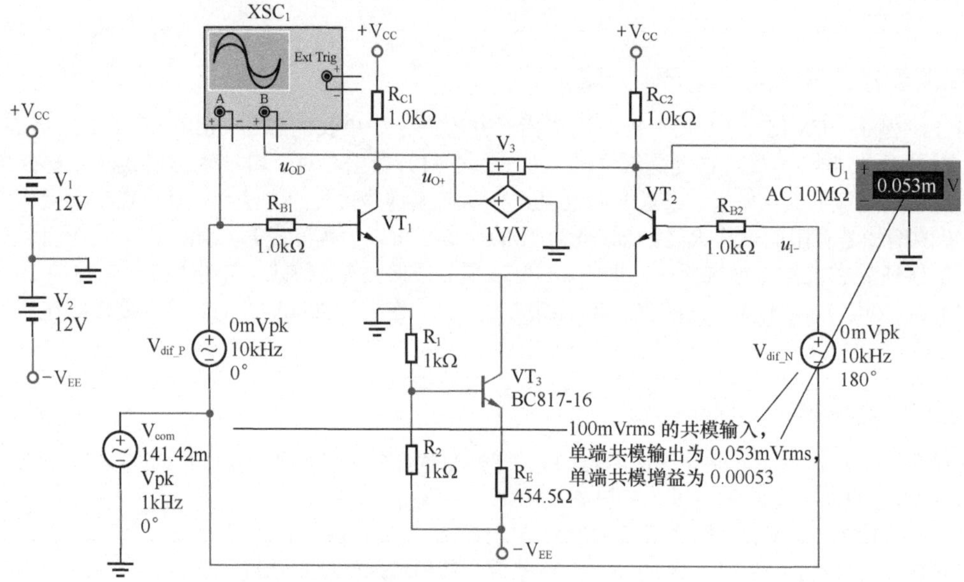

（b）含恒流源的差动放大器——共模放大

图 4.18　含恒流源的差动放大器

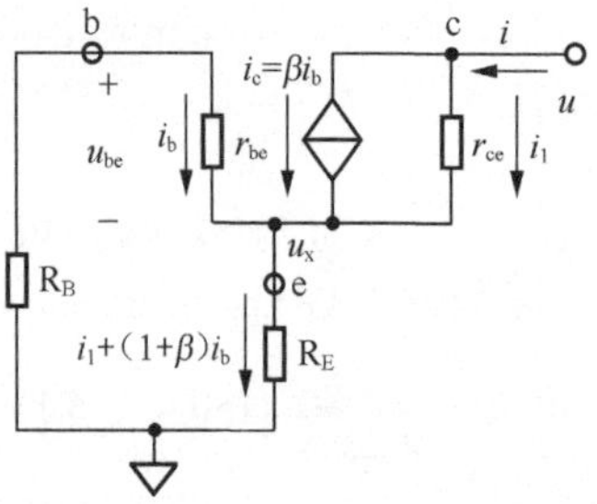

图 4.19　恒流源的输出电阻计算

$$\left(i_1+(1+\beta)i_b\right)R_E=-i_b\left(R_B+r_{be}\right) \tag{4-48}$$

$$u=i_1r_{ce}-i_b\left(R_B+r_{be}\right) \tag{4-49}$$

由式（4-48）得：

$$i_1=-i_b\frac{R_B+r_{be}+(1+\beta)R_E}{R_E}$$

据式（4-49）得：

$$u=-i_b\frac{R_B+r_{be}+(1+\beta)R_E}{R_E}r_{ce}-i_b\left(R_B+r_{be}\right) \tag{4-50}$$

由

$$i=\beta i_b+i_1=\beta i_b-i_b\frac{R_B+r_{be}+(1+\beta)R_E}{R_E}=i_b\left(\beta-\frac{R_B+r_{be}}{R_E}-1-\beta\right)=-i_b\left(\frac{R_B+r_{be}+R_E}{R_E}\right) \tag{4-51}$$

得：

$$r_O=\frac{u}{i}=\frac{\dfrac{R_B+r_{be}+(1+\beta)R_E}{R_E}r_{ce}+R_B+r_{be}}{\dfrac{R_B+r_{be}+R_E}{R_E}}=\frac{\left(R_B+r_{be}+R_E+\beta R_E\right)r_{ce}+\left(R_B+r_{be}\right)R_E}{R_B+r_{be}+R_E}= \tag{4-52}$$

$$\left(R_B+r_{be}\right)//R_E+r_{ce}\left(1+\frac{\beta R_E}{R_B+r_{be}+R_E}\right)$$

这说明，此电路的输出电阻是 r_{ce} 的一个很大的倍数。

举例 3 恒流源MOSFET

电路如图 4.20 所示。晶体管 2N7000 为 N 沟道 MOSFET，其 U_{GSTH}=2V，K=0.0504A/V^2，求解电路的静态工作点、双端输出的差模放大倍数 $A_{D双}$，与仿真实测对比。

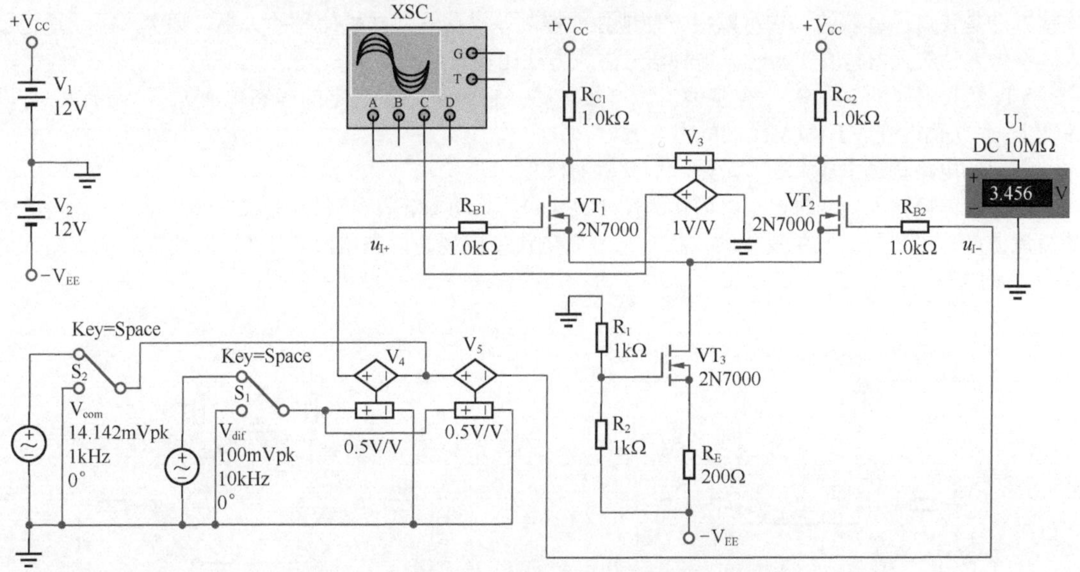

图 4.20　N 沟道 MOSFET 组成的含恒流源差动放大器

解：此电路静态工作原理为，VT_3 为一个恒流源，只要工作在恒流区内，就能唯一确定 I_{DQ3}，并通过 U_{DQ3} 电位调整，改变 VT_1 和 VT_2 的 U_{GSQ}，以保证 VT_1 和 VT_2 的静态电流之和等于 I_{DQ3}。因此，只

要计算出 I_{DQ3}，即可得 $I_{DQ1}=I_{DQ2}=0.5I_{DQ3}$。

已知 VT_3 的两个关键参数，U_{GSTH}=2V，K=0.0504A/V²，可根据式（3-4）写出其转移伏安特性，且可以明确，静态工作点（U_{GSQ3}, I_{DQ3}）一定在该伏安特性曲线上，则有：

$$I_{DQ3}=K\left(U_{GSQ3}-U_{GSTH}\right)^2 \tag{4-53}$$

同时，可以计算出 VT_3 的门极电位为：

$$U_{GQ3}=\frac{R_1}{R_1+R_2}\left(-V_{EE}\right)=-6\text{V} \tag{4-54}$$

静态工作点（U_{GSQ3}, I_{DQ3}）还满足下式直线方程：

$$U_{GQ3}-V_{EE}=U_{GSQ3}+I_{DQ3}\times R_E \tag{4-55}$$

将式（4-53）、式（4-54）、式（4-55）联立求解，可演变成一个以 U_{GSQ3} 为未知数的一元二次方程：

$$R_E\times K\times U_{GSQ3}^2+\left(1-2K\times R_E\times U_{GSTH}\right)U_{GSQ3}+K\times R_E\times U_{GSTH}^2-6\text{V}=0$$

将 R_E=200Ω，K=0.0504A/V2，U_{GSTH}=2V 代入，可解得：

$$U_{GSQ3}=2.582\text{V}$$

将此值代入式（4-53）或者式（4-55），均可解得 I_{DQ3}=17.09mA。

以下为顺序求解，不解释：

$$I_{DQ1}=I_{DQ2}=0.5I_{DQ3}=8.545\text{mA}$$

$$U_{DQ1}=U_{DQ2}=V_{CC}-I_{DQ2}\times R_{C2}=3.455\text{V}$$

实测为 3.456V，如图 4.20 所示，属于基本吻合。至此，静态求解完毕。

动态求解前，需要先求解 VT_1 和 VT_2 的 g_m，将 I_{DQ}=8.545mA 代入式（3-11）：

$$g_m=\frac{di_D}{du_{GS}}=2K\left(U_{GSQ}-U_{GSTH}\right)=2\sqrt{K\times I_{DQ}}=0.0415\text{S}$$

我们需要学会读图。原电路图 4.20 看起来比较复杂，那么多的元器件，其实一分块儿就简单了。整个电路由 3 个部分组成。

左下角部分包括受控电压源 V_4、V_5，开关 S_1、S_2，信号源 V_{com}、V_{dif}，是差分信号生成环节。这种连接方法是我自己喜欢的，它可以很方便地独立控制差模信号、共模信号的大小、频率，以及是否接入。在做差动放大器仿真实验时，这种信号生成方法比较有用。

VT_3 及其附属的 R_1、R_2、R_E 是恒流源产生电路。它负责产生规定的静态电流 I_{DQ3}，调节 R_E 可以改变 I_{DQ3}，进而改变 VT_1 和 VT_2 的静态电流。

其余的电路就是主放大环节，是我们分析的核心。

在分析差模输入信号时，电路简化为图 4.21（a），其动态等效电路如图 4.21（b）所示。原电路中的恒流源，即电流不会发生变化的，在动态等效电路中应视为动态电流等于 0，因此其对应支路应处理为“开路”。

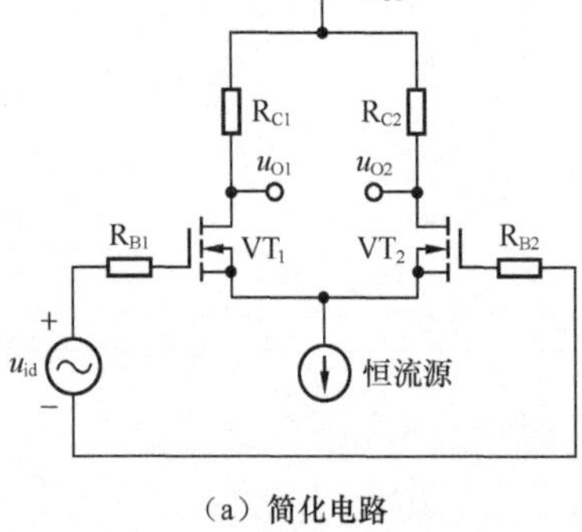

（a）简化电路

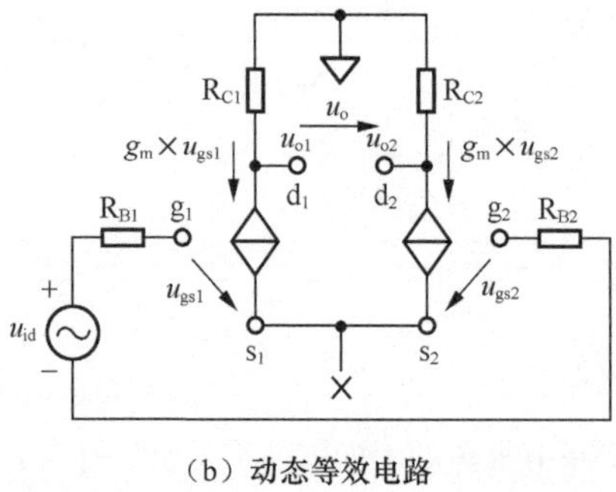

（b）动态等效电路

图 4.21　图 4.20 的简化电路和动态等效电路

由于恒流源开路，则两个受控电流源的流出电流之和应为 0，即$g_m u_{gs1}+g_m u_{gs2}=0$，得$u_{gs2}=-u_{gs1}$。

由于两个晶体管的门极均具有无穷大的输入电阻，因此电阻 R_{B1} 和 R_{B2} 上不会有电流，也就没有压降，结合 $u_{gs2}=-u_{gs1}$，则有：

$$u_{id}=u_{g1s1}+u_{s2g2}=u_{gs1}-u_{gs2}=2u_{gs1} \tag{4-56}$$

据此可得：

$$u_{gs1}=0.5u_{id},\ u_{gs2}=-0.5u_{id} \tag{4-57}$$

$$A_{D双}=\frac{u_o}{u_{id}}=\frac{u_{o1}-u_{o2}}{u_{id}}=\frac{-R_{C1}\times g_m\times u_{gs1}-\left(-R_{C2}\times g_m\times u_{gs2}\right)}{2u_{gs1}}=-\frac{R_{C1}+R_{C2}}{2}g_m \tag{4-58}$$

多数情况下，$R_{C1}=R_{C2}=R_C$，则将数值代入，有：

$$A_{D双}=-g_m R_C=-41.5$$

验证：对电路实施仿真，将开关 S_2 接地（共模输入为 0），S_1 接 V_{dif}，设定差模输入信号频率为 10kHz，幅度为 14.142mV，则其有效值为 10mV，用交流电压表观察图 4.20 中的 V_3 输出，为 0.413V，可知实测的放大倍数为 41.3 倍，与估算结果非常吻合。

电路中的两个 R_B 在 MOSFET 放大电路中经常出现。它们的主要作用是在前级和 MOSFET 的门极大电容之间增加隔离电阻，以确保前级信号源的稳定性。在本节分析中，它们不起作用。

举例 4 5个MOSFET

电路如图 4.22 所示。晶体管 2N7000 为 N 沟道 MOSFET，其 U_{GSTH}=2V，K=0.0504A/V^2；晶体管 ZVP2106A 是 P 沟道 MOSFET，U_{GSTH}=−3.193V，K=0.1385A/V^2，求解电路中 u_{O1} 点的静态电位。用 Multisim 完成仿真电路，观察静态电位是否吻合，并输入差模信号为幅度 1.4142mV、频率为 1kHz 的正弦波，测量其单端输出放大倍数。

思考，为什么这个电路能够大幅度提高电压放大倍数？更换 ZVP2106A 为其他晶体管，可否进一步增加放大倍数？影响电压放大倍数的核心因素是什么？

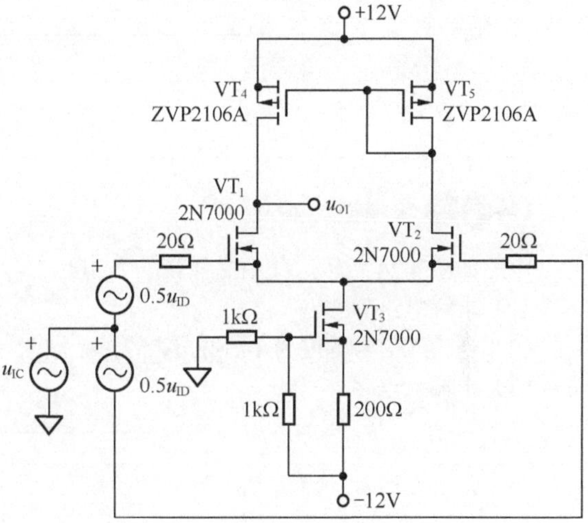

图 4.22 举例 4 电路

解：可以看出，电路中 VT_3 恒流源产生部分与前例完全相同，因此可知本电路 VT_3 的 I_{DQ3}=17.09mA，$I_{DQ1}=I_{DQ2}=I_{DQ4}=I_{DQ5}$=8.5045mA。同时，已知 ZVP2106A 的关键参数，可以写出其电流和电压的关系如下：

$$i_{D5}=K\left(u_{GS5}-U_{GSTH}\right)^2 \tag{4-59}$$

晶体管的静态工作点一定满足上式，可写出如下结论：

$$U_{GSQ5}=U_{GSTH}\pm\sqrt{\frac{I_{DQ5}}{K}}=-3.193\pm0.2478=\begin{cases}-3.441\text{V}\\-2.945\text{V}\end{cases}$$

显然，U_{GSQ5}=−3.441V 为正解（P 沟道 MOSFET 只有 U_{GSQ5} 比 U_{GSTH} 还小才能导通）。

据此，可解得 VT_5 的门极 G 电位和漏极 D 电位为：

$$U_{GQ5}=U_{DQ5}=8.559\text{V}$$

VT_5 和 VT_4 组成了一个恒流源电流镜（参见本书第 4.6 节），既保证了两个晶体管的静态电流相等，还能让 VT_4 以一个恒流源负载作用在 VT_1 的头顶，使 VT_1 获得很大的电压增益（参见本书第 4.1 节）。电流镜的两个晶体管 VT_4 和 VT_5 的下方电路，在静态时状态完全相同，因此，VT_4 和 VT_5 的 U_{DSQ} 也是完全相同的，即：

$$U_{DQ4}=U_{DQ5}=8.559\text{V}$$

即 u_{O1} 端的静态电位为 8.559V。

按照上述电路在 Multisim 中构建电路，实测 u_{O1} 端的静态电位，以及 U_{DQ5}，均为 8.546V，与估算值较为吻合。

输入频率为 1kHz、幅度为 1.4142mV（其有效值约为 1mV）的正弦波，在 u_{O1} 端观察波形，为比较漂亮的 1kHz 正弦波，叠加在 8.546V 静态电位上，如图 4.23 所示。用交流电压表测量其有效值为 0.481V，可知单端输出电压增益为 481 倍。

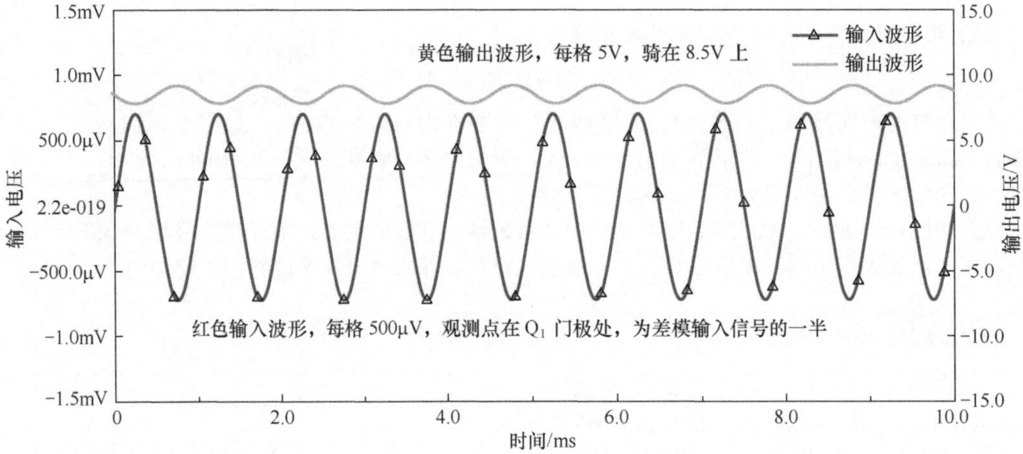

图 4.23　输入 / 输出波形

举例 5 单端输入NPN

电路如图 4.24 所示。其中晶体管的 β=100，$r_{bb'}=40\Omega$。

（1）求解电路静态。

（2）当输入信号幅度为 14.142mV 的正弦波时，求输出信号 V_{OUT1}、V_{OUT2} 的有效值。

（3）求输入电阻。

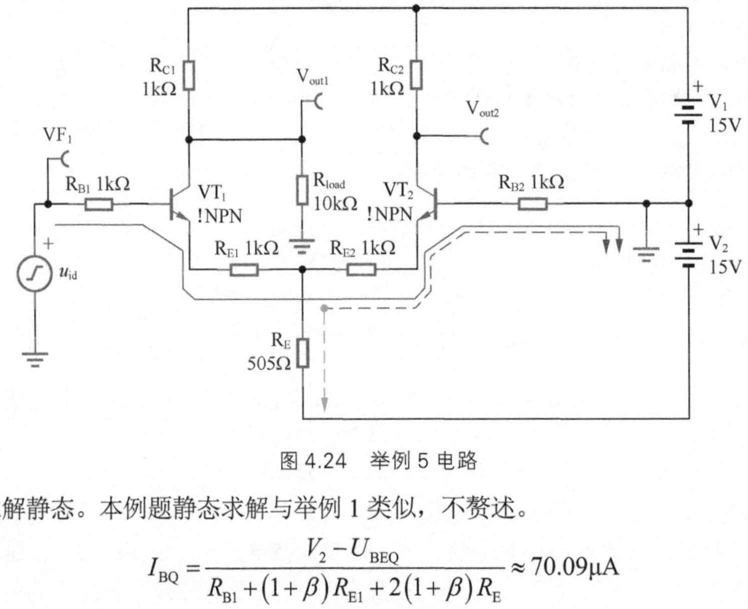

图 4.24　举例 5 电路

解：（1）求解静态。本例题静态求解与举例 1 类似，不赘述。

$$I_{BQ}=\frac{V_2-U_{BEQ}}{R_{B1}+(1+\beta)R_{E1}+2(1+\beta)R_E}\approx 70.09\mu\text{A}$$

$$I_{CQ}=\beta I_{BQ}=7.009\text{mA}$$

$$U_{EQ1}=0-I_{BQ}R_{B1}-U_{BEQ}\approx -0.77\text{V}=U_{EQ2}$$

$$U_{CQ1}=\frac{R_{load}}{R_{C1}+R_{load}}V_1-\beta I_{BQ}\frac{R_{load}R_{C1}}{R_{C1}+R_{load}}=7.265\text{V}$$

$$U_{CQ2}=V_1-I_{CQ}R_{C2}=7.991\text{V}$$

$$U_{CEQ1}=U_{CQ1}-U_{EQ1}=8.035\text{V}$$

$$U_{CEQ2}=U_{CQ2}-U_{EQ2}=8.761\text{V}$$

两个晶体管均处于放大状态。

$$r_{be}=r_{bb'}+\frac{U_T}{I_{BQ}}=410.95\Omega$$

（2）求解动态。本例不同于以往电路，它只有一个输入信号。在求解动态时，至少有 3 种方法：第一种，硬求解；第二种，适当分析后求解；第三种，对输入信号进行变换，按照标准差动放大器方法来求解。

方法一：我们试着不画动态等效图，就在脑子中想，沿着图 4.24 中红线，可以写出如下表达式。

$$u_i=i_{b1}\left(R_{B1}+r_{be}\right)+\left(1+\beta\right)i_{b1}R_{E1}+\left(1+\beta\right)i_{b2}R_{E2}+i_{b2}\left(R_{B2}+r_{be}\right) \tag{4-60}$$

可知，由于存在不确定的 i_{b1}、i_{b2}，必须找到它们之间的关系：从电阻 R_E 顶端节点（浅蓝色圆点）看，向 R_{E2} 方向的动态电位差（红色虚线）与向 R_E 方向的电位差（浅蓝色虚线）一定相等：

$$\left(1+\beta\right)i_{b2}R_{E2}+i_{b2}\left(R_{B2}+r_{be}\right)=\left(\left(1+\beta\right)i_{b1}-\left(1+\beta\right)i_{b2}\right)R_E \tag{4-61}$$

整理式（4-61）得：

$$i_{b1}=\frac{\left(1+\beta\right)R_{E2}+R_{B2}+r_{be}+\left(1+\beta\right)R_E}{\left(1+\beta\right)R_E}\times i_{b2} \tag{4-62}$$

$$i_{b2}=\frac{\left(1+\beta\right)R_E}{\left(1+\beta\right)R_{E2}+R_{B2}+r_{be}+\left(1+\beta\right)R_E}\times i_{b1} \tag{4-63}$$

将式（4-63）代入式（4-60），得：

$$\begin{aligned}u_i&=i_{b1}(R_{B1}+r_{be})+(1+\beta)i_{b1}R_{E1}+(1+\beta)i_{b2}R_{E2}+i_{b2}(R_{B2}+r_{be})=\\&i_{b1}(R_{B1}+r_{be}+(1+\beta)R_{E1}+i_{b2}(R_{B2}+r_{be}+(1+\beta)R_{E2})=\\&i_{b1}\left(R_{B1}+r_{be}+(1+\beta)R_{E1}+\frac{(1+\beta)R_E\times(R_{B2}+r_{be}+(1+\beta)R_{E2})}{(1+\beta)R_E\times(R_{B2}+r_{be}+(1+\beta)R_{E2})}\right)=\\&i_{b1}(R_{B1}+r_{be}+(1+\beta)R_{E1}+((1+\beta)R_E)//(R_{B2}+r_{be}+(1+\beta)R_{E2})=\\&i_{b1}\left(R_{B1}+r_{be}+(1+\beta)\left(R_{E1}+R_E//\left(R_{E2}+\frac{R_{B2}+r_{be}}{1+\beta}\right)\right)\right)\end{aligned} \tag{4-64}$$

将数值代入，得：

$$u_i=i_{b1}\left(1000+410.95+101000+34047.77\right)=136458.72i_{b1} \tag{4-65}$$

将式（4-62）代入式（4-60），得：

$$\begin{aligned}u_i&=i_{b1}\left(R_{B1}+r_{be}+\left(1+\beta\right)R_{E1}\right)+i_{b2}\left(R_{B2}+r_{be}+\left(1+\beta\right)R_{E2}\right)=\\&\left(R_{B1}+r_{be}+\left(1+\beta\right)R_{E1}\right)\times\frac{\left(1+\beta\right)R_{E2}+R_{B2}+r_{be}+\left(1+\beta\right)R_E}{\left(1+\beta\right)R_E}\times i_{b2}+i_{b2}\left(R_{B2}+r_{be}+\left(1+\beta\right)R_{E2}\right)=\\&i_{b2}\left(\left(R_{B1}+r_{be}+\left(1+\beta\right)R_{E1}\right)\times\frac{\left(1+\beta\right)\left(R_{E2}+R_E\right)+R_{B2}+r_{be}}{\left(1+\beta\right)R_E}+R_{B2}+r_{be}+\left(1+\beta\right)R_{E2}\right)\end{aligned} \tag{4-66}$$

将数值代入，得：

$$u_i = 410448.75 i_{b2} \tag{4-67}$$

据此，写出两个输出表达式。对 V_{out1}，将式（4-65）代入，有：

$$u_{o1} = -\beta i_{b1} \times (R_{C1} // R_{load}) = -\frac{90909}{136458.72} \times u_i = -0.666 u_i$$

对于 V_{out2}，注意 i_{b2} 的方向，将式（4-67）代入，有：

$$u_{o2} = \beta i_{b2} \times R_{C2} = \frac{100000}{410448.75} \times u_i = 0.244 u_i$$

因此，回答问题如下：

当输入正弦波幅度为 14.142mV 时，其有效值为 10mV；

V_{out1} 输出有效值为 10mV×0.666=6.66mV；

V_{out2} 输出有效值为 10mV×0.244=2.44mV。

此问倒是回答完毕了，但你不觉得累吗？反正我觉得累。看第二种方法怎么样。

方法二：先求解 u_i 与 i_{b1} 的关系。可以看出，u_i 进入电路后，首先面对 R_{B1} 和 r_{be} 的串联，然后经过电阻 R_{E1} 到达图中浅蓝色节点，如果 R_{E2} 之后不是 VT_2 的发射极，而是一个电阻到地，暂时叫 R_X，那么 u_i 与 i_{b1} 的关系可以写出：

$$u_i = i_{b1}(R_{B1} + r_{be}) + (1+\beta) i_{b1} (R_{E1} + R_E // (R_{E2} + R_X)) \tag{4-68}$$

由于 R_X 是由受控电流源、(r_{be}+R_{B2}) 组成的，而流过这两个电阻的电流是流过 R_{E2} 的 $1/(1+\beta)$，因此这两个串联电阻在 R_X 表达式中为：

$$R_X = \frac{r_{be} + R_{B2}}{1+\beta} \tag{4-69}$$

则有：

$$u_i = i_{b1}\left(R_{B1} + r_{be} + (1+\beta)\left(R_{E1} + R_E // \left(R_{E2} + \frac{r_{be} + R_{B2}}{1+\beta}\right)\right)\right) \tag{4-70}$$

代入数值得：u_i= 136458.72i_{b1}，此结论与方法一结论相同。

再看 i_{b2} 与 i_{b1} 的关系。

$$i_{b2} = i_{e2} \times \frac{1}{1+\beta} = i_{e1} \times \frac{R_E}{R_E + R_{E2} + \frac{r_{be} + R_{B2}}{1+\beta}} \times \frac{1}{1+\beta} = (1+\beta) i_{b1} \times \frac{R_E}{R_E + R_{E2} + \frac{r_{be} + R_{B2}}{1+\beta}} \times \frac{1}{1+\beta} = i_{b1} \times \frac{R_E}{R_E + R_{E2} + \frac{r_{be} + R_{B2}}{1+\beta}} \tag{4-71}$$

代入数值得：

$$i_{b2} = i_{b1} \times \frac{505}{505 + 1000 + 13.9698} = 0.33246 i_{b1}$$

则有：

$$u_i = 136458.72 i_{b1} = \frac{136458.72}{0.33246} i_{b2} = 410451.54 i_{b2}$$

与方法一基本吻合，这属于计算中的舍入误差。

后续求解与方法一相同，不赘述。

更简单的是方法三。

这个电路原本是一个标准差动放大器，只是一端接地，此时差模信号为：

$$u_{iD} = u_i - 0 = u_i \tag{4-72}$$

共模信号为：

$$u_{iC}=\frac{u_i+0}{2}=\frac{u_i}{2} \tag{4-73}$$

因此，左侧输入等于共模信号加0.5的差模信号，为u_i，而右侧输入等于共模信号减去0.5的差模信号，为0。与原始输入状态完全一致。换句话说，我们这样做，就是把一个单端输入的信号想象成了一个差分输入信号，只不过差模信号和共模信号是同一频率的。这没有错，因为差动放大器从来没有规定差模信号和共模信号不能是同一频率。

对于V_{out1}，电路的共模放大倍数为：

$$A_{C1单}=-\frac{\beta\left(R_{C1}//R_{load}\right)}{R_{B1}+r_{be}+\left(1+\beta\right)R_{E1}+2\left(1+\beta\right)R_E}=-0.4447$$

对于V_{out1}，电路的差模放大倍数为：

$$A_{D1单}=-\frac{\beta\left(R_{C1}//R_{load}\right)}{2(R_{B1}+r_{be}+\left(1+\beta\right)R_{E1})}=-0.4438$$

对于V_{out1}，根据叠加原理有：

$$u_{O1}=u_{iC}\times A_{C1单}+u_{iD}\times A_{D1单}=u_i\left(0.5A_{C1单}+A_{D1单}\right)=0.666u_i$$

对于V_{out2}，电路的共模放大倍数为：

$$A_{C2单}=-\frac{\beta R_{C2}}{R_{B1}+r_{be}+\left(1+\beta\right)R_{E1}+2\left(1+\beta\right)R_E}=-0.4892$$

对于V_{out2}，电路的差模放大倍数为：

$$A_{D2单}=\frac{\beta R_{C2}}{2(R_{B1}+r_{be}+\left(1+\beta\right)R_{E1})}=0.4882$$

对于V_{out2}，根据叠加原理有：

$$u_{O2}=u_{iC}\times A_{C2单}+u_{iD}\times A_{D2单}=u_i\left(0.5A_{C2单}+A_{D2单}\right)=0.244u_i$$

后续求解与方法一相同，不赘述。

3种方法完全相同，不足为奇。根据个人习惯可以采用不同的方法。显然，最可靠的是第一种方法，它无须思考，只需要缜密的计算和推导。而第三种，经过信号类型形式的转换，将计算变得极为简单，也是我们推荐的。

（3）求输入电阻。

根据方法一和方法二，得出如下表达式：

$$u_i=136458.72i_{b1} \tag{4-74}$$

可以看出，根据输入电阻的定义，i_{b1}就是i_i，因此有：

$$r_i=\frac{u_i}{i_i}=136458.72\Omega$$

再看用方法三能否得出相同结论：

首先，差模输入电阻为：

$$r_{iD}=2\left(R_{B1}+r_{be}+\left(1+\beta\right)R_{E1}\right)=204821.9\Omega$$

共模输入电阻为：

$$r_{iC}=\frac{R_{B1}+r_{be}+\left(1+\beta\right)R_{E1}+2\left(1+\beta\right)R_E}{2}=102210.48\Omega$$

其次，含有差模输入电阻、共模输入电阻的任何电路，都可以画成门框形连接模型，如图4.25所示。从图中可知：

$$r_{iC}=2r_{iC}//2r_{iC}=r_{iC} \tag{4-75}$$

$$r_{iD}=r_{ixD}//4r_{iC}=\frac{4r_{iC}\times r_{ixD}}{4r_{iC}+r_{ixD}} \tag{4-76}$$

可以解得：

$$r_{ixD}=\frac{4r_{iC}\times r_{iD}}{4r_{iC}-r_{iD}} \tag{4-77}$$

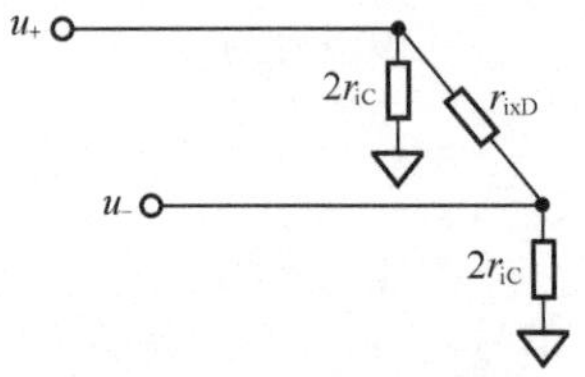

图 4.25　门框形连接模型

利用这个模型，可以得到单端输入时的输入电阻（如图 4.26 所示）为：

$$r_i=\frac{u_i}{i_i}=2r_{iC}//r_{ixD}=\frac{2r_{iC}\times\dfrac{4r_{iC}\times r_{iD}}{4r_{iC}-r_{iD}}}{2r_{iC}+\dfrac{4r_{iC}\times r_{iD}}{4r_{iC}-r_{iD}}}=\frac{4r_{iC}\times r_{iD}}{4r_{iC}+r_{iD}}=4r_{iC}//r_{iD} \tag{4-78}$$

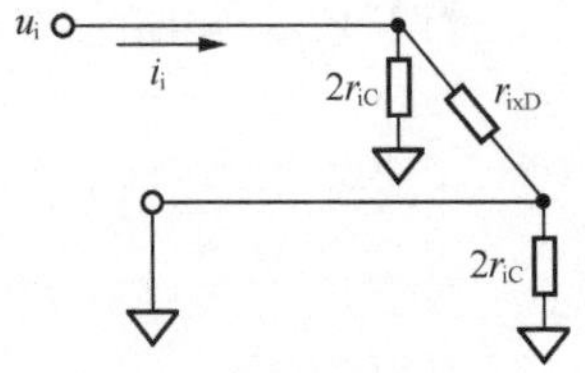

图 4.26　单端输入

代入数值为：

$$r_i=4r_{iC}//r_{iD}=136458.72\Omega$$

与方法一、方法二完全相同。

4.6 电流镜基本原理

电流镜（Current Mirror）一般指 1:1 电流镜，由输入电流支路、输出电流支路组成，输出电流受输入电流控制，且等于输入电流，像一个镜子一样。在电压域，与电流镜对应的是电压跟随器。

◎ BJT 组成的电流镜

图 4.27 是 BJT 组成的电流镜，它有 4 种基本类型，其核心是两个基极连在一起，两个发射极连在一起，以迫使两者具有相同的 u_{BE}，使其 i_B 相等，进而保证 i_C 相等。

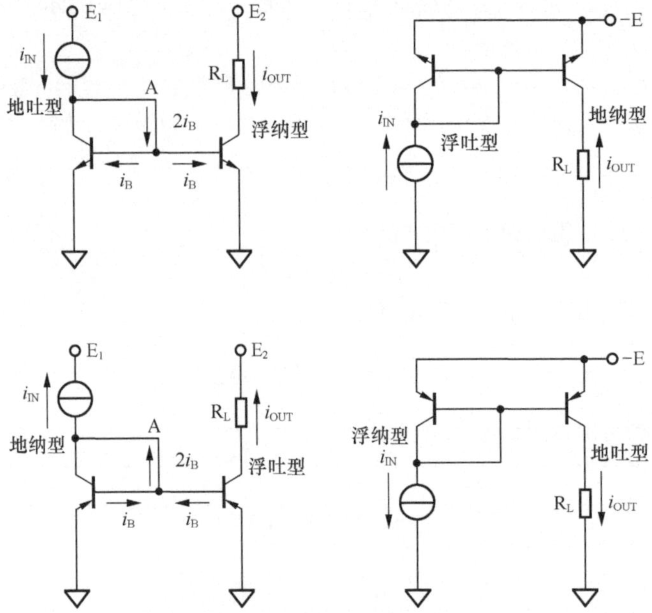

图 4.27　电流镜的 4 种基本类型

图 4.27 中分类方法为，针对输出电流支路，当负载一端可以接地时，称为地型，否则称为浮型。当输出电流是流出电流镜时，称为吐型（Source）；当输出电流流入电流镜时，称为纳型（Sink）。

图 4.27 中红色文字标注的类型是输入电流源的类型，它和电流镜的类型刚好完全相反。

以左上角的浮纳型为例，分析其电流镜像原理：

$$i_{IN}=i_{C左}+2i_B=(\beta+2)i_B \tag{4-79}$$

$$i_{OUT}=\beta i_B=\frac{\beta}{\beta+2}i_{IN} \tag{4-80}$$

可知，输出电流约等于输入电流。

◎电流镜的不稳定性根源——厄利电压

如果上述电流镜是理想的，那么当输入电流不变时，在输出端，负载电阻从 0Ω 逐渐增长，其输出电流应该维持不变，或者当负载电阻为固定值、供电电压改变时，其输出电流也应该维持不变。

但是实际情况不是如此。图 4.28 给出了一个 1mA 电流镜输出电流不稳定的实例。图 4.28(a)为电路，图 4.28（b）是负载电阻变化引起的输出电流变化情况：第一阶段，随着负载电阻从 0 逐渐增加，输出电流以近似线性的规律下降；第二阶段，当电阻增加到 15kΩ 以后，输出电流下降加快。对第二阶段的快速下降，我们容易理解，因为总供电电压只有 15V，15kΩ 电阻上要保持 1mA 电流，正好是 15V，再增大电阻，晶体管已经完全进入饱和区，电流一定会下降。但是，第一阶段晶体管处于放大区，输出电流为什么也下降呢？

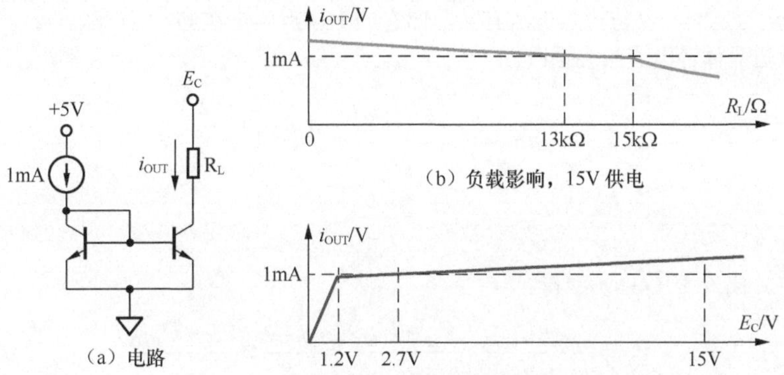

图 4.28 电流镜的不稳定性

此时，i_B 没有变化，随着电阻的增加，电阻上的压降就增加了，留给 u_{CE} 的电压就小了，是不是由此引起 i_C 也变小了？如果这个假设成立，即 i_C 会随着 u_{CE} 的减小而减小（换句话就是，i_C 会随着 u_{CE} 的增大而增大），那么图 4.28（c）中的第二阶段晶体管处于放大区，电流却缓慢上升，也就可以解释了。

我们以前学过，$i_C=\beta i_B$，难道这个等式不成立了？确实如此。

1952 年，James M. Early，一个美国工程师对这个现象进行了解释。对于任何一个确定的 I_B，当 u_{CE} 减小时，i_C 确实是在变小，就是说，每根确定 I_B 的输出伏安特性曲线都是向左微弱倾斜的，只是当时我们没有过多讲解这一现象。Early 的伟大之处在于，他发现，这些线的向左延长线会在很负的一个电压处与横轴相交，且每根线与横轴的相交点是重合的。这个相交点的电压取绝对值，就称为厄利电压（Early Voltage），标记为 V_{AF}，中文译为厄利电压。对于一般晶体管来说，V_{AF} 为几十 V 到上百 V。很显然，V_{AF} 越大，输出伏安特性曲线越平直，$i_C=\beta i_B$ 就越成立。

关于 Early Voltage，图 4.29 给出了清晰的图解。其核心在于，图中的两根绿色直线分别代表不同 I_{BQ} 下的两根输出伏安特性曲线，它们的向左延长线会与横轴相交于图中唯一的 V_{AF} 点。

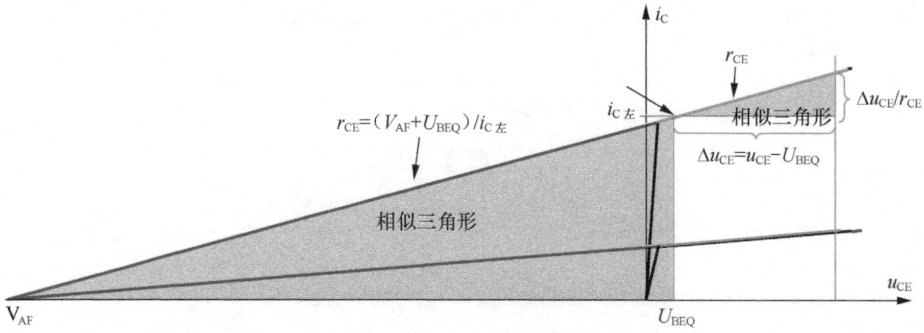

图 4.29　厄利电压和 u_{CE} 对 i_C 的影响

显然，确定了 I_{BQ}，就确定了图中某根输出伏安特性直线，比如上面那根，任找一个点，比如图中 $Q_{左}$=（U_{BEQ}，$i_{C左}$）点，可得一个大三角形，其斜边的斜率倒数可用一个电阻表示：

$$r_{CE}=\frac{V_{AF}+U_{BEQ}}{i_{C左}} \tag{4-81}$$

我们称此电阻为厄利电阻：对任意一个晶体管，当确定了输出伏安特性中 $i_B=I_{BQ}$，则其厄利电阻也唯一确定。

我们发现，左边晶体管不受负载变化、电源电压变化影响，其 u_{CE} 就是 U_{CEQ}，大约为 0.7V，其集电极电流 $i_{C左}$也是恒定的，仅与输入电流有关，即它的工作点确定在 $Q_{左}$=（U_{BEQ}，$i_{C左}$）点。此时，可以解得输入电流与晶体管电流的关系：

$$i_{IN}=i_{C左}+2i_B=i_{C左}+2\frac{i_{C左}}{\beta}=i_{C左}\left(1+\frac{2}{\beta}\right) \tag{4-82}$$

$$i_{C左}=\frac{\beta}{\beta+2}i_{IN} \tag{4-83}$$

将式（4-83）代入式（4-82），得：

$$r_{CE}=\frac{V_{AF}+U_{BEQ}}{i_{C左}}=\frac{V_{AF}+U_{BEQ}}{\frac{\beta}{\beta+2}i_{IN}}=\frac{\beta+2}{\beta}\times\frac{V_{AF}+U_{BEQ}}{i_{IN}} \tag{4-84}$$

即当左边晶体管确定时，则其厄利电压 V_{AF}、β 确定，当输入电流确定后，其厄利电阻也就唯一确定，为式（4-84）。

在两个晶体管一致的情况下，它们的输出伏安特性曲线是完全重叠的，因此在两个晶体管 u_{BE} 完全相同情况下，右边晶体管的输出伏安特性显然也是这根线。但它的输出伏安特性工作点并不一定在 $Q_{左}$，而将在图中粗绿线上，取决于右边晶体管的 $u_{CE右}$。

此时，分析图 4.29 的小三角形，它与大三角形是相似三角形，据几何知识可得：

$$i_{OUT}=i_{C右}=i_{C左}+\frac{\Delta u_{CE右}}{r_{CE}}=i_{C左}+\frac{u_{CE右}-U_{BEQ}}{r_{CE}}=\frac{\beta}{\beta+2}i_{IN}+\frac{u_{CE右}-U_{BEQ}}{r_{CE}} \tag{4-85}$$

据此，只要知道了晶体管的 V_{AF} 和 β，在输入电流确定后，即可求得表述伏安特性倾斜程度的厄利电阻 r_{CE}，再知道实际的 u_{CE}，即利用式（4-85）求得实际的电流。

举例1

图 4.30 为理想晶体管组成的浮纳型电流镜，β=100，图中依靠调节 R_2 实现输入电流等于 5mA，求输出电流，并与仿真结果对比。将图中晶体管更换为实际的 BC817-16，其 β=223，V_{AF}= 157.9V，并调节电阻使输入电流也是 5mA，求输出电流，并与仿真结果对比。

解：对理想晶体管电路，可利用式（4-80）解得：

$$i_{OUT}=\frac{\beta}{\beta+2}i_{IN}=4.902\text{mA}$$

如果按照式（4-83），由于其厄利电压为无穷大，$r_{CE}=\infty$，可得相同的结果，与仿真显示结果4.903mA 非常接近。

图 4.31 是实际晶体管 BC817-16 组成的浮纳型电流镜。

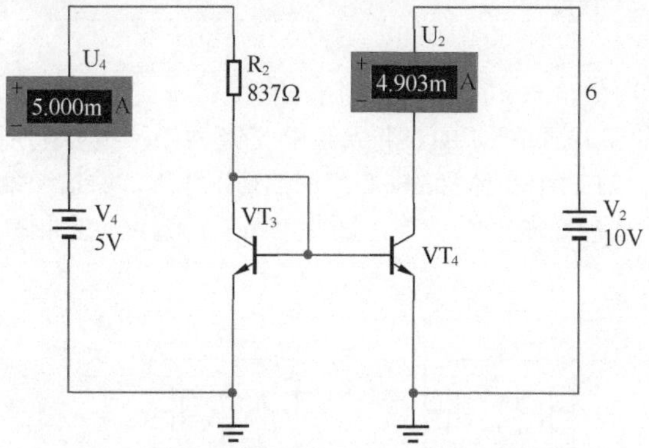

图 4.30 理想 BJT 组成的浮纳型电流镜

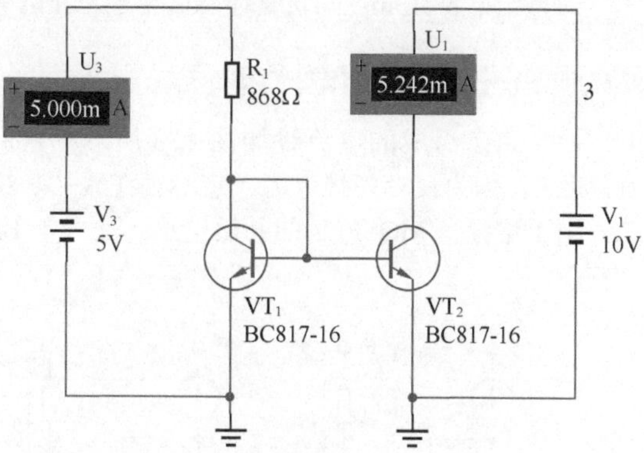

图 4.31 实际 BJT 组成的浮纳型电流镜

据式（4-84），得：

$$r_{CE}=\frac{\beta+2}{\beta}\times\frac{V_{AF}+U_{BEQ}}{i_{IN}}=32004.5\Omega$$

右边电路中，$u_{CE右}$=10V，据式（4-85）得：

$$i_{OUT}=\frac{\beta}{\beta+2}i_{IN}+\frac{u_{CE右}-U_{BEQ}}{r_{CE}}=5.246\text{mA}$$

与仿真显示结果基本吻合。

举例 2

图 4.32 为 PNP 管 BC817-16 组成的地吐型电流镜，β=185.2，V_{AF}=30.79V，求输出电流，并与仿真结果对比。

解：

具体的电流镜分析过程如下：

$$r_{CE}=\frac{\beta+2}{\beta}\times\frac{V_{AF}+U_{BEQ}}{i_{IN}}=6636\Omega$$

由于我们不知道 $u_{CE右}$，可将其设为临时变量，得到一个直线方程：

$$V_1=5V=u_{CE右}+i_{OUT}\times R_2=u_{CE右}+500\Omega\times i_{OUT}$$

则有：

$$u_{CE右}=5-500\times i_{OUT}$$

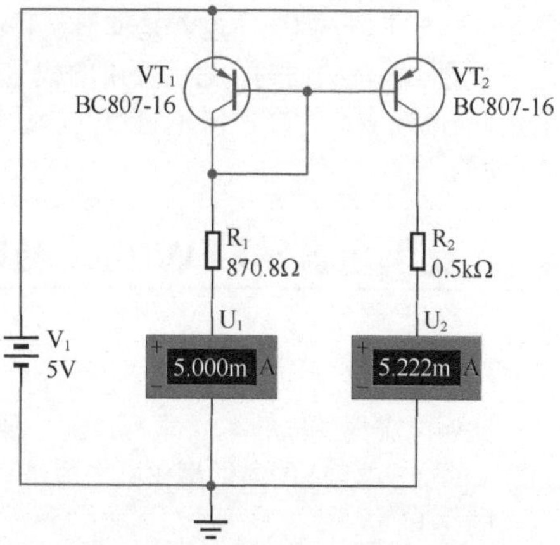

图 4.32 实际 BJT 组成的地吐型电流镜

据式（4-83）：

$$i_{OUT}=\frac{\beta}{\beta+2}i_{IN}+\frac{u_{CE右}-U_{BEQ}}{r_{CE}}=\frac{\beta}{\beta+2}i_{IN}+\frac{5-500\times i_{OUT}-U_{BEQ}}{r_{CE}}=\frac{\beta}{\beta+2}i_{IN}+\frac{5-U_{BEQ}}{r_{CE}}-\frac{500\times i_{OUT}}{r_{CE}}$$

$$i_{OUT}\left(1+\frac{500}{r_{CE}}\right)=\frac{\beta}{\beta+2}i_{IN}+\frac{5-U_{BEQ}}{r_{CE}}$$

$$i_{OUT}=\frac{\frac{\beta}{\beta+2}i_{IN}+\frac{5-U_{BEQ}}{r_{CE}}}{1+\frac{500}{r_{CE}}}=0.005213$$

计算结果 5.213mA 与仿真显示结果 5.222mA 基本吻合。

◎ MOSFET 组成的电流镜

MOSFET 组成的电流镜如图 4.33 所示。它们的工作原理与 BJT 组成的电流镜类似，主要区别有：第一，因为没有门极电流，它不存在式（4-80），在两个晶体管的 u_{DS} 相同的情况下，i_{OUT}=i_{IN}；第二，由于增强型 MOSFET 的开启电压一般大于 BJT 基极导通电压 0.7V，因此电路中门极电位要稍高一些。

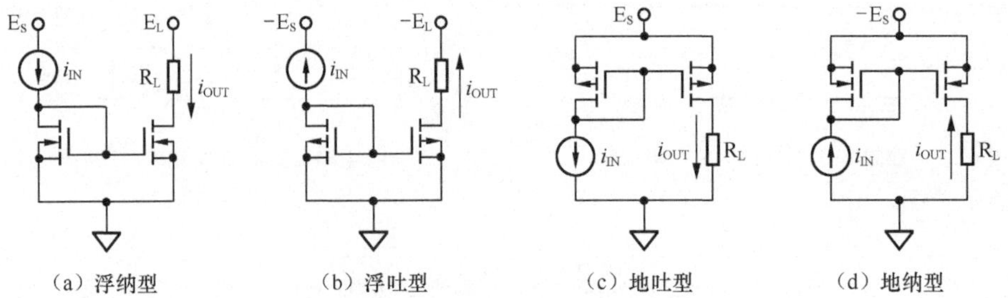

图 4.33 MOSFET 组成的电流镜

MOSFET 也存在 Early 效应，即 U_{DS} 变化会影响输出电流。输出电流表达式为：

$$i_{OUT}=K\left(u_{GS}-U_{GSTH}\right)^2\left(1+\lambda u_{DS}\right) \tag{4-86}$$

其中 λ 的单位是 1/V，表示输出伏安特性的倾斜程度。可以看出，与 BJT 晶体管一样，在不同负载电阻情况下，实际加载到输出晶体管的 u_{DS} 是不同的，这会导致输出电流发生变化，即电流镜输出不稳定。

所有晶体管，无论是 BJT 还是 MOSFET、JFET，都存在 Early 效应，生产晶体管的厂商会通过各种方法降低 Early 效应，也就是使得某种晶体管的输出伏安特性曲线在放大区尽量的平直。但是，这是一个无法根治的问题。后面要讲的威尔逊电流镜（Wilson Current Mirror），它克服这个问题的思路是，承认 Early 效应的存在，但是它想办法让输出晶体管的 u_{DS}(FET) 或者 u_{CE}(BJT) 保持不变，以实现稳定的电流输出。

4.7 比例电流镜和 Widlar 微电流源

◎比例电流镜

比例电流镜是标准 1:1 电流镜的一种变形，是指输出电流与输入电流成比例。图 4.34 是一个由 N 沟道 MOSFET 组成的浮纳型比例电流镜。它靠 R_1 和 R_3 之间的比例关系，决定输出电流 i_{OUT} 与输入电流 i_1 的比值。

简单介绍该电路的工作原理：恒定电流源 I_1，迫使 VT_1 流过 5mA 电流，VT_1 的 S 端电位（即电阻 R_1 的上端）必然为 5V，恒流源会主动改变 VT_1 的 G 端电位，以改变 u_{GS}，使得 VT_1 的 i_D=5mA。此时，右边的 VT_2 具有和 VT_1 相同的 G 端电位，当它们具有相同的伏安特性时，R_3 如果等于 R_1，则两者的 i_D 相等，当 R_3 较小时，i_{D2} 会大于 i_{D1}，起到比例电流镜的作用。

下面对图 4.34 进行理论分析。首先得了解 BS170 晶体管的关键参数。利用 Multisim 仿真其转移特性曲线，如图 4.35 所示。将其数据导出到 EXCEL 中，对其实施多项式拟合，得二次曲线方程，转换成电压、电流方程为：

$$i_D = 0.0536u_{GS}^2 - 0.194u_{GS} + 0.1756 \tag{4-87}$$

根据 MOSFET 转移特性公式：$i_D = K(u_{GS} - U_{GSTH})^2 = Ku_{GS}^2 - 2K \times U_{GSTH} \times u_{GS} + KU_{GSTH}^2$，可解得 $K = 0.0536A/V^2$，$U_{GSTH} = 1.809V$，即：

$$i_D = 0.0536(u_{GS} - 1.809)^2 \tag{4-88}$$

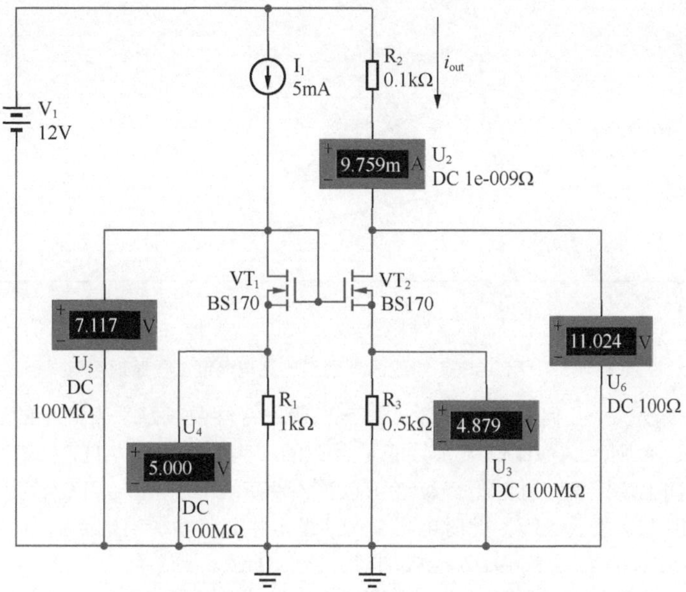

图 4.34　MOSFET 组成的浮纳型比例电流镜

因 I_1 为 5mA 的恒流源，VT_1 为 MOSFET，流过 R_1 的电流也是 5mA，则 U_{S1}=5V。

$$I_D = 5mA = K(u_{GS} - U_{GSTH})^2 = 0.0536(u_{GS} - 1.809)^2$$

解得 u_{GS}= 2.114V，则可知 U_{G1}=5V+2.114V=7.114V。

对于 VT_2 来说，除满足式（4-88）外，还满足以下直线方程：

$$U_{G1} = u_{GS2} + i_{D2} \times R_3 \tag{4-89}$$

式（4-89）是一个直线方程，如图 4.35 中的绿色斜线。联立式（4-88）和式（4-89）求解，得交点：

$$\begin{cases} i_{D2} = 0.0536(u_{GS2} - 1.809)^2 \\ 7.114 = u_{GS2} + i_{D2} \times 500 \end{cases}$$

i_{D2}= 9.757mA，u_{GS2}= 2.236V，根据 U_{G1}=7.114V 得 u_{S2}= 4.878V。

回头再看看仿真结果，我们发现计算值与仿真结果非常吻合（见表 4.1）。

表 4.1　仿真结果与计算值对比

项目	仿真结果	理论计算值	误差 /%
U_G	7.117V	7.114V	−0.0422
u_{S2}	4.879V	4.878V	−0.0205
i_{D2}	9.759mA	9.757mA	−0.0205

上述理论分析虽然很精确，但是不容易看出所谓的比例电流镜关系。图 4.35 则清晰表明了这种比例关系的来源。

从图 4.35 中可以看出，蓝色曲线是我们获得的 MOSFET 的转移特性曲线，即式（4-88）。在曲线中找到 5mA 点，即 P1 点，按照斜率倒数为 1000Ω，画出红色直线，即为 VT_1 满足的直线方程，它和

横轴的交点为 U_G=7.114V，固定此点不变，改变斜率倒数为 R_3=500Ω，画出绿色直线，即为 VT_2 满足的直线方程，它和蓝色曲线的交点为 VT_2 的工作点。可以看出，随着 R_3 越来越小，P2 点会越来越高，即电流越来越大。

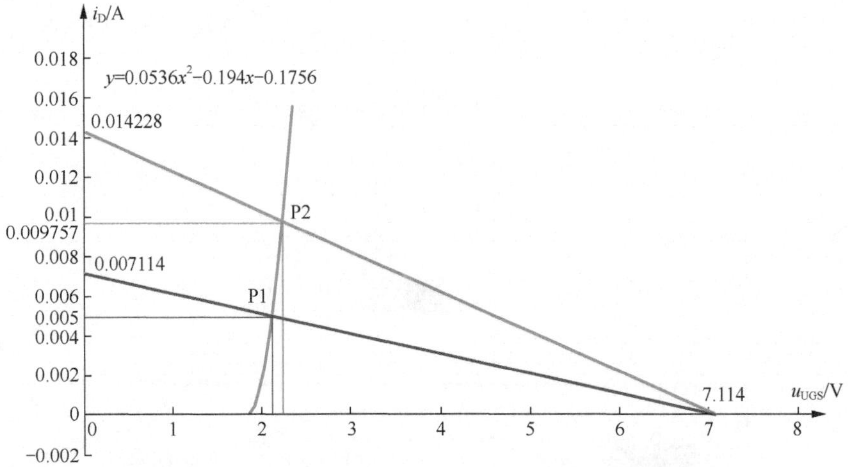

图 4.35　MOSFET 组成的浮纳型比例电流镜工作原理图解

这就是比例的来源。从几何学角度解释，只有当伏安特性曲线是垂直向上的时，P1 和 P2 点的纵向值才是成比例的。否则，这种比例关系只能是近似的。因此，图中 7.117V 这个值越大，曲线就相应地越接近于垂直向上，比例特性越好。读者可以试着将 R_1=1kΩ、R_3=0.5kΩ 改为 R_1=10kΩ、R_3=5kΩ，相应地将供电电源由 12V 变为 55V，此时电阻 1∶0.5 设定将完美演绎出电流的 5mA∶10mA，仿真结果表明：U_G 会提升为 52.106V，而 i_{D2}=9.976mA，非常接近 10mA。

图 4.36 是一个地吐型比例电流镜。设计比例为 5∶1，即输出电流是输入电流的 0.2。理论输出应为 0.2mA，实际输出为 0.207mA，这也是源自于图 4.35 的近似比例，以及 Early 效应。

图 4.37 是一个地吐型比例电流镜。

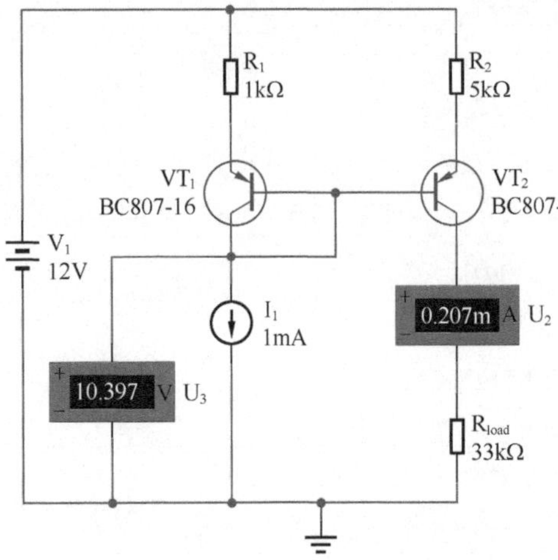

图 4.36　BJT 组成的地吐型比例电流镜

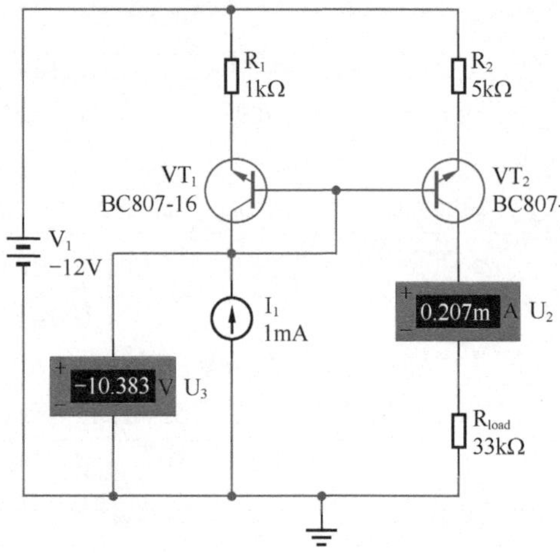

图 4.37　BJT 组成的地纳型比例电流镜

◎ Widlar 电流源

在运算放大器设计中，往往需要给输入级设置很小的静态集电极电流或者发射极电流，如果使用前述的电流镜或者比例电流镜，则必须使用较大的电阻。而集成电路内部制作大电阻较为困难。因此，如何使用阻值较小的电阻实现 10μA 数量级的输出电流，需要研究。

Widlar 电流源也称微电流源。它是在双晶体管电流镜基础上，给输出晶体管增加一个小电阻形成的，可通过设置电路中的 R_E 或者 R_S，控制输出一个较小的电流。它由运算放大器设计的鼻祖——美国人 Bob.Widlar 于 1967 年发明（引自维基百科），常用于运放内部的电路设计中。它可以用 BJT 实现，也可以用 MOSFET 实现；与电流镜一样，也可以组成浮纳型、浮吐型、地纳型、地吐型 4 种类型，因此可以画出 8 种不同的电路。图 4.38 ～图 4.40 给出了 3 种电路。

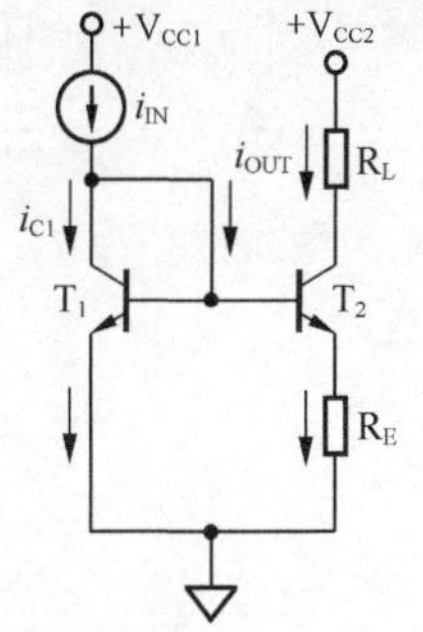

图 4.38　BJT 浮纳型微电流源

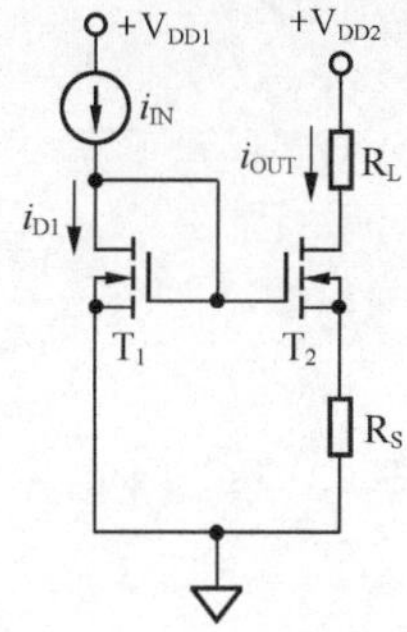

图 4.39　MOSFET 浮纳型微电流源

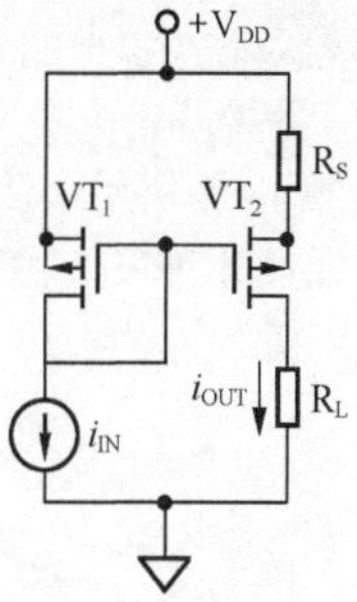

图 4.40　MOSFET 地吐型微电流源

$$u_{BE1} = u_{BE2} + i_{E2} \times R_E \approx u_{BE2} + i_{OUT} \times R_E \tag{4-90}$$

在 u_{BE} 远大于 u_T 时，有下式成立：

$$i_B = I_S\left(e^{\frac{u_{BE}}{U_T}} - 1\right) \approx I_S \times e^{\frac{u_{BE}}{U_T}} \tag{4-91}$$

在两个晶体管的 β 相等且很大时，有：

$$i_{IN} \approx \beta \times I_S \times e^{\frac{u_{BE1}}{U_T}} \tag{4-92}$$

则：

$$u_{BE1} = U_T \times \ln\left(\frac{i_{IN}}{\beta \times I_S}\right) \tag{4-93}$$

$$u_{BE2} = U_T \times \ln\left(\frac{i_{OUT}}{\beta \times I_S}\right) \tag{4-94}$$

将式（4-93）、式（4-94）代入式（4-90），得：

$$U_T \times \ln\left(\frac{i_{IN}}{\beta \times I_S}\right) = U_T \times \ln\left(\frac{i_{OUT}}{\beta \times I_S}\right) + i_{OUT} \times R_E \tag{4-95}$$

$$U_T \times \ln\left(\frac{i_{IN}}{i_{OUT}}\right) = i_{OUT} \times R_E \tag{4-96}$$

式（4-96）中，我们明确知道 U_T 和 i_{IN}，如果已知 R_E，要求求解 i_{OUT}，则属于超越方程，用数值法可以计算获得，但无法写出准确表达式。幸运的是，一般情况下，我们都是已知期望的 i_{OUT}，要计算 R_E 的值，这就简单了，对式（4-96）进行变形即可得到式（4-97）：

$$R_E = \frac{U_T}{i_{OUT}} \times \ln\left(\frac{i_{IN}}{i_{OUT}}\right) \tag{4-97}$$

举例 1

设计一个 BJT 组成的多路并联 Widlar 微电流源，电路供电电压为 10V，电路中最大电阻不得超过 3kΩ，要求实现浮纳型 3 路输出电流，分别为 50μA、100μA、200μA。

解：

首先确定电路结构。图4.38为浮纳型Widlar微电流源，可以参考。将电路中的输出级复制2个，并将它们的基极连接在一起，均受输入级控制，即可形成3路电流源输出，如图4.41所示。需要注意的是，图4.38中输入电流源是外部给定的，本例中我们需要用电阻 R_C 和晶体管 VT_0（参考图4.30电路）自己设计一个。

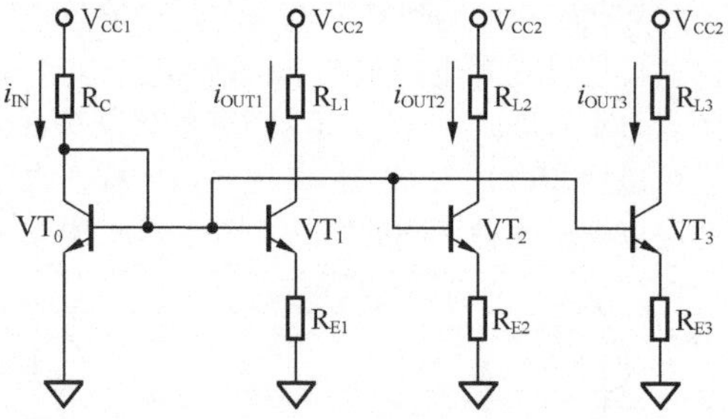

图 4.41　多通道并联 Widlar 电流源

其次，需要确定电阻 R_C 并求解输入电流 i_{IN}。Widlar电流源的核心是利用小阻值电阻实现微小电流，因此为了降低设计难度，我们可以将电阻 R_C 选为最大，为3kΩ。可得：

$$i_{IN}=\frac{V_{CC1}-U_{BEQ0}}{R_C}=3.1\text{mA}$$

最后，根据式（4-97），得

$$R_{E1}=\frac{U_T}{i_{OUT1}}\times\ln\left(\frac{i_{IN}}{i_{OUT1}}\right)=2146\,\Omega$$

$$R_{E2}=\frac{U_T}{i_{OUT2}}\times\ln\left(\frac{i_{IN}}{i_{OUT2}}\right)=892\,\Omega$$

$$R_{E3}=\frac{U_T}{i_{OUT3}}\times\ln\left(\frac{i_{IN}}{i_{OUT3}}\right)=356\,\Omega$$

利用Multisim仿真软件进行仿真。晶体管选用BC846，电阻为上述值，结果显示为：

$$i_{IN}=3.112\text{mA},\ i_{OUT1}=50\mu\text{A},\ i_{OUT2}=103\mu\text{A},\ i_{OUT3}=210\mu\text{A}$$

与要求值较为吻合。

需要指出的是，电路中输入级供电为 V_{CC1}=10V，输出级给出了独立的供电 V_{CC2}，前者对电路的各支路工作电流有决定作用，而后者几乎不会影响各支路电流，除非你考虑到Early效应的影响，因此电路中 V_{CC2} 不一定要选择为10V。下面的MOSFET电路也是这样。

由MOSFET组成的图4-39所示电路也可以实现Widlar微电流源。分析方法如下：

$$i_{IN}=i_{D1}=K\left(u_{GS1}-U_{GSTH}\right)^2 \tag{4-98}$$

$$u_{GS1}=U_{GSTH}+\sqrt{\frac{i_{IN}}{K}} \tag{4-99}$$

$$u_{GS2}=U_{GSTH}+\sqrt{\frac{i_{OUT}}{K}} \tag{4-100}$$

另外，还有下式成立：

$$u_{GS1}=u_{GS2}+i_{OUT}\times R_S \tag{4-101}$$

如果已知 i_{IN}、i_{OUT}，欲求解 R_S，可以直接利用下式：

$$R_S=\frac{\sqrt{\frac{i_{IN}}{K}}-\sqrt{\frac{i_{OUT}}{K}}}{i_{OUT}} \tag{4-102}$$

如果已知 i_{IN}、R_S，欲求解 i_{OUT}，则稍微麻烦些。

将式（4-99）、式（4-100）代入式（4-101），可得：

$$\sqrt{\frac{i_{\mathrm{IN}}}{K}}=\sqrt{\frac{i_{\mathrm{OUT}}}{K}}+i_{\mathrm{OUT}}\times R_{\mathrm{S}} \tag{4-103}$$

设$\sqrt{\frac{i_{\mathrm{OUT}}}{K}}=x$，则$i_{\mathrm{OUT}}=Kx^2$，整理上式得：

$$KR_{\mathrm{S}}x^2+x-\sqrt{\frac{i_{\mathrm{IN}}}{K}}=0 \tag{4-104}$$

$$x=\frac{-1\pm\sqrt{1+4KR_{\mathrm{S}}\sqrt{\frac{i_{\mathrm{IN}}}{K}}}}{2KR_{\mathrm{S}}} \tag{4-105}$$

$$i_{\mathrm{OUT}}=K\left(\frac{-1\pm\sqrt{1+4KR_{\mathrm{S}}\sqrt{\frac{i_{\mathrm{IN}}}{K}}}}{2KR_{\mathrm{S}}}\right)^2=\frac{\left(\sqrt{1+4KR_{\mathrm{S}}\sqrt{\frac{i_{\mathrm{IN}}}{K}}}-1\right)^2}{4KR_{\mathrm{S}}^2} \tag{4-106}$$

举例2

设计一个由MOSFET组成的多路并联Widlar微电流源，电路供电电压为10V，电路中最大电阻不得超过4kΩ，要求实现浮纳型3路输出电流，分别为50μA、100μA、200μA。

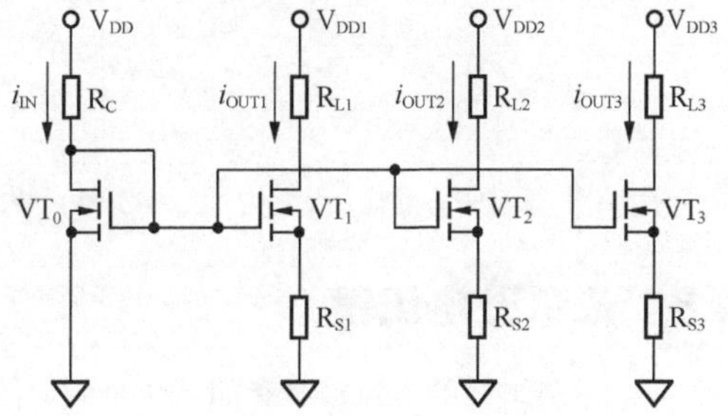

图4.42 MOSFET多通道并联Widlar电流源

解：电路结构如图4.42所示。选用晶体管为2N7000，其关键参数为：U_{GSTH}=2V，K=0.0504A/V2。

第一步，确定电阻R_{C}=4kΩ，求解输入电流i_{IN}。这是由$\mathrm{V_{DD}}$、晶体管$\mathrm{VT_0}$、电阻$\mathrm{R_C}$决定的，可以独立解出，与3个输出级没有关系。具体方法如下。

晶体管的i_{D}和u_{GS}满足MOSFET的转移特性曲线，有下式成立：

$$i_{\mathrm{D}}=K\left(u_{\mathrm{GS}}-U_{\mathrm{GSTH}}\right)^2=i_{\mathrm{IN}} \tag{4-107}$$

i_{IN}和u_{GS}还满足一个直线方程，有下式成立：

$$V_{\mathrm{DD}}=i_{\mathrm{IN}}R_{\mathrm{D}}+u_{\mathrm{GS}} \tag{4-108}$$

两个未知数，两个独立方程，可以解得：

$$u_{\mathrm{GS}}=\frac{2KR_{\mathrm{D}}U_{\mathrm{GSTH}}-1\pm\sqrt{\left(2KR_{\mathrm{D}}U_{\mathrm{GSTH}}-1\right)^2-4K^2R_{\mathrm{D}}^2U_{\mathrm{GSTH}}^2+4V_{\mathrm{DD}}KR_{\mathrm{D}}}}{2KR_{\mathrm{D}}}=\frac{2KR_{\mathrm{D}}U_{\mathrm{GSTH}}-1+\sqrt{1+4KR_{\mathrm{D}}\left(V_{\mathrm{DD}}-U_{\mathrm{GSTH}}\right)}}{2KR_{\mathrm{D}}} \tag{4-109}$$

$$i_{\mathrm{IN}}=i_{\mathrm{D}}=\frac{V_{\mathrm{DD}}-u_{\mathrm{GS}}}{R_{\mathrm{D}}}=\frac{V_{\mathrm{DD}}}{R_{\mathrm{D}}}-\frac{2KR_{\mathrm{D}}U_{\mathrm{GSTH}}-1+\sqrt{1+4KR_{\mathrm{D}}\left(V_{\mathrm{DD}}-U_{\mathrm{GSTH}}\right)}}{2KR_{\mathrm{D}}^2} \tag{4-110}$$

将U_{GSTH}=2V、K=0.0504A/V2、R_{D}=4000Ω代入式（4-110），解得：

$$i_{\mathrm{IN}}=i_{\mathrm{D}}=1.951\mathrm{mA}$$

第二步，根据输出电流要求，确定各输出环节的R_{S}。

据式（4-102），有：

$$R_{\mathrm{S1}}=\frac{\sqrt{\frac{i_{\mathrm{IN}}}{K}}-\sqrt{\frac{i_{\mathrm{OUT1}}}{K}}}{i_{\mathrm{OUT1}}}=3305\Omega$$

$$R_{S2}=\frac{\sqrt{\frac{i_{IN}}{K}}-\sqrt{\frac{i_{OUT2}}{K}}}{i_{OUT2}}=1522\Omega$$

$$R_{S3}=\frac{\sqrt{\frac{i_{IN}}{K}}-\sqrt{\frac{i_{OUT3}}{K}}}{i_{OUT3}}=669\Omega$$

利用 Multisim 仿真软件进行仿真。晶体管选用 2N7000，电阻为上述值，结果显示为：

$$i_{IN}=1.952\text{mA},\ i_{OUT1}=50\mu\text{A},\ i_{OUT2}=101\mu\text{A},\ i_{OUT3}=203\mu\text{A}$$

与要求值较为吻合。

举例 3

在举例 2 电路中，将 R_{S1} 由 3305Ω 改为 4000Ω，其余条件均不改变，求输出电流 i_{OUT1}。

解：利用式（4-106），代入 i_{IN}=1.952mA，K=0.0504A/V^2，R_{S1}=4000Ω，得：

$$i_{OUT}=K\left(\frac{-1\pm\sqrt{1+4KR_S\sqrt{\frac{i_{IN}}{K}}}}{2KR_S}\right)^2=42\mu\text{A}$$

在仿真实验中，测试结果为 i_{OUT}=43μA，两者非常吻合。

4.8 威尔逊电流镜

第 4.6 节讲述的电流镜具有如下两个明显的缺点。

第一，在输入和输出两个晶体管的 c、e 压降相等的情况下，输出电流是输入电流的 $\beta/(\beta+2)$ 倍，它不是 1 倍，且与 β 相关。这个缺点对于 MOSFET 组成的电流镜来说，是不存在的。

第二，输出电流与输出晶体管 c、e 压降密切相关，压降越大，输出电流越大。这个缺点对于任何电流镜来说，都是致命的。一般来说，电流镜的输出具有固定的电压源，如图 4.28 中的 E_C。当负载电阻接入后，如果保持输出恒流，那么负载变大时，负载两端的压降就增加了，留给电流镜输出端集电极和发射极之间的压降就会变小，客观上导致实际的输出电流也就变小了，难以做到始终恒流。

◎三晶体管威尔逊电流镜

如何改进前述的双晶体管电流镜，以克服上述缺点？ 1967 年，美国的 George R. Wilson（威尔逊）和 Barrie Gilbert，两位 Tektronix 公司的设计师，为此进行了挑战。威尔逊熬了一个通宵，给出了如图 4.43 所示的电路结构——后人称之为威尔逊电流源或者威尔逊电流镜——赢得了挑战（信息来自维基百科）。

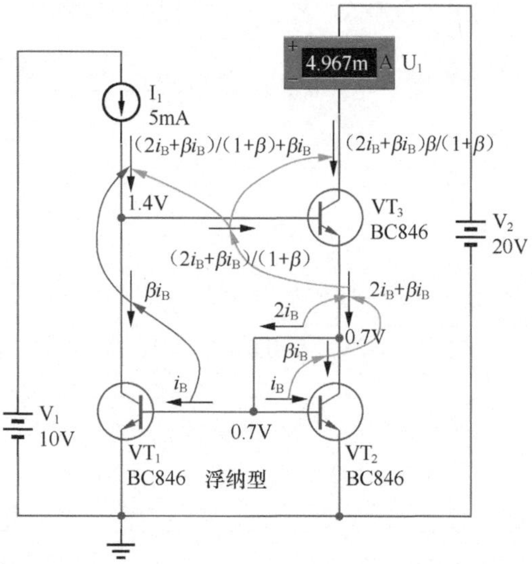

图 4.43　三晶体管威尔逊电流镜

威尔逊电流镜的核心改进是增加了第三个晶体管 VT_3。VT_3 的作用如下。第一，保证了 VT_1 和 VT_2 两个晶体管的 U_{CEQ} 非常接近，VT_1 是 1.4V，VT_2 是 0.7V，图中可以清晰显示这个结果。这几乎克服了前述电流镜的缺点二，很大程度上减小了 Early 效应对电流镜的影响。这是最核心的一点，我估计威尔逊首先想到的应该是这个结果。第二，通过电流计算，可以得到在不考虑 Early 效应的情况下的输入输出电流比，也更接近于 1。计算如下。

各支路电流如图 4.43 所示，其中带箭头曲线标识各电流之间的因果关系，由谁引起谁，绿色代表右侧 i_B 引起的，而蓝色代表左侧 i_B 引起的。假设 3 个晶体管具有相同的β，在图 4.43 中由于 VT_1 和 VT_2 的 u_{BE} 相等，假设它们具有相同的 i_B，则可以推出如图 4.43 所示的结论：

$$i_{IN}=\beta i_B+\frac{\beta i_B+2i_B}{1+\beta}=i_B\left(\beta+\frac{\beta+2}{1+\beta}\right)=i_B\frac{\beta^2+2\beta+2}{1+\beta} \tag{4-111}$$

$$i_{OUT}=i_B\frac{\beta^2+2\beta}{1+\beta} \tag{4-112}$$

两者对比，可以得到：

$$i_{OUT}=i_{IN}\frac{\beta^2+2\beta}{\beta^2+2\beta+2} \tag{4-113}$$

说明输出电流会略小于输入电流，且两者的误差约为 $2/\beta^2$。前述的双晶体管电流镜的输出电流为 $i_{OUT}=\dfrac{\beta}{\beta+2}i_{IN}$，误差远大于威尔逊电流镜。

◎四晶体管威尔逊电流镜

在三晶体管威尔逊电流镜基础上，通过增加第四个晶体管，形成了四晶体管威尔逊电流镜，如图 4.44 所示。图 4.44 中从输入电流开始分析，逐项标注了各个支路的电流。

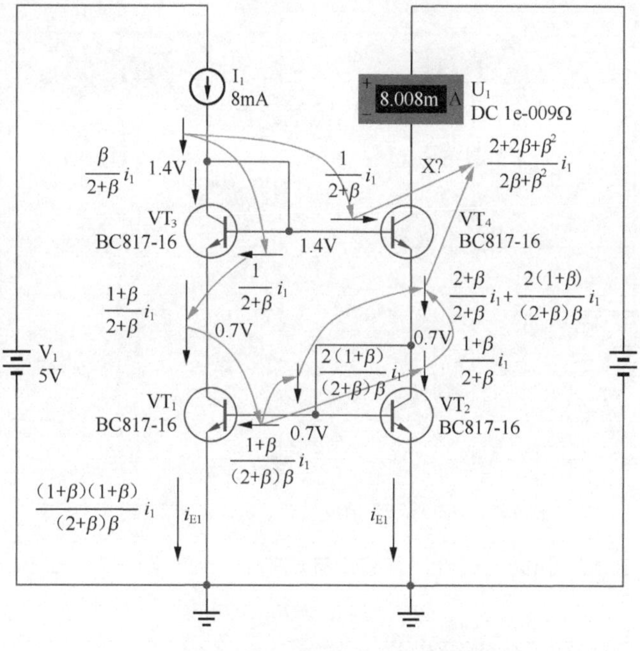

图 4.44　四晶体管威尔逊电流镜

首先，由输入电流 i_1，可以设 VT_3 和 VT_4 的基极电流为 i_B，则有：

$$\beta i_B=i_{C1}=i_1-2i_B \tag{4-114}$$

解得：

$$i_B=\frac{1}{\beta+2}i_1 \tag{4-115}$$

由于 VT_1、VT_2、VT_3 的 u_{CE} 均为 0.7V 左右，它们几乎不会受到 Early 效应的影响，由 i_B 开始，向下方分析，可以得到各支路电流如图 4.44 所示。其分析原则均为：$i_C=\beta i_B$，$i_E=i_B+i_C$。

而对于 VT_4，它的 u_{CE} 是不确定的，受负载情况影响。因此，对它应考虑 Early 效应，只能使用 $i_E=i_B+i_C$，而不能使用 $i_C=\beta i_B$。

因此，沿着箭头分析到 VT_4 时，其集电极电流不是 βi_B，而是 $i_{C4}=i_{E4}-i_B$。

故此，其输出电流和输入电流关系为：

$$i_{OUT}=i_1\frac{\beta^2+2\beta+2}{\beta^2+2\beta} \tag{4-116}$$

输出电流比输入电流大，误差也很小。

可以看出，它与三晶体管电路相比，最大的贡献在于进一步保证了 VT_1、VT_2、VT_3 具有几乎相同的且很小的 u_{CE}，能保证 Early 效应对其影响最小。

◎ MOSFET 组成的威尔逊电流镜

用 MOSFET 管代替 BJT 管也可以形成威尔逊电流镜，其基本思想几乎完全一致，主要区别有两点：第一，MOSFET 不存在门极电流，误差会比 BJT 的小；第二，MOSFET 组成的电路中，输入电流源的最低电位不再是 1.4V（只要打通两个 BJT 的 PN 结），而是更高，一般要大于 2 倍的 MOSFET 开启电压 U_{GSTH}。这对输入电流源提出了更高的要求，在这一点上，MOSFET 没有 BJT 的好。

三管 MOSFET 威尔逊电流镜如图 4.45 所示。图中左侧电路是给定输入电流源的，而右侧电路是由电阻产生输入电流的。如果已知晶体管参数 K、U_{GSTH}，要求产生指定大小的输入电流，求解电阻值，可以按照下述方法进行。

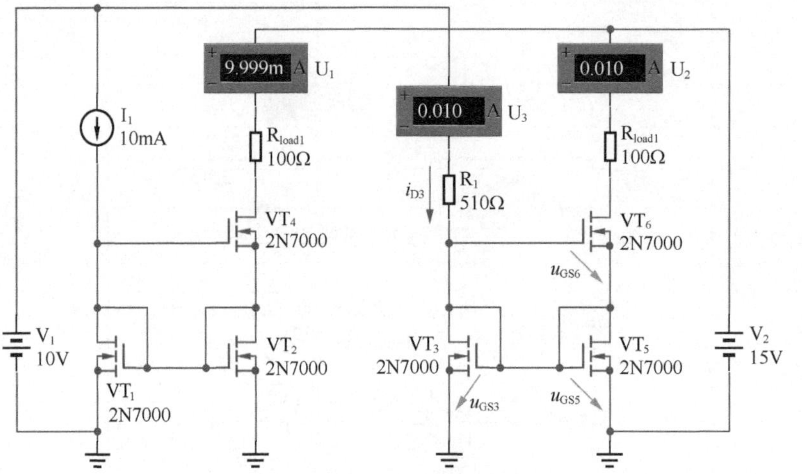

图 4.45 MOSFET 组成的三管威尔逊电流镜

因为 VT_3、VT_5、VT_6 具有相同的电流，且它们参数完全一致，则三者的 u_{GS} 应该相等：

$$u_{GS3}=u_{GS5}=u_{GS6} \tag{4-117}$$

对于 VT_3 来说，其转移特性曲线成立：

$$i_{D3}=K\left(u_{GS3}-U_{GSTH}\right)^2 \tag{4-118}$$

可以解得：

$$u_{GS3}=U_{GSTH}+\sqrt{\frac{i_{D3}}{K}} \tag{4-119}$$

对于电路来说，有下式（直线方程）成立：

$$V_1=i_{D3}R_1+u_{GS6}+u_{GS3}=i_{D3}R_1+2u_{GS3} \tag{4-120}$$

将式（4-119）代入式（4-120），可以解得：

$$R_1 = \frac{V_1 - 2\left(U_{GSTH} + \sqrt{\frac{i_{D3}}{K}}\right)}{i_{D3}} \tag{4-121}$$

举例 1

以图 4.45 所示电路为例，要求输入电流为 10mA，求解电阻 R_1。

解：根据 Multisim12.0 中晶体管 2N7000 参数可知，K=0.0504A/V2，U_{GSTH}=2V。题目要求 i_{D3}=10mA，则可利用式（4-121）得：

$$R_1 = \frac{V_1 - 2\left(U_{GSTH} + \sqrt{\frac{i_{D3}}{K}}\right)}{i_{D3}} = 510.9\Omega$$

从图 4.45 可以看出，选择电阻为 510Ω，生成的输入电流为 0.01A，与设计吻合。

同样的思路，MOSFET 组成的四晶体管威尔逊电流镜如图 4.46 所示。

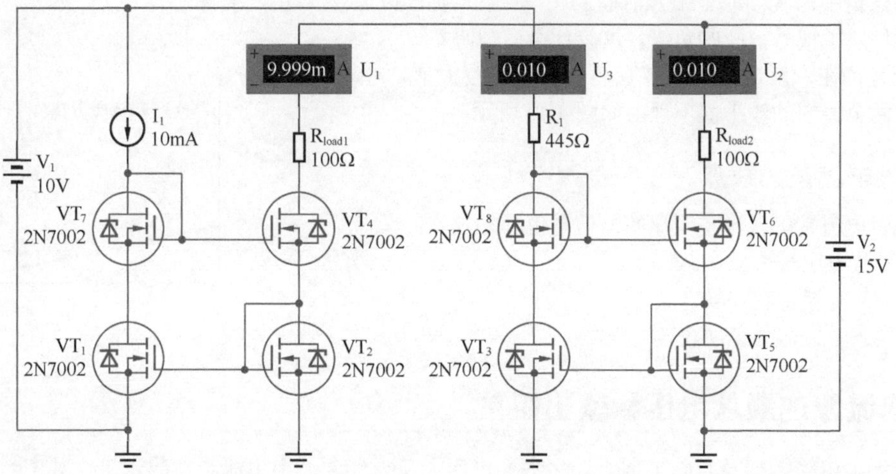

图 4.46　MOSFET 组成的四管威尔逊电流镜

举例 2

以图 4.46 所示电路为例，已知电阻 R_1 为 445Ω，求输入电流。

解：在 Multisim12.0 中，双击所选晶体管 2N7002，其中有一项“Edit Model”，打开可以看到如下信息：“.MODEL MOD1 NMOS VTO=2.474 RS=1.68 RD=0.0 IS=1E−15 KP=0.296+CGSO=23.5P CGDO= 4.5P CBD=53.5P PB=1 LAMBDA=267E−6”。

对解题有用的是：

$$U_{GSTH} = 2.474\text{V};\ K = \frac{K_P}{2} = 0.148\text{A}/\text{V}^2$$

晶体管 VT_3 的 i_{D3} 即待求输入电流，为书写方便，将其设为 y，而相应的 u_{GS3} 设为 x。

$$V_1 = yR_1 + 2x \tag{4-122}$$

$$y = K\left(x - U_{GSTH}\right)^2 = Kx^2 - 2KU_{GSTH}x + KU_{GSTH}^2 \tag{4-123}$$

将式（4-122）变形，x 用 y 的表达式表示，即让 x 消失，代入式（4-123）得：

$$y = K\left(\frac{V_1 - yR_1}{2}\right)^2 - 2KU_{GSTH} \times \frac{V_1 - yR_1}{2} + KU_{GSTH}^2 \tag{4-124}$$

拆开等式，为：

$$y=\frac{KV_1^2}{4}+\frac{KR_1^2}{4}y^2-\frac{2KV_1R_1}{4}y-KU_{\mathrm{GSTH}}V_1+KU_{\mathrm{GSTH}}R_1y+KU_{\mathrm{GSTH}}^2 \tag{4-125}$$

整理得：

$$y^2\frac{KR_1^2}{4}+y\left(KU_{\mathrm{GSTH}}R_1-\frac{KV_1R_1}{2}-1\right)+KU_{\mathrm{GSTH}}^2+\frac{KV_1^2}{4}-KU_{\mathrm{GSTH}}V_1=0 \tag{4-126}$$

$$ay^2+by+c=0 \tag{4-127}$$

$$a=\frac{KR_1^2}{4};\ b=KU_{\mathrm{GSTH}}R_1-\frac{KV_1R_1}{2}-1;\ c=KU_{\mathrm{GSTH}}^2+\frac{KV_1^2}{4}-KU_{\mathrm{GSTH}}V_1 \tag{4-128}$$

$$y_1=\frac{-b+\sqrt{b^2-4ac}}{2a};\ y_2=\frac{-b-\sqrt{b^2-4ac}}{2a} \tag{4-129}$$

代入数值得 y_1=12.67mA。取较小值 i_{D3}=10.17mA 为正解。解题完毕。

至此，我们用过两种思路解此类题目：第一种，以 u_{GS} 为未知量求解一元二次方程（参见式（4-109）），在得出的结论中，我们取了根号前面的正值；第二种，以 i_D 为未知量求解一元二次方程，在得出的结论中，我们取了根号前面的负值。这有什么道理吗？

结论是，在求解电压中，应取两个值中的较大值，在求解电流中，应取两个值中的较小值。理由如图 4.47 所示。

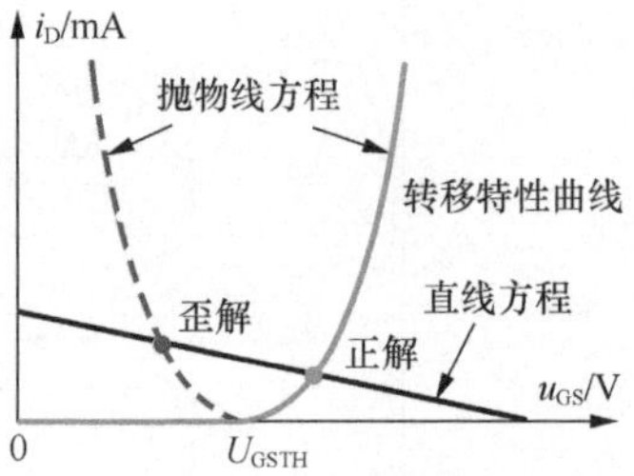

图 4.47　结论分析

◎威尔逊电流镜的缺点

威尔逊电流镜的优点是明显的，但是也存在缺点：

- 顺从电压较大；
- 无法实现多组并联电流镜；
- 噪声较大，稳定性较差。

4.9　电流源的顺从电压和输出阻抗

任何一个电流源都具有两个端子，一个流进电流，另一个流出电流。一般来讲，其中一个端子作为固定端 COM，另外一个端子则是输出端 OUT。哪个端子是 COM 端，随着电流源内部结构的不同而不同，仅靠电流源符号无法区分。在实际电路中，与负载连接的端子一定是 OUT 端，而 COM 端则一般接固定电压源或者 GND。如图 4.48 所示。其中，子图（a）和子图（e）是两个不同方向的电流源符号；子图（b）是双晶体管电流镜形成的电流源，浮纳型；子图（c）是双晶体管微电流镜或者比例电流镜形成的电流源，其特点是在输出级中包含发射极电阻 R_E，也是浮纳型；子图（d）则是双晶体管电流镜形成的电流源，地吐型。子图（b）、子图（c）、子图（d）均可用子图（a）符号表示。同样地，针对子图（e）符号，画出了两个电流源子图（f）和子图（g）。

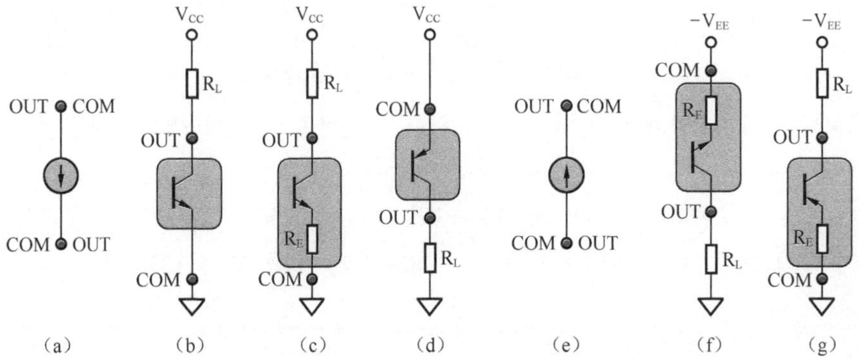

图 4.48　各种类型的电流源外部符号和内部输出级构造

◎电流源的顺从电压（Compliance Voltage）

理想情况下，对于一个电流源来说，只要求它能够保持规定的输出电流即可，并没有要求它的两个端子的电位必须是多少，以及两个端子之间的电位差（电压）是多少。但是，实际情况并不是如此。

图 4.48（b）中，假设 V_{CC}=10V，设定的输出电流为 1mA。那么当 R_L=5kΩ 时，u_{OUT}=5V，u_{COM}=0V，此时电流源能够正常工作。随着负载电阻的不断增大，u_{OUT} 也会不断减小。当 $u_{CE}=u_{OUT}-u_{COM}$=0.3V 时，该晶体管可能会进入饱和状态，也就没有能力维持输出电流为 1mA 了，换句话说，电流源就失效了。

定义：顺从电压是指一个电流源在保持输出电流在能够接受的范围内时（即认为其处于恒流状态），COM 端和 OUT 端之间需要的最小电位差，用绝对值表示。

在图 4.48（b）、图 4.48（d）中，顺从电压约为 0.3V，就是饱和压降。而在图 4.48（c）、图 4.48（f）、图 4.48（g）中，则还包括电阻 R_E 上的压降，因此其顺从电压会高于 0.3V。

顺从电压越小越好。在相同的外部供电电压 V_{CC} 下，顺从电压越小，留给负载电阻的电压变化范围就越大，容易适应更大取值范围的负载电阻。

需要提醒读者的是，人们对顺从电压存在不同理解。本书强调顺从电压是电流源正常工作时，两端电压最小值，而有些地方在使用这个概念时，习惯用一个范围表示，比如说顺从电压范围是 0.8 ～ 40V。这样不严谨，因为造成下限和上限的物理根源是不一样的。

所有电流源在工作时都存在上限电压，这个电压是指一种安全极限，比如 40V，是指超过 40V，电流源可能损坏。

因此，正确的说法应该是，该电流源顺从电压为 0.8V，正常工作范围是 0.8 ～ 40V。

举例

以图 4.49 所示电路为例，求右侧电流源的顺从电压 U_{CV}，以及负载电阻的电压变化范围。

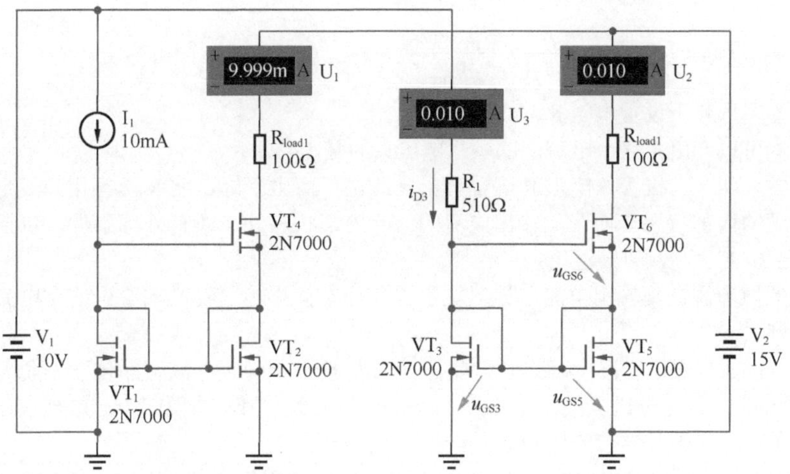

图 4.49　MOSFET 组成的三管威尔逊电流镜

解：在保证流过电阻 R_1 电流为 10mA 的情况下，VT_6 的 G 端电位为：

$$U_{GQ}=10-i_{D3}R_1=4.9V$$

根据电流源工作原理，可知此电压被两个晶体管均分，则：

$$U_{SQ6}=2.45V$$

要保证镜像电源也输出 10mA，必须使 VT_6 工作在恒流区。按照式（3-5）：

$$u_{DS6}>U_{DS\_dv}=u_{GS6}-U_{GSTH} \tag{4-130}$$

对上式进行变换，得：

$$u_{DG6}>-U_{GSTH} \tag{4-131}$$

$$u_{GD6} < U_{GSTH} \quad (4\text{-}132)$$

式（4-132）为式（3-5）的变形表达。据此，得：

$$u_{GD6} = U_{GQ} - u_{D6} < U_{GSTH} \quad (4\text{-}133)$$

$$u_{D6} > U_{GQ} - U_{GSTH} = 2.9\text{V}$$

则该电流镜的顺从电压为：

$$U_{CV} = u_{D6\_min} = 2.9\text{V}$$

负载电源的最小值为：

$$V_{2\_min} = U_{CV} + 10\text{mA} \times R_{load2} = 3.9\text{V}$$

当负载电源电压越来越大时，U_{SQ6} 始终为 2.45V，u_{DQ6} 却越来越大，这导致晶体管可能被击穿。查阅 2N7000 数据手册得 U_{DS_max}=60V，则负载电源最大值为：

$$V_{2\_max} = U_{SQ} + U_{DS\_max} + 10\text{mA} \times R_{load2} = 63.45\text{V}$$

4.10 恒流源

一个电路或者器件的某个端子，在一定范围内的外电势作用下，能够流出或者流进恒定的电流，称之为恒流源（Constant Current Source），或者恒流调节器（Constant Current Regulator，CCR）。一般来说，形成恒流源的方法有 3 类：简易晶体管恒流源、压流转换电路、专用的恒流源。本节讲解第一类，其他类型电路以后介绍。

图 4.50 是由 PNP 管组成的简易晶体管恒流源。两个二极管和 R_1 串联，在两个二极管之间形成基本稳定的电压 U_{DZ}。

$$U_{DZ} = U_{BE} + i_E R_{SET} \quad (4\text{-}134)$$

$$i_{OUT} = \frac{\beta}{1+\beta} i_E = \frac{\beta}{1+\beta} \times \frac{U_{DZ} - U_{BE}}{R_{SET}} \quad (4\text{-}135)$$

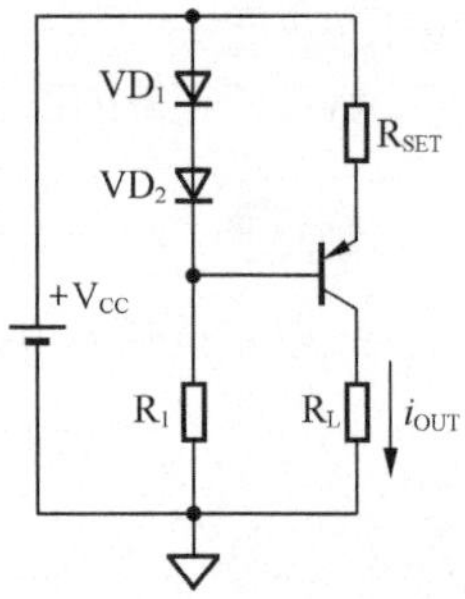

图 4.50 简易恒流源

输出电流主要依赖于设置电阻 R_{SET}。

从电路结构可以看出，这个电流源的顺从电压大约是 1.4V。

该电流源中，两个二极管、电阻 R_1、晶体管一般由厂商生产好，而 R_{SET} 靠用户设定，这些都可以被认为是电流源的内部状态。而影响输出电流的，除内部状态外，还有外部条件，包括外部供电电压 V_{CC}、负载电阻 R_L 的大小，以及温度。

一个良好的恒流源，其输出电流应该尽量不受外部条件影响。我们来看看这个电流源对外部条件改变的敏感程度。

（1）当外部的 V_{CC} 固定、温度确定时，晶体管的 I_B 被唯一确定，只要晶体管不脱离放大区，那么影响 I_{CQ}，也就是 I_{OUT} 的主要因素就剩下 U_{CE} 了——改变负载电阻，将引起 U_{CE} 剧烈变化。此时，输出电流的稳定性主要取决于晶体管的厄利效应。

（2）当负载电阻固定、温度确定时，V_{CC} 的增大将直接引起二极管工作状态的变化：电流变大，U_{DZ} 变大，这导致晶体管的 I_E 变大，输出电流也就增大。U_{DZ} 的稳定性直接决定输出电流的稳定性。很显然，这样一个二极管串联电路，U_{DZ} 的稳定性并不高。这很致命。

（3）电路中受温度影响的有二极管和晶体管，此电路的温度稳定性不好。

在这种情况下，这个恒流源只能被称为简易恒流源，一般用于对输出电流要求不高的场合，特别是供电电压变化不大的场合。

图 4.51 是 NXP 公司生产的恒流源器件 NCR401U，它如图 4.51 中上方的黑色方框内所示，有 4 个有用管脚：VS、IOUT、REXT、GND，与前述电路完全相同。它允许用户在外部并联电阻以提高输出电流。

电路中 GND 脚没有接地，而是通过一个下方方框内的晶体管开关，实施外部的数字电平控制——一般接到处理器的 GPIO（通用 I/O 口）上，决定 LED 是否点亮。当 IN/OUT 脚为高电平时，下方的晶体管导通，为恒流源中的二极管提供电流通路，LED 就会以设定电流值点亮。IN/OUT 脚为低电平时，LED 熄灭。

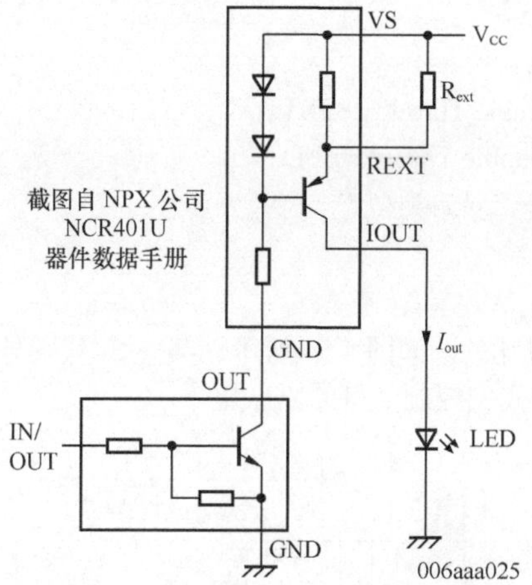

图 4.51　恒流源用于 LED 驱动

4.11 | 模拟开关

模拟开关（Analog Switch）的核心是一个电子开关，用外部数字逻辑信号控制两个端子之间的电阻：导通时电阻极小、断开时电阻极大，以此来实现对模拟电压信号是否能够通过实施控制。它广泛用于多路数据采集、AD 转换器中。

模拟开关由正电源端、负电源端、输入端、输出端、控制端组成，如图 4.52 所示。当外部数字控制信号 V_{ctr}=0 时，输入端和输出端之间存在极高电阻，等同于断开，如图 4.52（a）所示；当 V_{ctr}=1 时，输入端和输出端之间只有很小的电阻，等同于闭合。与普通机械开关不同，模拟开关需要供电电源，有正负电源型，也有单电源型。控制逻辑信号的大小和逻辑，取决于不同模拟开关的规定，有正逻辑，也有负逻辑，关键是提供符合器件规定的高电平和低电平来控制开关的断开还是闭合。

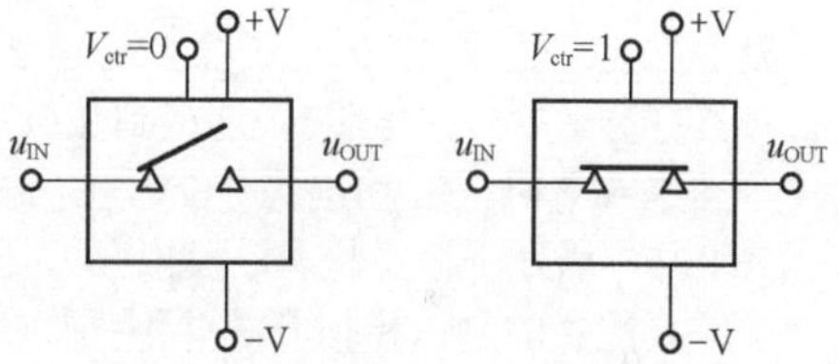

（a）模拟开关断开　　（b）模拟开关闭合

图 4.52　电子开关示意图

◎模拟开关的类型

模拟开关包括单刀单掷型、单刀双掷型、双刀单掷型、双刀双掷型等。

所谓的“刀”，是指一个控制信号同时控制的开关实体（机械开关的实体是一个金属片，画成原理图就像一个铡刀一样），英文是 Pole，含义是电极、杆的意思。图 4.53 中，子图（a）和子图（b）都是单刀，英文为 Single Pole，而子图（c）是双刀，Double Pole。

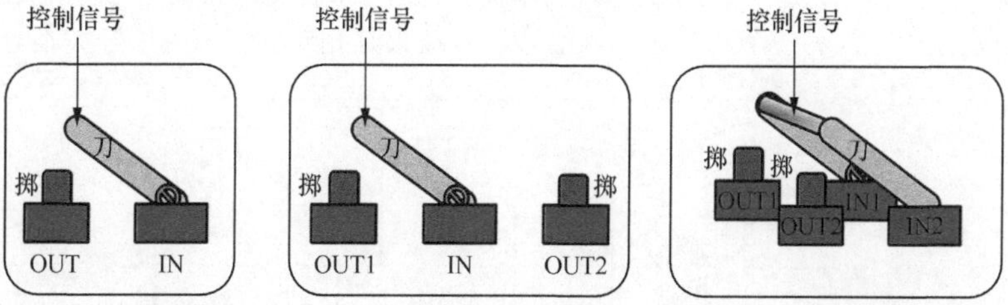

（a）单刀单掷　　（b）单刀双掷　　（c）双刀双掷

图 4.53　关于“刀”和“掷”的图示

所谓的“掷”，英文是 Throw，就是投掷的意思，在这里的含义是电极杆有几个可以投掷的位置。如果一个刀，只有断开或者闭合，如图 4.53（a）所示，叫“单掷，Single Throw”。如果一个刀，如图 4.53（b）所示，可以掷向左边，让 OUT1 和 IN 导通，也可以掷向右边，让 OUT2 和 IN 导通，就叫双掷，英文为 Double Throw。

常见的模拟开关有以下两类。

- 单刀单掷：Single Pole Single Throw—SPST。
- 单刀双掷：Single Pole Double Throw—SPDT。

用它们适当连接，很容易形成双刀类型。

◎ BJT 组成的模拟开关

双极型晶体管可以组成模拟开关，如图 4.54 所示。其中 S_1 代表外部提供的数字逻辑控制信号。S_1 输出有两种状态：0V、3.3V，这代表控制信号的高低电平。

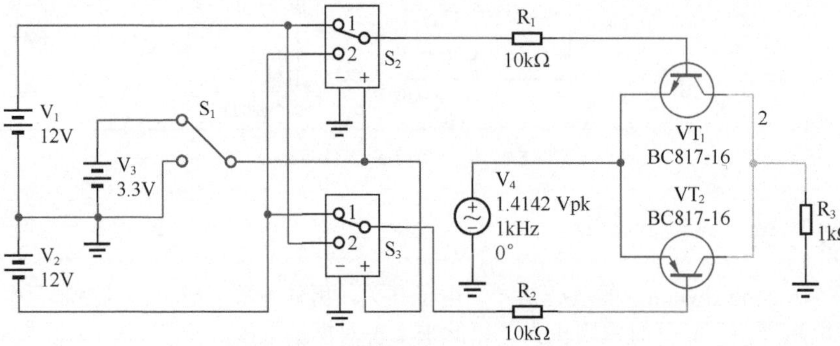

图 4.54　BJT 组成的 SPST 模拟开关

当 S_1=3.3V 时，S_2 输出为 12V，S_3 输出为 −12V（在模拟开关内部通过简单电平变换即可——图 4.54 中为了简化，使用 S_2 和 S_3 代替实现）。此时，VT_1 和 VT_2 均饱和导通，输入信号通过两个晶体管的并联（具有更小的导通电阻），连接到负载，模拟开关处于导通状态。

当 S_1=0V 时，S_2 输出为 −12V，S_3 输出为 12V，此时只要输入信号幅度不超过电源电压 ±12V，VT_1 和 VT_2 均处于截止状态，模拟开关处于关断状态。

需要注意的是，模拟开关并不强调输入端和输出端的区别：在图 4.54 中将输入信号和负载电阻对调位置，会得到几乎完全相同的结果。

但是以 BJT 为核心的模拟开关存在很多问题，此处不详述。结论是，此电路不实用。

◎ MOSFET 组成的模拟开关

类似地，可以用 NMOSFET 和 PMOSFET 并联，形成 MOSFET 模拟开关，如图 4.55 所示。图 4.55 中，用一个压控电压源 V_4 代替了图 4.54 中的 S_2 和 S_3，作用相同，也是形成 2 个控制电压端子，加载到 MOSFET 的门极。重要的是，本图电路是一个控制端 S_1 控制了两个相同的模拟开关（VT_1 和 VT_2 是一个，VT_3 和 VT_4 是另一个），因此这是一个 DPST（双刀单掷开关）。同时，图 4.55 演示了完全相同的两个模拟开关，一个从左边输入信号，另一个从右边输入信号，其效果是相同的——模拟开关不分输入和输出。

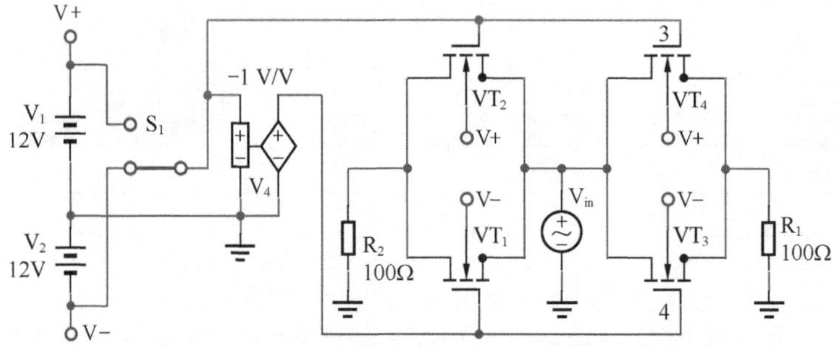

图 4.55　MOSFET 组成的 DPST 模拟开关

4.12 晶体管是组成集成电路的基础

任何一个集成电路，无论它是数字的还是模拟的，内部都包含大量晶体管。本节以运算放大器和数字逻辑中的非门为例，简单介绍晶体管在其中的作用。

◎晶体管组成运算放大器

图 4.56 是美国国家半导体公司（National Semiconductor Corporation，已被德州仪器公司 Texas Instruments 收购）生产的 LM324 集成运放内部结构。

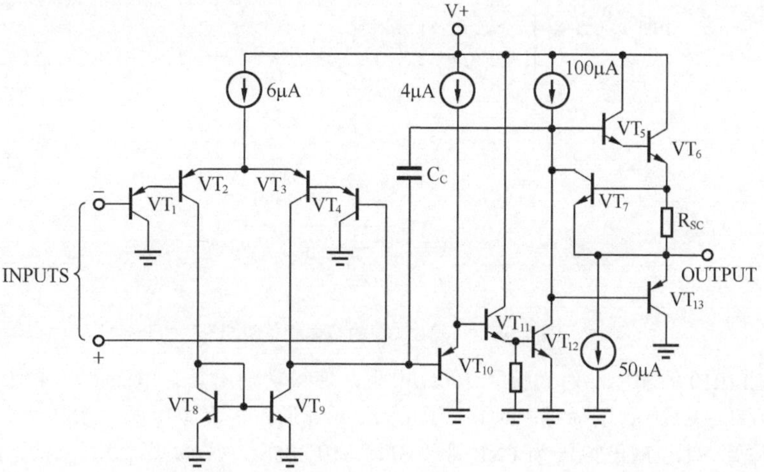

图 4.56 国家半导体公司的 LM324 运放内部结构——摘自 LM324 数据手册

可以看出，它主要由双极型晶体管 BJT 和恒流源、电阻、小电容等组成，其实它内部还有 JFET 和二极管，在结构图中没有画出。其中的恒流源也是由晶体管组成的。

◎晶体管组成的数字电路基础单元

图 4.57 所示为一个标准数字反相器，也称非门。VT_1 为 NMOS，VT_2 为 PMOS，因此称为 CMOS（Complementary MOS，互补 MOS）。

当输入 Data_in 为高电平时，$U_{GS1Q}>U_{GSTH1}$，N 沟道的 VT_1 导通；$U_{GS2Q}>U_{GSTH2}$，使得 P 沟道的 VT_2 截止，Data_out 输出低电平。

当输入 Data_in 为低电平时，$U_{GS1Q}<U_{GSTH1}$，N 沟道的 VT_1 截止；$U_{GS2Q}<U_{GSTH2}$，使得 P 沟道的 VT_2 导通，Data_out 输出高电平。

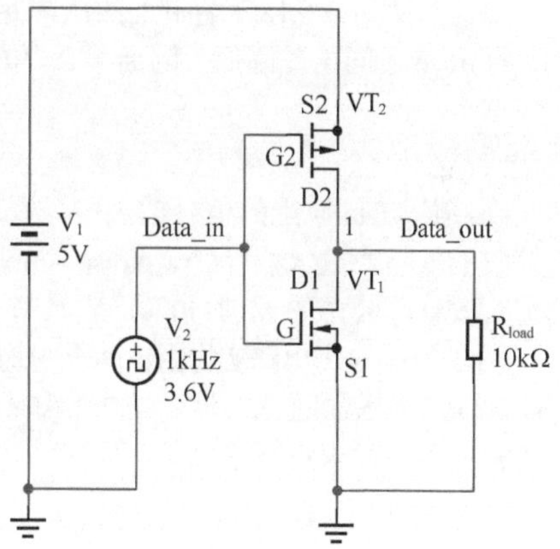

图 4.57 CMOS 反相器（非门）结构

4.13 扩流电路和超高频放大电路

在模拟信号处理领域，晶体管在扩流和超高频放大上，具有比运算放大器显著的优势。

◎扩流应用

多数运算放大器只能提供数十毫安的输出电流。在需要输出大电流时，一般需要用可以承载大电流的晶体管配合。

图 4.58 是一个可以输出 3A 电流的扩流电路。其中 LT1010 是 Linear Technology Corporation 公司生

产的，可提供 150mA 输出电流的驱动器，这已经是集成放大器中较为优秀的。但是如果需要输出的电流为安培级，则 LT1010 也无能为力。

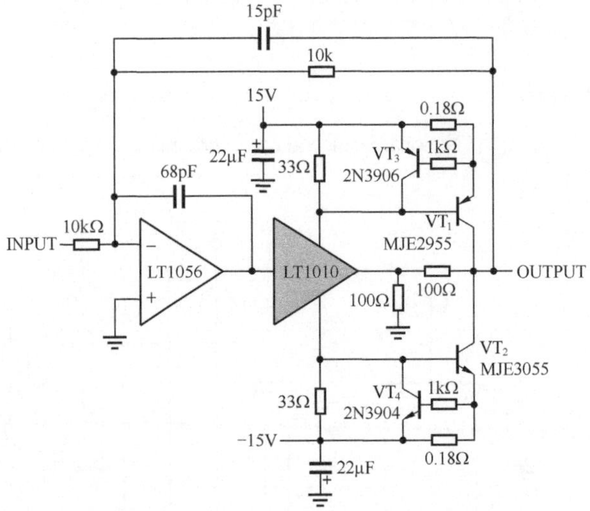

图 4.58 可输出 3A 的晶体管扩流电路

图 4.58 中 LT1010 的输出端对地接了 100Ω 电阻，使得它输出具有电流，这导致电源上必须提供电流，这个电流在 33Ω 上的压降足以使得 VT_1 的 b、e 导通，进而 VT_1 的输出将协助 LT1010 实现大电流输出。晶体管 VT_1、MJE2955 为 PNP 管，VT_2、MJE3055 为 NPN 管，均能输出 10A 电流。依赖整个闭环负反馈，该电路可以在保证输出信号等于输入信号的反相的同时，提供高达 3A 以上的电流。之所以说 3A，而不是 10A，是因为该电路中存在一个电流超限保护，由 VT_3 和 VT_4 实现：当 VT_1 的输出电流过大时，0.18Ω 电阻上的压降足以使 VT_3 饱和导通，使 VT_3 的集电极电位上升，这也就导致 VT_1 的 b、e 之间压差降低，阻断 VT_1 的导通。

◎超高频放大

在高达 GHz 以上的信号放大中，晶体管仍然扮演着极为重要的角色。图 4.59 是一个用于 GPS 信号接收的低噪声放大器（Low Noise Amplifier，LNA），其工作频率涵盖 GPS 的 1.575GHz。其中核心晶体管为安森美公司的 MCH4009，它具有 25GHz 的增益带宽积。

图 4.60 是这个电路实物图。两个图均来自于“Single stage LNA for GPS Using the MCH4009，Application Note，On semiconductor”。图 4.59 中基本结构与共射级放大电路类似，但是在电感、电容、电阻选择、电路板布线中要求很严格。

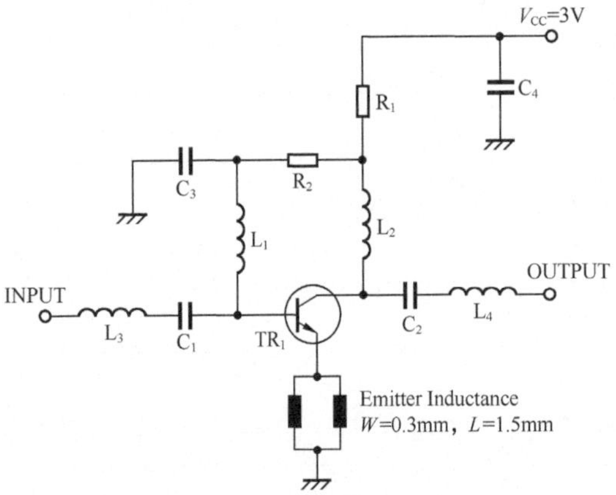

图 4.59 用于 GPS 的晶体管低噪声放大器 LNA

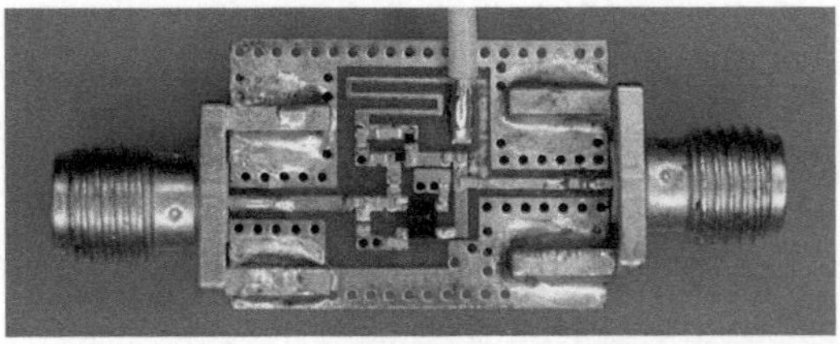

图 4.60 图 4.59 的电路实物图

4.14 光电耦合器及其应用

光电耦合器（Optocoupler）别名为光电隔离器（Optoisolator），一般简称光耦，是一种特殊的晶体管应用器件。它内部由发光二极管做输入，光敏晶体管做输出，将输入信号通过光耦合到输出端，且能够实现输入输出的电气隔离，如图 4.61 所示。

◎光耦的关键参数

多数情况下光耦工作于开关模式，即发光管点亮或者熄灭，用于隔离传输数字量。也有少数光耦工作于模拟模式，用于隔离传输模拟量，后续再议。图 4.62 是一个典型的用于传输数字量的光耦电路，用此电路可以清晰地描述光耦的关键参数。

图 4.61　Vishay 公司光电耦合器 4N25 数据手册截图

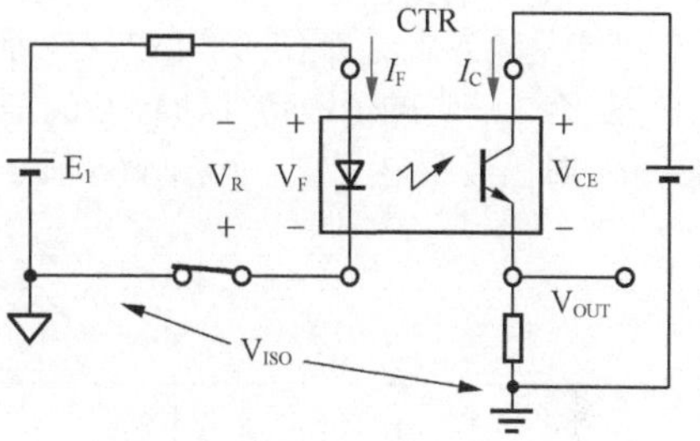

图 4.62　光电耦合器关键参数示意图

在输入端，无论通过哪种方法，控制发光二极管被加载上电压 V_F，由此产生流过发光二极管的电流 I_F，此电流在光耦内部产生与电流正相关的红外光，近距离照射到光耦内部的光敏晶体管上，在外电路的配合下，产生受控的集电极电流 I_C，进而产生输出电压变化。此时，输入信息被传递到了输出环节，且输入和输出之间并不存在电气连接，因此可以承受高达千伏以上的隔离电压，这就是光耦的核心工作原理。

输入环节伏安特性：V_F 和 I_F

加载在发光二极管两端的电压被称为正向电压 V_F，流过发光二极管的电流为 I_F，它们之间满足一定的伏安特性，且受温度影响。一般情况下，在正向电压 1.2V 附近时，发光管明显被点亮。图 4.63 是安森美公司的 FOD817 输入伏安特性，图 4.64 是 Vishay 公司的 4N35 输入伏安特性，两个图画法是转置的，但意思是相同的：正向电压越大，正向电流也越大，近似为指数关系——在这种仅有单轴指数的图中，直线表示指数关系。同时可以看出，当温度升高时，同样的正向电压会产生更大的正向电流。

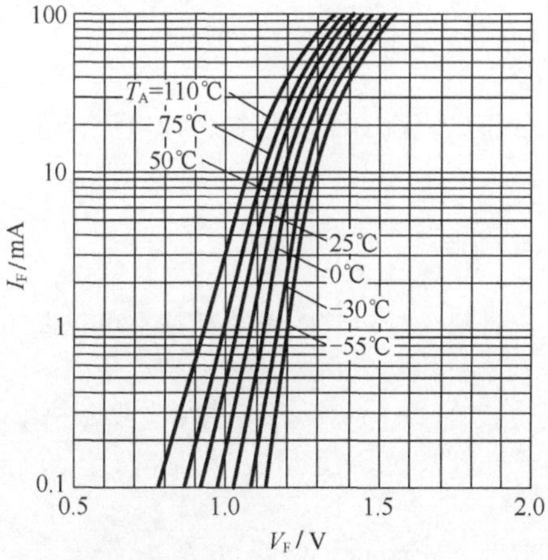

图 4.63　FOD817 输入伏安特性

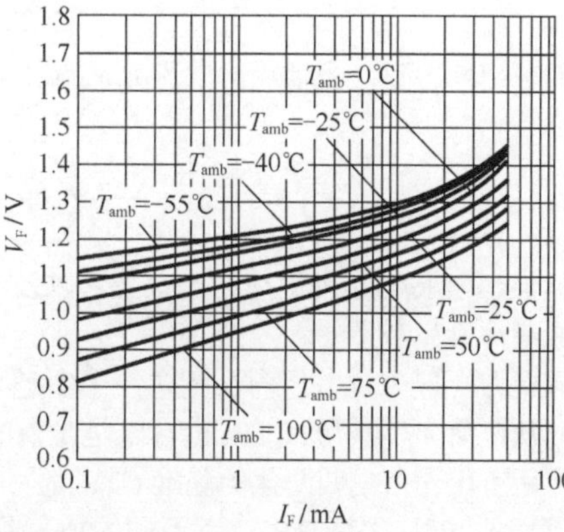

图 4.64　Vishay 4N35 输入伏安特性

一般情况下，我们可以把光耦的输入环节视为一个导通电压 1.2V 的二极管，配合外部电阻即可估算出电流：外部电压减去 1.2V 除以串联电阻，应该八九不离十。

输入环节反向特性：V_R 和 I_R

当给光耦输入端施加反向电压时，发光二极管存在反向电流（漏电流），用 I_R 表示，一般不超过 10μA，且受反向电压、温度等影响。

给发光二极管施加的反向电压存在最大值，超过此值意味着可能被击穿，存在超功耗烧毁风险。这个反向电压最大值一般出现在数据手册的绝对参数中，用 V_R 表示，多数为 6V 左右。而测量 I_R 施加的反向电压一般为 4V 左右。

输出环节伏安特性图

光耦的输出环节与普通晶体管的输出伏安特性（每一个 I_B 对应一根伏安特性曲线）类似，每一个 I_F 对应一根伏安特性曲线。但又有明显区别，如图 4.65 和图 4.66 所示：第一，普通晶体管中，输出电流 I_C 可能是输入电流 I_B 的 100 倍左右，而光耦中，输出电流 I_C 则和输入电流 I_F 是一个数量级，甚至小于它；第二，它的恒流特性随着 I_F 的增加越来越差。图 4.65 是 4N35 输出伏安特性，其恒流特性在 I_F=30mA 时已经明显变差，而图 4.66 显示，I_F=20mA 时，其伏安特性曲线已经出现漫长的爬坡，难以恒流。

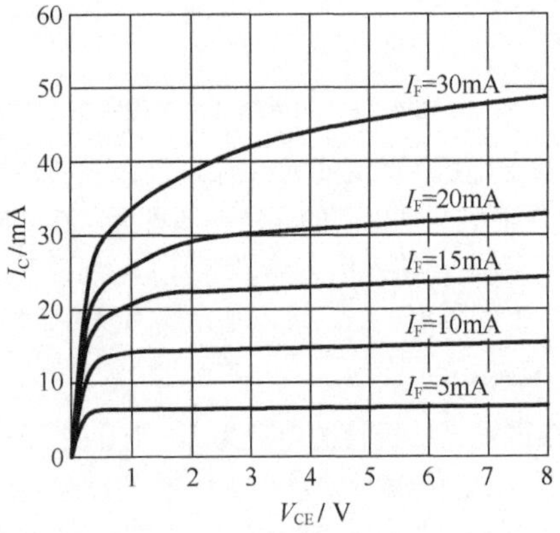

图 4.65 Vishay 4N35 输出伏安特性

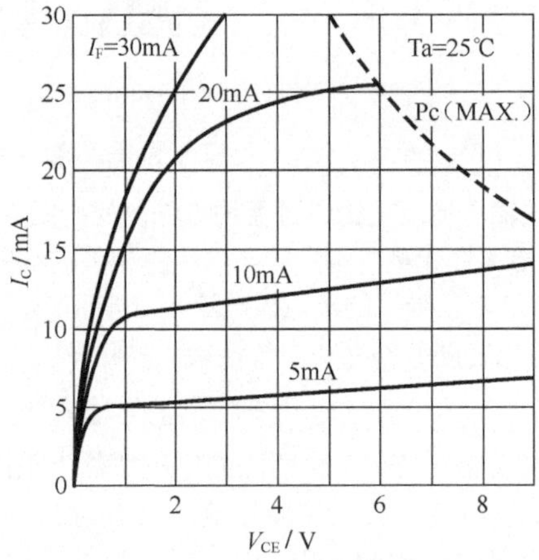

图 4.66 FOD817 输出伏安特性

这就出现了一个问题，我们此前在学习晶体管时，期望出现的结局——根据输入电压求解输入电流，根据 β 得到与 u_{CE} 无关的输出电流，在此难以呈现。很多光耦生产厂商在描述其特性时，甚至不给出输出伏安特性曲线。

电流传输比：CTR

在任何情况下，光耦输出电流 I_C 与输入端发光二极管的正向电流 I_F 的比值被称为电流传输比，简称 CTR。

$$\mathrm{CTR}=\frac{I_C}{I_F};\ I_C=I_F\times\mathrm{CTR} \tag{4-136}$$

显然，CTR 与当前温度、当前 I_F，以及当前 V_{CE} 相关，且每一项对它的影响都是不可忽视的。这与普通晶体管完全不同。

因此，一般来说，厂商会测量一个参考 CTR，比如在 25℃、I_F=10mA、V_{CE}=10V（或者 5V，取决于不同从厂商）时测得的 CTR；也可以是光耦饱和时测得的，一般以 V_{CE}=0.4V 情况为基准。为清晰起见，本书将所有用作后期归一化的基准 CTR 都写作 $\mathrm{CTR_{REF}}$。

不同的光耦，其 $\mathrm{CTR_{REF}}$ 有不同的值，且每只光耦也不同。比如 FOD817，其值为 50% ～ 600%，也就是 0.5 ～ 6。FOD817A 的值为 80% ～ 160%，FOD817D 的值为 300% ～ 600%。而 4N35 仅给出了

最小值为 100%; 4N25 的最小值为 20%，典型值为 50%。

在此基础上，针对每一项因素的影响，厂商会给出归一化的 CTR 曲线：其纵轴为归一化 CTR，用 CTR_{norm} 表示，是指目前条件下，实际的 CTR 和基准 CTR 的比值。

$$CTR_{norm}=\frac{CTR}{CTR_{REF}};CTR=CTR_{norm}\times CTR_{REF} \tag{4-137}$$

这样，只要型号相同，其归一化曲线基本重叠。

因此，最终的 CTR 应考虑 I_F、V_{CE}、温度等多方面影响，为：

$$CTR=CTR_{normIF}\times CTR_{normVCE}\times CTR_{normTEMP}\times CTR_{REF} \tag{4-138}$$

例如，图 4.67 是 4N35 数据手册截图，它的横轴是温度。注意此时，面对一颗手里的 4N35，数据手册仅仅给出了 CTR_{REF} 大于 100%，谁也不知道其 CTR_{REF} 是多少，但我们可以测量出来，比如测得 25℃、V_{CE}=5V、I_F=10mA 时，该 4N35 的 I_C=14.6mA，那么我们立即知道 CTR_{REF}=146%。

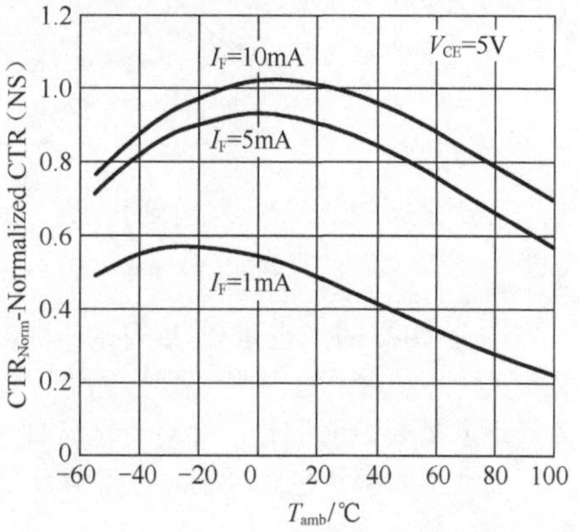

图 4.67　4N35 归一化 CTR 随温度变化

再看图 4.67 中 I_F=10mA 那根线，描述了仅仅改变温度时归一化 CTR 的变化，比如可以查到大约 77℃，其归一化 CTR 为 0.8，这意味着 77℃时输出电流应为 14.6mA 的 0.8，即 11.68mA。

同时这张图还给出了 V_{CE}=5V、I_F=5mA/1mA 的归一化 CTR 曲线。比如我们想知道 V_{CE}=5V、I_F=1mA、40℃时该芯片的输出电流，可以查到 $CTR_{norm(1mA,40℃)}$=0.41，那么：

$$I_{C(1mA,40℃,5V)}=CTR_{REF}\times CTR_{norm}\times I_F=0.5986mA$$

从图 4.67 可以看出，输入电流由 10mA 变为 5mA，归一化 CTR 也改变了，这说明随着输入电流的降低，CTR 也小幅度降低了，于是有了另一个更有用的图，表示 CTR 随 I_F 的变化，如图 4.68 所示。左图为非饱和，用 NS 表示，以 V_{CE}=5V、I_F=10mA、25℃的 CTR 为基准，保持 V_{CE}=5V，测得的归一化 CTR。右图为饱和，用 sat 表示，以 V_{CE}=0.4V、I_F=10mA、25℃的 CTR 为基准，保持 V_{CE}=0.4V，测得的归一化 CTR。从图 4.67 中可以明显看出，两张图中，25℃曲线在 10mA 处归一化 CTR 均为 1。

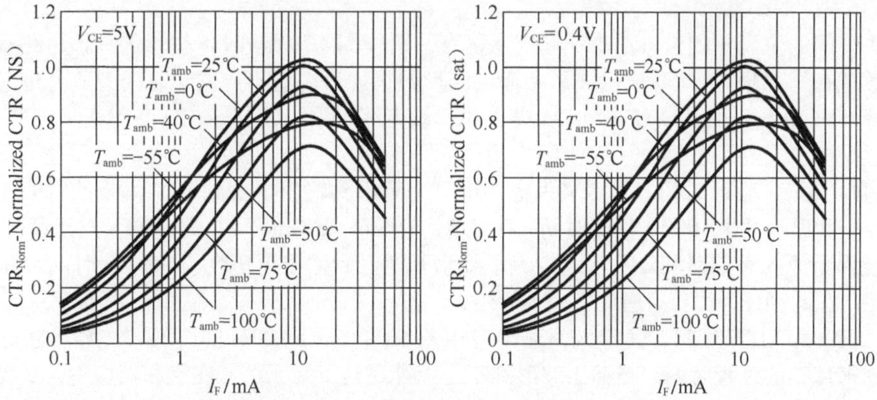

图 4.68　4N35 归一化 CTR 随 I_F 变化（左：非饱和；右：饱和）

这样做给用户带来了麻烦，为了获得最终输出电流，用户需要测量两个基准 CTR，一个是 5V 下的，另一个是 0.4V 下的。

同一公司的 4N25 则有另外的归一化方案，可以更方便用户，如图 4.69 所示，它的基准 CTR 只有一个，就是 25℃、V_{CE}=10V、I_F=10mA。所有归一化 CTR 均以此为基准。以图 4.69 左图为例，两根曲线中，菱点线为非饱和的，即 V_{CE}=10V 曲线，可以看出，10mA 处为 1，符合基准；方点为饱和的，图中注明为 V_{CE}=0.4V。可以看出 10mA 处，归一化 CTR（4N25 将其写作 NCTR）为 0.75 左右。

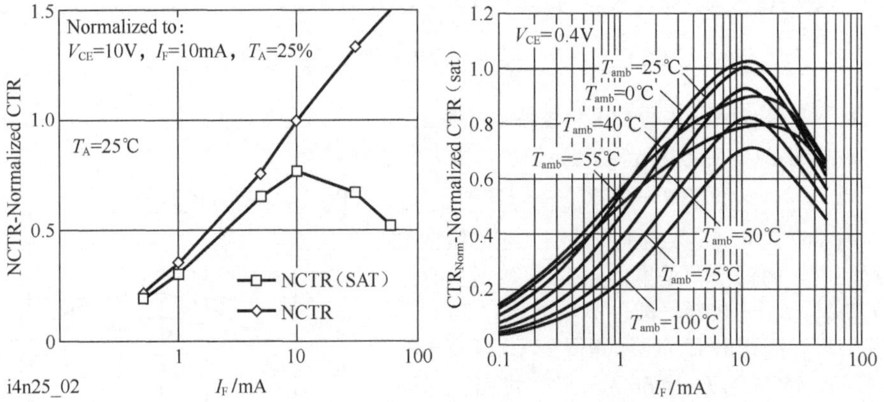

图 4.69　4N25 归一化 CTR 随 I_F 变化（左：25℃；右：70℃）

右图是 70℃的，也是以 25℃、V_{CE}=10V、I_F=10mA 为基准的。此时 10mA 处，非饱和的归一化 CTR 变为 0.8 左右，这说明，随着温度升高到 70℃，CTR 是下降了。

最后，需要说明的是，针对光耦这种小众器件，各生产厂商标准数据手册的方法并不统一，即便同一厂商，不同型号也有区别。在理解其核心的基础上，认真阅读数据手册是非常重要的。认真阅读，细细琢磨，是一个好习惯。

CE 漏电流

当光耦输入环节 I_F=0，则发光二极管熄灭，此时输出环节的晶体管存在微小的 c、e 之间漏电流，也称之为暗电流，用 I_{CEO} 表示。此值与 V_{CE} 呈正相关，与温度呈正相关。通常，常温下该值为 10nA 左右，不超过 100nA，但随温度变化其值可能大范围变化。

在使用光耦时，如果负载电阻特别大，漏电流将产生不可忽视的影响。1MΩ 电阻遇到 100nA 电流，会产生 0.1V 压降。

开关时间

多数光耦不适合于高频工作，其工作频率一般不超过 100kHz。衡量光耦高频工作的主要参数是开关时间。

对开关时间的定义和测量方法，不同厂商稍有区别。图 4.70 是 4N35 提供的，该电路采用了非饱和结构（负载在发射极），此时输入波形和输出波形同相。可以看出，关于时间的所有定义都依赖于 10% 满幅和 90% 满幅。而图 4.71 是 4N25 提供的，该电路采用了饱和结构（负载在集电极），此时输出输入波形反相。

t_d：Delay Time，延迟时间。其定义为输入电流上升沿到输出电压到 10% 满幅的时间，即入端发出点亮命令，到出端发生 10% 变化的时间。对应地，有 Storage Time，t_s，是指输入发光管已经熄灭了，输出端仍能保留原状态的时间，从输入电流下降沿开始，到输出电压变为 90% 的时间。Storage 英文原意是存储，在此翻译为“保持时间”较为合适。

t_r：Rise Time，上升时间。其定义为输出电压从 10% 变化到 90% 的时间。注意，它是输出环节的晶体管越来越亮的过程时间，与输出波形到底是上升还是下降无关。在饱和结构中，是输出电压从 90% 到 10% 的时间。对应地，有下降时间 t_f：Fall Time，为非饱和结构中输出电压波形从 90% 到 10% 的时间，饱和结构中输出电压饱和从 10% 到 90% 的时间。

t_{on}：On Time，开启时间，是延迟时间和上升时间之和，即发出点亮命令，到输出端实现 90% 幅度的时间(饱和结构为 10%)。t_{off}：Off Time，关闭时间，是保持时间和下降时间之和，即发出熄灭命令，到输出端实现 10% 幅度的时间（饱和结构为 90%）。

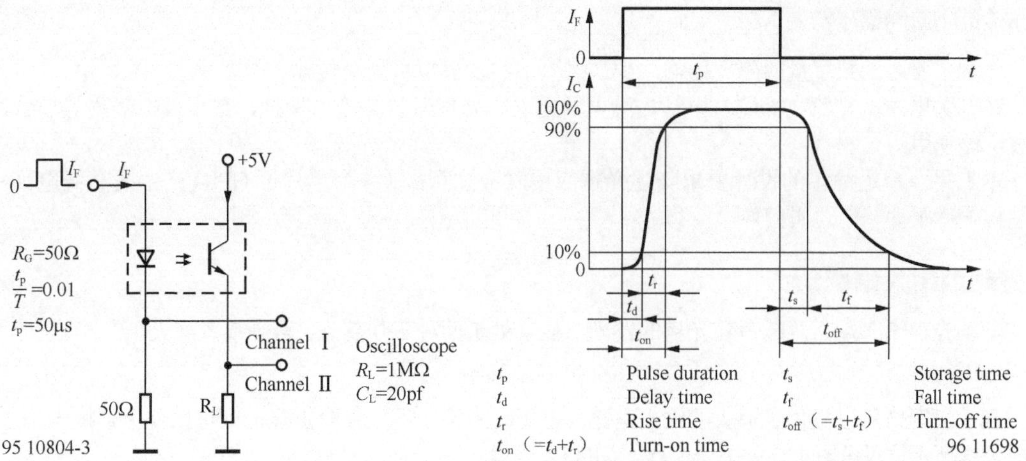

图 4.70　4N35 开关时间测试，左：电路，右：时间定义

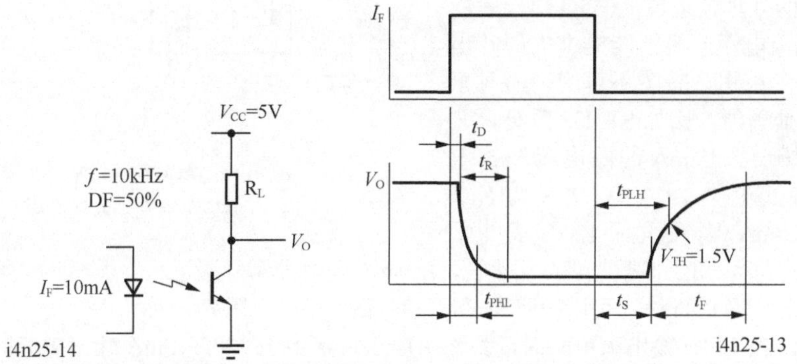

图 4.71　4N25 开关时间测试，左：电路，右：时间定义

有些光耦给出了 t_{PHL} 从 H 变为 L 的时间，这需要按照数字电路中的高低电平定义，比如 0.4V 为低电平上限，1.5V 为高电平下限，进行时间测量。他们怎么定义，我们就怎么理解吧，没什么神秘的。

需要指出的是，不同的接法，饱和结构或者非饱和结构会有不同的开关时间，即便相同的接法，负载电阻不同也会产生不同的开关时间。同时，光耦的基极平时不用，但对开关时间有明显影响。需要严苛考虑开关时间的用户，请参照厂商数据手册。

光耦寿命

你可以将光耦的发光管视为一个有寿命的灯泡。随着点亮行为的持续，同样电流下的发光强度在下降，外部的客观表现是，其 CTR 随之下降，一般以下降到出厂 CTR 的 50% 作为失效。注意，下降并不仅仅与时间有关，还与工作电流、温度有关，即 I_F 越大，温度越高、CTR 下降越快。FAIRCHILD（现为 ON Semiconductor）的应用资料 AN-3001 给出了截图（如图 4.72 所示）。可以看出，一般情况下，电流不超过 75mA，10 万小时连续工作是不成问题的。

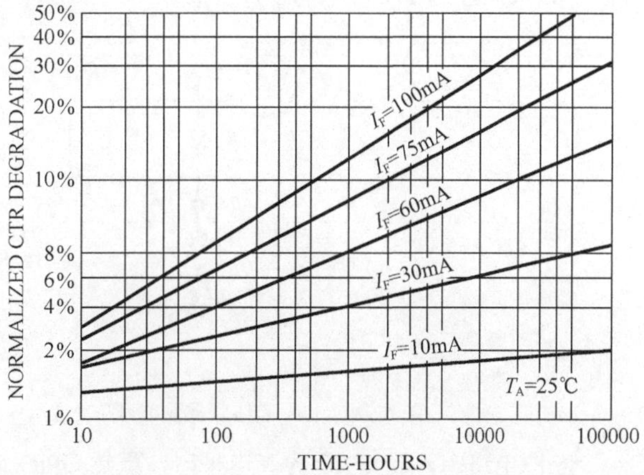

图 4.72　亮度衰减与正向电流和时间

但是光耦的数据手册并没有给出与此相关的信息。在设计电路时，脑子里清楚这点，并为此留一些裕量即可。确实对此极为关注的，可以寻找生产厂商获得此类数据。

◎光耦的应用场合

光耦主要用于数字量的隔离传输，少数情况下实现模拟量隔离传输。

在开关电源、交流电探测、电话、继电器驱动、处理器状态输入保护、数字模拟隔离等场合，光耦被广泛使用。

本书用一个最简单的设计要求陈述光耦应用时应注意：以一个单片机 GPIO 产生的高低电平，经光耦传输后驱动一个逻辑门。

◎光耦的输入端驱动

驱动光耦输入端，意味着让光耦的发光二极管处于两种工作状态：点亮或者熄灭。

最简单的驱动

当前级端口可以提供足够大的输出电流，以驱动光耦发光二极管点亮，则可以使用直接驱动方式，如图 4.73 所示。假设图 4.73 中 V_{DD}=3.3V，GPIO 也是 3.3V 系统输出。

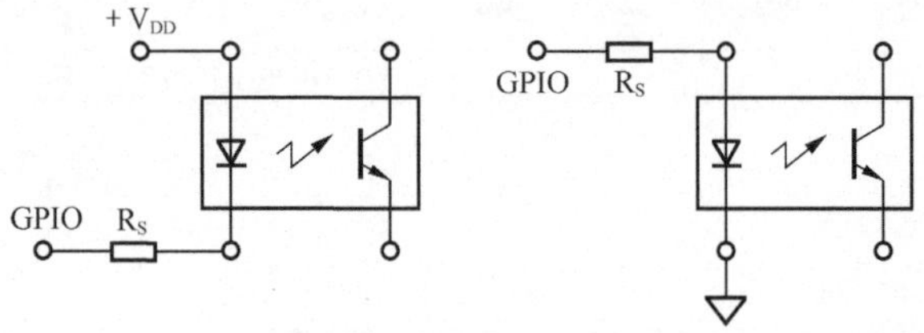

图 4.73　最简单的光耦输入驱动，左：低电平点亮，右：高电平点亮

对于早期的处理器来说，GPIO 口一般能提供较大的灌入电流，而不能提供大的吐出电流，因此左图可用，右图不可用。而对于目前常见的微处理器，比如 STM32 系列，它们通常能提供高达 ±8mA 的灌电流和拉电流，还能保持低电平 0.4V，高电平为 V_{DD}-0.4V=2.9V；±20mA 保持低电平 1.3V，高电平为 V_{DD}-1.3V=2.0V。而对于多数光耦应用来说，I_F=8mA 已经非常舒服了。

此时，如果期望 I_F=8mA，可以按照式（4-139）估算串联电阻 R_S。

对于左图，在 GPIO 输出高电平时，其输出电压肯定大于 2.9V（8mA 吐出电流时输出电压高于 2.9V，此时几乎没有输出电流，因此高电平电压更应高于 2.9V），则加载到二极管两端的电压一定小于 0.4V，二极管一定不导通。当 GPIO 输出低电平时，有下式近似成立：

$$I_F = \frac{V_{DD} - \mathrm{GPIO_L} - u_D}{R_S} \approx \frac{3.3 - 0.4 - 1.2}{R_S} \tag{4-139}$$

据此可反算出 R_S。对于右图，可以类似求解。

晶体管驱动

当要求的 I_F 超出了前级 GPIO 能够提供的上限，则可以采用晶体管驱动，如图 4.74 所示。假设 V_{DD}=5V，GPIO 为 V_{DD} 供电的单片机口。

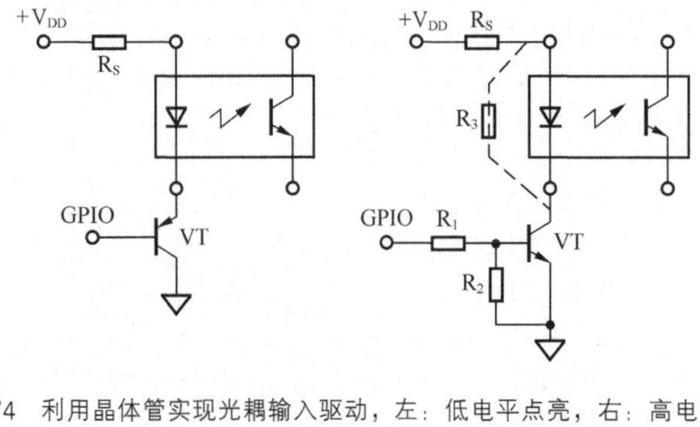

图 4.74　利用晶体管实现光耦输入驱动，左：低电平点亮，右：高电平点亮

左图电路中，当 GPIO 为高电平时，虽然 GPIO 输出电压与 V_{DD} 存在 0.1 ～ 0.4V 的压差，但此压差不足以使发光管和 PN 结串联产生导通，因此发光管处于熄灭状态。当 GPIO 为低电平时，晶体管导通（仅仅是导通，而不是饱和），保证发光二极管导通，其电流为：

$$I_F = \frac{V_{DD} - GPIO_L - u_D - U_{BEQ}}{R_S} \approx \frac{5 - 0.4 - 1.2 - 0.7}{R_S} \tag{4-140}$$

据此可以根据期望的 I_F 选择合适的电阻值。实际工作时，要求 I_F 越大，则发光管导通压降会比 1.2V 略大，GPIO 低电平电位也会相应增大，U_{BEQ} 也会增大，这都导致可能会存在一些误差。简单的调节串联电阻就可以解决这个问题，而试图用精准的理论分析得到准确结果，需要发光管、晶体管的准确伏安特性，以及 GPIO 的灌电流伏安特性，显得太闹腾了，没人这么做。

右图中实现 GPIO 高电平点亮发光管。首先，当 GPIO 为低电平时，晶体管 VT 不导通，发光二极管处于熄灭状态。当 GPIO 为高电平时，驱动 VT 的 b、e 导通，合理选择电阻值可以保证晶体管 VT 处于饱和状态，此时有：

$$I_F = \frac{V_{DD} - u_D - U_{CES}}{R_S} \approx \frac{5 - 1.2 - (0.1 \sim 0.3)}{R_S} \tag{4-141}$$

根据需要的 I_F，可以大致估算出电阻 R_S。

电路中电阻 R_1 和 R_2 可能给读者带来困惑：第一，为什么要使用两个电阻？第二，这两个电阻怎么选择？

首先回答第一个问题：理论上，舍弃电阻 R_2，仅用一个新的电阻 R_1，完全可以达到与两个电阻一样的效果。采用双电阻分压形式的唯一理由是：用 R_2 接地，保证了即便输入端悬空，该晶体管基极也不会悬空——基极悬空有可能引入干扰产生误动作。

在双电阻分压接法中，为了简化，一般选择两个电阻相等，利用戴维宁定理，则有：

$$I_{BQ} = \frac{\frac{R_2}{R_1 + R_2} GPIO_H - U_{BEQ}}{\frac{R_1 R_2}{R_1 + R_2}} = \frac{0.5GPIO_H - U_{BEQ}}{0.5R_1} \tag{4-142}$$

选择合适的电阻 R_1=R_2，使得下式成立即可保证晶体管 VT 处于饱和状态：

$$I_{BQ} \times \beta > 3I_F \tag{4-143}$$

为什么是 3 倍呢？其实也可以是 2 倍甚至更小，这取决于晶体管 VT 进入饱和的程度，此值越大，VT 进入饱和深度越深。换言之，I_{BQ} 越大，晶体管的 U_{CES} 越小。

举例 1

用两种晶体管驱动电路，使 4N35 产生熄灭、点亮两种状态，点亮时 I_F=30mA。

解：对第一种驱动电路，设计如图 4.75 和图 4.76 左侧所示。

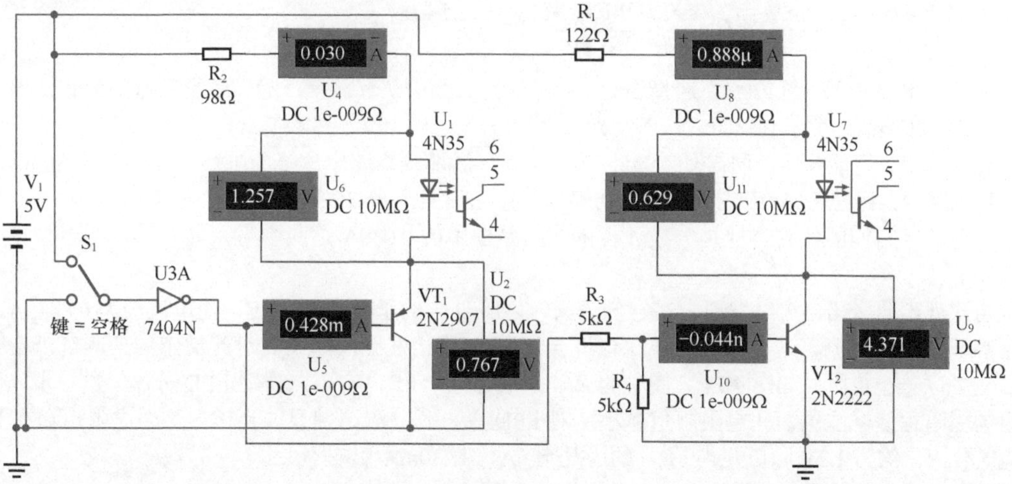

图 4.75　举例 1 电路低电平输入，左：低电平点亮，右：高电平点亮

当开关置于上方，7404N 输出低电平为 0V（Multisim12.0 中的非门无法表现出扇出性能，它的输出无论负载如何都只有 2 种状态：5V 或者 0V），图中 VT_1 导通。按照式（4-140）：

$$I_F = \frac{V_{DD} - GPIO_L - u_D - U_{BEQ}}{R_S} \approx 30mA$$

算出图中 R_2=103Ω，实测发现图中 U_4 电流表显示电流为 29mA，调整 R_2=98Ω，结果满意。此时我们发现，发光二极管电压为 1.257V，晶体管 e 端电位为 0.767V，均比我们假设的大，这就是我们估算产生误差的原因。

对第二种电路（高电平点亮）设计如图 4.75 和图 4.76 右侧。图 4.76 显示了它点亮的状态。按照式（4-141）：

$$I_F = \frac{V_{DD} - u_D - U_{CES}}{R_S} \approx 30mA$$

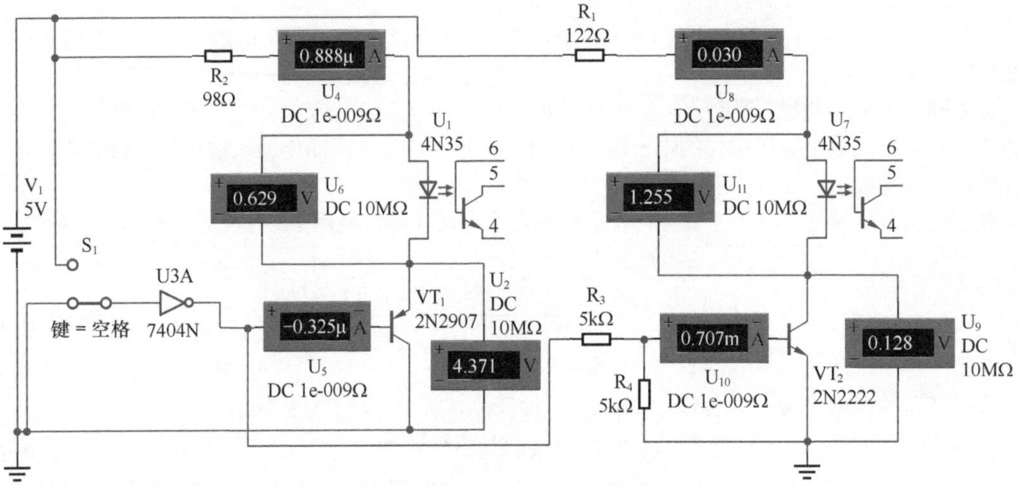

图 4.76　举例 1 电路高电平输入，左：低电平点亮，右：高电平点亮

估算出图中 R_1 介于 105 ～ 123.3Ω，调整其值为 122Ω，电流为 30mA。

在选择 R_3、R_4 时，考虑 2N2222 的 β 约为 153，按照式（4-143）：

$$I_{BQ} \times \beta > 3I_F = 90mA$$

则 I_{BQ}>0.588mA，据式（4-142）：

$$I_{BQ} = \frac{0.5GPIO_H - U_{BEQ}}{0.5R_1} = \frac{2.5 - 0.7}{0.5R_1} > 0.588mA$$

估算出图中 $R_3=R_4$<6.12kΩ。选择 5kΩ，结果满意。图中仿真显示，晶体管饱和压降为 0.128V，基极电流为 0.707mA，大于 0.588mA，而发光二极管压降为 1.255V，基本正常。

有细心读者可能发现，同样是 4N35，为什么第一种驱动电路中压降为 1.257V、电流为 30mA，而第二种电路中，则是 1.255V、30mA，在仿真软件中它们两个 4N35 的伏安特性难道不一致吗？其实没什么奇怪的，它们的伏安特性是一模一样的，只是图中的 0.030A 是四舍五入显示的，并不是完全的 30.0mA。

再次观察两张图，可以发现，在它们熄灭时，LED 大约承受了 0.629V，而电流约为 0.888μA，这就是晶体管的漏电流。这个微弱的电流也许会让 LED 稍稍发亮，如果真对此敏感的话，可以考虑在 LED 旁并联一个电阻，如图 4.74 右图中的 R_3，一般为几十 kΩ，它可以帮助 LED 分流，进一步降低熄灭时的黑暗程度。注意，此电阻阻值越小，对 LED 熄灭时分流越明显。当然，这个电阻也会在 LED 点亮时分流，约为 1.2V 除以几十 kΩ，约为几十 μA，对 30mA 影响不大。

读者可以自己分析，左图中也可以并联分流电阻。

◎光耦的输出方法

光耦输出级本来就是一个晶体管，而晶体管的输出方式只有两种：从集电极输出或者从发射极输出，因此，光耦输出方法有两种：一种负载电阻在集电极，也称为饱和接法；另一种负载电阻在发射极，也称为非饱和接法。在开关工作领域，前者更常见。本节论述的电路，除非特殊声明，均为开关工作领域。

图 4.77 是集电极输出的电路结构，图 4.78 是发射极输出的电路结构，它们的输出用 u_{OUT} 表示，均作为后级非门的输入。因此，定义 u_{OUT_L} 为期望低电平输出值，u_{OUT_H} 为期望高电平输出值。图中为了与输入电源系统区分，采用了 V_{CC} 作为电源，GND 符号虽然未做区分，事实上输入和输出的 GND 一般是分离的。

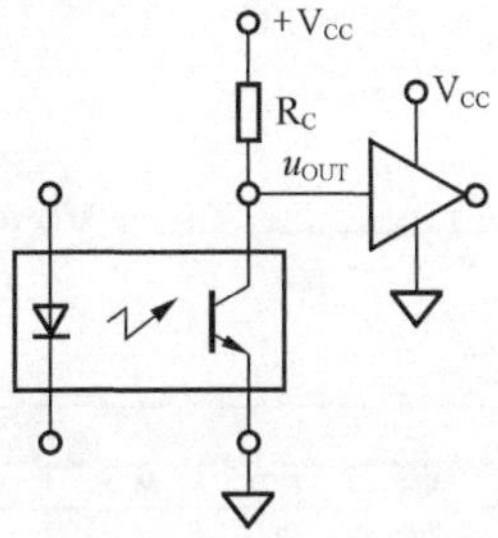

图 4.77 集电极输出电路结构

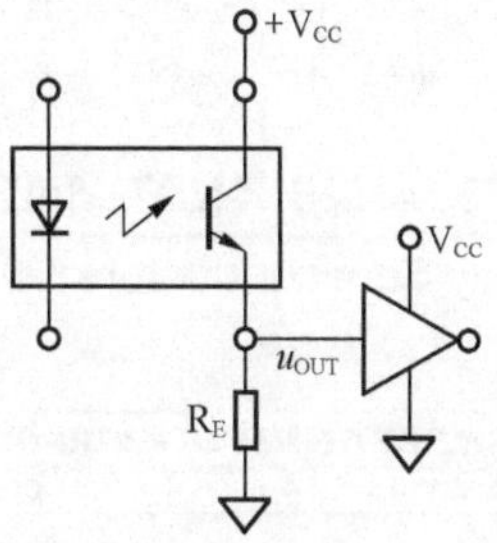

图 4.78 发射极输出电路结构

对于集电极输出类型，电阻 R_C 的选择遵循如下规则。

（1）不能太小，否则，不能让光耦内部晶体管饱和，u_{OUT_L} 会比较大，超过后级输入要求的低电平的最高值 V_{INLMAX}。因此，有：

$$V_{CC} - I_{C\_MIN} \times R_C < V_{INLMAX} \tag{4-144}$$

一般来说，下式更为保险，也更常用：

$$I_{C\_MIN} \times R_C > V_{CC} \tag{4-145}$$

其中，I_{C_MIN} 是在输入环节确定后，考虑 I_F、CTR_{REF}、V_{CE}、温度、寿命、裕量等因素后确定的，即在 LED 点亮下，I_C 无论如何不可能小于的值。

（2）不能太大，否则会带来两个影响。第一，过大的电阻会延长开关时间，降低光耦的最高工作频率；第二，LED 熄灭时光耦晶体管的漏电流 I_{CEO} 会在电阻 R_C 上产生压降，使得 u_{OUT_H} 会比较小，低于后级输入要求的高电平的最小值 V_{INHMIN}。因此，有：

$$V_{CC} - I_{CEO} \times R_C > V_{INHMIN} \tag{4-146}$$

$$R_C < \frac{V_{CC} - V_{INHMIN}}{I_{CEO}} \tag{4-147}$$

在此基础上尽量减小 R_C，有助于提高最高工作频率。

对发射极输出类型，电阻 R_E 的选择遵循如下规则。

（1）不能太小，否则，不能让光耦内部晶体管饱和，u_{OUT_H} 会比较小，低于后级输入要求的高电平的最小值 V_{INHMIN}。因此，有：

$$I_{C\_MIN} \times R_E > V_{INHMIN} \tag{4-148}$$

（2）不能太大，否则也会带来两个影响。第一，过大的电阻会延长开关时间，降低光耦的最高工作频率；第二，LED 熄灭时光耦晶体管的漏电流 I_{CEO} 会在电阻 R_E 上产生压降，使得 u_{OUT_L} 会比较大，高于后级输入要求的低电平最大值 V_{INLMAX}。因此，有：

$$I_{CEO} \times R_E < V_{INLMAX} \tag{4-149}$$

$$R_E < \frac{V_{INLMAX}}{I_{CEO}} \tag{4-150}$$

有些光耦具有基极管脚，有些则没有——基极是藏在芯片内部的，用户接触不到。对于有基极管脚的光耦，在集电极输出结构中，可以用一个电阻将基极接地，可以明显提高光耦的最高工作频率。

举例 2

用 4N25 实现两种输出结构，常温 25℃。输入频率为 10kHz、幅度为 5V 的时钟信号，发光二极管点亮时 I_F=10mA。要求后级的高电平小于等于 5V，大于 2.4V，低电平小于 0.4V。对光耦基极实施改造，降低其开关时间，以便提高最高工作频率。

解：

首先根据数据手册，确定 I_{C_MIN}。据式（4-136）：

$$I_{C\_MIN} = I_F \times CTR_{MIN} \tag{4-151}$$

查找数据手册发现以下截图，如图 4.79 所示。

4N25, 4N26, 4N27, 4N28

Vishay Semiconductors Optocoupler, Phototransistor Output, with Base Connection

VISHAY.

CURRENT TRANSFER RATIO (1)

PARAMETER	TEST CONDITION	PART	SYMBOL	MIN.	TYP.	MAX.	UNIT
DC current transfer ratio	V_{CE} = 10 V, I_F = 10 mA	4N25	CTR_{DC}	20	50		%
		4N26	CTR_{DC}	20	50		%
		4N27	CTR_{DC}	10	30		%
		4N28	CTR_{DC}	10	30		%

图 4.79　数据手册截图

可知 CTR_{REF_MIN}=20%=0.2。根据式（4-138），实际的 CTR 应在此基础上再乘以全部可能影响的归一化 CTR_{norm}，而图 4.79 为 I_F=10mA 测得，与本例要求相同，因此不再考虑 I_F 影响，加之本例要求温度为 25℃，也无须考虑温度影响，唯一需要考虑的是 V_{CE} 的影响。图 4.69 左图描述了这个影响，给出了 V_{CE}=0.4V 时的 CTR_{norm}。从图中可以看出 $CTR_{norm\_VCE=0.4V}$=0.75，则据式（4-136）和式（4-138）：

$$I_{C\_MIN} = I_F \times CTR_{MIN} = I_F \times CTR_{norm\_VCE=0.4V} \times CTR_{REF\_MIN} = 1.5\text{mA}$$

图 4.80 给出了光耦输出的两种典型连接方法。

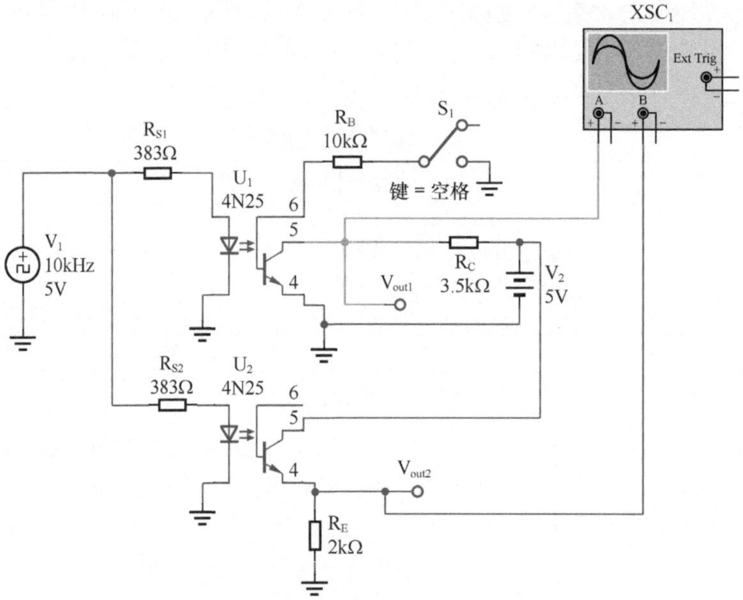

图 4.80　举例 2 电路

两个光耦 U$_1$ 和 U$_2$ 的输入端接法一致，都是 0V/5V、10kHz 时钟信号，选择 383Ω 作为串联电阻，保证光耦点亮时 I_F 为 10mA。图 4.80 中上部电路为饱和接法，R_C 为负载电阻，R_B 为基极接地电阻，为实验方便，该电阻通过开关，可选为悬空或者接地。下部为非饱和接法，R_E 为负载电阻，基极悬空。

根据前述求解，最保守的情况下，I_{C_MIN}=1.5mA，则根据式（4-144），有：

$$V_{CC} - I_{C\_MIN} \times R_C < V_{INLMAX} \tag{4-152}$$

其中，V_{CC} 选择 5V，已知 $V_{INLMAX}=0.4V$，则解出 R_C>3.067kΩ。如果希望更保守一些，则利用式（4-145），解出 R_C>3.333kΩ。选择 R_C=3.5kΩ。

对 R_C 的上限要求，主要考虑漏电流影响。在 V_{CE}=10V 情况下，数据手册给出常温下其典型值为 5nA，最大值为 50nA，而实际情况是 V_{CE}=5V，其漏电流要比给出的值更小一些。因此按照保守选择，I_{CEO}=50nA。据式（4-147），

$$R_C < \frac{V_{CC} - V_{INHMIN}}{I_{CEO}} = 52\text{M}\Omega$$

解得 R_C<52MΩ 即可，可见此约束形同虚设。

再看发射极输出电路，利用式（4-148）和式（4-150），得 R_E 应介于 1.6kΩ 和 8MΩ 之间，选 R_E=2kΩ。整个电路如图 4.80 所示。

仿真运行得到两个输出，如图 4.81 所示。可以看出，对 10kHz 时钟信号，它已经应对困难了，这符合 4N25 的天赋。我们可以看出，红色的是发射极输出，与输入同相，它缓慢下降的时候，也就是 LED 熄灭后，正是集电极输出（绿色）缓慢上升阶段，它们的共同点在于，都是不甘于熄灭而垂死挣扎——像一般的白炽灯一样。下面我们看看基极电阻是否有明显效果。将图 4.80 中的 S1 置于下方，得到图 4.82 所示波形。

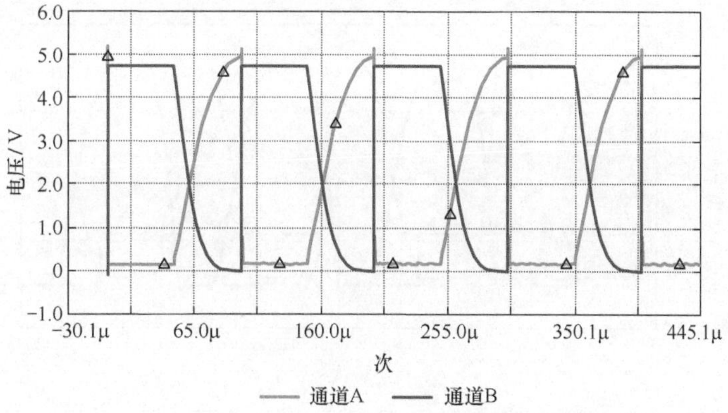

图 4.81　举例 2 电路仿真波形

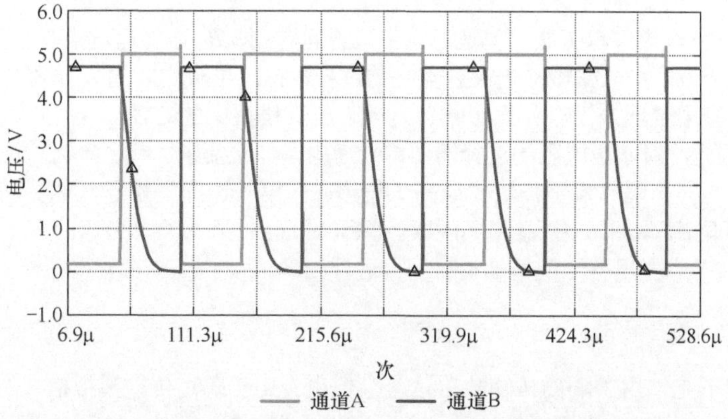

图 4.82　举例 2 电路仿真波形——集电极输出中，基极串联电阻接地

集电极输出电路经过基极处理后，速度明显提高。对于发射极输出电路，将此电阻接在基极和发射极之间，也存在相同的效果，实际上就是在发射结两旁并联一个电阻。

图 4.83 是两种结构都增加基极电阻的电路，同时增加了输入信号显示，为蓝色 A 通道，输入信号频率增加到 200kHz。图 4.84 是该电路的仿真波形。

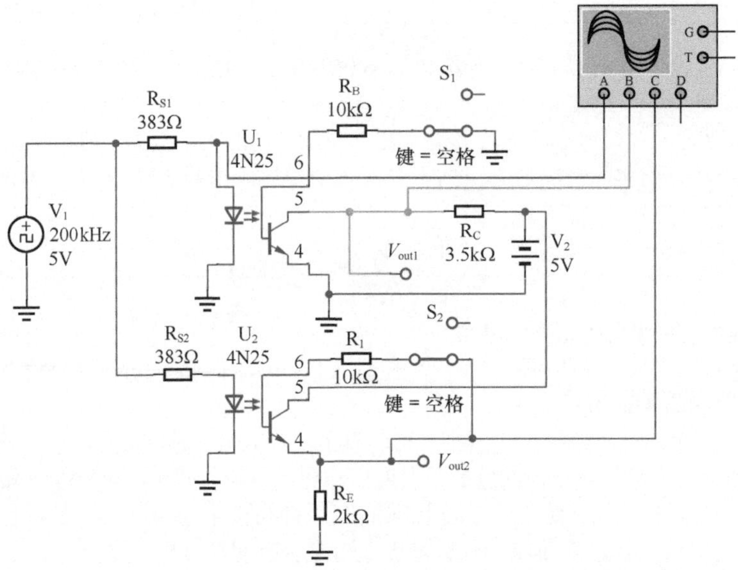

图 4.83　举例 2 电路，均增加基极电阻

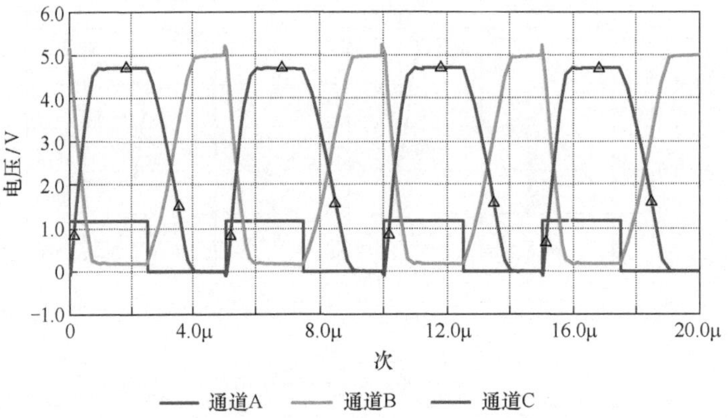

图 4.84　举例 2 电路仿真波形——都增加基极电阻，200kHz 输入

基极电阻 R_B 越小，改善越明显。但是，也带来了问题：即 R_B 在加速从点亮到熄灭的过程的同时，也会对基极光电流分流，第一减慢从熄灭到点亮的过程，第二导致实际的 I_C 下降，进而影响原电路的饱和效果。上述仿真中看起来没有什么影响，是因为仿真模型中的 CTR_{REF} 超过了 0.8，而我们在计算中采用的是 0.2。因此，对基极电阻的选择需要综合考虑，非常复杂。

理论上说，要想提高隔离数字传输的最高工作频率，第一选择是找寻其他更高速度的隔离器，比如 ADI 的标准数字隔离器 ADuM 系列，可以达到 150Mbit/s；第二考虑高速的逻辑门光耦，可以达到 25Mbit/s；最后才会考虑在现有光耦基础上对基极进行处理。

◎光耦的模拟域应用

虽然多数情况下光耦用于隔离传输数字信号，但也有用于隔离传输模拟信号的。我们知道，光耦存在严重的非线性，在直接传输模拟信号时，会发生非线性失真。但是，如果将这种非线性器件放置在负反馈网络环内，则可以大幅度降低失真。这种方法会在本书运放和负反馈部分，以举例的方式给出。

器件厂商也生产了这种光耦，称之为线性光耦。其实就是一个发光器，两个匹配稳定性较好的感光器集成在一个光耦内部。以 TI 公司的 TIL300 为例，内部 1、2 脚之间，是一个发光二极管，而 3、4 脚之间，6、5 脚之间，是两个独立的、相互隔离的光敏二极管，如图 4.85 所示。它们同时接收发光二极管的光，产生光敏电流。图 4.85 中 K_1、K_2 是发光管针对两个光敏管的电流传输比，定义类似于前述的 CTR。K_1 和 K_2 可以不同，但却是稳定的，这是线性光耦的核心价值。

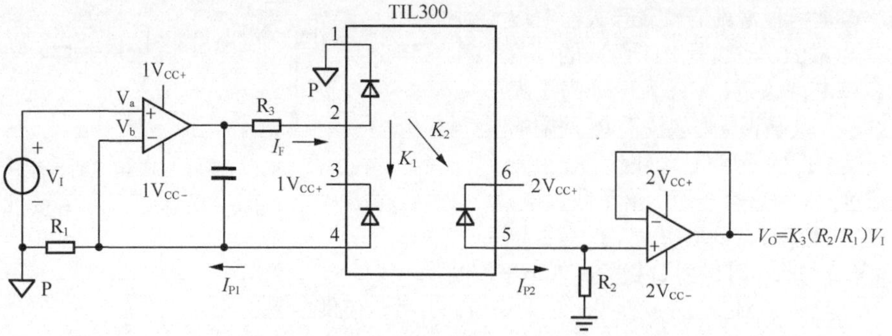

图 4.85 精密线性光耦 TIL300 典型应用电路

按照图 4.85 连接，输入信号就以图中公式被隔离传输到了输出端，输入输出成线性比例关系。当然，它的频率特性并不是非常好。

读者如果对此感兴趣，可以参考 Vishay 公司的 Application Note 50 “Designing Linear Amplifiers Using the IL300 Optocoupler”。

4.15 负载开关

负载开关（Load Switch）是一个可控制的开关，它决定是否给某个指定负载供电。比如手机中包含 GPS 部件，它的功耗是比较大的。如果你在设置中没有启动 GPS，那么手机的核心处理器应该关闭对 GPS 的供电，以便减少耗电。如何关闭呢？它绝不会使用一个机械开关摆放在手机上，这就需要负载开关，如图 4.86 所示，它有一个输入脚 V_{IN}、一个输出脚 V_{OUT}、一个逻辑控制脚 LOGIC IN，当 LOGIC IN= High 时，开关闭合，负载供电；当 LOGIC IN=Low 时，开关断开，负载停电。当然，也可以实施相反的逻辑。

◎单晶体管负载开关

当控制电压 V_{IN} 与 LOGIC IN 高电平属于一个电压系列时，比如都是 3.3V，用一个 PMOSFET 就可以实现负载开关，如图 4.87 所示（摘自 TI 产品 TPS1110 数据手册 Fig14）。这种电路常用于低压数字系统中，由微控制器管理很多负载（比如 GPS 模块、照相机、重力感应模块、接近感应模块、电源变换电路等），根据需要在合适的时刻给某个模块供电，以降低总体功耗。此时，当微控制器的控制脚输出低电平时，G 端 =0V，U_{GS}=−3V，可以保证 PMOS 处于导通状态，负载供电；当微控制器的控制脚输出高电平时，G 端 =3V，U_{GS}=0V，可以保证 PMOS 处于截止状态，负载断电。这就是负载开关的作用。

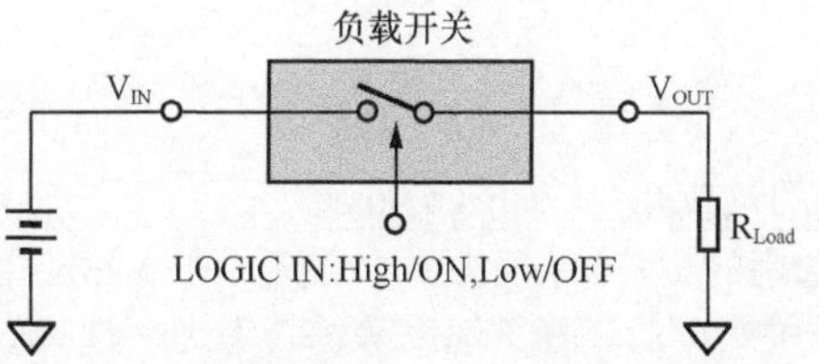

图 4.86 负载开关用途

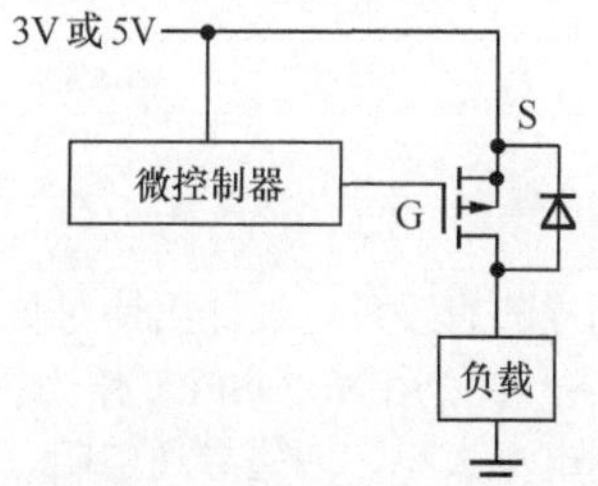

图 4.87 单晶体管负载开关

◎双晶体管负载开关

在更多情况下，控制电压 V_{IN} 可能远大于微控制器的逻辑电压，比如 V_{IN}=20V，而逻辑高电平为 3V，仍使用图 4.87 电路就会出现无法截止的情况。图 4.88 电路可以解决这个问题。这是两种常见的负载开关，左边是 MOSFET 组成的，右边是 BJT 组成的，各有优缺点。以左图为例，VT_1 为一个高压大电流 PMOS 管，其是否导通取决于 R_1 两端的压差是否超过 VT_1 的导通负压，因此 R_1 上有足够电流流过，VT_1 就会导通，给负载供电。而 R_1 是否有电流流过，则取决于 VT_2 是否导通。VT_2 的导通与否，可以用 G 极的高低电平控制。

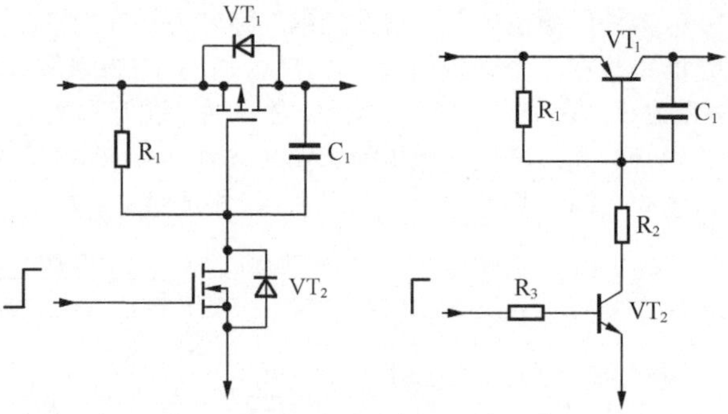

图 4.88　MOSFET 和 BJT 组成的负载开关

摘自“Zetex Design Note 59：Load Switch”

图 4.89 是我使用 Multisim 软件设计的两个负载开关，仅供参考。

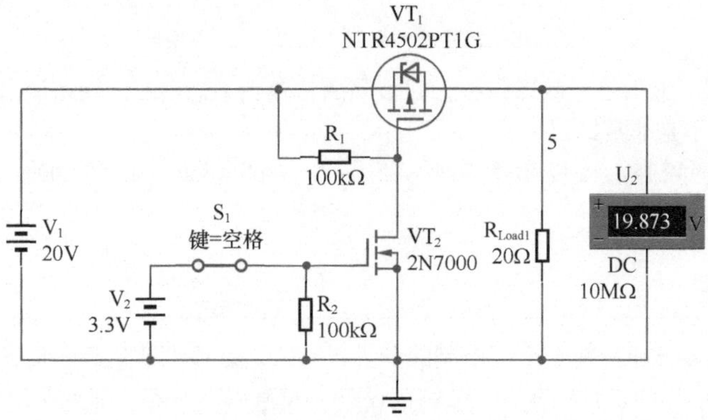

（a）MOSFET 组成的负载开关

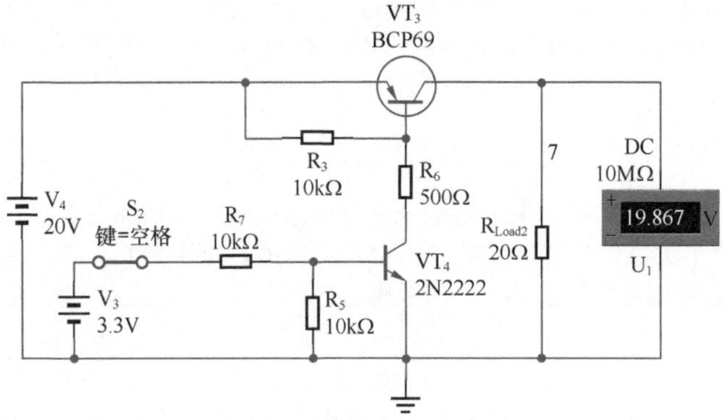

（b）BJT 组成的负载开关

图 4.89　使用 Multisim 软件设计的两个负载开关

◎负电源晶体管负载开关

用同样的思路可以设计出针对负电源通断控制的负载开关，如图 4.90 所示。

图 4.90 中，用 NMOSFET 作为主控开关管，选用的 2N7002 仅为一个方案，在实际应用中，应该根据实际电流大小、期望导通电阻、散热和热阻、关断电流、开关速度等综合考虑后选择。而图 4.90 中的 BJT 晶体管也是一个示意性的选择。

图 4.90 中的 S_1 模拟一个 3.3V 数字系统的 I/O 控制管脚，通常来自于一个微处理器 MCU 的 GPIO 口。

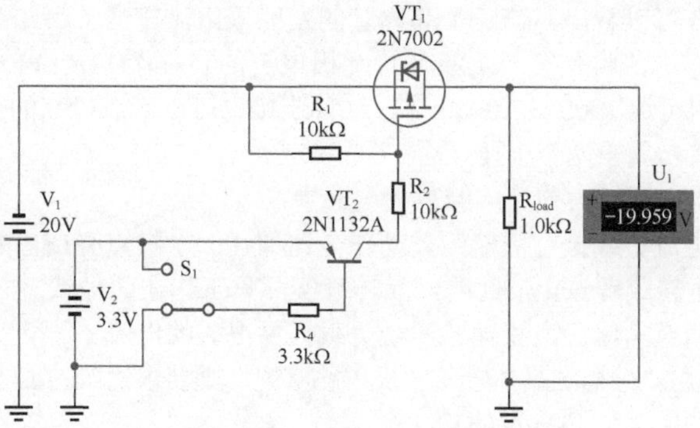

图 4.90 由 N-MOSFET 和 P-BJT 组成的负电源负载开关

当 GPIO 输出低电平时，用图 4.90 中开关接地模拟，此时 V_2 和 R_4 形成的回路会导致晶体管 VT_2 饱和导通，V_2 和 V_1 之间，通过 VT_2、R_2、R_1 形成一个电流回路，导致电阻 R_1 右侧电位高于左侧电位，给 VT_1 的 G、S 之间形成一个正向压降，合理选择 R_1 和 R_2 的值会让 U_{GS} 远大于 U_{GSTH}，VT_1 处于深度饱和导通状态，负载供电。

当 GPIO 输出高电平时，用图 4.90 中开关接 3.3V 模拟，此时晶体管 VT_2 不会导通，则电阻 R_1 两端近似等电位，U_{GS} 接近于 0V，导致晶体管 VT_1 关断，负载断电。

4.16 晶体管产品

差不多 20 年前，我就听到一种声音：使用起来非常方便的运算放大器，肯定会取代设计、计算都很复杂的晶体管。我们也在等着这一天的到来，期望着那些复杂的静态工作点、厄利效应、晶体管的高频模型彻底从我们的教材中消失。但是，我们至今没有等到。晶体管就像一颗不老树一般，不仅没有死亡，而且还牢牢占据着自己的阵地：还有大量的生产厂商在不厌其烦地生产着、销售着各式各样的晶体管产品。自然，我们也能想到，还有大量的用户在使用着晶体管，用它设计产品。

因此，有必要让读者清楚，现有厂商到底在生产哪些晶体管产品。

◎单一晶体管

从器件符号区分，这一类晶体管包含 BJT（NPN、PNP）、JFET（N 沟道、P 沟道）、MOSFET（N 沟道、P 沟道，还区分为增强型和耗尽型）。

从功能上区分，一般分为通用晶体管、开关晶体管、射频晶体管、功率晶体管等，从性能上区分，还包括低 V_{CES} 管、高压晶体管等。

这类产品是各大公司的主流产品，种类、型号极多。

还有一些产品，将多个单一晶体管集成在一个器件内部，形成双晶体管、晶体管阵列等。

◎达林顿晶体管（Darlinton Transistor）

达林顿晶体管由两个晶体管在内部实现连接，对外仍是 3 个脚的晶体管组合形式。它有两种常见连接方式——NPN 型和 PNP 型，如图 4.91 左侧两个电路所示。

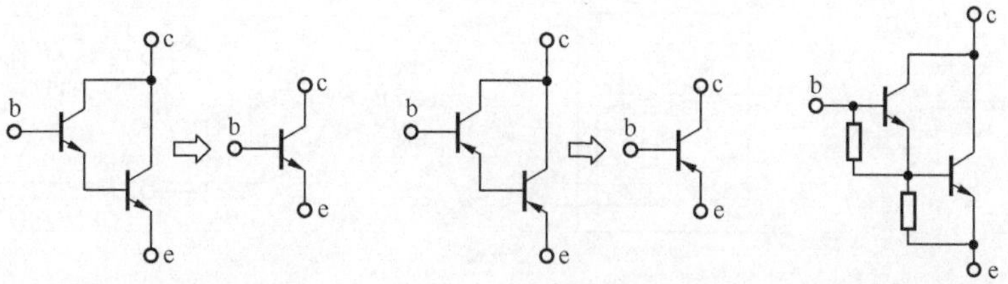

（a）NPN 型　（b）PNP 型　（c）实际产品多有内嵌电阻

图 4.91 达林顿管

根据这种连接方式，可以看出，第一个晶体管的发射极电流充当了第二个晶体管的基极电流，因此第二个晶体管的发射极电流将是第一个晶体管基极电流的 $(1+\beta_1)(1+\beta_2)$ 倍。这导致达林顿晶体管具有极高的电流增益，一般可达 1000 ～ 10000 倍。这种连接也可以形成极高的输入阻抗。

因此，达林顿晶体管常用于两个主要场合：

第一，用于要求输入电阻较大的第一级放大电路中；

第二，用于驱动大电流负载执行低速开关动作。比如让一个灯点亮或者关闭，让一个继电器吸合或者断开，让一个电机运转或者停止。此时，晶体管实际只工作在两种状态之一：截止或者饱和导通。当输入为高电平时，它期望晶体管饱和导通，给负载提供很大的电流 I_{COUT}，比如 10A。此时要求输入 I_B 大于等于 I_{COUT}/β，如果用一个标准晶体管共射极电路实现，则要求输入的 I_B 必须很大。以 β=100 为例，要求前级数字电路能够提供至少 100mA 的输出电流，以作为本级电路的 I_B。多数数字电路的输出难以提供如此大的电流。而使用达林顿晶体管，具有上万倍的 β，对前级数字电路输出电流的要求就下降为 1mA，相对容易实现。

理论上说，达林顿晶体管还可以组合成如图 4.92 所示形式，但没有这类产品。

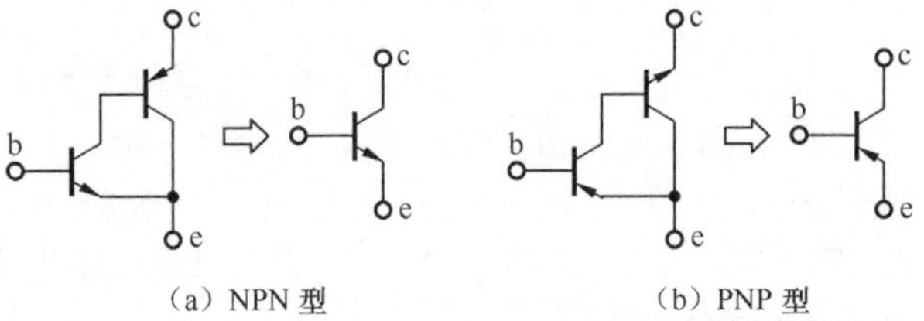

图 4.92　达林顿管的另一种形式

◎匹配对晶体管（Matched Pairs Transistor）

集成在一个单片内的两个晶体管，具有极为相似的特性，称之为匹配对晶体管。本产品强调的是两个内嵌晶体管的一致性，一般可以做到相差 10% 以下，甚至 1% 以下。

这类晶体管组合，在内部连接上一般有 3 种形式，如图 4.93 所示。

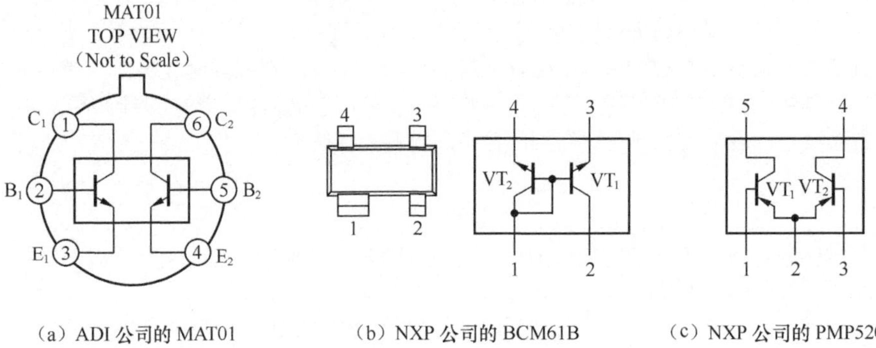

图 4.93　几种常见的匹配对晶体管

◎偏置电阻晶体管（Bias Resistor Transistor，BRT）

为了减少设计中使用元件的数量，减少占用面积，将两个电阻和晶体管集成到一个管子中，如图 4.94 所示，称之为偏置电阻晶体管，也叫数字晶体管（Digital Transistor），常用于数字电路的反相器功能。其中，内嵌电阻值随不同器件型号的不同而不同。

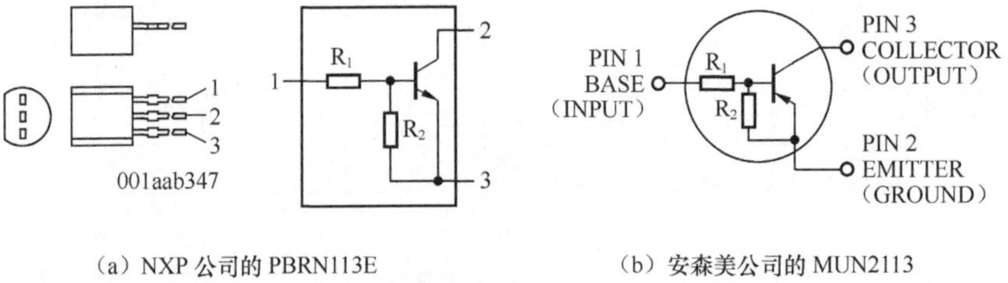

图 4.94　几种常见的偏置电阻晶体管

这种器件也被称为电阻内嵌式晶体管（Resistor Equipped Transistor，RET）。

◎负载开关（Load Switch）

负载开关的工作原理已在第 4.15 节介绍。市售的晶体管负载开关在偏置电阻晶体管的基础上，增加了一个晶体管，如图 4.95 所示。

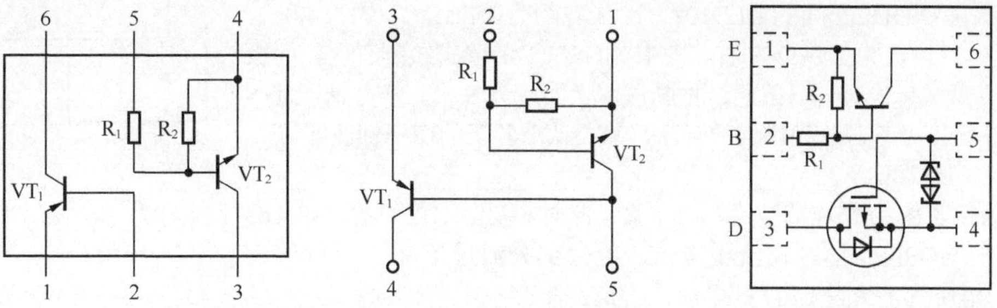

（a）NXP 公司的 PEMF21　（b）安森美公司的 NSTB1002DXV5T　（c）Fairchild 公司的 FDMA1430JP

图 4.95　常见的负载开关

在这种负载开关器件中，两个晶体管各司其职：一个是主控管，用于负载开关，如图 4.95（a）中的 VT_1，图 4.95（b）中的 VT_1，图 4.95（c）图中的 MOSFET。另一个是辅助管，连接输入控制，负责主控管的通断控制。前两个电路的主控管和辅助管都是 BJT，而图 4.95（c）中的主控管是 MOSFET。

图 4.96 所示是 DIODE 公司的 LMN200B01，它的主控管是 BJT，而辅助管是 MOSFET，这主要是利用了 MOSFET 的高输入阻抗，以减少对前级数字量 Control 脚的电流需求。

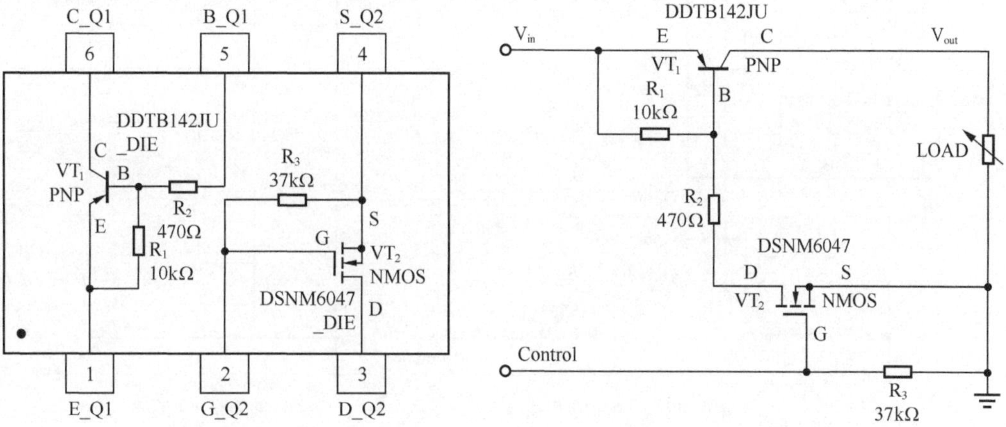

（a）DIODE 公司的 LMN200B01　（b）LMN200B01 应用电路

图 4.96　负载开关的应用电路

图 4.96 应用电路的工作原理为：控制端 Control 脚与前级的数字电路输出相连接，一般为微处理器的 GPIO 口，或者比较器的输出脚，其高电平为 3V 以上，低电平小于 0.4V。VT_2 的门极电压高于 2.2V 时，VT_2 会导通，因此，数字电路输出高电平时，VT_2 会导通。而 VT_2 一旦导通，就会给 VT_1 的发射结提供一个导通回路，迫使 VT_1 也处于饱和导通状态，负载开关处于导通状态，负载 LOAD 接通供电。反之，当数字电路输出低电平时，VT_2 截止，会导致 VT_1 也截止，负载 LOAD 切断供电。

LMN200B01 器件中的 37kΩ 电阻的作用是保证在外部数字控制信号短路悬空的情况下，MOSFET 的门极电阻接地，确保负载开关处于切断状态，防止外部干扰引起开关的误动作。

还有一些负载开关产品，具有更复杂的功能，比如自动放电、软启动、短路保护等，因此它们具有更多的管脚，比如安森美公司的 NCP45560 等，我们可以认为这已经不属于本节所述的晶体管产品，因此本节不介绍。

◎稳流晶体管

稳流晶体管也被称为恒流调节器（Constant Current Regulator，CCR），或者 LED 驱动器。多数情况下，它们的用途是驱动 LED 发光。

图 4.97 是其中一种类型，靠选择外部电阻 R_{ext} 决定输出电流值，本书第 4.10 节介绍了这种器件的工作原理，在此不赘述。

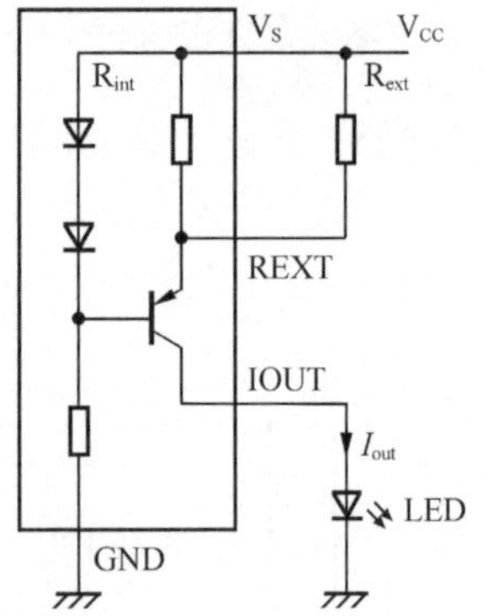

图 4.97　NXP 公司 NCR402U

图 4.98 是 DIODE 公司的 DLD101。其中 R_1 约为 4.7kΩ，R_2 约为 47kΩ，外部电阻 R_C 可以选为 100kΩ 左右。图中 MOSFET 的管脚绘制有误，门极 G 的引线容易引起误解——按照这种画法，上面应为 S 极，实际情况是 S 极在下面——不要理睬这种错误的画法，只要认清各极的图中标注即可。

它的工作原理如下。

Option3：将 R_S 顶端连接至器件第 7 脚。此时，实际电路如图 4.98（b）所示。由于 MOSFET 的 S 端流出电流，绝大部分流过了 R_S，可以假设流过 R_S 的电流就是流过 LED 的电流。因此：

$$I_{LED} \times R_S = U_{BE} \tag{4-153}$$

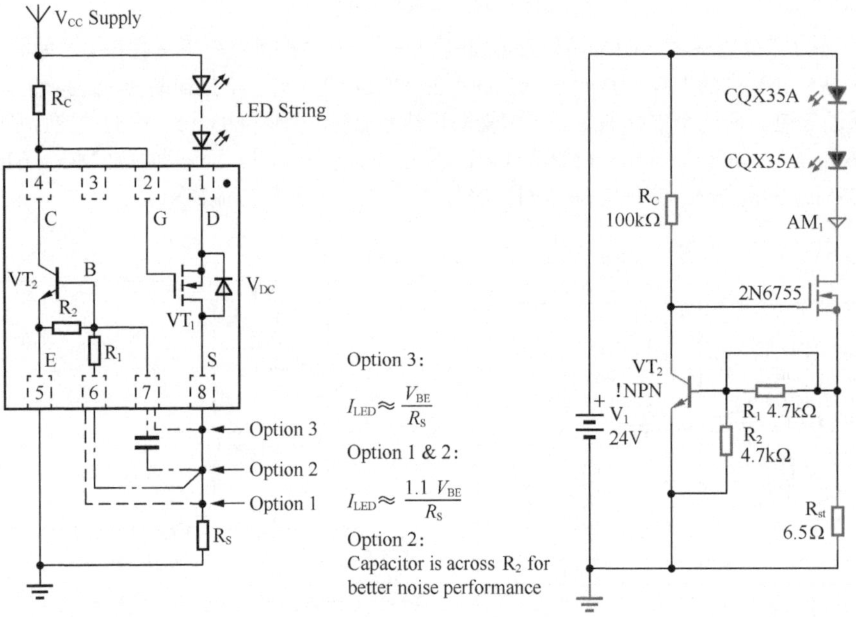

（a）DLD101 数据手册截图　　（b）Option 3 电路图

图 4.98　DIODE 公司 DLD101

那么只要知道了晶体管 VT_2 的 U_{BE}，即可算出 I_{LED}。

这是一个后文才会介绍的负反馈电路。大致思路是，VT_1 的 U_{GS} 电压决定了 I_{LED}，I_{LED} 决定了 U_{BE}，U_{BE} 决定了 I_C，而 I_C 和 R_C、电源电压 V_{CC} 决定了 VT_1 的 U_{GS}，且这是一个负反馈，可以形成稳定的状态，联立方程是可以求解的，本节暂不深入探讨。读者仅需知道，U_{BE} 是 0.5 ～ 0.7V，输出电流将维持在 77 ～ 107mA。

Option2 和 Option1：将 R_S 顶端接在器件第 6 脚，Option2 多并联了一个电容，以降低输出噪声。此时，输出电流将比 Option3 稍大一些。

图 4.99 电路与此类似，不赘述。

图 4.100 电路，它只有两个管脚，串联在电路中，就能保证流过它的电流是器件指定电流。比如 NSI45025，其指定输出电流为 25mA，在其两端电压介于 1.8V 和 45V 之间时，均能保证稳定的输出电流。这很方便。

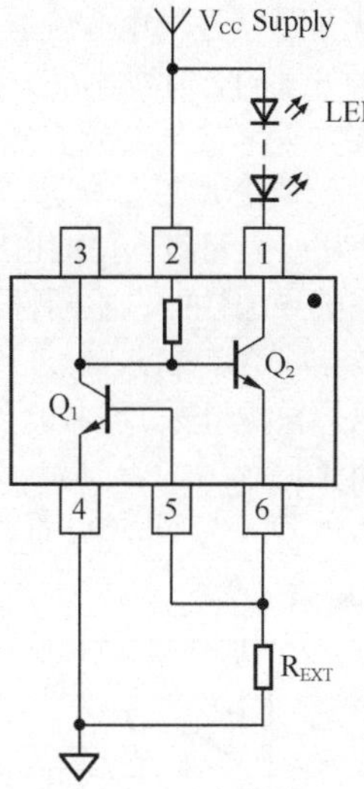

图 4.99　DIODE 公司 AL5802

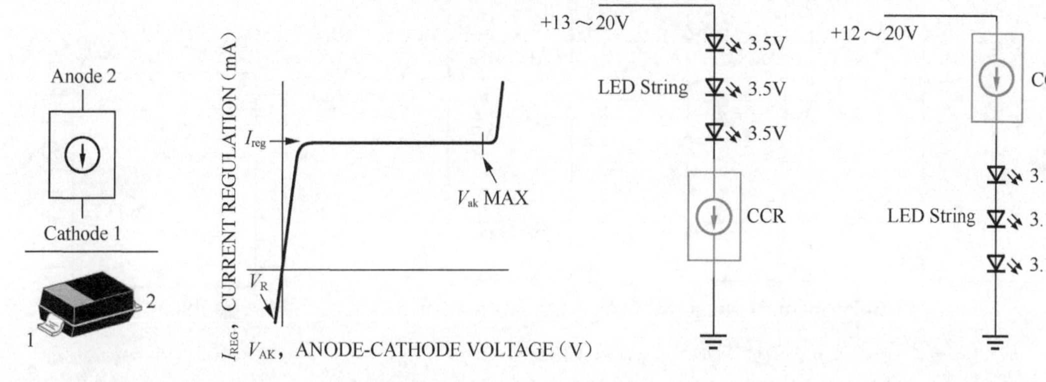

（a）符号和外型　　（b）伏安特性　　（c）Sink 接法　　（d）Source 接法

图 4.100　安森美公司 NSI45025-D

值得一提的是，这种器件既能接在 LED 组的下面，形成一个吸纳式的恒流源，也可以接在 LED 组的上方，形成吐出式的恒流源。用户只要保证电源电压减去 LED 组消耗电压，也就是 CCR 两端电压介于 1.8V 和 45V 之间，输出电流就能得到基本保障。

◎模拟开关

有很多半导体公司生产模拟开关，包括 Vishay 公司、ADI 公司、TI 公司、LTC 公司等。本书仅给出几个常用模拟开关，帮助读者初步了解。

图 4.101 是 ADI 公司的 ADG1411 系列，包括 3 种型号。从图 4.101 中可以看出，它们都是单刀单掷型，每个芯片包括 4 组开关，可以简称为 4SPST。在控制信号 =1，即逻辑高电平输入时，ADG1411 的 4 个开关均处于断开状态，ADG1412 的 4 个开关均处于导通状态，而 ADG1413 中间两个处于断开状态，其余两个处于导通状态。这种产品分类可以方便用户灵活设计。

ADG1411 系列可以接受 ±4.5 ～ ±16.5V 的供电电压，且开关可承受的输入电压可以在满幅供电电压范围内，比如以 ±5V 供电，其输入电压范围可以在 ±5V 之内。在导通状态，开关等效电阻为 1.5Ω 左右，各通道之间导通电阻差异小于 0.1Ω，对单个开关，随着输入电压不同，导通电阻会有微弱的差别，在全幅输入范围内，导通电阻平坦性小于 0.3Ω，即全幅输入范围内，最大电阻和最小电阻的差值小于 0.3Ω。

ADG1411 的数字控制接口非常方便，无须外接逻辑电源就能自动匹配 TTL/CMOS 逻辑输入。

当一个芯片内同时具有常通和常闭两种开关时，比如 AGD1413，常用于双路信号的二选一切换，此时要求先断开 A 路信号，再闭合 B 路信号，两者之间必须有先断后合的次序，否则就容易出现瞬间的 A 路和 B 路短路现象。为避免这种现象，这类芯片都会表明一个参数，叫作导通前提前关闭时间差（Break Before Make Time），用 t_D 表示，一般为 ns 数量级。ADG1413 的参数中显现，t_D 的典型值为 25ns。

模拟开关还有很多关键参数，包括静态的导通性能、阻断性能，以及动态中的开关速度、导通和阻断随频率变化性能、电源电压抑制比等。本章不详述。

图 4.102 是 Vishay 公司的双电源单刀双掷模拟开关 DG470，它包括供电端 V+、V−、GND，控制脚 IN，公共端 COM，常闭端 NC（Normally Closed），常开端 NO（Normally Open），以及一个使能端 EN。在使能端无效时（即其输入为高电平），COM 与 NC/NO 都不导通。

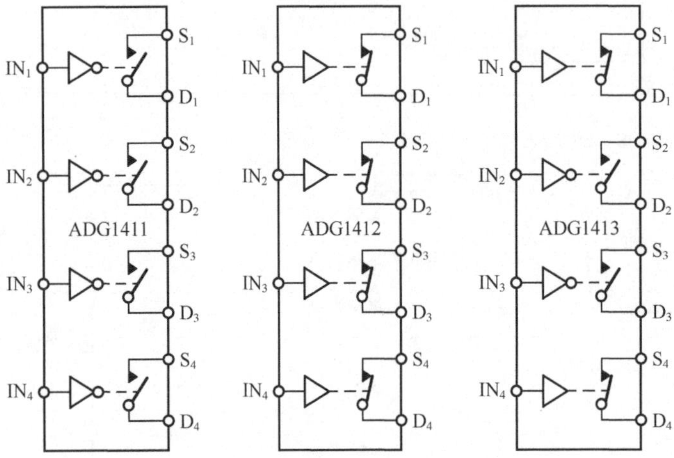

图 4.101　ADI 公司的 ADG1411 系列 4SPST

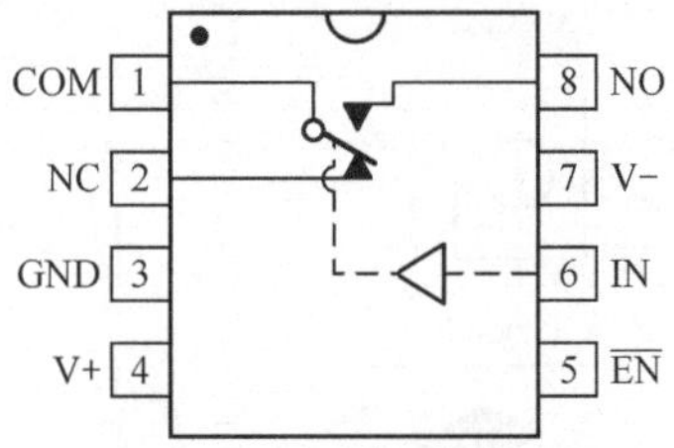

图 4.102　Vishay 公司的 DG470

5　晶体管放大电路的频率响应

5.1　频率响应概述

◎容抗和感抗随频率变化的规律

电容和电感是储能元件，对于不同频率的交流信号，它们具有不同的感抗或者容抗。它们虽然不消耗功率，但同电阻一样，也起到了阻碍电流的作用。其中，电容的容抗、电感的感抗（单位均为 Ω）随频率变化的表达式为：

$$Z_C = \frac{1}{\mathrm{j}\omega C} = \frac{1}{\mathrm{j}2\pi fC} \tag{5-1}$$

$$Z_L = \mathrm{j}\omega L = \mathrm{j}2\pi fL \tag{5-2}$$

其中，信号的角频率 $\omega=2\pi f$，f 是信号频率，单位是 Hz；C 是电容值，单位为 F；L 是电感值，单位是 H。

可以看出，在低频段，电容的容抗较大，而电感的感抗较小；在高频段，电感的感抗较大，而电容的容抗较小。

◎放大电路的性能为什么受频率的影响

晶体管放大电路中一般存在实体电容，用于实现输入信号、输出信号的耦合，比如图 5.1 中的 C_1 和 C_2。它们的存在，一方面能够确保频率较高的信号顺利通过它，进入晶体管的基极；另一方面隔绝了输入信号可能存在的直流电压，使放大电路的静态工作点不受信号源的影响。究其内在原因，此电容对高频输入信号具有非常小的容抗，而对于直流电压（0Hz）则具有无穷大的容抗。那么问题来了，当输入信号的频率介于高频和直流量之间，比如几 Hz 时，放大电路的放大倍数是多少呢？

这就是信号频率变化对放大电路的性能产生的影响，本节我们就研究这个。

其实，放大电路性能受频率的影响远不止这一个例子。显然，电感的存在是另一个例子。还有就是杂散参数。

任何一个实体元件，我们称之为宿主，都存在寄生杂散，包括杂散电容和杂散电感。所谓的杂散电容或者杂散电感是指在信号频率很高时呈现出来的，由于器件本身固有形状、尺寸、介质等产生的，极其微小的电容或者电感。

任何一根导线都存在电感，任何两个导体之间都存在电容。因此，杂散电感一般串联于宿主，而杂散电容并联于宿主。

以电阻器为例，它有两个端子，在中低频时，两端呈现为一个固定的电阻值。但是，电阻器的外部引线、电阻体都呈现为一个微小的电感，在中低频时，它们的感抗极小，串联于宿主电阻，起不到什么作用。但是在频率超高时，感抗可以变得很大，甚至超过电阻值，此时我们就不能再忽视它的存在了。同时，它的两个端子之间还存在微小的杂散电容，该杂散电容与端子大小、距离、中间介质的介电常数都有关系。这就形成了如图 5.2 所示的高频等效模型。

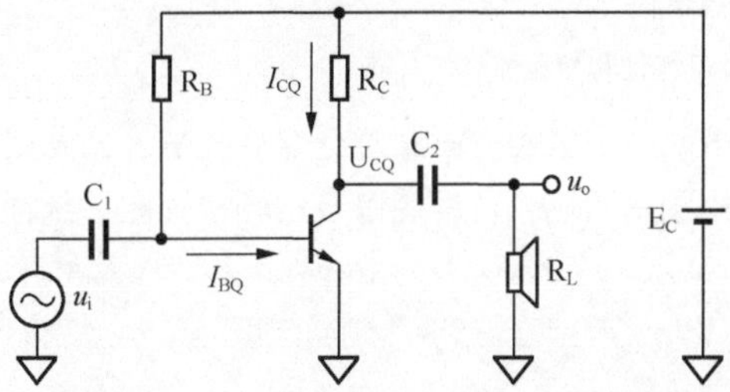

图 5.1　实现输入、输出耦合的放大电路

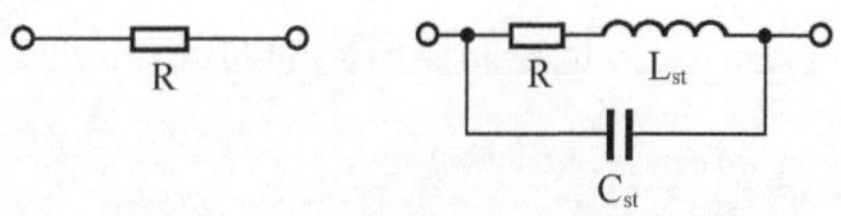

图 5.2　电阻器和电阻器的高频等效模型（含杂散）

同样地，对于晶体管来说，它的 3 个管脚之间存在杂散电容，晶体管内部 PN 结间也存在杂散电容，如图 5.3 所示。只是，一般情况下，外部杂散电容远小于内部杂散电容。

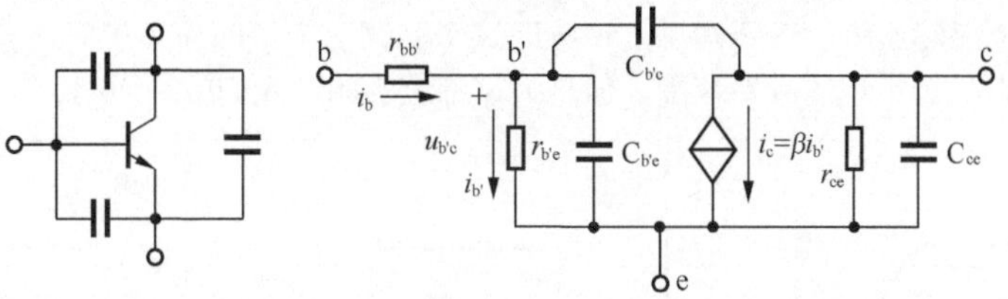

图 5.3　晶体管外部和内部的高频等效模型（含杂散）

上述这些杂散电容、电感的存在是客观事实，在信号频率较低时，它们一般不会影响放大电路的性能。但是在频率较高时，它们对放大电路的影响是明显的。

◎放大电路的频率响应

放大电路的频率响应是指放大电路面对不同频率的交流输入信号时，所表现出来的不同的性能，包括“增益随频率的变化规律——简称幅频特性”“输入输出相位差随频率的变化规律——简称相频特性”。如图 5.4 所示。

还是以图 5.1 为例，图 5.1 所示为一个交流阻容耦合单管共射极放大电路。对于低频输入信号，

电容 C_1 会在输入信号回路中产生明显的阻抗，对于同样大小的 u_i，低频时的 i_b 比高频时的 i_b 要小，进而导致输出信号也小，即放大倍数下降。从图 5.4 可以清晰也看到这个规律。电容 C_2 起到了相同的作用，即阻碍低频信号的通过。

在图 5.4 的幅频特性图中，随着频率的上升，放大电路的放大倍数在频率为 200kHz 以后，开始逐渐下降。这也是电路中的电容在“捣鬼”，也许是实体电容，也许是晶体管的杂散电容。

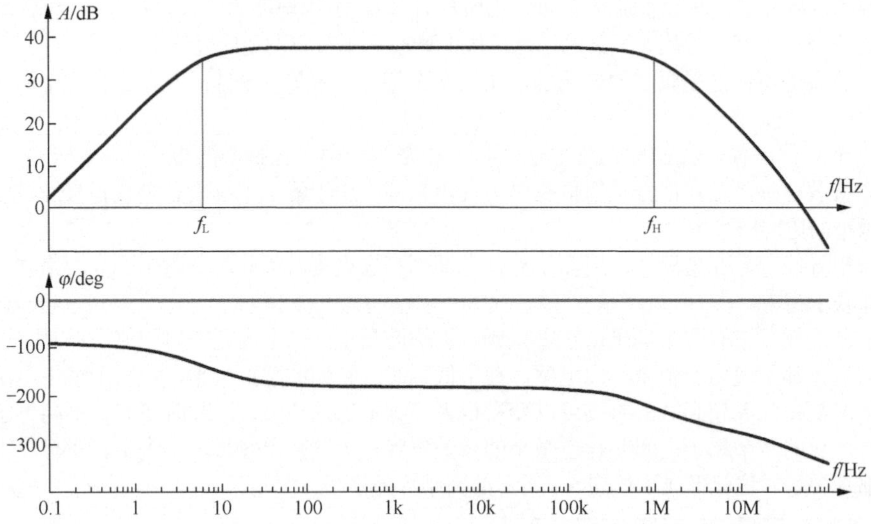

图 5.4　一个典型的放大电路幅频特性和相频特性

总之，通过上述分析，我们应该知道，在一个放大电路中，电容、电感等储能元件的存在必然会使放大电路的性能随输入信号频率的改变而改变。由此绘制出的幅频特性图以及相频特性图被统称为频率特性图，也就是我们要研究的对象。

◎频率特性图中的关键定义

中频区和中频区增益

图 5.4 中从 100Hz 到 100kHz，增益 A 是平坦的，约为 38dB，相移 φ 也是平坦的，约为 -180°（因选用的放大电路是共射级电路，故输入输出是反相的），这一频段一般被称为中频区。在中频区一般不考虑电容、电感的存在。

中频区的概念如图 5.5 所示。严格说，中频区这个名词更应该叫作平坦区，指在不考虑电容、电感存在时的增益相对较为平坦的频率范围。但是大家都这么叫，我们就沿用吧。

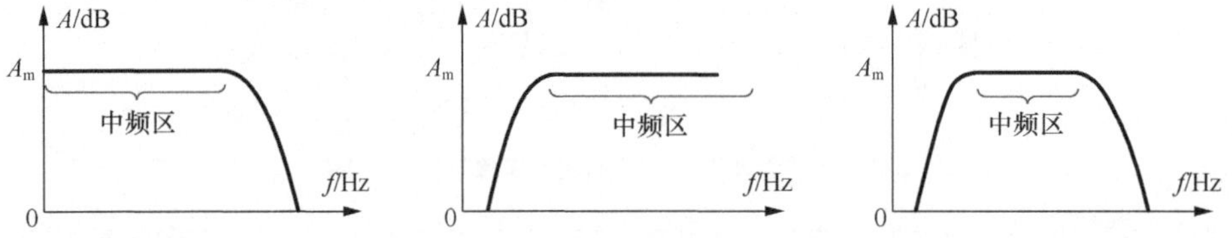

图 5.5　图解中频区

中频区的增益用 A_m 表示，可以表示为倍数，也可以表示为 dB。

特别注意，所谓的低频段、高频段，都不是确定的范围，而是针对中频段而言的。而中频段本身也不确定，它随着不同的放大电路而不同。比如音频放大电路，中频段为 20Hz ～ 20kHz，低频段则为 20Hz 以下，20kHz 以上就是高频段；而视频放大电路，几 MHz 为中频段；手机通信中的放大电路则以几百 MHz、几 GHz 为中频段。

上限截止频率 f_H，下限截止频率 f_L

在幅频特性曲线图中，从中频区开始向右看，当实际增益 A 随着频率的上升而下降到中频区增益 A_m 的 70.7% 时，此时的频率被称为上限截止频率，用 f_H 表示，即：

$$\left|\dot{A}\right|_{f=f_H}=A_m\frac{1}{\sqrt{2}}\approx 0.707A_m \tag{5-3}$$

在幅频特性曲线图中，从中频区开始向左看，当实际增益 A 随着频率的下降而下降到中频区增益 A_m 的 70.7% 时，此时的频率被称为下限截止频率，用 f_L 表示，即：

$$\left|\dot{A}\right|_{f=f_L}=A_m\frac{1}{\sqrt{2}}\approx 0.707A_m \tag{5-4}$$

用 dB 表示，则有：

$$\left|\dot{A}\right|_{f=f_H}(\mathrm{dB})=20\times\lg\left(A_m\frac{1}{\sqrt{2}}\right)(\mathrm{dB})=20\times\lg\left(A_m\right)(\mathrm{dB})-3.01\mathrm{dB} \tag{5-5}$$

即截止频率发生在中频增益下降 3.01dB 处（一般取 3dB），如图 5.6 所示。

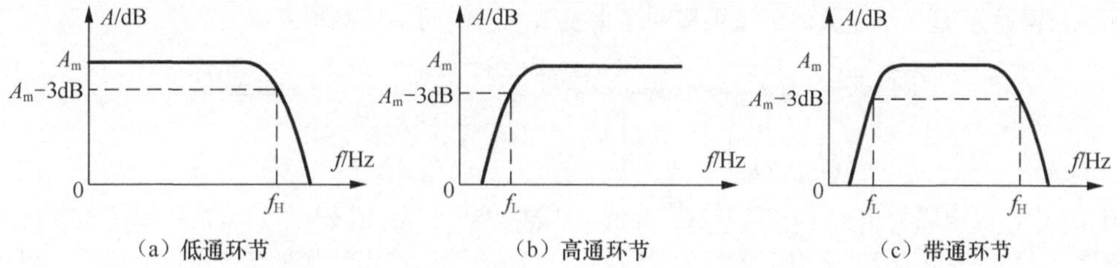

图 5.6　图解上限、下限截止频率

因此，有时也称截止频率为 -3dB 带宽。

注意，任何一个放大电路，其上限截止频率总是存在的，此称为“上有限”。但是，对于直流放大器来说，无论频率怎样降低，直到 0Hz，也找不到增益下降，更不要说 70.7% 了，此时我们称其下限截止频率为 0Hz。

低通、高通和带通

图 5.6（a）是低通环节的幅频特性，它的特点是，0Hz 到某个频率之间是中频区，其增益是近似不变的，为中频增益 A_m，此后随着频率的上升，增益开始下降，直至增益变为 0。它具有上限截止频率 f_H。

图 5.6（b）是高通环节的幅频特性，它的特点是，从无穷大频率到某个频率之间是中频区，其增益是近似不变的，为中频增益 A_m，此后随着频率的下降，增益开始下降，直至增益变为 0。它具有下限截止频率 f_L。

图 5.6（c）是带通环节的幅频特性，它的特点是，中间一个频率区域为中频区，其增益是近似不变的，为中频增益 A_m。左侧，随着频率的下降，增益开始下降，直至增益变为 0，具有下限截止频率 f_L。右侧，随着频率的上升，增益也开始下降，直至增益变为 0，具有上限截止频率 f_H。

研究放大电路的频率响应就是要计算出这两个关键的特性曲线，并求解出这些频段的分界线，用上限截止频率 f_H、下限截止频率 f_L 等参数来描述它。

为此，我们先得从最基本的阻容单元开始，分析其频率响应。

5.2 阻容基本单元的频率响应

◎低通单元

图 5.7 所示是低通单元。针对正弦稳态输入，列出其输出和输入关系如下：

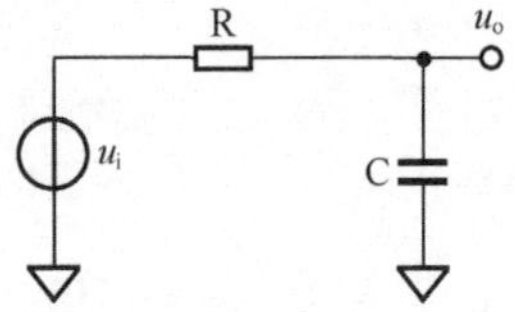

图 5.7　低通单元

$$\dot{A}_u=\frac{\frac{1}{j\omega C}}{R+\frac{1}{j\omega C}}=\frac{1}{1+j\omega RC}=\frac{1}{1+j\frac{\omega}{\frac{1}{RC}}}=\frac{1}{1+j\frac{\omega}{\omega_0}}=\frac{1}{1+j\frac{2\pi f}{2\pi f_0}}=\frac{1}{1+j\frac{f}{f_0}} \tag{5-6}$$

其中，

$$\omega_0=\frac{1}{RC};\ f_0=\frac{1}{2\pi RC} \tag{5-7}$$

ω_0为特征角频率，相应地，f_0 为特征频率。

此时，增益$\dot{A}_u$是一个复数，可以用模和相角表示，它们均与频率相关：

$$\left|\dot{A}_u\right|=\frac{1}{\sqrt{1+\left(\frac{\omega}{\omega_0}\right)^2}}=\frac{1}{\sqrt{1+\left(\frac{f}{f_0}\right)^2}},\quad \varphi=-\arctan\frac{\omega}{\omega_0}=-\arctan\frac{f}{f_0} \tag{5-8}$$

图 5.7 中，以电阻为 1kΩ、电容为 1μF 为例，据式（5-7）可知该电路的特征频率f_0=159.15Hz。当输入幅度为 1V、频率为 20Hz 的正弦波信号时，该电路的输入输出波形如图 5.8（a）所示，可以看出此时其增益接近 1，输出微弱滞后于输入。

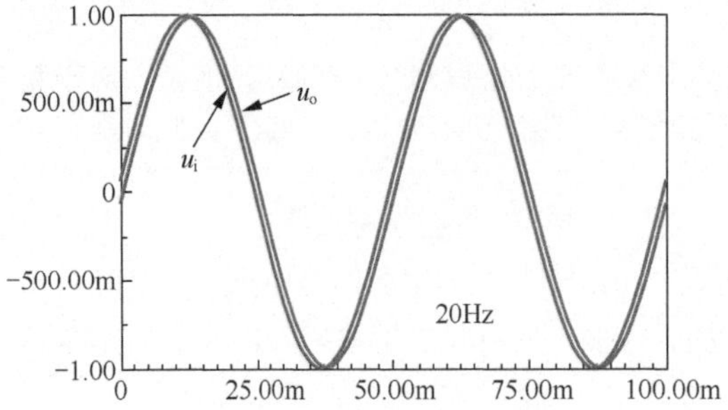

（a）输入频率为20Hz

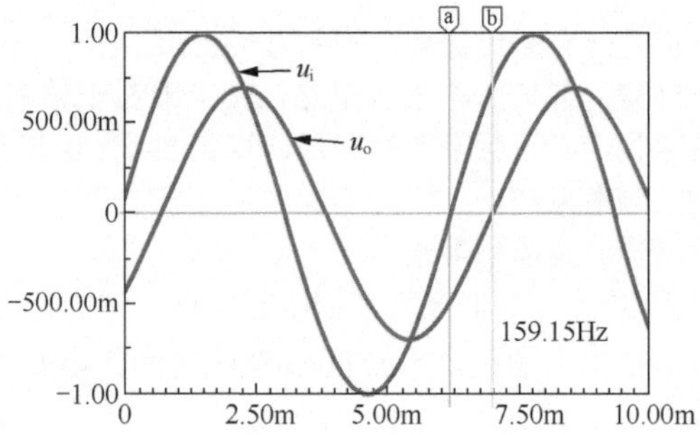

（b）输入频率为159.15Hz

图 5.8　低通单元特征频率 159.15Hz 的时域波形

验证如下：

$$\left|\dot{A}_u\right|=\frac{1}{\sqrt{1+\left(\frac{f}{f_0}\right)^2}}=\frac{1}{\sqrt{1+\left(\frac{20}{159.15}\right)^2}}=0.9922,\quad \varphi=-\arctan\frac{20}{159.15}=-7.16^\circ$$

而将频率改为 159.15Hz 时（如图 5.8（b）所示），输出幅度明显下降，变为 0.7V 左右，即增益的模约为 0.7，且输出明显滞后于输入，约为 45°。验证如下：

$$\left|\dot{A}_u\right|=\frac{1}{\sqrt{1+\left(\frac{f}{f_0}\right)^2}}=\frac{1}{\sqrt{1+\left(\frac{159.15}{159.15}\right)^2}}=0.707,\quad \varphi=-\arctan\frac{159.15}{159.15}=-45^\circ$$

进一步可以看出，当频率f为 0 时，增益的模为 1，相位差为 0，此谓“低通”。随着频率的增加：（1）增益开始小于 1 并逐渐减小，在频率无穷大时，增益趋于 0；（2）相位差开始小于 0，说明输出滞后于输入，在频率无穷大时，相位差趋于 −90°。

在有些场合，低通被称为“高截”或者高不通。

利用上述计算式，画出其幅频特性和相频特性图，如图 5.9 所示。在特征频率处，增益的模 $\left|\dot{A}_u\right| = 1/\sqrt{2} = 0.707$，此时增益已经明显下降，用于区分“通”和“不通”是合适的。为此，定义如下。

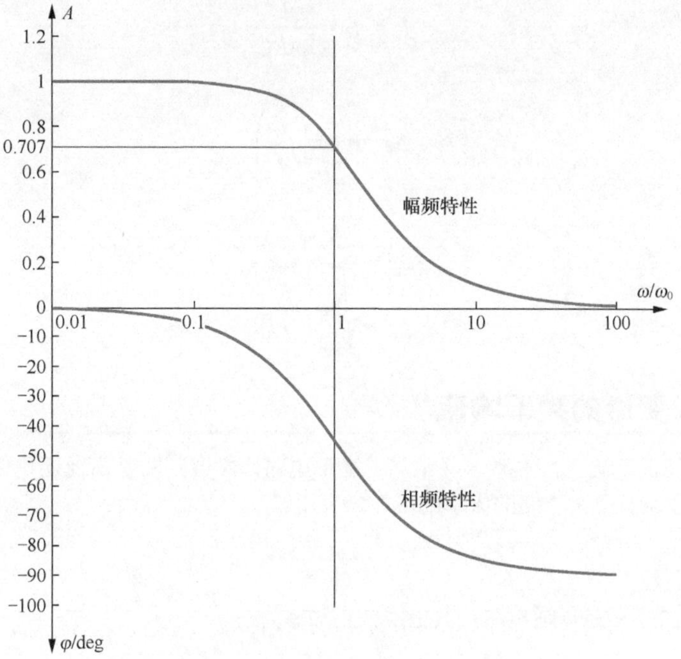

图 5.9　一阶 RC 低通单元的幅频特性和相频特性

（1）增益几乎不受频率影响的区域被称为中频区，无论它很高或者很低。中频区增益的模用 A_m 表示。此例中，中频区为 0Hz 处，或者更实际一些，它是频率非常低的区域，且 A_m=1。

（2）随着频率的上升，增益开始下降，当增益的模 $\left|\dot{A}_u\right|$ 下降到中频增益 A_m 的 70.7% 时，此频率被定义为上限截止频率，用 f_H 表示。此例中，上限截止频率即特征频率，即：

$$f_H = \frac{1}{2\pi RC} \tag{5-9}$$

需要特别注意的是，要区分特征频率和截止频率的概念。所谓的特征频率，是指数学上具有明显特征的频率，在表达式中它一定具有明显的“简约美感”。在一阶系统中，它一般是相角等于 45° 的频率——表达式中实部等于虚部；在二阶系统中，它是相角等于 90° 的频率——在表达式中实部为 0，虚部不为 0。但是，截止频率不“理睬”这些所谓的美感，它只强调增益下降到中频增益的 70.7%。这个 70.7% 来自于一阶系统的特征频率，并被推广到高阶系统中，用于区分“通”和“不通”，这类似于考试中用 60 分衡量是否及格一样，这个 60 分，来自于以前的 5 分制（满分 5 分，3 分及格），具有明显的随意性，没有数学上的美感。

◎高通单元

利用相同的方法，可以对图 5.10 所示的高通单元进行分析。

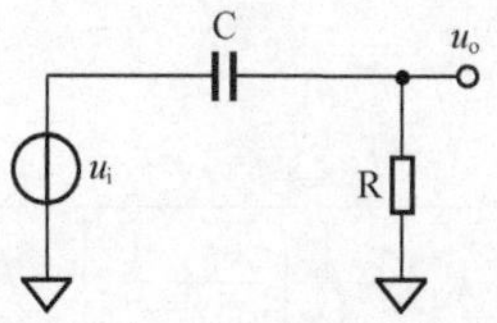

图 5.10　高通单元

$$\dot{A}_{\mathrm{u}}=\frac{R}{R+\dfrac{1}{\mathrm{j}\omega C}}=\frac{1}{1+\dfrac{1}{\mathrm{j}\omega RC}}=\frac{1}{1-\mathrm{j}\dfrac{\omega_0}{\omega}}=\frac{1}{1-\mathrm{j}\dfrac{f_0}{f}} \tag{5-10}$$

得其下限截止频率，也是特征频率，为：

$$f_{\mathrm{L}}=f_0=\frac{1}{2\pi RC} \tag{5-11}$$

其相移表达式为：

$$\varphi=\arctan\left(\frac{f_0}{f}\right) \tag{5-12}$$

其增益的模为：

$$\left|\dot{A}_{\mathrm{u}}\right|=\frac{1}{\sqrt{1+\left(\dfrac{f_0}{f}\right)^2}} \tag{5-13}$$

5.3 基本单元变形的频率响应

在基本单元电路的基础上，熟悉一些常见的变形电路，学会判断是高通还是低通，快速计算出截止频率是多少，对于求解复杂电路的频率响应非常有用。

◎低通变形

图 5.11 和图 5.12 所示是低通电路，其上限截止频率为：

$$f_{\mathrm{H}}=\frac{1}{2\pi\left(R_1+R_2\right)C} \tag{5-14}$$

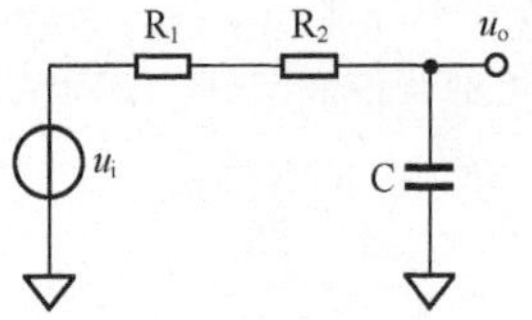

图 5.11　低通电路 1

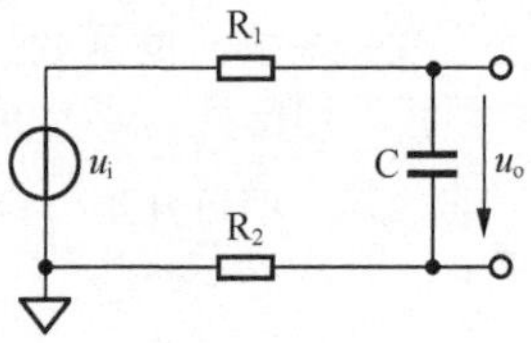

图 5.12　低通电路 2

图 5.13 和图 5.14 所示也是低通电路，其上限截止频率为：

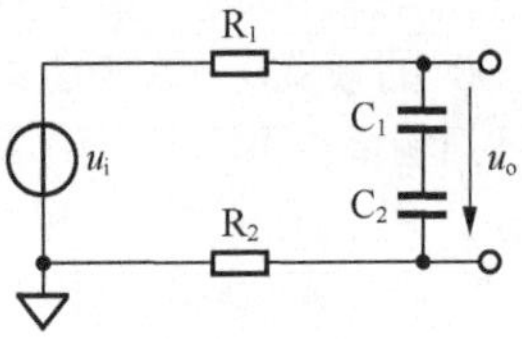

图 5.13　低通电路 3

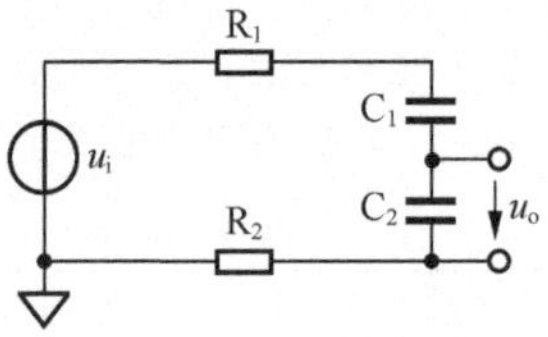

图 5.14　低通电路 4

$$f_{\mathrm{H}}=\frac{1}{2\pi RC}\left(C=\frac{C_1C_2}{C_1+C_2},\ R=R_1+R_2\right) \tag{5-15}$$

以图 5.14 为例，分析如下：

$$\dot{A}_{\mathrm{u}}=\frac{\dfrac{1}{\mathrm{j}\omega C_2}}{R_1+\dfrac{1}{\mathrm{j}\omega C_1}+\dfrac{1}{\mathrm{j}\omega C_2}+R_2}=\frac{\dfrac{1}{\mathrm{j}\omega C_2}}{\left(R_1+R_2\right)+\dfrac{1}{\mathrm{j}\omega}\left(\dfrac{1}{C_1}+\dfrac{1}{C_2}\right)}=\frac{\dfrac{1}{\mathrm{j}\omega C_2}}{R+\dfrac{1}{\mathrm{j}\omega}\left(\dfrac{C_1+C_2}{C_1C_2}\right)}=\frac{\dfrac{1}{\mathrm{j}\omega C_2}}{R+\dfrac{1}{\mathrm{j}\omega\dfrac{C_1C_2}{C_1+C_2}}}=$$

$$\frac{\frac{1}{\mathrm{j}\omega C_2}}{R+\frac{1}{\mathrm{j}\omega C}}=\frac{\frac{C}{C_2}}{1+\mathrm{j}\omega RC}=\frac{C}{C_2}\times\frac{1}{1+\mathrm{j}\omega RC} \tag{5-16}$$

其中：

$$A_{\mathrm{m}}=\frac{C}{C_2} \tag{5-17}$$

$$f_{\mathrm{H}}=\frac{1}{2\pi RC} \tag{5-18}$$

推广结论为：在一个电压源阻容串联回路中，如果以任何一个电容两端电压为输出，那么它一定是一个低通电路，其上限截止频率为 $1/2\pi RC$，其中 R 为回路中所有电阻之和，C 为回路中所有电容的串联值（类似于电阻并联计算）。

图 5.15 所示是一个低通电路。利用戴维宁定理可以立即得出结论：

$$f_{\mathrm{H}}=\frac{1}{2\pi RC},\ R=R_1//R_2=\frac{R_1R_2}{R_1+R_2} \tag{5-19}$$

如果直接推导，为：

$$\dot{A}_{\mathrm{u}}=\frac{\frac{1}{\mathrm{j}\omega C}//R_2}{R_1+\frac{1}{\mathrm{j}\omega C}//R_2}=\frac{\frac{\frac{R_2}{\mathrm{j}\omega C}}{\frac{1}{\mathrm{j}\omega C}+R_2}}{R_1+\frac{\frac{R_2}{\mathrm{j}\omega C}}{\frac{1}{\mathrm{j}\omega C}+R_2}}=\frac{\frac{R_2}{1+\mathrm{j}\omega R_2C}}{R_1+\frac{R_2}{1+\mathrm{j}\omega R_2C}}=\frac{R_2}{R_2+R_1+\mathrm{j}\omega R_1R_2C}= \tag{5-20}$$

$$\frac{R_2}{R_1+R_2}\times\frac{1}{1+\mathrm{j}\omega\frac{R_1R_2}{R_1+R_2}C}$$

可以看出，其：

$$A_{\mathrm{m}}=\frac{R_2}{R_1+R_2} \tag{5-21}$$

$$f_{\mathrm{H}}=\frac{1}{2\pi\frac{R_1R_2}{R_1+R_2}C} \tag{5-22}$$

上限截止频率与戴维宁等效电路的结果相同。

图 5.16 所示也是一个低通电路。其上限截止频率为：

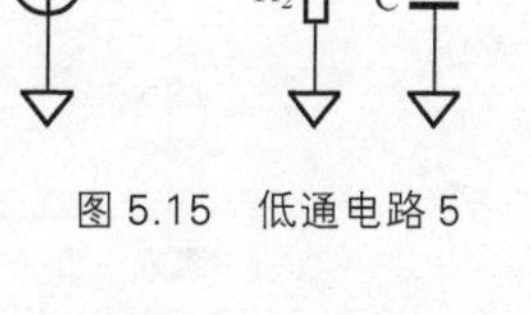

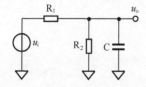

图 5.15　低通电路 5

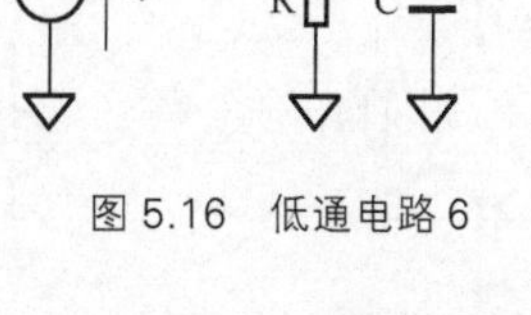

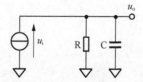

图 5.16　低通电路 6

$$f_{\mathrm{H}}=\frac{1}{2\pi RC} \tag{5-23}$$

推导过程为：

$$\dot{A}_{ui}=\frac{u_o}{i_i}=R//\frac{1}{j\omega C}=\frac{\frac{R}{j\omega C}}{\frac{1}{j\omega C}+R}=R\times\frac{1}{1+j\omega RC} \tag{5-24}$$

与前述计算式唯一的区别在于 $A_m=R$。当输入为电流、输出为电压、放大倍数为电阻时，其被称为跨阻放大器。

◎高通变形

再看高通电路的变形。

图 5.17 所示是高通电路，其下限截止频率为：

$$f_L=\frac{1}{2\pi RC}\left(C=\frac{C_1C_2}{C_1+C_2}\right) \tag{5-25}$$

图 5.18 所示也是高通电路，其下限截止频率为：

$$f_L=\frac{1}{2\pi RC}\left(R=R_1+R_2,\ \ C=\frac{C_1C_2}{C_1+C_2}\right) \tag{5-26}$$

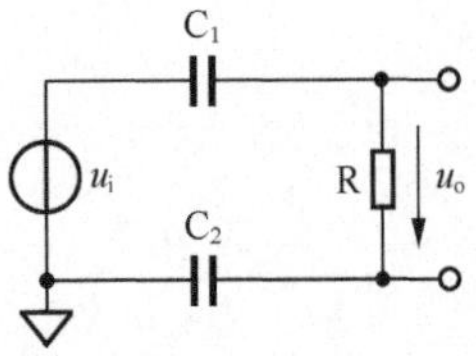

图 5.17　高通电路 1

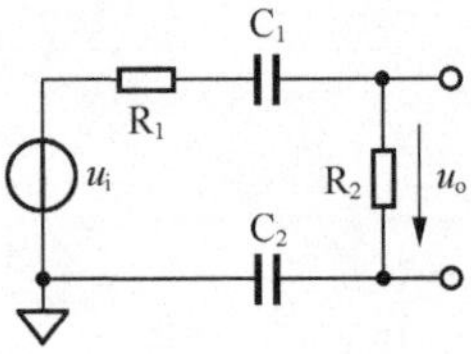

图 5.18　高通电路 2

图 5.19 所示是高通电路，其下限截止频率为：

$$f_L=\frac{1}{2\pi RC}\left(R=R_1+R_2,\ \ C=\frac{C_1C_2}{C_1+C_2}\right) \tag{5-27}$$

推导过程为：

$$\dot{A}_{iu}=\frac{i_o}{u_i}=\frac{1}{R_1+R_2+\frac{1}{j\omega C_1}+\frac{1}{j\omega C_2}}=\frac{1}{R+\frac{1}{j\omega C}}=\frac{1}{R}\times\frac{1}{1+\frac{1}{j\omega RC}} \tag{5-28}$$

与标准式唯一的区别在于 $A_m=1/R$，此为跨导放大器。

图 5.20 所示是高通电路，其下限截止频率为：

$$f_L=\frac{1}{2\pi RC}\left(R=R_1+R_2\right) \tag{5-29}$$

利用戴维宁定理，可以先将电流源输入和 R_1 演变为电压源输入和 R_1 的串联，就形成了图 5.21，参照图 5.18 及其结论，可以得出上述结论。

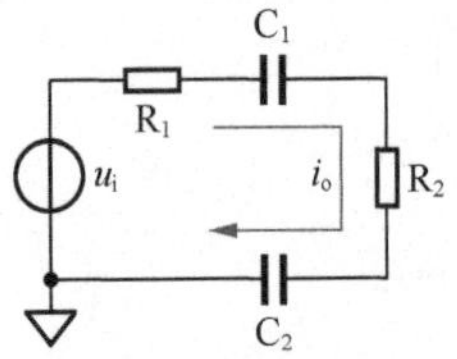

图 5.19　高通电路 3

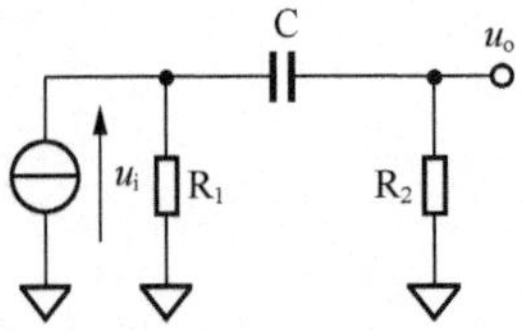

图 5.20　高通电路 4

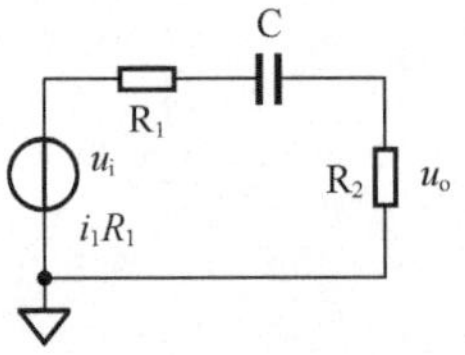

图 5.21　高通电路 5

也可以直接推导如下：

$$\dot{A}_{\mathrm{ui}}=\frac{u_{\mathrm{o}}}{i_{\mathrm{i}}}=\frac{R_1}{R_1+\left(\dfrac{1}{\mathrm{j}\omega C}+R_2\right)}\times R_2=\frac{R_1R_2}{R_1+R_2}\times\frac{1}{1+\dfrac{1}{\mathrm{j}\omega\left(R_1+R_2\right)C}} \tag{5-30}$$

对基本单元电路的变形还有很多种，在此不一一列举。对这些变形电路结论的储备，有利于后期对复杂电路进行分析，届时过程将非常简单。

◎高通低通的两极判断法

对一个由无源器件组成的电阻、电容（电感）网络，其输入可能是电压、电流，输出也可能是电压或者电流，而且阻容结构变化多端，想一眼看出它是高通还是低通，或者什么都不是，似乎是个困难的任务。

两极判断法可以较为轻松地实现上述判断，方法如下。

第一个极是0Hz。此时电容容抗无穷大，可以将其断开，求解此时的增益，称之为A_0；第二个极是频率无穷大，电容容抗为0，可以将其短路，求解此时的增益，称之为A_∞，然后按照下述规则判断：

- 如果A_0为有限值，A_∞为0，则一定是低通，$A_{\mathrm{m}}=A_0$；
- 如果A_∞为有限值，A_0为0，则一定是高通，$A_{\mathrm{m}}=A_\infty$；
- 除此之外，既不是高通，也不是低通。

举例

电路如图5.22所示，所有输出均基于地。问哪些输出是标准低通或者标准高通？如果是，求出中频增益、截止频率。

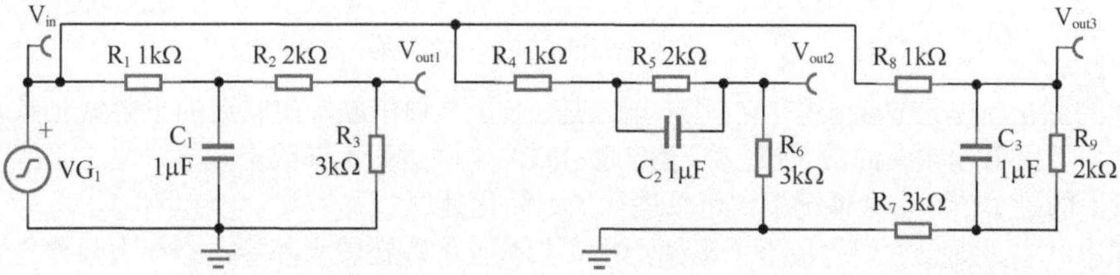

图5.22　举例1电路

解：对V_{out1}进行分析，得到A_0=0.5，A_∞=0，因此它是低通，其中频增益为0.5，具有上限截止频率，为：

$$f_{\mathrm{H}}=\frac{1}{2\pi C_1\left(R_1//\left(R_2+R_3\right)\right)}=190.99\mathrm{Hz}$$

对V_{out2}进行分析，得到A_0=0.5，A_∞=0.75，因此它既不是高通，也不是低通。

对V_{out3}进行分析，得到A_0=0.8333，A_∞=0.75，因此它既不是高通，也不是低通。

学习任务和思考题

（1）在图5.23所示电路中，源为电流源，问输出分别是高通还是低通？其截止频率是多少？

（2）设计一个中频增益为0.5倍、下限截止频率为10Hz的高通阻容电路。

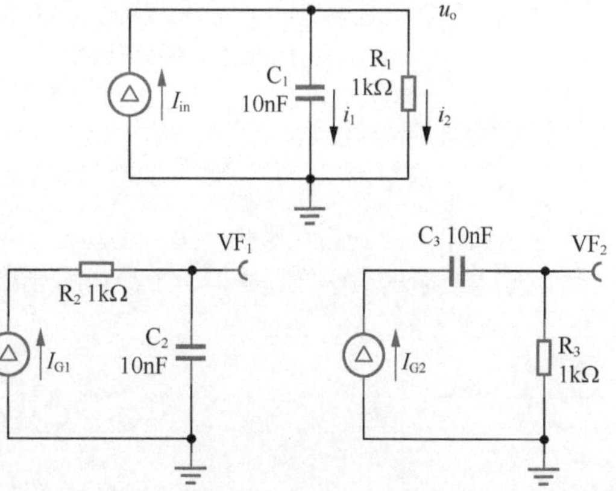

图5.23　问题（1）电路

5.4 基本单元串联的频率响应

◎用模块表示低通单元和高通单元

前述的低通电路可以用图 5.24 所示的低通模块表示，高通电路可以用图 5.25 所示的高通模块表示。这样表示很形象，且包含关键信息 A_m 和 f_H 或者 f_L。

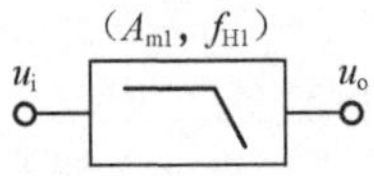

图 5.24　低通模块

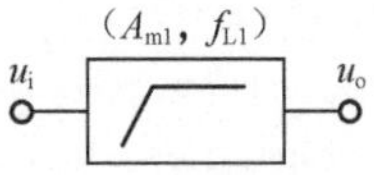

图 5.25　高通模块

◎单元串联的粗略结论

将多个低通模块串联，如图 5.26 所示，最终仍是低通效果。将多个高通模块串联，如图 5.27 所示，最终仍是高通效果。其中，中频增益 $A_{m0}=A_{m1}\times A_{m2}\times A_{m3}$。这很好理解。

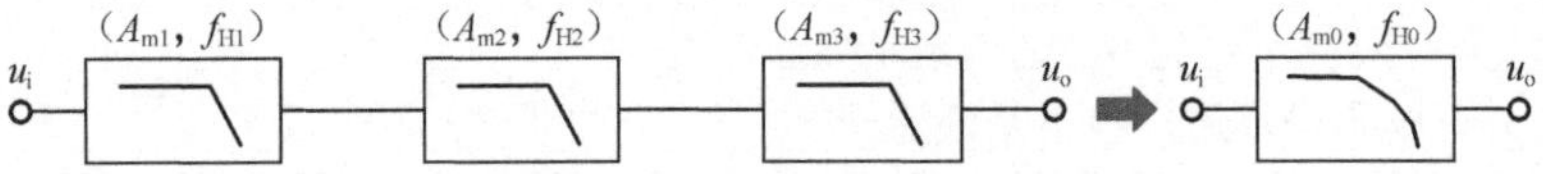

图 5.26　多个低通模块的串联

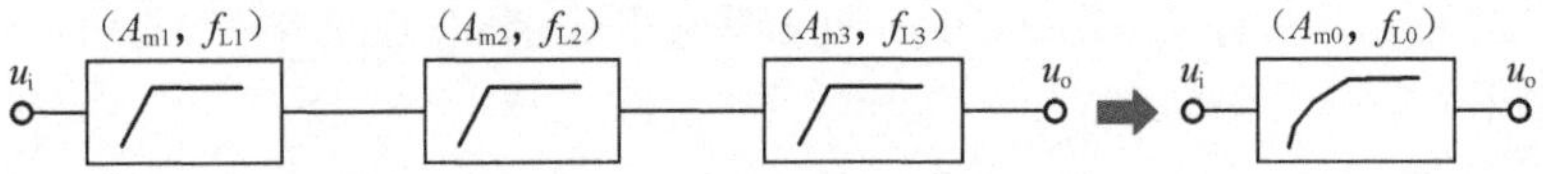

图 5.27　多个高通模块的串联

串联后的截止频率稍复杂一些，但基本结论是：对于高通串联，串联后的下限截止频率一定大于等于各个模块下限截止频率的最大值。对于低通串联，串联后的上限截止频率一定小于等于各个模块上限截止频率的最小值。多数情况下，可以进行如下简化处理。

在低通串联中，如果它们的最小上限截止频率与其他的存在较大差异，最终上限截止频率就是那个最小的。这一点也好理解，即：

$$f_{H0}\approx\min\left(f_{H1},f_{H2},f_{H3}\right) \tag{5-31}$$

在高通串联中，如果它们的最大下限截止频率与其他的存在较大差异，最终下限截止频率就是那个最大的。这一点也好理解，即：

$$f_{L0}\approx\max\left(f_{L1},f_{L2},f_{L3}\right) \tag{5-32}$$

比如，3 个低通模块的上限截止频率分别为 10Hz、1000Hz、2000Hz，把它们串联，则最终的上限截止频率为 $f_{H0}\approx\min(10,1000,2000)=10\text{Hz}$。

◎更加准确的结论

如果它们的上限截止频率相差不大，或者干脆 3 个值相等，则情况会变得复杂。理论上说，第一要考虑各级串联时的相互影响，第二要写出传递函数进行精细分析。但是，我们不希望在这个阶段就让大家陷入复杂的数学推导中，一个简化的计算式和表格（见表 5.1）可以帮助我们：

$$f_{H0}=\frac{1}{K\sqrt{\frac{1}{f_{H1}^2}+\frac{1}{f_{H2}^2}+\frac{1}{f_{H3}^2}+\cdots}} \tag{5-33}$$

$$f_{L0}=K\sqrt{f_{L1}^2+f_{L2}^2+f_{L3}^2+\cdots} \tag{5-34}$$

表 5.1　*k* 取值

串联级数	*K* 最小值	*K* 最大值
2	1	1.099
3	1	1.133
4	1	1.148
5	1	1.159

各个模块的截止频率相差越远，K 取值越接近 1，当各个模块截止频率完全相等时，K 取最大值。

举例 1

一个高通模块（A_{m1}=3.5，f_{L1}=120Hz）和另一个高通模块（A_{m2}=8，f_{L1}=160Hz），将它们串联，求串联后的下限截止频率。

不考虑级间互相影响，则串联后的参数为：$A_{m0}=A_{m1}\times A_{m2} = 3.5\times 8=28$。

对串联后的下限截止频率，因两者较为接近，故取 2 级串联最大值 K=1.099，则：

$$f_{L0}\approx K\sqrt{f_{L1}^2+f_{L2}^2}=219.8\text{Hz}$$

上述简化计算式和表格可以帮助我们快速得到近似结果。多数情况下，这已经足够了。因为实际的单元模块是由电阻、电容组成的，电阻特别是电容都会产生容差，它们带来的误差已经远远超过了我们的分析计算误差，在此情况下过分强调计算的准确性毫无意义。

将一个低通模块和一个高通模块串联，二者哪个在前哪个在后，结果都是一样的。如果 $f_H>f_L$，则最终表现为一个带通环节，它的中频增益为两者增益的乘积，它同时具有上限截止频率和下限截止频率；当两者相差甚远时，它们是独立的，互不影响，如图 5.28 所示；如果 $f_H<f_L$，则表现为一个全频段阻断状态，一般没有人这么干。

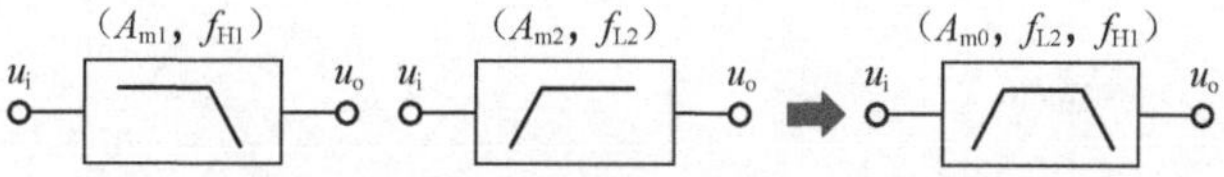

图 5.28　低通模块和高通模块的串联

举例 2

有高通模块（A_{m1}=0.5，f_{L1}=50Hz）、高通模块（A_{m2}=2，f_{L1}=160Hz）、低通模块（A_{m3}=5，f_{H1}=10000Hz）、低通模块（A_{m4}=4，f_{H2}=10000Hz）、低通模块（A_{m5}=1，f_{H3}=10000Hz），将它们串联，求串联后的中频增益和截止频率。

解：串联后的中频增益为 5 个模块增益的乘积，因此有：

$$A_m=A_{m1}\times A_{m2}\times A_{m3}\times A_{m4}\times A_{m5}=20$$

高通模块有两个，其下限截止频率一个为 50Hz，另一个为 160Hz，无法界定 K 值，因此：

$$167.63\text{Hz}=\sqrt{f_{L1}^2+f_{L2}^2}<f_{L0}<1.099\sqrt{f_{L1}^2+f_{L2}^2}=184.23\text{Hz}$$

低通模块有 3 个，且其上限截止频率完全相等，查表，K=1.133，因此：

$$f_{H0}=\frac{1}{K\sqrt{\frac{1}{f_{H1}^2}+\frac{1}{f_{H2}^2}+\frac{1}{f_{H3}^2}+\cdots}}=5095.8\text{Hz}$$

用 TINA 可以将上述滤波器模型画出来，如图 5.29 所示。图 5.29 中每级一阶滤波器均保持电阻为 1kΩ，通过改变电容来改变截止频率，同时用电压控制电压源 VCVS 既可以实现增益，也可以避免各级之间相互影响。前 3 级均为低通，后 2 级为高通。

仿真得到的幅频特性如图 5.30 所示。测得上限截止频率 f_{H0}=5.09kHz，下限截止频率 f_{L0}= 173.98Hz，均与前述分析吻合。而中频增益的实测平坦段最大值为 25.77dB（19.43 倍），与理论值 26.02dB（20 倍）

稍有差异，这是因为上限截止频率与下限截止频率差距不是特别大，在中频段没有完全通过——中频频率被憋屈在 1kHz 左右，仅是下限截止频率的 5 倍。

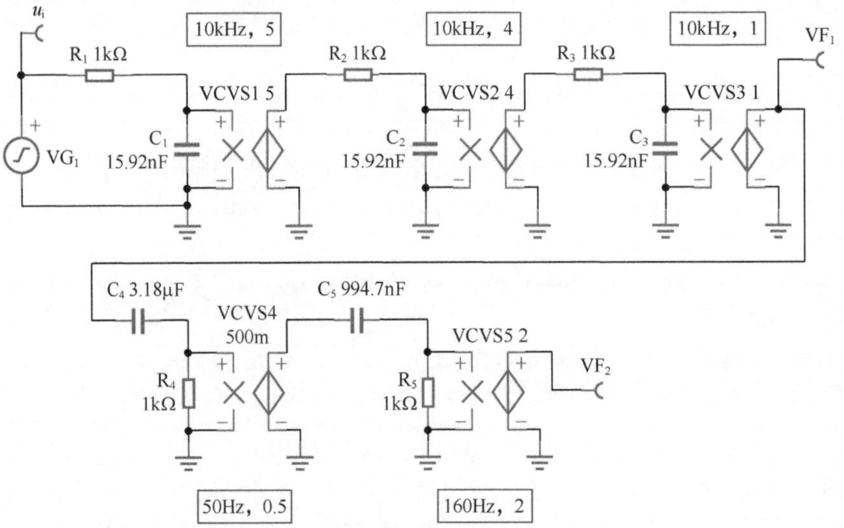

图 5.29　举例 2 模型电路

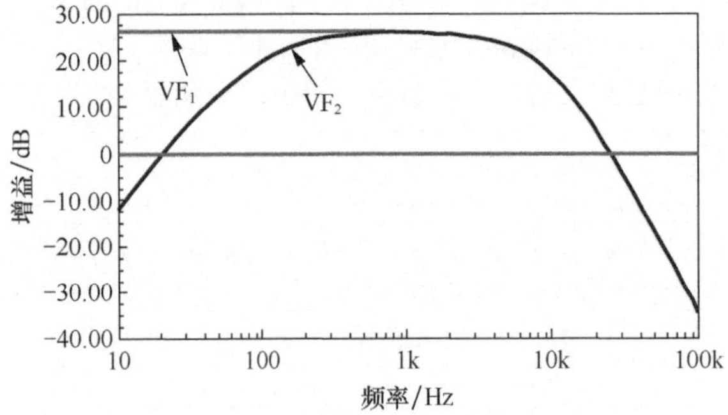

图 5.30　举例 2 模型电路的幅频特性

5.5 晶体管放大电路的非杂散频率响应

本节学习由电路中的实体电容（实体电感）引起的晶体管放大电路频率响应，它有别于器件杂散电容（电感）引起的频率响应。因此，本节暂称之为非杂散频率响应。

◎影响晶体管放大电路频率响应的因素

图 5.31 所示是一个最简单的 NPN 管放大电路。它含有输入耦合电容 C_1、输出耦合电容 C_2，它们都起到了阻断低频、通过高频的作用，比如 10Hz 以下的信号被大幅度衰减，这是下限截止频率 f_L。而负载电阻上并联的实体电容 C_L，则起到了短路吸收（阻断）高频、通过低频的作用。比如 100kHz 以上的信号被大幅度衰减，此为上限截止频率 f_H。

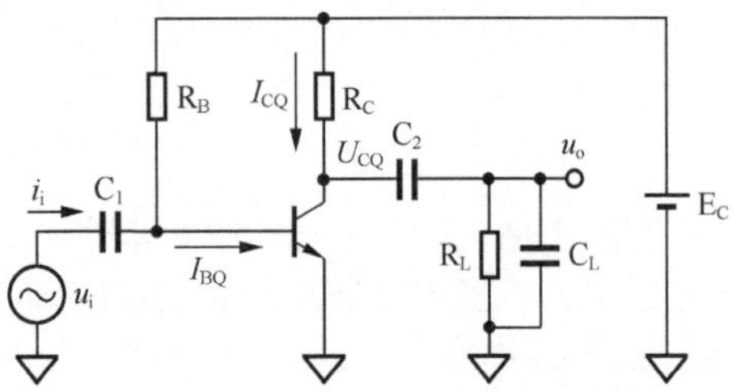

图 5.31　NPN 单管共射级放大电路

如果电路中没有隔直电容 C_1 和 C_2，该电路就属于直流放大器，也就不存在下限截止频率了，或者说 f_L=0Hz。

如果电路中没有旁路电容 C_L，看似就没有吸收(阻断)高频的作用了，似乎上限截止频率就可以是无穷大了。其实不然。首先，晶体管内部高频模型中（如图 5.3 所示）存在 3 个结电容，它们的存在会降低放大电路的增益；其次，任何两个导体节点之间也存在杂散电容。这些都会导致整个放大电路在面对高频信号输入时，放大倍数逐渐下降，产生了上限截止频率。

因此，影响放大电路下限截止频率的关键是电路中的隔直电容，影响晶体管放大电路上限截止频率的关键是电路中的旁路电容，如果没有旁路电容，则要看晶体管的高频等效模型。利用晶体管的高频等效模型，可以分析出上限截止频率，但这部分内容较为复杂，本书不介绍。

本节任务是求解该电路的下限截止频率 f_L——由隔直电容引起，以及上限截止频率 f_H——由旁路电容引起。依据第 5.1 节～第 5.4 节的知识储备，可以很快获得分析结论。

◎永不见面的隔直电容和旁路电容

隔直电容是串联于信号链路中的，而旁路电容通常并联于负载两端。当两种电容共存于电路中时，电路分析会变得复杂。为了简化分析，通常在分析下限截止频率时，只考虑隔直电容，将旁路电容视为开路。而在分析上限截止频率时，只考虑旁路电容，将隔直电容视为短路。它们俩就像永不见面的太阳和月亮，绝不同时出现在一个分析电路中。

原因在于，隔直电容通常比旁路电容大得多，因此在相同信号频率下，隔直电容的容抗要远小于旁路电容的容抗。表 5.2 列出了 10μF 隔直电容和 1nF 旁路电容在不同频率下的容抗。

表 5.2　10 μF 隔直电容和 1nF 旁路电容在不同频率下的容抗

信号频率	10Hz	100Hz	1kHz	10kHz	100kHz	1MHz	10MHz
10μF 容抗	1592Ω	159.2Ω	15.92Ω	1.592Ω	159.2mΩ	15.92mΩ	1.592mΩ
1nF 容抗	15.92MΩ	1.592MΩ	159.2kΩ	15.92kΩ	1.592kΩ	159.2Ω	15.92Ω

一般情况下，上述电路的下限截止频率会远远小于上限截止频率，比如音频放大器，考虑到人耳敏感的频段为 20Hz ～ 20kHz，一般会设计成下限截止频率为 1Hz ～ 10Hz，而上限截止频率一般为 100kHz 左右。这样可以保证在 20Hz ～ 20kHz 之间，放大器具有较为平坦的幅频特性。

在这种情况下，当我们关心或者计算下限截止频率，比如 10Hz 附近时，电路中的 C_1 和 C_2 表现出明显非 0 的容抗，约为 1592Ω，会明显降低电路的放大倍数。而此时容值很小的 C_L（一般为 1nF 数量级）的容抗约为 15.9MΩ，它并联在负载电阻上，几乎不会引起输出幅度的改变。即研究由 C_1 和 C_2 引起的下限截止频率时，无须考虑 C_L 的存在，可将其视为开路。

同样，当我们关心 100kHz 附近的上限截止频率时，C_L 的容抗约为 1592Ω，并联于负载电阻上，已经足以引起输出幅度的下降。而此时，C_1 和 C_2 的容抗非常小，约为 0.159Ω，完全可以忽略，则可将其视为短路。

因此，我们可以将整个电路的频率分析分成独立的下限截止频率求解，以及独立的上限截止频率求解。

◎下限截止频率的求解

首先画出动态等效图，如图 5.32 所示。显然，其中的两个电容不能短路了。

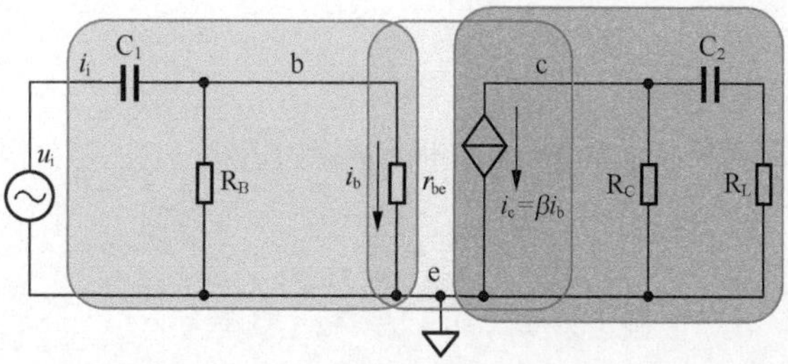

图 5.32　含电容的低频段动态等效电路

可以看出，此电路从 u_i 出发，到 u_o 结束，可以分成 3 个模块，如图 5.32 中蓝色$\dot{A}_1$、黄色$\dot{A}_2$和红色$\dot{A}_3$，级联关系如图 5.33 所示，各模块之间是串联乘积的关系。

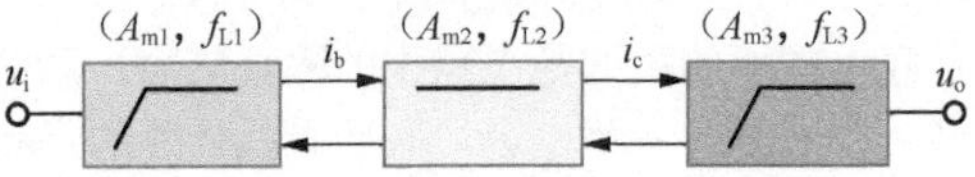

图 5.33　动态等效电路的分模块串联

$$\dot{A}_1=\frac{\dot{i}_b}{u_i},\ \dot{A}_2=\frac{\dot{i}_c}{\dot{i}_b},\ \dot{A}_3=\frac{\dot{u}_o}{\dot{i}_c} \tag{5-35}$$

$$\dot{A}_0=\frac{\dot{u}_o}{u_i}=\frac{\dot{i}_b}{u_i}\times\frac{\dot{i}_c}{\dot{i}_b}\times\frac{\dot{u}_o}{\dot{i}_c}=\dot{A}_1\times\dot{A}_2\times\dot{A}_3 \tag{5-36}$$

因此，如果可以求解每个模块的下限截止频率，则可以利用第 5.4 节的结论，获得最终的下限截止频率。

$\dot{A}_1$包括 C_1、R_B、r_{be} 3 个元件。虽然在前面的变形电路中没有讲述它，但它仍是一个基本单元电路的变形。

$$\dot{A}_1=\frac{\dot{i}_b}{u_i}=\frac{u_i\dfrac{R}{R+\dfrac{1}{\mathrm{j}\omega C_1}}\times\dfrac{1}{r_{be}}}{u_i}=\frac{1}{r_{be}}\times\frac{1}{1+\dfrac{1}{\mathrm{j}\omega RC_1}} \tag{5-37}$$

其中，$R=R_B//r_{be}$。可以看出，它的输入是电压 u_i，输出是电流$\dot{i}_b$，是一个跨导放大器，它的中频增益 A_{m1} 为$\dfrac{1}{r_{be}}$，下限截止频率为：

$$f_{L1}=\frac{1}{2\pi\left(R_B//r_{be}\right)C_1} \tag{5-38}$$

$\dot{A}_2$就是一个电流放大器 β，它不受频率影响，因此下限截止频率为 0。本级对整个放大电路的下限截止频率没有影响。

$$A_{m2}=\beta,\ f_{L2}=0 \tag{5-39}$$

$\dot{A}_3$是一个基本单元变形电路，如图 5.20 所示。可知：

$$\dot{A}_3=\frac{u_o}{i_i}==\frac{R_CR_L}{R_C+R_L}\times\frac{1}{1+\dfrac{1}{\mathrm{j}\omega\left(R_C+R_L\right)C_2}}$$

$$A_{m3}=\frac{R_CR_L}{R_C+R_L},\ f_{L3}=\frac{1}{2\pi\left(R_C+R_L\right)C_2} \tag{5-40}$$

利用式（5-38）～式（5-40）获得了每个串联单元的下限截止频率后，就可以使用式（5-31）～式（5-34）中合适的计算式确定最终的下限截止频率了。

◎上限截止频率的求解

分析上限截止频率时，原图中的大电容 C_1 和 C_2 被视为短路，动态等效电路如图 5.34 所示。

$$\dot{A}_1=\frac{\dot{i}_b}{u_i}=\frac{1}{r_{be}} \tag{5-41}$$

表达式不受频率影响，其下限截止频率为 0，上限截止频率为∞。

$$\dot{A}_2=\frac{\dot{i}_c}{\dot{i}_b}=\beta \tag{5-42}$$

结论同上。

$$\dot{A}_3 = \frac{u_o}{i_c} = -R_C // R_L // \frac{1}{j\omega C_L} \tag{5-43}$$

表达式受频率影响，且随频率增加，其模值减小，属于低通环节，具有上限截止频率。参照变形电路图（如图 5.16 所示），其上限截止频率为：

$$f_H = \frac{1}{2\pi(R_C // R_L)C_L} \tag{5-44}$$

图 5.34 中只有第三个放大环节具有上限截止频率，因此总电路的上限截止频率计算式为式（5-44）。

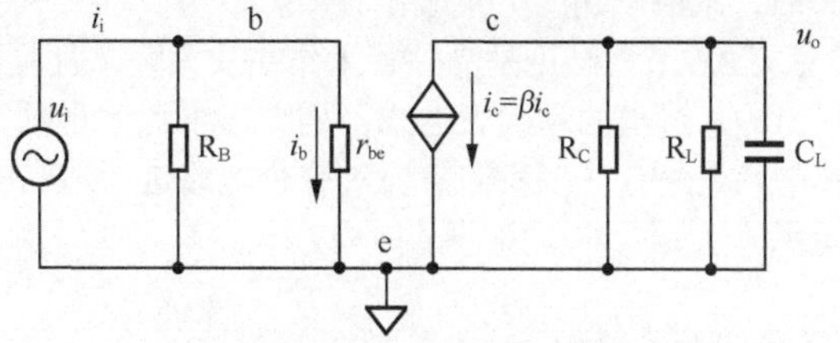

图 5.34 含电容的高频段动态等效电路

举例 1

电路如图 5.35 所示。E_C=12V，R_B=200kΩ，R_C=1kΩ，R_L=1kΩ，C_1=47μF，C_2=10μF，C_L=3.3nF。晶体管 β=100，$r_{bb'}$=10Ω，U_{BEQ}=0.7V。求解电路的下限截止频率。

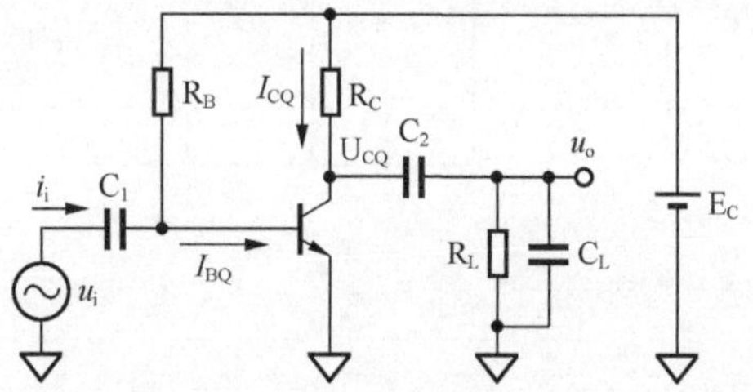

图 5.35 NPN 单管共射级放大电路

解：（1）先确定静态工作点，以获得 r_{be}，并确保电路工作在放大区。

$$I_{BQ} = \frac{E_C - U_{BEQ}}{R_B} = 56.5\mu A$$

$$U_{CEQ} = E_C - \beta I_{BQ} R_C = 6.35V\text{，工作在放大区}$$

$$r_{be} = r_{bb'} + \frac{U_T}{I_{BQ}} = 470\Omega$$

（2）求解各级下限截止频率。

$$f_{L1} = \frac{1}{2\pi\left(R_B // r_{be}\right)C_1} = 7.20Hz$$

$$f_{L3} = \frac{1}{2\pi\left(R_C + R_L\right)C_2} = 7.96Hz$$

（3）求解总的下限截止频率。

因前述两个截止频率 f_{L1} 和 f_{L3} 非常接近，选择表 5.1 中 2 级级联的 K 最大值 1.099，则利用式（5-34），得：

$$f_{L0} = K\sqrt{f_{L1}^2 + f_{L3}^2} = 11.80Hz$$

用 TINA-TI 实施仿真，得到的 f_{L0}=11.39Hz，基本吻合。

（4）求解电路的上限截止频率。

利用本节式（5-44），得：

$$f_H = \frac{1}{2\pi(R_C // R_L)C_L} = 96.5\text{kHz}$$

举例 2

电路如图 5.36 所示。参数见图。晶体管 β=100，$r_{bb'}$=10Ω，U_{BEQ}=0.7V。求解电路的下限截止频率。当负载并接 C_L=6.8nF 的电容时，求解电路的上限截止频率。

解：此题的静态求解参见第 2.6 节。结论是晶体管工作在放大区，且 r_{be}=1256Ω。

如果不嫌麻烦，直接列出输入输出的精确表达式，列方程求解截止频率也是可行的。本书不希望这样。为了使用前面讲过的单元电路方法，我们需要对这个电路进行适当的简化。先画出包含电容的动态等效电路，如图 5.37 所示。

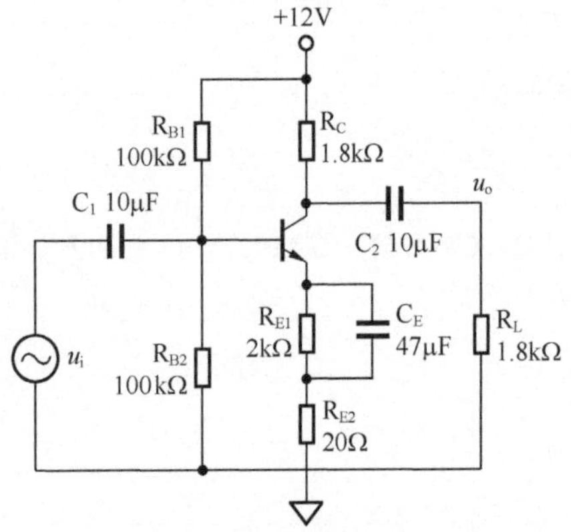

图 5.36　含静态稳定的共射极放大电路

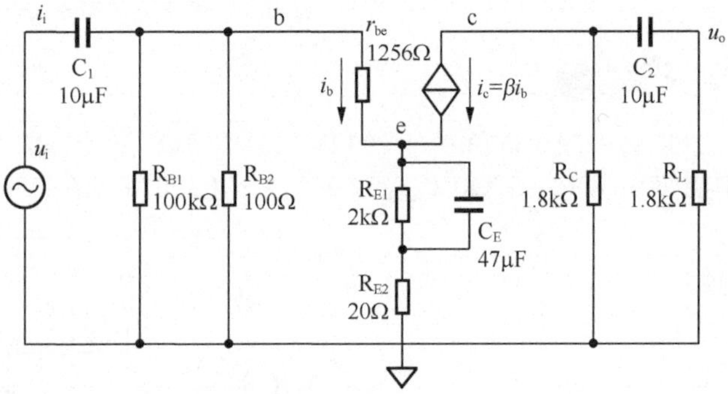

图 5.37　含电容的动态等效电路

第一步，对电路进行简化。

简化 1：去掉基极偏置电阻 R_{B1} 和 R_{B2}，它们与基极电阻相比实在太大了，对 i_b 的分流影响微乎其微。

简化 2：去掉发射极电阻 R_{E1}。这有点让人匪夷所思：我们宁肯短路 R_{E2}，也不应该去掉（就是拔掉，让其开路）R_{E1} 啊。为什么呢？

请大家注意，我们的分析思路仍然是将整个放大器分成 3 个环节，第一个环节是从 u_i 到 i_b 的演变，第二个环节不受频率影响，第三个环节是从 $i_c=\beta i_b$ 到 u_o 的演变，与举例 1 完全一致。我们发现，C_E 的容抗只会影响输入回路，即影响 i_b，而不会直接影响输出回路。因此我们必须把 C_E 和 C_1 都考虑到影响 i_b 的计算中。

在考虑 u_i 到 i_b 的演变环节时，我们从中频段开始，逐渐降低输入信号频率，当 i_b 越来越小，变化到中频 i_b 的 70.7% 时，我们的分析其实就结束了。在这个渐变过程中，C_E 与 R_{E1} 的并联，由中频段的短路，开始逐渐不能被视为短路，它们每增加 1Ω，都相当于在输入回路中增加了 (1+β)Ω（因为流过它们的电流是输入回路的 1+β 倍），注意中频段时输入回路的电阻是 $r=r_{be}+(1+\beta)R_{E2}$=3276Ω，当输入阻抗变为 3276Ω 的 1.414 倍时，分析就结束了。即：

$$|\dot{Z}| = \left|\frac{1}{j\omega C_1} + r_{be} + (1+\beta)\left(R_{E2} + R_{E1} // \frac{1}{j\omega C_E}\right)\right| = \sqrt{2} \times 3276\Omega$$

可以解得，此时 $\left|R_{E1} // \frac{1}{j\omega C_E}\right| = 30.54\Omega$，注意此时，这个 30.54Ω 基本上是由 C_E 的容抗逐渐变大引起的，R_{E1} 一点儿作用都没有起，就像它不存在一样。因此，我们可以去掉 R_{E1}。

两项简化后，得到如图 5.38 所示的简化电路。

第二步，电路等效。

图 5.38 仍不是基本单元电路的变形。我们需要将 C_E 和 R_{E2} 移动到输入回路中。因为输入回路流过的电流是 i_b，而 C_E 和 R_{E2} 流过的电流是 $(1+\beta)i_b$，如果让 C_E 和 R_{E2} 流过的电流也是 i_b，则电阻应变为 R_{E2} 的 $(1+\beta)$ 倍，而电容应变为 C_E 的 $1/(1+\beta)$。于是，得到如图 5.39 所示的等效电路。

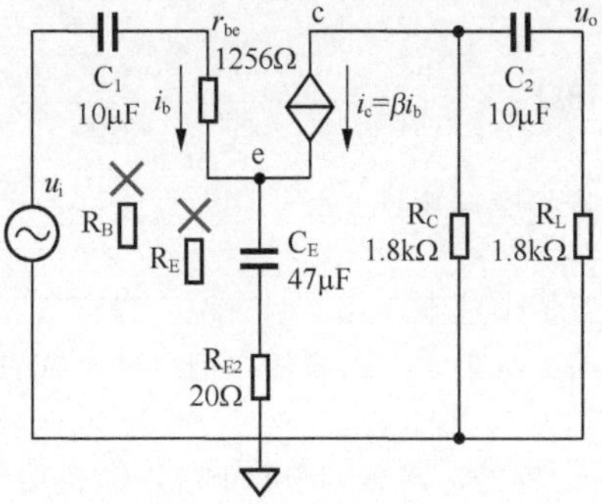

图 5.38 电路简化

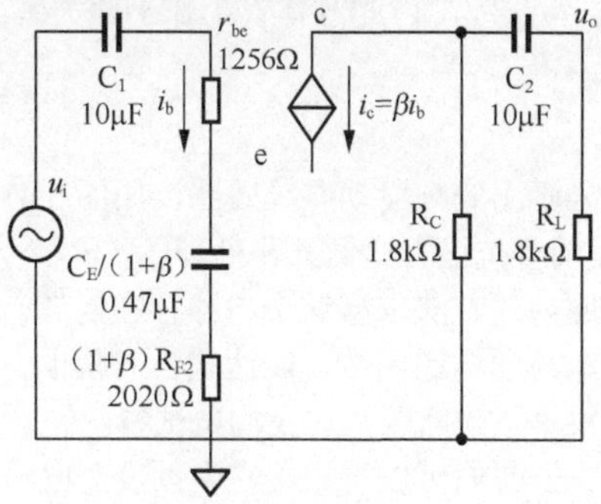

图 5.39 输入回路等效电路

至此，输入回路已经演变成基本单元电路的变形，如图 5.19 所示的形式。可得：

$$f_{L1}=\frac{1}{2\pi RC}，R=r_{be}+\left(1+\beta\right)R_{E2}=3276\Omega，C=C_1//\frac{C_E}{1+\beta}=0.449\mu F$$

$$f_{L1}=\frac{1}{2\pi RC}=108.27Hz$$

第三个环节，即从 $i_c=\beta i_b$ 到 u_o 的演变，它不受前述这些变换的影响。

$$f_{L3}=\frac{1}{2\pi RC}，R=R_C+R_L=3.6k\Omega，C=C_2=10\mu F$$

$$f_{L3}=\frac{1}{2\pi RC}=4.42Hz$$

利用式（5-32），得到整个电路的下限截止频率为：

$$f_{L0}\approx\max\left(f_{L1},f_{H3}\right)=108.27Hz$$

用 TINA-TI 仿真，结果为 $f_{L0}\approx110Hz$，基本吻合。

上限截止频率的求解则很简单，利用式（5-44）得：

$$f_H=\frac{1}{2\pi(R_C//R_L)C_L}=26.02kHz$$

举例 3

射极跟随器电路如图 5.40 所示。参数见图。晶体管 $\beta=567$，$r_{bb'}=1813\Omega$，$U_{BEQ}=0.7V$。求解电路的下限截止频率、电路的上限截止频率。

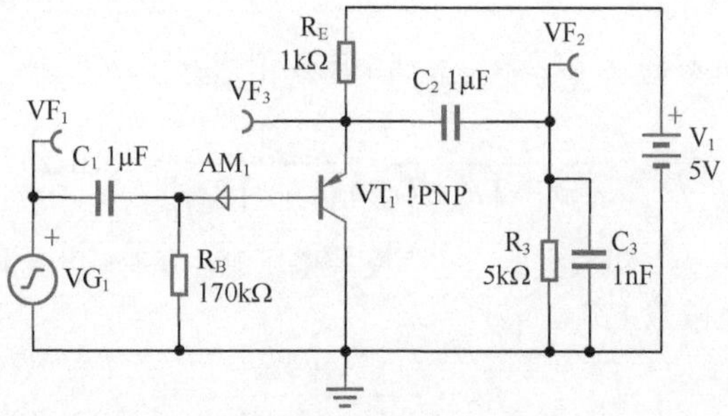

图 5.40 举例 3 电路

解：（1）先求解静态，以确定 r_{be}，此值影响频率。

$$I_{BQ}=\frac{V_1-U_{BEQ}}{R_B+(1+\beta)R_E}=5.83\mu A$$

$$U_{ECQ}=V_1-(1+\beta)I_{BQ}R_E=1.69V$$

$U_{ECQ}>0.3V$，可知晶体管工作于放大区。

$$r_{be}=r_{bb'}+\frac{U_T}{I_{BQ}}=6273\Omega$$

（2）画出低频段动态等效图，如图 5.41 所示，用于求解下限截止频率。画图时，考虑到低频段时电容 C_3 的容抗很大，做开路处理。

按照前述方法求解这个电路存在问题，它无法简化成若干个基本单元。严格说，写出从 VF_1 输入到 VF_2 输出的传递函数，表达式为二阶的，也不能用简单的一阶单元电路表述。但这并不代表用现有知识解决不了此问题。让我们试试看。

首先，我们可以看出，在中频段，电容器 C_1 和 C_2 都是短路的，随着频率的下降，C_1 的容抗增加，将直接引起电流 i_b 的下降，这是一个高通。电容 C_2 则较为复杂：第一，当它的容抗增加时，VF_3 节点下面的阻抗会增加，因此它影响输入回路的 i_b，这点一会儿再考虑；第二，C_2 直接影响了 VF_3 节点电压到 VF_2 的传递——频率越低，VF_2/VF_3 值越小，这是典型的高通。

因此，我们可以把整个电路分割成 3 个串联部分：第一，由 VF_1 到 i_b，这需要考虑两个电容器的共同作用；第二，由 i_b 到 VF_3，这是一个直接转换，不存在高通因素；第三，由 VF_3 到 VF_2，这是一个高通，只需考虑 C_2 的作用。考虑到第二环节没有高通因素，我们将完整的动态等效图改画成两个串联部分，如图 5.42 所示。

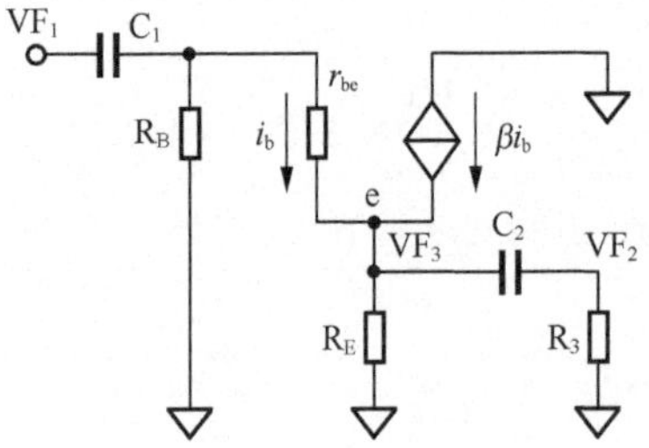

图 5.41　完整低频段动态等效图

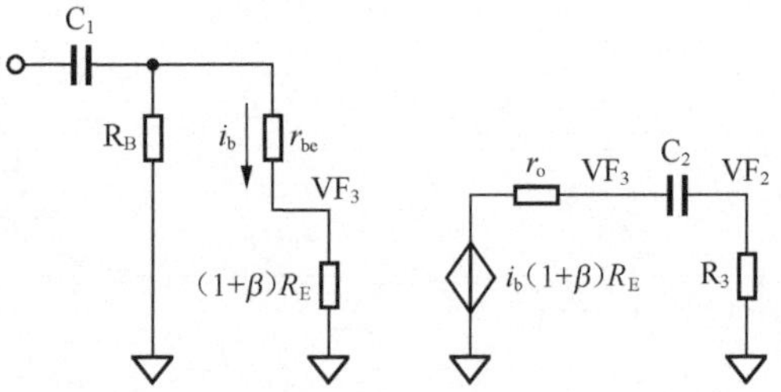

图 5.42　低频段简化分级动态等效图

在图 5.42 中，第一环节中按说应该有 C_2，但是为什么没有了？因为在中频段，VF_3 下部等效阻抗约为 R_E 和 R_3 的并联（C_2 被短接），为 833Ω，在 C_2 容抗逐渐增大的过程中，VF_3 下部等效阻抗也在逐渐增大，最大变为 R_E=1000Ω，显然这个变大不会引起电流 i_b 下降为中频段的 70.7%，因此它不会产生明显的高通截止频率。随着频率越来越低，C_1 的容抗增大，开始引起 i_b 下降为中频段的 70.7%，此时，C_1 的容抗和 C_1 右侧的输入电阻相等，约为 $R_B//(r_{be}+(1+\beta)R_E)$，大约为 130kΩ。由于 C_2 容值等于 C_1，它的容抗也是 130kΩ。可以看出，此时，VF_3 下部容抗为 R_E 和（C_2 容抗加 R_3）的并联，约等于 R_E。因此 C_2 可以被视为断开。

因此，第一环节中由电容 C_1 产生一个高通的下限截止频率 f_{L1}：

$$f_{L1}=\frac{1}{2\pi C_1\times\left(R_B//\left(r_{be}+(1+\beta)R_E\right)\right)}=1.21Hz$$

第二环节是将 VF_3 处视为一级放大器，它有受控电压源，还有输出电阻，然后经过 C_2 和 R_3 组成一个典型高通网络，形成下限截止频率 f_{L2}：

$$f_{L2}=\frac{1}{2\pi C_2\times(r_o+R_3)} \tag{5-45}$$

VF_3 的输出电阻 r_o 为标准共集电极放大电路的输出电阻：

$$r_o=\frac{r_{be}}{1+\beta}=11\Omega$$

因此，有：

$$f_{L2}=31.78\text{Hz}$$

据此，总的下限截止频率为两者中较大的：

$$f_L=f_{L2}=31.78\text{Hz}$$

TINA-TI 原电路仿真结果为：f_L=31.86Hz，理论估算与此基本吻合。

（3）求解高频段上限截止频率，画出高频段动态等效图，如图 5.43 所示。图 5.43 中短接了电容 C_1 和 C_2，因为此时频率很高，这两个大电容均被视为短路。同时，没有考虑晶体管内部高频等效模型（参见本书第 5.6 节～第 5.9 节），其原因是图 5.43 中 C_3 为 nF 数量级，而晶体管内部电容为 pF 数量级，其容抗相对较大，可以视为开路。

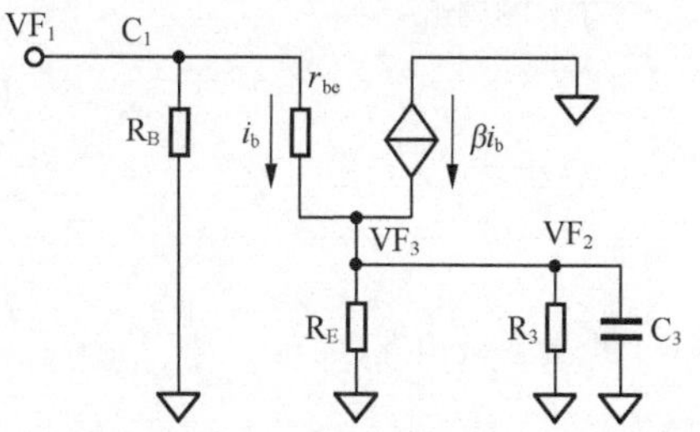

图 5.43　完整高频段动态等效图

根据图 5.43，列出输出随频率变化的表达式为：

$$\dot{A}(\text{j}\omega)=\frac{VF_2}{VF_1}=\frac{(1+\beta)\left(R_E//R_3//\dfrac{1}{\text{j}\omega C_3}\right)}{r_{be}+(1+\beta)\left(R_E//R_3//\dfrac{1}{\text{j}\omega C_3}\right)}=\frac{(1+\beta)R\dfrac{1}{1+\text{j}\omega RC_3}}{r_{be}+(1+\beta)R\dfrac{1}{1+\text{j}\omega RC_3}}=$$

$$\frac{(1+\beta)R}{r_{be}+(1+\beta)R}\times\frac{\dfrac{1}{1+\text{j}\omega RC_3}}{\dfrac{r_{be}+(1+\beta)R\dfrac{1}{1+\text{j}\omega RC_3}}{r_{be}+(1+\beta)R}}=A_m\frac{1}{\dfrac{r_{be}(1+\text{j}\omega RC_3)+(1+\beta)R}{r_{be}+(1+\beta)R}}=$$

$$A_m\frac{1}{1+\dfrac{\text{j}\omega Rr_{be}C_3}{r_{be}+(1+\beta)R}}=A_m\frac{1}{1+\text{j}\omega\dfrac{Rr_{be}}{r_{be}+(1+\beta)R}C_3}=A_m\frac{1}{1+\text{j}\omega\dfrac{R\times\dfrac{r_{be}}{1+\beta}}{\dfrac{r_{be}}{1+\beta}+R}C_3}=$$

$$A_m\frac{1}{1+\text{j}\omega\left(R//\dfrac{r_{be}}{1+\beta}\right)C_3}\tag{5-46}$$

式（5-46）中，R 为 R_E 和 R_3 的并联。因此，该电路为一个低通，中频增益为 A_m，就是标准共集电极电路的中频增益。上限截止频率可以参见本书式（5-6），为：

$$f_H=\frac{1}{2\pi\left(R//\dfrac{r_{be}}{1+\beta}\right)C_3}=14.66\text{MHz}$$

TINA-TI 原电路仿真结果为：f_H=14.81MHz，理论估算与此基本吻合。

读者一定会对我如此的推导感到厌倦，在推导中稍有不慎就会陷入泥潭，实在有点考验人的耐心。但是我采用的是最原始的方法，而且能够得到简单合理的结果，结果还是让人满意的。我们看看有没有更简单的方法。

我们发现，电容 C_3 完全独立于放大器本身，因此可以考虑将放大器用方框图表示，然后在输出端将 C_3 引入，形成图 5.44 所示的等效电路。

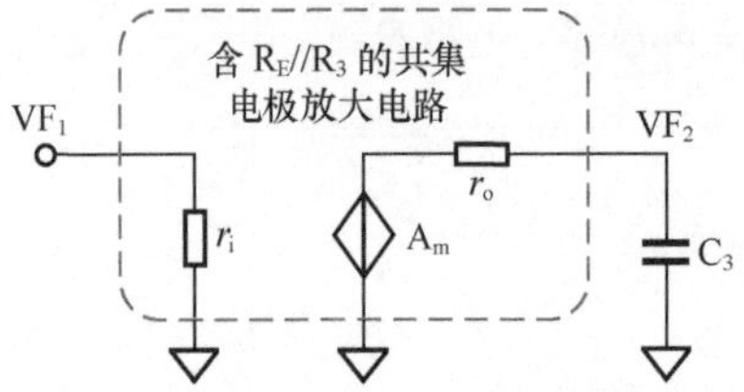

图 5.44　戴维宁等效电路

方框图内部：

$$A_m = \frac{(1+\beta)(R_E // R_3)}{r_{be} + (1+\beta)(R_E // R_3)} = \frac{(1+\beta)R}{r_{be} + (1+\beta)R} \tag{5-47}$$

$$r_o = R_E // R_3 // \frac{r_{be}}{1+\beta} = R // \frac{r_{be}}{1+\beta} \tag{5-48}$$

据此等效电路，有：

$$f_H = \frac{1}{2\pi\left(R // \frac{r_{be}}{1+\beta}\right)C_3} \tag{5-49}$$

结果与前述的烦琐推导完全一致。

举例 4

共基极放大电路如图 5.45 所示。参数见图。晶体管 β=567，$r_{bb'}$=1813Ω，U_{BEQ}=0.7V。求解电路的下限截止频率、电路的上限截止频率。

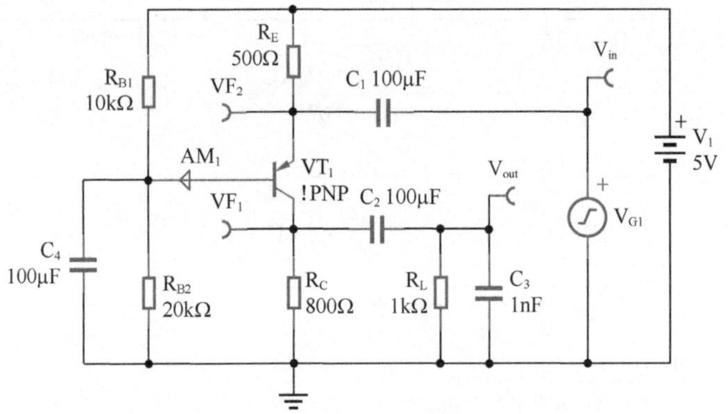

图 5.45　举例 4 电路

解：(1) 先求解静态，以确定 r_{be}，此值影响频率。此步参照四电阻静态求解方法，我直接写答案如下：

$$I_{BQ} = \frac{V_1 - V_1 \times \frac{2}{3} - U_{BEQ}}{R_B + (1+\beta)R_E} = 3.33\mu A$$

$$U_{ECQ} = V_1 - \beta I_{BQ} R_C + (1+\beta) I_{BQ} R_E \approx 2.56V$$

U_{ECQ}> 0.3V，可知晶体管工作于放大区。

$$r_{be} = r_{bb'} + \frac{U_T}{I_{BQ}} = 9621\Omega$$

(2) 画出低频段动态等效图，如图 5.46 所示，用于求解下限截止频率。画图时，考虑到低频段时电容 C_3 的容抗很大，做开路处理。

看图 5.46 可以发现，整个放大电路可以拆分成 3 个环节：

$$\dot{A}=\frac{\dot{V}_{\text{out}}}{V_{\text{in}}}=\frac{\dot{V}_{\text{out}}}{\dot{V}_{\text{F2}}}\times\frac{\dot{V}_{\text{F2}}}{\dot{i}_{\text{b}}}\times\frac{\dot{i}_{\text{b}}}{V_{\text{in}}}=\dot{A}_3\times\dot{A}_2\times\dot{A}_1 \tag{5-50}$$

其中$\dot{A}_2$环节不存在电容，也就不存在截止频率。$\dot{A}_3$环节是由 C_2 引起的高通电路，存在下限截止频率 f_{L3}；$\dot{A}_1$环节是由 C_1 和 C_4 引起的高通电路，存在下限截止频率 f_{L1}。独立计算这两个截止频率，然后取其较大者即可。

较为困难的是$\dot{A}_1$环节，如果同时考虑两个电容，结果将非常复杂。我们发现，从 VF_1 看进去，输入电阻约为 10Ω 数量级，因此 C_1 的容抗约为 10Ω 数量级时，为截止频率。此时，C_4 的容抗也是 10Ω 数量级，它与电阻 R_B 并联后仍为 10Ω 数量级，再与 r_{be}（9621Ω）串联，几乎没有什么影响。因此，C_4 可被视为短路。

一旦不存在 C_4 的影响，放大器内部的电路就可以画成如图 5.47 所示的方框图形式。外部两个电容分别形成两个截止频率：

$$f_{L1}=\frac{1}{2\pi\times r_i\times C_1} \tag{5-51}$$

$$f_{L3}=\frac{1}{2\pi\times(r_o+R_L)\times C_2} \tag{5-52}$$

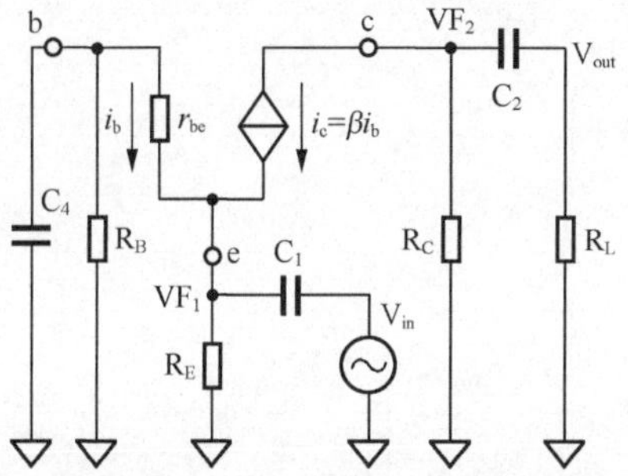

图 5.46　共基极低频段动态等效电路

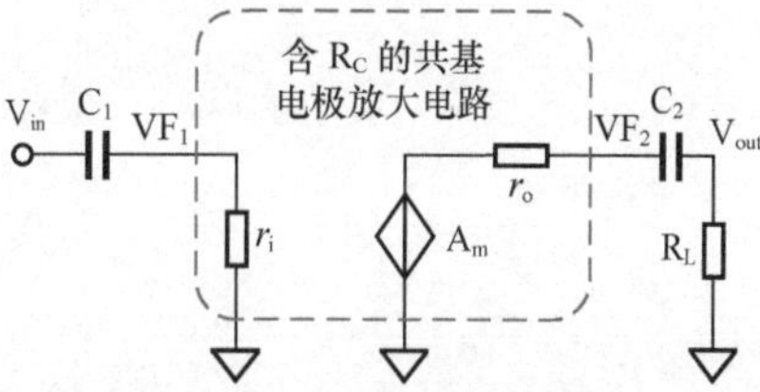

图 5.47　低频段方框图等效

对共基极放大电路，有：

$$r_i=R_E//\frac{r_{be}}{1+\beta}=16.38\Omega$$

$$r_o=R_C=800\Omega$$

因此，有：

$$f_{L1}=\frac{1}{2\pi\times r_i\times C_1}=97.21\text{Hz}$$

$$f_{L3}=\frac{1}{2\pi\times(r_o+R_L)\times C_2}=0.8846\text{Hz}$$

最终的下限截止频率为两者较大值，即 97.21Hz。

TINA-TI 原电路仿真结果为：$f_L=99.23$Hz，理论估算与此基本吻合。

（3）求上限截止频率。

此题中，影响上限截止频率的因素有晶体管本身，以及外部电容 C_3。考虑到电路中 C_3 为 1nF，远大于晶体管内部电容（参见本书第 5.6 节～第 5.9 节），电路的上限截止频率将主要受制于 C_3，因此有：

$$f_H=\frac{1}{2\pi\times\left(R_C//R_L\right)\times C_3}=358.3\text{kHz}$$

TINA-TI 原电路仿真结果为：$f_H=355$kHz，理论估算与此基本吻合。

举例 5

场效应管共源极放大电路如图 5.48 所示。参数见图。晶体管 $U_{GSOFF}=-2.0712V$，$I_{DSS}=1.6mA$。求解电路的下限截止频率、电路的上限截止频率。

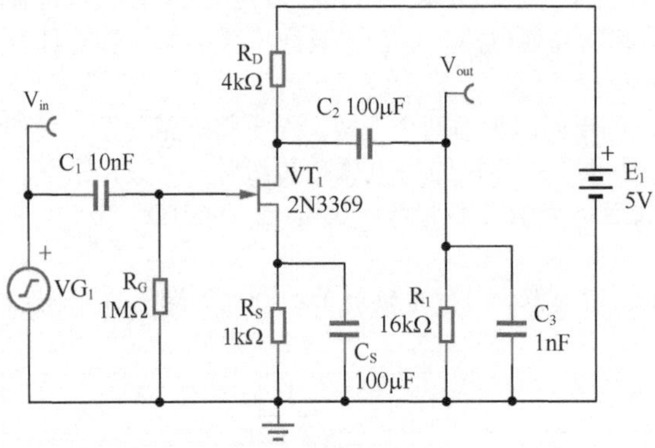

图 5.48　举例 5 电路

解：（1）先求解静态，获得 g_m，此值对求解频率有用。

$$\begin{cases} U_{GSQ}=-I_{DQ}\times R_S \\ I_{DQ}=I_{DSS}\left(1-\dfrac{U_{GSQ}}{U_{GSOFF}}\right)^2 \end{cases}$$

设 $x=U_{GSQ}$，将平方式代入直线式，得：

$$x=-I_{DSS}\left(1-\frac{x}{U_{GSOFF}}\right)^2\times R_S=-I_{DSS}R_S+2I_{DSS}R_S\frac{x}{U_{GSOFF}}-I_{DSS}R_S\frac{x^2}{U_{GSOFF}^2}$$

$$I_{DSS}R_S\frac{x^2}{U_{GSOFF}^2}+\left(1-2I_{DSS}R_S\frac{1}{U_{GSOFF}}\right)x+I_{DSS}R_S=0$$

$$\frac{1}{U_{GSOFF}^2}x^2+\left(\frac{1}{I_{DSS}R_S}-\frac{2}{U_{GSOFF}}\right)x+1=0$$

此为标准一元二次方程，代入数值求解得：

$$x=U_{GSQ}=-700.6\text{mV};\ I_{DQ}=700.6\mu\text{A}$$

根据式（3-11），得：

$$g_m=-\frac{2}{U_{GSOFF}}\sqrt{I_{DQ}I_{DSS}}=1.022\times10^{-3}\text{S}$$

（2）求解下限截止频率。画出低频段动态等效图，如图 5.49 所示。因低频段时，小电容 C_3 容抗很大，图 5.50 中将电容 C_3 做开路处理。整个放大电路被分成 3 个部分的乘积：

$$\dot{A}=\frac{\dot{V}_{out}}{\dot{V}_{in}}=\frac{\dot{V}_{out}}{\dot{i}_d}\times\frac{\dot{i}_d}{\dot{V}_g}\times\frac{\dot{V}_g}{\dot{V}_{in}}=\dot{A}_3\times\dot{A}_2\times\dot{A}_1 \tag{5-53}$$

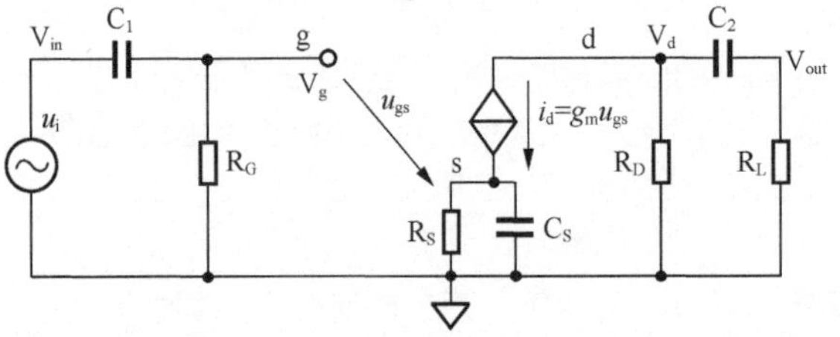

图 5.49　共源极低频段动态等效电路

其中，$\dot{A}_1$是一个标准高通电路，其下限截止频率为：

$$f_{L1}=\frac{1}{2\pi\times R_G\times C_1}=15.92\text{Hz}$$

$\dot{A}_3$的输入为$\dot{i}_d$，输出为$\dot{V}_{out}$，这是一个变形高通（参见图 5.20），有：

$$f_{L3}=\frac{1}{2\pi\times(R_D+R_L)\times C_2}=79.62\text{mHz}$$

较为复杂的是$\dot{A}_2$，输入为$\dot{V}_g$，输出为$\dot{i}_d$，这既不是标准高通，也不是变形高通，我们只能一步步写出其传递函数：

$$\dot{V}_g=\dot{u}_{gs}+g_m\dot{u}_{gs}\times\frac{\frac{R_S}{j\omega C_S}}{R_S+\frac{1}{j\omega C_S}}=\dot{u}_{gs}\left(1+\frac{g_mR_S}{1+j\omega R_SC_S}\right)=\dot{u}_{gs}\left(\frac{1+j\omega R_SC_S+g_mR_S}{1+j\omega R_SC_S}\right)\tag{5-54}$$

解得：

$$\dot{u}_{gs}=\frac{1+j\omega R_SC_S}{1+j\omega R_SC_S+g_mR_S}\times\dot{V}_g\tag{5-55}$$

而$\dot{i}_d=g_m\dot{u}_{gs}$，即：

$$\dot{i}_d=g_m\dot{u}_{gs}=\frac{1+j\omega R_SC_S}{1+j\omega R_SC_S+g_mR_S}\times g_m\times\dot{V}_g\tag{5-56}$$

即：

$$\dot{A}_2=\frac{1+j\omega R_SC_S}{1+j\omega R_SC_S+g_mR_S}\times g_m\tag{5-57}$$

可以看出，在频率无限高时：

$$\left|\dot{A}_2\right|_{\omega\to\infty}=g_m\tag{5-58}$$

而频率趋于 0 时：

$$\left|\dot{A}_2\right|_{\omega\to0}=\frac{g_m}{1+g_mR_S}\tag{5-59}$$

它不满足标准高通的特点，但是随着频率的下降，它的增益的模确实是下降的。能否产生 -3dB 的截止频率呢？这取决于 g_mR_S 的大小，可以看出，只要 $g_mR_S>0.414$，即$\sqrt{2}-1$，分母项就会大于$\sqrt{2}$，表达式就能产生 -3dB 的衰减。

因此，我们试着求解一下$\dot{A}_2$的 -3dB 频率，在此频率下，应有：

$$\left|\dot{A}_2\right|_{\omega=\omega_{L2}}=\frac{1}{\sqrt{2}}\left|\dot{A}_2\right|_{\omega\to\infty}=\frac{g_m}{\sqrt{2}}\tag{5-60}$$

$$\left|\frac{1+j\omega_{L2}R_SC_S}{1+j\omega_{L2}R_SC_S+g_mR_S}\times g_m\right|=\frac{g_m}{\sqrt{2}}\tag{5-61}$$

设$\tau_1=R_SC_S$，整理得：

$$\sqrt{2}\sqrt{1+\omega_{L2}^2\tau_1^2}=\sqrt{(1+g_mR_S)^2+\omega_{L2}^2\tau_1^2}\tag{5-62}$$

解得：

$$\omega_{L2}=\frac{\sqrt{(1+g_mR_S)^2-2}}{\tau_1}\tag{5-63}$$

根据$\omega_{L2}=2\pi f_{L2}$，并将τ_1恢复，代入数值得：

$$f_{L2}=\frac{\sqrt{(1+g_mR_S)^2-2}}{2\pi R_SC_S}=2.301\text{Hz}$$

即$\dot{A}_2$虽然不是标准高通，但是仍能产生2.301Hz的下限截止频率。

综合3个下限截止频率，可知电路下限截止频率f_L主要来自于C_1，为15.92Hz。

TINA-TI对原电路进行仿真，实测f_L为16.29Hz，与理论估算基本吻合。

（3）求上限截止频率。

此题中，影响上限截止频率的因素有晶体管本身，以及外部电容C_3。考虑到电路中C_3为1nF，远大于晶体管内部电容（参见本书第5.6节～第5.9节），电路的上限截止频率将主要受制于C_3，无须画高频段等效图，就可以直接获得：

$$f_H = \frac{1}{2\pi \times (R_D // R_L) \times C_3} = 49.76\text{kHz}$$

TINA-TI原电路仿真结果为：$f_H = 50.82\text{kHz}$，理论估算与此基本吻合。

但是，一定有细心的读者会发现：如果考虑晶体管本身的高频衰减，那么上限截止频率的实测值会比理论估算值小。为什么实测为50.82kHz，而估算是49.76kHz呢？

原因在于上面的估算中，电阻只使用了$R_D//R_L$，而没有考虑晶体管伏安特性中还存在一个表征厄利电压的等效电阻（参见第4.6节），其为几十kΩ。如果把它考虑进去，那么它也应该参与并联，这会导致分母变小，上限截止频率的估算值上升。

学习任务和思考题

（1）电路和元器件参数如图5.50所示，晶体管的β=100，$r_{bb'}$=40Ω，U_{BEQ}=0.7V。用TINA-TI构建电路并实施测量，与理论分析对比如下指标：静态、中频电压放大倍数、下限截止频率、上限截止频率。

（2）电路和元器件参数如图5.51所示，晶体管的β=100，$r_{bb'}$=40Ω，U_{BEQ}=0.7V。用TINA-TI构建电路并实施测量，与理论分析对比如下指标：静态、中频电压放大倍数、下限截止频率、上限截止频率。

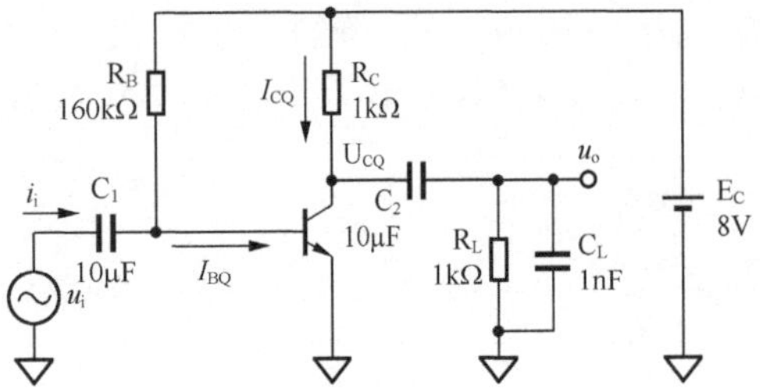

图5.50 思考题（1）电路

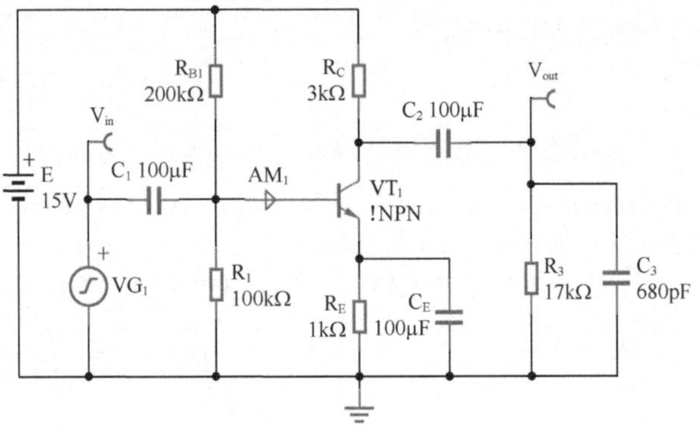

图5.51 思考题（2）电路

5.6 晶体管的高频等效模型

晶体管在高频工作时，内部的结电容开始显现作用，客观上会使得电路增益减小。为了清晰表现这些变化，必须建立晶体管高频等效模型。

图5.52所示来自于晶体管低频等效模型，是对其实施改造而成的。

首先，将b、e之间的等效动态电阻r_{be}以一个虚拟的b′点为界，分为两部分：

$$r_{be} = r_{bb'} + \frac{U_T}{I_{BQ}} = r_{bb'} + r_{b'e} \tag{5-64}$$

其次，利用虚拟的b′点，引入客观存在的两个电容：$C_{b'e}$、$C_{b'c}$。

最后，高频模型的输出受控电流源不再是 i_b，而是流过 $r_{b'c}$ 的电流 $i_{b'c}$。

至此，晶体管高频等效模型如图 5.52 所示。可以得出如下结论。

1）随着输入信号频率的增高，在 b、e 两端具有不变信号电压的情况下，流过 $r_{b'e}$ 的电流 $i_{b'e}$ 会逐渐减小，导致受控电流源 $\beta i_{b'e}$ 会逐渐减小。

2）随着输入信号频率的增高，在相同的受控电流源 $\beta i_{b'e}$ 情况下，真正的 i_c 会减小。

这两个结论都表明，随着频率的上升，真正的 i_c 会减小，连接成放大电路后，导致输出电压会随着频率升高而减小。

图 5.52 所示模型也适用于低频——在低频时，这两个电容的容抗很大，可视为开路，此时，$i_{b'e}$ 为 i_b，此模型就变成了低频等效模型。因此，可以说图 5.52 所示模型是高低频通用模型。

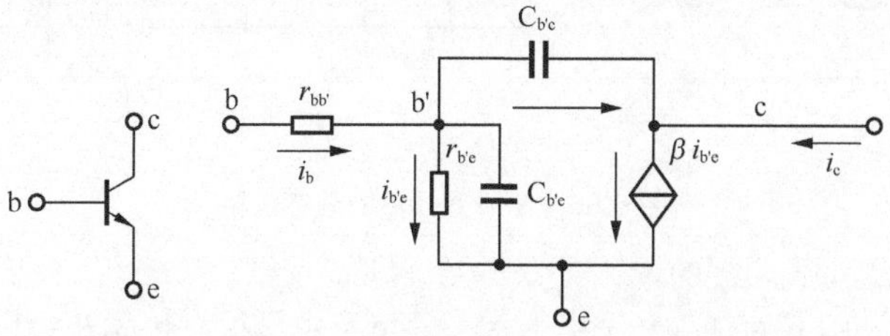

图 5.52　晶体管高频简化微变等效模型的一种形式

更多的教材愿意用图 5.53 所示表示晶体管高频模型。它以 $r_{b'e}$ 两端的电压 $u_{b'e}$ 控制输出受控源，因此输出受控源的表达式变为 $g_m u_{b'e}$。其中：

$$g_m = \frac{\beta}{r_{b'e}} \tag{5-65}$$

可以看出，这两种形式没有本质区别。前者更容易与低频模型配合理解，后者更通用。

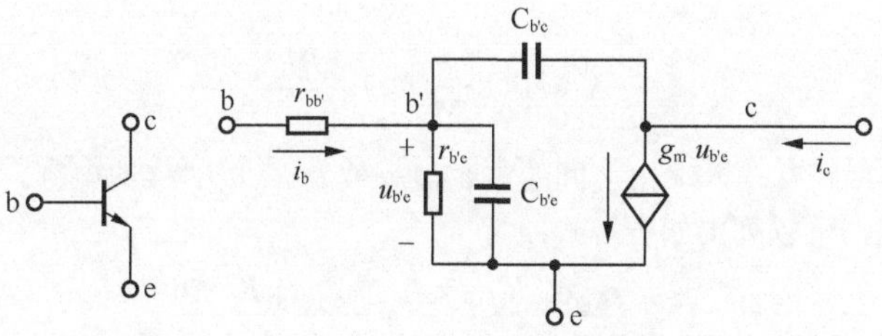

图 5.53　晶体管高频简化微变等效模型的通用形式

5.7 ｜共射极电路的高频响应

将晶体管高频等效模型代入共射极放大电路中，就可以得到如图 5.54 所示的高频动态等效电路。图中实线部分是模型本身，虚线部分是晶体管外部电路。

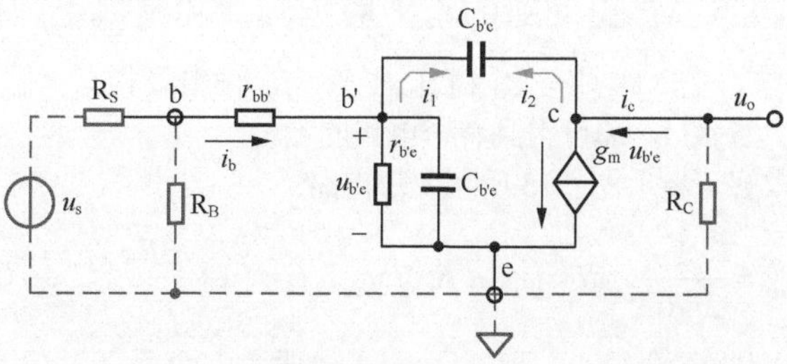

图 5.54　共射极放大电路高频动态等效电路

◎第一步，对电路实施密勒等效

由于电容 $C_{b'c}$ 横跨输入输出之间，对这个电路进行分析就显得比较复杂。利用密勒等效，可以将电路简化成独立的输入回路，加上独立的输出回路，进而简化分析过程。所谓的密勒等效是指将横跨在输入输出之间的电容 $C_{b'c}$ 分解为一个输入电容 $K_1C_{b'c}$ 和一个输出电容 $K_2C_{b'c}$，分别独立接地，如图 5.55 所示。等效的含义是，b′ 点加载相同电压，两个图中的 i_1 相同，即从 b′ 点看进去，图 5.54 和图 5.55 没有区别；同样，i_2 也相同。

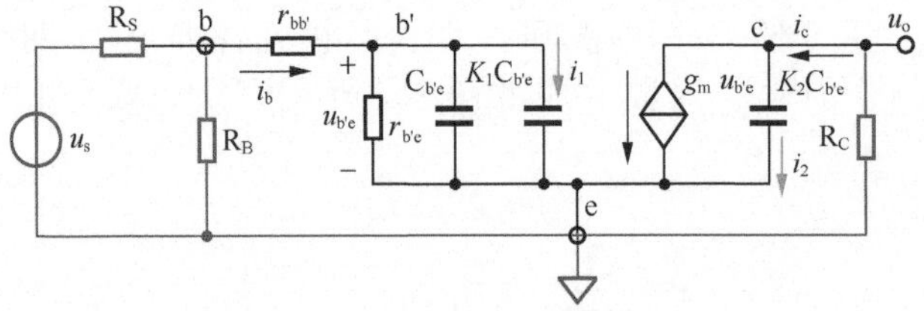

图 5.55　密勒等效后的动态电路

下面看看密勒等效是如何实施的。

请想象，在图 5.54 中，b' 点加载一个电压 $u_{b'e}$，而 c 点电压约为 $g_mu_{b'e}R_C$，则 b' 点有如下电流流出：

$$i_1=\frac{u_{b'e}-(-g_mu_{b'e}R_C)}{\dfrac{1}{j\omega C_{b'c}}}=u_{b'e}\left(1+g_mR_C\right)j\omega C_{b'c} \tag{5-66}$$

在图 5.55 中，为了模拟相同的电流流进“地”，则：

$$i_1=\frac{u_{b'e}-0}{\dfrac{1}{j\omega K_1C_{b'c}}}=u_{b'e}j\omega K_1C_{b'c} \tag{5-67}$$

即：

$$K_1=1+g_mR_C=1+\frac{\beta R_C}{r_{b'e}} \tag{5-68}$$

因此，从输入回路看，横跨在输入输出之间的电容被等效为 K_1 倍的接地电容。

同理，在输出回路，可以列出如下等式：

$$i_2=\frac{-g_mu_{b'e}R_C-u_{b'e}}{\dfrac{1}{j\omega C_{b'c}}}=\frac{-g_mu_{b'e}R_C-0}{\dfrac{1}{j\omega K_2C_{b'c}}} \tag{5-69}$$

解得：

$$K_2=\frac{1+g_mR_C}{g_mR_C}\approx 1 \tag{5-70}$$

即输出回路中，横跨电容可以等效为直接对地的 1 倍电容。

◎第二步，求解输入回路、输出回路的上限截止频率和整体上限截止频率

根据第 5.4 节分析方法，输入级具有上限截止频率 f_{H1}，输出级具有上限截止频率 f_{H2}，分别求解，再利用式（5-31）或者式（5-33），即可得到整个电路的 f_H。

上限截止频率 f_{H1} 的求解可参考图 5.15 所示变形电路：

$$f_{H1}=\frac{1}{2\pi RC},\quad R=\left(r_{bb'}+R_S\right)//r_{b'e},\quad C=\left(1+\frac{\beta R_C}{r_{b'e}}\right)C_{b'c}+C_{b'e} \tag{5-71}$$

其中，如果没有信号源内阻，R 会很小，取决于 $r_{bb'}$，一般为 10Ω 量级，但是 C 会很大，取决于中频电压增益 A_0。但是，很显然，信号源内阻一旦介入，它将决定一切。

上限截止频率f_{H2}的求解可参考图5.16所示的变形电路：

$$f_{H2}=\frac{1}{2\pi RC}，R=R_C，C=K_2C_{b'c}\approx C_{b'c} \quad (5-72)$$

$$f_{H2}=\frac{1}{2\pi C_{b'c}}\times\frac{1}{R_C} \quad (5-73)$$

此时，R_C越大，中频段电压增益越大，上限截止频率越低。

最终的上限截止频率取决于f_{H1}、f_{H2}两者中较小的那个。

举例1

电路如图5.56所示。输出为节点7。在此情况下，实验1：测得中频电压增益为47.0dB，上限截止频率为18.3MHz。实验2：将RC由2000Ω变为20Ω，测得中频增益为7.85dB，上限截止频率为753MHz。实验3：保持RC=20Ω，断开开关，测得中频电压增益为7.40dB，上限截止频率为8.54MHz。

（1）据此3个实验，请估算晶体管关键参数β、$r_{bb'}$、$C_{b'e}$、$C_{b'c}$。

（2）设RC=1000Ω，RS=50Ω，开关断开，估算上限截止频率。

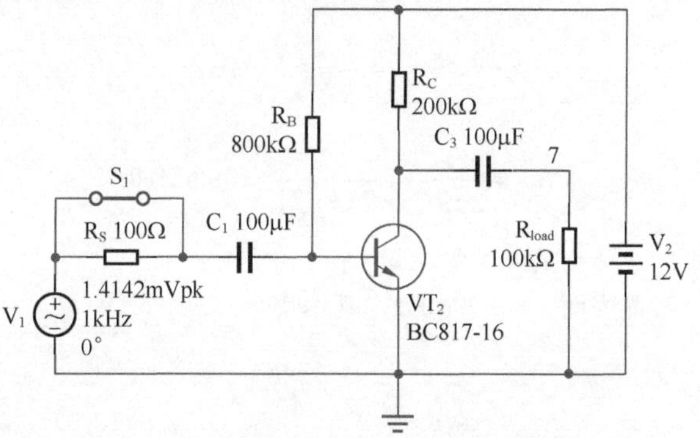

图5.56 举例1电路

解：1）首先估算基本信息。

$$I_{BQ}=14.125\mu A$$

$$r_{b'e}=\frac{U_T}{I_{BQ}}=1840\Omega$$

根据实验1可以得出两个结论：在输入信号源电阻为0的情况下，共射级放大电路增益正常时，决定上限截止频率的主要因素是f_{H2}，则有：

$$f_{H2}=\frac{1}{2\pi(R_C // R_L)C_{b'c}}=18.3\text{MHz}$$

解得：$C_{b'c}=4.35\text{pF}$。

同时，中频电压增益为：

$$|A_{um}|=\frac{\beta(R_C // R_L)}{r_{be}}\approx\frac{\beta(R_C // R_L)}{r_{b'e}}=47\text{dB}=10^{\frac{47}{20}}=224$$

解得：β=206。

实验2中，当将R_C由2000Ω变为20Ω后，f_{H2}应为1830MHz，而实测的f_H变为753MHz，这显然是由f_{H1}决定的。而此时，中频电压增益只有7.85dB，约为2.47倍，K_1=3.47，这使得$K_1C_{b'c}$对输入回路电容的影响很小，因此：

$$f_{H1}=\frac{1}{2\pi RC}=753\text{MHz}，R=(r_{bb'}+R_S)//r_{b'e}\approx r_{bb'}，C=K_1C_{b'c}+C_{b'e}\approx C_{b'e} \quad (5\text{-}74)$$

得$r_{bb'}\times C_{b'e}=211.5\text{ps}$。

实验 3 强化了 R_S 的作用，有式（5-75）成立：

$$f_{H1}=\frac{1}{2\pi RC}=8.54\text{MHz}，R=(r_{bb'}+R_S)//r_{b'e}\approx R_S，C=K_1C_{b'c}+C_{b'e}\approx C_{b'e}，得R_S\times C_{b'e}=18.65\text{ns} \quad (5\text{-}75)$$

即$C_{b'e}=186.5\text{pF}$。

据前式，得$r_{bb'}=1.13\Omega$。

解（2）：根据上述确定的参数，分别计算输入回路和输出回路的上限截止频率。

$$f_{H1}=\frac{1}{2\pi RC}，R=(r_{bb'}+R_S)//r_{b'e}\approx 51.13\Omega，C=K_1C_{b'c}+C_{b'e} \quad (5\text{-}76)$$

得

$$K_1=1+|A_{um}|=1+\frac{\beta(R_C//R_L)}{r_{be}}=113$$

$$C=K_1C_{b'c}+C_{b'e}=677.9\text{pF}$$

$$f_{H1}=\frac{1}{2\pi RC}=4.59\text{MHz}$$

$$f_{H2}=\frac{1}{2\pi RC}=\frac{1}{2\pi R_C C_{b'c}}=36.6\text{MHz}$$

两者相差较大，故取较小值为最终结果，即f_H= 4.59MHz。

按此参数实施仿真，实测表明f_H= 4.79MHz，基本吻合。

举例 2

电路如图 5.57 所示。输出为节点 7。求电路的上限截止频率。

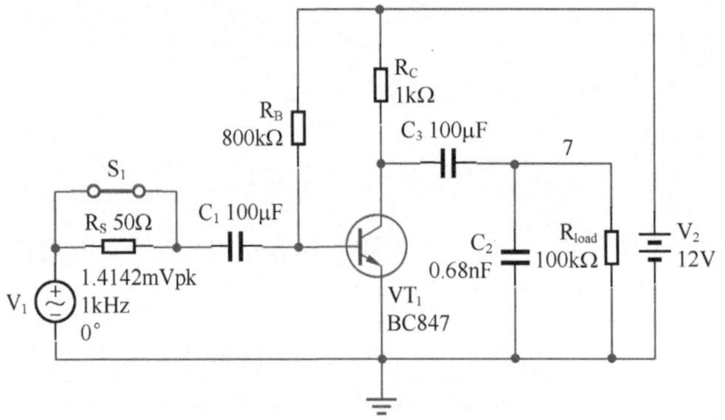

图 5.57　举例 2 电路

解：电路中引入了外部电容 C_2，其值较大，为 0.68nF，它和 R_C、R_{load} 是并联的，将起到决定上限截止频率的作用。

$$f_H=\frac{1}{2\pi(R_C//R_L)C_2}\approx 234\text{kHz}$$

仿真测试结果为f_H = 247kHz，基本吻合。经细致分析可知，上式中的电阻不会是 1kΩ，还应包括并联晶体管的 r_{ce}（约为 20kΩ），这导致电阻约为 943Ω，对应的上限截止频率为 248kHz。

5.8 共基极放大电路和共集电极放大电路的高频响应

◎共基极放大电路的高频响应

共基极放大电路如图 2.71 所示。将高频模型代入，得图 5.58 所示的动态等效电路。图 5.58 中为了更清晰地表达，同时更换了 $u_{b'e}$ 和受控电流源的定义方向。

一种方法是列出节点电压方程，硬求解。利用电路知识完全能够做到这点。但是这将得到一个极为复杂的表达式，根据表达式用 Matlab 绘制幅频特性曲线，可以得到随频率变化输出变小的趋势，从中找到 -3dB 频率点即上限截止频率。

还有一种近似方法，是在考虑到某些影响因素很小的情况下，对电路进行适当的等效。

1）将电阻 $r_{bb'}$ 短路。可以看出在 $C_{b'e}$ 对电路产生影响时，b′ 点动态电位仍很小，接近于地电位。2）将电容 $C_{b'c}$ 等效到输出回路，而不再等效到输入回路。此时，即便 i_1 较大，也不会在 b′ 点产生大的动态电位。3）在输入回路，将受控电流源等效为一个电阻。因为流过这个电流源的电流是流过 $r_{b'e}$ 的电流的 β 倍。最终的简化等效电路如图 5.59 所示。

显然，这不是标准的密勒等效，其等效过程也是极为粗略的。

在输入回路等效图中，将 u_s、R_S、R_E 用戴维宁定理演变成源为 u_{s1}，串联一个 R_S/R_E 的电阻的形式，其中 $u_{s1}=u_s\times R_E/(R_S+R_E)$，如图 5.59 所示。

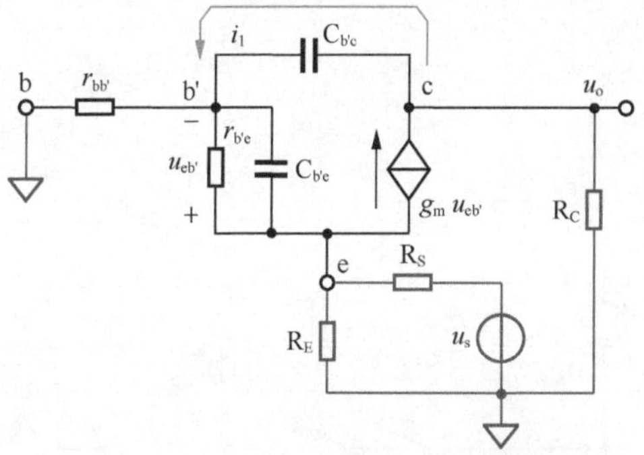

图 5.58　共基极放大电路动态等效电路

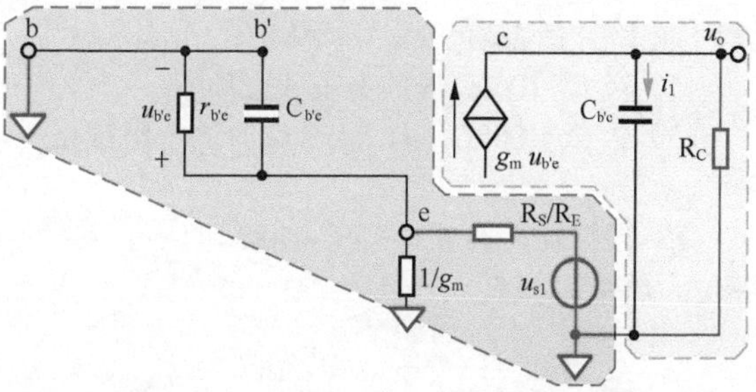

图 5.59　输入和输出独立回路等效电路

至此，输入回路演变成了图 5.15 所示的低通结构，其上限截止频率为：

$$f_{H1}=\frac{1}{2\pi RC},\ R=R_S//R_E//r_{b'e}//\frac{1}{g_m}=R_S//R_E//\frac{r_{b'e}}{1+\beta},\ C=C_{b'e} \tag{5-77}$$

而输出回路的上限截止频率为：

$$f_{H2}=\frac{1}{2\pi RC}=\frac{1}{2\pi R_C C_{b'c}} \tag{5-78}$$

对比两者发现，输入回路中，外部信号源内阻在与$\frac{r_{b'e}}{1+\beta}$的并联中被淹没了。因此，$C_{b'c}$ 虽然远小于 $C_{b'e}$，但$\frac{r_{b'e}}{1+\beta}$比 R_C 小得更多。这导致如下结论：决定共基极电路上限截止频率的主要是输出回路参数，一是内部的 $C_{b'c}$，二是外部的电阻 R_C，而与输入端的参数选择几乎无关。

对比共射极放大电路和共基极放大电路，可以发现，在信号源具有不可忽视的内阻 R_S 时，共射极电路的上限截止频率会急剧下降，而共基极放大电路则几乎不受影响。这才是核心。而一旦信号源内阻为 0，则两者的上限截止频率几乎完全相同。

◎共集电极放大电路的高频响应

动态等效电路如图 5.60 所示。由于 $C_{b'c}$ 的存在，从 b′ 点到地之间的阻抗随着频率的上升而下降，这将导致最终的输出也跟着下降。

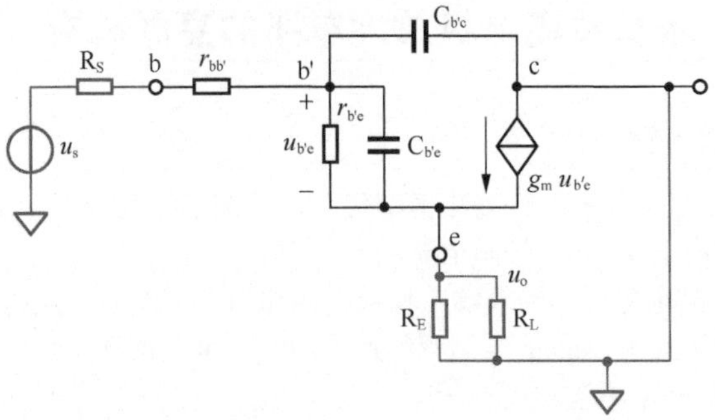

图 5.60　共集电极放大电路动态等效电路

简化的上限截止频率计算式为：

$$f_H = \frac{1}{2\pi RC},\ R = (R_S + r_{bb'}) // ((1+\beta)(R_E // R_L)),\ C = C_{b'c} \tag{5-79}$$

在大多数情况下，上限截止频率几乎只受到信号源内阻的影响。在信号源没有内阻的情况下，上限截止频率非常大，一般可以达到几十 GHz 以上。

举例 1

电路如图 5.61 所示。参数见图。已知在此状态下，电路的上限截止频率为 766MHz，分别求解：

（1）当 R_S=1000Ω 时的上限截止频率；

（2）当 R_S=1000Ω，且 R_E=1kΩ 时的上限截止频率。

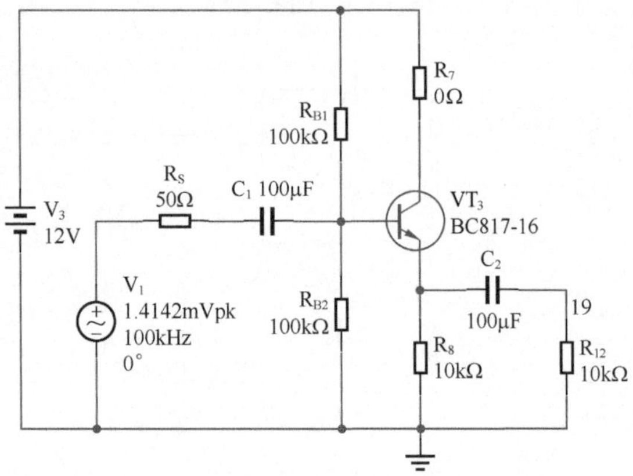

图 5.61　举例 1 电路

解：根据前述分析，当 R_S=50Ω 时，可以忽略 $r_{bb'}$，解得 $C_{b'c}$：

$$C_{b'c} = \frac{1}{2\pi R_S f_H} = 4.16\text{pF}$$

当 R_S=1000Ω 时，

$$f_H = \frac{1}{2\pi R_S C_{b'c}} = 38.3\text{MHz}$$

仿真测试结果为 f_H=35MHz，基本吻合。

当 R_S=1000Ω，且 R_E=1kΩ 时，根据理论分析，应该对上限截止频率影响很小，即 f_H= 35MHz。仿真结果为 30.2MHz，差异稍大。之所以出现这种结果，主要原因是电路的静态工作点发生了改变，导致电容发生了变化。

举例 2

电路如图 5.62 所示。参数见图，利用第 5.7 节中举例 1 的结论：晶体管的 $C_{b'c}$=4.35pF，$C_{b'e}$=186.5pF，$r_{bb'}$=1.13Ω，β=206，求解电路的上限截止频率。

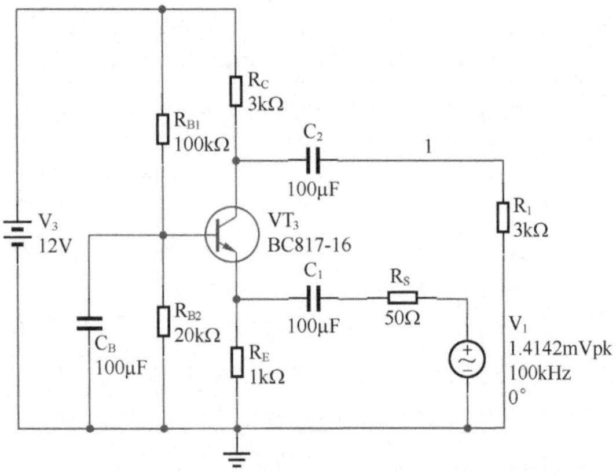

图 5.62　举例 2 电路

解：先求解静态工作点，获得必要的参数：

$$R_B = R_{B1} // R_{B2} = 16.67\text{k}\Omega$$

$$E_B = \frac{R_{B2}}{R_{B1} + R_{B2}} \times V_3 = 2\text{V}$$

列出回路直流方程：

$$E_B-0.7\text{V}=I_{BQ}\left(R_B+(1+\beta)R_E\right)$$

$$I_{BQ}=\frac{E_B-0.7\text{V}}{R_B+(1+\beta)R_E}=51.9\mu\text{A}$$

$$r_{b'e}=\frac{U_T}{I_{BQ}}=501\Omega$$

输入回路的上限截止频率：

$$R=R_S//R_E//\frac{r_{b'e}}{1+\beta}\approx 2.42\Omega,\ C=C_{b'e}=186.5\text{pF}$$

$$f_{H1}=\frac{1}{2\pi RC}=353\text{MHz}$$

输出回路的上限截止频率：

$$f_{H2}=\frac{1}{2\pi(R_C//R_1)C_{b'c}}=24.4\text{MHz}$$

综合分析，取较小值，f_H= 24.4MHz。仿真结果为 f_H= 23.9MHz，两者基本吻合。

5.9 | 利用晶体管的数据手册估算上限截止频率

首先需要说明，要想利用现有晶体管数据手册准确计算某个放大电路的上限截止频率是较为困难的。但是，晶体管数据手册基本具备如下参数，可以帮助我们做出粗略的估计。

◎特征频率 f_T

当输入信号频率越来越高时，晶体管的 β 会下降，当 $f=f_T$ 时，β 下降为 1。此频率被称为晶体管的特征频率，在一些数据手册中，此值也被称为电流增益带宽积（Current Gain Bandwidth Product）。

定性结论是：晶体管的特征频率越高，其放大高频信号的能力越强。一般小信号晶体管的 f_T 约为 100 ～ 500MHz，而高频晶体管的 f_T 会高达几十 GHz。

在定量分析中，有下式成立：

$$f_T\approx\frac{\beta}{2\pi r_{b'e}\left(C_{b'e}+C_{b'c}\right)} \tag{5-80}$$

$$C_{b'e}\approx\frac{\beta}{2\pi r_{b'e}f_T}-C_{b'c}\approx\frac{\beta}{2\pi r_{b'e}f_T} \tag{5-81}$$

可以看出，所谓的特征频率主要取决于模型中的输入回路参数 $r_{b'e}$ 和 $C_{b'e}$。

f_β 和 f_α

当输入信号频率越来越高时，晶体管的 β 会下降，当 $f=f_\beta$ 时，β 下降为低频时的 70.7%。β 下降会导致 $\alpha=\beta/(1+\beta)$ 也下降，当 $f=f_\alpha$ 时，α 下降为低频时的 70.7%。很显然，f_β 远小于 f_α 和 f_T。这两个频率点虽然也具有一定的物理含义，且在很多教科书中被强调，但是其实际应用价值很低。在晶体管数据手册中一般也不会出现。

◎输出电容 C_{obo}

C_{obo} 用来描述输出回路的关键参数，在频率分析时可以被视为模型中的 $C_{b'e}$。也有一些数据手册用反馈电容来描述此值，称之为 C_{re}。

举例

电路如图 5.63 所示。参数见图，中频电压放大倍数为 143 倍。BF570 为 NXP 公司的中频晶体管，其数据手册有如下与频率相关的参数（如图 5.64 所示）。

（1）据此，请估算此电路的上限截止频率，并用仿真软件验证。

（2）当断开开关时，估算中频增益和上限截止频率，并用仿真软件验证。

h_{FE}	DC current gain	I_C = 10 mA; V_{CE} = 1 V	40	–	–	
C_{re}	feedback capacitance	I_C = 0 A; V_{CE} = 10 V; f = 1 MHz	–	1.6	2.2	pF
f_T	transition frequency	I_C = 10 mA; V_{CE} = 10 V; f = 100 MHz	500	–	–	MHz
		I_C = 40 mA; V_{CE} = 10 V; f = 100 MHz	490	–	–	MHz

图 5.63　BF570 相关参数

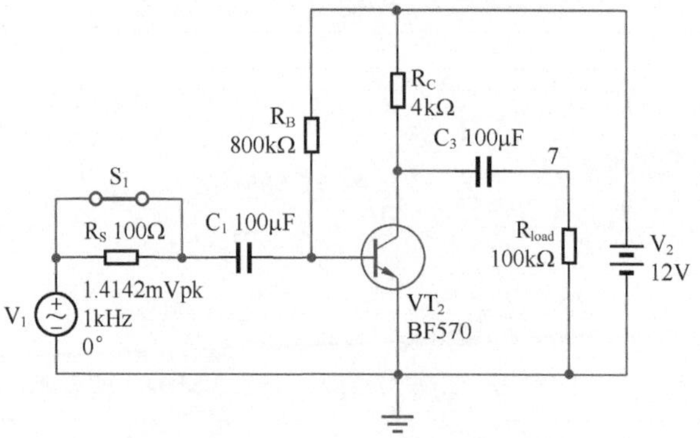

图 5.64　举例 1 电路图

解（1）：第一，β 只给出了最小值，我们必须先确定它。根据电路，可以估算出：

$$I_{BQ}=14.125\mu A，\ r_{b'e}=\frac{U_T}{I_{BQ}}=1840\Omega\approx r_{be}$$

$$\left|A_{um}\right|=\frac{\beta(R_C//R_L)}{r_{be}}=\frac{\beta\times 4k\Omega//100k\Omega}{1840\Omega}=143，解得\beta=66$$

第二，根据数据手册知 $C_{b'c}\leqslant 2.2pF$，典型值为 1.6pF，因此，可取 $C_{b'c}=1.6pF$。

第三，根据数据手册知 $f_T=500MHz$，据式（5-81）得：

$$C_{b'e}\approx\frac{\beta}{2\pi r_{b'e}f_T}-C_{b'c}=9.8pF$$

第四，开始计算截止频率。在没有信号源内阻的情况下，输出回路的上限截止频率 f_{H2} 将决定总的上限截止频率，据式（5-71），则有：

$$f_H\approx f_{H2}=\frac{1}{2\pi(R_C//R_L)C_{b'c}}=24.8MHz$$

仿真验证结果为 $f_H=19.2MHz$。此处出现较大误差的主要原因是，没有对输入回路进行估算。

（打开仿真软件中的 BF570 模型，可以看到它的基极电阻为 35Ω，此为 $r_{bb'}$，利用式（5-71），可得到 $f_{H1}=46.4MHz$，它只是 f_{H2} 的近似 2 倍，用式（5-33）计算，取 K=1.099，则 f_H=19.9MHz，基本吻合。但是，这属于幕后操作。）

解（2）：在信号源内阻存在的情况下，需要分别计算输入回路和输出回路的上限截止频率，然后综合考虑最终的上限截止频率：

据式（5-71）：

$$f_{H1}=\frac{1}{2\pi RC}，\ R=\left(r_{bb'}+R_S\right)//r_{b'e}\approx 94.8\Omega$$

$$C=K_1C_{b'c}+C_{b'e}=\left(1+\left|A_{um}\right|\right)C_{b'c}+C_{b'e}=240.2pF$$

解得：$f_{H1}=6.99MHz$。另据式（5-73）：

$$f_{H2}=\frac{1}{2\pi(R_C//R_L)C_{b'c}}=19.9MHz$$

综合分析，取较小值，则 $f_H\approx f_{H1}=6.99MHz$。仿真验证结果为 $f_H=6.8MHz$。

第四章 负反馈和运算放大器基础

前述的放大电路有两个特点：第一，它们是开环的，即从输入开始，一级一级“由因至果”向后传递，就像多米诺骨牌一样，中间没有任何回馈事件；第二，它们是用若干个晶体管以及电阻、电容实现的，这被称为分立电路（Discrete Circuit），与之相对应的是集成电路（Intergrated Circuit，IC）。

用分立电路实现简单功能，没有问题。但是，一旦电路功能复杂，就需要大量分立元器件，体积大、设计复杂、功耗大、成本高的缺点就会显现出来。

对于我们来讲，应用运算放大器和负反馈会使我们设计一个放大电路变得更加容易，并获得更加出色的放大电路指标。

6 理想运算放大器和负反馈电路

6.1 理想运算放大器

运算放大器的英文为 Operational Amplifier，简写为 OA 或 OPA，中文简称为运放。

理想运算放大器示意图如图 6.1 所示，它具有两个差分的输入端 u_+ 和 u_-，一个单端输出端 u_O，它们之间具有如下关系：

$$u_O = A_{uo}(u_+ - u_-) \tag{6-1}$$

其中，A_{uo} 为运算放大器的开环电压增益（A 代表增益，u 代表电压，o 代表 open，区别于后面要使用的负反馈形成的闭环增益 A_{uf}）。

理想运算放大器主要具有如下特点：

- A_{uo} 足够大，一般用无穷大∞表示。它的下限截止频率为 0，上限截止频率为∞；
- 两个输入端均具有无穷大的输入阻抗，即流进或者流出 u_+ 和 u_- 的电流始终为 0；
- 输出端输出阻抗为 0；
- 始终遵循式（6-1）。

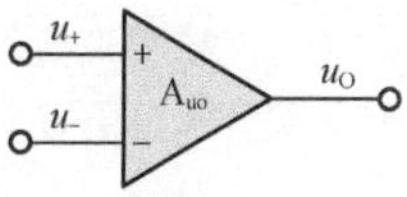

图 6.1　理想运算放大器示意图

6.2 理想运算放大器组成的负反馈放大电路

这样一个理想运算放大器（以下把运算放大器简称为运放）看起来似乎没有什么用途——谁也不会使用无穷大的增益。要实现一个输入电阻等于 10kΩ、输出电阻等于 500Ω、无负载电压增益等于 50 倍的电压放大，怎么办呢？科学家有的是办法。

利用理想运放搭建的图 6.2 所示电路可以轻松实现上述要求。

据式（6-1），有：

$$u_O = A_{uo} \times \left(u_I - u_O \frac{R_1}{R_1 + R_2}\right) \tag{6-2}$$

拆开，可解得：

$$u_O = \frac{A_{uo}}{1 + A_{uo} \times \frac{R_1}{R_1 + R_2}} \times u_I = A_{uf} \times u_I \tag{6-3}$$

其中 A_{uf} 为含负反馈的电压增益，当 A_{uo} 趋于无穷大时，有：

$$\lim_{A_{uo} \to \infty} u_O = \left(1 + \frac{R_2}{R_1}\right) u_I \tag{6-4}$$

代入数值，得 $u_O\big|_{A_{uo} \to \infty} = 50u_I$。

即整个电路的电压增益 A_{uf} 为 50 倍。看来，奇妙的事情发生了：原本有无穷大增益的理想运放，通过合适的外部电阻连接（其实就是负反馈），居然实现了指定的电压放大倍数。

再看输入电阻和输出电阻：图 6.2 中 R_3 是多少，电路的输入电阻就是多少，因为理想运放的输入阻抗为无穷大。图 6.2 中 R_4 为电路的输出电阻，因为理想运放的输出阻抗为 0。

再看图 6.3 所示电路。对 u_- 端利用叠加原理，有下式成立：

$$u_O = A_{uo} \times \left(0 - \frac{R_1 u_O + R_2 u_I}{R_1 + R_2}\right) \tag{6-5}$$

$$u_O = -\frac{A_{uo}}{\frac{R_1 + R_2}{R_2} + A_{uo}\frac{R_1}{R_2}} u_I \tag{6-6}$$

$$u_O\big|_{A_{uo} \to \infty} = -\frac{R_2}{R_1} u_I \tag{6-7}$$

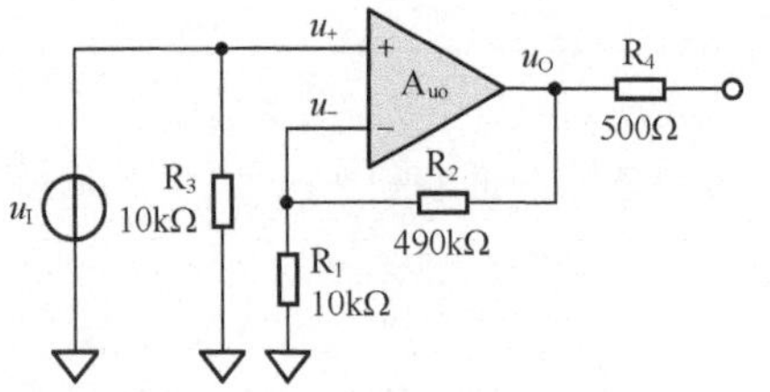

图 6.2 利用理想运放搭建的电路

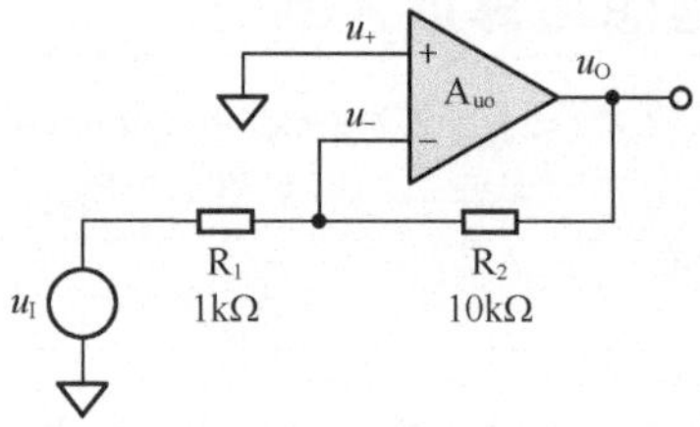

图 6.3 电路示例

这个电路实现了任意倍数增益（可以小于 1），且是反相放大。

一旦有了理想运放，想要多大的电压增益，只要选择合适的外部电阻，就可以实现了。这要归功于理想运放，更要归功于这样的电路结构，即将输出端回送到输入端形成的负反馈结构。

7 负反馈理论

7.1 反馈的概念引入

◎反馈的定义

反馈的英文为 Feedback，Feed 是喂养、提供的意思，从字面理解，Feedback 是将输出倒送到输入的意思。

在现实生活中，我们广泛应用着反馈这个词。比如，我们在教学楼里放置了一些雨伞，为学生提供方便（这可以理解为我们给校园生活加载了输入信号，效果就是输出信号）。如果放置了雨伞，不做任何效果调查和数量调整，这属于开环系统。如果我们在放置一段时间后，经历了几次下雨，然后听取学生的反馈意见，根据反馈意见，调整雨伞数量，既不浪费，也足够学生使用，就达到了良好的效果。

在电学系统中，将输出信号通过某种方式回送到输入环节，与原输入信号合并形成净输入信号，或者单独作为输入信号，进而影响输入 / 输出性能的举措，被称为反馈。

图 7.1 所示是一个由理想运放组成的开环系统，它的输出没有被回送到输入环节。图 7.2 所示是一个典型的负反馈电路，它通过两个电阻分压，将输出信号的一部分（1/50）回送到了输入环节的负输入端，进而达到了整个电路的电压增益为 50 倍的效果。图 7.3 所示则是一个没有输入信号的反馈系统，输出信号经过一个函数处理——可以是放大、衰减，或者指数运算、对数运算等——被回送到了运放的正输入端，作为单独的输入信号。

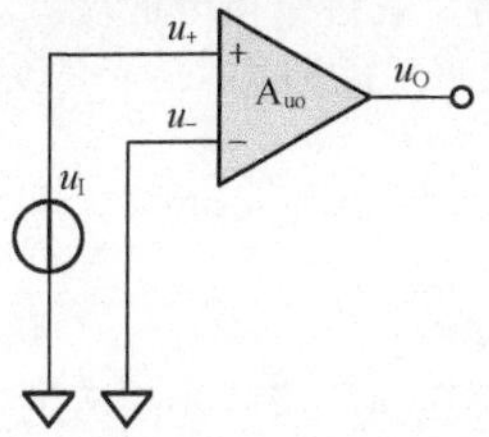

图 7.1　开环系统

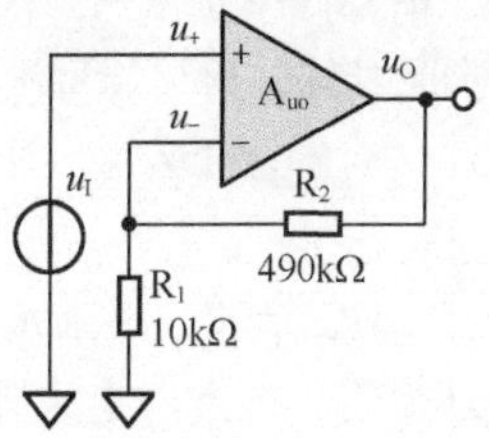

图 7.2　负反馈电路

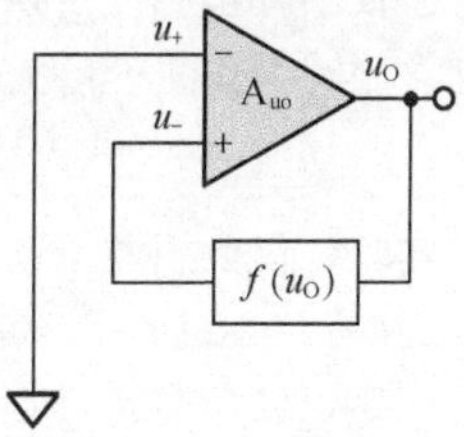

图 7.3　没有输入信号的反馈系统

◎正反馈和负反馈

反馈分为正反馈和负反馈两种。

当输出信号发生某个方向的变化时，此被称为变化根源。变化根源被回送到输入端后，会再次引起输出信号变化，此被称为二次变化。如果二次变化与变化根源具有相同的方向，则属于正反馈；如果二次变化与变化根源具有相反的方向，则属于负反馈。

正反馈的作用类似于推波助澜，会加剧变化过程。负反馈的作用是稳定。

在图 7.2 所示电路中，假设输出的变化为正向的（此为变化根源），则分压后在理想运放的 u_- 端，变化也是正向的，一个正向变化信号加载到理想运放的 u_- 端，则输出一定会产生负向变化（此为二次变化），即二次变化与变化根源方向相反，它属于负反馈。图 7.3 中，反馈环节为一个函数 f，如果这个函数曲线过零，工作在 1、3 象限且单调，则函数本身的输入和输出是同向的，此电路为正反馈电路；如果函数曲线工作在 2、4 象限且单调，则此电路是负反馈电路。当函数曲线不过零时，需要看 dx/dy 的极性，正为正反馈电路，负为负反馈电路。

◎生活中的正反馈和负反馈举例

管道内外壁的小球

在图 7.4 中，蓝色物体是一个水泥管道。红色小球放置在外壁顶端，谨慎放置，可以把它稳定在那里。绿色小球放置在内壁底部。当有外力稍稍向左边推动红色小球时，小球会立即滚落。当有外力同样施加在绿色小球时，小球会很快重新稳定在内部底部的中间。

小球的位置是输出量，合力是输入量，力会决定小球的运动，小球的运动会导致位置变化，而位置变化又回送到了输入端，产生了合力的变化，这就形成了一个闭环反馈。注意红色小球，在这个反馈回环中，它构成了一个正反馈，位置偏左，合力向左，使其向左运动，导致位置更加偏左。而绿色小球，则构成了一个负反馈。

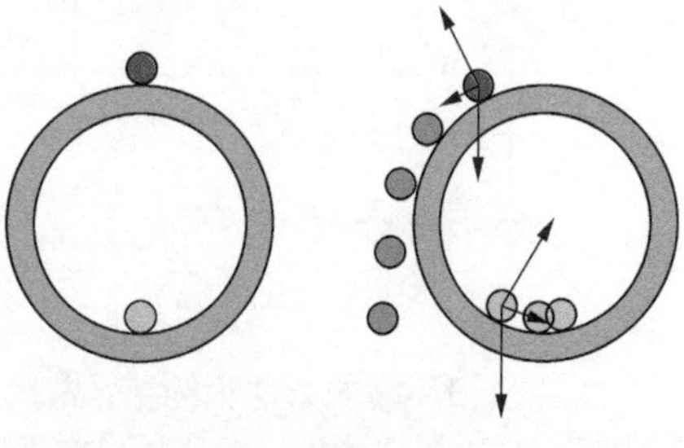

图 7.4　管道内外的小球

发球规则

足球、篮球是失球者发球，排球是赢球者发球，而乒乓球、网球都是固定发球。这 3 种发球方式是怎么确定的，有科学道理吗？

如果发球会影响赢球概率，而谁发球又取决于输赢，那么就形成了反馈。比赛中，我们不愿意看到一边倒的比赛，因此必须制止强烈的正反馈形成。

比如排球，我们能看到的是，发球者输球的概率很高，因为你发球，就会给对方攻击的机会，特别是男排，只要接发球顺利，几乎一攻就会得手。为了避免出现正反馈，排球规定必须是赢球者发球。如果是失球者发球的话，大家想想会出现什么结果：你发球，对方一攻得手；你丢球了，继续发球，对方还是得手，那么很快就会出现先发球者 0:10 的尴尬局面，而一旦扭转过来，又会出现 25:10 的局面，比赛结束了。这种比赛，多没有意思啊。

而篮球恰恰相反，发球者直接组织进攻，得分概率也很高。如果规定赢球者发球的话，结局与排球差不多。这两种规则，虽然完全相反，但都属于负反馈，即抑制了得分者继续得分的现象。乒乓球和网球则在比赛中切断了反馈，以固定次序发球。乒乓球每次发 2 个球，网球则是一人一个发球局。

魔鬼实验

以下实验，仅供想象，读者万万不可效仿。

“手搭脉搏，心跳一下，走一大步，持续”。它是一个典型的反馈系统。

想怎么走，就怎么走，这是一个开环系统。但是，走路会引起心跳加速，将心跳回送到大脑决策环节，跳一下，走一大步，这就形成了反馈。这是一个可怕的实验，称之为“魔鬼实验”也不为过。你的步伐将越来越快，最终跟不上心跳的节奏，累趴下了。

减肥实验

每天晚上称自己的体重。如果比昨天重了，第二天少吃点。如果比第二天轻了，第二天就多吃点。这也是一个反馈系统。胡吃海喝，从来不计量自己的体重，或者称了体重，却从不把它回送到大脑，以决定饮食量，这都是开环系统。

7.2 认识电路中的反馈

◎反馈环路

认识反馈电路的核心在于找到其中的反馈环路（Loop）。所谓的环路，就是输出—输入—输出的电路路径，它是封闭的。环路的存在客观上诠释了反馈的定义：没有环路，就没有反馈，只要有反馈，就一定存在环路。

在图 7.5 和图 7.6 中，虚线所示的信号路径是输入信号，实线所示的则是反馈环路。你可以这么理解：信号刚加载到放大电路中，第一次走的是信号路径，到达输出后，就开始在实线的反馈环路中兜圈子。

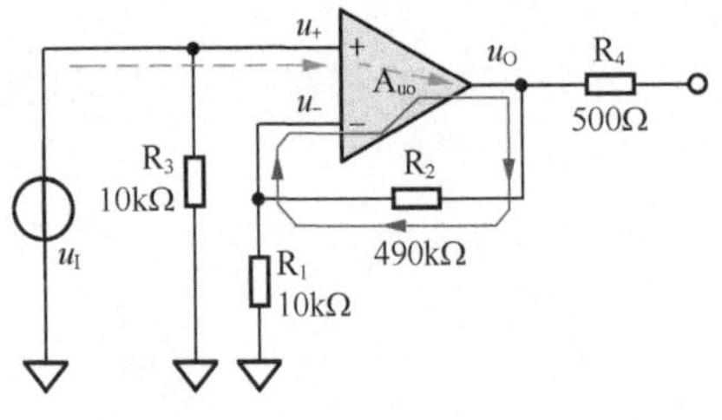

图 7.5　反馈环路 1

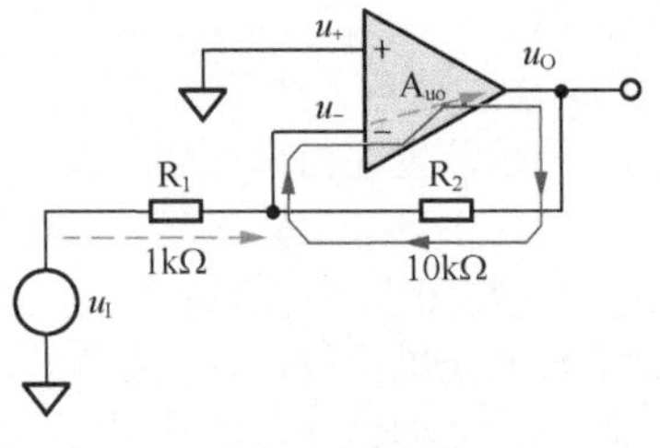

图 7.6　反馈环路 2

找寻反馈环路的方法很简单：先找到输出端，然后向回找，找到回到核心放大器输入端的位置，再由核心放大器找到输出端，就形成了环路。

◎环路极性法判断正反馈和负反馈

认识反馈电路的第二步就是准确判断它的反馈极性，即判断它是正反馈还是负反馈。

在一个原本开环的电路中，引入负反馈和引入正反馈的效果截然不同：负反馈能够实现更加稳定的放大，使放大器具有更加优越的性能，被广泛应用于放大器；而正反馈一般用于产生自激振荡，被广泛应用于信号发生电路中。

前面我们已经初步得到了一些结论：正反馈的效果是推波助澜，核心词是“越来越”；负反馈的作用和核心词都是“稳定”。但是，这只是比较“感性”的结论，我们需要更理性的方法。在电路中，利用环路极性法，可以准确判断反馈的极性。

环路极性法的步骤

1）找到反馈环路。

2）在反馈环路中任意确定一个节点 A。

3）在节点 A 处假设存在一个正的变化量，用 ⊕ 表示。

4）沿着反馈环路，让这个变化量依次行进，每过一个关键节点，对变化量方向进行判断并标注，用 ⊕ 表示正变化量，用⊖表示负变化量，用◎表示没有变化量。

5)等这个行进过程再次回到 A 点时，如果变化量仍是 ⊕，则表明反馈的作用是赞成初始的变化，起到了推波助澜的作用，属于正反馈。如果变化量为⊖，则表明反馈的作用是反对初始的变化，起到了“唱反调”的作用，属于负反馈。如果变化量为 ◎，则表明反馈环路被打断，不存在反馈。

极性传递的典型情况

图 7.7 给出了一些常见的极性传递情况，用于上述第 4 步中变化量行进之中。常见的电阻、电容、二极管等无源元件一般只能实现同相传递，但在敏感频率处需要另议。运放和晶体管可以同相传递，也可以反相传递。在晶体管中，牢记：共射极电路的输入是基极，输出是集电极，两者是反相的；共集电极电路的输入是基极，输出是发射极，两者是同相的；共基极电路的输入是发射极，输出是集电极，两者是同相的。

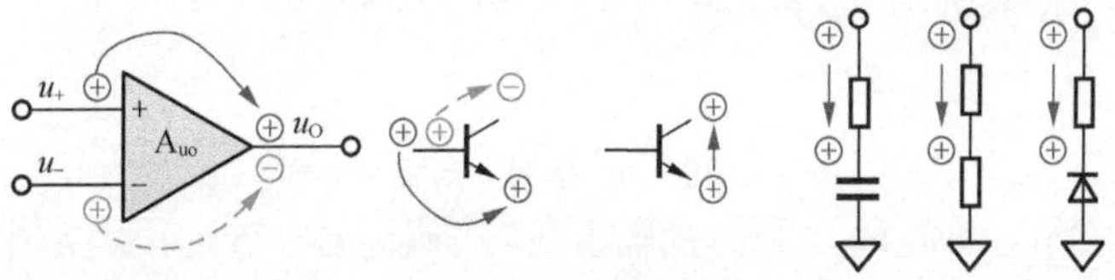

图 7.7　一些常见的极性传递情况

以下电路中都包含反馈。我们不要求大家对电路的功能全面了解，只希望能够在复杂电路中找到反馈环路，判断出反馈极性。

举例 1　光电放大器

图 7.8 所示是一个光电感应放大器，图中的二极管是光电二极管，当光线照射强度发生变化时，流过它的电流和它的两端电压降都会发生变化。这就导致场效应晶体管门极电压发生变化（此谓待测信号）。场效应晶体管组成了一个高输入电阻的共漏极放大电路：门极入、源极出，电压增益接近 1。源极输出电压输入运放 LT6200 的反相输入端（即 u_- 端），引起运放输出电压变化。这就是无反馈的信号流向图。

图 7.8 中的 R_F、C_F 组成反馈支路，将输出信号回送到了晶体管的门极，然后兜圈子，就形成了如图 7.8 所示的反馈环路。判断反馈极性的方法为：在 LT6200 输出端设定一个变化量 ⊕，信号行进到场效应晶体管门极时，仍为 ⊕（该点电位类似于两个电阻分压，源头增大，则分压点也增大）。由于共漏极放大器是同相放大，因此门极增大，源极也增大，为 ⊕，运放负输入端为 ⊕，输出

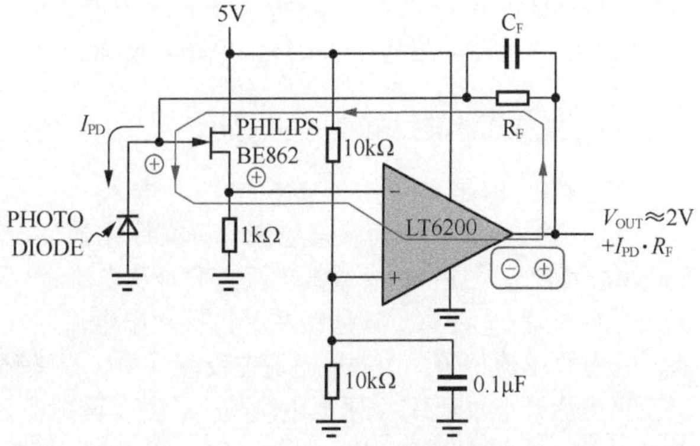

图 7.8　举例 1 电路

则为⊖。这样信号又回到了输出端，两个变化方向刚好相反，这属于负反馈。

图 7.8 中使用一个框将初始的设定变化方向和兜一圈后的变化方向框在一起，方便最后的判断。本节内都是如此。

举例 2 并联型复合放大器

图 7.9 所示是一个复合放大器（由多个放大器取长补短实现的放大器）。主放大器为 LT1226，而 LTC6078 是补偿输出失调电压的。整个放大器具有一个输入 V_{IN} 和一个输出 V_{OUT}。电路中有 3 个反馈环路：两个小环路用虚线环路表示；一个大环路用实线环路表示。对小环路的分析相对简单，它们都是负反馈，分析过程已经标注在图中。

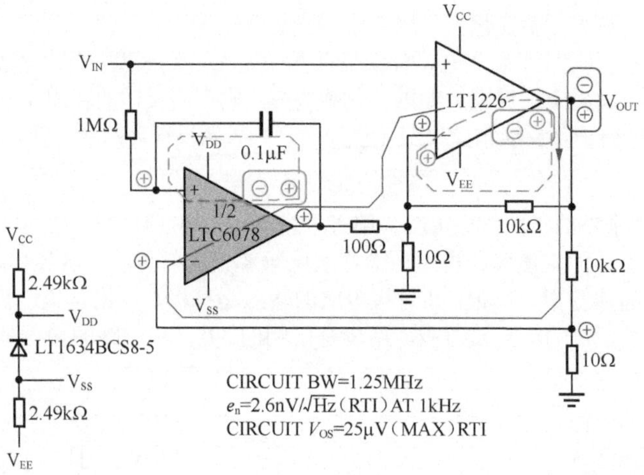

图 7.9 举例 2 电路

对于大环路，它的输出即运放 LT1226 的输出端，假设为 ⊕，那么 10Ω 头顶一定也是 ⊕。它连接到运放 LTC6078 的正输入端，导致 LTC6078 的输出端为 ⊕，通过电阻网络，到达运放 LT1226 的负输入端为 ⊕，根据图 7.7 列出的传递规则，LT1226 的输出端一定为⊖。这样，环路中初始位置定义为 ⊕，转了一圈后回来，变成了⊖，则属于负反馈。

举例 3 串联型复合放大器

图 7.10 所示也是一个复合放大器。主放大器为 AD8603，它有非常好的输入特性参数，但是它的带宽不够。AD8541 是一个高频放大器，它自己组成的小环路属于负反馈，使其实现了 100 倍放大，这对 AD8603 的单位增益带宽有了很大的拓展。而 AD8603 的反馈环路是一个大环，也是负反馈。

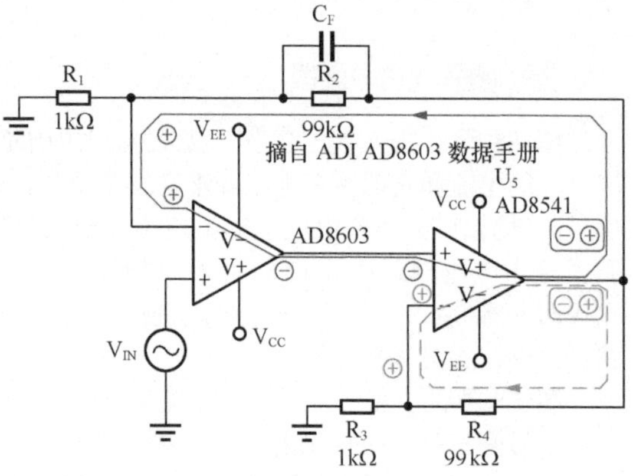

图 7.10 举例 3 电路

举例 4 压流转换电路——Source

图 7.11 所示是一个压流转换电路，输入为电压 V_{IN}，输出为 I_{OUT}，为吐出电流（英文标注为 Source，其含义是提供给负载的电流方向是从电流输出端向外流）。注意反馈环路并不包括输出电流，输出端是一个 P 沟道的 MOSFET，漏极为输出电流，与源极电流相等。而源极电流在反馈环内，反馈环控制的是源极电流，进而 1:1 映射到漏极电流。当源极电流减小时，1Ω 电阻上电流减小，其压降减小，引起源极电位上升。此点可以设为初始变化量，假设为 ⊕，通过 1kΩ 电阻回送到 LT1492 的负输入端，为 ⊕，由于该 ⊕ 作用在运放负输入端，导致 LT1492 输出电压为⊖，通过 100Ω 电阻到达门极，为⊖。注意此处的 MOSFET 是一个源极跟随器，输入

为门极，输出为源极，属于同相放大器，则 MOSFET 的源极为⊖。结果表明，此电路为负反馈电流。

举例 5 压流转换电路——Sink

图 7.12 所示也是一个压流转换电路，输入为电压 V_{IN}，输出为 I_{OUT}，为吸纳电流（英文为 Sink，沉入水槽的意思，含义是提供给负载的电流方向为从电流输出端向里流）。与前一个电路相似，其输出电流 I_D 也不在反馈环内，I_D 的映射源 I_S 在反馈环内。当 I_S 增大时，1Ω 电阻头顶电位（即晶体管源极电位）上升，使得 LT1492 的负输入端电位上升，则 LT1492 输出端电位下降。由于晶体管处于源极跟随器状态，则源极电位也下降，构成负反馈。

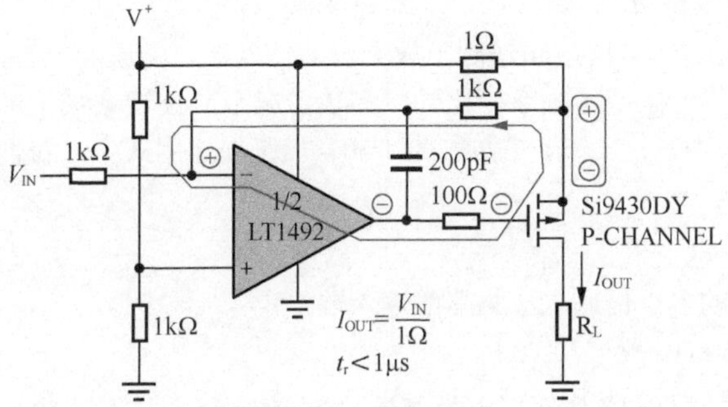

图 7.11　举例 4 电路

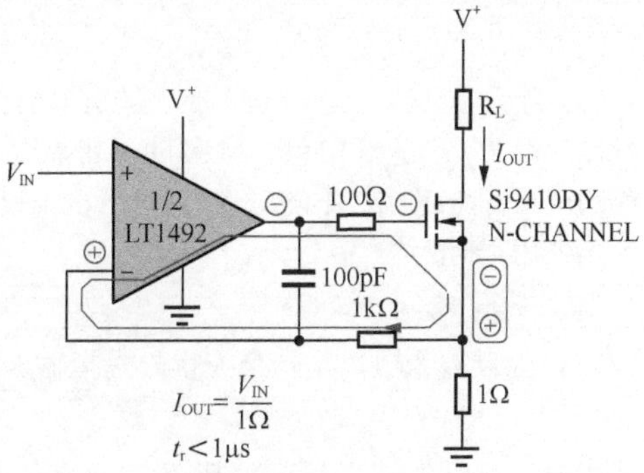

图 7.12　举例 5 电路

举例 6 正弦发生电路

图 7.13 所示是一个正弦波发生电路，用于产生一个 1kHz 的正弦波。图 7.13 中所说的 Ultrapure（超级纯净）是指输出正弦波的全谐波失真度很小，即输出只包含纯净的 1kHz 正弦波，而不存在或存在很少的其他谐波分量。图 7.13 中包含两个反馈环：虚线的反馈环是一个负反馈，实现了同相放大功能，其电压放大倍数为 1+430Ω/ 灯丝电阻。而实线反馈环属于正反馈。

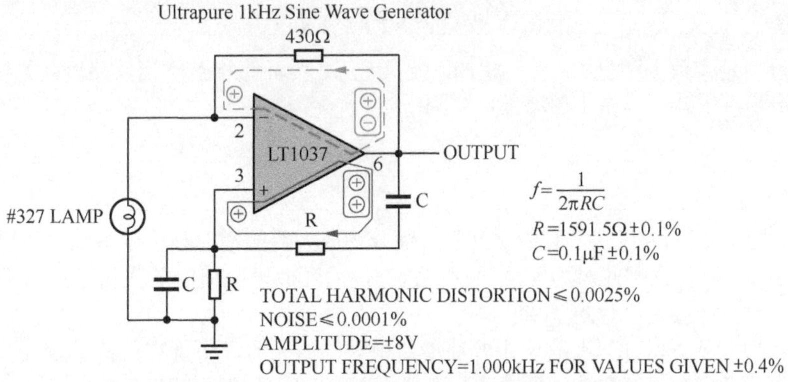

图 7.13　举例 6 电路（摘自 Linear Technology LT1007/1037 数据手册）

在一个电路中既有正反馈，也有负反馈时，就要看两种反馈哪个更强了，谁强听谁的。怎么叫强？怎么叫弱？怎么比较？请耐心，后面会讲反馈系数的内容。

另外，本电路中 LAMP 是一个灯丝，具有电阻值，且有正温度系数：温度越高，电阻越大。这个灯丝的作用是稳定输出正弦波幅度：幅度越大，灯丝温度越高，其等效电阻越大，导致电压放大倍数减小，输出幅度下降。这个过程也属于负反馈。

此电路中具有正反馈环节，且结论是它要比负反馈更强烈，最终电路呈现正反馈效果。加上必要的选频网络，可以实现自激振荡，进而产生纯净的正弦波。正反馈多被用于电路自激振荡产生正弦波。

7.3 负反馈放大电路的方框图分析法

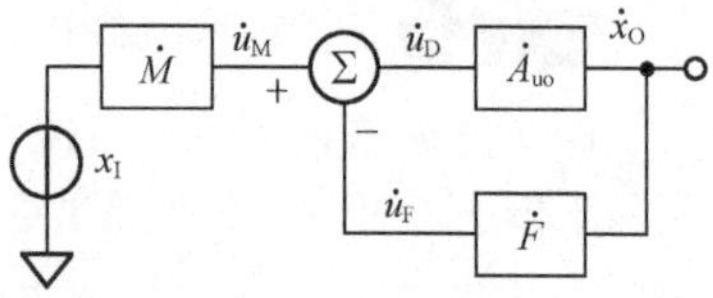

图 7.14 负反馈方框图

负反馈可以帮助我们改善放大电路性能。为清晰表述这种改善，引入方框图分析法。典型的负反馈方框图如图 7.14 所示。

◎方框图分析法

图7.14中，$\dot{A}_{uo}$是一个电压输入的放大器，其放大倍数为$\dot{A}_{uo}$倍，也被称为开环放大倍数。它是一个矢量表达式，含幅度增益和相移。注意，$\dot{A}_{uo}$的输出可以是电压，也可以是电流：

$$\dot{x}_O = \dot{u}_D \times \dot{A}_{uo} \tag{7-1}$$

$\dot{F}$为反馈系数，是一个矢量，是指输出信号$\dot{x}_O$的多少倍被回送到了放大器的输入端。所谓的矢量，可以理解为$\dot{F}$表达式中包含频率量，其幅度增益和相移是随频率变化的。多数情况下，反馈系数由纯粹的电阻分压组成，不随频率变化，比如在图 7.4 中，$\dot{F}$为一个实数，为 1/50。但是在通用式中，我们还是使用$\dot{F}$来表达。

$$\dot{u}_F = \dot{x}_O \times F \tag{7-2}$$

$\dot{M}$ 为衰减系数，是一个矢量，是指输入信号的多少倍进入放大器的输入端。

$$\dot{u}_M = x_I \times M \tag{7-3}$$

其中，x_I 不用矢量表达的原因是，所有的相位、幅度增益都以 x 为基准，它是自变量，不随频率变化。

Σ 是一个减法器（是含相反极性的加法器），有：

$$\dot{u}_D = \dot{u}_M - \dot{u}_F \tag{7-4}$$

据上述 4 个表达式，可以列出如下方程：

$$(x_I \times \dot{M} - \dot{x}_O \times \dot{F})\dot{A}_{uo} = \dot{x}_O \tag{7-5}$$

解方程可得闭环增益（是指由开环放大器组成的负反馈放大电路的增益）为：

$$\dot{A}_{uf} = \frac{\dot{x}_O}{x_I} = \frac{\dot{M} \times \dot{A}_{uo}}{1 + \dot{F} \times \dot{A}_{uo}} \tag{7-6}$$

表达式分母中是实数 1 和复数$\dot{F} \times \dot{A}_{uo}$相加，定义$\dot{F} \times \dot{A}_{uo}$为环路增益，当环路增益的模很大时，加 1 与不加 1 区别很小，因此可以将 1 忽略掉，得到：

$$\dot{A}_{uf} = \frac{\dot{x}_O}{x_I} \approx \frac{\dot{M}}{\dot{F}} \tag{7-7}$$

这是一个“划时代”的表达式，它的含义是，当开环放大器的增益和反馈系数的乘积（即环路增益）足够大（远大于 1）时，也称此时为深度负反馈状态，闭环放大电路的放大倍数约为衰减系数和反馈系数的比值，而与开环放大倍数$\dot{A}_{uo}$无关。

这太妙了，换句话说，你只要有一个开环增益很大的放大器，不管它具体是多大，只要选择合适的外部电路，实现指定的衰减系数、反馈系数，就可以确定闭环放大电路的增益。

这个计算式对于设计者来说是一个喜讯：他再也不需要计算静态工作点，估算 r_{be}，测量 β，以及推导复杂的计算式了，只要确定外部的几个电阻就可以确定放大倍数，太简单了。

这个计算式对于运算放大器生产厂商而言，也是一个大喜讯：它们生产的运放，只要开环增益非常大就可以了，而不需要理睬具体是 10 万倍，还是 15 万倍。此时，成品率会大幅度上升。

◎ $\dot{M}$ 和 $\dot{F}$ 的求解方法

在方框图法中，存在两个激励：输入激励为信号源，输出激励为运放的输出端。严格说，输出称不上激励，因为它毕竟是由输入激励产生的，但是在方框图法中，反馈网络确实承受了两个共存的激励——输入信号作用于它，输出信号也作用于它。

根据$\dot{M}$的定义，求解电路中$\dot{M}$的方法如下。

1）将输出激励 x_O 强制设为 0，保留输入激励 x_I，求解正衰减系数$\dot{M}_+$：

$$\dot{M}_+ = \frac{\dot{u}_+\big|_{x_O=0}}{x_I} \tag{7-8}$$

即在仅存在输入的情况下，求解运放正输入端电压与分母 x_I 相除。

2）在同样的情况下，求解负衰减系数$\dot{M}_-$：

$$\dot{M}_- = \frac{\dot{u}_-\big|_{x_O=0}}{x_I} \tag{7-9}$$

3）则总的衰减系数为：

$$\dot{M} = \dot{M}_+ - \dot{M}_- \tag{7-10}$$

它的含义是，在不考虑输出回送的情况下，单纯的输入信号有多大比例被加载到了运放的输入端上——运放的正输入减去负输入。

与上述完全相同，根据$\dot{F}$的定义，求解电路中$\dot{F}$的方法如下。

将输入激励 x_I 强制设为 0，保留输出激励 x_O，

$$\dot{F}_+ = \frac{\dot{u}_+\big|_{x_I=0}}{x_O},\quad \dot{F}_- = \frac{\dot{u}_-\big|_{x_I=0}}{x_O}, \tag{7-11}$$

$$F = F_- - F_+ \tag{7-12}$$

它的含义是，在不考虑输入的情况下，单纯的输出信号有多大比例被加载到了运放的反相输入上——运放的负输入减去正输入。

由于电路是线性系统，$\dot{M}$和$\dot{F}$的求解方法也可以一次求解，以$\dot{M}$为例：

$$\dot{M} = \frac{\dot{u}_+\big|_{x_O=0} - \dot{u}_-\big|_{x_O=0}}{x_I} \tag{7-13}$$

对于电压输入，x_I 用 u_I 表示；对于电流输入，x_I 用 i_I 表示。对于电压输出，x_O 用 u_O 表示；对于电流输出，x_O 用 i_O 表示。

7.4 利用方框图法求解电路

图 7.15 所示电路中，先求解$\dot{M}$和$\dot{F}$。

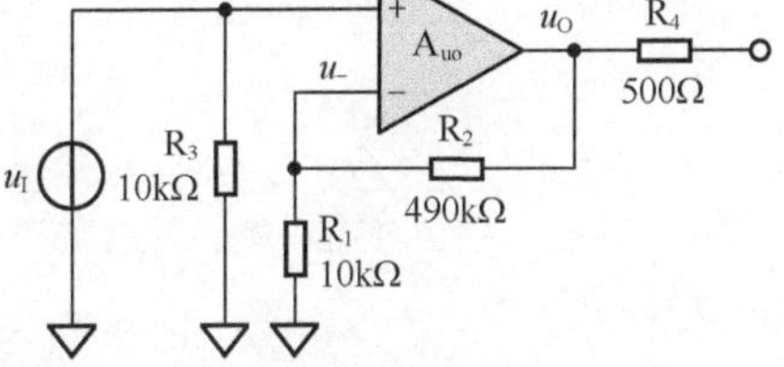

图 7.15　示例电路 1

将输出视为 0，则有：

$$\dot{u}_+\big|_{u_O=0} = u_I$$

$$\dot{u}_-\big|_{u_O=0} = 0$$

$$\dot{M}=\frac{\dot{u}_+|_{u_O=0}-\dot{u}_-|_{u_O=0}}{u_I}=1$$

将输入视为 0，则有：

$$\dot{u}_+|_{u_I=0}=0$$

$$\dot{u}_-|_{u_I=0}=u_O\frac{R_1}{R_1+R_2}$$

$$\dot{F}=\frac{\dot{u}_-|_{u_I=0}-\dot{u}_+|_{u_I=0}}{u_O}=\frac{R_1}{R_1+R_2}=\frac{1}{50}$$

代入式（7-7）得：

$$\dot{A}_{uf}\approx\frac{\dot{M}}{\dot{F}}=50$$

图 7.16 所示电路中，将输出视为 0，则有：

$$\dot{u}_+|_{u_O=0}=0$$

$$\dot{u}_-|_{u_O=0}=u_I\frac{R_2}{R_1+R_2}$$

$$\dot{M}=\frac{\dot{u}_+|_{u_O=0}-\dot{u}_-|_{u_O=0}}{u_I}=-\frac{R_2}{R_1+R_2}=-\frac{10}{11}$$

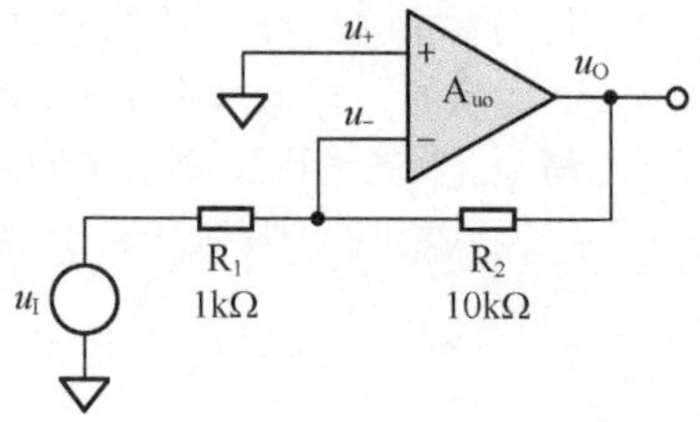

图 7.16　示例电路 2

将输入视为 0，则有：

$$\dot{u}_+|_{u_I=0}=0$$

$$\dot{u}_-|_{u_I=0}=u_O\frac{R_1}{R_1+R_2}$$

$$\dot{F}=\frac{\dot{u}_-|_{u_I=0}-\dot{u}_+|_{u_I=0}}{u_O}=\frac{R_1}{R_1+R_2}=\frac{1}{11}$$

代入式（7-7）得：

$$\dot{A}_{uf}\approx\frac{\dot{M}}{\dot{F}}=-\frac{R_2}{R_1}=-10$$

上述均为粗略计算，是在假设$\dot{A}_{uo}$无穷大的情况下得到的。利用方框图分析法也可以进行精细计算，以图 7.15 为例。

如果已知理想运放具有确定的开环增益，且不随频率变化，那么其开环增益$\dot{A}_{uo}$越大，实际的$\dot{A}_{uf}$越接近 50。比如，$\dot{A}_{uo}$ =10000，则利用式（7-6），得：

$$\dot{A}_{uf}=\frac{\dot{M}\times\dot{A}_{uo}}{1+\dot{F}\times\dot{A}_{uo}}=49.75$$

不同的 A_{uo} 会得到不同的 A_{uf}，见表 7.1。

表 7.1　A_{uo} 与 A_{uf}

参数	值					
A_{uo}	100	1000	10000	100000	1000000	10000000
A_{uf}	33.33333333	47.61904762	49.75124378	49.97501249	49.99750012	49.99975

可以看出，随着开环增益的增加，实际闭环增益逐渐逼近 50。

电路中，如果 R_1 开路，R_2 短路，就演变成了一种特殊电路，它被称为跟随器。其 M=1，F=1，闭环电压增益近似为 1。

举例 1

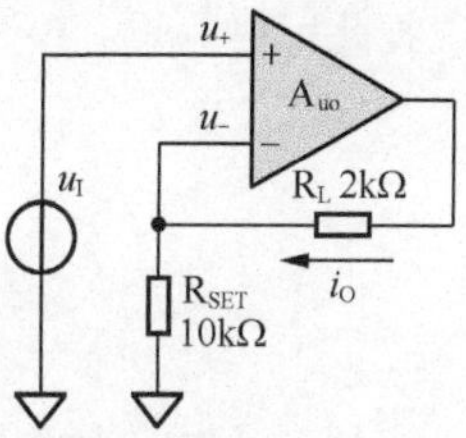

图 7.17　举例 1 电路

电路如图 7.17 所示，求输入输出关系。

解：此电路的输入为电压，输出为电流。因此，增益为：

$$\dot{A}_{uif}=\frac{\dot{i}_O}{u_I}$$

先求解反馈系数$\dot{F}$，将输入视为 0。

$$\dot{u}_+\big|_{u_I=0}=0$$

$$\dot{u}_-\big|_{u_I=0}=\dot{i}_O\times R_{SET}$$

$$\dot{F}=\frac{\dot{u}_-\big|_{u_I=0}-\dot{u}_+\big|_{u_I=0}}{\dot{i}_O}=R_{SET}$$

再求解反馈系数$\dot{M}$，将输出电流视为 0。

$$\dot{u}_+\big|_{i_O=0}=u_I$$

$$\dot{u}_-\big|_{i_O=0}=0$$

$$\dot{M}=\frac{\dot{u}_+\big|_{i_O=0}-\dot{u}_-\big|_{i_O=0}}{u_I}=1$$

据此可得：

$$\dot{A}_{uif}=\frac{\dot{i}_O}{u_I}\approx\frac{\dot{M}}{\dot{F}}=\frac{1}{R_{SET}}$$

即：

$$\dot{i}_O=\frac{u_I}{R_{SET}}$$

可知，此电路为压流转换器，用输入电压控制输出电流。

举例 2

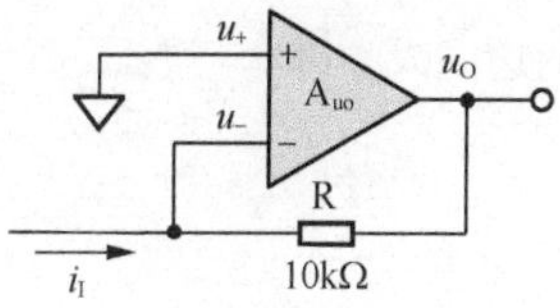

图 7.18　举例 2 电路

电路如图 7.18 所示，求输入输出关系。

解：此电路的输入为电流，输出为电压。因此，增益为：

$$\dot{A}_{uif}=\frac{\dot{u}_O}{i_I}$$

先求解反馈系数$\dot{F}$，将输入电流视为 0。

$$\dot{u}_+\big|_{i_I=0}=0$$

$$\dot{u}_-\big|_{i_I=0}=\dot{u}_O$$

$$\dot{F}=\frac{\dot{u}_-\big|_{u_I=0}-\dot{u}_+\big|_{u_I=0}}{\dot{u}_O}=1$$

再求解反馈系数$\dot{M}$，将输出电压视为 0。

$$\dot{u}_+\big|_{u_O=0}=0$$

$$\dot{u}_-\big|_{u_O=0}=i_I\times R$$

$$\dot{M}=\frac{\dot{u}_+\big|_{u_O=0}-\dot{u}_-\big|_{u_O=0}}{i_I}=-R$$

据此可得：

$$\dot{A}_{\mathrm{uif}}=\frac{\dot{u}_{\mathrm{O}}}{\dot{i}_{\mathrm{I}}}\approx\frac{\dot{M}}{\dot{F}}=-R$$

即：

$$\dot{u}_{\mathrm{O}}=-R\times\dot{i}_{\mathrm{I}}$$

可知，此电路为流压转换器，用输入电流控制输出电压。

7.5 负反馈对放大电路性能的影响

开环放大器具有极高的开环电压增益，而闭环放大电路的增益会小得多，这是负反馈引入带来的“弊端”，但负反馈的引入对放大电路的其他性能影响巨大，比如提高了增益稳定性，拓展了放大器带宽，降低了失真度等。

利用方框图法，可以分析负反馈对放大电路的性能影响。

◎对增益稳定性的影响

从表 7.1 中可以看出，当开环放大器的开环增益发生一定数量的改变，比如从 10000 变到 100000，含负反馈的闭环放大器之闭环增益只会出现很小的变化，从 49.751 变到了 49.975。这就是负反馈对增益稳定性的影响——负反馈大幅度提高了增益稳定性。

一般增益变化量除以增益，得到增益的相对变化量，用来表示增益的稳定性。为方便进行数值分析，将式（7-6）中的矢量用标量代替：

$$\dot{A}_{\mathrm{uf}}=\frac{\dot{u}_{\mathrm{O}}}{\dot{u}_{\mathrm{I}}}=\frac{\dot{M}\times\dot{A}_{\mathrm{uo}}}{1+\dot{F}\times\dot{A}_{\mathrm{uo}}} \tag{7-14}$$

设 $x=\dot{A}_{\mathrm{uo}}$为自变量，$y=\dot{A}_{\mathrm{uf}}$为因变量，$M=\dot{M}$，$F=\dot{F}$均为常数。则有：

$$y=\frac{Mx}{1+Fx} \tag{7-15}$$

对两边同时取微分，得：

$$\mathrm{d}y=\frac{M\mathrm{d}x(1+Fx)-MxF\mathrm{d}x}{(1+Fx)^2}=\frac{M\mathrm{d}x}{(1+Fx)^2} \tag{7-16}$$

两边同时除以 y，得：

$$\frac{\mathrm{d}y}{y}=\frac{M\mathrm{d}x}{(1+Fx)^2}\times\frac{1+Fx}{Mx}=\frac{1}{1+Fx}\times\frac{\mathrm{d}x}{x} \tag{7-17}$$

即：

$$\frac{\mathrm{d}A_{\mathrm{uf}}}{A_{\mathrm{uf}}}=\frac{1}{1+FA_{\mathrm{uo}}}\times\frac{\mathrm{d}A_{\mathrm{uo}}}{A_{\mathrm{uo}}} \tag{7-18}$$

此式说明，闭环增益的相对变化量是开环增益相对变化量的$\frac{1}{1+FA_{\mathrm{uo}}}$。换句话说，开环增益发生了很大变化，闭环增益只发生很小的变化。因此，负反馈提高了增益稳定性。

举例 1

一个开环增益A_{uo}为 100000 的放大器，组成了 M=1、F=0.1 的负反馈放大电路，电路结构如图 6.2 所示。

（1）求此时的闭环电压增益。

（2）用一个开环电压增益为 90000 的放大器替换原电路中的放大器，求此时的闭环电压增益，同时验证式（7-18）的正确性。

解：（1）根据式（7-6），得：

$$A_{uf1}=\frac{M\times A_{uo1}}{1+F\times A_{uo1}}=9.999000$$

（2）根据式（7-6），得：

$$A_{uf2}=\frac{M\times A_{uo2}}{1+F\times A_{uo2}}=9.998889$$

$$\frac{\Delta A_{uf}}{A_{uf}}=\frac{A_{uf2}-A_{uf1}}{A_{uf1}}=-1.11\times10^{-5}$$

利用式（7-18），得：

$$\frac{1}{1+FA_{uo1}}=9.999000\times10^{-5}$$

$$\frac{\Delta A_{uo}}{A_{uo}}=\frac{A_{uo2}-A_{uo1}}{A_{uo1}}=-0.1$$

$$\frac{1}{1+FA_{uo1}}\times\frac{\Delta A_{uo}}{A_{uo}}=-0.9999\times10^{-5}$$

两者之所以存在少量差异，是因为式（7-18）仅在 ΔA_{uo} 趋于 0 时才完美成立。

◎对上限截止频率的影响

假设开环放大器具有一阶上限截止频率 f_H，则参照第 5.2 节的内容，得开环增益随频率 f 变化的表达式为：

$$\dot{A}_{uo}=A_{uom}\frac{1}{1+j\dfrac{f}{f_H}} \tag{7-19}$$

这是标准一阶低通滤波器表达式，含义是：当 f 趋于 0 时，开环增益为 A_{uom}，称之为中频开环增益；当 $f=f_H$ 时，开环增益的模变为 A_{uom} 的 70.7%，且具有 −45° 的相移。

将式（7-19）代入式（7-6）中，得：

$$\dot{A}_{uf}=\frac{\dot{M}\times A_{uom}\dfrac{1}{1+j\dfrac{f}{f_H}}}{1+\dot{F}\times A_{uom}\dfrac{1}{1+j\dfrac{f}{f_H}}}=\frac{\dot{M}\times A_{uom}}{1+j\dfrac{f}{f_H}+\dot{F}\times A_{uom}}=\frac{\dot{M}\times A_{uom}}{1+\dot{F}\times A_{uom}+j\dfrac{f}{f_H}}= \tag{7-20}$$

$$\frac{\dot{M}\times A_{uom}}{1+\dot{F}\times A_{uom}}\times\frac{1}{1+j\dfrac{f}{f_H\left(1+\dot{F}\times A_{uom}\right)}}=\dot{A}_{ufm}\times\frac{1}{1+j\dfrac{f}{f_{Hf}}}$$

其中，$\dot{A}_{umf}$ 为中频段闭环电压增益（注意此处的中频段，在低通滤波器中就是频率等于 0），后一项表达式是一个标准低通表达式，含义是闭环上限截止频率是开环上限截止频率的（$1+\dot{F}\times A_{uom}$）倍。

$$f_{Hf}=f_H\left(1+\dot{F}\times A_{uom}\right) \tag{7-21}$$

这说明，引入负反馈后，闭环电路的上限截止频率得到了很大的提高。

举例 2

某个运算放大器的中频开环增益为 100000，开环上限截止频率为 10Hz，假设其幅频特性曲线满足一阶低通表达式。用此运放组成了 M=1、F=0.1 的闭环放大电路，电路结构如图 6.2 所示。

（1）用 Excel 计算并绘制出开环增益的模随频率变化的曲线，计算并绘制出闭环增益的模随频率变化的曲线。

（2）计算 f_{Hf}，并计算 $f=f_{Hf}$ 时开环增益的模、闭环增益的模。

解：因运放幅频特性曲线满足一阶低通表达式，据式（7-19），可写出：

$$\left|\dot{A}_{uo}\right| = A_{uom}\frac{1}{\sqrt{1^2+\left(\frac{f}{f_H}\right)^2}} \tag{7-22}$$

其中，$\left|\dot{A}_{uo}\right|$为开环增益的模随频率变化的值，$A_{uom}$=100000，$f_H$=10Hz。

在使用 EXCEL 时，可设定第一列为频率，第二列为增益的模。在设定频率时，可设定第一行为 1Hz，第二行开始为前一行的 1.2 倍，依次使用计算式自动产生频率。

$$\left|\dot{A}_{uf}\right| = A_{ufm}\frac{1}{\sqrt{1^2+\left(\frac{f}{f_{Hf}}\right)^2}} \tag{7-23}$$

其中，$\left|\dot{A}_{uf}\right|$为闭环增益的模随频率变化的值，$A_{ufm}=\frac{M\times A_{uom}}{1+F\times A_{uom}}$=9.9990，$f_{Hf}=f_H\left(1+FA_{uom}\right)$=100010Hz。

据此，绘制出两条曲线，如图 7.19 所示。从图 7.19 中可清晰看出，开环增益的上限截止频率很小，而闭环增益的上限截止频率得到了极大的拓展。

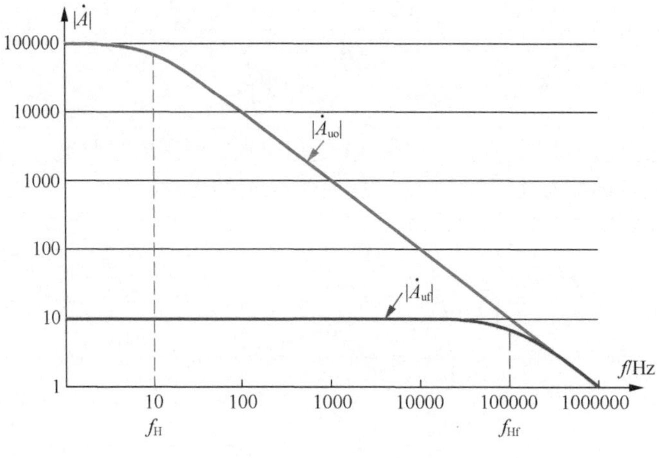

图 7.19 开环增益的模随频率变化的曲线

◎对下限截止频率的影响

假设开环放大器具有一阶下限截止频率 f_L，则参照第 5.2 节的内容，得开环增益随频率 f 变化的表达式为：

$$\dot{A}_{uo} = A_{uom}\frac{1}{1-\mathrm{j}\frac{f_L}{f}} \tag{7-24}$$

将式（7-24）代入式（7-6）中，得：

$$\dot{A}_{\rm uf}=\frac{\dot{M}\times A_{\rm uom}\dfrac{1}{1-{\rm j}\dfrac{f_{\rm L}}{f}}}{1+\dot{F}\times A_{\rm uom}\dfrac{1}{1-{\rm j}\dfrac{f_{\rm L}}{f}}}=\frac{\dot{M}\times A_{\rm uom}}{1+\dot{F}\times A_{\rm uom}}\times\frac{1}{1-{\rm j}\dfrac{\dfrac{f_{\rm L}}{1+\dot{F}\times A_{\rm uom}}}{f}}=\dot{A}_{\rm ufm}\times\frac{1}{1-{\rm j}\dfrac{f_{\rm Lf}}{f}} \tag{7-25}$$

其中，$\dot{A}_{\rm ufm}$为中频段闭环电压增益（注意此处的中频段，在高通滤波器中就是频率等于∞），后一项表达式是一个标准高通表达式，含义是闭环下限截止频率是开环下限截止频率的$\dfrac{1}{1+\dot{F}\times A_{\rm uom}}$倍。

$$f_{\rm Lf}=\frac{f_{\rm L}}{1+\dot{F}\times A_{\rm uom}} \tag{7-26}$$

这说明，引入负反馈后，闭环电路的下限截止频率变得更低，得到了很大的拓展。

举例3

用 Matlab 编写一段程序，绘制一个开环放大器的幅频特性。该开环放大器的中频增益为 500000，上限截止频率$f_{\rm H}$为 10kHz，下限截止频率$f_{\rm L}$为 10Hz，均为一阶系统。

将这个开环放大器应用在图 6.3 所示电路中，绘制闭环增益的幅频特性曲线。

解：编写程序如下。

```
clear all;
n=1000000;% 设置分析样点数量
A_uo=zeros(1,n);
A_uf=zeros(1,n);
am_A_uo=zeros(1,n);% 开环增益幅度
ag_A_uo=zeros(1,n);% 开环增益相移
am_A_uf=zeros(1,n);% 闭环增益幅度
ag_A_uf=zeros(1,n);% 闭环增益相移

f_star=10^(-5);% 定义分析的起始频率
f_end=10^10;% 定义分析的终止频率
fre=zeros(1,n);% 频率变量

% 此段完成 n 个样点在起始频率和终止频率之间的乘法等步长设置，
% 以决定 n 个样点频率。结果是每个频率点都是前一个频率点的 k 倍。
m2=f_end/f_star;
m1=log10(m2)/(n-1);
k=10^(m1);% 此为频率步长系数，大于 1

f=f_star/k;% 此为潜伏第 0 点频率，是为第一点做准备的，不会出现在循环计算中。

% 此段完成开环放大器设置
f_l=10;% 开环下限截止频率
f_h=10000;% 开环上限截止频率
A_uom=500000;% 开环中频增益
% 此段完成闭环方框图关键参数设置
M=-10/11;% 衰减系数设置
F=1/11;% 反馈系数设置
key=1+F*A_uom% 关键系数
A_ufk=0.5*sqrt(2)*abs(M*A_uom/(1+F*A_uom))% 衡量闭环增益带宽的 -3dB 点
f_lf_ideal=f_l/key% 理论计算的闭环下限截止频率
f_hf_ideal=f_h*key% 理论计算的闭环上限截止频率
```

```
early=0;% 上一个频点的闭环增益的模

for i=1:n
    fre(i)=f*k;% 利用潜伏第 0 点，在循环圈中实现第 1 点频率
    f=fre(i);% 为书写方便，用 f 表示当前频率值

    A_uo(i)=A_uom/((1+j*f/f_h)*(1-j*f_l/f));% 开环增益核心传函
    am_A_uo(i)=abs(A_uo(i));% 开环增益幅度，即模
    ag_A_uo(i)=angle(A_uo(i));% 开环增益相移

    A_uf(i)=M*A_uo(i)/(1+F*A_uo(i));% 利用方框图公式得出闭环增益
    am_A_uf(i)=abs(A_uf(i));% 闭环增益幅度，即模
    now=am_A_uf(i);% 当前闭环增益的模，为方便书写
    if (early<=A_ufk)&(now>=A_ufk)% 找出跨越 -3dB 的闭环增益下限截止频率点
        f_lf=f
    end
    if (early>=A_ufk)&(now<=A_ufk)% 找出跨越 -3dB 的闭环增益上限截止频率点
        f_hf=f
    end

    ag_A_uf(i)=angle(A_uf(i));% 闭环增益相移

    early=am_A_uf(i);% 被重新赋值，这种方法主要解决 matlab 无法实现 i=0 的情况
end
loglog(fre,am_A_uo,fre,am_A_uf)% 用全对数方式绘制开环增益的模、闭环增益的模
```

上述程序运行结果如图 7.20 所示。图 7.20 中蓝色线为开环增益的模随频率变化曲线，可以看出其下限截止频率为 10Hz，上限截止频率为 10kHz；绿色线为闭环增益的模随频率变化曲线，可以看出，下限截止频率很低，而上限截止频率变得很高。这就是负反馈带来的好处。在上述程序中，还可以自动发现闭环增益的上下限截止频率，结果是：

$$1+\dot{F}\times A_{uom}=45456.4545$$

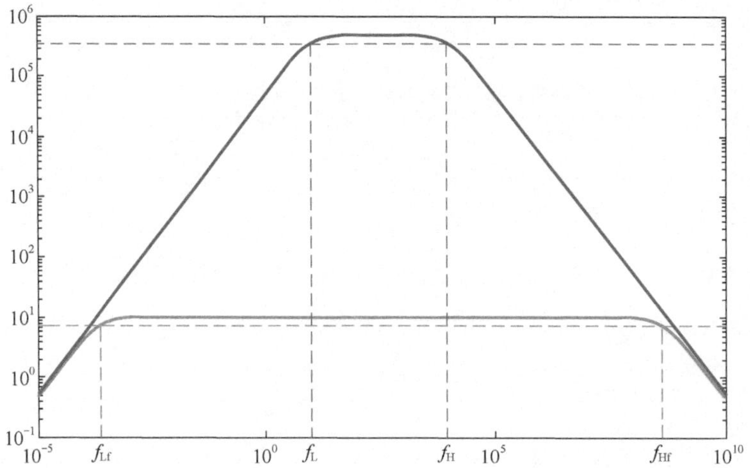

图 7.20 程序运行结果

理论计算闭环上限截止频率为 10kHz 的 45456.4545 倍，即 454.564545MHz。程序实测出的闭环上限截止频率为 454.56MHz，两者是吻合的。

理论计算闭环下限截止频率为 10Hz 的 1/45456.4545，即 219.9995μHz。程序实测出的闭环下限截止频率为 220μHz，两者也是吻合的。

◎对输入电阻的影响

串联负反馈和并联负反馈

如果核心放大器有两个输入端和一个输出端，且输入信号为单端输入，那么，对于负反馈电路来说，当输入信号和反馈信号加载到相同的一个输入端时，则称这种反馈为并联负反馈。当输入信号和反馈信号分别加载到两个不同的输入端时，则称这种反馈为串联负反馈。

由于全差分运放的存在，输入有可能是差分信号，输出也可能是两个输出端，此时上述定义就失去了意义。因此本书不重点强调这种分类，而仅在本节使用。同样地，在传统教科书中，还存在电压反馈和电流反馈的概念，因其使用局限性很大，本书也不强调。

串联负反馈能大幅度提高输入电阻

图 7.21 所示电路属于串联反馈，其中 R_o 为运放输出电阻，其一般为几十 Ω 甚至更小，绝大多数情况下，它远小于与它形成串联关系的 R_2，在分析输入电阻时，可将其视为 0。

运放的开环输入电阻为 R_{id}，对理想运放它是无穷大，对实际运放可能是 MΩ 以上，理论上测量开环输入电阻如图 7.22 所示，开环输入电阻等于加载电压除以实测输入端电流。连接成串联负反馈后，电路的输入电阻 $R_{if}=u_i/i_i$ 会较 R_{id} 成倍增长，或者说，在相同的输入电压情况下，图 7.21 中的 i_{if} 要远小于图 7.22 中的 i_{io}。求解图 7.21 输入电阻过程的如下：

$$(u_i-u_f)A_{uo}=u_f\frac{1}{F}，解得 u_f=\frac{A_{uo}F}{1+A_{uo}F}u_i \tag{7-27}$$

$$i_{if}=\frac{u_i-u_f}{R_{id}}=\frac{1}{(1+A_{uo}F)R_{id}}u_i \tag{7-28}$$

$$R_{if}=\frac{u_i}{i_{if}}=(1+A_{uo}F)R_{id} \tag{7-29}$$

即串联负反馈大幅度提高了输入电阻。

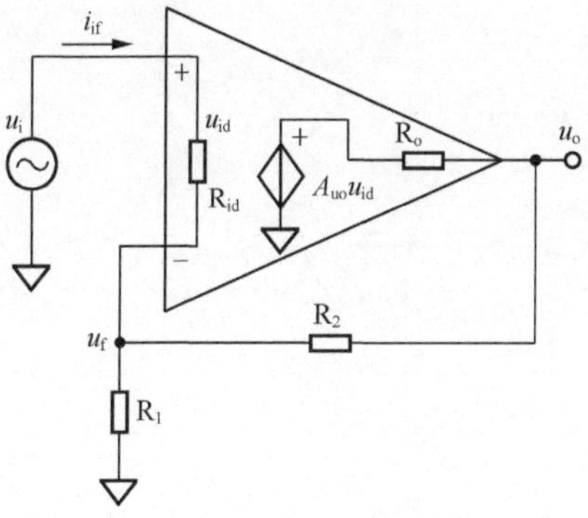

图 7.21　串联反馈电路

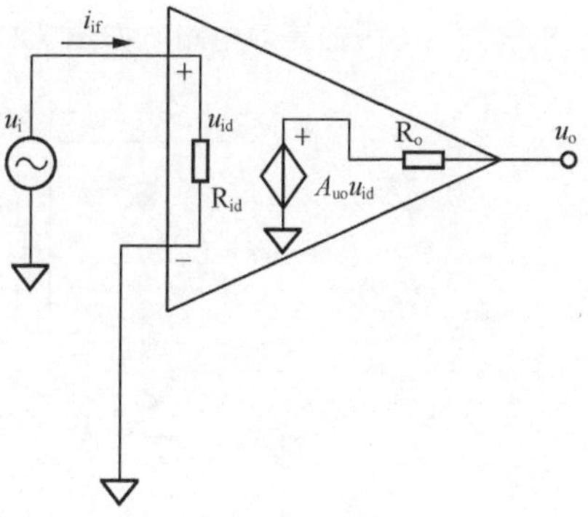

图 7.22　测量开环输入电阻的电路

并联负反馈对输入电阻的改变

并联负反馈不能提高输入电阻，一般来说，反而会使输入电阻下降。

图 7.23 所示为一个并联负反馈电路。如果不求精确，利用粗略的解法可以得到输入电阻。因 u_x 点近似为 0V（虚短），则：

$$R_{if}=\frac{u_i}{i_{if}}\approx\frac{u_i}{\dfrac{u_i-0V}{R_1}}=R_1 \tag{7-30}$$

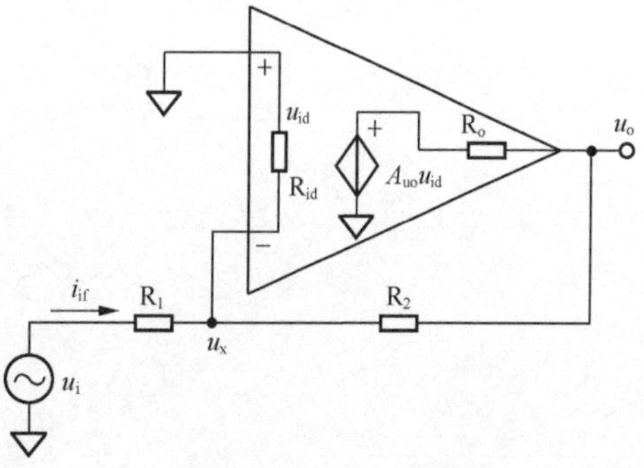

图 7.23　并联负反馈电路

大多数情况下，R_1 远小于 R_{id}，造成输入电阻不增反降。

如果要精确求解此电路的输入电阻，请参照图 7.21 的求解方法。

◎负反馈电路中输出电阻的计算

到目前为止，我们学过的放大器主要是运算放大器，它们都是压压放大器，也称电压放大器，即输入为电压信号，输出也是电压信号。理论上说，还存在如下几种放大器。

- 压流放大器：输入为电压，输出为电流，也被称为跨导放大器，增益单位是西门子（S）。
- 流压放大器：输入为电流，输出为电压，也被称为跨阻放大器，增益单位是欧姆（Ω）。
- 流流放大器：输入为电流，输出为电流，也被称为电流放大器，无增益单位。

传统教科书在讲授反馈时，多采用上述几种放大器共存的形式。但是遗憾的是，实际生产出的放大器绝大多数为压压放大器。特别在以标准运放为核心放大器的电路中，多种概念的并存很容易让学生产生困惑，难以将理论和实践紧密联系。

为此，本书不再强调多种放大器共存的分析方法，也不强调传统教科书中的经典概念——电流负反馈和电压负反馈的分类，而是就事论事，用此前学过的分析方法，求解负反馈电路中的输出电阻。

据此前学过知识，求解放大电路输出电阻的步骤如下。

1）首先去掉负载电阻 R_L，牢记：输出电阻与负载电阻无关。

2）设输入激励源为 0。如果输入为单端电压信号，则将输入端短接到地。如果为差分电压信号，仅短接。如果为电流信号，则开路。

3）在输出端人为加入一个电压激励 u，计算由此产生的电流 i，则：

$$R_{of}=\frac{u}{i} \tag{7-31}$$

举例 4

求图 7.23 电路的输出电阻。

解：求解输出电阻的等效电路，如图 7.24 所示。

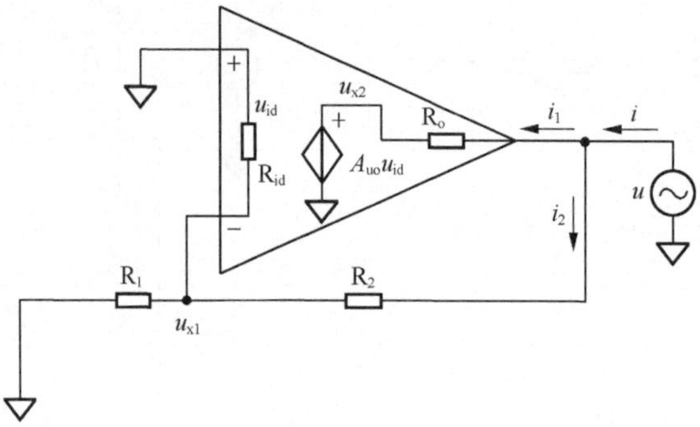

图 7.24 图 7.23 的等效电路

$$u_{id}=-u_{x1}=-u\times\frac{R_1'}{R_2+R_1'}\approx -u\times\frac{R_1}{R_2+R_1} \tag{7-32}$$

其中，$R_1'=R_1//R_{id}\approx R_1$。

$$u_{x2}=A_{uo}u_{id}\approx -A_{uo}\times u\times\frac{R_1}{R_2+R_1} \tag{7-33}$$

$$i_1=\frac{u-u_{x2}}{R_o}\approx u\frac{\left(1+A_{uo}\dfrac{R_1}{R_2+R_1}\right)}{R_o} \tag{7-34}$$

$$i_2=\frac{u}{R_2+R_1'}\approx\frac{u}{R_2+R_1} \tag{7-35}$$

利用式（7-31），得：

$$R_{\rm of}=\frac{u}{i}=\frac{u}{i_1+i_2}=\frac{1}{\dfrac{\left(1+A_{\rm uo}\dfrac{R_1}{R_2+R_1}\right)}{R_{\rm o}}+\dfrac{1}{R_2+R_1}}=\frac{R_{\rm o}}{1+A_{\rm uo}\dfrac{R_1}{R_2+R_1}}//\left(R_2+R_1\right) \tag{7-36}$$

可见，含有负反馈后，输出电阻下降为原开环输出电阻的$\dfrac{1}{1+A_{\rm uo}\dfrac{R_1}{R_2+R_1}}=\dfrac{1}{1+A_{\rm uo}F}$。

举例 5

求图 7.25 电路的输出电阻。

解：该电路是一个压流转换电路，输入为电压 $u_{\rm i}$，输出为负载上的电流 $i_{\rm o}$，理论上说这是一个能够稳定输出电流的电路，应具有较大的输出电阻。

按照前述求解输出电阻的方法，电路如图 7.26 所示。列出方程如下：

$$u=u_+-u_-=i\left(R_1//R_{\rm id}\right)-\left(A_{\rm uo}\left(-i\left(R_1//R_{\rm id}\right)\right)-iR_{\rm o}\right)=i\left(R_1//R_{\rm id}\right)\left(1+A_{\rm uo}\right)+iR_{\rm o} \tag{7-37}$$

$$R_{\rm of}=\frac{u}{i}=\left(R_1//R_{\rm id}\right)\left(1+A_{\rm uo}\right)+R_{\rm o} \tag{7-38}$$

可知，输出电阻变得很大。这印证了该电路的特性，输出为电流源，具有很大的输出电阻。

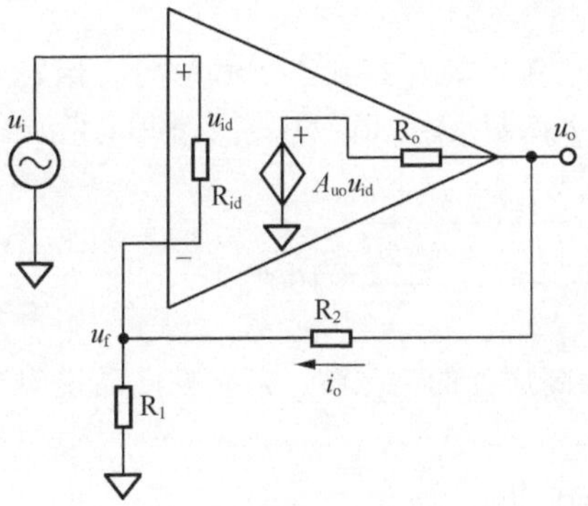

图 7.25　举例 5 电路

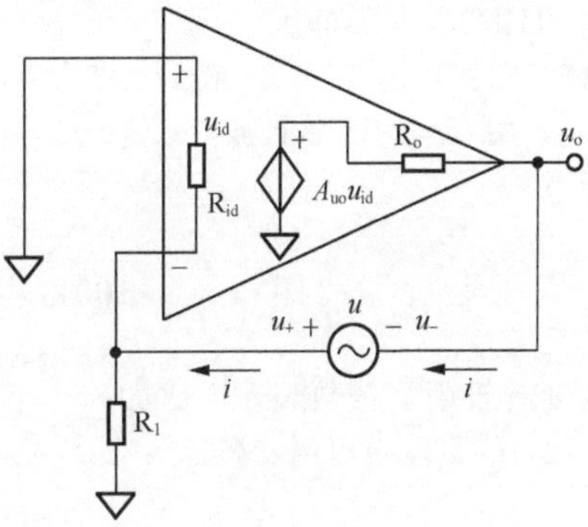

图 7.26　求解输出电阻

7.6　负反馈对失真度的影响

失真度本身是一个极为复杂的概念。本书虽笼统介绍，但仍占篇幅过大，因此独立成节。

◎失真度的定义

信号失真度的时域定义

电学中，一个时域信号 $y(t)$ 与另一个时域信号 $x(t)$ 不相似的程度被称为失真度，用 D（Distortion）表示。失真度有多种衡量方法。

如果我们有两张大小不一样的透明照片，怎么衡量它们之间是否存在失真呢？我们可以先把其中一张缩放成和另一张一样大，然后左右上下移动，让两张照片对齐，再透光看哪里有差异。类似于这个思路，通常采用如下方法实施两个信号失真度的时域衡量。

1）对 $y(t)$ 实施纵向的平移、伸缩，以及横向的平移，得到一个新信号 $yy(t)$。

2）定义一个残差函数，并求解基准信号和残差有效值：

$$x_{\mathrm{rms}}=\sqrt{\frac{1}{T}\int_0^T x^2(t)\,\mathrm{d}t} \tag{7-39}$$

$$\delta(t)=yy(t)-x(t) \tag{7-40}$$

$$\delta_{\mathrm{rms}}=\sqrt{\frac{1}{T}\int_0^T \delta^2(t)\,\mathrm{d}t} \tag{7-41}$$

3）以遍历的方式，重复第一步和第二步，直到残差有效值最小，得到$\delta_{\mathrm{rms_min}}$。

4）失真度为：

$$D=\frac{\delta_{\mathrm{rms\_min}}}{x_{\mathrm{rms}}}\times 100\% \tag{7-42}$$

正弦信号失真度的时域定义

前述定义中，基准信号 $x(t)$ 为正弦信号，称之为正弦信号失真度。此定义虽为前述普适定义的一个特例，却在实践中应用广泛。它描述了一个信号与标准正弦波的差异程度。

正弦信号失真度的频域定义：全谐波失真度

理论上，前述定义已经完整。但在实际操作中，实施难度很大。首先，对模拟信号实施任何处理，包括幅度伸缩（放大或者缩小）、纵向平移（加法）等，都有可能引入新的失真度；其次，模拟信号实施时间轴的平移具有很大的难度。最后，其中的遍历环节其实就是进行大量的重复劳动，把所有可能性都试一遍。这说起来容易，做起来难。

因此，科学家从频域定义了一种描述正弦信号失真度的参数，称之为全谐波失真度（Total Harmonic Distortion，THD）。方法如下。

1）对 $y(t)$ 实施傅里叶变换，得到基波大小，用 U_1 表示其有效值；得到各次谐波大小，用 U_2 表示二次谐波有效值，用 U_3 表示三次谐波有效值，……用 U_n 表示 n 次谐波有效值，用 U_{H} 表示所有谐波的有效值。

2）定义

$$\mathrm{THD}=\frac{U_{\mathrm{H}}}{U_1}\times 100\%=\frac{\sqrt{U_2^2+U_3^2+U_4^2+\cdots+U_n^2}}{U_1}\times 100\% \tag{7-43}$$

失真度一般用百分数表示，比如一个信号源发出高质量的正弦波，可以在产品说明书中指出 THD=0.01%。失真度也可用 dB 表示：

$$\mathrm{THD}=20\lg(\mathrm{THD})\ (\mathrm{dB}) \tag{7-44}$$

比如，具有 THD=0.01% 的正弦波，其失真度为 -80dB。

仪器失真度定义

理论上，当一个仪器的输入信号为 $x(t)$，而输出信号为 $y(t)$ 时，那么 $y(t)$ 与 $x(t)$ 之间的失真度就是仪器的失真度。实践中，常用 $x(t)$（为一个标准正弦波）来实施对仪器失真度的衡量。

一个放大器的标称失真度为 0.01%，是指当输入一个标准的、无谐波的正弦波信号时，输出信号不仅包含这个正弦信号，还将包含引起波形失真的谐波分量，谐波有效值是基波有效值的 0.01%。因此，仪器失真度最终还是落实到正弦信号失真度上。

◎失真度的测量

标准正弦波的产生

要衡量一个仪器的失真度，我们必须有一个标准的正弦波，它只包含基波，没有谐波分量。但这是不可能的，就像用任何圆规都画不出一个标准圆一样。

实践中，我们可以采用高等级信号源去衡量低等级仪器的失真度。目前，产生一个失真度等于 -110dB 的正弦波是有难度但可以实现的。因此，失真度大于 -100dB 的仪器是可以被测量的。

正弦信号失真度的模拟仪表测量

失真度仪是常见的测量正弦信号失真度的仪表。任何一个被测信号被输入失真度仪中，失真度仪将显示出该信号与标准正弦信号的不相似程度。但是，它的测量也是有范围的，失真度太小的信号它是无法测量的。

正弦信号失真度的数字测量

采用高品质的放大器、AD 转换器，可以将待测信号转换成离散的数字量样点，对其进行傅里叶变换，求解 THD，即可得到正弦信号全谐波失真度。由于全部环节都是设计者可以控制的，其测量失真度的下限一般优于模拟的失真度仪。

◎运算放大器的非线性

理想运算放大器在开环工作时，其输入和输出之间一定满足如下关系：

$$u_O = A_{uo}\left(u_+ - u_-\right) = A_{uo}u_{id} \tag{7-45}$$

即输入输出之间满足线性关系——绘制的输入输出关系曲线是一条直线。当输入一个正弦波时，输出也一定是正弦波，不存在失真。

实际运算放大器内部由多级晶体管放大电路组成，而每一级晶体管放大电路的输入输出特性都不是线性的——双极型晶体管输入伏安特性曲线是指数型的，FET 的转移特性曲线是平方关系的——这势必造成整个运放的输入输出特性曲线是非线性的。在开环工作时，其输入和输出之间一定可以表达为多项式之和：

$$u_O = A_{uo}\left(u_{id} + k_2u_{id}^2 + k_3u_{id}^3 + \cdots + k_nu_{id}^n\right) \tag{7-46}$$

其中只有 $A_{uo}u_{id}$ 贡献了线性，而后几项都是非线性贡献，k 越大，说明非线性越严重。假设这个运放能够开环工作（其实，是极不稳定的），当输入一个很小的正弦波时，输出将不再是正弦波。利用三角函数公式，可以看出，当输入 u_{id} 为 $\sin\omega t$ 时，平方项会在输出中产生 $\sin2\omega t$，即二次谐波，立方项会产生 $\sin3\omega t$，即三次谐波……

图 7.27 所示是含有失真的放大器开环特性曲线，放大器是人为制作的，为了更清楚地表现非线性，我们加大了 k 值，均为 1。表达式为：

$$u_O = 10000\left(u_{id} + u_{id}^2 + u_{id}^3\right) \tag{7-47}$$

可以看出，随着输入信号的增加，开环输出线以一个弧形而不是直线在上升，这就是非线性。图 7.27 中开环增益线是当前的输出和当前输入的比值，即 A_{uo}，可以看出，A_{uo} 不是恒定的 10000，而是越来越大。

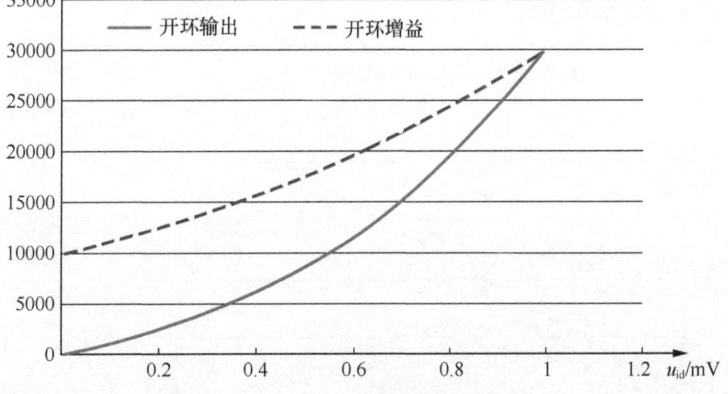

图 7.27　含失真的运放开环输入输出特性

当给这个非线性放大器加入一个标准正弦波（幅度为 1mV）时，其输出波形变得很难看，一点都不像正弦波了（如图 7.28 所示）。这就是未引入负反馈时，开环放大器时域内的失真表现。

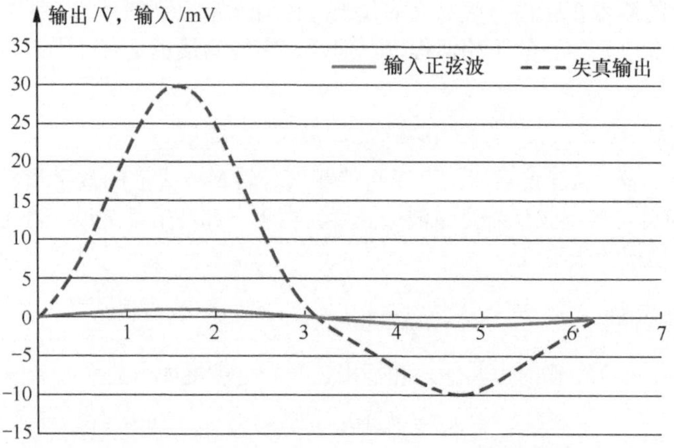

图 7.28　含失真的运放输入正弦波时的输出失真

◎负反馈可以有效降低放大电路的失真度

这样一个含有严重非线性的运算放大器，直接使用显然不行。但是，给它引入负反馈后，其失真度会急剧下降。

严格的数学推导也是可以证明的。但我们不希望如此复杂。

我们发现，在运放开环使用时，造成很大失真度的根本原因是：在不同的输入电压下，开环放大器的增益 A_{uo} 是不一样的。图 7.27 中，增益最小值为 10000，最大值为 30000，这使得输出波形变形很严重。

但是，含有负反馈的闭环放大器却不害怕开环增益的变化，只要它足够大即可。

以一个 M=1、F=1 的电压跟随器（见第 7.5 节）为例，放大器的闭环增益为：

$$A_{uf}=\frac{u_O}{u_I}=\frac{M\times A_{uo}}{1+F\times A_{uo}}=\frac{A_{uo}}{1+A_{uo}} \tag{7-48}$$

将$A_{uo_min}=10000$、$A_{uo_max}=30000$代入，得

$$A_{uf\_min}=0.999900，A_{uf\_max}=0.999967$$

可知在全部变化范围内，闭环增益几乎是完全相同的，输入是正弦波，则输出也是正弦波。图 7.29 所示为该闭环放大电路的输入输出关系曲线，其为一条很直的斜线，而增益曲线是一根等于 1 的平直线。

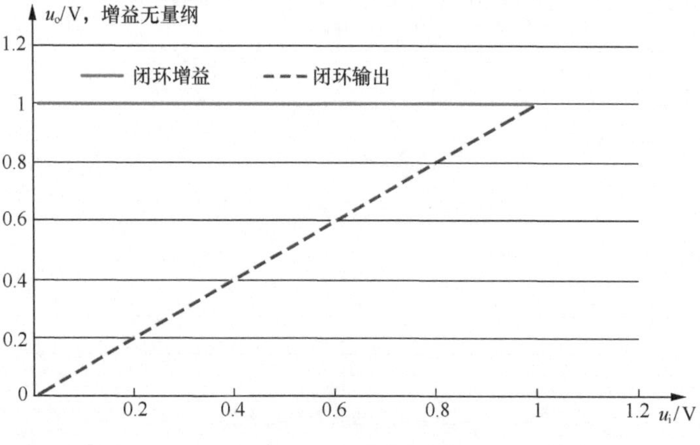

图 7.29　含失真的运放组成负反馈跟随器后的输入输出特性

可见，深度负反馈引入后，失真度大幅度降低了。

8 负反馈放大电路的分析方法

为保证放大电路性能，绝大多数放大电路采用了负反馈结构。学会负反馈放大电路的分析方法，极为重要。

对负反馈放大电路进行分析，常见的方法有：方框图法、虚短虚断法、大运放法，以及环路方程法。其中，方框图法已在前述内容中介绍，本节介绍后3种方法。

熟练掌握这些方法，对于学好、用好模拟电子技术相当重要。

8.1 虚短和虚断的来源

一个运放在深度负反馈，且输出没有饱和的情况下，其两个输入端满足虚短和虚断。

虚短：两个输入端之间的电位差非常小，接近于0V，像短接一样，但它们之间又存在电阻，并非真正的短接。

虚断：流进任何一个输入端的电流都非常小，近似可视为没有电流流入，像断路一样。但它们之间又存在电阻，并非真正的断路。

虚短和虚断的存在，对求解运放负反馈电路大有帮助。

但是，虚短和虚断到底怎么形成的？让我们一步步分析。

◎列方程解出虚短虚断

图8.1为一个反相比例器电路的内部等效，忽略了运放的等效输出电阻。可得如下分析：

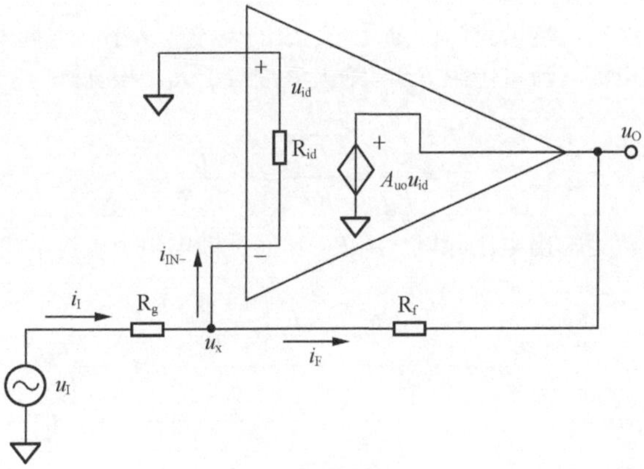

图8.1 反相比例器电路的内部等效

$$i_I = i_{IN} + i_F \tag{8-1}$$

$$\frac{u_I - u_X}{R_g} = \frac{u_X - 0}{R_{id}} + \frac{u_X - u_O}{R_f} \tag{8-2}$$

$$u_X = -u_{id} = -\frac{u_O}{A_{uo}} \tag{8-3}$$

将式（8-3）代入式（8-2），得：

$$\frac{u_I + \dfrac{u_O}{A_{uo}}}{R_g} = \frac{-\dfrac{u_O}{A_{uo}} - 0}{R_{id}} + \frac{-\dfrac{u_O}{A_{uo}} - u_O}{R_f} \tag{8-4}$$

解得：

$$\frac{u_I}{R_g}=-\frac{+\frac{u_O}{A_{uo}}}{R_g}-\frac{\frac{u_O}{A_{uo}}}{R_{id}}-\frac{\frac{u_O}{A_{uo}}+u_O}{R_f} \tag{8-5}$$

$$\frac{u_I}{R_g}=-u_O\left(\frac{1}{A_{uo}R_g}+\frac{1}{A_{uo}R_{id}}+\frac{1}{A_{uo}R_f}+\frac{1}{R_f}\right) \tag{8-6}$$

$$u_O=-u_I\times\frac{1}{R_g\left(\frac{1}{A_{uo}R_g}+\frac{1}{A_{uo}R_{id}}+\frac{1}{A_{uo}R_f}+\frac{1}{R_f}\right)}=-u_I\times\frac{A_{uo}R_g\,//\,A_{uo}R_{id}\,//\,A_{uo}R_f\,//\,R_f}{R_g} \tag{8-7}$$

当 A_{uo} 很大时，分子为前 3 个超大电阻与 R_f 的并联，在 R_g、R_{id} 不是远小于 R_f 的情况下，并联的结果几乎就是 R_f，于是有：

$$u_O=-u_I\times\frac{A_{uo}R_g\,//\,A_{uo}R_{id}\,//\,A_{uo}R_f\,//\,R_f}{R_g}\approx -u_I\times\frac{R_f}{R_g} \tag{8-8}$$

此结果很帅——简单啊！再看负输入端电位：

$$u_X=-u_{id}=-\frac{u_O}{A_{uo}}=u_I\times\frac{\frac{A_{uo}R_g\,//\,A_{uo}R_{id}\,//\,A_{uo}R_f\,//\,R_f}{R_g}}{A_{uo}}\approx u_I\times\frac{R_f}{R_g}\times\frac{1}{A_{uo}} \tag{8-9}$$

此值非常小，近似为 0V，与运放正输入端 0V 电位接近，得出“虚短”概念。由此可以看出，深度负反馈结构带来的结论之一是：当运放输出满足 $u_O=A_{uo}u_{id}$，即它没有饱和时（也就是工作在线性区），运放的两个输入端电位差将是 $\frac{u_O}{A_{uo}}$，这是一个极小的值，因此可视两个输入端“虚短”。

再看“虚断”。所谓的虚断，是指我们认为流进运放的电流非常小，远远小于流过反馈电阻的电流，或者说，由信号源提供的电流（流过电阻 R_g），绝大多数给了 R_f。根据式（8-1），有：

$$i_{IN}=\frac{u_X}{R_{id}}=\frac{-\frac{u_O}{A_{uo}}}{R_{id}}=-\frac{u_O}{A_{uo}R_{id}} \tag{8-10}$$

即流进运放负输入端的电流为输出电压除以（$A_{uo}R_{id}$）。而反馈电阻上流过的电流为：

$$i_F=\frac{u_X-u_O}{R_f}=\frac{-\frac{u_O}{A_{uo}}-u_O}{R_f}=-\frac{u_O\left(\frac{1+A_{uo}}{A_{uo}}\right)}{R_f}=-\frac{u_O}{\frac{A_{uo}}{1+A_{uo}}R_f} \tag{8-11}$$

衡量两者谁占大多数，需要看两者的比值：

$$k=\frac{i_F}{i_{IN}}=\frac{A_{uo}R_{id}}{\frac{A_{uo}}{1+A_{uo}}R_f}=\left(1+A_{uo}\right)\times\frac{R_{id}}{R_f} \tag{8-12}$$

在实际电路中，由于 $(1+A_{uo})$ 很大，只要运放内部等效输入电阻 R_{id} 不是远小于 R_f，这个比值 k 就非常大，即“源提供的电流，1 份流进了运放负输入端，k 份流进了反馈电阻支路”，导致我们可以认为，运放负输入端似乎是断路的。

从表达式可以看出，假设 A_{uo} 是 10^6，反馈电阻为 1kΩ，运放输入电阻是 1MΩ，此比值高达 10^9+1000，可视为完全断路，这是一般情况。即便此时，运放的输入端不是高阻，只有 1Ω 电阻（这是不可思议的），k 仍然高达 1000，运放输入端仍可被视为断路，虚断仍然成立。

对于常见的分析误差要求，k 高达 1000 以上，将其视为断路是完全合理的。

由此可以看出，深度负反馈结构带来的结论之二是：当运放输出满足 $u_O=A_{uo}u_{id}$，即它没有饱和时（也就是工作在线性区），反馈电阻上的电流是流进运放输入端电流的 k 倍，k 用式（8-12）表示。这是一个极大的值，因此可视输入端没有电流流进，称之为“虚断”。

也可以看出，其实虚断是虚短造成的必然结果：当虚短成立了，那么两个输入端之间的电位差就非常小，加之两端之间的电阻并不是特别小，客观导致流进电流极小。当虚短不成立了，流进运放输入端的电流，就完全取决于等效输入电阻的大小：FET 组成输入级的运放，其等效输入电阻本身就高达 10^9 以上，此时流进运放输入端的电流也就非常小，可以视为断路；但如果碰上某些 BJT 组成输入级的运放，比如 OPA1611，其等效输入电阻只有 20kΩ，流进运放的电流一般就不能忽视了，虚断也就不成立了。

◎正反馈电路带来的困惑

上述分析头头是道，似无可挑剔。但是，如果将上述电路中的运放输入端颠倒一下，形成图 8.2 所示的正反馈电路，重新分析一遍，你会发现，虚短虚断仍然成立。

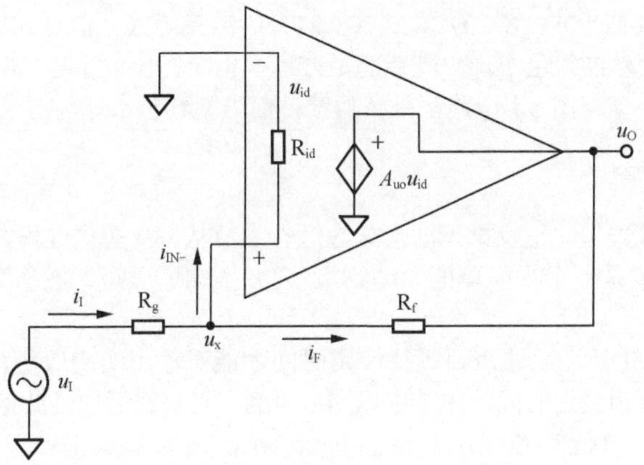

图 8.2 正反馈电路

$$i_I = i_{IN} + i_F \tag{8-13}$$

$$\frac{u_I - u_X}{R_g} = \frac{u_X - 0}{R_{id}} + \frac{u_X - u_O}{R_f} \tag{8-14}$$

$$u_X = u_{id} = \frac{u_O}{A_{uo}} \tag{8-15}$$

这是与前述分析唯一不同的地方，原先是负号，现在是正号。

将式（8-15）代入式（8-14），得：

$$\frac{u_I - \dfrac{u_O}{A_{uo}}}{R_g} = \frac{\dfrac{u_O}{A_{uo}} - 0}{R_{id}} + \frac{\dfrac{u_O}{A_{uo}} - u_O}{R_f} \tag{8-16}$$

解得：

$$\frac{u_I}{R_g} = \frac{\dfrac{u_O}{A_{uo}}}{R_g} + \frac{\dfrac{u_O}{A_{uo}}}{R_{id}} + \frac{\dfrac{u_O}{A_{uo}} - u_O}{R_f} \tag{8-17}$$

$$\frac{u_I}{R_g} = -u_O\left(-\frac{1}{A_{uo}R_g} - \frac{1}{A_{uo}R_{id}} - \frac{1}{A_{uo}R_f} + \frac{1}{R_f}\right) \tag{8-18}$$

$$u_O = -u_I \times \frac{1}{R_g\left(\dfrac{1}{R_f} - \dfrac{1}{A_{uo}R_g} - \dfrac{1}{A_{uo}R_{id}} - \dfrac{1}{A_{uo}R_f}\right)} \tag{8-19}$$

当 A_{uo} 很大时，有：

$$u_O \approx -u_I \times \frac{R_f}{R_g} \tag{8-20}$$

此结果仍然很帅——还是个反相比例器输出结论。再看负输入端电位：

$$u_X = u_{id} = \frac{u_O}{A_{uo}} \approx -u_I \times \frac{R_f}{R_g} \times \frac{1}{A_{uo}} \tag{8-21}$$

我们发现，运放正输入端电位 u_X 仍是一个非常小的值，也就是说，此时“虚短”仍然成立。这显然是错误的，但哪里出错了呢？

注意，我们列方程求解，是在寻求一个状态。此状态下，所有可列出的方程都成立，但是这并不代表，电路一定能够达到这个状态。让我们回想一下本书图 7.4 中的两个小球，如果它们都能够稳定在各自的位置，那么围绕它们列出的所有力学方程都是成立的。外壁顶端的红色小球，虽然有一个顶端稳定点，也可以得到类似于式（8-20）和式（8-21）的漂亮等式，但是却无法稳住——稍有风吹草动就会掉落到地。只有内壁的绿色小球，既能满足方程，也能稳住，才是真解。

原因是，绿色内壁小球与图 8.1 电路都是负反馈，而外壁红色小球与图 8.2 电路都是正反馈。

◎形成虚短的动态过程

为什么负反馈能形成虚短，正反馈无法形成虚短？本节从微观变化过程，解释之。

我们必须明确，运放是一个很简单的“动物”，它并不知道虚短、虚断为何物。它只是遵循如下行为规则。

1）当输入端发生变化后，运放需要等待一定时间才能对输出实施改变，即其输出动作会滞后于输入一定的时间，此被称为延迟时间，本节中以 1μs 为例。对高速运放，此值可以小至 ns 数量级。

2）它将两个输入端电位实施减法，得到 $u_{id}=u_+-u_-$，在内部实施增益运算，得到期望输出值 $u_{id}A_{uo}$。

3）只要当前输出值不是 $u_{id}A_{uo}$，运放的输出端就会以压摆率向着期望值 $u_{id}A_{uo}$ 前进。所谓的压摆率，是指某个运放的输出端所能够达到的最大变化速率，用 SR 表示，以 V/μs 为单位。普通运放 SR 约为 0.1V/μs ～几十 V/μs，高速运放 SR 可达 10000V/μs。

4）直到当前输出值正好是期望值 $u_{id}A_{uo}$，运放的输出端就稳定不变了。

5）如果运放的输出端电压已经达到其最大输出电压（一般为电源电压，或者比电源电压低一些），且期望输出值仍在前方，运放就会以“倾我所能，达不到不怪我”的状态，停留在最大输出电压处。

在熟悉了运放的上述“秉性”后，我们看图 8.3 电路是如何实现虚短的。

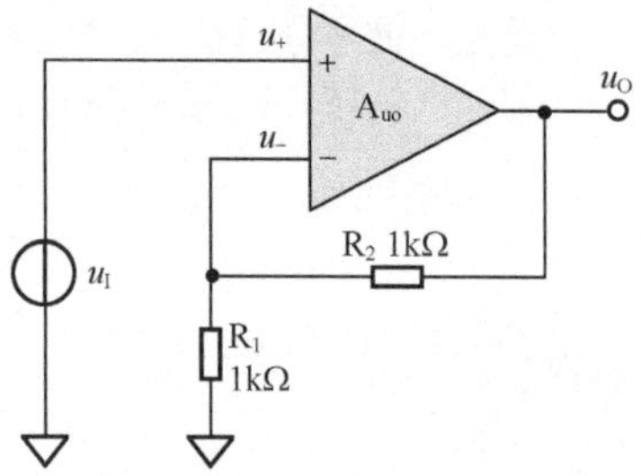

图 8.3　2 倍同相比例器电路

图 8.3 电路是一个 2 倍同相比例器，当输入为一个 2V 阶跃信号时，理论上，按照虚短、虚断规则，它的输出应为 4V。它是怎么工作的，能保证输出是 4V 呢？

假设运放的开环电压增益 A_{uo} 为 100000，延迟时间为 1μs，压摆率 SR=1V/μs，运放供电电压为 ±5V，其最大输出电压为 ±4.5V。

图 8.4 给出了电路中各关键信号的微观变化过程。图中，输入信号从 1μs 处，由 0V 变为 2V，形成阶跃输入 u_I，以绿色线表示。在 1 ～ 2μs 之间，运放的输出端电压 u_O（用红色线表示）没有任何变化，这源自运放的 1μs 延迟时间。

在 2μs 处，运放开始工作，它检测到 u_+ 为 2V，u_- 为 0V，形成 $u_{id}=u_+-u_-=2V$，用深蓝色线表示，内部实施乘法运算后，期望输出为 200000V，此时输出为 0V，因此，输出端将以压摆率向着 200000V 进发。

在 2μs 后，红色线 u_O 在线性爬升，这导致 u_- 以 0.5 的比例也在爬升（$u_-=0.5u_O$，用浅蓝色线表示），

也就导致深蓝色线 u_{id} 在下降，运放的期望输出也在下降。但是在一个漫长的阶段（2 ～ 5.9μs），运放的期望输出（图 8.4 中用黑色线表示）一直很大，远远大于 5V，而运放的输出电压还未达到 4V，因此，运放的输出 u_O 将仍旧爬升。

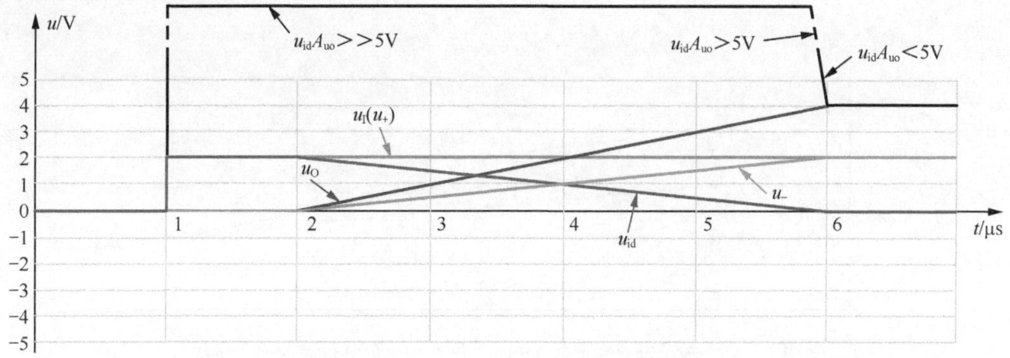

图 8.4　“2 倍同相比例器”面对 1V 阶跃输入后各关键信号的变化过程

此时我们发现，运放的 u_+ 始终为 2V，而 u_- 正在悄悄地靠近 2V，u_{id} 在悄悄接近 0，且始终大于 0，期望输出也在悄悄靠近 4V，但是仍大于 4V。或者说，运放的输出在向上走，运放的期望输出在向下走，两者越来越靠近，运放的任务眼瞅着就要完成了。

在非常接近 6μs 的时刻，一个关键事件发生了。此时，运放的输出刚好等于运放的期望输出，有：

$$(u_+ - u_-)\times A_{uo} = u_O \tag{8-22}$$

即：

$$(2V - 0.5u_O)\times 100000 = u_O$$

也即$u_O = \dfrac{200000}{50001} = 3.9999200016V$处，有：

$$u_- = 0.5u_O = 1.9999600008V$$

$$u_{id} = u_+ - u_- = 3.9999200016\times 10^{-5}V$$

$$u_O = u_{id}\times A_{uo} = 3.9999200016V$$

此时，运放发现自己的输出刚好达到了期望输出，它就不再运动了，稳在那里。这时候，虚短就成立了：正输入端为 2V，而负输入端为 1.9999600008V，两者之间仅相差接近 40μV。

这就是图 8.3 电路虚短的来源。

下面看看为什么正反馈不能形成虚短：

将 2 倍同相比例器电路中的运放输入端颠倒，得到了如图 8.5 所示电路。显然，这不是一个负反馈电路，而是一个正反馈电路，因此就不可能出现虚短现象。图 8.6 给出了这个电路各关键信号的微观变化过程，演示出它无法实现虚短的结果。

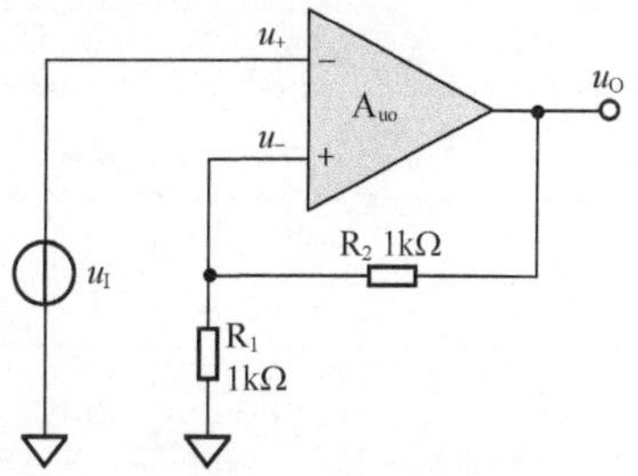

图 8.5　运放输入端颠倒的 2 倍同相比例器电路

在 2μs 处，运放探测到其负输入端为 2V，正输入端为 0V，则 u_{id} 为 −2V，期望输出应为 −200000V，运放输出端就开始线性下降，越来越负。此时，运放的负输入端不变，而正输入端将以 u_O 的 50% 速率，也是越来越负。这导致期望输出从 −200000V 变得更负，−300000V、−400000V，一直持续。

直到运放输出到达其能够输出的最负电压，−4.5V，此时运放不再动作，想再负，也不行了。此时，运放正输入端为 −2.25V，负输入端为 2V，两者之间差压 u_{id} 为 −4.25V，期望输出为 −425000V，运放的输出就放弃追赶，永远停留在 −4.5V 上了。

显然，此时运放两个输入端之间是 -4.25V，不虚短。

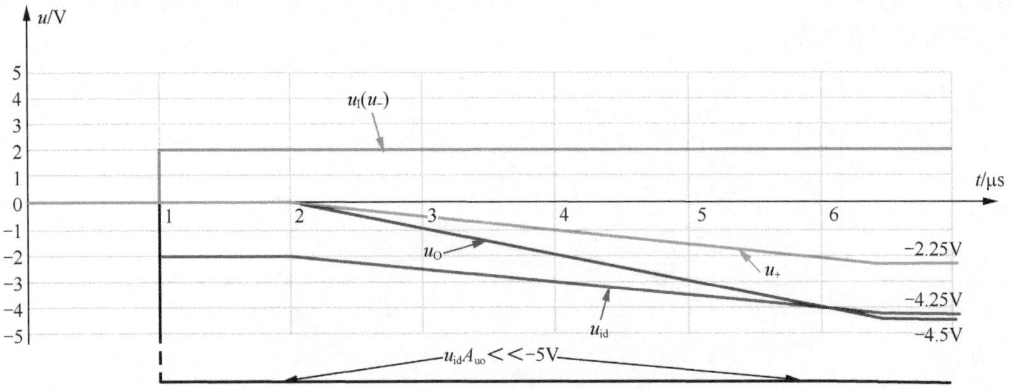

图 8.6　图 8.5 所示电路面对 1V 阶跃输入后各关键信号的变化过程

同样的分析方法，请读者自行分析，当图 8.3 电路中输入电压变为 3V 阶跃时，该电路也不能实现虚短。这源自于运放的输出能力最大是 4.5V，而要调节到虚短，需要运放能够输出 6V 电压，在 ±5V 供电情况下，这显然是不可能的。

至此，我们应该认识到，所谓的虚短，并不是运放天生的特性，也不是只要有负反馈就能够实现的。它需要两个条件：第一，必须是负反馈，只有是负反馈，才有可能实现“期望电压在下降，实际输出电压在上升”，或者反过来，两者才有可能碰头；第二，运放应有足够的输出能力，在它输出能力所及的范围内，能够实现“期望输出电压正好等于当前输出电压”，也就是说，运放的输出端尚未达到饱和。

◎关于虚断的错误认识

关于虚断，显见的结果是两个输入端流进电流非常小，像断开一样。

对虚断的错误认识非常普遍：“运放两个输入端之间客观上存在特别大的电阻，一般在 1MΩ 以上，这导致流进输入端的电流特别小，小到像断开一样，所以叫虚断。”

其实，导致虚断的本质原因不是运放输入端之间很大的电阻，而在于虚短：两者之间存在非常小的电位差。

举例 反相比例器的虚短和虚断

图 8.7 在反相比例器的基础上增加了 R_1 和开关。问开关闭合时，虚断是否成立？

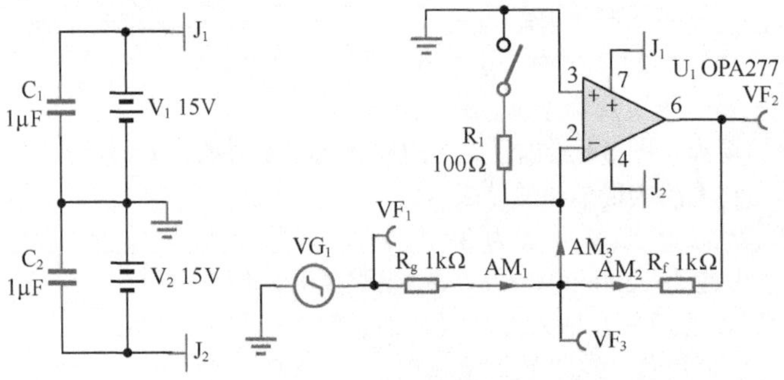

图 8.7　虚断举例

解：OPA277 是一个精密运放，具有典型值 140dB 的开环增益 A_{uo}，其等效输入电阻 R_{id} 约为 100MΩ 量级。

在开关断开时，按照式（8-12），有：

$$k=\frac{i_F}{i_{IN}}=(1+A_{uo})\times\frac{R_{id}}{R_f}\approx10^{12}$$

一般情况下，k 大于 1000 即可认为“虚断”成立。因此，标准反相比例器虚断成立。

在开关闭合时，按照式（8-12），有：

$$k=\frac{i_F}{i_{IN}}=(1+A_{uo})\times\frac{R_{id}}{R_f}\approx10^{6}$$

可以看出，当运放的两个输入端之间连接一个 100Ω 电阻时，两个输入端之间仍然“强烈”满足虚断条件。

用 TINA-TI 仿真软件实测，当开关闭合时，输入信号为 10Hz，有效值为 1V 正弦波，得到：AM_1=1000μA，AM_2=1000μA，AM_3=91.88nA，虚断成立。

此电路在估算分析时，只要 R_1 不是特别小，直接使用虚短虚断即可——它仍然是一个 1 倍的反相比例器。

8.2 负反馈电路分析方法：虚短虚断法

所谓的虚短虚断法，是在确保电路处于深度负反馈的基础上，利用运放两个输入端存在虚短、虚断特点，快速分析负反馈放大电路的方法。它的优点是分析简单，缺点是没有考虑核心运放的非理想特性。特别是当频率上升到运放开环增益下降严重的时候，这种方法就失效了。但是，对于一般电路的常见特性，它还是最常见的分析方法。

除前述已经见过的同相比例器（图 7.5）、反相比例器（图 7.6）外，本节以举例的方式，给出大量常用电路，均可用虚短虚断法求解。

举例 1 T型反馈比例器

图 8.8 是一个 T 型反馈比例器，求解方法如下：

$$i_1=\frac{u_I-u_-}{R_1}=\frac{u_I}{R_1}\text{（利用虚短，}u_-=0\text{V）} \tag{8-23}$$

$$u_A=u_--i_1R_2=-\frac{u_I}{R_1}R_2 \tag{8-24}$$

$$i_2=\frac{0-u_A}{R_{SET}}=\frac{u_IR_2}{R_1R_{SET}} \tag{8-25}$$

$$i_3=i_1+i_2=\frac{u_I}{R_1}\left(1+\frac{R_2}{R_{SET}}\right) \tag{8-26}$$

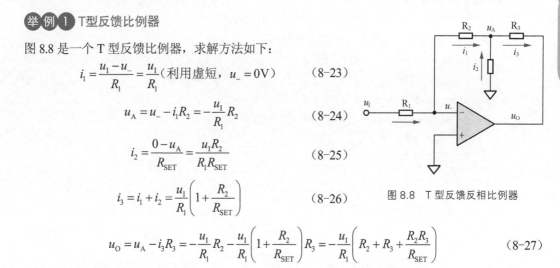

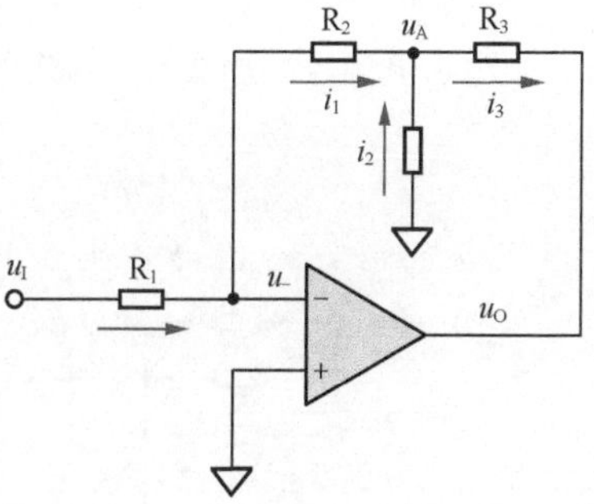

图 8.8 T 型反馈反相比例器

$$u_O=u_A-i_3R_3=-\frac{u_I}{R_1}R_2-\frac{u_I}{R_1}\left(1+\frac{R_2}{R_{SET}}\right)R_3=-\frac{u_I}{R_1}\left(R_2+R_3+\frac{R_2R_3}{R_{SET}}\right) \tag{8-27}$$

假设 $R_1=R_2=R_3$=100kΩ，R_{SET}=1kΩ，则 $u_O=-102u_I$。

该电路可以实现反相放大下的高增益和高输入电阻的兼顾。如果使用普通的反相比例器，要实现相同的功能，反馈电阻需要为 10MΩ。这样的大电阻出现在电路中会带来很多问题，比如噪声大、受偏置电流影响大等。

也可以按照方框图法，求解此电路：

$$\dot{M}=\frac{0-u_I\times\dfrac{R_2+\dfrac{R_{SET}\times R_3}{R_{SET}+R_3}}{R_1+R_2+\dfrac{R_{SET}\times R_3}{R_{SET}+R_3}}}{u_I}=-\frac{R_{SET}R_2+R_3R_2+R_{SET}R_3}{R_{SET}R_1+R_{SET}R_2+R_{SET}R_3+R_3R_2+R_3R_1} \tag{8-28}$$

$$\dot{F}=\frac{u_{\mathrm{O}}\times\dfrac{\dfrac{R_{\mathrm{SET}}\times\left(R_2+R_1\right)}{R_{\mathrm{SET}}+\left(R_2+R_1\right)}}{R_3+\dfrac{R_{\mathrm{SET}}\times\left(R_2+R_1\right)}{R_{\mathrm{SET}}+\left(R_2+R_1\right)}}\times\dfrac{R_1}{R_2+R_1}}{u_{\mathrm{O}}}=\frac{\dfrac{R_{\mathrm{SET}}\times R_1}{R_{\mathrm{SET}}+R_2+R_1}}{R_3+\dfrac{R_{\mathrm{SET}}\times\left(R_2+R_1\right)}{R_{\mathrm{SET}}+R_2+R_1}}=\frac{R_{\mathrm{SET}}\times R_1}{R_{\mathrm{SET}}\times R_1+R_{\mathrm{SET}}\times R_2+R_{\mathrm{SET}}\times R_3+R_3R_2+R_3R_1}\tag{8-29}$$

根据式（7-7）得：

$$\dot{A}_{\mathrm{uf}}\approx\frac{\dot{M}}{\dot{F}}=-\frac{R_{\mathrm{SET}}R_2+R_3R_2+R_{\mathrm{SET}}R_3}{R_{\mathrm{SET}}\times R_1}=-\left(\frac{R_2}{R_1}+\frac{R_3}{R_1}+\frac{R_2R_3}{R_1R_{\mathrm{SET}}}\right)=-\frac{1}{R_1}\left(R_2+R_3+\frac{R_2R_3}{R_{\mathrm{SET}}}\right)\tag{8-30}$$

此结果与前述方法求得的结果完全一致。但是，这个推导过程有点庞大。到底用哪种方法，完全取决于个人喜好。

举例2 加法器

图 8.9 是同相加法器。其输入输出表达式为：

$$u_{\mathrm{O}}=\left(1+\frac{R_{\mathrm{F}}}{R_{\mathrm{G}}}\right)\times\frac{R_2R_3u_{\mathrm{I1}}+R_1R_3u_{\mathrm{I2}}+R_1R_2u_{\mathrm{I3}}}{R_1R_2+R_1R_3+R_2R_3}\tag{8-31}$$

这是一个加权加法器，对应输入电阻越大，该路的权重越小。当3个输入电阻相等，且$R_{\mathrm{F}}=2R_{\mathrm{G}}$时，为等权重加法器，结果为：

$$u_{\mathrm{O}}=u_{\mathrm{I1}}+u_{\mathrm{I2}}+u_{\mathrm{I3}}\tag{8-32}$$

图 8.10 为反相加法器。其输入输出表达式为：

$$u_{\mathrm{O}}=-\left(\frac{R_{\mathrm{G}}}{R_1}u_{\mathrm{I1}}+\frac{R_{\mathrm{G}}}{R_2}u_{\mathrm{I2}}+\frac{R_{\mathrm{G}}}{R_3}u_{\mathrm{I3}}\right)\tag{8-33}$$

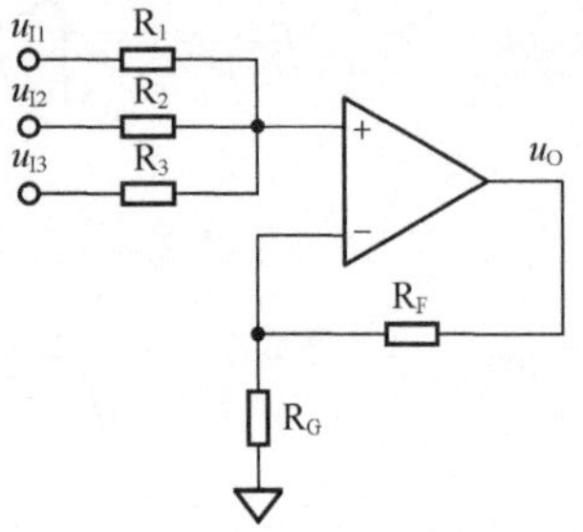

图 8.9 同相加法器

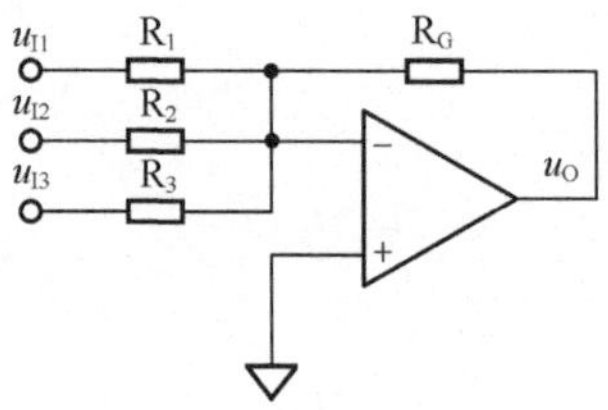

图 8.10 反相加法器

举例3 减法器和集成差动放大器

图 8.11 是减法器。其输入输出表达式为：

$$u_{\mathrm{O}}=\frac{R_{\mathrm{B}}}{R_{\mathrm{A}}}\left(u_2-u_1\right)\tag{8-34}$$

推导过程为：

$$u_+=\frac{R_{\mathrm{B}}}{R_{\mathrm{A}}+R_{\mathrm{B}}}u_2=u_-\tag{8-35}$$

$$i_{R_A}=\frac{u_1-u_-}{R_A}=\frac{u_1-\dfrac{R_B}{R_A+R_B}u_2}{R_A}=i_{R_B} \tag{8-36}$$

$$u_O=u_- - i_{R_B}R_B=\frac{R_B}{R_A+R_B}u_2-\frac{u_1-\dfrac{R_B}{R_A+R_B}u_2}{R_A}R_B=\frac{R_B}{R_A}(u_2-u_1) \tag{8-37}$$

该电路可以实现两个信号的相减，但在应用中存在以下问题：

- 输入电阻较小；
- 增益调节需要两个电阻同时变化，难度很大；
- 对电阻的一致性要求很高。在实际应用中，要保证上面的 R_B/R_A 等于下面的 R_B/R_A，需要缜密挑选电阻，难度也很大。

鉴于此，器件生产厂商用集成电路工艺给用户提供了多种集成差动放大器，解决了第 3 个问题。它内部一般包含一个运算放大器和 4 个或者更多个一致性很好的电阻。比如 ADI 公司生产的 AD8276，如图 8.12 所示，它内部的 4 个 40kΩ 电阻虽然并不是准确的 40kΩ，但是两者之间的比值介于 0.99998 ～ 1.00002。这样的一致性，让手工挑选者望尘莫及。

（插话：集成电路内部的电阻，不容易做到准确，但容易做到等阻值。或者说，虽然准确性不好，但一致性很好。像一个诡异的射手，他不能保证打到 10 环，但能保证连发 5 枪，每颗子弹都落到相同位置——穿一个眼。集成电路这种特性，正好在集成差动放大器中大显神威。）

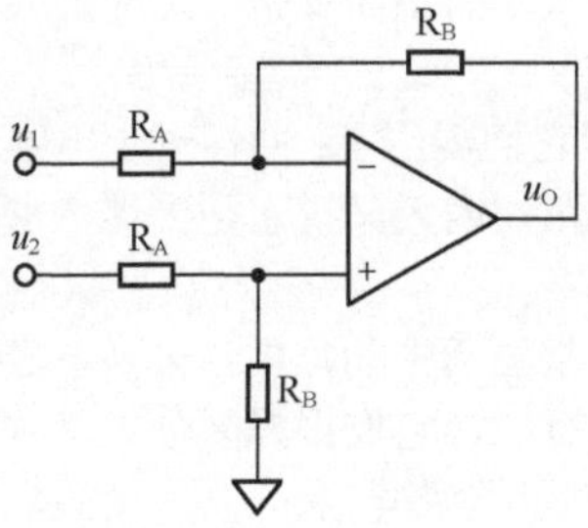

图 8.11　减法器

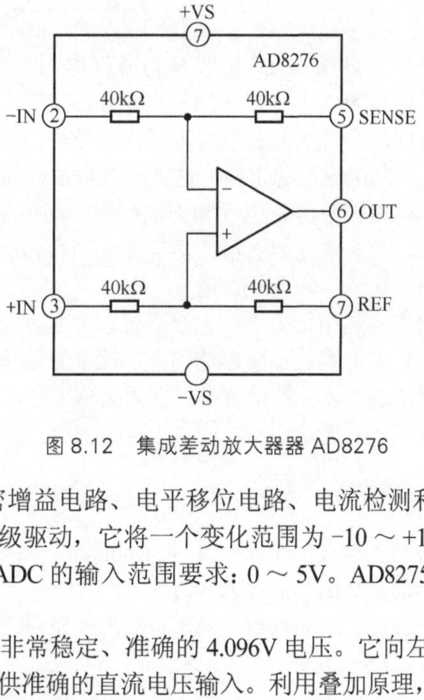

图 8.12　集成差动放大器器 AD8276

利用集成差动放大器，可以实现很多功能：精密增益电路、电平移位电路、电流检测和压流转换等。图 8.13 是一个电平移位电路，用于 ADC 的前级驱动，它将一个变化范围为 -10 ～ +10V 的输入信号线性变换成 0.048 ～ 4.048V 的信号，以满足 ADC 的输入范围要求：0 ～ 5V。AD8275 内部的 5 个匹配电阻，在这里发挥了重要作用。

图 8.13 中，VREF 是一个电压基准源，它能产生非常稳定、准确的 4.096V 电压。它向左给 ADC 提供模数转换用的电压基准，向右给电平移位电路提供准确的直流电压输入。利用叠加原理，可以写出内部运放正输入端电位为：

$$u_+=2.048\text{V}\times\frac{50\text{k}\Omega}{10\text{k}\Omega+50\text{k}\Omega}+V_{IN}\times\frac{10\text{k}\Omega}{10\text{k}\Omega+50\text{k}\Omega}=\frac{10.24\text{V}}{6}+\frac{1}{6}V_{IN}$$

运放组成的是一个增益为 6/5 的同相输入比例器，则 OUT 脚的输出为：

$$u_O=u_+\times\frac{6}{5}=2.048\text{V}+\frac{1}{5}V_{IN}$$

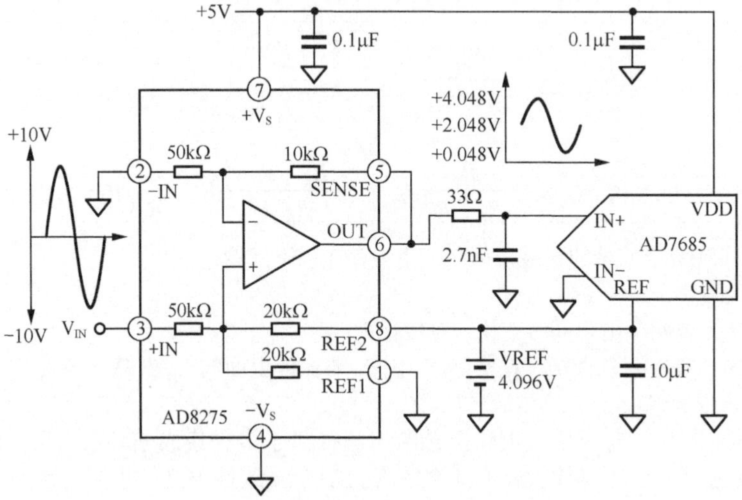

图 8.13　集成差动放大器 AD8275 实现的电平移位电路

当 V_{IN}=0V 时，u_O=2.048V；V_{IN}=10V 时，u_O=4.048V；V_{IN}=−10V 时，u_O=0.048V。

输出端的 33Ω 电阻和 2.7nF 电容组成了一阶低通滤波器，起到 ADC 入端抗混叠滤波器的作用（关于抗混叠滤波器，后续会介绍），其上限截止频率为：

$$f_H = \frac{1}{2\pi \times 33 \times 2.7 \times 10^{-9}} = 1.787\text{MHz}$$

图 8.13 中两个 0.1μF 电容是为降低电源纹波对电路稳定性而配置的，被称为旁路电容。它们可以有效降低电源端本已存在的噪声。10μF 电容的主要作用是提供一个大的储能库，当 ADC 在转换过程中，瞬间需要较大的充电电流时，主要电流由电容提供电荷形成，而不需要基准源提供大的输出电流，以保证基准源的稳定性。这个电容也被称为去耦电容。

很难严格区分旁路电容和去耦电容，因为多年来大家已经把它们混用了：同样一个电容，有人称之为旁路，有人称之为去耦，而且即便一个作者，今天说它是旁路，明天又说它是去耦，也是说不定的。因为，我经常就搞不清楚。

旁路电容是指别人不稳定，通过该电容使得我稳定，比如日常生活中的耳机。去耦电容是指我不稳定，通过该电容，不要影响别人，比如歌厅里面的隔音设备。有时，它们很好区分，有时也不好区分。一般来讲，较大的电容易被视为去耦电容，而较小的电容被视为旁路电容。

说说而已，无须纠结。

举例 4 仪表放大器：三运放组成的仪表放大器

仪表放大器（Instrumentation Amplifier，INA）也称测量放大器，是一种常用于仪器仪表前端，直接与传感器接触的集成放大器。它具有两个高输入电阻的差动输入端，输出为两个输入端电位差的指定增益倍数。它的输入输出关系与减法器相同，均为：

$$u_O = G \times (u_+ - u_-) \tag{8-38}$$

由于上述表达式的成立，可以看出，它完全抑制掉了输入端存在的共模电压信号，因此仪表放大器具有极高的共模抑制比 CMRR（参见本书差动放大器一节）。

它与减法器的区别是，第一，它的输入端是高阻的，即输入电阻接近无穷大；第二，它的增益通常是一个电阻调节的，使用者非常容易实施控制。加之它内部的电阻也是集成工艺生产的，匹配性很好，因此说，它彻底解决了减法器存在的那 3 个问题。

图 8.14 是由 3 个运算放大器组成的仪表放大器的原理电路，简称为三运放仪表放大器。图中的小圆圈代表实际仪表放大器的输入输出管脚。

根据虚短虚断法，列出等式如下：

$$i_{XY}=\frac{u_1-u_2}{R_G} \tag{8-39}$$

$$u_X=u_1+i_{XY}\times R_1,\ u_Y=u_2-i_{XY}\times R_1 \tag{8-40}$$

根据叠加原理，得：

$$u_O=V_{REF}+\frac{R_3}{R_2}\left(u_Y-u_X\right)=V_{REF}+\frac{R_3}{R_2}\times\frac{R_G+2R_1}{R_G}\left(u_2-u_1\right) \tag{8-41}$$

仪表放大器的总电压增益为：

$$G=\frac{R_3}{R_2}\times\frac{R_G+2R_1}{R_G} \tag{8-42}$$

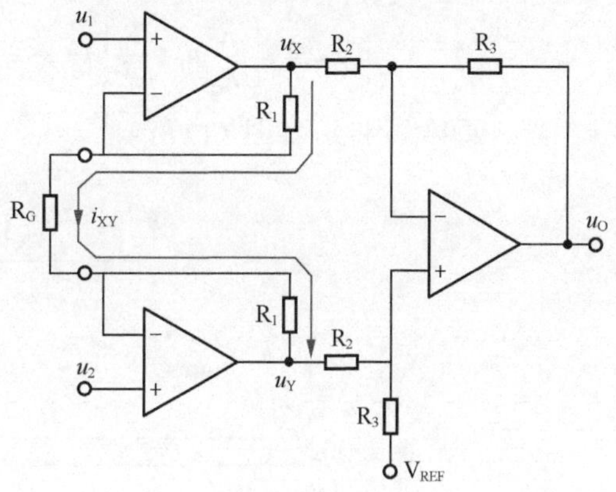

图 8.14　三运放仪表放大器

用一个外部电阻 R_G 即可控制电路增益。注意，R_G 可以悬空，但不能短路。

V_{REF} 管脚用于控制输出电压的中心位置。双电源供电时，它一般接地；单电源供电时，它一般接 1/2 电源电压。

举例 5 仪表放大器：双运放组成的仪表放大器

图 8.15 是双运放组成的仪表放大器，从外部特性看，它与三运放仪表放大器没有区别。图 8.15 中的小圆圈代表实际仪表放大器的输入输出管脚。

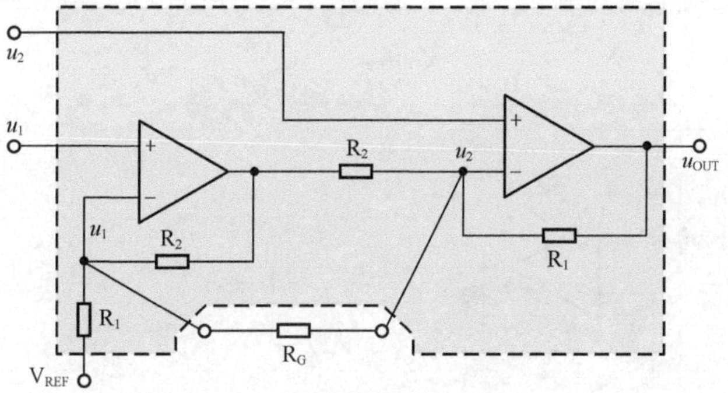

图 8.15　双运放仪表放大器

对于运放组成的放大电路，因其属于线性电路，使用叠加原理会带来方便。

当 u_1 单独作用时，如图 8.16 所示。

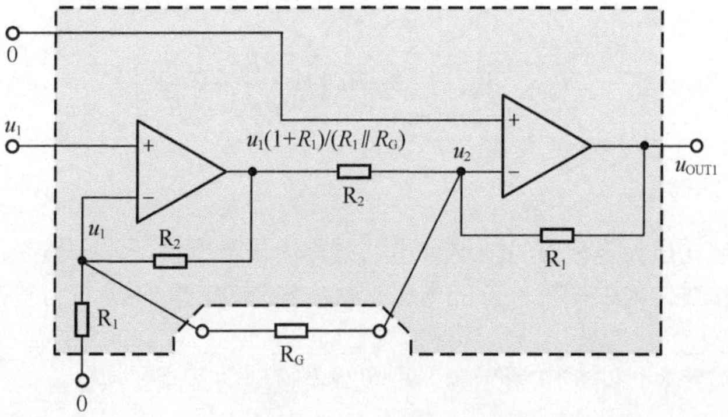

图 8.16　u_1 单独作用

$$u_{OUT1}=-\left(\frac{R_1}{R_G}u_1+\frac{R_1}{R_2}\left(1+\frac{R_2\left(R_1+R_G\right)}{R_1R_G}\right)u_1\right)=-u_1\frac{R_1R_G+R_2R_G+2R_1R_2}{R_2R_G} \quad (8\text{-}43)$$

当 u_2 单独作用时，如图 8.17 所示。

$$i_1=\frac{u_2}{R_G};\quad i_2=\frac{u_2-\left(-u_2\frac{R_2}{R_G}\right)}{R_2}=u_2\frac{R_2+R_G}{R_2R_G};\quad i_1+i_2=u_2\frac{2R_2+R_G}{R_2R_G} \quad (8\text{-}44)$$

$$u_{OUT2}=u_2+\left(i_1+i_2\right)R_1=u_2\frac{R_1R_G+R_2R_G+2R_2R_1}{R_2R_G} \quad (8\text{-}45)$$

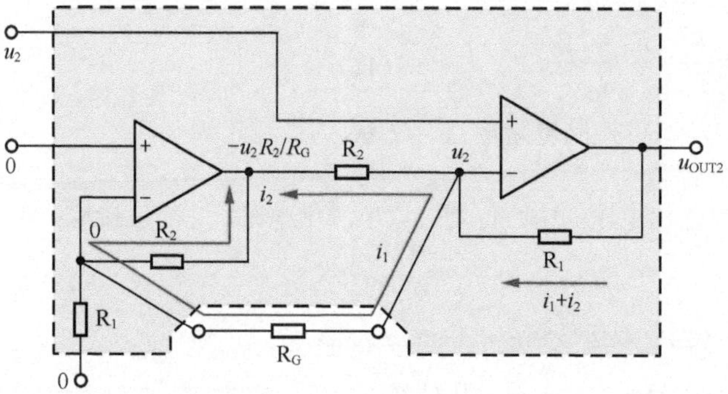

图 8.17　u_2 单独作用

当V_{REF}单独作用时，如图 8.18 所示。

$$u_{OUTREF}=V_{REF} \quad (8\text{-}46)$$

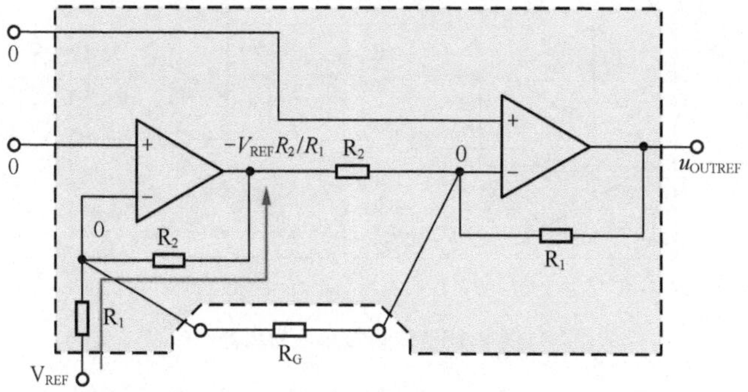

图 8.18　V_{REF} 单独作用

因此，总输出为：

$$u_{OUT}=V_{REF}+\left(u_2-u_1\right)\left(1+\frac{R_1}{R_2}+2\frac{R_1}{R_G}\right) \quad (8\text{-}47)$$

举例 6 压流变换器

输入为电压信号，输出为电流信号，这种电路被称为压流变换器。一般来讲，将电压信号转变成电流信号，有利于在长线传输中抵抗外部的电压干扰。在外部电磁环境较为复杂的工业环境中，这类电路较为常用。

压流变换电路种类繁多。图 8.19 所示为一种负载不接地的压流变换器。

$$i_{SET}=\frac{u_I}{R_{SET}} \quad (8\text{-}48)$$

$$i_{\mathrm{OUT}}=i_{\mathrm{SET}}\frac{\beta}{1+\beta}=\frac{\beta}{1+\beta}\times\frac{u_{\mathrm{I}}}{R_{\mathrm{SET}}}\approx\frac{u_{\mathrm{I}}}{R_{\mathrm{SET}}} \tag{8-49}$$

图 8.20 所示为一种负载可以接地的压流变换器。

$$i_{\mathrm{SET}}=\frac{E_{\mathrm{C}}-u_{\mathrm{I}}}{R_{\mathrm{SET}}} \tag{8-50}$$

$$i_{\mathrm{OUT}}=i_{\mathrm{SET}}\frac{\beta}{1+\beta}=\frac{\beta}{1+\beta}\times\frac{E_{\mathrm{C}}-u_{\mathrm{I}}}{R_{\mathrm{SET}}}\approx\frac{E_{\mathrm{C}}-u_{\mathrm{I}}}{R_{\mathrm{SET}}} \tag{8-51}$$

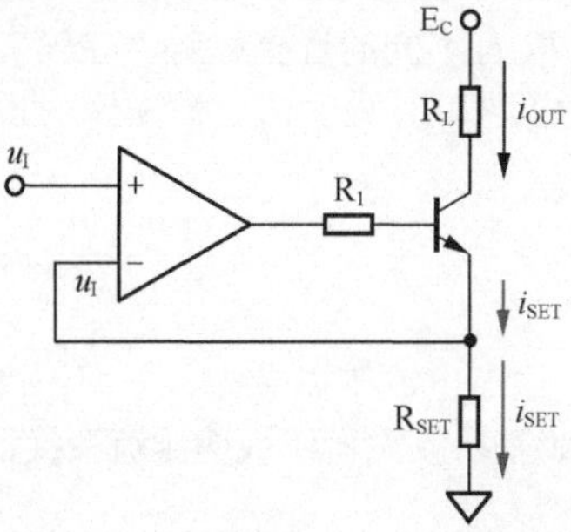

图 8.19　压流变换器（负载不接地）

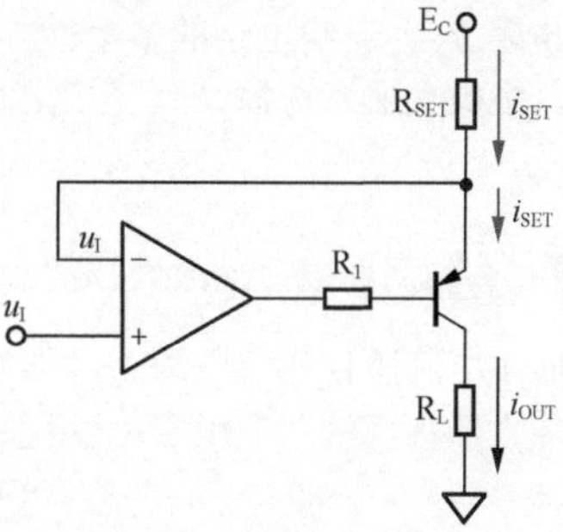

图 8.20　压流变换器（负载接地）

选择合适的 R_{SET}，可以设定输入电压和输出电流之间的传递比例。

在压流转换电路中，我们一般更习惯于接受负载可以接地的结构。虽然图 8.20 电路可以实现，但它的输入电压和输出电流在增量上是相反的，且输出电流会受到电源电压上的纹波影响。能否有一种压流转换电路，它的负载是可以接地的，且输入电压和输出电流成直接的比例关系呢？

Howland 电流源可以实现。

举例 7 Howland压流变换器

图 8.21 所示是一个经典电路。奇妙之处在于，它既有负反馈，也有正反馈。该怎么分析呢？

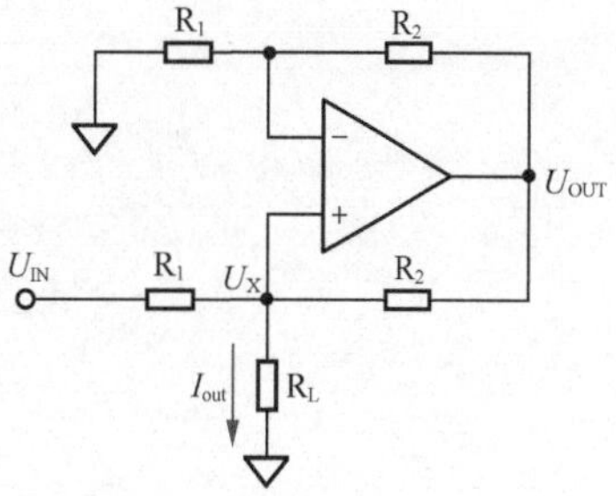

图 8.21　Howland 电流源

请注意，如果不接入负载电阻，可以看出该电路的负反馈系数与正反馈系数完全相同，都是：

$$F_{+}=F_{-}=\frac{R_1}{R_1+R_2} \tag{8-52}$$

此时，电路不属于负反馈。

但是，当负载电阻接入后，负反馈系数没有改变，而正反馈系数会变小，为：

$$F_{+}=\frac{R_1/\!/R_{\mathrm{L}}}{R_1/\!/R_{\mathrm{L}}+R_2} \tag{8-53}$$

此时，显然负反馈系数大于正反馈系数，最终电路工作于负反馈状态。既然工作于负反馈状态，则虚短虚断可用。有：

$$U_{\mathrm{OUT}}=\frac{R_1+R_2}{R_1}U_{\mathrm{X}} \tag{8-54}$$

$$\frac{U_{\mathrm{IN}}-U_{\mathrm{X}}}{R_1}=\frac{U_{\mathrm{X}}}{R_{\mathrm{L}}}+\frac{U_{\mathrm{X}}-\frac{R_1+R_2}{R_1}U_{\mathrm{X}}}{R_2} \tag{8-55}$$

得：

$$U_X = U_{IN}\frac{R_L}{R_1} \tag{8-56}$$

$$I_{OUT} = \frac{U_X}{R_L} = \frac{U_{IN}}{R_1} \tag{8-57}$$

即输出电流与 R_L 无关，仅受控于输入电压和设定电阻 R_1 的比值，为标准的压流转换器。

但是比较奇怪的是，电路中明明有电阻 R_2，在输出表达式中却没有它，这是怎么回事？既然如此，这个电路中，是不是 R_2 可以任选？

此处不对此多讲，结论是，第一，电阻 R_2 不能选择两个极端——短路或者开路；第二，在此情况下，改变电阻 R_2 会影响电路的多个性能，不同的需求对电阻 R_2 有不同的选择趋势，在没有其他要求的情况下，多数人愿意选择 R_2 等于 R_1；第三，在某些要求下，电阻 R_2 有最优值。本书不对此展开讨论，仅提出问题。

举例 8 利用集成差动放大器实现的压流变换器

Howland 电流源存在一些缺点，如对电阻匹配性要求高、输出电流难以做大、效率不高等。利用集成差动放大器内部的匹配电阻可以克服其第一个缺点。由集成差动放大器组成的压流变换器如图 8.22 所示。

$$I_1 = \frac{U_{IN1} - U_X - \left(U_{IN2} - U_X\right)\dfrac{R+R_1}{R}}{R_1} \tag{8-58}$$

$$I_2 = \frac{U_{IN1} - U_X}{R} \tag{8-59}$$

$$I_{out} = I_1 + I_2 = \frac{U_{IN1} - U_{IN2}}{R // R_1} \tag{8-60}$$

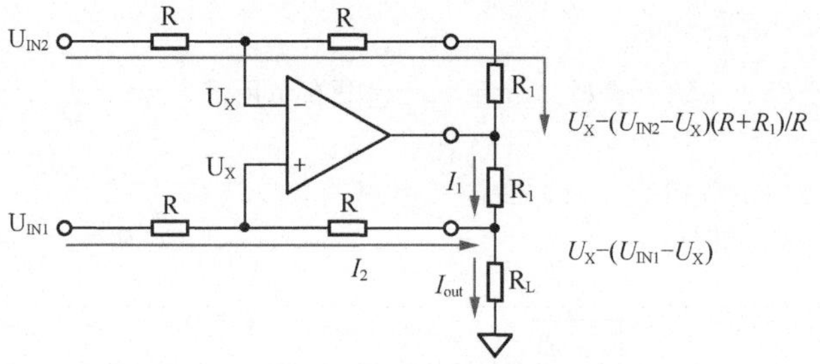

图 8.22 基于差动放大器的压流转换器（电流源）

此电路还是需要在电路中选择两个一致的电阻 R_1，这不好。对其进行改进，形成如图 8.23 所示的转换器。图 8.23 中利用一个运算放大器解决了需要两个匹配电阻的问题。

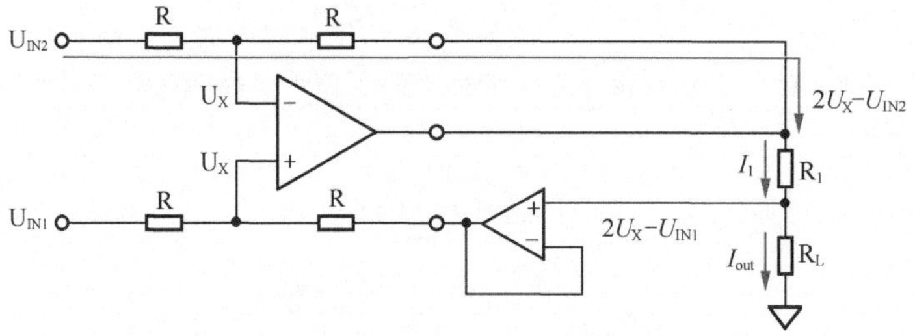

图 8.23 基于差动放大器的压流转换器——改进

根据图 8.23 中的标注，可以得到：

$$I_{out}=\frac{U_{IN1}-U_{IN2}}{R_1} \tag{8-61}$$

此电路包括前述压流转换器，其输出电流只能来源于信号源和运放的输出管脚，因此指望这些电路提供高达A数量级的大电流输出是不太可能的。一般来说，让信号源提供输出电流（功率）有点不伦不类。而运放的输出管脚一般也不能提供大电流输出，多数运放的输出脚提供10mA左右的电流就已经显得吃力了。

要想给负载提供大电流输出，常用的方法是晶体管扩流。常见的扩流方法有单管扩流（用于电流为单一方向时）、互补推挽双向扩流（用于电流为双向时）。

图8.24是在图8.23的基础上，增加两个晶体管实现的互补推挽双管扩流。当负载需要大电流时，主要电流通过两个晶体管从电源提供：需要流出电流时，+12V通过NPN管吐出，需要流进电流时，-12V通过PNP管吸纳。晶体管的加入对前述的分析方法和结论没有任何影响。

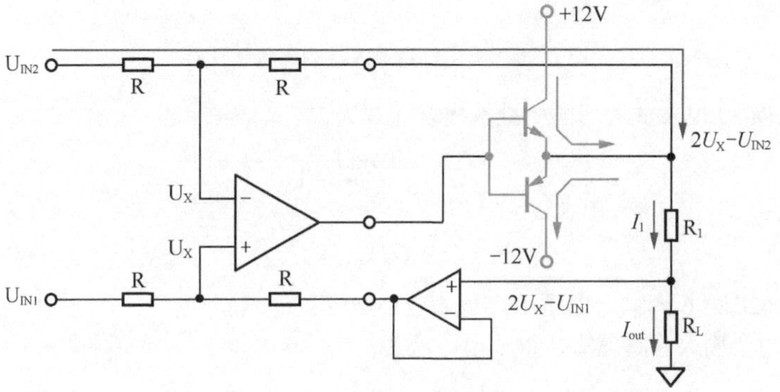

图8.24　基于差动放大器的压流转换器——双向扩流

图8.25是一个恒流源，仅需单管扩流。其中，ADR821内含2.5V精密基准电压和辅助运放，图中的-2.5V是内部运放实现的反相比例器输出，接入AD8276组成的标准扩流压流转换电路，输出电流如图8.25中标注。

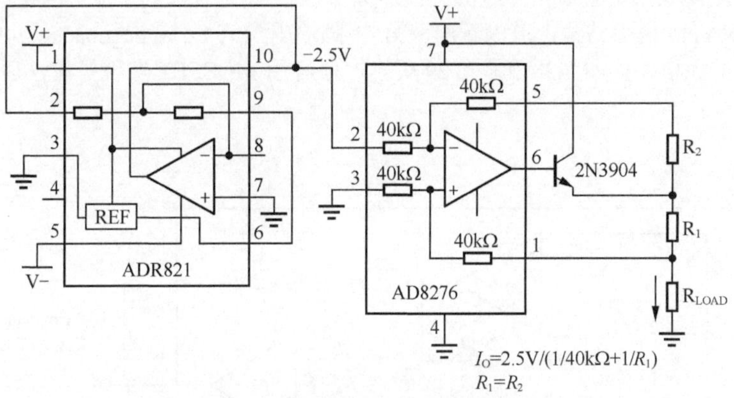

图8.25　基于差动放大器的压流转换器——单管扩流

举例9　利用集成仪表放大器实现的压流变换器

前述电路利用集成差动放大器实现了电压电流转换，这种电路的输入电阻较小。当需要输入电阻很大时，可以考虑采用集成仪表放大器实现压流转换。

AD620是一款被广泛使用的仪表放大器。图8.26所示电路是利用AD620和一个精密运放AD705（已经停产，可用OP97替代）实现的精密压流转换器。

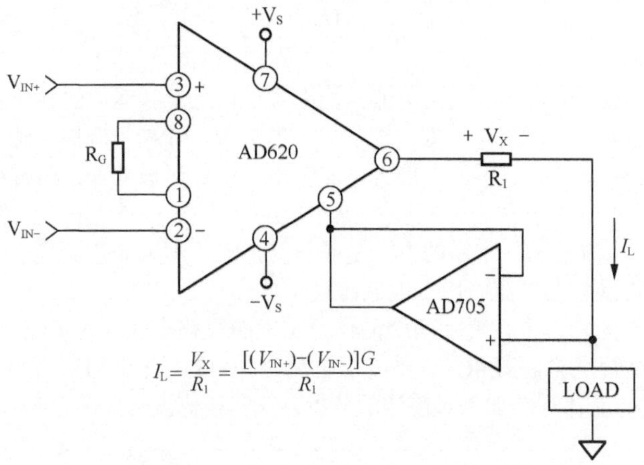

图 8.26　基于仪表放大器的压流转换器

此电路中，AD620 仪表放大器的标准输出表达式为：

$$G=\frac{49.4\text{k}\Omega}{R_G}+1 \tag{8-62}$$

$$V_6=V_5+G\left(V_{IN+}-V_{IN-}\right) \tag{8-63}$$

其中，V_6 代表 AD620 第 6 脚输出电压，V_5 代表 AD620 第 5 脚输入电压。

利用 AD705 两个输入管脚虚短，得输出电流为：

$$I_L=\frac{V_6-V_5}{R_1}=\frac{G\left(V_{IN+}-V_{IN-}\right)}{R_1} \tag{8-64}$$

注意，此电路不能利用前述的扩流思想实现大电流输出，因此一般用于微小电流输出。因为，所有的扩流电路都需要在链路中串入扩流晶体管，而扩流晶体管必须在强有力的负反馈环中，才能保证晶体管的非线性被抑制。AD620 不具备这个条件。

有些仪表放大器，比如 INA114，提供了 FB 脚，即其环路是开放的，就可以在其中串入扩流晶体管。图 8.27 是 INA114 内部结构，可以看出，第 11 脚输出到第 12 脚 Feedback 是可以被用户断开串入晶体管的。其扩流电路如图 8.28 和图 8.29 所示。前者用 MOSFET 实现扩流，后者用 BJT 晶体管实现扩流。

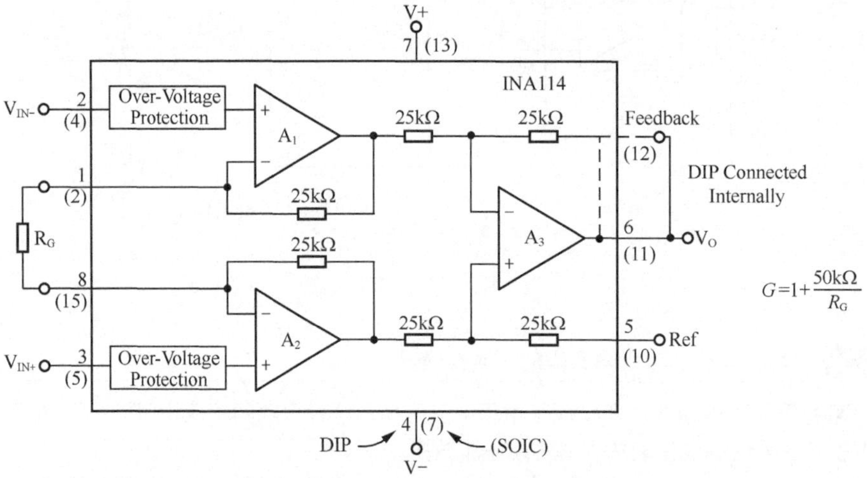

图 8.27　INA114 内部结构

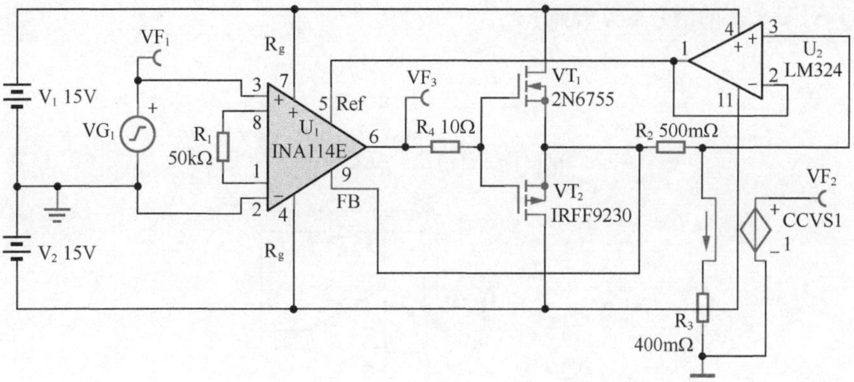

图 8.28 由 INA114 组成的扩流型压流转换电路

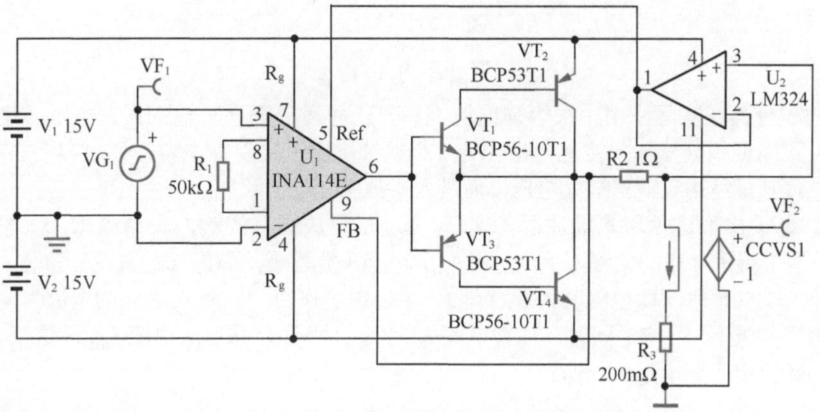

图 8.29 由 INA114 组成的扩流型压流转换电路

举例10 积分器和微分器

理想化时域分析

图 8.30 是一个理论上的积分器。此电路输出是输入信号的积分。

因为虚短，运放的负输入端保持 0V，则流过电阻 R 的电流为：

$$i(t)=\frac{u_I(t)}{R} \tag{8-65}$$

由于虚断，流过电阻 R 的电流就是流过电容 C 的电流。假设电容两端在开始工作时电压为 0（即电容在开始时是没有电荷的），电容两端的电压方向如图，则其值为：

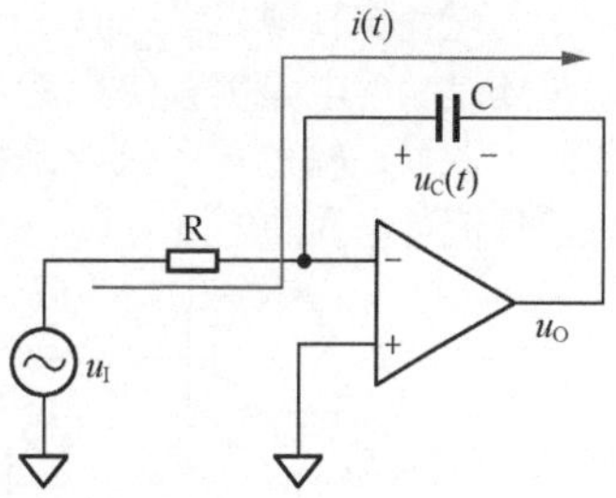

图 8.30 积分器

$$u_C(t)=\frac{Q_C(t)}{C}=\frac{\int_0^t i(t)\mathrm{d}t}{C}=\frac{1}{RC}\int_0^t u_I(t)\mathrm{d}t \tag{8-66}$$

而输出电压为：

$$u_O(t)=0-u_C(t)=-\frac{1}{RC}\int_0^t u_I(t)\mathrm{d}t \tag{8-67}$$

即输出电压为输入电压的时间积分。如果考虑到电容的残留电压 $u_C(0)$（电路开始工作时，电容上已有的电压），则：

$$u_O(t)=-u_C(0)-\frac{1}{RC}\int_0^t u_I(t)\mathrm{d}t \tag{8-68}$$

同样地，对图 8.31 的微分器分析如下：

$$i(t)=C\frac{\mathrm{d}u_{\mathrm{I}}(t)}{\mathrm{d}t} \tag{8-69}$$

$$u_{\mathrm{O}}(t)=-i(t)R=-RC\frac{\mathrm{d}u_{\mathrm{I}}(t)}{\mathrm{d}t} \tag{8-70}$$

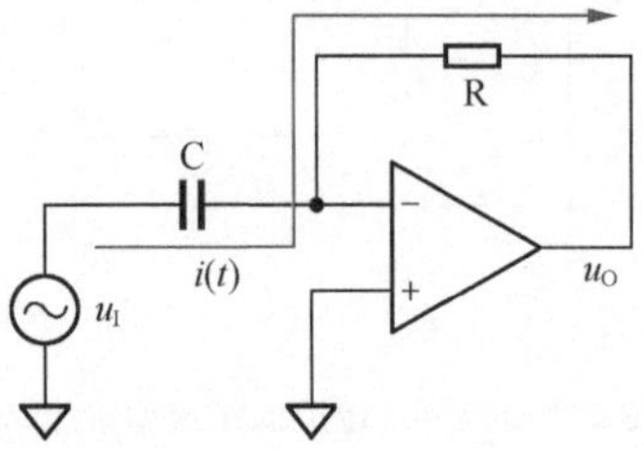

图 8.31　微分器

积分器应用注意

理论上的积分器在实际应用中很容易出现饱和。任何运放都具有输入失调电压、输入偏置电流，这些因素会导致即便积分器输入接地，也会有一个持续电流流过反馈电容，使电容上的电压累积增加或者减小，导致其最终达到输出最大电压，而进入“被憋死”的状态。

图 8.32 解释了出现这种现象的原因。其中，V_{OS} 是运放固有的输入失调电压，一般为 μV ～ mV 数量级，I_{B} 是两个端子存在的偏置电流，一般为 pA ～ μA 数量级，而内部的黄色三角是一个理想运放。当积分器的输入端接地时（即电阻 R 左侧接地），由于虚短作用，电阻 R 右侧的电位为 V_{OS}，这导致电阻 R 上会存在一个电流 V_{OS}/R；同时，偏置电流 $I_{\mathrm{B-}}$ 也会介入，合并形成电流 I_{SUM}，这个电流只能通过运放的输出不断给电容充电形成，即：

$$I_{\mathrm{SUM}}=I_{\mathrm{C}} \tag{8-71}$$

这个持续的电流将使电容电压不断增加（或者变负），在一个不长的时间内，就会使运放的输出电压到达其最大正电压或者负电压，即输出饱和，俗称被憋死了。此时，运放再也没有能力给电容充电，虚短也不再成立，运放负输入端将维持一个与 V_{OS} 完全不同的电位，以保证流过电阻 R 的电流全部来源于偏置电流。

即这类积分器的输出，总会迅速达到正电源电压，或者负电源电压，这完全取决于 V_{OS} 和 I_{B} 的方向。

为避免这种现象，一般在电容旁并联一个较大的电阻。由于电阻并联在电容上，无论电容上电压是正还是负，电阻都有使其变为 0 的作用，这样就避免了电容电压的无休止增长或者减小，如图 8.33 所示。此时，输出电压只要维持在一个很小的值 U_{OS} 上，就可以保证流过并联电阻的电流等于 I_{SUM}，进而使流过电容的电流为 0，输出电压得以稳定。

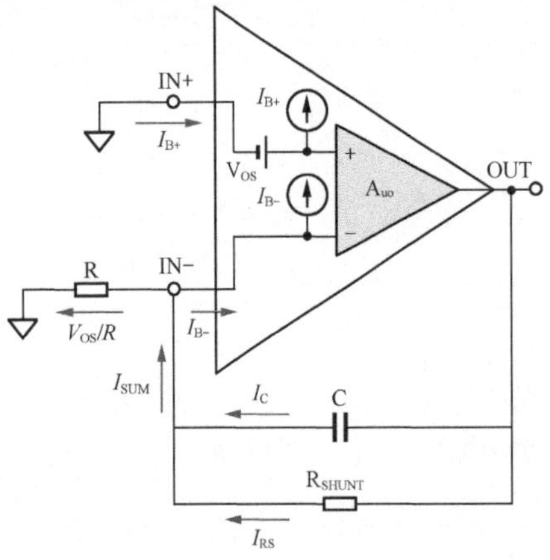

图 8.32　实际运放构成的积分器

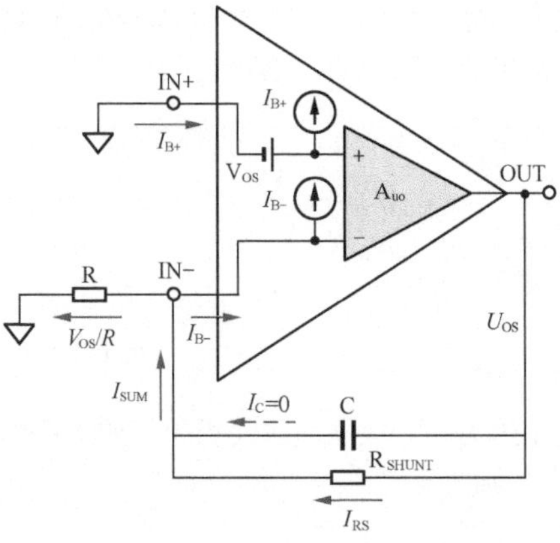

图 8.33　含有并联电阻的积分器

U_{OS} 被称为输出失调电压，是指一个放大电路输入端为 0 时，输出的静态电压。

例如，图 8.33 中 R=10kΩ，C=68nF，运放的输入失调电压为 1mV，输入偏置电流等于 80nA，供电电压为 ±15V，输出最大电压为 ±14V，那么：

$$I_C = I_{SUM} = \frac{V_{OS}}{R} + I_{B-} = 180\text{nA}$$

以这个电流给电容充电，t 时刻到达饱和电压 14V，则有：

$$u_C(t) = \frac{Q_C(t)}{C} = \frac{\int_0^t I_C \mathrm{d}t}{C} = 14\text{V}$$

解得：

$$t = 0.529\text{s}$$

即该电路上电后，大约 0.529s 就能使得运放输出进入饱和状态。

当给该电路并联一个 100kΩ 电阻后，进入稳态后，输出电压约为：

$$\frac{U_{OS} - V_{OS}}{R_{SHUNT}} = \frac{V_{OS}}{R} + I_{B-} \tag{8-72}$$

$$U_{OS} = \left(\frac{V_{OS}}{R} + I_{B-}\right) R_{SHUNT} + V_{OS} = 0.019\text{V}$$

即接入并联电阻 100kΩ 后，在输入为 0 的情况下，积分器输出为 19mV，肉眼几乎看不出来。并且我们知道，并联电阻越小，输出失调也就越小。

但是这个电阻又不能太小，否则，积分器就不再是理想的积分器了，而变成了一个低通滤波器。在方波输入时，随着输出电压的升高，并联电阻会夺取更多的电流，导致输出不再是标准的三角波，而呈现出越到高电压，上升越缓慢的形状。

微分器应用注意

标准微分器电路如图 8.31 所示，看似简单，却不好直接使用——它非常不稳定，容易产生自激振荡。关于自激振荡，本书后续章节有详述，在此不提前讲述。读者在理解自激振荡机理后，可以回过头钻研一下：微分器为什么容易发生自激振荡。

图 8.34 中，左图为标准微分器，在仿真中表现出自激振荡现象；右图为克服自激振荡增加了一个串联电阻 R_3，R_3 电阻值很小，在一定频率范围内几乎不会影响原电路微分特性，但是此电路就避免了自激振荡，可以使用了。

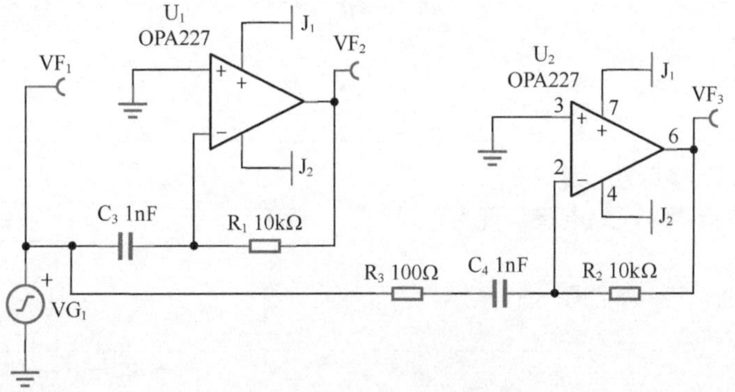

图 8.34　实际运放 OPA227 构成的微分器

读者可以对比一下积分器为了正常工作增加的很大的并联电阻——实际上是一个低通电路，而此微分器为了稳定工作，增加了一个很小的串联电阻——实际上是一个高通电路，两者的对偶关系多么令人舒服啊！

举例11 模拟乘法器及其应用

模拟乘法器是一种模拟集成电路，它一般有两个输入端 u_X、u_Y，一个输出端 u_O，可以对两个输入信号进行相乘运算。多数模拟乘法器还具有第三输入端 u_Z，实现下述功能：

$$u_O = Ku_X \times u_Y + u_Z \tag{8-73}$$

其中，K 为乘法系数，单位为 1/V。因此，模拟乘法器的输入、输出均为电压。

模拟乘法器用图 8.35 所示的电路符号表示，多数情况下，其电路符号中不包含 u_Z 输入脚。图 8.35 中的输入均为单端形式，而有些实际的模拟乘法器的输入是差分形式，即 u_X 由两个输入端 u_{X+} 和 u_{X-} 组成，u_Y 由两个输入端 u_{Y+} 和 u_{Y-} 组成，且有：

$$u_O = K(u_{X+} - u_{X-}) \times (u_{Y+} - u_{Y-}) + u_Z \tag{8-74}$$

这两种形式区别不大，本书以单端输入讲解。

模拟乘法器实现的乘法、平方（u_X 和 u_Y 同时接输入）、立方（一个平方运放后再接一级乘法器）等运算相对简单，本书不赘述。

除法运算和开平方运算

将乘法器置于反馈环中，可以实现除法和开方运算。

在图 8.36 电路中，当 u_{I2} 为正值时，整个电路呈现为负反馈，此时虚短虚断成立，则有：

$$u_{OM} = -\frac{R_2}{R_1} u_{I1} \tag{8-75}$$

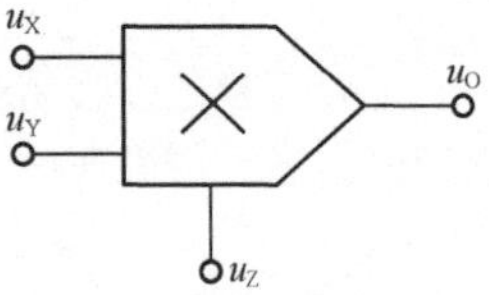

图 8.35　模拟乘法器

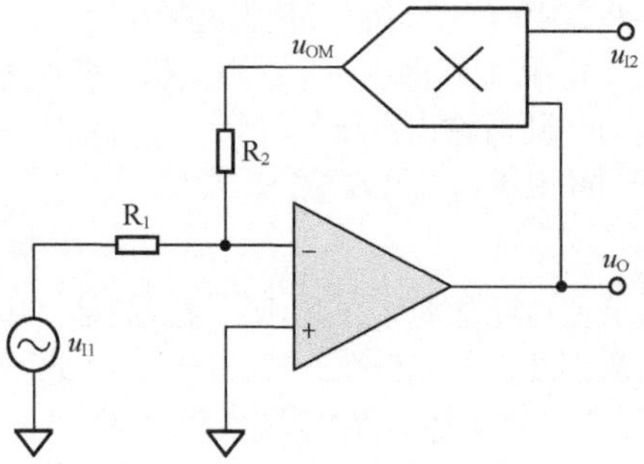

图 8.36　除法运算

又因：

$$u_{OM} = Ku_{I2} \times u_O \tag{8-76}$$

则：

$$u_O = -\frac{R_2}{KR_1} \times \frac{u_{I1}}{u_{I2}} \tag{8-77}$$

因此，电路可以实现除法运算。

注意，当 u_{I2} 为负值时，此电路呈现为正反馈，一般不能正常工作。

同样的分析方法，可以证明图 8.37 所示电路能够实现开平方运算。

$$Ku_O^2 = -\frac{R_2}{R_1} u_{I1} \tag{8-78}$$

$$u_O = \sqrt{-\frac{R_2}{KR_1} u_{I1}} \tag{8-79}$$

注意，此时要求输入必须为负值，才能保证根号内是正

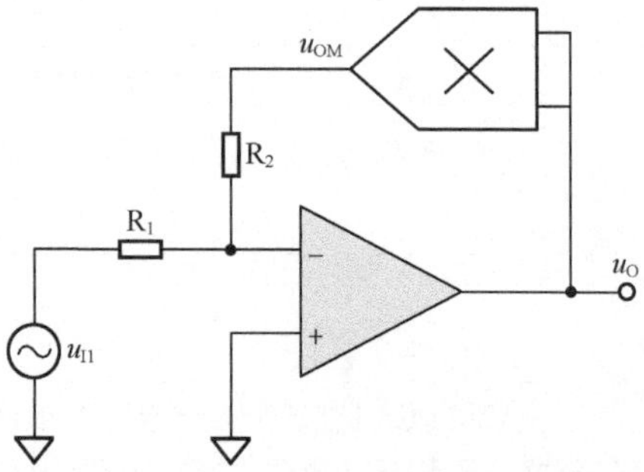

图 8.37　开平方运算

值，否则电路不能正常工作；且正常工作时，输出一定是正值，虽然从理论分析，输出正负都是一样的。至于为什么，请读者自行分析。

举例12 光电放大器

图 8.38 是一个单电源供电的光电二极管放大器，电路输出为 V_{out}，其值代表光电二极管感受到的外部光强，也即流过光电二极管的电流。已知图 8.38 中 BF862 为一个 JFET，其夹断电压 $U_{GS(OFF)}=-0.8V$，I_{DSS}=10mA，求输出电压与流过光电二极管电流 I_{PD} 的关系。

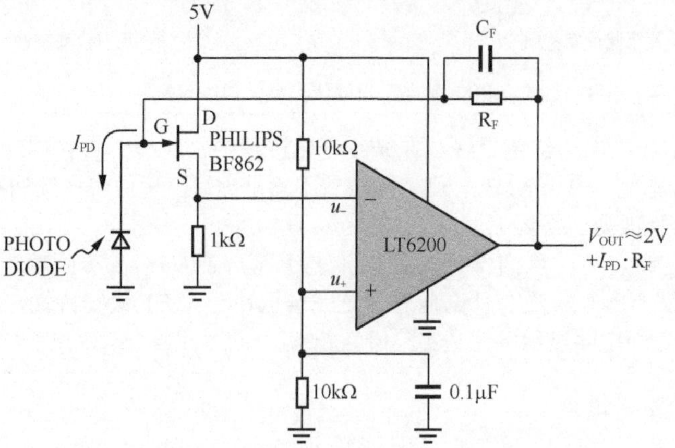

图 8.38 光电二极管放大器

解：首先进行电路粗看，定性分析其工作原理。

供电和静态电位：LT6200 为运放，其供电电压为 0V/5V，属于单电源供电，其内核默认的信号基点为供电电源的中心点，即 2.5V。因此，两个 10kΩ 电阻对 +5V 电源实施分压，提供 2.5V 给运放的 $u+$ 端，以使运放输入脚电位处于合适的位置，下方 10kΩ 旁并联一个 0.1μF 电容，其属于旁路电容，是为进一步降低 $u+$ 端的高频噪声，保证该端子的电位稳定。

负反馈判断：运放的输出电压通过 R_F 和 C_F 并联（至于为什么并联 C_F，后续讲），回送到了 JFET 门极 G，门极 G 信号经 JFET 组成的源极跟随器，传递到 S 极，即运放负输入端，进而控制输出。这是一个明显的环路，经环路极性法可以判断，这是负反馈。同时，可以看出，输出电压变化演变到门极电压变化会有一定的衰减，门极电压变化传递到源极也会有一些衰减，但这种衰减都不严重，即 F 小于 1，但是绝不是非常接近 0，面对 LT6200 的开环增益 A，可以保证 AF 远远大于 1。至此，可认为这是一个深度负反馈，运放的虚短成立。

此时，可知晶体管的 S 极几乎等于 2.5V（因为虚短成立。随着光强的变化，此处会在 2.5V 基础上出现微弱的偏移，极为微弱，且就是依赖于这个极为微弱的偏移引起输出的改变），流过 S 的电流一定是 2.5mA。对于 JFET 来说，I_S 是固定的，也就意味着 U_{GS} 是固定的，可以利用 JFET 的特性公式，求解出 U_{GS}。

$$I_S = I_{DSS}\left(1-\frac{U_{GS}}{U_{GS(OFF)}}\right)^2 = 2.5\text{mA}$$

得 $U_{GS}=-0.4V$。可知在整个工作范围内，晶体管 G 端电位始终为 2.1V。

图 8.39 所示是光电二极管的伏安特性曲线，习惯上我们一般使用二极管的正向伏安特性曲线，如图 8.39（a）所示。但是此时二极管处于反接状态，电压电流均为反向定义。因此，我们可以把正向二极管伏安特性的电压、电流均取反向，得到图 8.39（b）所示伏安特性。此时，二极管负极对地电位（也就是门极 G 对地电位）定义为 u_R，可知 $u_R=V_R=2.1V$，始终不变。

任何情况下，输出电压都满足下式：

$$V_{OUT} = u_R + i_{PD}R_F \tag{8-80}$$

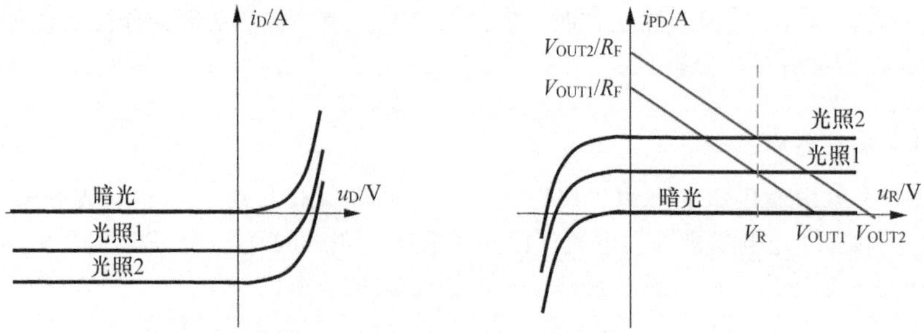

（a）正向伏安特性　　（b）反向伏安特性

图 8.39　光电二极管伏安特性曲线示意图

此方程在图 8.39（b）中为红色直线。在光线变化过程中，此线一直在移动，以保证直线与伏安特性曲线的交点处 V_R 不变，恒为 2.1V（否则，运放就不满足虚短，运放将持续调整，直到满足）。这样，输出 V_{OUT} 就会随光强而改变，得到 V_{OUT1}、V_{OUT2}。

细心读者可能已经发现，我们推导出的结论是 $V_{OUT} = 2.1V+i_{PD}R_F$，而原电路图中显示，$V_{OUT} \approx 2V+i_{PD}R_F$，这是怎么回事？其实没有什么问题，这完全取决于 JFET 伏安特性，我们是按照 BF862 数据手册的典型值计算，而电路显示可能是实验值。

举例 13　单端转差分电路

与单端信号相比，差分信号具有很多优势：可以抵抗外部的共模干扰，具有大一倍的动态范围，可以抑制放大器本身的偶次谐波带来的失真等。因此，很多电路在尽量早的位置把单端信号转变成差分信号，以充分发挥差分信号的优势。比如传感器是单端输出，最后一级 ADC 能够接受差分信号，那么很多设计会在第一级放大或者最迟第二级时，就将单端信号转变成差分信号，然后一路走下去，都以差分信号的形式传递，直到进入 ADC。

于是，单端转差分电路应运而生，它的输入是单端信号，输出是差分信号，两者之间满足线性比例关系：

$$u_{O+} = U_{REF} + 0.5Gu_I \tag{8-81}$$

$$u_{O-} = U_{REF} - 0.5Gu_I \tag{8-82}$$

$$u_{O+} - u_{O-} = Gu_I \tag{8-83}$$

实现单端转差分的方法有很多，包括全差分运放实现、标准运放实现，以及变压器实现等。本节仅介绍标准运放实现它的电路。

图 8.40 所示是实现单端转差分功能的基本电路之一。电路分析极为简单，利用虚短虚断，可知上面的运放实现 2 倍同相比例器，下面的运放实现 -2 倍反相比例器：

$$u_{O+} = 2u_I \tag{8-84}$$

$$u_{O-} = -2u_I \tag{8-85}$$

$$u_{O+} - u_{O-} = 4u_I \tag{8-86}$$

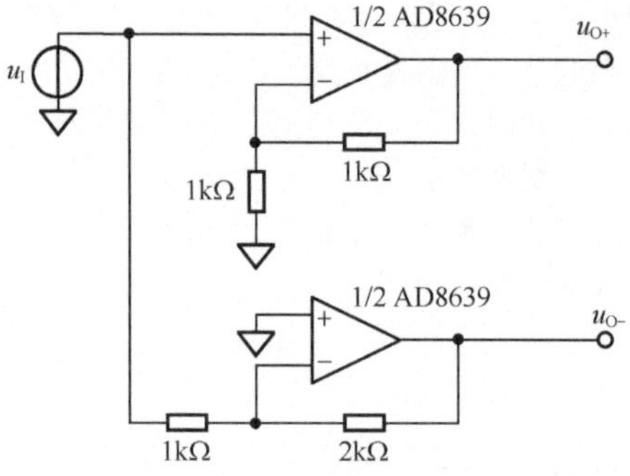

图 8.40　单端转差分基本电路一

这个电路的缺点是输入电阻较小。

图 8.41 所示是实现单端转差分功能的基本电路之二。

$$u_{O+} = 6u_I \tag{8-87}$$

$$u_{O-} = -6u_I \tag{8-88}$$

$$u_{O+} - u_{O-} = 12u_I \tag{8-89}$$

这个电路的输入电阻足够大，但它的缺点是，u_{O+} 只经过了一个运放，而 u_{O-} 经过了两个运放，两者之间可能存在一定的时间差。

图 8.42 所示是一种较为特殊的单转差电路，称为交叉反馈型电路。

$$u_X = u_{O-}\frac{R_1+\frac{1}{j\omega C}}{R_1+\frac{1}{j\omega C}+R_G}+u_I\frac{R_G}{R_1+\frac{1}{j\omega C}+R_G} \tag{8-90}$$

$$u_Y = U_{OCM} \tag{8-91}$$

$$\frac{u_{O+}-u_X}{R_2}=\frac{u_X-u_{O-}}{R_4} \tag{8-92}$$

$$\frac{u_{O-}-u_Y}{R_3}=\frac{u_Y-u_{O+}}{R_5} \tag{8-93}$$

在交叉反馈型电路中，$R_2=R_3=R_4=R_5=R$，因此有：

$$u_X=\frac{u_{O+}+u_{O-}}{2}=u_Y=U_{OCM} \tag{8-94}$$

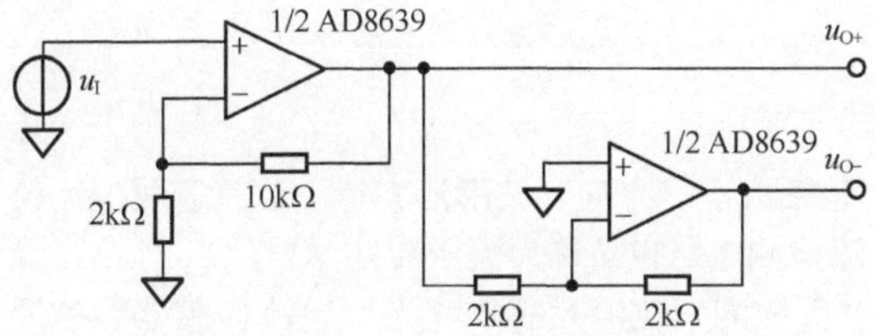

图 8.41　单端转差分基本电路二

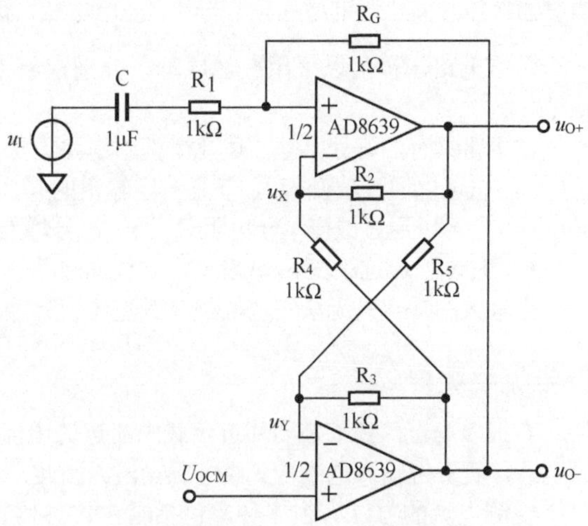

图 8.42　单端转差分之交叉反馈型电路

所以，利用式（8-90）得：

$$u_{O-}=\left(U_{OCM}-u_I\frac{R_G}{R_1+\frac{1}{j\omega C}+R_G}\right)\frac{R_1+\frac{1}{j\omega C}+R_G}{R_1+\frac{1}{j\omega C}}=U_{OCM}\left(1+\frac{R_G}{R_1}\times\frac{1}{1+\frac{1}{j\omega R_1C}}\right)-u_I\frac{R_G}{R_1}\times\frac{1}{1+\frac{1}{j\omega R_1C}} \tag{8-95}$$

利用式（8-94）得：

$$u_{O+}=2U_{OCM}-u_{O-}=U_{OCM}\left(1-\frac{R_G}{R_1}\times\frac{1}{1+\frac{1}{j\omega R_1C}}\right)+u_I\frac{R_G}{R_1}\times\frac{1}{1+\frac{1}{j\omega R_1C}} \tag{8-96}$$

需要注意的是，在上述表达式中，U_{OCM} 后面紧跟着的括号内，ω 是 U_{OCM} 的角频率，而 u_I 后面表达式中的 ω 是 u_I 的角频率。一般情况下，U_{OCM} 为一个直流电压，其角频率为 0Hz，而输入为一个角频率为 ω 的信号，因此上两个表达式简化成：

$$u_{O+}=U_{OCM}+u_I\frac{R_G}{R_1}\times\frac{1}{1+\frac{1}{j\omega R_1C}} \tag{8-97}$$

$$u_{O-}=U_{OCM}-u_I\frac{R_G}{R_1}\times\frac{1}{1+\frac{1}{j\omega R_1C}} \tag{8-98}$$

即两个输出端围绕着 U_{OCM} 做相反变化，且对输入信号 u_I，具有高通截止频率：

$$f_L=\frac{1}{2\pi R_1C} \tag{8-99}$$

改变 R_1 或者 C，均可改变截止频率。

在输入信号频率足够高时，有：

$$u_{O+}=U_{OCM}+u_I\frac{R_G}{R_1} \tag{8-100}$$

$$u_{O-}=U_{OCM}-u_I\frac{R_G}{R_1} \tag{8-101}$$

$$u_{O+}-u_{O-}=u_I\frac{2R_G}{R_1} \tag{8-102}$$

即对输入信号 u_I，该电路具有$\frac{2R_G}{R_1}$倍的电压增益，改变 R_G 可调节增益。

对该电路，也可以采用叠加原理，分别求解 U_{COM}、u_I 做输入时的输出，然后相加，得到相同的结论。

该电路具有的好处，是前述几个基本电路无法比拟的：

- 它可以通过改变 U_{COM} 任意设定输出的共模电压；
- 它可以通过改变单一电阻 R_G 调节信号增益；
- 它可以通过改变 R_1 或者 C，实现高通截止频率改变。

它最大的缺点是无法实现低频或者直流信号输入。

◎电流检测概述

有很多场合，我们需要知道负载中流过的电流，包括大小、方向、波形形态等。这就需要电流检测电路，负责把输入电流转变成电压输出。因此，电流检测电路也被称为流压转换器。

检测电流的方法有很多种，包括霍尔传感器、罗氏线圈、电流互感器、光纤电流传感器、磁通门、分流电阻等。其中，电流互感器和罗氏线圈仅用于交流电流检测。

在小信号测量领域，多数情况下流过负载的电流较小，但频率范围从直流到高频均有，此时使用分流电阻较为广泛。

所谓分流电阻，就是一个固定阻值的感应电阻（Sense Resistor），将串联于被测支路中，采用不同的方法测量感应电阻两端的压差，以表征被测电流。常见的方法有高侧法和低侧法。

所谓的高侧法，是将分流电阻置于负载的顶端，用一个放大器测量 V_{CC} 和 u_{L+} 之间的电位差，如图 8.43 所示，以此表示负载电流：

$$i_{load}=\frac{V_{CC}-u_{L+}}{R_{sense}} \tag{8-103}$$

所谓的低侧法，是将分流电阻置于负载的底端，用一个放大器测量 u_{L-} 和 GND 之间的电位差，如图 8.44 所示，以此表示负载电流：

$$i_{load}=\frac{u_{L-}}{R_{sense}} \tag{8-104}$$

低侧法对放大器要求不高，容易测量。但是其致命缺点是，测量引入的 R_{sense} 会导致负载的底端不稳定（不再是牢靠的 GND），特别当负载是一个电子系统时，不稳定的底端会导致整个负载工作不正常。

这就像人站在房间内，地板不稳定会让人不舒服，但是房顶不稳定却对人影响不大一样，绝大部分的电子系统对地的稳定性有很高的要求，却对电源的稳定性相对要求较低。基于此，高侧法应运而生：它将 R_{sense} 置于负载的顶端，负载电流的变化会在 R_{sense} 上产生压降变化，导致负载供电电压发生微弱变化，但是负载的地是稳定的。

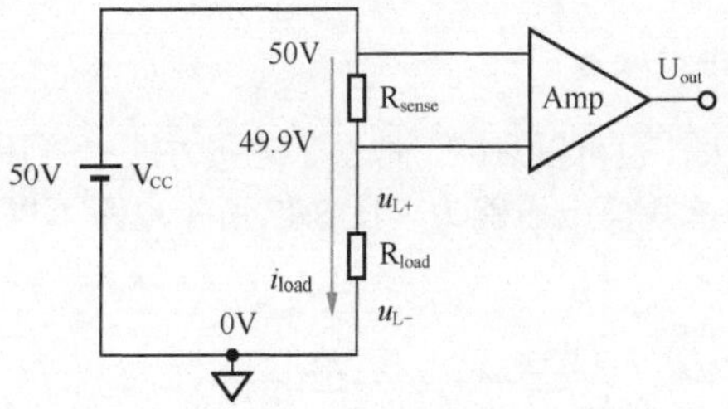

图 8.43　高侧电流检测

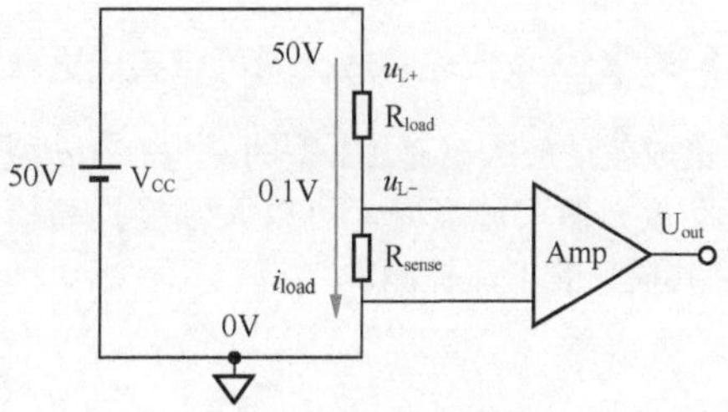

图 8.44　低侧电流检测

绝大多数场合，测量负载电流采用高侧法。

但是高侧法也存在问题：用于测量电位差的放大器的输入端需要承受很高的共模电压。如图 8.43 所示，该放大器必须承受 50V 和 49.9V 的输入。一般的测量系统，电源电压也仅为几十伏，要保证能够承受如此的高电压，很困难。

因此，高侧法测量电流的放大电路必须缜密设计，在足以承受高达上百伏共模电压的基础上，完成对较小的电位差的测量。

有多种方法可以实现高侧法测量电流，包括仪表放大器、差动放大器、普通运放结合晶体管等，本书重点介绍这些电路，看如何用虚短虚断方法分析这些电路。实际上，测量负载电流更常用的方法并不是上述这些电路，而是利用市场可以买到的集成电流检测放大器，如 AD8418、AD8208、AD8215、AD8218 等。

举例14 仪表放大器实现电流检测

仪表放大器的输入电压最大不能超过其供电电源范围。因此，在负载工作电压本来就比较低的场合，比如 3.3V 数字系统的工作电流测量，可以使用仪表放大器测量负载电流。如图 8.45 所示。假设数字系统工作电流为 10 ～ 100mA，分流电阻 R_{SENSE}=1Ω，那么分流电阻上会产生 10 ～ 100mV 压降，对于 3.3V 数字系统供电系统来说，0.1V 电压跌落不会影响其正常工作。此时，为了保证测量准确，又要保证输入电压不超过仪表放大器规定的输入范围，应选择合适的仪表放大器增益。图 8.45 中使用的是德州仪器公司的仪表放大器 INA118，其输入电压范围与增益和输出电压有关（至于为什么，在后续课程中介绍），图 8.46 是 INA118 的数据手册内容。如果使得 100mV 输入产生 2V 输出，即增益为 20 倍，此时对输入电压范围的要求是小于 4.2V，如图 8.46 中红色小圆所示。这是满足要求的，于是，有：

$$u_O = G \times i_{load} \times R_{SENSE} = 20\Omega \times i_{load} \tag{8-105}$$

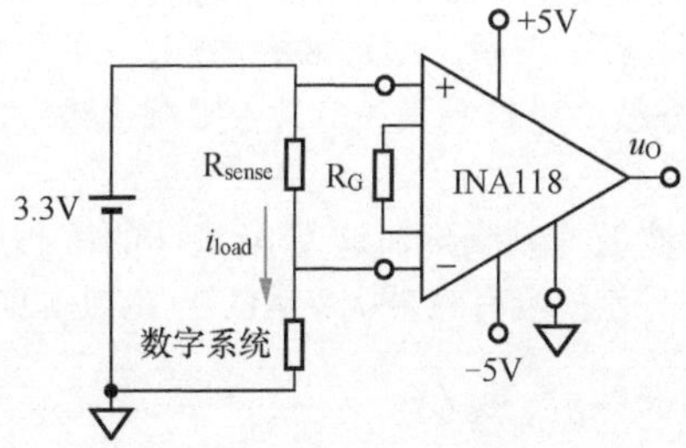

图 8.45　仪表放大器用于电流测量

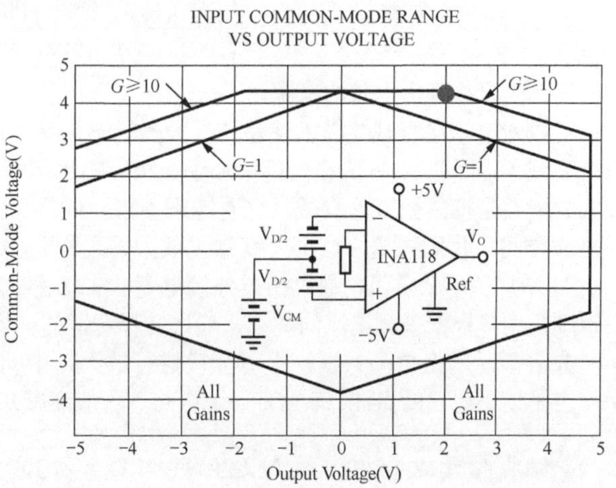

图 8.46　INA118 的输入范围

从此例可以看出，仪表放大器用于电流检测，最大的弊端在于其共模电压输入范围很窄——不仅超不过电源电压，而且更多情况下要远小于电源电压。

举例15 集成差动放大器可以实现更高共模电压的电流检测

集成差动放大器有 1:1 型的，也有 1:n 型的（可以放大，也可以衰减，取决于连接方法）。利用 1:n 型差动放大器实施衰减，可以大幅度提高检测电流时的抗共模电压能力。图 8.47 所示电路可以实现 120V 共模下的电流检测。

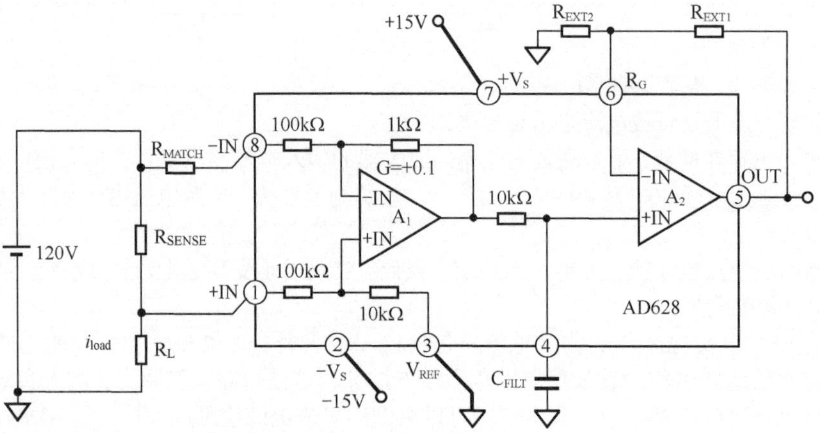

图 8.47　集成差动放大器 AD628 组成的电流检测电路

之所以仪表放大器不能承受高共模电压，而差动放大器可以，其核心原因在于，差动放大器是通过电阻与高共模电压接触的，真正加载到差动放大器内部运放输入脚的电压已经被电阻分压衰减了。而仪表放大器内部的运放正输入端直接面对高共模电压。

在 R_{SENSE} 很小的情况下，比如几欧姆，图 8.47 中的匹配电阻 R_{MATCH} 可以为 0。此时加载到 AD628 第 8 脚的电压为 120V，而经过内部 100kΩ 和 10kΩ 分压后，实际加载到内部运放 A_1 的 −IN 端，则只有约 12V 左右。在 AD628 供电电压为 ±15V 的情况下，这是一个安全的输入。类似地，对 AD628 第 1 脚（+IN 端）的输入也存在相同的衰减。

在 R_{SENSE} 不是很小的情况下，电路中需要 R_{MATCH}，以实现准确的测量。

$$R_{MATCH}=R_{SENSE}//R_L \tag{8-106}$$

此时，有：

$$u_{OUT}=-\left(1+\frac{R_{EXT1}}{R_{EXT2}}\right)\times\frac{10k\Omega}{100k\Omega+R_{MATCH}}\times R_{SENSE}\times i_{load} \tag{8-107}$$

请读者自行分析上式的来源。

可以看出，在衰减共模以使差动放大器能够承受高共模电压的情况下，表征电流大小的差模信号也被衰减了，因此 AD628 在内部增加了一级同相比例器，通过用户选择外部电阻 R_{EXT1} 和 R_{EXT2}，实现较大的增益来抵消已有的衰减。这看起来不错，但是，你愿意把一张照片缩小很多倍，再实施放大以恢复原样吗？我们知道，这个先衰减再放大的过程会引入很多噪点。于是，AD628 的内部，在 A_1 和 A_2 之间增加了一个电阻，通过用户外接电容，实现了一阶低通滤波，以抑制噪声。其上限截止频率的设定则由用户根据被测电流的频率，通过选择合适的电容来实现。

先衰减，以抵抗高共模，再对差模进行放大，中间加上滤波以抑制噪声，这是 AD628 的核心思想，也是迫不得已的做法。有没有一个电路，既能衰减共模，又对差模没有衰减呢？AD629 可以实现。

举例16 集成差动放大器AD629可以实现±270V高共模电压的电流检测

图 8.48 所示是 AD629 应用电路。它可以检测高达 ±270V 共模电压下的负载电流，且它在对共模

实施衰减的同时，并没有对差模实施衰减。

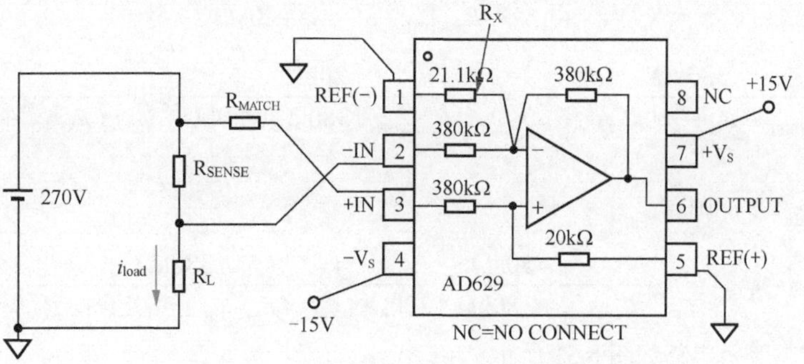

图 8.48　集成差动放大器 AD629 组成的电流检测电路

AD629 内部包括一个运放和 5 个精密电阻。当输入为共模信号时，运放的正输入端承受的是共模信号的 1/20，负输入端稍复杂一些，但经过负反馈后，也为 1/20。当差模信号输入时，由负输入端接地的 R_X（21.1kΩ）起到了降低反馈系数的作用，使得差模增益为 1，没有任何衰减。

对电路的分析，采用叠加原理较为方便。

首先介绍，在电流检测电路中，为什么要增加匹配电阻？

电流检测电路介入之前，被测电路如图 8.49（a）所示，我们的目的是检测出 u_{x+} 和 u_{x-} 的电位差，并利用下式表征负载电流：

$$i_{load}=\frac{u_{x+}-u_{x-}}{R_{SENSE}} \tag{8-108}$$

那么理论上将两点接入减法器即可。但是，标准减法器中，信号都是没有输出阻抗的。很显然 u_{x+} 满足要求，它是一个无输出阻抗的信号，而 u_{x-} 是由两个电阻 R_{SENSE} 和 R_L 分压获得的，具有 $R_{SENSE}// R_L$ 的输出电阻。为了让减法器两个输入端对称，必须在正输入端增加一个电阻 $R_{MATCH}=R_{SENSE}// R_L$。如图 8.49（b）、图 8.49（c）所示。

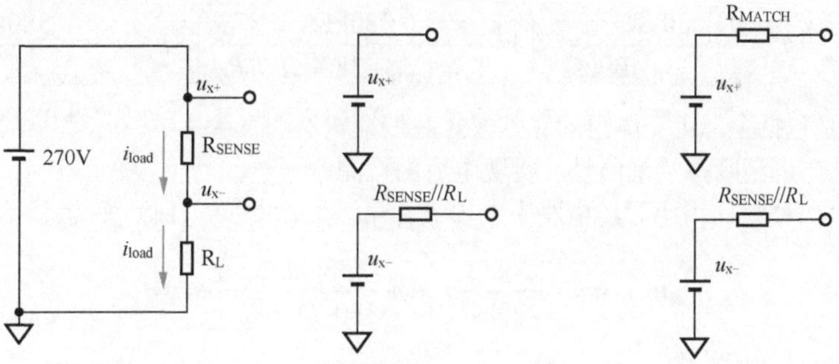

（a）检测前状态　　（b）检测前等效，不匹配　　（c）增加匹配电阻

图 8.49　为什么要增加匹配电阻

其次，利用叠加原理进行分析。当 u_{x+} 输入时，等效电路如图 8.50 所示。

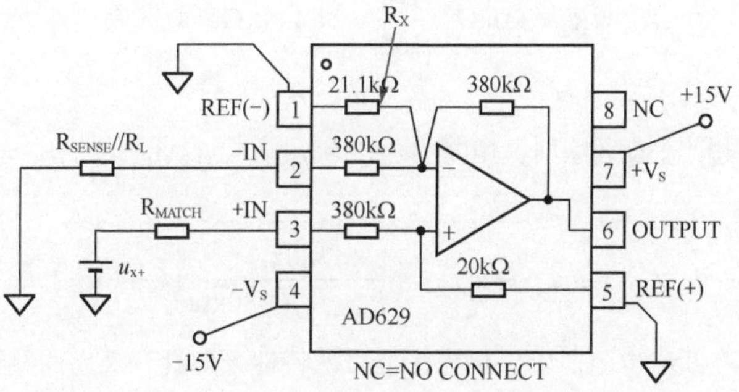

图 8.50　叠加原理之 u_{x+} 输入状态

$$u_{+}=u_{x+}\frac{20\text{k}\Omega}{R_{MATCH}+380\text{k}\Omega+20\text{k}\Omega} \tag{8-109}$$

$$u_{OUT+}=u_{+}\left(1+\frac{380\text{k}\Omega}{(R_{SENSE}\,//\,R_L+380\text{k}\Omega)\,//\,R_X}\right)=u_{x+}\frac{20\text{k}\Omega}{R_{MATCH}+380\text{k}\Omega+20\text{k}\Omega}\times\left(1+\frac{380\text{k}\Omega}{(R_{SENSE}\,//\,R_L+380\text{k}\Omega)\,//\,R_X}\right) \tag{8-110}$$

由于 $R_{MATCH}=R_{SENSE}\,//\,R_L$，则有：

$$u_{OUT+}=u_{x+}\frac{20\text{k}\Omega}{R_{MATCH}+380\text{k}\Omega+20\text{k}\Omega}\times\left(1+\frac{380\text{k}\Omega}{(R_{MATCH}+380\text{k}\Omega)\,//\,R_X}\right) \tag{8-111}$$

当 u_{x-} 输入时，等效电路如图 8.51 所示。

$$u_{OUT-}=-u_{x-}\times\frac{380\text{k}\Omega}{R_{MATCH}+380\text{k}\Omega} \tag{8-112}$$

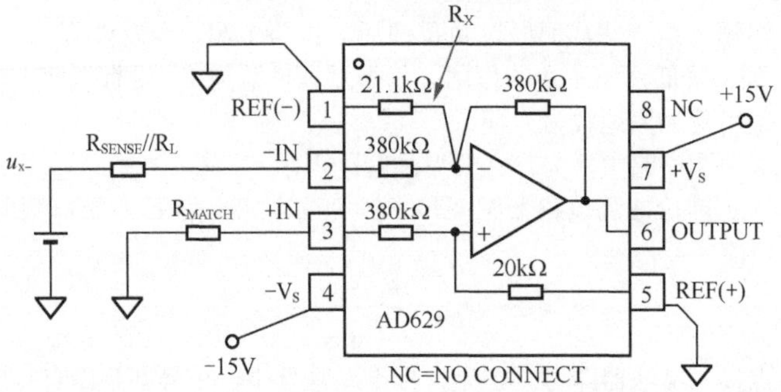

图 8.51　叠加原理之 u_{x-} 输入状态

根据叠加原理，利用式（8-111）、式（8-112），有：

$$u_{OUT}=u_{OUT-}+u_{OUT-}=u_{x+}\frac{20\text{k}\Omega}{R_{MATCH}+400\text{k}\Omega}\times\left(1+\frac{380\text{k}\Omega}{(R_{MATCH}+380\text{k}\Omega)\,//\,R_X}\right)-u_{x-}\times\frac{380\text{k}\Omega}{R_{MATCH}+380\text{k}\Omega} \tag{8-113}$$

式（8-113）是包括全部可变电阻的完整式。我们期望这个表达式中，u_{x+} 和 u_{x-} 的系数相等，这样就能实现标准减法，以消除掉共模信号，实现电流的检测。

当 R_{SENSE} 与 380kΩ 相比很小时，电路中无须 R_{MATCH}，此时式（8-113）变为：

$$u_{OUT}=u_{x+}\frac{20\text{k}\Omega}{400\text{k}\Omega}\times\left(1+\frac{380\text{k}\Omega}{380\text{k}\Omega\,//\,R_X}\right)-u_{x-} \tag{8-114}$$

要实现 u_{x+} 和 u_{x} 的系数相等，即：

$$\frac{20\text{k}\Omega}{400\text{k}\Omega}\times\left(1+\frac{380\text{k}\Omega}{380\text{k}\Omega\,//\,R_X}\right)=1 \tag{8-115}$$

可以解得：$380\text{k}\Omega\,//\,R_X=20\text{k}\Omega$，即$R_X=20\text{k}\Omega\times\dfrac{380}{360}=21.111\text{k}\Omega$。此时有：

$$u_{OUT}=u_{x+}-u_{x-} \tag{8-116}$$

当 R_{SENSE} 与 380kΩ 相比不能忽略时，电路中存在 R_{MATCH}。可以证明，当$R_X=20\text{k}\Omega\times\dfrac{380}{360}=21.111\text{k}\Omega$ 时，式（8-113）变为：

$$u_{OUT}=u_{OUT+}+u_{OUT-}=\frac{380\text{k}\Omega}{R_{MATCH}+380\text{k}\Omega}(u_{x+}-u_{x-}) \tag{8-117}$$

这说明，该电路即便存在匹配电阻，输出仍为标准减法特性，即具有极高的共模抑制能力。

这实在太妙了。我至今也想不通设计者是如何想到这个解决方案的。

举例17 集成差动放大器AD8479可以实现±600V高共模电压的电流检测

在AD629的基础上，ADI公司又推出了AD8479，它与AD629几乎完全相同，唯一的区别在于它能够承受高达±600V的共模电压。

但是，AD8479数据手册中仅给出了图8.52所示的内部结构，却没有标注出内部这3个关键电阻的阻值，这可能是他们的商业机密。

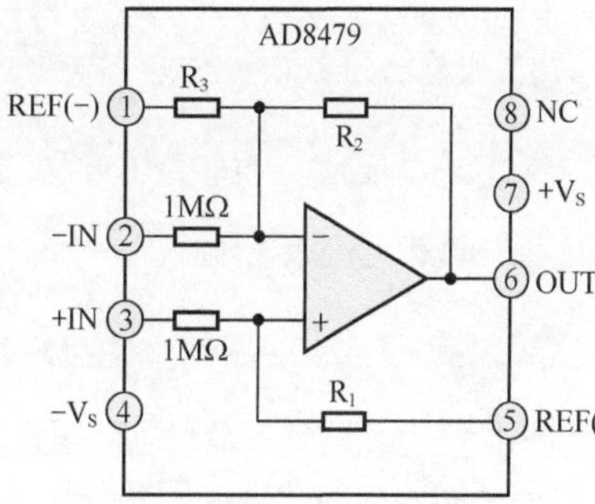

图8.52 AD8479内部结构示意图

让我们试着估算一下这几个电阻。

由于它能够抵抗高达600V的共模，这可以靠将AD629的380kΩ换成1MΩ实现，我估计R_1应该仍为20kΩ，此时大约对共模实施了20kΩ/1020kΩ=1/50.1的衰减，加载到内部运放正输入端的共模电压最大约为12V，比较合适。

要实现1倍差模增益，R_2应为1MΩ。

根据AD629的设计思想，可以算出，R_3//1MΩ=20kΩ，即R_3=20.408kΩ。

举例18 用运放实现高共模电压的电流检测

图8.53所示电路设计非常巧妙。这个电路应用于−48V供电系统。感应电阻位置如图8.53所示，其一端为−48V，另一端大约为−47点几伏，取决于感应电阻大小以及负载电流大小。

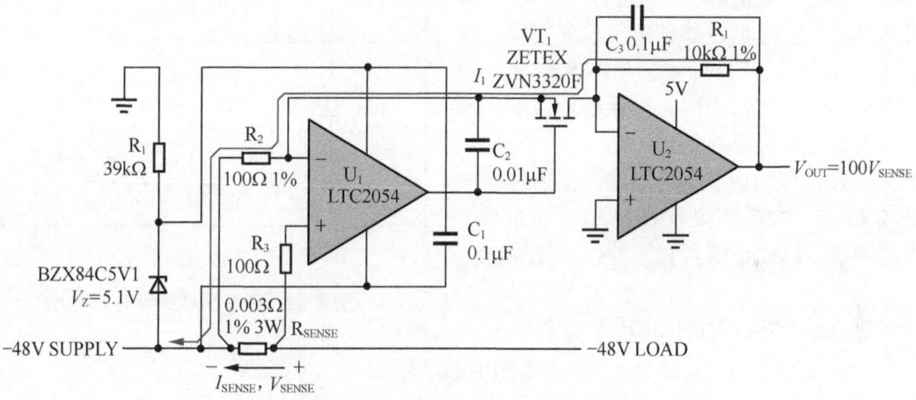

图8.53 用运放实现高共模情况下的电流检测

测量电路，也就是U_2部分，供电仍是0V和+5V。

首先看第一个运放的供电问题如何解决。图8.53中采取了稳压管供电方式，利用稳压管产生5V左右的压差，形成−48V/−43V，将−43V作为运放的正电源、−48V作为运放的负电源。BZX84C5V1击穿电压约为5.1V，为保证运放工作消耗的电流，稳压管击穿电流需要留有足够裕量，又要尽量小。LTC2054消耗电流仅为静态电流（其输出端驱动场效应管G极，不需要电流）150μA。电路中稳压管击穿电流设计为1.1mA，足够了。如果测量电路需要更小功耗，可以考虑进一步增大图中串联于稳压管的39kΩ电阻。

此时，左边运放供电电压为−48V/−42.9V。因此，该运放的两个输入端电压也应该在此范围内。这就解决了供电和输入范围问题。

再看负反馈。反馈环为VT_1的G端⊕——S端⊕——运放负输入端⊕——运放输出端⊖——G端⊖，形成负反馈。其中G到S的同相，源自这个晶体管在环路中处于源极跟随状态。图8.53中的VT_1很像一个卧在地面（0V附近）的抽水泵，把井下（−48V附近）的水（电流）抽上来，既保证了电流的传递，又隔离了两处的不同电位。

形成负反馈后，根据虚短，有下式成立：

$$I_1R_2 = I_{SENSE}R_{SENSE} \tag{8-118}$$

其中，R_3 不出现在表达式中，其作用仅为抵消运放可能存在的偏置电流。

$$I_1 = \frac{I_{SENSE}R_{SENSE}}{R_2} \tag{8-119}$$

在 U_2 处形成输出为：

$$U_{out} = I_1R_4 = \frac{I_{SENSE}R_{SENSE}R_4}{R_2} = 100I_{SENSE}R_{SENSE} = 100U_{SENSE} \tag{8-120}$$

输出电压与负载电流成正比。

举例19 LT1990——可选增益高共模差动放大器

高侧检测电流遇到的最严重问题是，差模电压信号隐藏在很高的共模电压信号中。要解决此问题，第一，要将如此高的共模电压衰减到很小的电平，以保护内部运放不受伤害；第二，在衰减共模的同时，要保证差模信号不被衰减，甚至被放大。AD628、AD629、AD8479 等集成差动放大器为此做出了贡献。但 AD629 和 AD8479 的差模放大倍数仅为 1 倍，还存在优化的空间。

LT1990 抓住了这个机遇，它可以将共模信号衰减 1/27，能够承受 ±285V 的共模输入，且能够实现差模信号的 1 倍、10 倍放大——通过管脚即可实现，还能通过外部电阻设置差模增益介于 1 ～ 10 倍。其内部结构如图 8.54 所示，内部的电阻均为精密电阻，以保证增益的准确性，以及极高的共模抑制比。

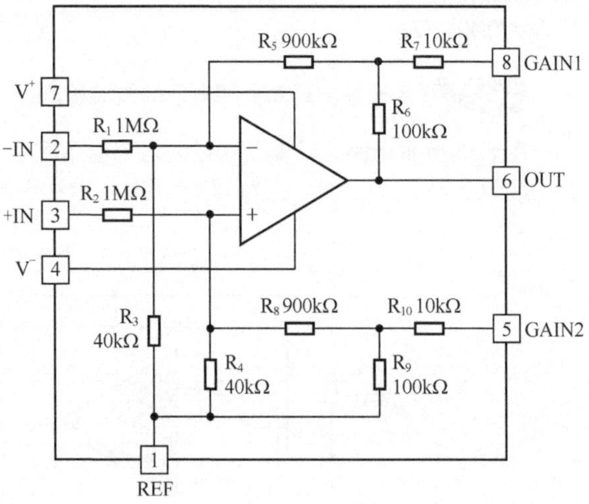

图 8.54 内含精密电阻的 LT1990

本例中，我们先使用虚短虚断法，然后使用方框图分析法，求解衰减系数 M 和反馈系数 F，求解增益，以此证明两种方法结论完全相同。

整个分析过程，均假设供电电压为 ±15V。

虚短虚断法分析

看图 8.55，这是共模信号加载时的情况。能够看出，图中 1MΩ 的入端电阻，与后级电阻（小于 40kΩ）串联，形成了大约 27 倍的衰减，当共模电压为 285V 时，真正加载到内部运放输入端的电压约为 10.56V，是足够安全的。

下面先用虚短虚断法进行分析。

（1）共模增益分析：如图 8.55 所示。

先利用叠加原理，写出运放正输入端 u_+ 的表达式：

$$u_+ = \frac{R_4//\left(R_8+R_9//R_{10}\right)}{R_2+R_4//\left(R_8+R_9//R_{10}\right)}\times u_{IC} + \frac{R_2}{R_2+R_4//\left(R_8+R_9//R_{10}\right)}\times V_{REF} \tag{8-121}$$

其中，R_{10} 分两种情况：

$$\begin{cases} R_{10}=\infty，\text{GAIN2脚开路} \\ R_{10}=10\text{k}\Omega，\text{GAIN2脚接REF脚} \end{cases} \tag{8-122}$$

再利用叠加原理，写出运放负输入端 u_- 的表达式：

$$u_- = \frac{R_3//\left(R_5+R_6//R_7\right)}{R_1+R_3//\left(R_5+R_6//R_7\right)}\times u_{IC} + \left(\frac{R_1//\left(R_5+R_6//R_7\right)}{R_3+R_1//\left(R_5+R_6//R_7\right)} + \frac{R_6}{R_6+R_7}\times\frac{R_1//R_3}{R_6//R_7+R_5+R_1//R_3}\right)\times$$

$$V_{REF}+u_{OC}\times\frac{R_7}{R_6+R_7}\times\frac{R_1/\!/R_3}{R_6/\!/R_7+R_5+R_1/\!/R_3} \tag{8-123}$$

其中，R_7 分两种情况：

$$\begin{cases}R_7=\infty，\text{GAIN1脚开路}\\ R_7=10\text{k}\Omega，\text{GAIN1脚接REF脚}\end{cases} \tag{8-124}$$

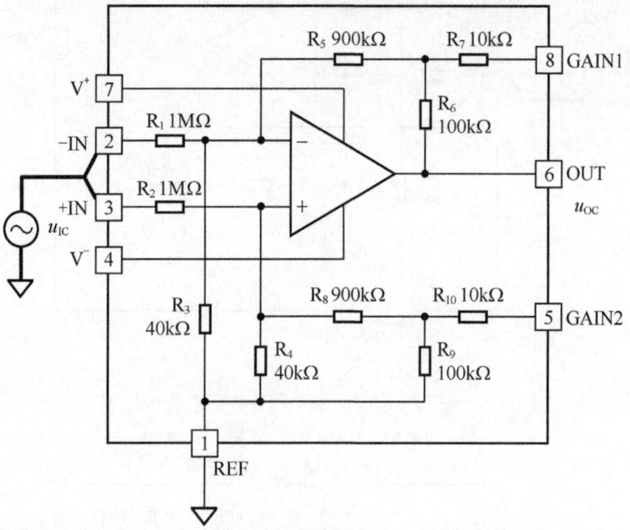

图 8.55　LT1990 的共模输入情况

根据虚短，强制两个表达式相等，且将相同电阻用一侧符号代表，有：

$$\begin{aligned}&\frac{R_4/\!/(R_8+R_9/\!/R_{10})}{R_2+R_4/\!/(R_8+R_9/\!/R_{10})}\times u_{IC}+\frac{R_2}{R_2+R_4/\!/(R_8+R_9/\!/R_{10})}\times V_{REF}=\\&\frac{R_3/\!/(R_5+R_6/\!/R_7)}{R_1+R_3/\!/(R_5+R_6/\!/R_7)}\times u_{IC}+\left(\frac{R_1/\!/(R_5+R_6/\!/R_7)}{R_3+R_1/\!/(R_5+R_6/\!/R_7)}+\frac{R_6}{R_6+R_7}\times\right.\\&\left.\frac{R_1/\!/R_3}{R_6/\!/R_7+R_5+R_1/\!/R_3}\right)\times V_{REF}+u_{OC}\times\frac{R_7}{R_6+R_7}\times\frac{R_1/\!/R_3}{R_6/\!/R_7+R_5+R_1/\!/R_3}=\\&\frac{R_4/\!/(R_8+R_9/\!/R_{10})}{R_2+R_4/\!/(R_8+R_9/\!/R_{10})}\times u_{IC}+\left(\frac{R_2/\!/(R_8+R_9/\!/R_{10})}{R_4+R_2/\!/(R_8+R_9/\!/R_{10})}+\frac{R_9}{R_9+R_{10}}\times\right.\\&\left.\frac{R_2/\!/R_4}{R_9/\!/R_{10}+R_9+R_2/\!/R_4}\right)\times V_{REF}+u_{OC}\times\frac{R_{10}}{R_9+R_{10}}\times\frac{R_2/\!/R_4}{R_9/\!/R_{10}+R_8+R_2/\!/R_4}\end{aligned} \tag{8-125}$$

化简成：

$$\begin{aligned}&\frac{R_2}{R_2+R_4/\!/\left(R_8+R_9/\!/R_{10}\right)}\times V_{REF}=\\&\left(\frac{R_2/\!/\left(R_8+R_9/\!/R_{10}\right)}{R_4+R_2/\!/\left(R_8+R_9/\!/R_{10}\right)}+\frac{R_9}{R_9+R_{10}}\times\frac{R_2/\!/R_4}{R_9/\!/R_{10}+R_8+R_2/\!/R_4}\right)\times V_{REF}+\\&u_{OC}\times\frac{R_{10}}{R_9+R_{10}}\times\frac{R_2/\!/R_4}{R_9/\!/R_{10}+R_8+R_2/\!/R_4}\end{aligned} \tag{8-126}$$

展开可得结论：

$$u_{OC}=V_{REF} \tag{8-127}$$

此结论含义为：当共模输入电压为 u_{IC}，无论 GAIN1/GAIN2 脚悬空或者接 REF 脚，输出电压等于

V_{REF}，均与 u_{IC} 无关，即共模增益为 0。

（2）差模增益分析：见图 8.56 和图 8.57。

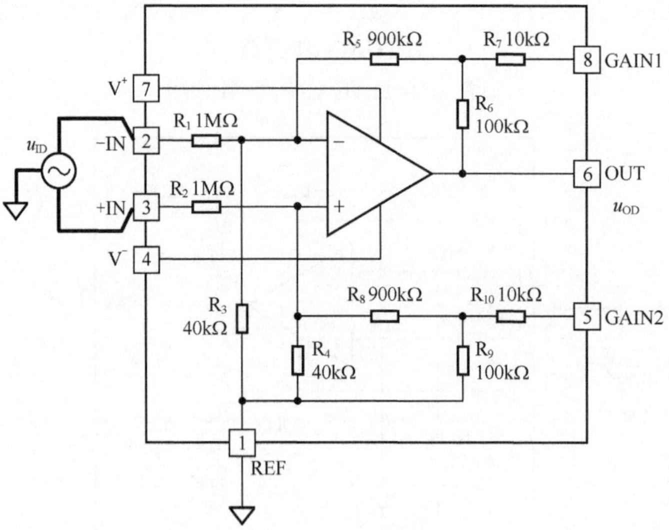

图 8.56　LT1990 的差模输入，G=1

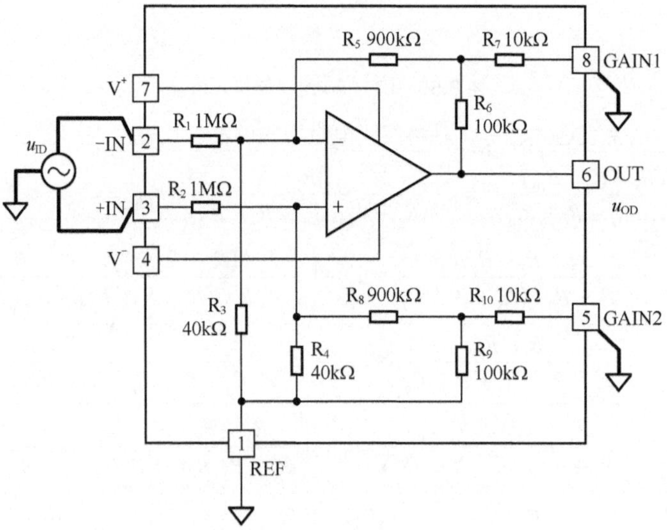

图 8.57　LT1990 的差模输入，G=10

先写出运放正输入端 u_+ 的表达式：

$$u_+ = \frac{R_4 // (R_8 + R_9 // R_{10})}{R_2 + R_4 // (R_8 + R_9 // R_{10})} \times (+0.5u_{ID}) \tag{8-128}$$

再根据叠加原理，写出负输入端 u_- 的表达式：

$$u_- = \frac{R_3 // (R_5 + R_6 // R_7)}{R_1 + R_3 // (R_5 + R_6 // R_7)} \times (-0.5u_{ID}) + u_{OD} \times \frac{R_7}{R_6 + R_7} \times \frac{R_1 // R_3}{R_6 // R_7 + R_5 + R_1 // R_3} \tag{8-129}$$

根据虚短，强制两个表达式相等，且将相同阻值电阻用统一符号：

$$\frac{R_4 // (R_8 + R_9 // R_{10})}{R_2 + R_4 // (R_8 + R_9 // R_{10})} \times (+u_{ID}) = +u_{OD} \times \frac{R_{10}}{R_9 + R_{10}} \times \frac{R_2 // R_4}{R_9 // R_{10} + R_8 + R_2 // R_4} \tag{8-130}$$

$$A_D=\frac{u_{OD}}{u_{ID}}=\frac{\dfrac{R_4//(R_8+R_9//R_{10})}{R_2+R_4//(R_8+R_9//R_{10})}}{\dfrac{R_{10}}{R_9+R_{10}}\times\dfrac{R_2//R_4}{R_9//R_{10}+R_8+R_2//R_4}} \tag{8-131}$$

当 GAIN1 和 GAIN2 脚悬空，等效于 $R_{10}=\infty$，则有：

$$A_D|_{悬空}=1$$

当 GAIN1 和 GAIN2 脚接 REF，等效于 $R_{10}=10k\Omega$，则有：

$$A_D|_{接REF}=10$$

这两种情况下，用户无须使用外部电阻即可获得最常用的 1 倍增益和 10 倍增益。如果要实现介于 1 ～ 10 倍的差模增益，电路如图 8.58 所示。读者可以自行推导。反正我是厌倦了。

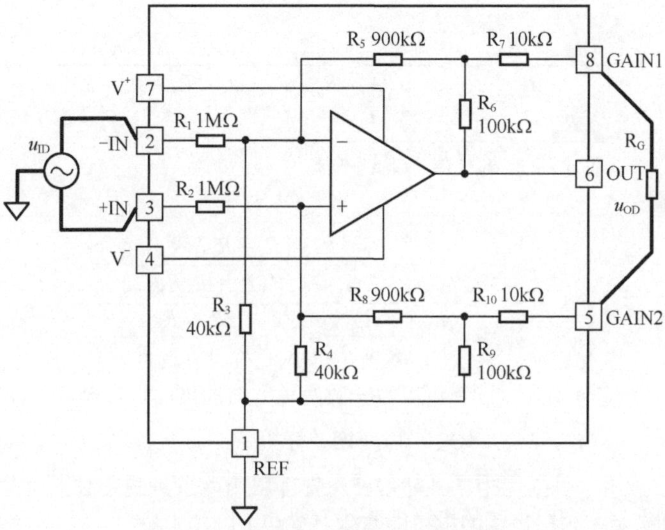

图 8.58 LT1990 的差模输入，G=1 ~ 10

方框图分析

下面我们试着用方框图法，看能不能得出相同结论，能不能简化分析过程。

首先看共模增益。

根据图 8.55，计算 M。可以看出，计算 M 时应将输出接地，此时正输入端和负输入端结构完全对称，$\dot{u}_+|_{u_O=0}$和$\dot{u}_-|_{u_O=0}$完全相等，有：

$$\dot{M}=\frac{\dot{u}_+|_{u_O=0}-\dot{u}_-|_{u_O=0}}{u_I}=0$$

而在计算反馈系数 F 时，可以看出运放负输入端有值，而正输入端为 0，因此 F 不为 0。

$$A_C\approx\frac{\dot{M}}{\dot{F}}=0$$

再看差模增益，以图 8.57 为例。

为了获得$\dot{M}$，画出更清晰的图 8.59，其中红色三角代表输出接地（$u_O=0$）。在输入端施加 u_I 后，$\dot{M}$为：

$$\dot{M}=\frac{\dot{u}_+|_{u_O=0}-\dot{u}_-|_{u_O=0}}{u_I}=\frac{R_4//(R_8+R_9//R_{10})}{R_2+R_4//(R_8+R_9//R_{10})} \tag{8-132}$$

为了获得$\dot{F}$，画出更清晰的图 8.60，其中正输入端为 0，据此可得：

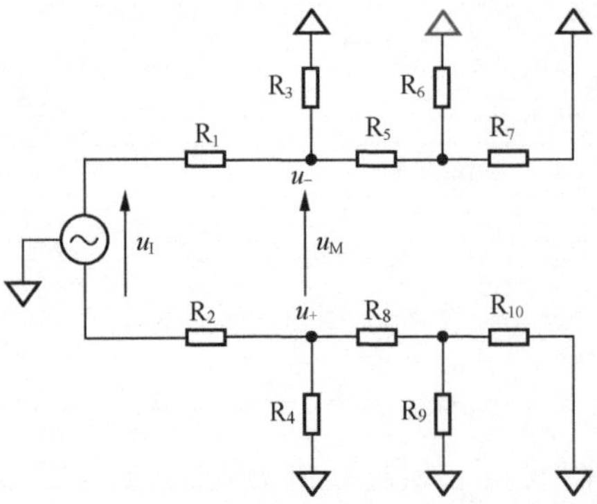

图 8.59　求解差模时的 M

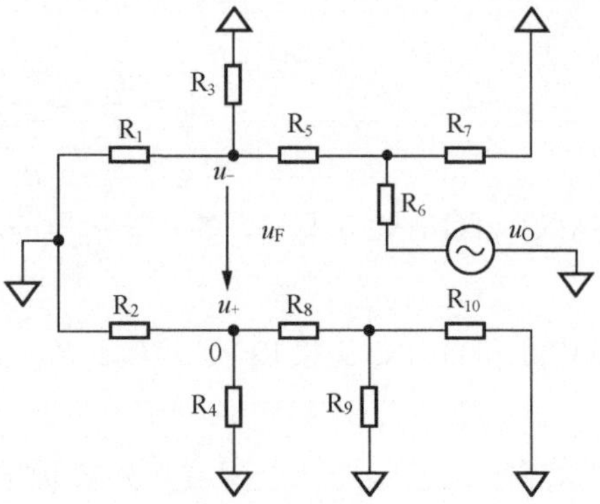

图 8.60　求解差模时的 F

$$\dot{F}=\frac{\dot{u}_-\big|_{u_I=0}-\dot{u}_+\big|_{u_I=0}}{u_O}=\frac{\dot{u}_-\big|_{u_I=0}}{u_O}=\frac{R_7}{R_6+R_7}\times\frac{R_1/\!/R_3}{R_6/\!/R_7+R_5+R_1/\!/R_3}=$$

$$\frac{R_{10}}{R_9+R_{10}}\times\frac{R_2/\!/R_4}{R_9/\!/R_{10}+R_8+R_2/\!/R_4} \tag{8-133}$$

因此，据式（7-7）得：

$$A_D=\frac{u_{OD}}{u_{ID}}=\frac{\dot{M}}{\dot{F}}=\frac{\dfrac{R_4/\!/(R_8+R_9/\!/R_{10})}{R_2+R_4/\!/(R_8+R_9/\!/R_{10})}}{\dfrac{R_{10}}{R_9+R_{10}}\times\dfrac{R_2/\!/R_4}{R_9/\!/R_{10}+R_8+R_2/\!/R_4}} \tag{8-134}$$

结果与式（8-134）完全相同。读者可以数一数两种方法的页面，体会方框图法的好处。

可变增益分析

最后让我们乘胜追击，挑战一下图 8.58，就是外部电阻改变增益，使其介于 1 ～ 10 的电路。当时我说厌倦了，也确实是，利用传统的虚短虚断法太费劲了。

为求解$\dot{M}$，将原电路整理成图 8.61。由于电路是上下完全对称的，输入信号的中心是 0 电位，因此外接电阻 R_G 的中心也是 0 电位。这样，就可以只分析下半部，得到$\dot{M}$：

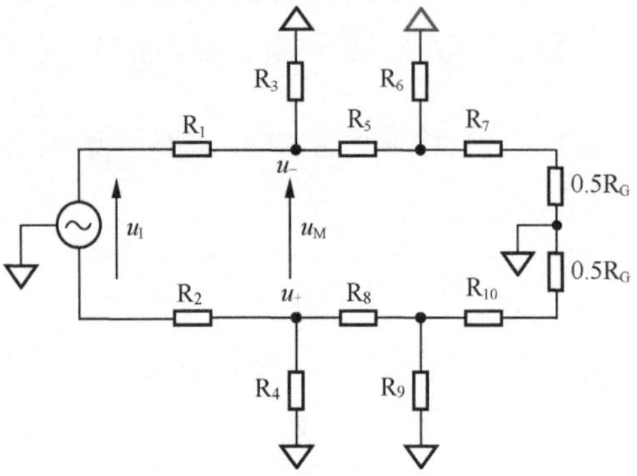

图 8.61　求解差模时的 M（含 R_G）

$$\dot{M}=\frac{\dot{u}_+\big|_{u_O=0}-\dot{u}_-\big|_{u_O=0}}{u_I}=\frac{R_4/\!/\left(R_8+R_9/\!/(R_{10}+0.5R_G)\right)}{R_2+R_4/\!/\left(R_8+R_9/\!/(R_{10}+0.5R_G)\right)} \tag{8-135}$$

$$\dot{M}=0.0369;R_G=0$$

$$\dot{M}=0.0370;R_G=\infty$$

可见 M 变化不大。

为求解 $\dot{F}$，将原电路整理成图 8.62，进一步简化得到图 8.63。

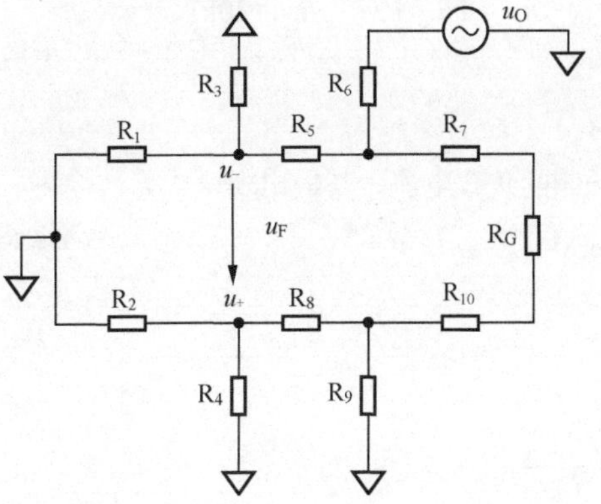

图 8.62　求解差模时的 F（含 R_G）

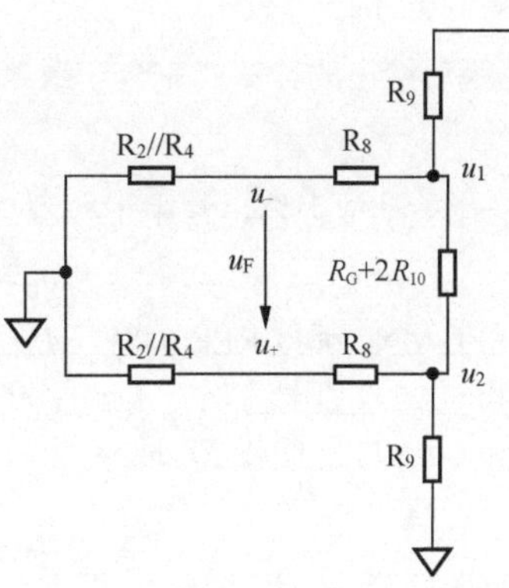

图 8.63　简化图

$$u_1 = u_O \frac{R_A}{R_A + R_9} \tag{8-136}$$

$$R_A = R_B // \left(R_G + 2R_{10} + R_B // R_9\right) = \frac{R_B \times \left(R_G + 2R_{10} + R_B // R_9\right)}{R_B + \left(R_G + 2R_{10} + R_B // R_9\right)} \tag{8-137}$$

$$R_B = R_8 + R_2 // R_4 \tag{8-138}$$

$$u_- = u_1 \frac{R_2 // R_4}{R_8 + R_2 // R_4} \tag{8-139}$$

$$u_2 = u_1 \frac{R_B // R_9}{R_G + 2R_{10} + R_B // R_9} \tag{8-140}$$

$$u_+ = u_2 \frac{R_2 // R_4}{R_8 + R_2 // R_4} \tag{8-141}$$

$$\begin{aligned} u_F = u_- - u_+ = \left(u_1 - u_2\right)\frac{R_2 // R_4}{R_8 + R_2 // R_4} = u_1\left(1 - \frac{R_B // R_9}{R_G + 2R_{10} + R_B // R_9}\right)\frac{R_2 // R_4}{R_8 + R_2 // R_4} = \\ u_O \frac{R_A}{R_A + R_9} \times \frac{R_G + 2R_{10}}{R_G + 2R_{10} + R_B // R_9} \times \frac{R_2 // R_4}{R_8 + R_2 // R_4} \end{aligned} \tag{8-142}$$

将 R_A 用前式代入，并做化简处理得：

$$\dot{F} = \frac{R_B \times \left(R_G + 2R_{10}\right)}{R_B \times \left(R_G + 2R_{10} + R_B // R_9\right) + R_9\left(R_B + \left(R_G + 2R_{10} + R_B // R_9\right)\right)} \times \frac{R_2 // R_4}{R_8 + R_2 // R_4} \tag{8-143}$$

$$\begin{aligned} \frac{1}{\dot{F}} = \frac{R_8 + R_2 // R_4}{R_2 // R_4} \times \frac{R_B \times \left(R_G + 2R_{10} + R_B // R_9\right) + R_9\left(R_B + \left(R_G + 2R_{10} + R_B // R_9\right)\right)}{R_B \times \left(R_G + 2R_{10}\right)} = \\ \frac{R_8 + R_2 // R_4}{R_2 // R_4} \times \left(1 + \frac{R_B // R_9 + R_9 + \dfrac{R_9(R_B // R_9)}{R_B}}{R_G + 2R_{10}} + \frac{R_9}{R_B}\right) \end{aligned} \tag{8-144}$$

根据式（7-7）得：

$$A_D = \frac{u_{OD}}{u_{ID}} = \frac{\dot{M}}{\dot{F}} = \dot{M} \times \frac{R_8 + R_2 // R_4}{R_2 // R_4} \times \left(1 + \frac{R_B // R_9 + R_9 + \dfrac{R_9(R_B // R_9)}{R_B}}{R_G + 2R_{10}} + \frac{R_9}{R_B}\right) \tag{8-145}$$

将不变项用数值代入，得：

$$A_D = \frac{u_{OD}}{u_{ID}} = \frac{\dot{M}}{\dot{F}} \approx 0.037 \times 24.4 \times \left(1.106574 + \frac{200\text{k}\Omega}{R_G + 2R_{10}}\right) \approx 1 + \frac{180\text{k}\Omega}{R_G + 20\text{k}\Omega} \tag{8-146}$$

此式与数据手册给出的计算式完全一致。

最后结论

LT1990 是一个差动放大器，常用于检测高侧或者低侧的负载电流。其输出表达式为：

$$u_O = V_{REF} + A_D \times u_{ID} \tag{8-147}$$

当 GAIN1 和 GAIN2 都接 REF 脚时，A_D=10；

当 GAIN1 和 GAIN2 都悬空时，A_D=1；

当 GAIN1 和 GAIN2 之间接 R_G 时：

$$A_D \approx 1 + \frac{180\text{k}\Omega}{R_G + 20\text{k}\Omega} \tag{8-148}$$

学习任务和思考题

（1）电路如图 8.64 所示。运放为理想的，场效应晶体管 2N7000 的 U_{GSTH}=2V，K=0.0502A/V2。

1）分析输出电压与负载电流的关系。

2）电路能够检测的最大负载电流是多少？

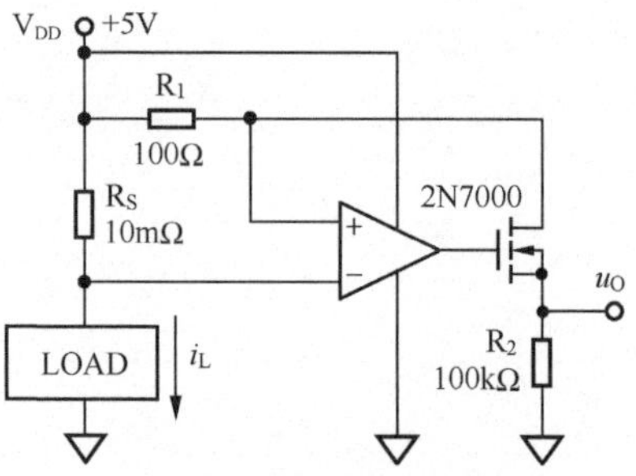

图 8.64　习题（1）图

（2）电路如图 8.65 所示，其中 CD4016B 是一个多路模拟开关，其中 1 脚和 2 脚之间(由 13 脚控制)、3 脚和 4 脚之间(由 5 脚控制)、8 脚和 9 脚之间(由 6 脚控制)，分别是受控的开关。当控制端电平为高，开关导通电阻约为几百 Ω，且有 10Ω 数量级的非平坦特性（即输入电压不同，导通电阻有区别）；当控制端电平为低，对应管脚之间断开，漏电流约为 0.1nA(15V 时，等效开路电阻约为 150GΩ)。

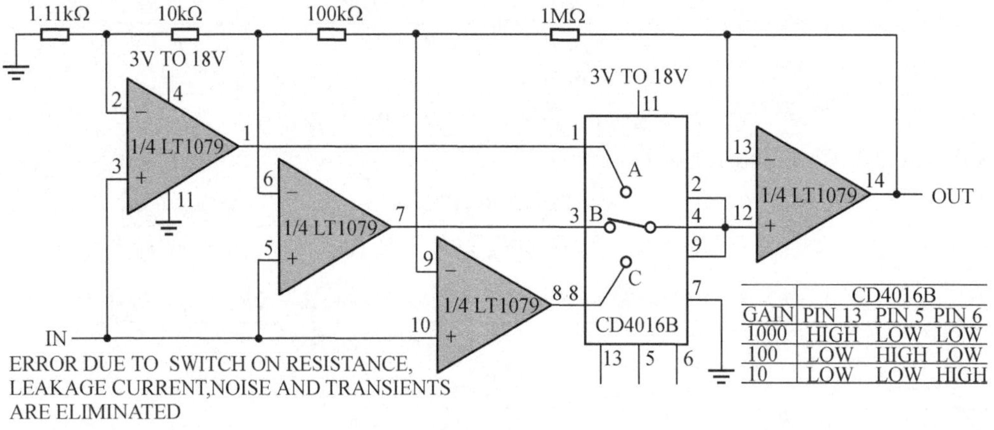

图 8.65　习题（2）图

1）分析电路的功能。

2）分析此电路如何克服模拟开关的导通电阻以及导通电阻非平坦特性的影响？

（3）电路如图 8.66 所示，其中 LT1990 为本节举例 19 所述的差动放大器。分析电路功能。

（4）电路如图 8.67 所示，其中 LT1990 为本节举例 19 所述的差动放大器。分析电路功能。

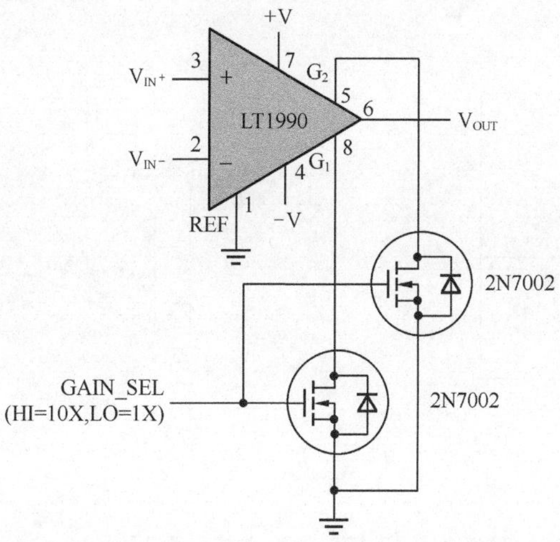

图 8.66　习题（3）图

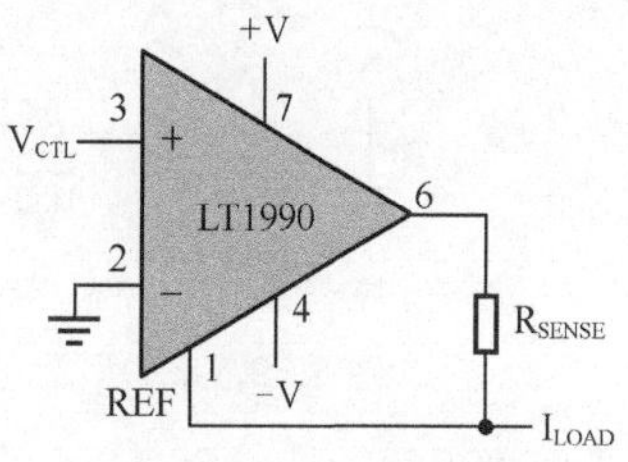

图 8.67　习题（4）图

（5）电路如图 8.68 所示，其中 LT1990 为本节举例 19 所述的差动放大器。分析电路功能，陈述与第 4 题电路的区别。

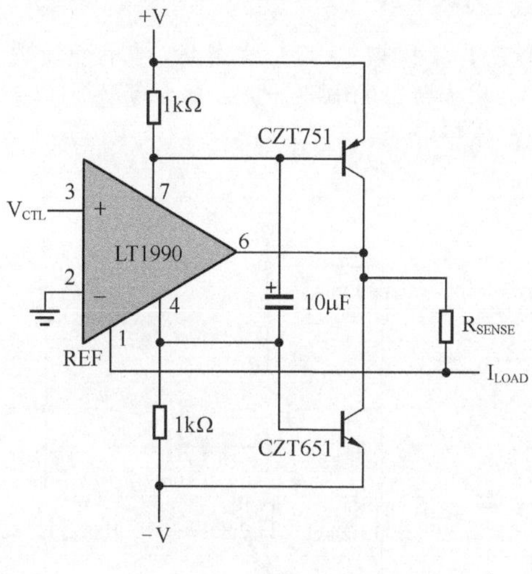

图 8.68　习题（5）图

8.3 负反馈电路分析方法：大运放法

有一些看似复杂的电路，如果能够将其分解为一个多级高增益放大电路和反馈网络的集合，则可以将其中的多级高增益放大电路用一个大运放（Macro Operational Amplifier，MOPA）代替，即在电路中找到大运放的正、负输入端和输出端，用一个大运放符号替换其中的复杂电路，以简化分析。

举例 1 串联型复合放大电路

图 8.69 是一个高增益复合放大电路。其中的 AD8603 是一款精密运放，但是它的带宽较小，要实现 100 倍放大，其通频带就会很窄。为了实现高增益下较宽的带宽，增加了一级 AD8541 实现的 100 倍放大，以补偿高频下 AD8603 的开环增益下降。

此时，可以将 AD8541 组成的 100 倍放大视为 AD8603 内部又增加了一级放大环节，形成了一个新的大运放，如图 8.69 中黄色区域，就可以演变成图 8.70 中的 MOPA（大运放）。对图 8.70 所示电路进行分析，就很简单了。

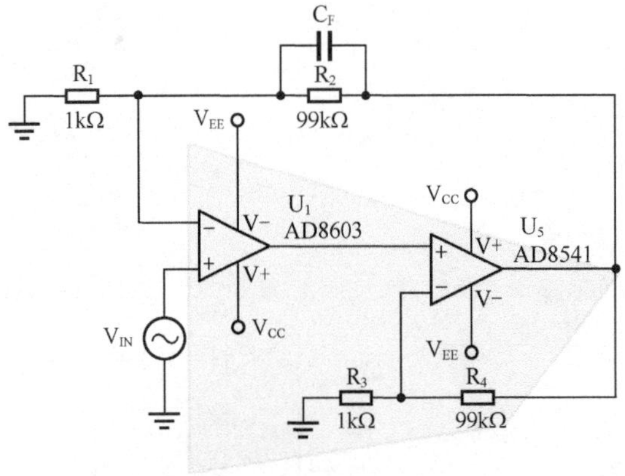

图 8.69　串联型复合放大器

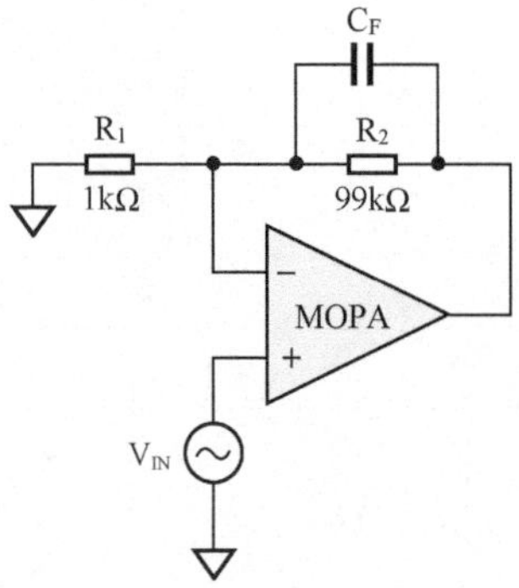

图 8.70　大运放等效

需要特别提醒的是，给一个运放（图中 AD8603）增加一级 100 倍的增益（靠图中 AD8541 实现），以实现一个开环增益更大的新运放，会带来好处，也会带来稳定性降低的风险。读者可以参考本书关于运放稳定性的章节。

举例 2　多级含负反馈BJT放大电路

图 8.71 所示是一个由 3 个 BJT 管组成的多级放大电路，含有负反馈。这样的电路，如果使用动态等效电路进行分析，读者将陷入极为复杂的电路计算。至少我至今还没有动过这样的念头，这实在太可怕了。用大运放分析法可以简化分析。

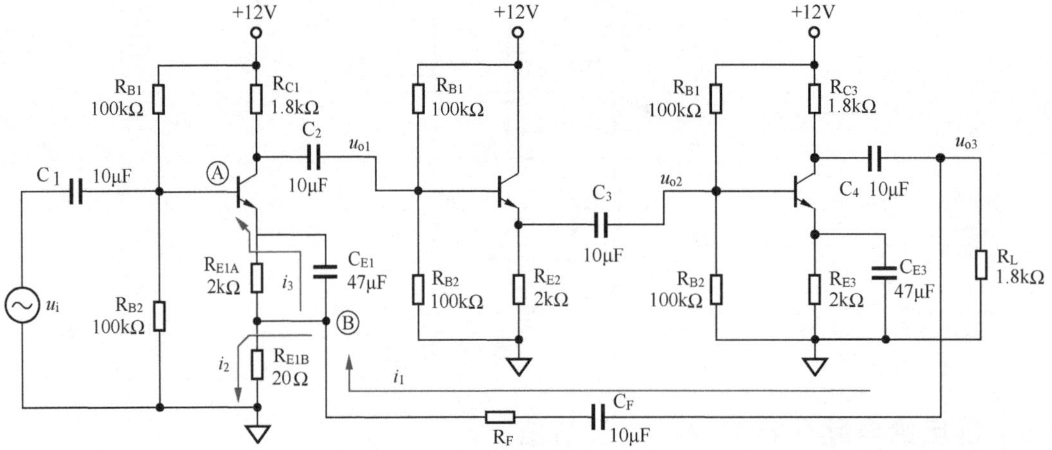

图 8.71　多级含负反馈 BJT 放大电路

首先，我们将反馈通路从 R_F 处断开，单纯看多级放大器。这是一个三级放大电路：由第一级放大、中间的共集电极放大、后级的共射极放大串联组成。它的开环增益主要取决于第一级和最后一级，一般可达几千倍到上万倍。对于信号通路来说，较大的电容都可视为短路，此时该级联放大器具有两个输入端：Ⓐ端和Ⓑ端。从Ⓐ端到输出端，是同相放大（共射极反相 + 共集电极同相 + 共射极反相），从Ⓑ端进入的信号，第一级放大属于共基极放大，为同相，第二级第三级与前述相同，因此，从Ⓑ端到输出端为反相放大。

因此，可以定义Ⓐ端为大运放的正输入端，Ⓑ端为大运放的负输入端。加上输出端 u_{o3}，就组成了大运放的关键 3 个管脚。

至此，电路可以简化为图 8.72 所示。对此电路的分析就简单多了。该电路的闭环电压增益约为：

$$A_{uf} = 1 + \frac{R_F}{R_{E1B}} \qquad (8\text{-}149)$$

可能会有读者产生疑惑：这个电路中Ⓐ端和Ⓑ端之间存在 0.7V 电位差，怎么能够按照运放的虚短分析呢？Ⓐ端和Ⓑ端都存在电流，又怎能使用虚断呢？

首先说虚短的问题。我们在分析闭环电压增益时，其实考虑的不是静态值，而是动态的信号值。我们说Ⓐ端和Ⓑ端之间是虚短的，是指Ⓐ端的动态信号幅度，与Ⓑ端的动态信号幅度相等，比如Ⓐ端是在静态的 5V 基础上叠加了一个 10mV 的正弦波，那么Ⓑ端可能是在 4.3V 的基础上叠加了一个 9.99mV 的正弦波，两者同相。那么Ⓐ端和Ⓑ端的动态电位差为只有 0.01mV 的正弦波。这与虚短是吻合的。

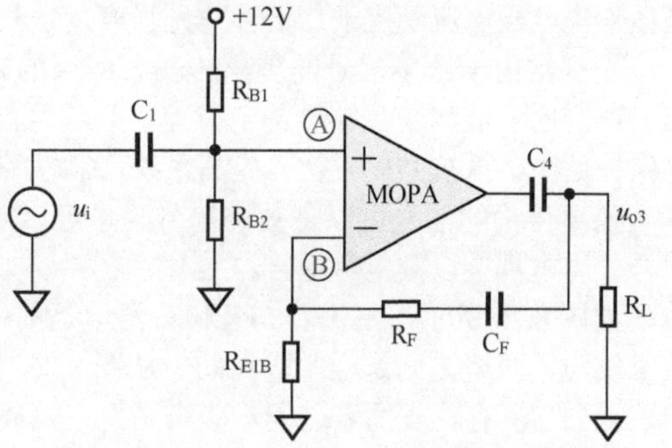

图 8.72　多级 BJT 电路的大运放等效

再说虚断。图 8.72 中 i_1 只要远大于 i_3，虚断就是成立的。因为 u_{o1} 的电压幅度一定远远小于 u_{o3} 的电压幅度（后级还有两级放大），如果电阻 R_F 和 R_{C1} 属于相同数量级，那么 u_{o1} 近似为 i_3 和 R_{C1} 的乘积，因此可知 i_3 一定远远小于 i_1。虚断成立。注意，这里的电压和电流均属动态值，与静态值毫无关系。

举例 3　多级含负反馈差动放大电路

图 8.73 是一个含有负反馈的差动放大电路。晶体管 VT_1 的门极作为一个输入端，晶体管 VT_2 的门极则为另一个输入端，图中节点 14 是输出端。从输入端到输出端之间存在很大的电压增益。这就形成了一个大运放。

首先要确定哪个是正输入端。VT_1 的门极加入一个正变化量，则 VT_1 的漏极输出负变化量（共源极放大电路），VT_7 为共射极放大电路，为反相的，则其输出为正变化量，VT_8 为跟随器，则其输出为节点 14，也为正变化量。因此，VT_1 的门极为正输入端。同理，可知，VT_2 的门极一定为负输入端。至此，将电路简化为图 8.74 所示，此为一个同相比例器，闭环电压增益为 10 倍。

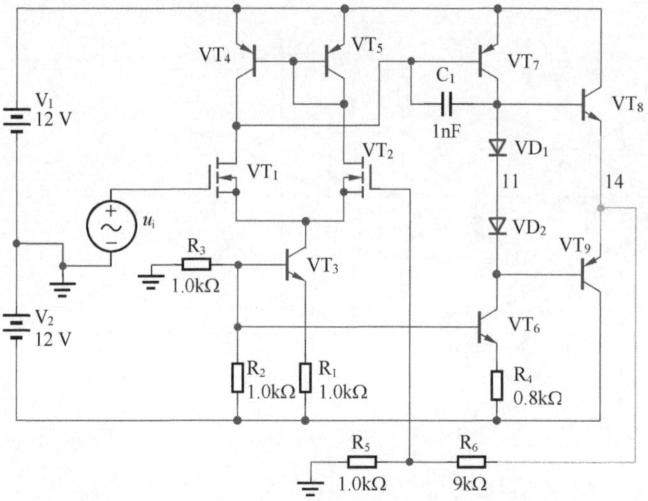

图 8.73　多级含负反馈的差动放大电路

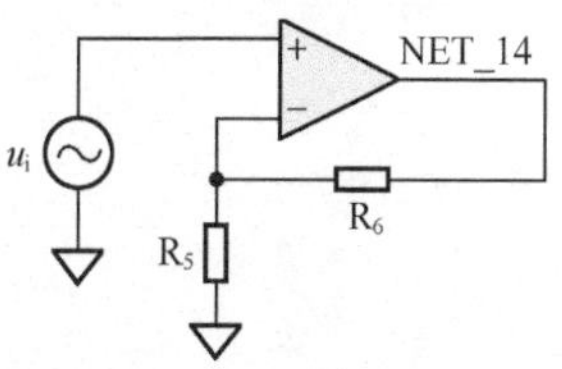

图 8.74　多级差动放大电路的大运放等效

举例 4　基于光电耦合器的隔离放大器

光电耦合器（Photoelectric Coupler）也称光耦合器（Optocoupler），简称光耦，由发光二极管和感光晶体管集成在一个密闭遮光腔内，如图 8.75 所示，详见本书第 4.14 节。常见的光耦有两种类型，一种是左图所示的 4 脚封装，其晶体管的基极不对外；另一种是如右图所示的 5 脚封装，具有基极管脚。

晶体管集电极电流受控于二极管发光强度，是其核心原理。

光耦常用于数字信号的隔离传输。所谓的隔离传输是指两个系统之间的供电是没有电气联系的，相互浮空的，能耐受足够高的电位差，且信号能够在两个系统之间传递。两个系统之间的隔离传输具有保护后级、抵抗共模干扰、提高系统可靠性等作用，在复杂电磁环境中应用广泛。

隔离传输的信号可以是数字信号，也可以是模拟信号。实现隔离传输的方式一般有 3 种：变压器耦合、光电耦合以及电容耦合。

如图 8.76 所示，左侧的 $5V_A$ 和三角地是前端的数字供电，右侧的 $3.3V_B$ 和“三横线”地是后级的数字供电，两者之间是浮空隔离的。从图 8.76 中看出，左侧红色区域与右侧绿色区域是没有电气联系的，只要“光”存在于两者之间，确实是电气隔离的。当输入的数字量改变时，会导致二极管或者熄灭，或者点亮，引起感光晶体管或者完全截止，或者饱和导通，进而引起 R_2 下端电位发生变化，后面的“非门”会输出相应的高低电平。

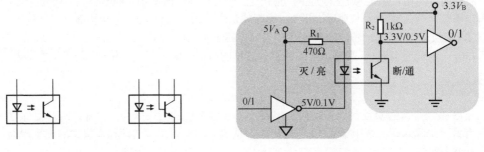

图 8.75　光电耦合器

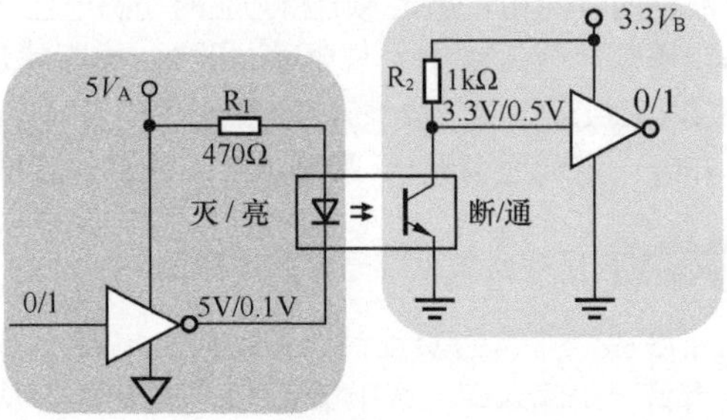

图 8.76　光电耦合器组成的数字信号隔离

这样，就实现了前级和后级之间既隔离又有数字信号传输过去的功能。

但是，由于光耦内部的发光二极管具有单向导电性和严重的非线性，直接使用光耦传输模拟信号是困难的。巧妙地，将光耦置于放大电路反馈环内，可以克服其非线性，实现模拟信号的隔离传输，电路如图 8.77 所示。

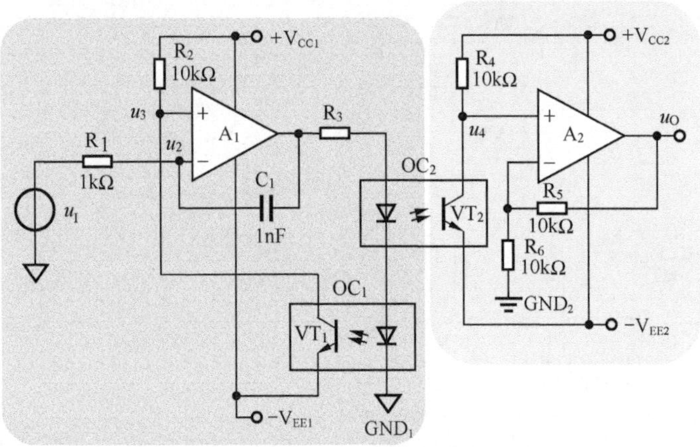

图 8.77　匹配对光电耦合器组成的模拟信号隔离放大

电路的核心在于使用了两个性能完全一致的光耦 OC_1 和 OC_2，它们具有相同的输出和传输特性。

看运放 A_1 组成的电路，它的输出经过 OC_1 的发光管，回送到 VT_1 的集电极，即运放的正输入端，进而影响输出，这构成了一个闭环反馈。我们必须分析这个闭环的反馈极性：假设 A_1 输出为 ⊕，则它会增大二极管发光电流，进而引起 VT_1 的集电极电流增大，导致 u_3 节点出现⊖，A_1 的输出也为⊖，构成负反馈。这样，A_1 的两个输入端就可以保证为虚短。

让我们先假设电容 C_1 是开路的。此时，节点 u_2 将与 u_I 完全相同。根据虚短，可知：

$$u_3 = u_2 = u_I \tag{8-149}$$

此时再看看 OC_2，一个奇妙的事情发生了：由于 OC_1 和 OC_2 的发光二极管是串联的，因此流过两个发光管的电流是相同的，再由于 OC_1 和 OC_2 是完全匹配的，当它们的二极管电流相同时，VT_1 和 VT_2 的外部电路又完全相同——都是发射极接负电源，集电极通过 10kΩ 电阻接到正电源上，如果两个电源的压差完全相同，那么，两个晶体管 VT_1 和 VT_2 的 u_{CE} 就完全相同。因此，在 u_4 节点，就出现了基于 GND_2 的、与 u_3 基于 GND_1 完全相同的波形。

$$u_{4\_GND2}=u_{3\_GND1} \tag{8-150}$$

经过 A_2 组成的 2 倍放大电路，则有：

$$u_{O\_GND2}=\frac{R_5+R_6}{R_6}u_{4\_GND2}=2u_{3\_GND1}=2u_{I\_GND1} \tag{8-151}$$

而 OC_2 在此实现了前级红色区域和后级绿色区域的电气隔离。整个电路实现了电气隔离，且实现了信号的 2 倍放大。

由于发光二极管在整个反馈环内部，根据负反馈对非线性的抑制（参见第 7.6 节）结论，可知此电路大幅度降低了光耦的非线性影响，当输入为纯净正弦波时，输出失真度可以做到 1% 以下，较好实现了模拟信号的隔离放大。

如果用大运放思路，可将运放 A_1 和 OC_2、OC_1、VT_1 和 R_2 组成的整个电路视为一个大运放，由于增加的这些电路起到了反相作用，可将 A_1 的正输入端视为负输入端，而负输入端为正输入端，这就是一个跟随器。

回过头来，再看看 C_1 的作用。当电容不存在时，A_1 的反馈环是由发光管、感光管回送的，它存在很严重的延时，使得 A_1 对高频变化的负反馈发生滞后，容易引起 A_1 工作异常。此时，在 A_1 的输出端和负输入端之间增加一个小电容 C_1，会保证它们之间建立起一个更加快速的反馈通路，保证 A_1 容易建立负反馈。当输入信号频率不是很高时，C_1 的容抗足够大，在正常工作时可视为开路。

8.4 负反馈电路分析方法：环路方程法

有些含有负反馈的电路难以直接使用虚短虚断法，也难以使用大运放法进行简化。此时，可以使用更普适的环路方程法。可以说，对任何含有负反馈的电路，只要你足够耐心，使用环路方程法总是能够得出正确的结论。

举例 1 单管含反馈放大电路

图 8.78 所示是一个单管放大器，电路以 R_B 为环路，形成负反馈。在保证静态工作点合适的情况下，求解电路的电压增益。

如果按照大运放法，可将晶体管和 R_C 配合视为一个增益较高的大运放，由此形成的大运放等效图如图 8.79 所示。当输入信号频率较高时，输入耦合电容 C_1、输出耦合电容 C_2 都可视为短路。此电路演变为一个反相比例器，利用虚短虚断，可以求得：

$$A_{uf}=\frac{u_o}{u_i}=-\frac{R_B}{R_S} \tag{8-152}$$

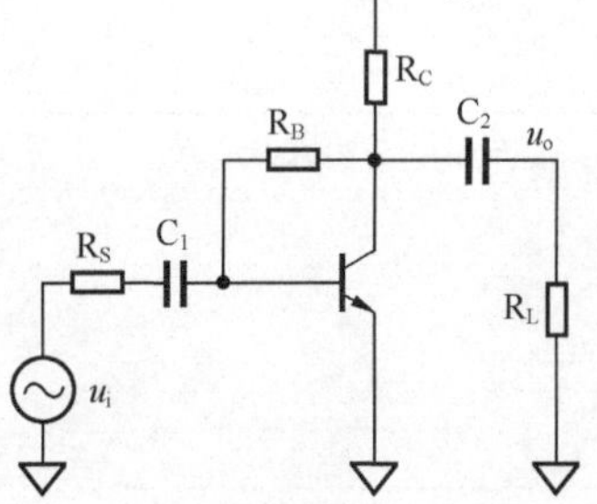

图 8.78 单管含反馈放大电路

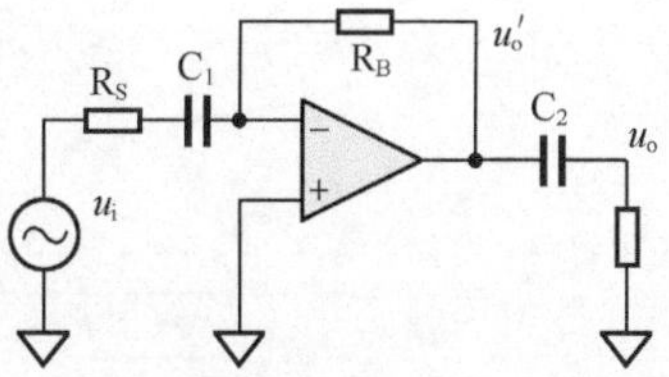

图 8.79 大运放法等效

但是，实际情况却与上述分析不吻合。

环路方程法是尽量不做任何假设，画出电路的完整反馈环路，列出环路中的全部节点方程，用精确求解的方法获得结果。

将电路中的晶体管用微变等效模型代入，得到含有反馈环路的完整动态等效电路，如图 8.80 所示。

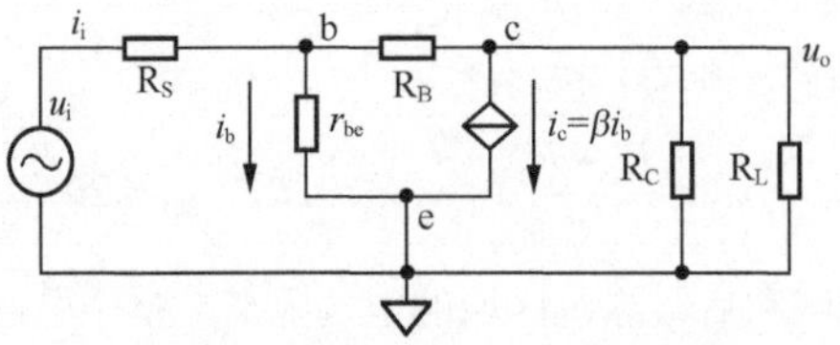

图 8.80　含反馈环路的完整动态等效电路

节点 b 电流方程：

$$\frac{u_i-u_b}{R_S}=\frac{u_b}{r_{be}}+\frac{u_b-u_o}{R_B} \tag{8-153}$$

化简解得：

$$r_{be}R_Bu_i-r_{be}R_Bu_b=R_SR_Bu_b+r_{be}R_Su_b-r_{be}R_Su_o \tag{8-154}$$

$$u_b\left(R_SR_B+r_{be}R_S+r_{be}R_B\right)=r_{be}R_Bu_i+r_{be}R_Su_o \tag{8-155}$$

$$u_b=\frac{r_{be}R_Bu_i+r_{be}R_Su_o}{R_SR_B+r_{be}R_S+r_{be}R_B} \tag{8-156}$$

节点 c 电流方程：

$$\beta\frac{u_b}{r_{be}}=\frac{u_b-u_o}{R_B}-\frac{u_o}{R_L'} \tag{8-157}$$

将式（8-156）代入：

$$\beta\frac{R_Bu_i+R_Su_o}{R_SR_B+r_{be}R_S+r_{be}R_B}=\frac{\dfrac{r_{be}R_Bu_i+r_{be}R_Su_o}{R_SR_B+r_{be}R_S+r_{be}R_B}-u_o}{R_B}-\frac{u_o}{R_L'} \tag{8-158}$$

继续化简：

$$\beta\frac{R_Bu_i}{R_SR_B+r_{be}R_S+r_{be}R_B}+\beta\frac{R_Su_o}{R_SR_B+r_{be}R_S+r_{be}R_B}=\frac{r_{be}R_Bu_i}{R_B(R_SR_B+r_{be}R_S+r_{be}R_B)}+\frac{r_{be}R_Su_o}{R_B(R_SR_B+r_{be}R_S+r_{be}R_B)}-\frac{u_o}{R_B}-\frac{u_o}{R_L'} \tag{8-159}$$

$$u_i\left(\frac{\beta R_B-r_{be}}{R_SR_B+r_{be}R_S+r_{be}R_B}\right)=u_o\left(-\beta\frac{R_S}{R_SR_B+r_{be}R_S+r_{be}R_B}+\frac{r_{be}R_S}{R_B(R_SR_B+r_{be}R_S+r_{be}R_B)}-\frac{1}{R_B}-\frac{1}{R_L'}\right) \tag{8-160}$$

解得：

$$A_{uf}=\frac{u_o}{u_i}=\frac{\dfrac{\beta R_B-r_{be}}{R_SR_B+r_{be}R_S+r_{be}+R_S}}{-\beta\dfrac{R_S}{R_SR_B+r_{be}R_S+r_{be}R_B}+\dfrac{r_{be}R_S}{R_B(R_SR_B+r_{be}R_S+r_{be}R_B)}-\dfrac{1}{R_B}-\dfrac{1}{R_L'}}=$$

$$-\frac{\beta R_B - r_{be}}{\beta R_S - \frac{r_{be}}{R_B}R_S + \frac{R_S + R_B + r_{be}R_S + r_{be}R_B}{R_B} + \frac{R_S R_B + r_{be}R_S + r_{be}R_B}{R_L'}} =$$

$$-\frac{\beta R_B - r_{be}}{\beta R_S - \frac{r_{be}}{R_B}R_S + R_S + \frac{r_{be}}{R_B}R_S + r_{be} + \frac{R_S R_B + r_{be}R_S + r_{be}R_B}{R_L'}} = \quad (8\text{-}161)$$

$$-\frac{\beta R_B - r_{be}}{\beta R_S + R_S + r_{be} + \frac{R_S R_B + r_{be}R_S + r_{be}R_B}{R_L'}}$$

显然，式（8-161）为标准答案，与式（8-152）是不同的。利用环路方程法虽然麻烦，但是准确。用仿真软件对该电路进行实测，与式（8-161）是吻合的。

举例2 电流反馈型运算放大器（Current Feedback Amplifier，CFA）

多数运算放大器的内部结构类似于图7.21所示，这属于电压反馈型运放（Voltage Feedback Amplifier，VFA）。在运放家族中，还有一类运放，被称为电流反馈运算放大器。电流反馈型运放的内部结构如图8.81所示，求解该电路的输入输出关系。

电流反馈型运放的正输入端是一个高阻输入、低阻输出的跟随器，跟随器输出阻抗为 Z_B，此端作为运放的负输入端，在外部连接配合下，Z_B 上流过的电流 i 是放大器的核心输入，此电流被内部电路映射为一个受控电流源，受控电流源流经内部一个很大的阻抗 Z，产生一个电压信号，该电压信号经过一个含有低输出阻抗 Z_O 的跟随器，送达输出端。

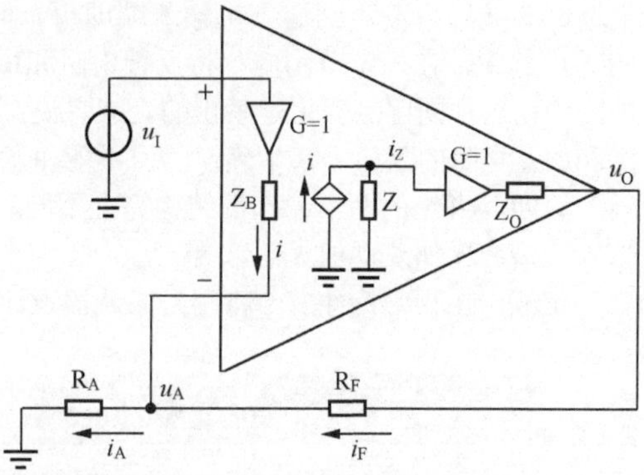

图8.81 电流反馈型运算放大器组成的同相放大器

据此，设运放负输入端对地电位为 u_A，假设输出阻抗 Z_O=0，有下式成立：

$$i = \frac{u_I - u_A}{Z_B},\ i_F = \frac{u_O - u_A}{R_F},\ i_A = \frac{u_A}{R_A},\ i_A = i + i_F \quad (8\text{-}162)$$

另 $u_o = iZ$,（忽略了内部跟随器误差，以及输出阻抗的影响）得：

$$u_A = u_I - iZ_B = u_I - \frac{u_O}{Z}Z_B \quad (8\text{-}163)$$

据式（8-162）得：

$$\frac{u_A}{R_A} = \frac{u_I - u_A}{Z_B} + \frac{u_O - u_A}{R_F}$$

将式（8-163）代入，整理得：

$$u_O\left(R_F R_A \frac{Z_B}{Z} + Z_B R_A + (R_A + R_F)\frac{Z_B^2}{Z}\right) = u_I Z_B (R_A + R_F) \quad (8\text{-}164)$$

$$A_{uc} = \frac{u_O}{u_I} = \frac{R_A + R_F}{R_A} \times \frac{1}{1 + \frac{R_F + Z_B \frac{R_A + R_F}{R_A}}{Z}} \quad (8\text{-}165)$$

式中，电流反馈放大器的主要放大能力来自于非常大的 Z，使得后一项分母近似为1。则式（8-165）变为：

$$A_{uc} = \frac{u_O}{u_I} \approx \frac{R_A + R_F}{R_A} \quad (8\text{-}166)$$

类似的分析可以得出，对于反相输入放大器来说，其电压增益为：

$$A_{uc}=\frac{u_O}{u_I}\approx-\frac{R_F}{R_A} \tag{8-167}$$

对于同相比例器（图 8.81）和反相比例器电路，用电流反馈型运放 CFA 代替传统的电压反馈型运放 VFA，看起来结果没有发生明显变化。这导致很多成熟的电路既可以用 VFA 实现，也可以用 CFA 实现，这让设计者放松了警惕。

其实，两者区别还是蛮大的，至少随意的替换是不被允许的。本书不会深入介绍这种复杂的内部不同和外部区别，仅介绍一些简单的概念。

第一，CFA 具有天生的更好的频率特性，能实现高增益宽带放大，以及具备较大的压摆率。因此，在高频、高增益、大输出幅度放大环节，首选 CFA。

第二，CFA 一般不遵循 VFA 具备的“增益带宽乘积为常数”的规律。对于 VFA 电路来说，当闭环增益上升 10 倍，一般来说，其带宽会下降为原先的 1/10。而对于 CFA 电路来说，当闭环增益上升 10 倍，其带宽的下降并不强烈，可能是原先的 1/2 或者 1/3。

第三，CFA 电路对外部电阻的要求远比 VFA 严格。制作一个电压跟随器时，VFA 只需要一根反馈的导线，将输出回送到负输入端即可，而 CFA 需要一个指定的电阻将输出回送到负输入端。在 VFA 电路中，在一定范围内，将反馈电阻和增益电阻同比例变化，对电路性能的影响很小，而在 CFA 电路中，这种同比例变化是禁止的。或者说，一个 CFA 组成的同相比例器，当增益确定后，其反馈电阻和增益电阻的阻值是基本确定的，不能随意变化。

第四，CFA 的两个输入端结构完全不同，这导致很多利用运放输入端对称性做出的电路不能使用 CFA 实现，比如差动放大器。

第五，在频率特性上，特别是滤波器设计中，要更换运放为 CFA，必须慎重考虑。

9 实际运算放大器

此前使用的运算放大器多数属于理想放大器：输入阻抗无穷大、开环增益无穷大、带宽无穷大、输入输出严格遵循过零点线性比例关系，等等。但是，我们能够买到的，由芯片生产商提供给用户的运算放大器，没有一个是理想的。

本节讲述实际运算放大器是怎么制成的，它们和理想运放有什么区别，衡量这些非理想特性的主要技术参数有哪些，以及这些非理想特性对实际电路有什么影响，最后使用实际运算放大器完成一个设计。

9.1 用晶体管自制一个运算放大器

用晶体管自行制作一个运算放大器，首先需要明确设计目标：

1）它有两个电源管脚——正电源、负电源，没有接地脚。有两个输入管脚，它们是差分输入的。有一个输出管脚。

2）输入输出之间是直接耦合的，且近似满足：$u_{OUT}=A_{uo}\left(u_+-u_-\right)$。

3）其中开环增益 A_{uo} 应尽量大，一般需大于 10000。

4）输入阻抗尽量大，输出阻抗尽量小。

5）将其代替前述负反馈电路中的理想运放，多数情况下能够正常工作。

图 9.1 是我自己设计的一个运算放大器，设计中没有考虑集成电路生产工艺要求。因此它只是一个运放雏形。但是，用这个电路可以清晰说明运放是怎么制作的。

图 9.1 中 5 个黑色圆圈分别表示：正电源、负电源、正输入端、负输入端、输出端。

首先，考虑到差分输入，因此第一级使用差动放大器结构，以 VT1、VT2 组成了差动放大器的核心。其次，考虑到要求输入阻抗足够大，选择 VT1、VT2 时采用了 MOSFET。

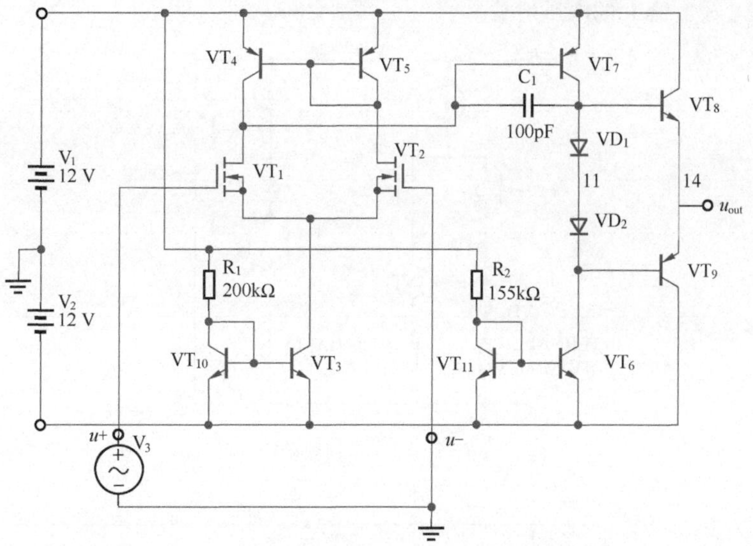

图 9.1　用晶体管实现的一个运算放大器雏形

为了提供较大的共模抑制比，差动放大器采用了恒流源作为 R_E 的设计，VT_3 起到了恒流源作用，参见本书第 4.5 节内容。其中，VT_3 的恒流特性是靠 VT_{10} 和 VT_3 组成的电流镜实现的。参见本书第 4.6 内容。可以算出，VT_3 集电极恒定电流约为：

$$I_{CQ3}=\frac{V_1-V_2-0.7V}{R_1}=118.5\mu A$$

为了提高第一级差动放大器的增益，差动放大器的 R_C 用恒流源负载代替，此内容请参考本书第 4.1 节。所谓的恒流源还是使用电流镜实现。图 9.1 中 VT_4 和 VT_5 实现的就是恒流源负载。

差动放大器的输出为 VT_1 的集电极，单端输出，此处完成了差分输入到单端输出的转换，此后的电路均为单端信号传递。

仅有一级放大不足以实现 10000 倍以上的开环增益，因此设计了第二级放大电路，由 VT_7 实现。同样地，为了提高本级增益，也使用电流镜实现的恒流源负载代替电路中的 R_C，电路中 VT_{11} 和 VT_6 组成恒流源负载，为主放大器 VT_7 服务。

VT_7 的集电极输出，经过 VT_8、VT_9 组成的互补推挽输出级实现最终的输出，这种推挽设计，其实就是一对射极跟随器，有效降低了输出阻抗。

图 9.1 中的两个二极管 VD_1 和 VD_2 的作用是降低输出端互补推挽电路产生的交越失真。

电路中全部信号传递均没有使用电容隔直，因此满足直接耦合要求。

电路中的电容 C_1 是一个小环负反馈电容，其值很小，可以用集成电路工艺实现，其作用在于给整个放大电路提供一个低通环节，使得放大电路在高频时增益急剧下降，以避免此运放形成负反馈电路时，出现自激振荡。关于自激振荡及如何避免，本书其他章节会涉及。

至此，整个运算放大器设计完毕。读者可以自行对此电路实施开环测试、闭环测试。我自己的实测表明，它是可以正常工作的。

9.2 | 运算放大器的内部构造

本节介绍几个运算放大器的内部构造。只为初识庐山真面目，不求对内部的具体设计全面了解。

图 9.2 是美国国家半导体公司（NS，2011 年被 TI 公司收购）的 LF411 通用运放内部简化结构图。图 9.3 是该运放的内部细节电路。

在简化结构图中，由 J_1、J_2、VT_3、I_1 组成差动输入级。两个场效应管具有较高的输入阻抗。I_1 恒流源提供 J_1 和 J_2 的静态电流，属于恒流源偏置电路，且具有提高共模抑制比的效果。VT_3 为恒流源负载，提高核心放大器 J_2 的电压增益。

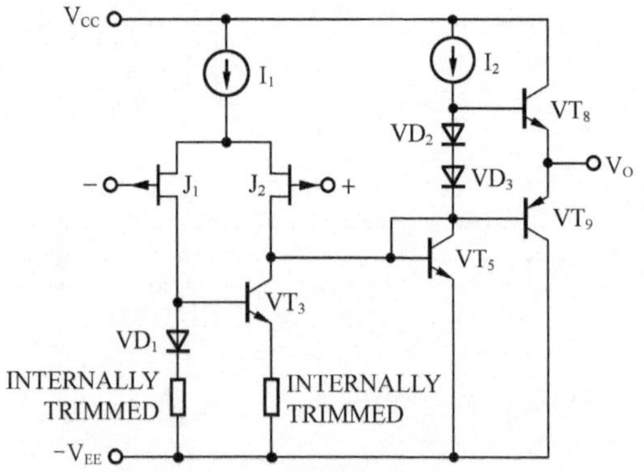

图 9.2　LF411 简化结构

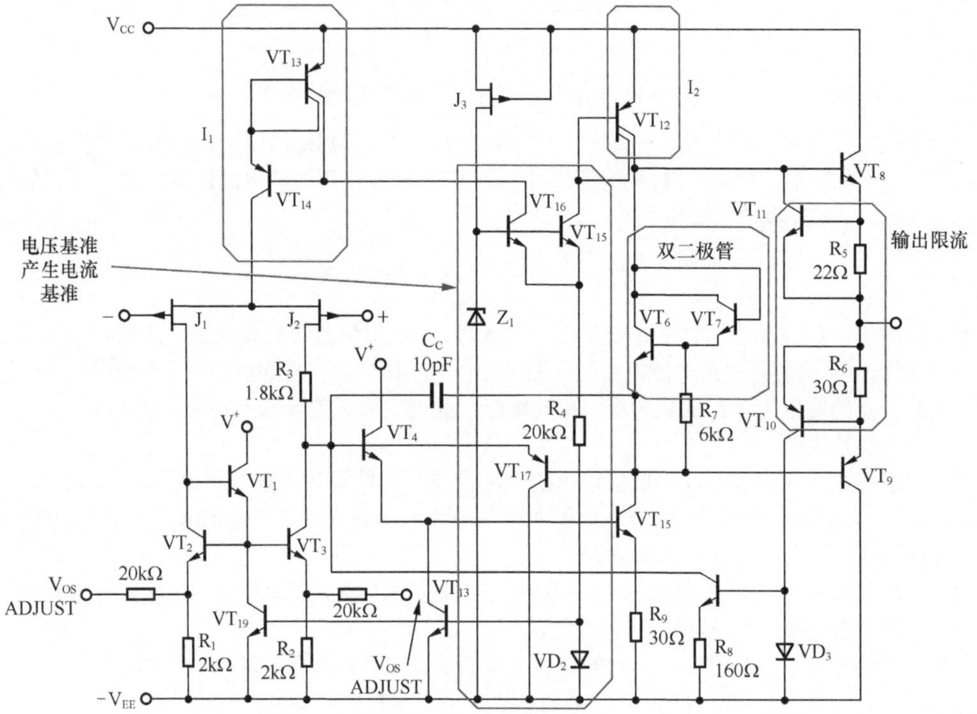

图 9.3　LF411 详细结构

VT_5、I_2 组成中间级放大，是一个共射极放大电路。I_2 作为恒流源负载，提高核心放大器 VT_5 的电压增益。

VT_8、VT_9、VD_2、VD_3 组成克服交越失真的互补推挽输出级。

对细节电路，本书不详述，仅在图中做了一些标注。对此有兴趣的读者，可以参考其他资料。

同样地，LM124 简化结构如图 9.4 所示。它由 4 个晶体管实现差动输入级，VT_{12} 实现中间级共射极放大，VT_6、VT_{13} 实现输出级。VT_9 是 VT_3 的恒流源负载，100μA 恒流源作为 VT_{12} 的恒流源负载，VT_7 实现输出限流保护。

据此，可以将多数运算放大器内部结构统一为如图 9.5 所示的结构框图。它一般由差动输入级、中间放大级、输出级组成主电路，恒流源偏置电路和恒流源负载都是服务于主电路的，用于提供合适的静态电流、提供较大的动态电阻。输出级的限流保护几乎每个运放都有，而失调电压调节只在部分运放中存在。某些运放在输入端还有输入端保护，图中没有画出。

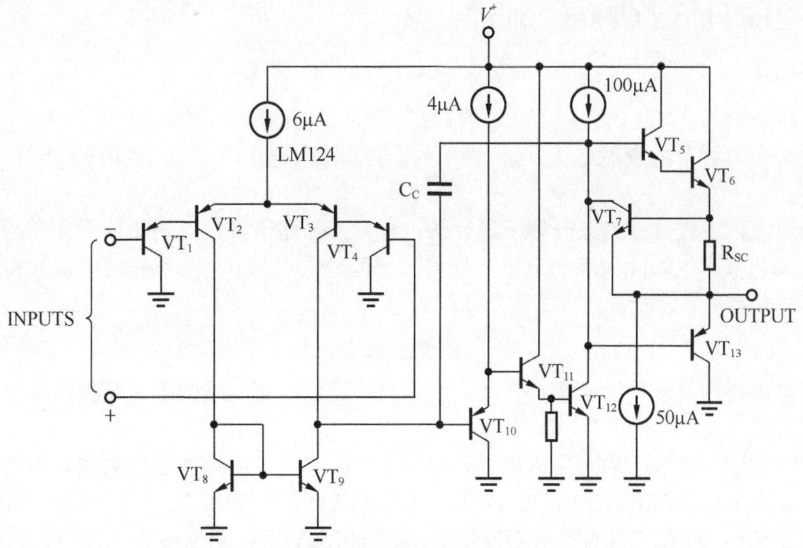

图 9.4　LM124 简化结构

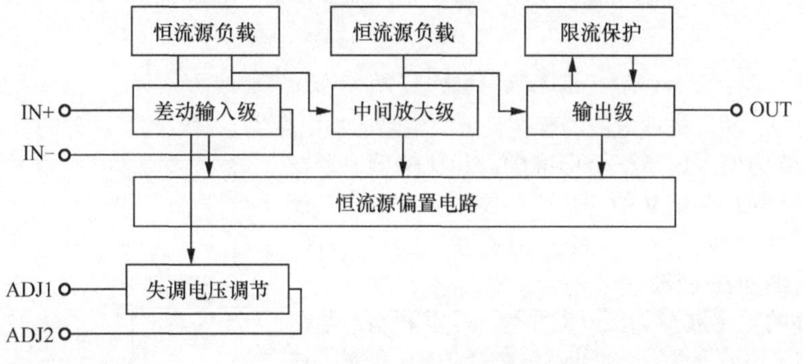

图 9.5　普通运放内部框图

9.3　运放的关键参数

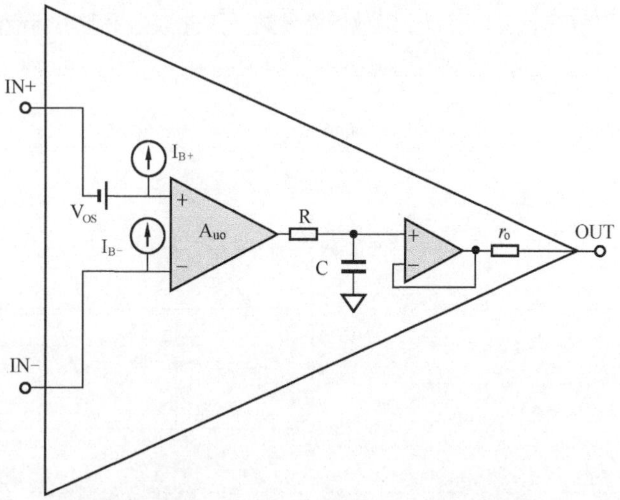

图 9.6　表现运放几个关键指标的实际运放等效模型

本节和第 9.4 节中，有部分内容摘自作者著，科学出版社出版之《你好，放大器》初识篇。

实际运放与理想运放具有很多差别。理想运放就像一个十全十美的人，他学习好，寿命无限长，长得没挑剔，而实际运放就像我们每一个个体，不同的人具有不同的特点。要理解这些差别，就必须认识实际运放的参数。

图 9.6 是用于描述实际运放几个关键参数的等效模型。模型中，第一个黄色运放是一个近似的理想运放，只有 A_{uo} 不是无穷大，其余都是理想的。第二个运放是一个理想运放，它组成了一个电压跟随器。我们结合这个模型，由重要到次要，依序介绍运放的几个关键参数。

◎输入失调电压（Input Offset Voltage）V_{OS}

本质定义

当运放的两个输入端接地时，由于 V_{OS} 的存在，经过 A_{uo} 倍放大，输出电压必然不是 0。在运放的负输入端施加一个可调节的直流电压 u_{OS}，调节 u_{OS} 使得输出电压等于 0，此时的 u_{OS} 为运放的输入失调电压 V_{OS}。

注意，上述测试过程是在运放开环下进行的，它只为描述该参数，是想象中存在的，在现实中我们无法做到精细调节产生如此精准的电压，使得开环运放输出为 0。输入失调电压的实际测量方法另有标准测试电路，本书不涉及。

根源和大小

输入失调电压是任何一个运放都存在的，它来自于运放内部电路的电路结构以及非对称性，是难以从根本上消除的。

高速运放或者通用运放的输入失调电压一般为 mV 数量级。而精密运放的输入失调电压较小，一般小于 10μV。ADI 公司生产的 ADA4528-1，采用 0 漂移技术，其输入失调电压典型值常温下为 0.3μV，最大值不超过 2.5μV，且失调电压随温度变化不超过 0.015μV/℃，属于极为优秀的运放。TI 公司生产的 TLC2652 也具有类似的性能，但它的外部需要接一个电容。

输入失调电压，特别是输入失调电压温漂，对直流放大器，比如电子秤、万用表中的前端测量电路，影响巨大。

输入失调电压对放大电路的影响

在实际应用中，输入失调电压的存在使放大电路的输出产生不期望的、额外的直流电压。

以图 9.7 电路为例，这是一个标准的同相比例器，增益为 101。输入信号为幅度 5mV 的正弦波，频率为 1kHz，直流偏移量为 0V，按照理论分析，电路输出应为幅度为 505mV、直流偏移量等于 0V 的正弦波。

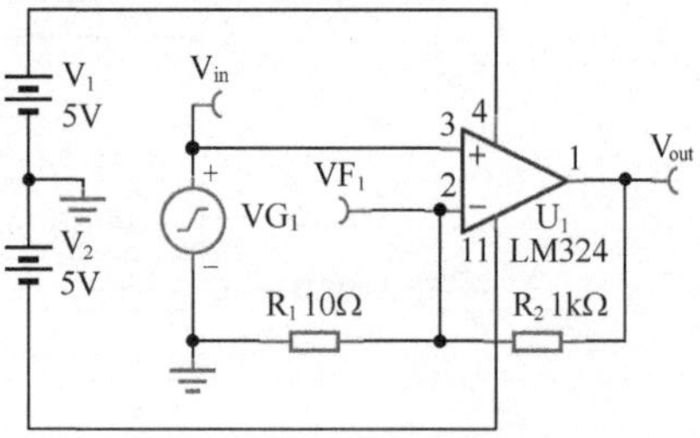

图 9.7　失调电压举例电路 1

但是，实际的输出波形如图 9.8 所示，可以看出，输出峰峰值是正确的，但波形含有 200mV 左右的直流偏移量。这是设计者不期望的，但却出现了。我们称这个 200mV 的输出直流偏移量为“输出失调电压”，用 U_{OS_OUT} 表示，它的标准定义是：一个放大电路，当输入为 0V 时，输出存在的直流电压。它与电路中运放的输入失调电压有关，也与电路的增益有关，也与后续要讲的偏置电流、外部电阻值等有关，不属于运放固有参数，因此数据手册不会给出。

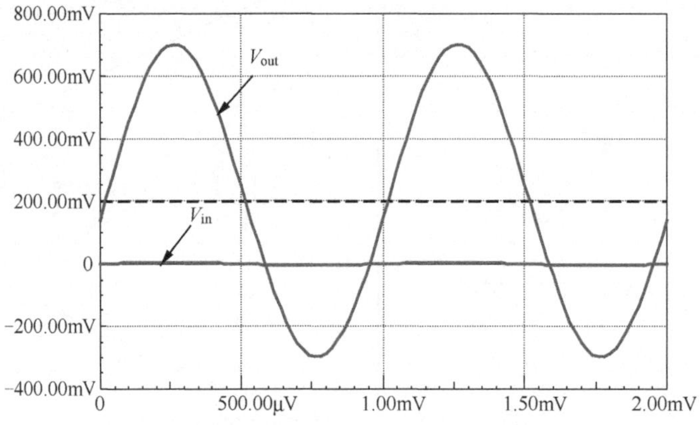

图 9.8　失调电压举例电路 1 的输入输出波形

为了解释输入失调电压对运放电路的影响，将图 9.7 所示的电路用仅含有输入失调电压的运放模型代入，得到图 9.9。分析如下：

$$u_+ = u_{IN} + V_{OS} = u_- \text{（黄色理想运放虚短）} \quad (9\text{-}1)$$

$$u_{OUT} = \left(1+\frac{R_2}{R_1}\right)u_+ = G\left(u_{IN}+V_{OS}\right) = Gu_{IN} + GV_{OS} = Gu_{IN} + U_{OS\_OUT} \quad (9\text{-}2)$$

即信号被放大 G 倍的同时，输出端还包含了 G 倍输入失调电压的直流分量，也就是输出失调电压。

在 TINA 模型中，LM324 的输入失调电压被设置为 2mV，因此，经过 101 倍放大后，理论上应为 202mV 的输出失调电压，目测 200mV 很正常。

将图 9.9 所示的电路改为反相比例器，如图 9.10 所示。它的输出失调电压计算如下。

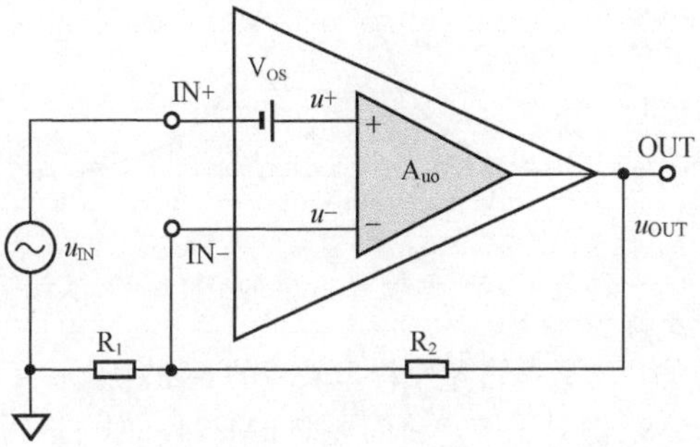

图 9.9 含运放输入失调电压等效模型的同相比例器电路

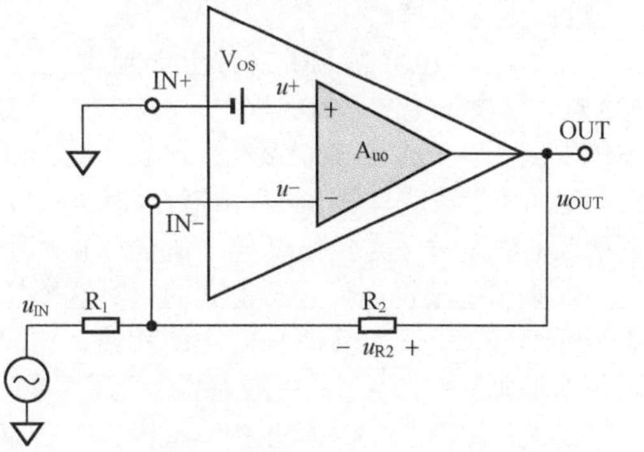

图 9.10 含运放输入失调电压等效模型的反相比例器电路

$$u_+ = V_{OS} = u_- \text{（黄色理想运放虚短）} \quad (9\text{-}3)$$

$$u_{OUT} = u_- + u_{R2} = V_{OS} + R_2 \times \frac{V_{OS}-u_{IN}}{R_1} = V_{OS}\left(1+\frac{R_2}{R_1}\right) - u_{IN}\frac{R_2}{R_1} = G_N V_{OS} + G_{SGN}u_{IN} = U_{OS\_OUT} + G_{SGN}u_{IN} \quad (9\text{-}4)$$

即信号被放大了 G_{SGN} 倍：

$$G_{SGN} = -\frac{R_2}{R_1} \quad (9\text{-}5)$$

这是信号增益，与平时我们熟知的反相比例器增益吻合。

而输入失调电压被放大了 G_N 倍：

$$G_N = 1+\frac{R_2}{R_1} \quad (9\text{-}6)$$

其中，G_N 被称为放大电路的噪声增益，也可以理解为“输入失调电压增益”。它是指电路对运放正输入端内部存在的输入失调电压、等效输入噪声产生的增益。之所以叫噪声增益，而不叫“输入失调电压增益”，完全是习惯。

在标准反相放大电路中，噪声增益与同样电阻的同相比例器的信号增益相同。在标准同相放大电路中，噪声增益与信号增益相同。对其他电路，噪声增益应结合图 9.9 和图 9.10 结构重新计算，不要套用上述计算式。

数据手册中失调电压相关数据的含义

在运放 LM324 的数据手册中关于失调电压如图 9.11 所示。

从截图中看出，LM324 的输入失调电压（此数据手册中用 V_{IO} 表示，不同厂商，甚至相同厂商不同器件，符号表示方法略有不同，不必在意）典型值为 3mV，最大值为 7mV。这是什么含义呢？

electrical characteristics at specified free-air temperature, V_{CC} = 5 V (unless otherwise noted)

PARAMETER		TEST CONDITIONS†	T_A‡	LM124 LM224 MIN	LM124 LM224 TYP§	LM124 LM224 MAX	LM324 LM324K MIN	LM324 LM324K TYP§	LM324 LM324K MAX	UNIT
V_{IO}	Input offset voltage	V_{CC} = 5 V to MAX, $V_{IC} = V_{ICR}$min, V_O = 1.4 V	25°C		3	5		3	7	mV
			Full range			7			9	

图 9.11　在运放 LM324 的数据手册中关于失调电压

同一种型号的运放，一颗芯片与另外一颗芯片的输入失调电压是不一样的。同一颗运放，在不同条件下，比如不同温度，它的输入失调电压也会变化。但是，对于同一型号的运放来说，它的输入失调电压会满足一定的统计学规律。

比如，对 1000 颗 LM324（至于到底是 1000 颗，还是 100 颗，取决于生产厂商的规定），在 25℃下实施输入失调电压实测，以 1mV 为聚类区间，得到如图 9.12 所示的柱状图（纯属作者臆造，只为解释清晰），最负的为 -5.5mV，最正的为 6.8mV——属于 7mV 档。那么，最大值就是 7mV。

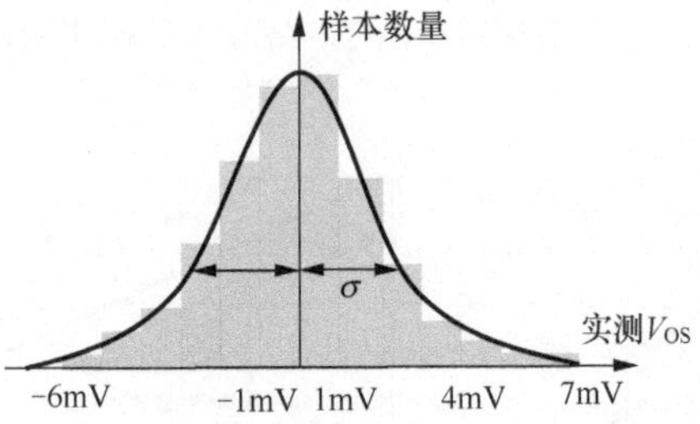

图 9.12　假想 LM324 的多样片 V_{OS} 实测结果

典型值是根据高斯分布得到的。对这个柱状图实施正态分布曲线拟合，得到图 9.12 中的实线，它的标准差 σ 就是数据手册中的典型值。标准差的含义是，在 $\pm\sigma$ 之内的样本数量占整个样本数量的 68.27%。

因此，根据 LM324 给出的典型值 3mV、最大值 7mV，面对手中拿着的那颗 LM324，你可以得出如下结论。

1）在标准测试条件下，该运放的输入失调电压可能是正值，也可能是负值，但其绝对值不会超过 7mV。

2）在标准测试条件下，该运放的输入失调电压绝对值小于 3mV 的概率为 68.27%。

当然，真正的生活不会如此精确。不同生产厂商对此的操作方法是不同的。但是，有两点是确定的：第一，最大值是一定数量样本中测量获得的；第二，典型值是按照概率获得的。厂商想说：多数情况下，失调电压绝对值不超过典型值。

◎输入偏置电流（Input Bias Current）I_B

除前述的输入失调电压外，实际运放的两个输入端在正常工作时，始终存在不为 0 的静态流进电流（有可能正，也有可能负，定义流进时为正），如图 9.13 所示。对 BJT 组成输入级的运放，这个电流就是差动输入级晶体管的基极电流 I_{BQ}，没有它，差动输入级晶体管就没有合适的静态工作点，因此对 BJT 组成输入级的运放，此值是不小的。对于场效应管组成输入级的运放，这个电流是输入级晶体管的门极静态漏电流，因此此值很小。

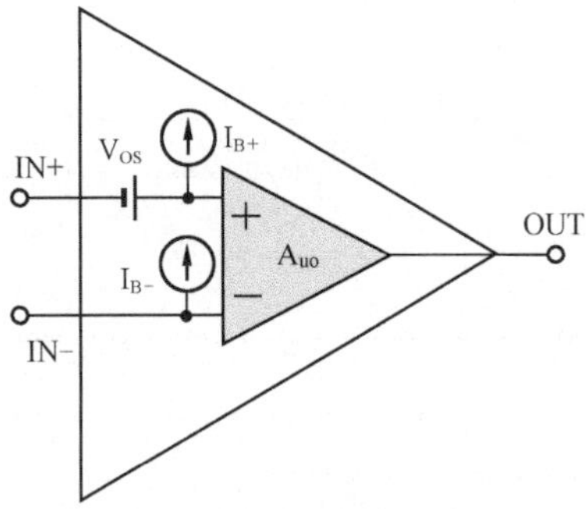

图 9.13　表现运放偏置电流和失调电流的等效模型

在图 9.13 中，正输入端流进电流定义为 I_{B+}，负输入端流进电流定义为 I_{B-}。输入偏置电流是两者的平均值：

$$I_B = \frac{I_{B+} + I_{B-}}{2} \tag{9-7}$$

一个正常工作的运放的偏置电流并不是固定的。数据手册给出的仅仅是特定状态下的测量值。偏置电流主要受到温度、共模电压的影响。多数情况下，温度越高，偏置电流越大。共模电压是指实际工作时，两个输入端的共模电压，它对偏置电流的影响随不同运放而不同，可以通过查阅数据手册获得。

◎输入失调电流（Input Offset Current）I_{OS}

输入失调电流是两个输入端静态电流的差值，一般没有正负区别，因此为：

$$I_{OS}=\left|I_{B+}-I_{B-}\right| \tag{9-8}$$

多数情况下，输入偏置电流与输入失调电流近似相等，或者维持在一个数量级。BJT 组成的运放，特别是高速运放，其偏置电流可能大到几十 μA，而高阻型精密运放的偏置电流可以小到几十 fA，两者相差 10^9 倍。

◎前三项对输出失调电压的影响

输入失调电压、两个端子的输入偏置电流、输入失调电流都以直流量形式存在。它们共同作用会影响电路的静态输出电压，即它们合并产生输出失调电压。图 9.14 所示是同相、反相比例器输入等于 0 时的共同电路，可以解释这三者对输出失调电压的影响。

因整个系统是线性系统，多个输入源（输入失调电压、正端偏置电流、负端偏置电流）对输出的影响就可以采用叠加原理分析。

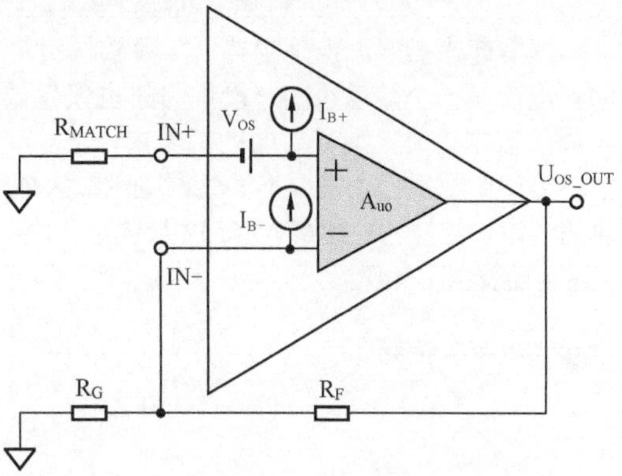

图 9.14　输出失调电压的来源

当只考虑输入失调电压 V_{OS} 时，有下式成立：

$$U_{OS\_OUT\_VOS}=\frac{R_G+R_F}{R_G}\times V_{OS} \tag{9-9}$$

当只考虑正输入端偏置电流 I_{B+} 时，有下式成立：

$$U_{OS\_OUT\_IB+}=-\frac{R_G+R_F}{R_G}\times I_{B+}\times R_{MATCH} \tag{9-10}$$

当只考虑负输入端偏置电流 I_{B-} 时，因为此时输入失调电压为 0V，正输入端偏置电流为 0A，导致正输入端等于 0V，再由于虚短，导致负输入端也为 0V，电阻 R_G 两端电位差为 0V，不会有电流流过，导致全部的负端偏置电流都流过电阻 R_F，有下式成立：

$$U_{OS\_OUT\_IB-}=I_{B-}\times R_F=\frac{R_G+R_F}{R_G}\times I_{B-}\times R_F\times\frac{R_G}{R_G+R_F}=\frac{R_G+R_F}{R_G}\times I_{B-}\times R_G//R_F \tag{9-11}$$

三者合并作用，导致输出失调电压为：

$$U_{OS\_OUT}=\frac{R_G+R_F}{R_G}\left(V_{OS}+I_{B-}\times R_G//R_F-I_{B+}\times R_{MATCH}\right) \tag{9-12}$$

结合前述对偏置电流、失调电流的定义，有：

$$I_{B-}=I_B-0.5I_{OS};I_{B+}=I_B+0.5I_{OS} \tag{9-13}$$

则式（9-12）演变成：

$$\begin{aligned}U_{OS\_OUT}&=\frac{R_G+R_F}{R_G}\left(V_{OS}+\left(I_B-0.5I_{OS}\right)\times R_G//R_F-\left(I_B+0.5I_{OS}\right)\times R_{MATCH}\right)\\&=\frac{R_G+R_F}{R_G}\left(V_{OS}+I_B\left(R_G//R_F-R_{MATCH}\right)-0.5I_{OS}\left(R_G//R_F+R_{MATCH}\right)\right)\end{aligned} \tag{9-14}$$

从上述分析可以看出，决定输出失调电压大小的有 3 个因素：独立的输入失调电压，以及相互有关联的偏置电流和失调电流，而后面两个因素，又与外部电阻相关。

理论上，在不改变电路增益（由电阻 R_G 和 R_F 决定）的情况下，可以通过选择电阻 R_{MATCH}，使得括号内代数和等于 0，也就使得输出失调电压等于 0V，这看起来很完美，但却是梦想。原因在于，对于确定的运放，仔细选择电阻，有可能将输出失调电压调整到 0V，但温度一变，或者换一颗运放，输入失调电压和偏置电流都会变化，刚才调好的就都作废了，甚至会出现更差的状况——原本是一正一负抵消，现在可能是两负。

也有人提出了另一种的想法，试图将电流带来的影响降至最低，即将括号内后 2 项调为 0。他的基本思想是，假设正端偏置电流 I_B 等于负端偏置电流 I_B——或者说，运放的失调电流等于 0，如果选择合适的匹配电阻 $R_{MATCH}=R_G R_F$，则有：

$$U_{OS\_OUT}=\frac{R_G+R_F}{R_G}\left(V_{OS}+I_{B-}\times R_G//R_F-I_{B+}\times R_{MATCH}\right)=\frac{R_G+R_F}{R_G}V_{OS} \tag{9-15}$$

这看起来挺好，也确实被大多数教材引用。但这个假设并不总是成立的：很多运放的失调电流与偏置电流是一个数量级的，最优秀的也仅仅低至 10% 左右。以下截图（如图 9.15 所示）均取自各自芯片的数据手册，型号后面的括号内，第一个数字代表常温下，失调电流典型值除以偏置电流典型值，第二个数字代表常温下，失调电流最大值除以偏置电流最大值，数字越小，代表两个端子偏置电流的一致性越好。看起来 NE5532 最佳。

Input Bias Current	I_B		−2	+0.5	+2	nA
		−40°C≤T_A≤+125°C	−4.5	+1	+4.5	nA
Input Offset Current	I_{OS}		−1	+0.1	+1	nA
		−40°C≤T_A≤+125°C	−2.8	+0.1	+2.8	nA

（a）AD8675(0.2/0.5)

Input Bias Current	I_B			2	15	pA
		−40°C≤T_A≤+125°C			2.6	nA
Input Offset Current	I_{OS}				30	pA
		−40°C≤T_A≤+125°C			500	pA

（b）AD8657(*/2)

Input Bias Current	I_B			90	200	pA
		−40°C≤T_A≤+125°C			300	pA
Input Offset Current	I_{OS}			180	400	pA
		−40°C≤T_A≤+125°C			500	pA

（c）ADA4528-1(2/2)

Input Bias Current	I_B			+2	±10	pA
		−40°C < T_A < +125°C			±1.5	nA
		V_{CM} = V−		−5		pA
Input Offset Current	I_{OS}				±10	pA
		−40°C < T_A < +125°C			±0.5	nA

（d）ADA4622-1(*/1)

Input Bias Current	I_B	(Note 2)		±1	±500	pA
Input Offset Current	I_{OS}	(Note 2)		±1		pA

（e）MAX4236(1/*)

Input Offset Current	I_{OS}			0.5	3.8	nA
Input Bias Current	I_B			±1.2	±4.0	nA

（f）OP07(0.417/0.95)

Input Bias Current	I_B	V_{CM} = 0V		±60	±175		±50	±125	nA
Over Temperature									
OPA211					**±200**			**±200**	**nA**
OPA2211					**±250**				**nA**
Offset Current	I_{OS}	V_{CM} = 0V		±25	±100		±20	±75	nA
Over Temperature					**±150**			**±150**	**nA**

（g）OPA211(0.4/0.6)

图 9.15　各芯片相关数据

INPUT BIAS CURRENT		±5 V, ±15 V	0.25	1.5	0.25	0.9	μA
	T_{MIN} to T_{MAX}		0.5	3.0	0.25	2.0	μA
INPUT OFFSET CURRENT		±5 V, ±15 V	100	400	80	200	nA
	T_{MIN} to T_{MAX}		120	600/700	120	300	nA

（h）AD797(0.32/0.222)

Input Offset Voltage	(Note 5), T_A = 25°C	1	2	2	3	2	5	mV
Input Bias Current	$I_{IN(+)}$ or $I_{IN(-)}$, T_A = 25°C, V_{CM} = 0V, (Note 6)	20	50	45	100	45	150	nA
Input Offset Current	$I_{IN(+)} - I_{IN(-)}$, V_{CM} = 0V, T_A = 25°C	2	10	5	30	3	30	nA

（i）LM358(0.111/0.3)

V_{IO}	Input offset voltage	V_O = 0	T_A = 25°C	0.5	4	mV
			T_A = Full range(2)		5	
I_{IO}	Input offset current	T_A = 25°C		10	150	nA
		T_A = Full range(2)			200	
I_{IB}	Input bias current	T_A = 25°C		200	800	nA
		T_A = Full range(2)			1000	

（j）NE5532(0.05/0.1875)

图 9.15 各芯片相关数据（续）

此时的匹配电阻，在最佳状态下能够将偏置电流的影响缩小为原先的 1/20，在最差状态下，甚至有可能起到反作用。

因此，降低输出失调电压的核心在于以下 3 点：选择输入失调电压 V_{OS} 小的芯片；选择输入偏置电流 I_B 小的芯片；选择小的外部电阻。

以上 3 点可以解决绝大多数问题。在此情况下仍不能满足设计要求时，才可以考虑匹配电阻抵消的方法：选择失调电流小的芯片，或者利用已经选好的芯片的失调电流较小的特点，利用外部电阻的匹配，使 $R_{MATCH}=R_GR_F$，将偏置电流带来的影响减至最小。

因此，在没有严格匹配的情况下，按照下式估算输出失调电压，一定是最大值：

$$U_{OS\_OUT}=\frac{R_G+R_F}{R_G}\left(V_{OS\_max}+2I_{B\_max}\times \mathrm{MAX}\left(R_G // R_F, R_{MATCH}\right)\right) \tag{9-16}$$

在外部电阻严格匹配（$R_{MATCH}=R_G // R_F$）情况下，同下式估算输出失调电压，一定是最大值：

$$U_{OS\_OUT}=\frac{R_G+R_F}{R_G}\left(V_{OS\_max}+I_{OS\_max}\times R_{MATCH}\right) \tag{9-17}$$

以上输入失调电压、偏置电流、失调电压均应取绝对值。

◎等效输入失调电压

对一个运放组成的放大电路，输出失调电压是由多种因素造成的，包括输入失调电压、偏置电流、外部电阻等，将输出失调电压除以电路总增益，即等效输入失调电压。

$$U_{OS\_IN}=\frac{U_{OS\_OUT}}{G},\ G=G_1\times G_2\times\cdots \tag{9-18}$$

等效输入失调电压能够精确反映输入信号和失调之间的关系，具有重要的衡量价值。

比如一个电路的等效输入失调电压为 100μV，用于测量 1V 左右的直流电压，失调电压（-100 ～ 100μV）只占输入信号的 0.01%，不会构成较大的误差。当将其用于测量 1mV 左右的直流电压时，则会引入 ±10% 的误差根源。

举例

使用单位增益带宽大于 100MHz 的运放设计一个同相比例器，要求供电为 ±5V，增益为 5，输入电阻等于 50Ω，在常温下批量设计，全部电路的输出失调电压均小于 500μV。

解：从 Linear、TI、ADI 等公司下载运放型号表，从中选择 GBW 大于 100MHz 的运放，将其输入失调电压从小到大排列，删除供电电压不符合要求的运放，以备选择。

注意，本题设计要求中，第一要求常温下，即 25℃时，应该在数据手册中选择常温数据，而不是全温度范围数据；第二要求全部电路均能满足要求，则必须选择数据手册中的最大值，以最坏情况考虑。

经过筛选，只有 AD797B 基本符合设计要求（如图 9.16 所示）。其中 V_{OS_max}=40μV，I_{B_max}=0.9μA，I_{OS_max}=0.2μA。其增益带宽积为 110MHz，满足要求。

SPECIFICATIONS

T_A = 25°C and V_S = ±15 V dc, unless otherwise noted.

Table 2.

Parameter	Conditions	Supply Voltage (V)	AD797A Min	AD797A Typ	AD797A Max	AD797B Min	AD797B Typ	AD797B Max	Unit
INPUT OFFSET VOLTAGE		±5 V, ±15 V		25	80		10	40	μV
	T_{MIN} to T_{MAX}			50	125/180		30	60	μV
Offset Voltage Drift		±5 V, ±15 V		0.2	1.0		0.2	0.6	μV/°C
INPUT BIAS CURRENT		±5 V, ±15 V		0.25	1.5		0.25	0.9	μA
	T_{MIN} to T_{MAX}			0.5	3.0		0.25	2.0	μA
INPUT OFFSET CURRENT		±5 V, ±15 V		100	400		80	200	nA
	T_{MIN} to T_{MAX}			120	600/700		120	300	nA

Parameter	Conditions	Supply Voltage (V)	AD797A	AD797B	Unit
DYNAMIC PERFORMANCE					
Gain Bandwidth Product	G = 1000	±15 V	110	110	MHz
	G = 1000[2]	15 V	450	450	MHz

图 9.16　运效型号表截图

按照题目要求设计的电路如图 9.17 所示。图 9.17 中，RS 是前级信号源的输出电阻，为 50Ω（题目虽然没有说，但多数情况下要求输入电阻为 50Ω 时，是为了与前级的信号源内阻匹配），同相比例器正输入端对地端接一个 50Ω 电阻，以满足题目要求输入电阻等于 50Ω 的要求。此时，如将信号源设为 0V，则从同相端看出去的电阻为 R_S 与 R_{in} 的并联，等于 25Ω。这部分的设计，是不可动摇的。剩下可以选择的，就是增益电阻值了。如果按照一般设计，不考虑失调电压较小的特定，也无须进行电阻匹配，采用式（9-16），则有：

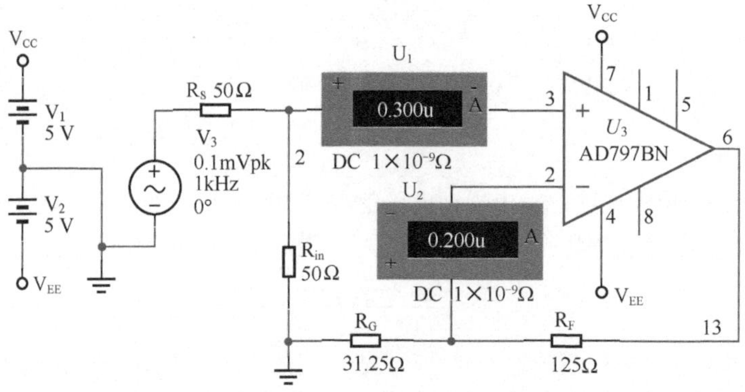

图 9.17　举例 1 电路

$$U_{OS\_OUT}=\frac{R_G+R_F}{R_G}\left(V_{OS\_max}+2I_{B\_max}\times \mathrm{MAX}\left(R_G // R_F, R_{MATCH}\right)\right)= \\ 5\left(40\mu V+1.8\mu A\times R_G // R_F\right)=200\mu V+9\mu A\times R_G // R_F \tag{9-19}$$

由于题目要求最大输出失调电压小于 500μV，则有$R_G // R_F \leqslant 33.33\Omega$。

此时，按照两个电阻比值等于 4（增益等于 5），可以计算两个电阻值上限为：

$$R_G = 41.67\Omega, R_F = 166.67\Omega$$

按此设计，则一定能保证输出失调电压小于 500μV。

如果考虑到 AD797B 具有“失调电流 0.2μA 远小于偏置电流 0.9μA”的特点，则可以采用电阻匹配，将偏置电流影响降至最低。此时，正输入端看出去电阻 R_{MATCH} 等于输入电阻和源电阻的并联，为 25Ω，则必须保证 $R_G // R_F = 25\Omega$，据此计算出：

$$R_G = 31.25\Omega,\ R_F = 125\Omega$$

据此可以采用式（9-17），则有：

$$U_{OS\_OUT} = \frac{R_G + R_F}{R_G}\left(V_{OS\_max} + I_{OS\_max} \times R_{MATCH}\right) = 225\mu V$$

此时，输出失调电压大幅度下降，性能得以提升。

现在的问题是，AD797B 能否接受如此小的反馈电阻？本书不止一次说过，运放外部电阻越小越好，而阻止电阻进一步减小的原因有 3 个：1）运放的输出电流将提升，可能超过运放的耐受电流；2）虽然没有超过耐受电流，但某些其他性能会受到影响，比如输出摆幅、失真度等；3）功耗将增大，可能超出设计要求。我们来看看 AD797 数据手册关于这一部分，是怎么说的。

翻译局部：表 6 提供了 AD797 用于低噪声跟随器（应为含有增益的同相比例器）时的一些推荐值。5V 供电下允许使用一个 100Ω 或者更小的反馈网络电阻（R1+R2）。因为 AD797 在接近它的最大电流时，没有显现出异常行为，因此它特别适合于在驱动 AD600/AD602 时维持低噪声性能。

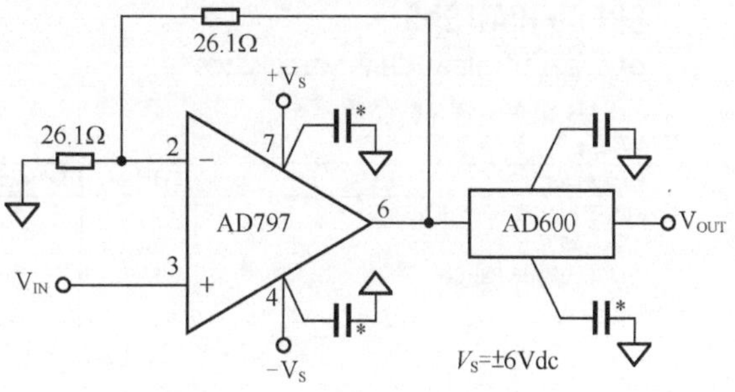

图 9.18　设计电路

这说明 AD797 不惧怕超低反馈电阻，它的反馈电阻网络之和为 56.2Ω，且在 ±6V 供电下。因此本设计给出的电阻值是可以正常工作的。

至此，设计完毕。总输出失调电压不会超过 225μV。

◎输入电压范围（Input Voltage Range）

定义：保证运算放大器正常工作的最大输入电压范围，也称为共模输入电压范围。

运放的两个输入端，任何一个的输入电压超过此范围，都将引起运放的失效。注意，超出此范围并不代表运放会被烧毁，但绝对参数中出现的此值是坚决不能超过的。

一般运放的输入电压范围比电源电压范围窄 1V 到几 V，比如 ±15V 供电，输入电压为 -12 ～ 13V。较好的运放输入电压范围和电源电压范围相同，甚至超出范围 0.1V。比如 ±15V 供电，输入电压为 -15.1 ～ 15.0V。当运放最大输入电压范围与电源范围比较接近时，比如相差 0.1V 甚至相等、超过，都可以叫“输入轨至轨”，表示为 Rail-to-Rail Input，或 RRI。

图 9.19 给出了输入电压范围和输出电压范围的示意。图 9.19（a）为双电源供电非“轨至轨”，当输入信号超过正输入轨或者负输入轨时，运放失效；图 9.19（b）为单电源供电“轨至轨”（是否轨至轨，一般与单电源或者双电源无关），可见有些运放的负输入甚至可以超过负输入轨。下面举几个例子，看看它们的数据手册。

OP07E 数据手册如图 9.20 所示，可以看出在 ±15V 供电时，其输入电压范围典型值只有 ±14V，最小值为 ±13V，其含义是：OP07E 在 25℃规定条件下，每颗运放都有一个可以接受的输入范围，多数（典型值）不小于 ±14V，最差的也能接受 ±13V 内的输入。

OPA350 单电源供电时输入电压范围截图如图 9.21 所示，可以看出，其输入范围为 -0.1V 到 (V+)+0.1V，即可以超过正负电源轨 0.1V。

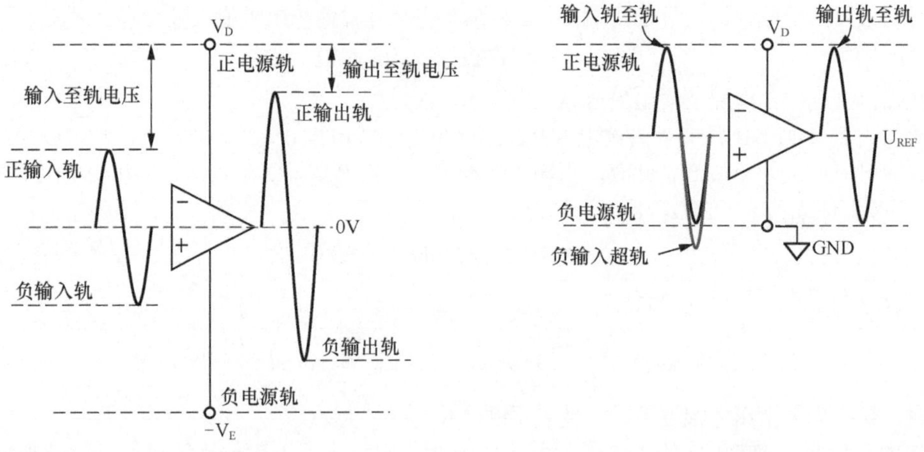

（a）双电源供电　　　　（b）单电源供电

图 9.19　双电源供电、单电源供电以及轨定义示意图

SPECIFICATIONS

OP07E ELECTRICAL CHARACTERISTICS

V_S = ±15 V, unless otherwise noted.

Table 1.

Parameter	Symbol	Conditions	Min	Typ	Max	Unit
INPUT CHARACTERISTICS						
T_A = 25°C						
Input Voltage Range	IVR		±13	±14		V

图 9.20　OP07E 数据手册

INPUT VOLTAGE RANGE						
Common-Mode Voltage Range	V_{CM}	**T_A = −40°C to +85°C**	**−0.1**		**(V+) + 0.1**	V
Common-Mode Rejection Ratio	CMRR	V_S = 2.7V, −0.1V < V_{CM} < 2.8V	66	84		dB
		V_S = 5.5V, −0.1V < V_{CM} < 5.6V	74	90		dB
T_A = −40°C to +85°C		**V_S = 5.5V, −0.1V < V_{CM} < 5.6V**	**74**			dB

图 9.21　OPA350 单电源供电时输入电压范围截图

再举一个特殊例子，OPA189 的输入电压范围如图 9.22 所示。

INPUT VOLTAGE					
V_{CM}	Common-mode voltage range		(V−) − 0.1	(V+) − 2.5	V

图 9.22　OPA189 的输入电压范围截图

这说明，当电源电压为 ±5V 时，其管脚输入电压范围为 −5.1 ～ +2.5V。

用 OPA189 组成一个 1 倍跟随器，如图 9.23 左侧所示，输入为 ±3V 正弦波。

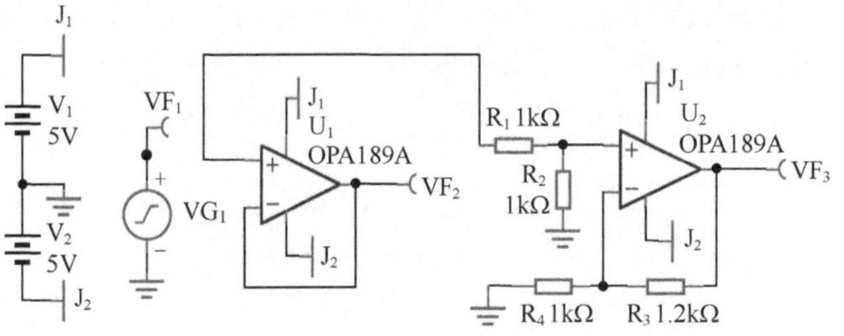

图 9.23　OPA189 组成的跟随器，以及输入修正电路

输出波形如图 9.24 所示。可见当输入信号正半周超过 2.5V 部分，运放失效，输出为 2.5V，即 VF2 被正向削顶——此削顶来源于输入超限而不是输出超限。如果先将输入信号衰减 50%，使其不超过输入限制，再放大 2 倍，就可以得到不削顶的输出，如图 9.23 中右侧电路。为了显示清晰，将放大倍数设置成了 2.2 倍，得到 VF_3，显然它没有被削顶。

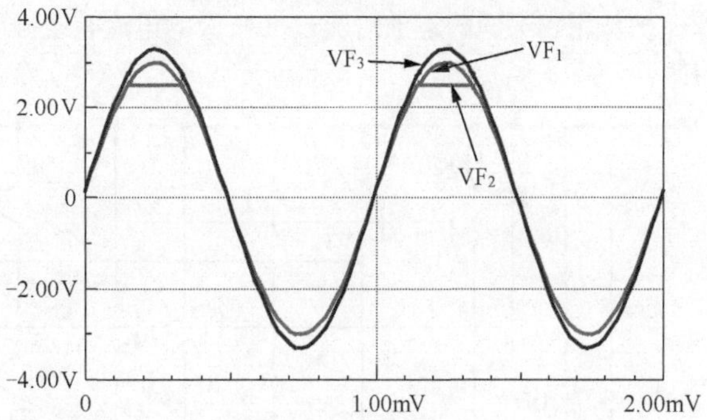

图 9.24　OPA189 组成的跟随器电路的输入输出波形

◎输入脚绝对电压范围

前述的输入电压范围是指在此范围内，运放可以正常工作。对于运放输入端来说，还有一个重要的参数——输入脚绝对电压范围，是指如果输入脚电压超过此值，运放将被烧毁。此值通常在数据手册的“ABSOLUTE MAXIMUM RATINGS”中给出，如图 9.25 所示。

ABSOLUTE MAXIMUM RATINGS

Table 3.

Parameter	Ratings
Supply Voltage (V_S)	±22 V
Input Voltage[1]	±22 V
Differential Input Voltage	±30 V
Output Short-Circuit Duration	Indefinite
Storage Temperature Range	
S and P Packages	−65°C to +125°C
Operating Temperature Range	
OP07E	0°C to 70°C
OP07C	−40°C to +85°C
Junction Temperature	150°C
Lead Temperature, Soldering (60 sec)	300°C

[1] For supply voltages less than ±22 V, the absolute maximum input voltage is equal to the supply voltage.

图 9.25　数据手册的“ABSOLUTE MAXIMUM RATINGS”

以 OP07E 为例，可以看出，其供电电压绝对最大值为 ±22V（正常工作电源上限为 ±18V，参数测定电源为 ±15V），此意是，没有超过 ±22V 供电，此运放不会被烧毁。同时，可以看出输入脚绝对电压范围也是 ±22V，且有一个标注：当供电电压小于 ±22V，最大绝对输入电压等于供电电压。

这意味着，当电源电压为 ±15V 时，正常工作的输入电压范围是 ±14V（如前所述），超过 ±14V 但小于 ±15V 输入时，运放不保证正常工作，但也不会被烧毁。

◎输入端保护

为了避免输入电压超过输入电压范围，有些运放内部增加了保护电路。保护电路分为两种：单端电源保护、差分电压保护。

单端电源保护是指运放的每个输入端，都通过二极管连接到正电源、负电源上。绝对输入电压大于正电源电压或者小于负电源电压，都将引起二极管导通——而一旦二极管导通，配合外部的保护电阻，则该输入端电位就被钳制到正（负）电源电压附近，起到保护运放的作用。图 9.26 所示是 ADA4610-1 的简化结构，其中二极管 DE1 接正电源，防止 V_{IN+} 电压过高，DE2 接负电源，防止 V_{IN+} 电压过低。而 DE3 和 DE4 给负输入端服务。

对于单端电源保护的运放（这类运放很多），外部配合的保护电路是必不可少的。

最简单的方法就是给两个输入端都串联限流电阻。图 9.27 是此类运放做跟随器。运放内部包含 4 个二极管，正输入端与信号源相连时串联了限流电阻 R_{LIM1}，此电阻和内部二极管配合，将起到限流保护作用。不同的运放对流过二极管的电流有上限要求，一般为 10mA，可以据此选择合适的限流电阻。

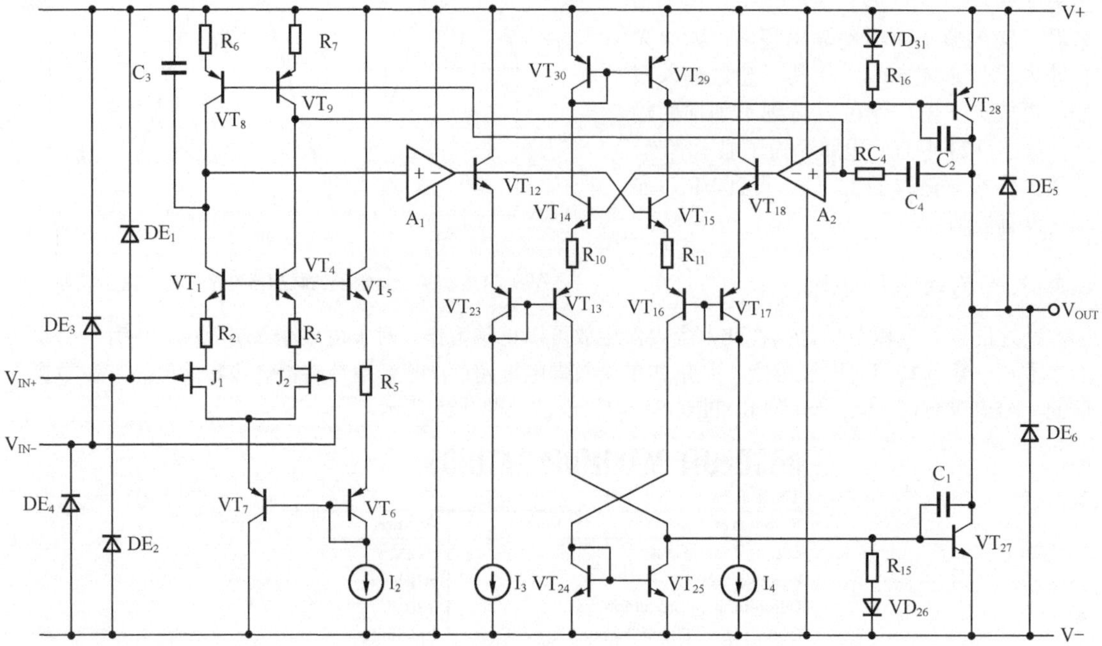

图 9.26　ADA4610-1 内部简化结构

请读者思考，图 9.27 中的 R_{LIM2} 有无必要。

还有另外一类运放输入保护，称之为差分电压保护，如图 9.28 所示。在运放内部，两个输入端之间，用两对反方向二极管并联（也称 Back-to-Back 背靠背）。当两个输入端之间电位差超过击穿电压（一般为 1.4V 左右）时，会引起内部二极管击穿，只要电流不超过 20mA，保护电路就可以有效保障输入端压差不超过更大的值。

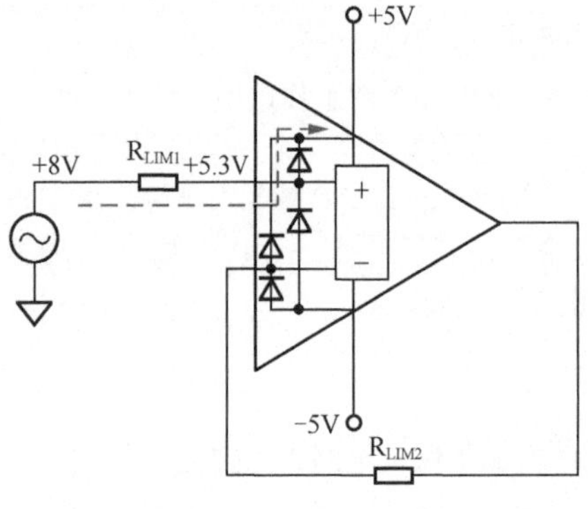

图 9.27　单端保护型运放的外部保护电路

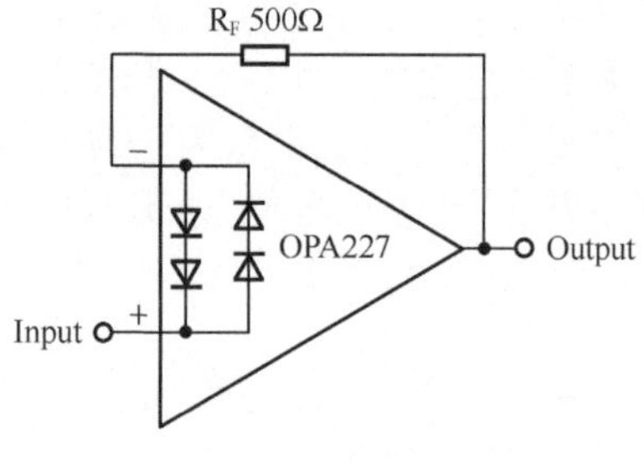

图 9.28　差分电压保护电路

◎输出电压范围：V_{OH}/V_{OL} 或者 Swing from Rail

定义：在给定电源电压和负载的情况下，输出能够达到的最大电压范围；或者给出正向最大电压 V_{OH} 以及负向最小电压 V_{OL}——相对于给定的电源电压和负载；或者给出与电源轨的差距。

在没有额外储能元件的情况下，运放的输出电压不可能超过电源电压范围，随着负载的加重（更小的负载电阻），输出最大值与电源电压的差异会增大。这需要看数据手册中的附图。

一般运放的输出电压范围要比电源电压范围略窄 1V 到几 V。较好的运放输出电压范围可以与电源电压范围非常接近，比如几十 mV 的差异，这被称为“输出至轨电压”。这在低电压供电场合非常有用。当厂商觉得这个运放的输出范围已经接近于电源电压范围时，就自称“输出轨至轨”，表示为 Rail-to-Rail Output，或 RRO。

图 9.29 摘自可 2.7V 供电的 80MHz，RRIO（输入输出均轨至轨）放大器 AD8031。其输入范围超出了电源（0 ~ 2.7V），为 -0.2 ~ 2.9V，输出非常接近电源，为 0.02 ~ 2.68V，仅有 20mV 的至轨电压。

Input Common-Mode Voltage Range			–2.0 to +2.9			–2.0 to +2.9		V
Common-Mode Rejection Ration	V_{CM}=10V to 2.7V	46	64		46	64		dB
	V_{CM}=0V to 1.55V	58	74		58	74		dB
Differential Input Voltage				3.4			3.4	V
OUTPUT CHARACTERISTICS								
Output Voltage Swing Low	R_L=10kΩ　V_S=2.7V	0.05	0.02		0.05	0.02		V
Output Voltage Swing High		2.6	2.68		2.6	2.68		V
Output Voltage Swing Low	R_L=1kΩ	0.15	0.08		0.15	0.08		V
Output Voltage Swing High		2.55	2.6		2.55	2.6		V
Output Current			15			15		mA
Short Circuit Current	Sourcing		21			21		mA
	Sinking		–34			–34		mA
Capacitive Load Drive	G=+2(See Figure 46)		15			15		pF

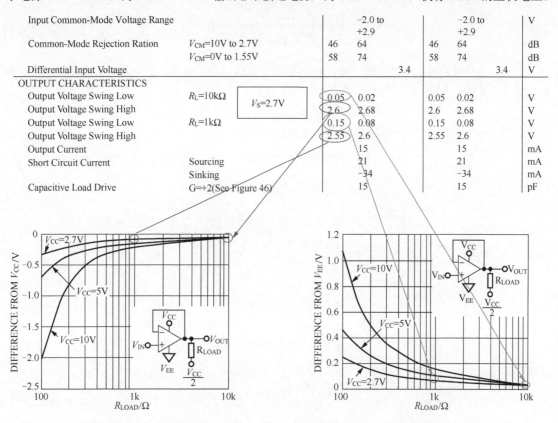

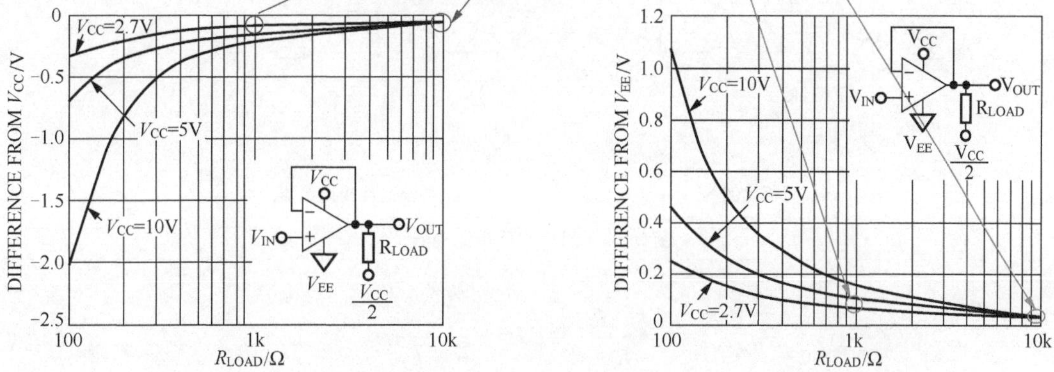

图 9.29 可 2.7V 供电的 80MHz，RRIO（输入输出均轨至轨）放大器 AD8031

◎共模抑制比（Common-Mode Rejection Ratio，CMRR）

定义：运放的差模电压增益与共模电压增益的比值，可以用倍数表示，也可用 dB 表示。

$$\text{CMRR}=\frac{A_d}{A_c}=20\lg\left(\frac{A_d}{A_c}\right)(\text{dB}) \tag{9-20}$$

理想运算放大器的输入输出关系为：

$$u_O=A_d(u_+-u_-) \tag{9-21}$$

而实际运放放大器的输入输出关系为：

$$u_O=A_d(u_+-u_-)+A_c\left(\frac{u_++u_-}{2}\right) \tag{9-22}$$

此式为共模增益、差模增益对输出影响的标准式，也是 CMRR 对电路产生影响的根源。一般情况下，差模增益远大于共模增益，即 CMRR 很大，导致用户一般不需要考虑共模增益对输出的影响。尽管如此，我们还是分析一下 A_c 如何影响输出。

对同相比例器的影响

对图 9.30（a）所示的同相比例器电路，考虑到共模增益的存在，有如下关系：

$$u_O = A_d(u_I - u_O F) + A_c\left(\frac{u_I + u_O F}{2}\right) = u_I\left(A_d + \frac{A_c}{2}\right) + u_O F\left(\frac{A_c}{2} - A_d\right) \quad (9\text{-}23)$$

$$u_O\left(1 + A_d F - \frac{A_c F}{2}\right) = u_I\left(A_d + \frac{A_c}{2}\right) \quad (9\text{-}24)$$

$$A_{uf} = \frac{u_O}{u_I} = \frac{A_d + \frac{A_c}{2}}{1 + F\left(A_d - \frac{A_c}{2}\right)} \quad (9\text{-}25)$$

可见，当共模抑制比不是无穷大时，A_{uf} 比理想运放组成的电路大，分子增大和分母减小同时存在。但是，这点差异并不大，其闭环增益仍近似为 $1/F$。

对反相比例器的影响

对图 9.30（b）所示的反相比例器电路，考虑到共模增益的存在，有如下关系：

$$u_O = A_d\left(0 - \left(u_O F - u_I M\right)\right) + A_c\left(\frac{0 + \left(u_O F - u_I M\right)}{2}\right) = -A_d\left(u_O F - u_I M\right) + A_c\frac{u_O F - u_I M}{2} \quad (9\text{-}26)$$

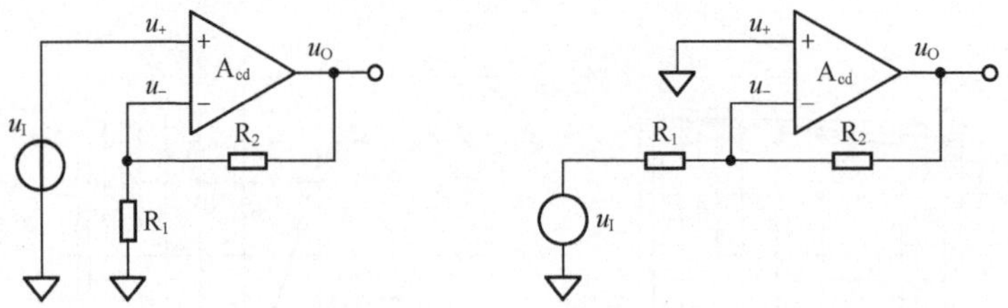

图 9.30　同相和反相比例器

其中：

$$F = \frac{R_1}{R_1 + R_2};\ M = -\frac{R_2}{R_1 + R_2} \quad (9\text{-}27)$$

$$u_O\left(1 + A_d F - \frac{A_c F}{2}\right) = u_I\left(A_d M - \frac{A_c M}{2}\right) \quad (9\text{-}28)$$

$$A_{uf} = \frac{u_O}{u_I} = \frac{M\left(A_d - \frac{A_c}{2}\right)}{1 + F\left(A_d - \frac{A_c}{2}\right)} \quad (9\text{-}29)$$

可见，当 CMRR 不是无穷大时，共模增益的存在对反相比例器产生的效果等同于开环增益下降。分母和分子是同时变化的，这与同相比例器不同。

细致分析，可以认为 CMRR 不是无穷大，或者共模增益的存在对同相比例器的影响要大于对反相比例器的影响。但总体来说，这点影响是微乎其微的。

对减法器的影响

当电路为图 9.31 所示的减法器时，两个输入加载相同的信号 U_{ic}（大写代表有效值），如果运放是理想的，其输出应该为 0。如果运放既有差模增益 A_d，也有共模增益 A_c，输出将不等于 0，分析如下：

$$U_- = U_{ic} \times \frac{R_2}{R_1 + R_2} + U_{oc} \times \frac{R_1}{R_1 + R_2} \quad (9\text{-}30)$$

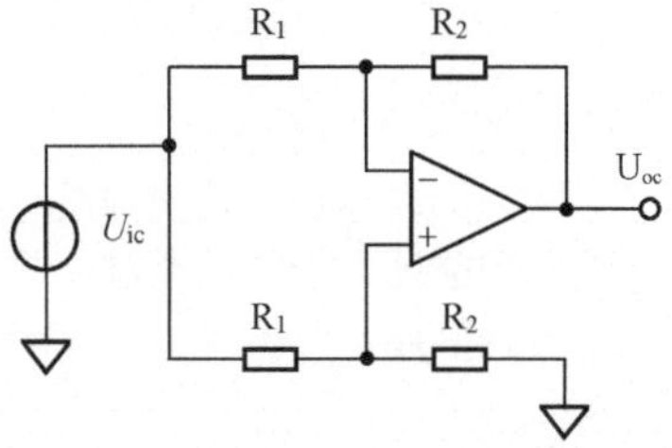

图 9.31　共模抑制比演示电路

$$U_+ = U_{ic} \times \frac{R_2}{R_1 + R_2} \tag{9-31}$$

$$U_{oc} = A_d(U_+ - U_-) + A_c\left(\frac{U_+ + U_-}{2}\right) =$$
$$A_d\left(-U_{oc} \times \frac{R_1}{R_1+R_2}\right) + A_c\left(U_{ic} \times \frac{R_2}{R_1+R_2} + 0.5U_{oc} \times \frac{R_1}{R_1+R_2}\right) = \tag{9-32}$$
$$U_{oc}\left(-\frac{R_1}{R_1+R_2}A_d + \frac{0.5R_1}{R_1+R_2}A_c\right) + U_{ic}\left(\frac{R_2}{R_1+R_2}A_c\right)$$

可得：

$$U_{oc}\left(1 + \frac{R_1}{R_1+R_2}A_d - \frac{0.5R_1}{R_1+R_2}A_c\right) = U_{ic}\left(\frac{R_2}{R_1+R_2}A_c\right) \tag{9-33}$$

$$U_{oc} = U_{ic} \times \frac{\frac{R_2}{R_1+R_2}A_c}{1 + \frac{R_1}{R_1+R_2}A_d - \frac{0.5R_1}{R_1+R_2}A_c} \approx U_{ic} \times \frac{R_2}{R_1} \times \frac{A_c}{A_d} = U_{ic} \times \frac{R_2}{R_1} \times \frac{1}{\text{CMRR}} \tag{9-34}$$

这说明，当 CMRR 为无穷大时（即理想运放），此电路输出应为 0；当 CMRR 不为无穷大时，输出不为 0；当 R_2 远比 R_1 大时，用通用仪表就可以检测出 U_{oc}。由此，也可以得出一种近似的 CMRR 求解方法：

$$\text{CMRR} = \frac{U_{ic}}{U_{oc}} \times \frac{R_2}{R_1} \tag{9-35}$$

从此也可看出，CMRR 对减法器影响巨大。

影响减法电路共模抑制比的因素有两个，第一是运放本身的共模抑制比，第二是对称电路中各个电阻的一致性。其实更多情况下，实现这类电路的高共模抑制比，关键在于外部电阻的一致性。此时，分立元件实现的电路很难达到较高的 CMRR，运放生产厂商提供的差动放大器就显现出了优势。

◎开环电压增益（Open-Loop Gain）：A_{VO} 或者教科书常用的 A_{uo}

定义：运放本身具备的输出电压与两个输入端差压的比值，一般用 dB 表示。理论上，它与输入信号频率相关，是一个随频率上升而下降的曲线。但在数据手册中，它一般用频率为 0Hz 处的值来表示。

优劣范围：一般为 60 ～ 160dB。越大说明其放大能力越强。

理解：开环电压增益是指放大器在闭环工作时，实际输出除以运放正负输入端之间的压差，类似于运放开环工作——其实运放是不能开环工作的。

A_{VO} 随频率升高而降低，通常从运放内部的第一个极点开始，其增益就以 -20dB/10 倍频的速率开始下降，第二个极点开始加速下降。OP07 开环增益与信号频率之间的关系如图 9.32 所示。

一般情况下，说某个运放的开环电压增益达到 100dB，是指其低频最高增益。多数情况下，很少有人关心这个参数，而关心它的下降规律，即后续讲述的单位增益带宽，或者增益带宽积。

在特殊应用中，比如高精密测量、低失真度测量中需要注意此参数。在某个频率处实际的开环电压增益将决定放大器的

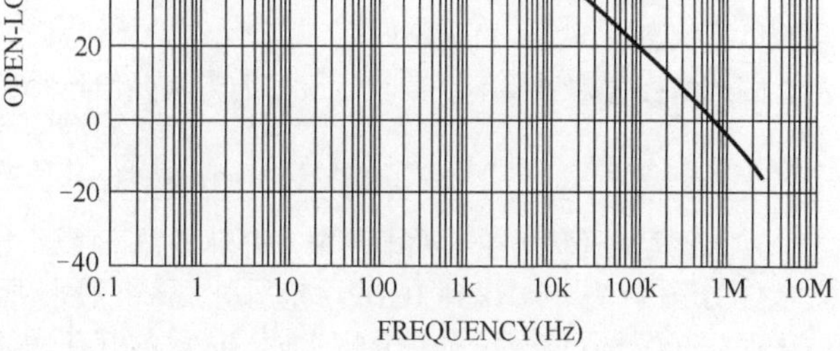

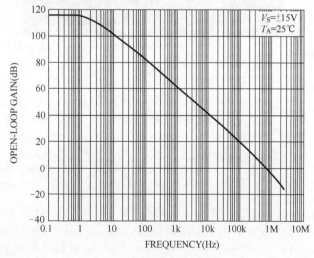

图 9.32 OP07 开环增益与信号频率之间的关系

实际放大倍数与设计放大倍数的误差，也将决定放大器对自身失真的抑制，还将影响输出电阻等。

◎压摆率（Slew Rate，SR）

定义：闭环放大器输出电压变化的最快速率，用 V/μs 表示。

优劣范围：从 2mV/μs 到 9000V/μs 不等。

理解：此值显示运放正常工作时，输出端所能提供的最大变化速率，当输出信号欲实现比这个速率还快的变化时，运放就不能提供了，导致输出波形变形——原本是正弦波就变成了三角波。

对于一个正弦波来说，其最大变化速率发生在过零点处，且与输出信号幅度、频率有关。设输出正弦波幅度为 U_{max}，频率为 f_{out}，过零点变化速率为 D_V，则：

$$D_V = 2\pi U_{max} f_{out} \tag{9-36}$$

要想输出完美的正弦波，则正弦波过零点变化速率必须小于运放的压摆率，即：

$$SR > D_V = 2\pi U_{max} f_{out} \tag{9-37}$$

这个参数与后面讲述的满功率带宽有关。

图 9.33 是两个运放压摆率的对比，左图是高速运放 AD8009，其压摆率高达 5500V/μs，当方波输入时，输出在 0.5ns 内上升了 2.7V，估算出实际压摆率约为 5400V/μs；而右侧是超低功耗低速运放 ADA4505-1，数据手册给出的压摆率为 6mV/μs，根据输出波形估算的压摆率为 7.61mV/μs。两者都是运放，差距怎么这么大呢？

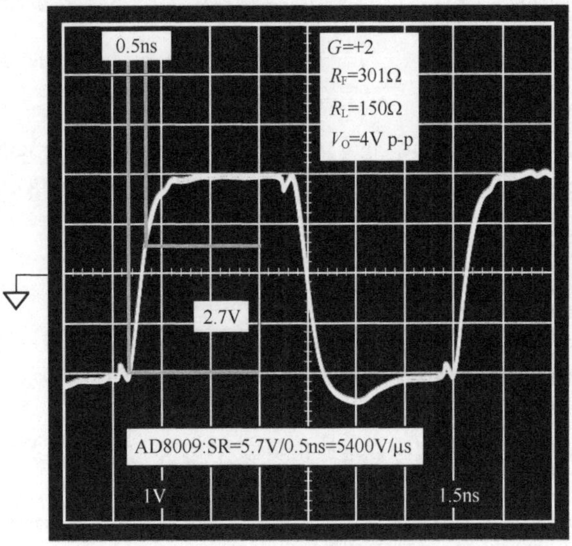

（a）AD8009

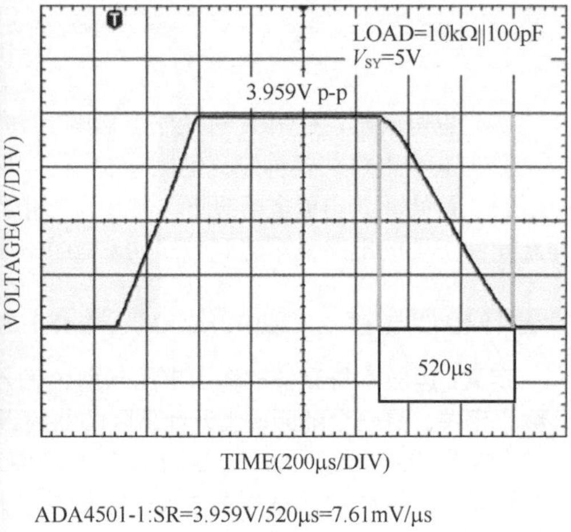

（b）ADA4505-1

图 9.33　压摆率大的 AD8009 和压摆率小的 ADA4505

运放的压摆率并不是一个随型号固定的值。同一颗运放，在不同条件下也会具有不同的压摆率。第一，正方向压摆率和负方向压摆率可能不同；第二，不同供电电压下，压摆率可能不同；第三，不同的负载状态，压摆率可能不同。

因此，在考虑压摆率参数时，最好的方法是给选择留出裕量——不要打擦边球。

◎单位增益带宽（Unity Gain-Bandwidth，UGBW）

定义：运放开环增益 - 频率图中，开环增益下降到 1 时的频率。

优劣范围：从 10kHz 到 1GHz，差别很大。一般来讲，超过 50MHz 属于宽带放大器。

理解：当输入信号频率高于此值时，运放的开环增益会小于 1，即此时放大器不再具备放大能力。这是衡量运放带宽的一个主要参数。

此值一般从典型图中读取，而不出现在数据表格中。

◎增益带宽积（Gain Bandwidth Product，GBP 或者 GBW）

定义：运放开环增益－频率图中，指定频率处，开环增益与该指定频率的乘积。

理解：如果运放开环增益始终满足 -20dB/10 倍频的规律，也就是频率提高 10 倍，开环增益变为原先的 0.1，那么它们的乘积将是一个常数，也就等于前述的“单位增益带宽”，或者“1Hz 处的增益”。

在一个相对较窄的频率区域内，增益带宽积可以保持不变，我们暂称这个区域为增益线性变化区。一般情况下，可以认为增益带宽积为单位增益带宽。

◎单位增益带宽和增益带宽积的区别

某些运放的数据手册给出前者，某些给出后者，也有都给出的。如果运放开环增益始终满足 -20dB/10 倍频的规律，那么两者的数值是相等的。但是，绝大多数情况下，前述条件并不能成立，即在接近单位增益前，运放已经开始由第二个极点产生增益的加速下降，这导致单位增益带宽会小于增益带宽积。

以 ADA4610-1 为例。图 9.34 的截图表格显示，其增益带宽积为 16.3MHz，是在开环增益为 100 处测得的，而单位增益带宽（表格中用 Unity-Gain Crossover，单位增益交越点）为 9.3MHz，是在开环增益为 1 时测得的。

Gain Bandwidth Product	GBP	V_{IN} = 5 mV p-p, R_L = 2 kΩ, A_V = +100	16.3	MHz
Unity-Gain Crossover	UGC	V_{IN} = 5 mV p-p, R_L = 2 kΩ, A_V = +1	9.3	MHz

图 9.34　ADA4610-1

图 9.35 中的截图为数据手册中的特性图，能清晰显示这个区别。一根虚线是我增加的，即理想的，-20dB/10 倍频趋势线。但是可以看出，实际的增益在 500kHz 就脱离了这根理想线，开始加速下降。

可以看出，理想线与 0dB 相交于 16MHz 附近，就是表格中的 16.3MHz，在这根理想线上，任取一点，该点增益和频率的乘积，都将是 16.3MHz，这就是增益带宽积。数据手册选择的是增益等于 100 的绿色线上的点，该点对应的频率约为 160kHz。

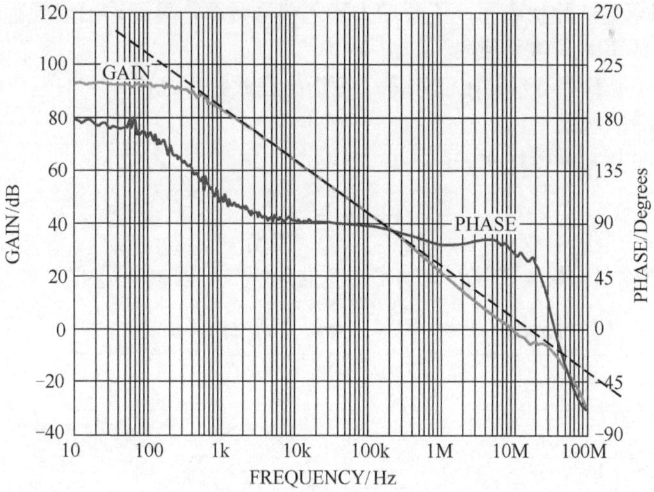

图 9.35　数据手册中的特性图

而实际线与 0dB 相交于 9 ～ 10MHz，就是表格中的 9.3MHz，即单位增益带宽。

◎ -3dB 带宽

定义：运放闭环使用时，某个指定闭环增益（一般为 1 或者 2、10 等）下，增益变为低频增益的 70.7% 时的频率。分为小信号（输出 200mV 以下）、大信号（输出 2V）两种。

这是一个最直接的陈述。它告诉用户，在常见增益下，本运放可以达到的 -3dB 带宽。比如图 9.36 的截图来自 OPA691 数据手册。看出，Small-Signal Bandwidth 就是小信号 -3dB 带宽，不同增益有不同的值。用户可以根据这些直接的描述立即得出是否适用的结论。

PARAMETER	CONDITIONS	OPA691ID, IDBV TYP +25°C	MIN/MAX OVER-TEMPERATURE +25°C(1)	0°C to 70°C(2)	–40°C to +85°C(2)	UNITS	MIN/MAX	TEST LEVEL(3)
AC PERFORMANCE (see Figure 1)								
Small-Signal Bandwidth (V_O = 0.5V_{PP})	G = +1, R_F = 453Ω	280				MHz	typ	C
	G = +2, R_F = 402Ω	225	200	190	180	MHz	min	B
	G = +5, R_F = 261Ω	210				MHz	typ	C
	G = +10, R_F = 180Ω	200				MHz	typ	C
Bandwidth for 0.1dB Gain Flatness	G = +2, V_O = 0.5V_{PP}	90	40	35	20	MHz	min	B
Peaking at a Gain of +1	R_F = 453, V_O = 0.5V_{PP}	0.2	1	1.5	2	dB	max	B
Large-Signal Bandwidth	G = +2, V_O = 5V_{PP}	200				MHz	typ	C

图 9.36 OPA691 数据手册

针对此截图，顺便解释一下表格中的内容。第一行中，280MHz 是在左列条件下测得的——闭环增益为 +1，反馈电阻为 453Ω。280MHz 是典型值，从上面的 TYP、右侧的 TYP 均可看出。最后一列的 TEST LEVEL 中显示 C，在下面的解释中告知 C 代表“（c）Typical value only for information”，翻译过来是“典型值，仅供参考”。

第二行中，测试条件为“闭环增益为 +2，反馈电阻为 402Ω”，有 4 组数据：常温 25℃时典型值为 225MHz，以及常温 25℃的最小值 200MHz（不会低于 200MHz），0℃～70℃带宽最小值 190MHz，-40℃～85℃带宽最小值为 180MHz。TEST LEVEL 为 B 代表“（b）Limits set by characterization and simulation”，翻译过来是“依据特性和仿真获得的极限值”。

多数低速运放的 -3dB 带宽是可以根据单位增益带宽换算出来的，数据手册一般就不单独给出了。而高速运放，特别是电流反馈型运放，其实际的 -3dB 带宽并不好算，因此数据手册会给出。

◎满功率带宽（Full Power Bandwidth）

定义：将运放接成指定增益闭环电路（一般为 1 倍），连接指定负载，输入端加载正弦波，输出为指标规定的最大输出幅度，此状态下，不断增大输入信号频率，直到输出出现因压摆率限制产生的失真（变形）为止，此频率即满功率带宽。

这是一个比 -3dB 带宽更苛刻的限制频率。它指出在此频率之内，不但输出幅度不会降低，且能实现满幅度的大信号带载输出。

满功率带宽与器件压摆率密切相关：

$$\mathrm{FPBW}=\frac{\mathrm{SR}}{2\pi U_{\mathrm{m}}} \tag{9-38}$$

其中，U_{m} 为运放能够输出的最大值。对满功率带宽的理解，可以参考图 9.37。

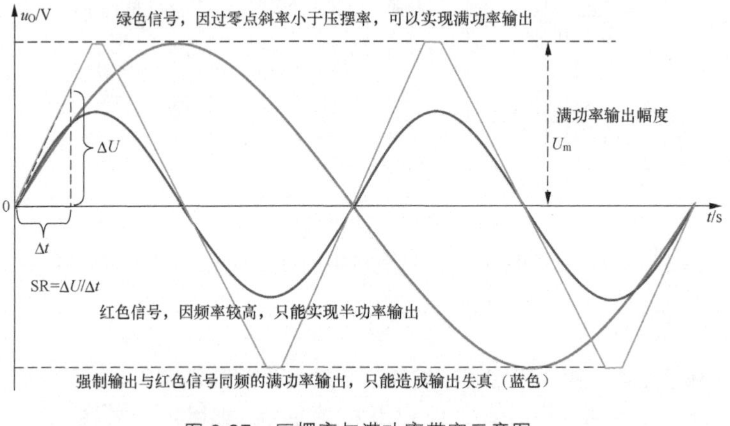

图 9.37 压摆率与满功率带宽示意图

◎至稳时间（Settling Time）

定义：运放接成指定增益（一般为 1），从输入阶跃信号开始，到输出完全进入指定误差范围所需要的时间。所谓的指定误差范围，一般有 1%、0.1% 几种。

优劣范围：几个 ns 到几个 ms。

理解：至稳时间由 3 个部分组成，第一是运放的延迟，第二是压摆率带来的爬坡时间，第三是稳定时间（如图 9.38 所示）。很显然，这个参数与 SR 密切相关，一般来说，SR 越大，至稳时间越小。

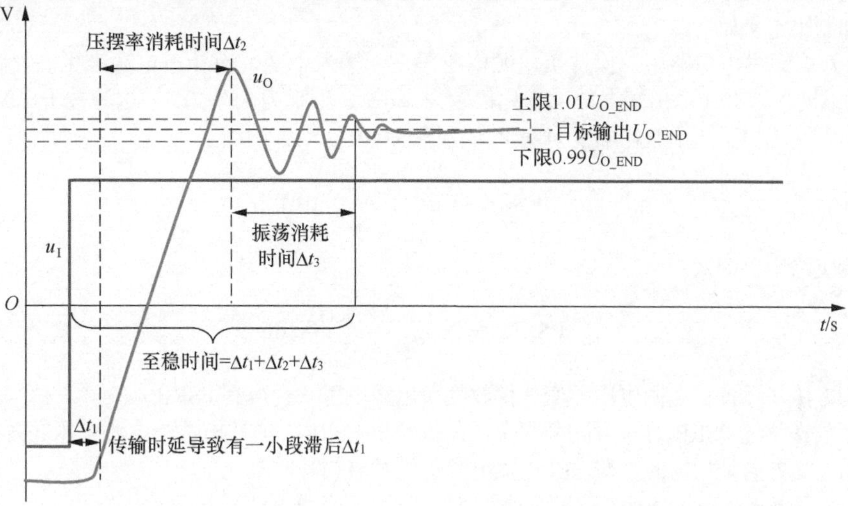

图 9.38　至稳时间示意图

对于运放组成的 ADC 驱动电路，至稳时间是一个重要参数，越小越好。

传统中文资料中，将 Settling Time 译成建立时间，我个人认为译为“至稳时间”较好。Settle 的本意是沉淀到稳定、一个漂泊的人找到落脚点被安置好的意思，而 Settling Time 本身的电学定义，也是指电路输出由一个稳态进入另一个稳态所需要的时间，它和“建立”一词，没有什么必然联系。

◎相位裕度（Phase Margin）和增益裕度

相位裕度定义：在运放开环增益和开环相移图中，当运放的开环增益下降到 1 时，开环相移值减去 -180° 得到的数值。

增益裕度定义：在运放开环增益和开环相移图中，当运放的开环相移下降到 -180° 时，增益 dB 值取负，或者是增益值的倒数。

理解：相位裕度和增益裕度越大，说明放大器越容易稳定。

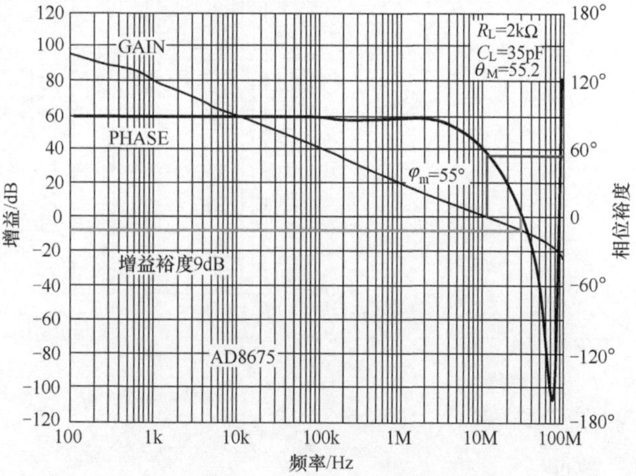

图 9.39　相位裕度示意图

需要特别注意的是，很多器件在描述开环特性时，在相位图中纵轴存在定义标注不完全一致的现象，有的是正度数、有的是负度数——不同的定义有不同的解释，都合理，但容易给读者造成混乱。我们需要知道的是，所有运放在任何频率下都只存在滞后相移，即相移为负值，图 9.39 中右侧的红色标注即相移。在极低频率处，相移接近于 0° 且小于 0°，随着频率的上升，很快相移就进入稳定的 -90°，然后走向 -180° 甚至 -270°。知道了这个规律，数据手册中无论怎么标注，你都能轻松应对了。

这样理解，相位裕度其实就是开环增益为 0dB 时的开环相移和 -180° 的距离。

◎电源电压抑制比

理论上，当电源电压发生改变时，运放构成的放大电路输出不应该变化。但是实际却会变化——放大电路的噪声增益 G_N 越大，由此带来的输出的变化量也越大。为了产生一个与电路增益无关的参数，电源电压抑制比定义如下。

定义：双电源供电电路中，保持负电源电压不变，输入不变，而让正电源产生变化幅度为 ΔV_S、频率为 f 的波动，那么在输出端会产生变化幅度为 ΔV_{out}、频率为 f 的波动。这等效于电源稳定不变的情况下，在入端施加了一个变化幅度为 ΔV_{in}、频率为 f 的波动。则：

$$\mathrm{PSRR+}=20\lg\left(\frac{\Delta V_S}{\Delta V_{in}}\right)\mathrm{dB} \quad (9\text{-}39)$$

考虑到电路本身的噪声增益 G_N，则：

$$\mathrm{PSRR+}=20\lg\left(\frac{\Delta V_S\times G_N}{\Delta V_{out}}\right)\mathrm{dB} \quad (9\text{-}40)$$

同样的方法，保持正电源电压不变，仅改变负电源电压，会得到 PSRR-。

有些运放在描述 PSRR 时，不区分正负，而仅给出 PSRR，这是指两个电源电压同时改变。注意，两个电源的改变方向是相反的，即保持正负电源的绝对值相等。

理解：电源电压抑制比的含义是运放对电源上纹波或者噪声的抵抗能力。首先，正负电源具有不一定相同的 PSRR，其次，随着电源电压变化频率的提升，运放对这个变化的抵抗能力会下降。一般情况下，电源变化频率接近其带宽时，运放会失去对电源变化的抵抗，即单位增益情况下电源变化多少，输出就变化多少。

ADA4000-1 的 PSRR 特性如图 9.40 所示。

频率越高，运放对电源纹波或者噪声的抵抗能力越弱。旁路电容的作用就是滤除电源上的噪声或者波动，特别在高频处，更需要滤除。

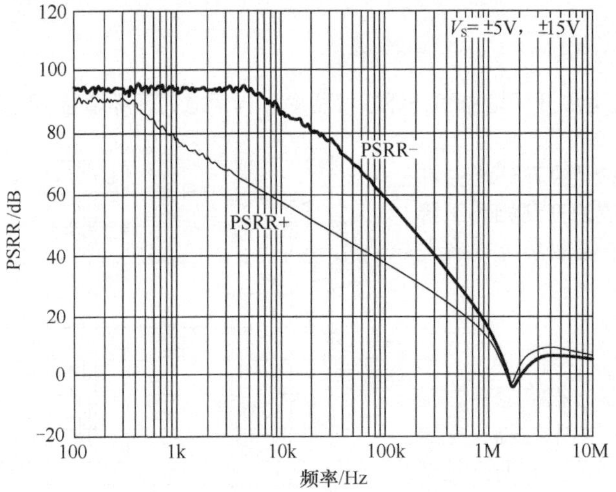

图 9.40　ADA4000-1 的 PSRR 特性

◎热阻

热阻标准定义：是对导热体阻止热量散失程度的描述，以 1W 发热源在导热路径两端形成的温度差表示，单位为℃ /W。有以下常用的两种：

- θ_{JA}，是指芯片热源结（Junction）与芯片周围环境（Ambient）（一般为空气）的热阻；
- θ_{JC}，是指芯片热源结与芯片管壳（Case）的热阻。

理解：对于芯片来说，导热路径的两端分别为自身发热体与环境空气。热阻 θ_{JA} 越大，说明散热越困难，其温差也就越大。

比如一个芯片的热阻 θ_{JA}=150℃ /W，说明其如果存在 1W 的热功率释放（为电源提供给芯片的功率 - 芯片输出的功率），则会在芯片内核和环境空气中形成一个 150℃的温差。

当确定热功率释放为 P 时，则：

$$\Delta T = P \times \theta_{JA} \tag{9-41}$$

其中，ΔT 是芯片工作时自身结温与环境温度的温差。如果此时环境温度为 T_A，则芯片结温 T_J 为：

$$T_J = T_A + \Delta T \tag{9-42}$$

很显然，同样功耗情况下，具有不同热阻的芯片，热阻越大的，结温会越高。

当结温超过了最高容许结温（一般就是芯片中声明的存储温度，比如 150℃），芯片就可能发热损坏。

应用热阻参数可以帮助设计者估算芯片可否安全工作。如图 9.41 查到 ADA4000-1 关于热阻的描述，可知 SOIC8 封装热阻为 112.38℃ /W，结温不得超过 150℃。假设设计者使用 SOIC8 封装，则在 -10℃～ 50℃环境中（一般气温范围），为保证结温不超过 150℃，ΔT 需要小于“最高结温 150℃ - 最高环境温度 50℃ =100℃”。因此，设计电路时，需要注意 ADA4000-1 的发热功耗不得超过：

$$P < \frac{\Delta T}{\theta_{JA}} = 889.8\text{mW}$$

而发热功耗与输出功率相关，一般情况下，输出功率变大会带来芯片本身发热功耗的增加。当然，对于 ADA4000-1 来说，产生如此大的发热功耗是不可能的，对于高频运放则很正常。可以看出，选择热阻更小的 14 脚封装的 SOIC（也就是 SO-14），具有 88.2℃ /W 的热阻，则可以有效改善。

ABSOLUTE MAXIMUM RATINGS

Table 3.

Parameter	Rating
Supply Voltage	±18 V
Input Voltage	±V supply
Differential Input Voltage	±V supply
Output Short-Circuit Duration to GND	Indefinite
Storage Temperature Range	−65°C to +150°C
Operating Temperature Range	−40°C to +125°C
Junction Temperature Range	−65°C to +150°C
Lead Temperature (Soldering, 10 sec)	300°C

THERMAL RESISTANCE

θ_{JA} is specified for the worst-case conditions, that is, a device soldered in a circuit board for surface-mount packages.

Table 4. Thermal Resistance

Package Type	θ_{JA}	θ_{JC}	Unit
5-Lead TSOT (UJ-5)	172.92	61.76	°C/W
8-Lead SOIC (R-8)	112.38	61.6	°C/W
8-Lead MSOP (RM-8)	141.9	43.7	°C/W
14-Lead SOIC (R-14)	88.2	56.3	°C/W
14-Lead TSSOP (RU-14)	114	23.3	°C/W

图 9.41　ADA4000-1 关于热阻的描述

◎典型值、最大值，到底用哪个？

仔细看数据手册，你会发现，在每一项参数中，都有“常温典型值、常温最大值、宽温度范围最大值”，这些数值相差甚远。到底该用哪个数值呢？这得看应用对象。

先说最严苛的，就是宽温度范围最大值。当设计对象为批量产品，且该产品可能工作在较宽泛的温度范围内时，就需要使用这个值。比如照相机、手机，有可能进入极寒冷地区，要保证其正常工作，还真得考虑其极限温度范围。

再说较为严苛的，常温下最大值。当设计对象是批量产品，且该产品仅在常温下工作时，就需要使用这个值。比如室内产品。但是，这种产品也需要确定一个工作温度范围，除考虑气温外，还得考虑机壳内由散热不利带来的温升，这就需要计算温度漂移。将温升带来的漂移量和常温最大值实施加法，就是取用值。

最后说说典型值，这是最让人喜欢的值，也是最漂亮的值。很多人在设计中盲目使用此值，其实是自欺欺人。它只有一个应用场合，就是试制作品，我们不会复制它。比如电子竞赛作品可以采用典型值计算。为什么呢？因为我们可以在多颗芯片中挑选一颗满足要求。

◎输入输出电压范围对电路的影响

这是一个来自网友的问题：一个由仪表放大器 INA333 组成的测量电路，正输入端为 2V，负输入端为 2.2V，期望放大 5 倍，输出应为 -1V。INA333 的供电电压为 ±2.5V。但是仿真实验的结果表明，输出只有 -800mV，为什么？

我们首先将网友描述的电路绘制成图，如图 9.42 所示。INA333 内部由三运放组成，电阻值如图 9.42 所示。外部以 u_2=2V 和 u_1=2.2V 为输入，且设定 R_G=25kΩ 以保证增益为 5 倍。

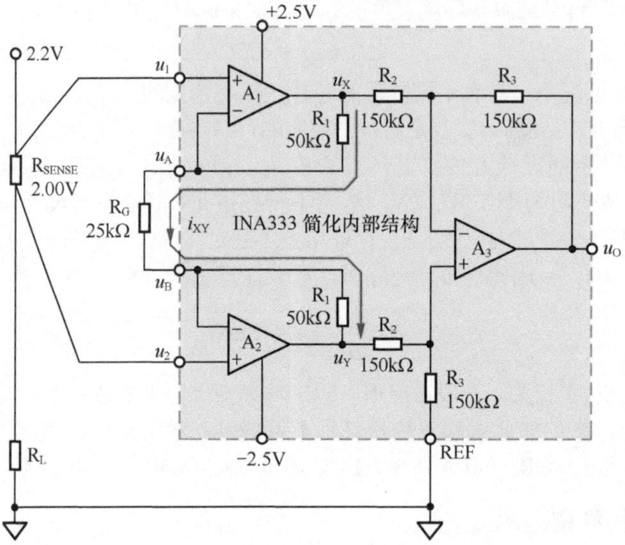

图 9.42 INA333 工作电路

先看输入输出范围是否超限：INA333 规定的输入范围和输出范围如下。

- **SUPPLY RANGE: +1.8V to +5.5V**
- **INPUT VOLTAGE: (V–) +0.1V to (V+) –0.1V**
- **OUTPUT RANGE: (V–) +0.05V to (V+) –0.05V**

可知，当供电电压为 ±2.5V 时，输入电压为 -2.4 ～ +2.4V，输出可达 -2.45 ～ +2.45V，目前设定的输入没有超限，输出也没有超限。

再看仪表放大器内部：如果两个前置的运放均处于深度负反馈状态，则虚短成立，可知：

$$u_A = 2.2\text{V}，u_B = 2.0\text{V}$$

根据虚断，流过 R_G 的电流等于流过 R_1 的电流，有：

$$u_Y = u_B - i_{XY}R_1 = u_B - \frac{u_A - u_B}{R_G}R_1 = 1.6\text{V}$$

$$u_X = u_A + i_{XY}R_1 = u_A + \frac{u_A - u_B}{R_G}R_1 = 2.6\text{V}$$

问题暴露了：作为内部运放 A_1 的输出端，u_X 输出最大也仅能达到 2.45V，要求其输出 2.6V 是不合理的。此时，运放 A_1 只能处于“心有余而力不足”的状态，虚短不再成立，输出维持在 2.45V。

$$u_{X\_实际} = 2.45\text{V}$$

此时，运放 A_2 的输出没有超限，它还处于虚短、虚断均成立的状态。

$$u_{B\_实际} = 2.0\text{V}$$

$$u_{A\_实际} = u_{B\_实际} + \frac{u_{X\_实际} - u_{B\_实际}}{R_1 + R_G} \times R_G = 2.15V$$

$$u_{Y\_实际} = u_{B\_实际} - \frac{u_{X_{实际}} - u_{B_{实际}}}{R_1 + R_G} \times R_1 = 1.7V$$

$$u_{O\_实际} = u_{Y\_实际} - u_{X_{实际}} = -0.75V$$

至此可知，这种状态下仪表放大器内部的 3 个运放中，A_1 已经处于负反馈无力调节状态，输出与理论分析不一致，也就在所难免了。

◎单电源高增益放大电路的输出失调电压

我的学生设计了一个低频高增益放大电路，要求对 20 ～ 100μV 的直流电压实施放大，采用了如图 9.43 所示方案，试图实现约为 40000 倍的电压增益。

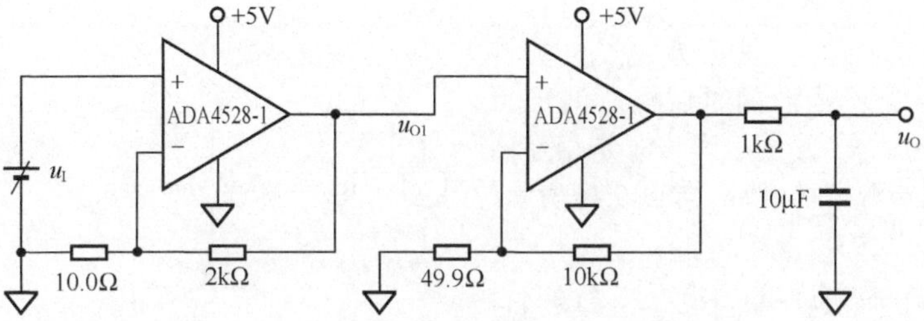

图 9.43　学生设计的低频高增益放大电路

其设计思想是：选用输入失调电压典型值为 0.3μV，最大值不超过 2.5μV，输入偏置电流小于 300pA，失调电流小于 500pA，噪声密度小于 5.9nV/$\sqrt{\text{Hz}}$的精密运放 ADA4528-1，以实现对 20μV 直流信号的放大；单电源供电，ADA4528-1 最大供电为 5.5V，选用 5V，最大输入 100μV 时，输出应为 4V，不超过最大输出电压；输出端增加一级截止频率为 15.9Hz 的低通滤波器，进一步滤除噪声。这看起来挺好的。

完成电路搭接后，学生首先测量输出失调电压，即将输入 u_I 短接接地，发现输出为 200mV。据此，可以反算出 u_{O1} 约为 1mV，进而反算出第一个运放的输入失调电压约为 5μV，这与数据手册规定的最大值 2.5μV 不符。学生说，可能是芯片质量不好，我断然否定。

我是这么考虑的。在输出失调测试中，结果与预期不符，最可能的是有一些因素被我们忽视了。先看偏置电流，I_B 为 0.3nA 左右，与外部电阻 10Ω 相乘，可以得到 3nV 左右的电压，这与运放的最大失调电压 2.5μV 相差甚远，确实可以不考虑。失调电流也不是主要因素。再看运放的输出性能，我发现 ADA4528-1 的输出至轨电压在 10kΩ 负载情况下典型值为 5mV，这可能就是问题关键。

第一个运放的输出直接接入第二个运放的同相输入端，其负载很轻，因此其输出至轨电压可能要小于 5mV，假设为 1mV，那么当第一级运放的负电源接地时，输出最小值就是 1mV，即便失调电压为 0，输出也不可能为 0。这可能就是造成输出达到 200mV 的根本原因。

我让学生给第一级运放的供电改为(+5V，-0.5V)，总供电电压为 5.5V，没有超限。结果如我所料，第二级运放的输出失调由原先的 200mV 变为 20mV 左右。这次就与估算相吻合了。

9.4　运放的噪声参数

运放的噪声参数相对复杂，因此独立成一节。

一个运放接成放大电路后，其输出端一定存在噪声，且这个噪声的有效值是可以事先估算的。当估算出的噪声有效值接近于输出信号的有效值时，该放大电路几乎是失效的：输出信号将被噪声淹没。因此，在设计精密放大电路时，必须进行噪声评估。

严格的噪声评估是极为复杂的，一个放大电路的输出端噪声与下列因素有关：

1）运放本身的噪声呈现在输出端；
2）外围电路中的电阻噪声；
3）运放输入端电流噪声在外电路电阻上产生的电压噪声；
4）源自供电电源噪声的输出端噪声；
5）源自空间电磁干扰的输出端噪声；
6）源自周边系统的地线环路噪声。

对于一个设计考究的精密放大器来说，首先必须做到具有良好的电源、具有可靠的屏蔽外界电磁干扰措施，以及规范的地线设计，在此基础上，输出端的噪声一般仅与上述前3条有关。而在外部电阻较小的情况下（一般小于1000Ω），电阻噪声和电流噪声在电阻上的表现均可忽略。

为避免烦琐，本节以“能忽略就忽略”的姿态，讲述运放组成的放大电路的输出端噪声求解方法。在多数情况下，本节内容可以帮助读者完成噪声评估，且结论与实测较为吻合。

◎噪声叠加原理

一个噪声源的时域电压波形为 $u_{N1}(t)$，其有效值为 U_{N1}，另一个噪声源的时域电压波形为 $u_{N2}(t)$，其有效值为 U_{N2}。这两个噪声源是相互独立的。将这两个噪声源串联相加，如图9.44所示，则总的时域电压波形为：

$$u_N(t)=u_{N1}(t)+u_{N2}(t) \tag{9-43}$$

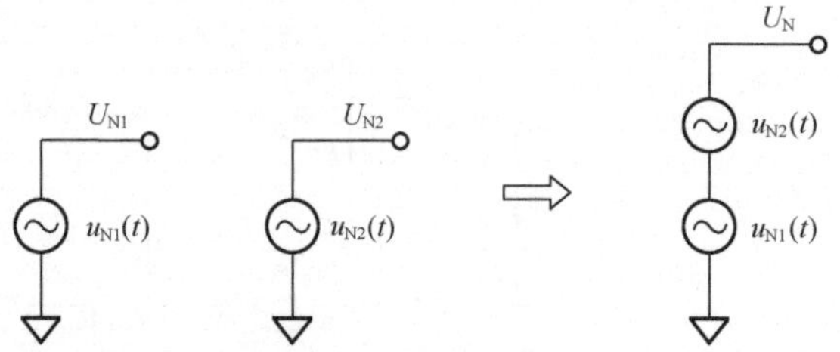

图 9.44　噪声叠加原理

那么，$u_N(t)$ 的有效值为 U_N，则有：

$$U_N=\sqrt{U_{N1}^2+U_{N2}^2} \tag{9-44}$$

因此有：

$$U_N^2=U_{N1}^2+U_{N2}^2 \tag{9-45}$$

即噪声的总有效值的平方是各个噪声有效值的平方和。为表述方便，定义噪声有效值的平方为电能力，用 E_P 表示，其单位为 V^2，多数情况下，噪声很小，习惯上用 nV^2 作为单位。

$$E_P=E_{P1}+E_{P2} \tag{9-46}$$

即噪声电能力具有可加性。

◎噪声的电能力密度、电压密度和噪声有效值

噪声是广谱的，其时域电压波形中包含从低频到高频的任意频率分量。任何一个频点的噪声都对噪声源有效值有贡献，而噪声经过具有上限截止频率的放大器时，频率特别高的噪声将消失。因此，衡量一个上限截止频率不能被厂商确定的运放电路输出噪声大小限制，不能简单用一个有效值表示，而必须使用一个新量：噪声电能力随频率变化的密度，用 $D_E(f)$ 表示，它表征单位频率内噪声的电能力大小，也即该噪声源中噪声电能力随频率的变化规律，它的单位是 nV^2/Hz。

$$D_E(f)=\lim_{\Delta f\to 0}\frac{E_P}{\Delta f} \tag{9-47}$$

对 $D_E(f)$ 开根号，得到 $D_U(f)$，称之为噪声电压密度：

$$D_U(f)=\sqrt{D_E(f)} \tag{9-48}$$

因此，利用电能力的可加性，即式（9-46），在一个规定的频段（f_a，f_b）内，总的噪声电能力为电能力密度在规定频率内的积分：

$$E_P=\int_{f_a}^{f_b}D_E(f)\mathrm{d}f \tag{9-49}$$

而该频段内的噪声电压有效值为：

$$U_N=\sqrt{E_P}=\sqrt{\int_{f_a}^{f_b}D_E(f)df} \tag{9-50}$$

当噪声源在某一频率范围内具有不变的噪声电能力密度(称为白噪声)，即$D_E(f)=K^2$时，式(9-50)演变为：

$$U_N=\sqrt{E_P}=\sqrt{\int_{f_a}^{f_b}K^2df}=K\times\sqrt{f_b-f_a} \tag{9-51}$$

此时，称K为噪声源的白噪声电压密度，单位为$\sqrt{nV^2/Hz}=nV/\sqrt{Hz}$。为了用户使用方便，运放的数据手册中会给出$K$值，以$nV/\sqrt{Hz}$为单位。

当噪声源在某一频率范围内，其电能力密度随频率越来越小，具有$1/f$特性时（称为$1/f$噪声），其电能力表达式为：

$$D_E(f)=\frac{C^2\times 1Hz}{f} \tag{9-52}$$

此时，式（9-50）演变为：

$$U_N=\sqrt{E_P}=\sqrt{\int_{f_a}^{f_b}\frac{C^2\times 1Hz}{f}df}=C\times\sqrt{Hz}\times\sqrt{\ln\frac{f_b}{f_a}} \tag{9-53}$$

C^2为1Hz处的$1/f$噪声电能力密度，单位是nV^2/Hz，而C就是1Hz处的$1/f$噪声电压密度，单位是$nV/\sqrt{Hz}$。从运放数据手册中可以查到或者计算出C值。

实际的运放噪声根源一般只有两种，且它们共存：随频率电能力密度不变化的白噪声，以及随频率增加而逐渐减小的$1/f$噪声。非常幸运的是，这两种噪声源在数学上都是可以简单积分计算的。

◎运放的噪声模型

运放的噪声模型如图9.45所示。由该模型组成的同相比例放大器如图9.46所示，可以据此计算出该电路的输出噪声。

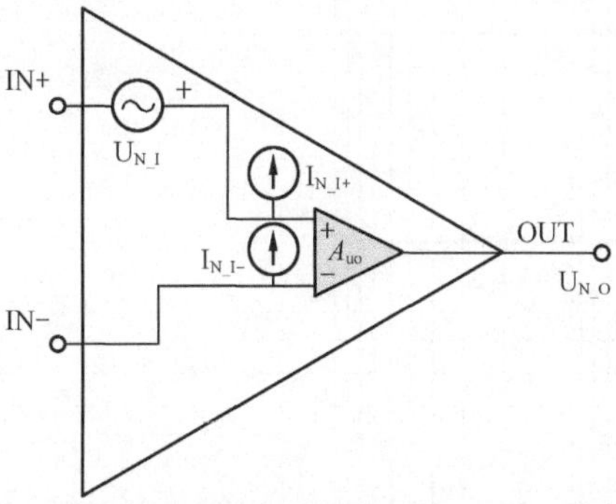

图9.45　运放的噪声等效模型

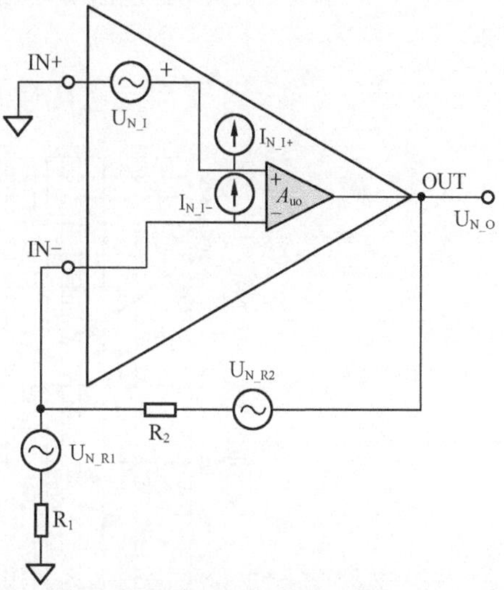

图9.46　放大电路噪声求解

先看模型。运放内部具有两类噪声源：等效输入噪声电压U_{N_I}、等效输入噪声电流I_{N_I}，其中电流噪声分别出现在两个输入端，相互独立。黄色运放为理想的。在模型中，U_{N_I}是已经确定了有效值的一个噪声电压源，I_{N_I}是已经确定了有效值的噪声电流源，至于如何求解它们的有效值，下一标题讲。

再看包含模型的同相比例器。因输出由多个噪声源合并形成，其输出电压的瞬时值满足叠加原理，输出电压有效值则满足式（9-45）。

需要注意，除运放内部的两类噪声源外，电阻也产生噪声，表示为有效值为 U_{N_R} 的电压源，其值也在下一标题讲。

各个独立噪声源在输出端产生的噪声电压如下：

$$U_{N\_O(UN\_I)} = U_{N\_I} \times \frac{R_1 + R_2}{R_1} \tag{9-54}$$

$$U_{N\_O(IN\_I+)} = 0 \tag{9-55}$$

$$U_{N\_O(IN\_I-)} = I_{N\_I-} \times R_2 \tag{9-56}$$

$$U_{N\_O(R1)} = -U_{N\_R1} \times \frac{R_2}{R_1} \tag{9-57}$$

$$U_{N\_O(R2)} = U_{N\_R2} \tag{9-58}$$

利用式（9-45），总的输出噪声电压为：

$$U_{N\_O} = \sqrt{U_{N\_O(UN\_I)}^2 + U_{N\_O(IN\_I+)}^2 + U_{N\_O(IN\_I-)}^2 + U_{N\_O(R1)}^2 + U_{N\_O(R2)}^2} \tag{9-59}$$

多数情况下，在运放外部电阻较小时，可以忽略模型中的等效输入电流噪声，以及电阻产生的噪声，因此，式（9-59）被简化为：

$$U_{N\_O} = U_{N\_I} \times \frac{R_1 + R_2}{R_1} \tag{9-60}$$

其中，$\frac{R_1 + R_2}{R_1}$称为噪声增益，用 G_N 表示。对同相比例器，噪声增益就是电路的闭环增益，对反相比例器，噪声增益仍为$\frac{R_1 + R_2}{R_1}$。

◎运放的等效输入噪声电压有效值 U_{N_I}

绝大部分运放在数据手册中会给出噪声电压密度曲线 $D_U(f)$。图 9.47 所示为 ADI 公司的精密运放 OP27 的噪声电压密度图。其中黑色曲线为噪声电压密度，它实际由两根黑色虚线按照如下计算式叠加而成：

$$D_U(f) = \sqrt{D_{U\_1f}^2 + D_{U\_wh}^2} \tag{9-61}$$

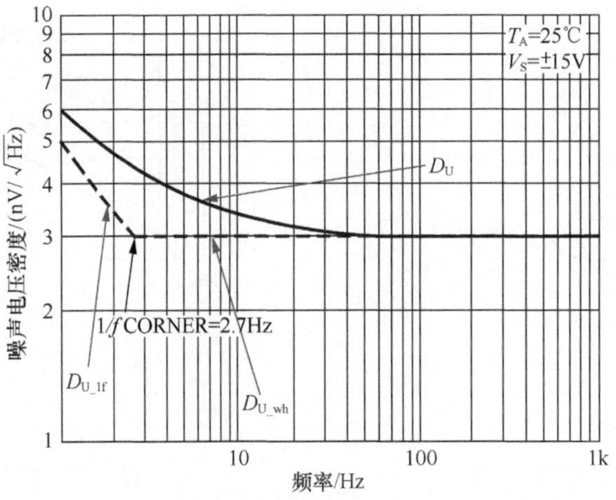

图 9.47　精密运放 OP27 的噪声电压密度图

联想到式（9-44），可知上式的物理含义为：任何频点处的噪声都是由随频率越来越小的 1/f 噪声和不随频率变化的白噪声两部分组成。因此，只要分别计算 1/f 噪声的有效值 U_{1f}，以及白噪声有效值

U_{wh}，则有：

$$U_{N\_I}=\sqrt{U_{1f}^2+U_{wh}^2} \tag{9-62}$$

对于白噪声，图 9.47 中显示其噪声电压密度为 $K=3\ \text{nV}/\sqrt{\text{Hz}}$，据式（9-52），得：

$$U_{wh}=K\sqrt{f_b-f_a} \tag{9-63}$$

对于 $1/f$ 噪声，图 9.47 中显示其 1Hz 处噪声电压密度为 $C=5\ \text{nV}/\sqrt{\text{Hz}}$，据式（9-53），得：

$$U_{1f}=C\times\sqrt{\text{Hz}}\times\sqrt{\ln\frac{f_b}{f_a}} \tag{9-64}$$

至此，只要知道噪声的频率起点 f_a 以及频率终点 f_b，即可完成 U_{N_I} 的求解。

◎确定频率起点 f_a

噪声是广谱的，但是一般来说，低于 0.1Hz 的噪声，即 10s 以上才变化一次的噪声，通常被视为由外界环境扰动带来的，比如气流引起的温度变化、周围人使用电器产生的电磁干扰等，这些都不被考虑在电路产生的噪声中。因此，多数情况下，电路噪声的测量是以 0.1Hz 为下限的，即 $f_a=0.1\text{Hz}$。

对特殊的电路，可以依据要求改变 f_a。

◎确定频率终点 f_b

运放组成的放大电路都有上限截止频率 f_{Hf}。它与运放的单位增益带宽 UGBW 有关，还与运放组成放大电路的闭环增益 A_{uf} 有关，一般情况下，有以下近似计算式成立：

$$f_{Hf}=\frac{\text{UGBW}}{A_{uf}} \tag{9-65}$$

多数情况下，运放组成的放大电路其实就是一个具有闭环增益的一阶低通滤波器，它内部产生的等效输入噪声，其高频成分在输出端将被滤除。显然，如果滤波器是理想的低通，即砖墙式（低于截止频率，增益为 1，大于截止频率，增益为 0），那么噪声终点 f_b 即滤波器的上限截止频率 f_{Hf}。但是，这样的滤波器在现实中是不存在的。现实中的滤波器，如果具有上限截止频率 f_{Hf}，那么高于 f_{Hf} 的噪声还是会有一部分被泄露到输出端，滤波器的阶数越高，它越接近于理想砖墙式滤波，泄露应该越少。

于是，实际的 f_b 应该大于或等于 f_{Hf}，即：

$$f_b=p\times f_{Hf},\ p\geqslant 1 \tag{9-66}$$

通过数学分析，可以得出如下结论，对于一阶滤波器，$p=1.57$。二阶以上滤波器，p 越来越接近于 1，但是没有固定的结果，与滤波器传函有关。

举例

电路如图 9.48 所示，估算放大电路的输出噪声。

第一步，从 ADI 公司官网下载 OP27 运放数据手册，从数据手册中获得关键参数：

（1）运放的单位增益带宽为 8MHz；

（2）$C=5\text{nV}/\sqrt{\text{Hz}}$，$K=3\text{nV}/\sqrt{\text{Hz}}$；

第二步，闭环增益为 $A_{uf}=3$，据此确定电路的上限截止频率 f_{Hf}：

$$f_{Hf}=2.67\text{MHz}$$

第三步，确定 $f_b=1.57\times f_{Hf}=4.19\text{MHz}$。

第四步，确定等效输入噪声电压 U_{N_I}。

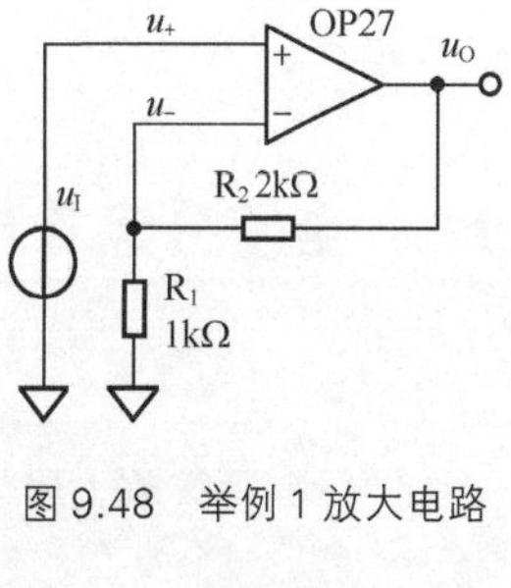

图 9.48 举例 1 放大电路

据式（9-51），

$$U_{wh}=K\sqrt{f_b-f_a}=6.138\mu\text{V}_{rms}$$

据式（9-53），

$$U_{1f}=C\times\sqrt{\text{Hz}}\times\sqrt{\ln\frac{f_b}{f_a}}=20.95\text{nV}_{\text{rms}}$$

据式（9-62），

$$U_{\text{N\_I}}=\sqrt{U_{1f}^2+U_{\text{wh}}^2}=6.138\mu\text{V}_{\text{rms}}$$

第五步，确定输出噪声电压：

据式（9-60），

$$U_{\text{N\_O}}=U_{\text{N\_I}}\times\frac{R_1+R_2}{R_1}=18.414\mu\text{V}_{\text{rms}}$$

因 OP27 为一个低噪声运放，此电路的输出噪声电压属于比较小的。且读者可以发现，$1/f$ 噪声远比白噪声小。实际电路的输出噪声要比上述估算值稍大，原因在于本估算中忽略了电阻噪声、运放电流噪声在电阻上演变成的电压噪声。

◎从示波器上看噪声大小

上述分析能够得到一个运放电路的输出噪声有效值。但是，我们观察到的噪声更多来自于示波器屏幕，它是一个看起来混乱不堪的“杂波”。我们能看出它的峰峰值，但怎样获得它的有效值呢？

运放电路的输出噪声有效值与峰峰值之间满足如下关系：

$$U_{\text{N\_pp}}=6.6U_{\text{N\_rms}} \tag{9-67}$$

原因是，噪声在数值上满足高斯分布（正态分布），而高斯分布的数学特性告诉我们，在 ±3.3 σ 区间内，可以包含 99.9% 的出现概率，如图 9.49 所示。

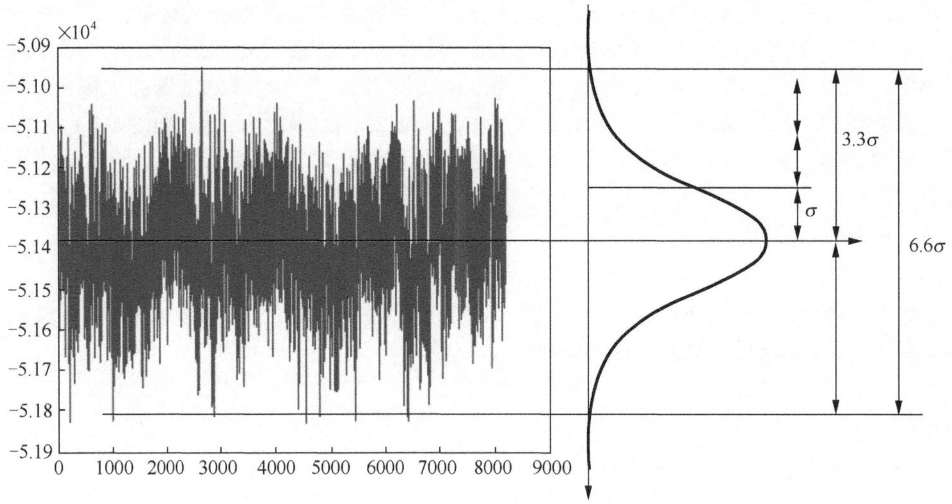

图 9.49 噪声峰峰值与有效值之间的关系

9.5 全差分运算放大器

◎结构

像标准运算放大器一样，全差分运算放大器（Fully Differential Amplifier，FDA）仍属于运算放大器——它是一个具有理想功能的高增益放大器，需要配合外部的负反馈电路才能发挥作用。

如图 9.50 所示全差分运放具有两个输入端 +IN、-IN，其电压用 u_P 和 u_N 表示，两个输出端 +OUT、-OUT，其电压用 $u_{\text{OUT+}}$ 和 $u_{\text{OUT-}}$ 表示，一个设定输出共模的输入端 V_{OCM}，其电压用 u_{OCM} 表示，以及两

个电源端。图 9.51 是它的管脚结构图。全差分运放具有特殊的内部结构，决定了它在正常工作情况下具有如下特性。

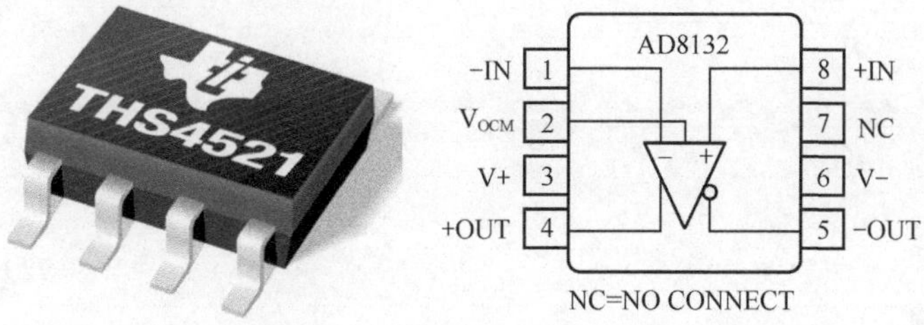

图 9.50　全差分运算放大器外形、管脚图示意

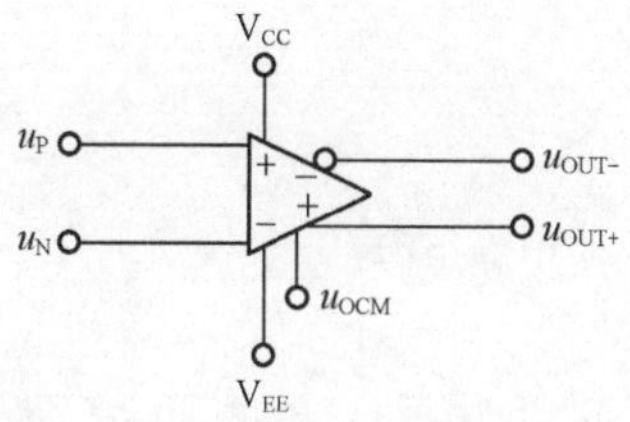

图 9.51　全差分运放管脚结构图

（1）输出约束特性

$$\frac{u_{OUT+}+u_{OUT-}}{2}=u_{OCM} \tag{9-68}$$

两个输出端的平均值始终等于 u_{OCM}。这意味着当一个输出端电压大于 u_{OCM} 时，另一个一定小于 u_{OCM}。换句话说，当输出端发生变化时，两个输出端是以 u_{OCM} 为基准，同时做镜像摆动的。

（2）高增益导致的虚短特性

$$u_{OD}=u_{OUT+}-u_{OUT-}=A_{OD}\left(u_P-u_N\right) \tag{9-69}$$

全差分放大器对两个输入端之间的差值进行开环高增益放大，这与传统运放完全相同，区别仅在于，放大后的结果表现在两个输出端的差值上。A_{OD} 一般大于 60dB，因此 u_P 约等于 u_N——虚短。

（3）两个输入端流入电流始终为 0——虚断

因此，只要合理使用虚短、虚断，对全差分放大器的分析方法与一般运放几乎完全相同。

◎应用场合

全差分运算放大器主要用于以下场合。

1）全差分信号链中。也就是说，在传感器是差分输出、ADC 是差分输入的情况下，整个信号链都使用差分信号传递时。大多数全差分运放应用出现在 ADC 的前端驱动电路中。

2）单端信号转差分输出。当前级信号为单端（Single-End）输出，而后级的电路（比如差分 ADC）需要差分输入时，用全差分运放实现单端——差分转换。

3）差分转单端。当前级为差分输出（Differential），而后级需要单端输入时，用全差分运放实现差分——单端转换。

使用全差分放大电路，比之单端电路有如下好处：

1）相同电源电压下，能够获得 2 倍于单端方式的动态范围；

2）能够抵抗共模干扰；

3）能够减少信号中的偶次谐波失真；

4）适合于平衡输入的 ADC。

◎基本分析方法

以一个对称输入的全差分放大电路为例，如图 9.52 所示，分析如下。

首先定义信号源：$u_{ID}=u_{IN+}-u_{IN-}$，$u_{IC}=(u_{IN+}+u_{IN-})/2$，如图 9.52 所示。

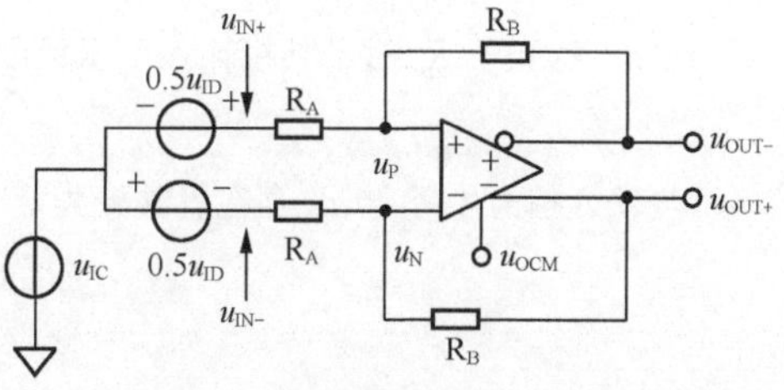

图 9.52　全差分放大对称输入

共模分析——信号源只有共模量

假设差模输入为 0，则 $u_{IN+}=u_{IN-}=u_{IC}$。注意，此时 V_{OCM} 脚始终存在输入电压 u_{OCM}，这个电压是决定输出电

压的镜像中心的，与信号源中的共模输入电压 u_{IC} 是两回事。

使用虚断得：

$$\frac{u_{IC}-u_P}{R_A}=\frac{u_P-u_{OUT-}}{R_B} \tag{9-70}$$

$$\frac{u_{IC}-u_N}{R_A}=\frac{u_N-u_{OUT+}}{R_B} \tag{9-71}$$

使用虚短得：

$$u_N=u_P=u_X \tag{9-72}$$

将式（9-70）和式（9-71）相除，得：

$$\frac{u_{IC}-u_P}{u_{IC}-u_N}=\frac{u_{IC}-u_X}{u_{IC}-u_X}=1=\frac{u_P-u_{OUT-}}{u_N-u_{OUT+}} \tag{9-73}$$

即

$$u_{OUT-}=u_{OUT+} \tag{9-74}$$

根据式（9-68）：

$$\frac{u_{OUT+}+u_{OUT-}}{2}=u_{OCM} \tag{9-75}$$

得：

$$u_{OUT-}=u_{OUT+}=u_{OCM} \tag{9-76}$$

这说明，当信号输入只有共模量 u_{IC} 时，两个输出端的输出电压等于设定输出共模脚 V_{COM} 电压 u_{OCM}，而与信号中的共模量 u_{IC} 毫无关系。

此时，全差分运放的两个真正输入端电位相等，为 u_X，据式（9-70）有：

$$\frac{u_{IC}-u_X}{R_A}=\frac{u_X-u_{OUT-}}{R_B}=\frac{u_X-u_{OCM}}{R_B} \tag{9-77}$$

即，

$$R_Bu_{IC}-R_Bu_X=R_Au_X-R_Au_{OCM} \tag{9-78}$$

$$u_X\left(R_A+R_B\right)=R_Bu_{IC}+R_Au_{OCM} \tag{9-79}$$

$$u_X=\frac{R_Bu_{IC}+R_Au_{OCM}}{R_A+R_B} \tag{9-80}$$

这说明，在仅有信号共模输入的情况下，全差分运放的两个真正输入端电压 u_P 和 u_N 取决于信号中的输入共模电压 u_{IC} 和 V_{OCM} 管脚输入电压 u_{OCM}，是两者的加权平均值。

因此，这个电路是可以承载一定的超电源共模输入的，只要保证 u_{IC} 与 u_{OCM} 的加权平均值不要超过 u_P、u_N 的最大承载电压即可。

比如，器件规定输入电压为 -4 ～ 4.5V，当 R_A=R_B 时，如果 u_{OCM}=0V，则信号的输入共模电压 u_{IC} 必须满足下式要求：

$$-4\text{V}\leqslant\frac{u_{OCM}+u_{IC}}{2}=0.5u_{IC}\leqslant4.5\text{V} \tag{9-81}$$

可解得，输入共模 u_{IC} 范围为 -8 ～ 9V。

当 R_A 远大于 R_B 时，共模输入电压范围将进一步扩大。显然，这是一个好处。

差模分析

当输入信号中差压 u_{ID} 存在且共模为 0 时，式（9-70）和式（9-71）仍然成立：

$$\frac{u_{IN+}-u_P}{R_A}=\frac{u_P-u_{OUT-}}{R_B} \tag{9-82}$$

$$\frac{u_{IN-}-u_N}{R_A}=\frac{u_N-u_{OUT+}}{R_B} \tag{9-83}$$

利用 $u_{IN-}=u_{IN+}$（输入信号定义）、$u_P=u_N=u_X$，以及输出约束：

$$\frac{u_{OUT+}+u_{OUT-}}{2}=u_{OCM}\rightarrow u_{OUT-}=2u_{OCM}-u_{OUT+} \tag{9-84}$$

得：

$$\frac{u_{IN+}-u_X}{R_A}=\frac{u_X-2u_{OCM}+u_{OUT+}}{R_B} \tag{9-85}$$

$$\frac{-u_{IN+}-u_X}{R_A}=\frac{u_X-u_{OUT+}}{R_B} \tag{9-86}$$

两式相加得：

$$\frac{-2u_X}{R_A}=\frac{2u_X-2u_{OCM}}{R_B} \tag{9-87}$$

$$u_X=\frac{u_{OCM}R_A}{R_A+R_B} \tag{9-88}$$

可以看出，在对称输入仅有差模信号的情况下，全差分运放的真正输入端没有输入差模信号的影子，只有设定输出共模 u_{OCM}。

将式（9-88）代入式（9-85），得：

$$u_{OUT+}=u_{OCM}+\frac{R_B}{R_A}u_{IN+}=u_{OCM}+0.5u_{ID}\frac{R_B}{R_A} \tag{9-89}$$

据 $u_{OUT-}=2u_{OCM}-u_{OUT+}$，得：

$$u_{OUT-}=u_{OCM}-0.5u_{ID}\frac{R_B}{R_A} \tag{9-90}$$

这说明，如果引入差模信号，则输出的两个端子会出现不同的变化：负输出端会有一个负方向的改变，大小是输入差模信号的 $0.5G$，而正输出端会有一个正方向的改变，大小也是 $0.5G$，其中 $G=R_B/R_A$。

而总的差分输出为：

$$u_{OD}=u_{OUT+}-u_{OUT-}=u_{ID}\frac{R_B}{R_A}=Gu_{id} \tag{9-91}$$

由此可知，分析全差分放大电路非常简单。第一步，在没有差模信号输入的情况下，两个输出端稳定在 U_{OCM}，据此利用输入共模电压和电路外部电阻，可以计算出两个输入端的共模电压，以保证全差分运放可正常工作。第二步，在差模输入后，正输出端将在 U_{OCM} 基础上叠加一个与输入差模信号同相的信号，其幅度为差模输入信号幅度的 $0.5G$，而负输出端则会在 U_{OCM} 基础上叠加一个与输入差模信号反相的信号，幅度为差模输入信号幅度的 $0.5G$。

举例

电路如图 9.53 所示。其中 AD8139 是 ADI 公司生产的全差分运放，ePAD 端子是指该芯片下面的一个外露金属片，一般做接地处理，理论分析中不使用它，其余管脚如前所述。该电路的目的是将输入的幅度为 1V 的单端双极信号转变成差分单极信号。所谓的双极信号，是指瞬时信号既有正电压，也会有负电压，有别于只有正电压的单极信号。

（1）求电路两个输出端在输入信号为 0 时的静态电压。

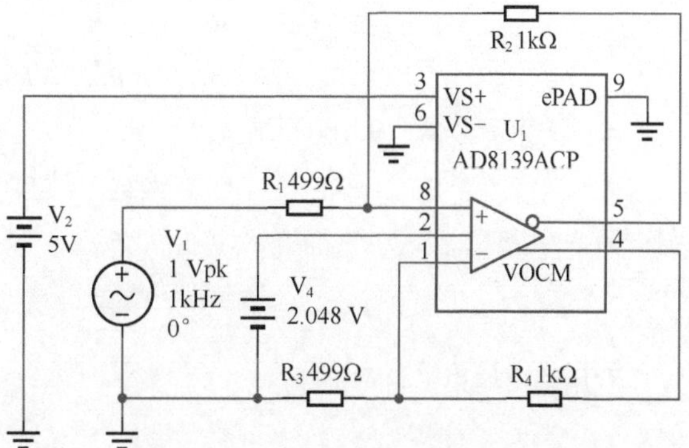

图 9.53　举例 1 电路

（2）求电路的增益：

$$A_{uf}=\frac{u_{OUT+}-u_{OUT-}}{V_1} \tag{9-92}$$

（3）当输入信号为 1V、1kHz 正弦波时，求正输出端最高电压、最低电压。

（4）求电路的输入电阻。

解：

（1）AD8139 的 VOCM 端，即前述的 V_{OCM} 端，接 2.048V 基准电压，因此两个输出端静态电压均应为 2.048V。

（2）为了求解信号电压增益，先设输入信号为 u_I（即题目中的 V_1），输出分别为 u_{OUT+} 和 u_{OUT-}。有两种方法可以求解输出：第一种，将输入信号 u_I 拆分成共模和差模信号，然后利用前述分析结果实现；第二种，直接求解。我们先说第一种方法：

$$u_{IN+}=u_I，u_{IN-}=0 \tag{9-93}$$

则有：

$$u_{ID}=u_{IN+}-u_{IN-}=u_I，u_{IC}=\frac{u_{IN+}+u_{IN-}}{2}=0.5u_I \tag{9-94}$$

我们知道，共模输入不会在输出有反应，仅有差模输入会引起输出，代入式（9-89）和式（9-90）：

$$u_{OUT+}=u_{OCM}+0.5u_{ID}\frac{R_B}{R_A}=2.048\text{V}+0.5u_I\frac{1\text{k}\Omega}{499\Omega}=2.048+1.002u_I \tag{9-95}$$

$$u_{OUT-}=u_{OCM}-0.5u_{ID}\frac{R_B}{R_A}=2.048-1.002u_I \tag{9-96}$$

$$A_{uf}=\frac{u_{OUT+}-u_{OUT-}}{V_1}=\frac{2.004u_I}{u_I}=2.004$$

第二种方法，直接求解。设输入信号为 u_I，然后根据全差分运放的虚短虚断特性，分列出如下等式：

$$\frac{u_I-u_X}{R_1}=\frac{u_X-u_{OUT-}}{R_2} \tag{9-97}$$

$$\frac{0-u_X}{R_3}=\frac{u_X-u_{OUT+}}{R_4} \tag{9-98}$$

将相等电阻替换，利用输出约束，将 u_{OUT-} 用 $2u_{OCM}-u_{OUT+}$ 代替，则有：

$$\frac{u_I-u_X}{R_1}=\frac{u_X-2u_{OCM}+u_{OUT+}}{R_2}\rightarrow$$

$$R_2u_I-R_2u_X=R_1u_X+R_1u_{OUT+}-2R_1u_{OCM} \tag{9-99}$$

$$\frac{-u_X}{R_1}=\frac{u_X-u_{OUT+}}{R_2}\rightarrow$$

$$-R_2u_X=R_1u_X-R_1u_{OUT+} \tag{9-100}$$

式（9-99）和式（9-100）相减得：

$$R_2u_I=2R_1u_{OUT+}-2R_1u_{OCM} \tag{9-101}$$

即，

$$u_{OUT+}=\frac{R_2u_I+2R_1u_{OCM}}{2R_1}=u_{OCM}+0.5\frac{R_2}{R_1}u_I=2.048+1.002u_I \tag{9-102}$$

利用输出约束，可得：

$$u_{OUT-}=2u_{OCM}-u_{OUT+}=u_{OCM}-0.5\frac{R_2}{R_1}u_I=2.048-1.002u_I \tag{9-103}$$

$$A_{uf}=\frac{u_{OUT+}-u_{OUT-}}{V_I}=\frac{2.004u_I}{u_I}=2.004$$

分析结果与方法一完全相同。

（3）当输入信号幅度为1V时，可知正输出端的幅度为1.002V。输出信号是骑在静态电压上的，因此正输出端最高电压为2.048V+1.002V=3.05V，最低输出电压为2.048V-1.002V=1.046V。这是在不考虑输出失调电压情况下得到的结果，当考虑输出失调时，会存在一些偏差。

（4）求输入电阻。只要求解出流过R_1的动态电流，且这个电流与输入信号u_I的变化量成比例，就可以求出输入电阻：

将式（9-99）、式（9-100）相加，得：

$$R_2u_I-2R_2u_X=2R_1u_X-2R_1u_{OCM} \tag{9-104}$$

解得：

$$u_X=\frac{R_2u_I+2R_1u_{OCM}}{2R_1+2R_2}=\frac{0.5R_2}{R_1+R_2}u_I+\frac{R_1}{R_1+R_2}u_{OCM} \tag{9-105}$$

式（9-105）表明，全差分电路在单端输入时（如本例），有一个特点，即运放的两个输入端都存在输入信号u_I的影子，这与本节讲原理时以双端对称差分输入的分析结果完全不同。这导致输入电阻将不是电路中显见的R_1。

此时，流过电阻R_1的电流，也就是信号输入端的输入电流为：

$$i_I=\frac{u_I-u_X}{R_1}=\frac{u_I-\frac{0.5R_2}{R_1+R_2}u_I-\frac{R_1}{R_1+R_2}u_{OCM}}{R_1}=\frac{u_I}{\frac{R_1\left(R_1+R_2\right)}{R_1+0.5R_2}}+\frac{u_{OCM}}{R_1+R_2} \tag{9-106}$$

式（9-106）表明，流过电阻R_1的电流，既与u_I相关，也与u_{OCM}相关。

当输入信号u_I存在动态变化量Δu_I，由此带来的电流变化量Δi_I为：

$$\Delta i_I=\frac{\Delta u_I}{\frac{R_1\left(R_1+R_2\right)}{R_1+0.5R_2}} \tag{9-107}$$

$$r_i=\frac{\Delta u_I}{\Delta i_I}=\frac{R_1\left(R_1+R_2\right)}{R_1+0.5R_2}=\frac{R_1\left(R_1+0.5R_2\right)+0.5R_2R_1}{R_1+0.5R_2}=R_1+\left(R_1//0.5R_2\right)=748.75\Omega$$

这看起来有些复杂，表达式也不美丽。但事实就是如此，在设计全差分运放时，谁又能想到呢？

◎全差分运放的两个输入通道，具有不同的特性

全差分运放有两个不同性质的输入，一个是正输入端/负输入端，另一个是V_{OCM}端。多数情况下，我们会给V_{OCM}端施加一个固定的直流电压U_{OCM}，以使两个输出信号骑在U_{OCM}上，比如举例1中，变化信号骑在2.048V上。这种应用特别适合于单极性输入的ADC。

但是，绝不能因为这种常见的应用而忽视了一个情况，就是全差分运放并没有要求V_{OCM}端必须是一个固定的直流电压，它也可以作为一个信号输入端。

图9.54是一个AD8132实现的全差分信号发生器，它有两个输入信号，分别是图中的V_{dif}、10kHz、141.42mV正弦波，以及V_{com}、1kHz、50mV正弦波，注意，V_{com}接到了AD8132的VOCM端，也就是设定输出共模的端子。其输出波形如图9.55所示，可以看出本电路的输出结果是：正输出端（绿色波形）为一个10kHz正弦波，骑在1kHz、50mV正弦波上，负输出端（红色波形）也是一个10kHz正弦波，骑在1kHz、50mV正弦波上，唯一的区别在于，两个输出端的10kHz波形正好是反相的。

这样，就产生了一个差模为10kHz、共模为1kHz的全差分信号源。

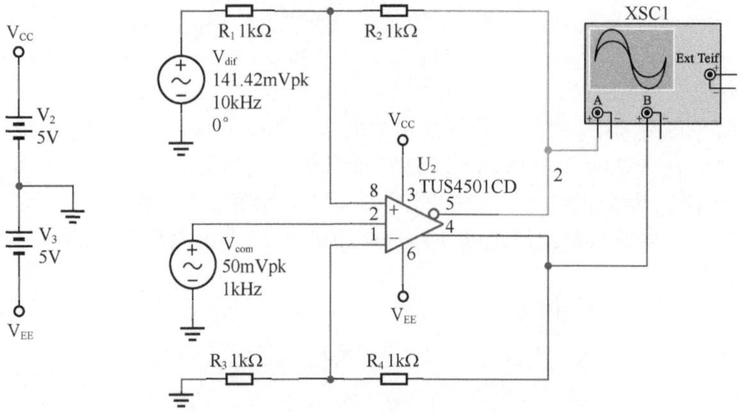

图 9.54　AD8132 组成的全差分信号发生器

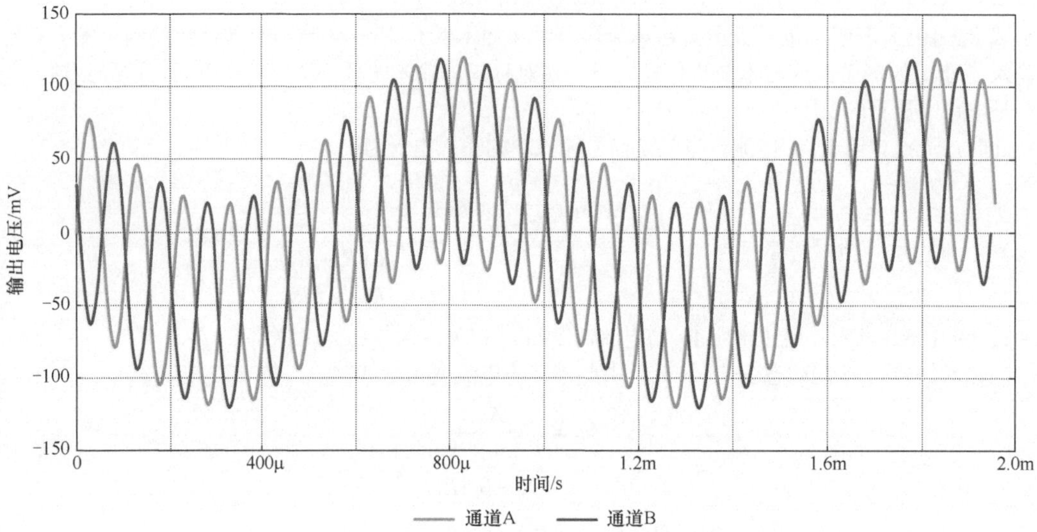

图 9.55　AD8132 组成的全差分信号发生器输出波形

既然，全差分运放承认自己有两类不同的输入，那么它们就具有不同的特性，比如两类输入通道的带宽就不一样，压摆率也不一样，噪声特性也不一样。以 AD8132 为例，截图如图 9.56 所示。

图 9.56 所示是 AD8132 正负输入端（截图中以 $\pm D_{IN}$ TO ±OUTPUT 表示）特性，可以看出，它的 1 倍增益带宽为 350 ～ 360MHz，压摆率为 1200V/μs。

SPECIFICATIONS

±DIN TO ±OUT SPECIFICATIONS

At T_A = 25°C, V_S = ±5 V, V_{OCM} = 0 V, G = +1, $R_{L,dm}$ = 499 Ω, R_F = R_G = 348 Ω, unless otherwise noted. For G = +2, $R_{L,dm}$ = 200 Ω, R_F = 1000 Ω, R_G = 499 Ω. Refer to Figure 56 and Figure 57 for test setup and label descriptions. All specifications refer to single-ended input and differential outputs, unless otherwise noted.

Table 1.

Parameter	Conditions	Min	Typ	Max	Unit
DYNAMIC PERFORMANCE					
−3 dB Large Signal Bandwidth	V_{OUT} = 2 V p-p	300	350		MHz
	AD8132W only, T_{MIN} to T_{MAX}	280			MHz
	V_{OUT} = 2 V p-p, G = +2		190		MHz
−3 dB Small Signal Bandwidth	V_{OUT} = 0.2 V p-p		360		MHz
	V_{OUT} = 0.2 V p-p, G = +2		160		MHz
Bandwidth for 0.1 dB Flatness	V_{OUT} = 0.2 V p-p		90		MHz
	V_{OUT} = 0.2 V p-p, G = +2		50		MHz
Slew Rate	V_{OUT} = 2 V p-p	1000	1200		V/μs

图 9.56　AD8132

图 9.57 所示截图是 AD8132 的 V_{OCM} 端（截图中以 V_{OCM} TO ±OUTPUT 表示）特性，可以看出，它的 1 倍增益带宽为 210MHz，压摆率为 400V/μs。

V_{OCM} TO ±OUT SPECIFICATIONS

At T_A = 25°C, V_S = ±5 V, V_{OCM} = 0 V, G = +1, $R_{L,dm}$ = 499 Ω, R_F = R_G = 348 Ω, unless otherwise noted. For G = +2, $R_{L,dm}$ = 200 Ω, R_F = 1000 Ω, R_G = 499 Ω. Refer to Figure 56 and Figure 57 for test setup and label descriptions. All specifications refer to single-ended input and differential outputs, unless otherwise noted.

Table 2.

Parameter	Conditions	Min	Typ	Max	Unit
DYNAMIC PERFORMANCE					
−3 dB Bandwidth	ΔV_{OCM} = 600 mV p-p		210		MHz
Slew Rate	ΔV_{OCM} = −1 V to +1 V		400		V/μs
Input Voltage Noise (RTI)	f = 0.1 MHz to 100 MHz		12		nV/√Hz

图 9.57　AD8132

因此，将两个不同的信号加载到全差分运放的信号输入端和 V_{OCM} 端时，要考虑到两个通道具有不同的特性。

◎全差分运放有两种输入失调电压

在标准运算放大器中，输入失调电压 V_{OS} 可以理解为：在闭环工作中，两个输入端存在的静态电位差。当输入端接地时，输入失调电压会导致输出端不是 0V，而是一个与输入失调电压、噪声增益相关的值——暂不考虑偏置电流带来的影响。

$$U_{OS\_OUT} = G_N \times V_{OS} \tag{9-108}$$

在全差分运放中，输入失调电压分为两种：正负输入端存在的输入失调电压，也称差模输入失调电压，记作 V_{OS_dm}，以及 VOCM 端和输出端之间存在的失调电压，也称共模失调电压，记作 V_{OS_cm}。

差模输入失调电压 V_{OS_dm}

V_{OS_dm} 的本质含义与标准运放类似，为闭环工作时，两个真正输入端之间存在的静态电位差。在测量中，一般定义为，对一个 1 倍对称全差分电路，不考虑失调电流影响，将电路输入端全部接地，测量两个输出端的电位差，除以 2，就是输入失调电压 V_{OS_dm}。

$$V_{OS\_dm} = \left.\frac{U_{OUT+} - U_{OUT-}}{2}\right|_{u_{IN+}=u_{IN-}=0} \tag{9-109}$$

全差分运放的输入端接地时，差模输入失调电压会导致差模输出不是 0V，而是一个与 V_{OS_dm}、电路增益 G 相关的值——同样，也不考虑偏置电流带来的影响。此值也被称为差模输出失调电压，记作 $U_{OS\_OUT\_dm}$：

$$U_{OS\_OUT\_dm} = \left(U_{OUT+} - U_{OUT-}\right)\Big|_{u_{IN+}=u_{IN-}=0} = (1+G) \times V_{OS\_dm} \tag{9-110}$$

可以看出，与标准运放一样，增益越大，输出失调电压越大。

共模输入失调电压 V_{OS_cm}

V_{OS_cm} 则是一种全新的定义。它是指放大电路输入端全部接地时，两个输出端电压平均值与 V_{OCM} 脚输入的直流电压 U_{OCM} 之间的差值，一般在 U_{OCM} 等于电源中点时测量。

$$V_{OS\_cm} = \left.\left(\frac{U_{OUT+} + U_{OUT-}}{2} - U_{OCM}\right)\right|_{u_{IN+}=u_{IN-}=0} \tag{9-111}$$

对于理想的全差分运放，两个输出端电压将围绕着 U_{OCM} 变化，这是全差分运放的本质定义。但实际情况是，两个输出端电压将围绕着 $U_{OCM}+V_{OS\_cm}$ 变化，与电路增益无关。这就是共模输入失调电压对电路的影响。

绝大多数全差分运放输入失调电压，无论共模还是差模，是 mV 数量级的。

◎全差分运放的输入偏置电流 I_B 和失调电流 I_{OS}

与标准运放一样，全差分运放的两个输入端 +IN 和 −IN 也存在偏置电流，用 I_{B+} 和 I_{B-} 表示。非常遗憾的是，多数全差分运放的偏置电流比较大，为 μA 数量级。此电流流过 1kΩ 的外部电阻，就会产生 mV 数量级的等效的失调电压。

由于全差分运放的外部电路多数情况下是对称的，正负输入端流出的偏置电流如果大小相同、方向相同，就会在电阻上产生可以抵消的电压。因此，我们应该更加关注全差分运放的失调电流：

$$I_{OS}=\left|I_{B+}-I_{B-}\right| \tag{9-112}$$

◎全差分运放的静态等效模型

图 9.58 是我自己构建的静态全差分运放等效模型，它包含两个端子的偏置电流 I_{B+} 和 I_{B-}、差模输入失调电压 V_{OS_dm}、共模输入失调电压 V_{OS_cm}、运放的静态开环增益 A_{od}、VOCM 增益 G_{VOCM}。用此模型可以完整表现全差分运放的静态特性。黑色三角为虚拟地，代表运放两个供电电压的平均值（以 ±5V 供电则该点为 0V，以 0V/5V 供电，则该点为 2.5V）。

图 9.58 中的静态开环增益 A_{od} 与标准运放的开环增益类似，都很大，80dB 以上，在数据手册中可以查到。而 G_{VOCM} 是指进入加法器的共模量 u_{OCM_OUT}，与 VOCM 脚输入电压 u_{OCM} 之间存在以下关系：

$$u_{OCM\_OUT}=V_{OS\_cm}+G_{VOCM}\times u_{OCM} \tag{9-113}$$

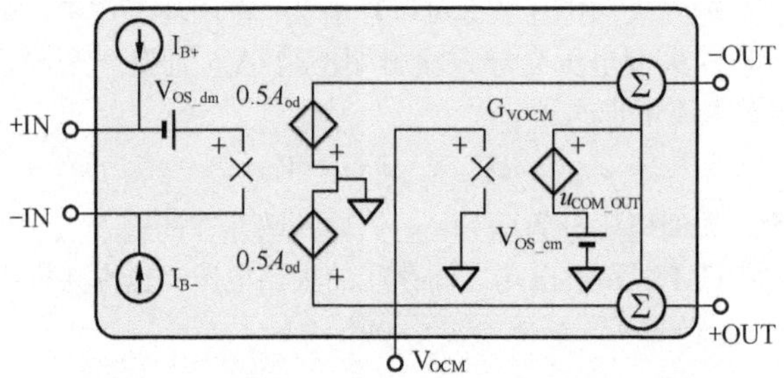

图 9.58　表现全差分运放失调电压、偏置电流的模型

全差分运放的 G_{VOCM} 在数据手册中一般直接写为 G，取值为 0.99 ～ 1.01。

利用这个静态模型，可以清晰表达各个因素对输出静态的影响。图 9.59 为包含外部电阻的标准全差分对称电路，各因素对输出的影响如下。

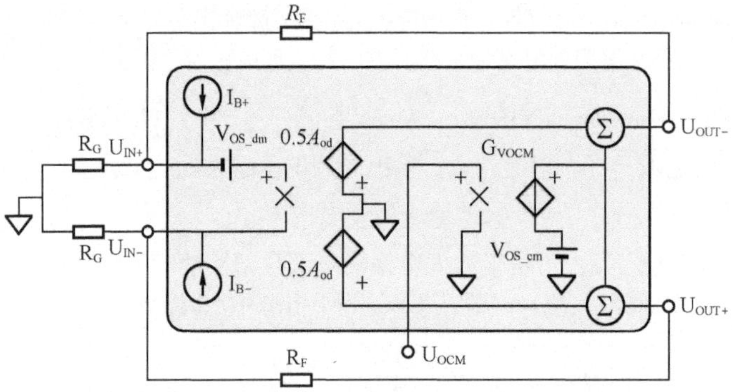

图 9.59　表现全差分运放失调电压、偏置电流的模型

差模输入失调电压 V_{OS_dm}

单独考虑 V_{OS_dm}，则 I_{B+}、I_{B-}、U_{OCM}、V_{OS_cm} 均设为 0。

利用虚断，有：

$$U_{IN-}=U_{OUT+}\times\frac{R_G}{R_G+R_F}=U_{OUT+}\times F \tag{9-114}$$

$$U_{IN+}=U_{OUT-}\times\frac{R_G}{R_G+R_F}=U_{OUT-}\times F \tag{9-115}$$

利用虚短，有：

$$U_{IN-}=U_{IN+}+V_{OS\_dm} \tag{9-116}$$

合并上述关系，得：

$$U_{OUT+}\times F=U_{OUT-}\times F+V_{OS\_dm} \tag{9-117}$$

利用输出约束，且注意共模输入 U_{OCM} 为 0，失调 V_{OS_cm} 也为 0，则有：

$$\frac{U_{OUT+}+U_{OUT-}}{2}=V_{OS\_cm}+G_{VOCM}\times U_{OCM}=0 \tag{9-118}$$

将式（9-118）代入式（9-117）得：

$$-U_{OUT-}\times F=U_{OUT-}\times F+V_{OS\_dm} \tag{9-119}$$

则有：

$$U_{OUT-}=-\frac{V_{OS\_dm}}{2F}=-\frac{V_{OS\_dm}}{2}\times\frac{R_G+R_F}{R_G},\ U_{OUT+}=\frac{V_{OS\_dm}}{2}\times\frac{R_G+R_F}{R_G} \tag{9-120}$$

式（9-120）可以理解为：$V_{OS_{dm}}$ 会造成输出不为 0，且两个输出端出现对称值，即仅出现差模失调，正输出和负输出的差值为 $V_{OS_{dm}}$ 的（$1+R_F/R_G$）倍。

正端输入偏置电流 I_{B+}

单独考虑 I_{B+}，则 V_{OS_dm}、I_{B-}、U_{OCM}、V_{OS_cm} 均设为 0。

利用虚断，有：

$$U_{IN-}=U_{OUT+}\times\frac{R_G}{R_G+R_F}=U_{OUT+}\times F \tag{9-121}$$

在 U_{IN+} 端，有如下电流关系：

$$\frac{U_{IN+}}{R_G}+\frac{U_{IN+}-U_{OUT-}}{R_F}=I_{B+} \tag{9-122}$$

将式（9-122）化简，得出 U_{IN+} 表达式：

$$R_FU_{IN+}+R_GU_{IN+}=R_GU_{OUT-}+I_{B+}R_GR_F$$

$$U_{IN+}=\frac{R_GU_{OUT-}+I_{B+}R_GR_F}{R_G+R_F} \tag{9-123}$$

利用虚短，有：

$$U_{OUT+}\times\frac{R_G}{R_G+R_F}=U_{IN-}=U_{IN+}=\frac{R_GU_{OUT-}+I_{B+}R_GR_F}{R_G+R_F} \tag{9-124}$$

将式（9-118）的输出约束 $U_{OUT+}=-U_{OUT-}$ 代入式（9-124），得：

$$-U_{OUT-}\times\frac{R_G}{R_G+R_F}=\frac{R_GU_{OUT-}+I_{B+}R_GR_F}{R_G+R_F} \tag{9-125}$$

解得：

$$U_{OUT-}=-\frac{I_{B+}R_F}{2},\ U_{OUT+}=\frac{I_{B+}R_F}{2} \tag{9-126}$$

式（9-126）说明，I_{B+} 只会产生差模失调输出，$U_{OUT+}=-U_{OUT-}$ 为 I_{B+} 流过反馈电阻产生的电压。

负端输入偏置电流 I_{B-}

用同样的方法可以证明，当仅考虑 I_{B-}，有下式成立：

$$U_{OUT-}=\frac{I_{B-}R_F}{2},\ U_{OUT+}=-\frac{I_{B-}R_F}{2} \tag{9-127}$$

综合考虑两个输入偏置电流，以及失调电流 I_{OS}

采用叠加原理，综合考虑 I_{B+}、I_{B-} 时，可得下式：

$$U_{OUT-}=-(I_{B+}-I_{B-})\frac{R_F}{2},\ U_{OUT+}=(I_{B+}-I_{B-})\frac{R_F}{2} \tag{9-128}$$

式（9-128）表明，综合考虑两个输入端存在的偏置电流（两者不一定相等，方向也不一定相同），它们也只会产生对称的、共模为 0 的输出失调电压，两者的差值即总的输出失调电压，为：

$$U_{OUT}=U_{OUT+}-U_{OUT-}=(I_{B+}-I_{B-})R_F=\pm I_{OS}R_F \tag{9-129}$$

式（9-129）说明，当考虑两个输入端存在的偏置电流时，由此产生的输出失调电压正比于失调电流，正比于反馈电阻。

因此，当两个输入端偏置电流方向相同、大小近似时，即失调电流远小于偏置电流时，全差分放大电路的对称结构有助于大幅度降低输出失调电压的差模量。在估算全差分电路输出失调电压时，式（9-129）将会得到广泛应用。

影响输出失调共模量的只有 G_{VOCM} 和 V_{OS_cm}，式（9-113）已经说得很清楚。

9.6 运放电路设计实践

作为本章的结尾，以几个设计实例说明运放电路的设计过程，然后初步介绍高速放大器的一些特殊问题，帮助读者顺利使用高速放大器。

举例1 低压低功耗音频放大电路

设计一个音频放大电路，要求：

（1）供电为 1.8V，静态工作电流小于 1mA；

（2）输入为音频信号，其空载幅度不超过 10mV，输出阻抗等于 2.2kΩ；

（3）放大电路下限截止频率小于 10Hz，上限截止频率大于 50kHz，通带增益足够大，且能保证输入空载 10mV、1kHz 时，输出不产生失真且幅度大于 0.88V；

（4）输出噪声小于 $2mV_{rms}$，对输出电流没有要求；

（5）价格尽量低。

解：首先看题目要求，并根据题目要求列出限制选项。

（1）供电为 1.8V，这属于比较低的供电电压，因此必须选择低压运放。且因为是单电源供电，只能使用单电源供电放大电路。

（2）下限截止频率为 10Hz，说明它可以是交流放大电路，需要隔直。这可以通过高通电路实现，对放大器没有具体要求。

（3）上限截止频率为 50kHz，且具有一定的通带内增益，因此运放的增益带宽积有如下要求：输入信号幅度为 10mV、1kHz 时输出信号幅度为 880mV，即通带增益为 88 倍，且上限截止频率为 50kHz，因此运放的增益带宽积至少为：

$$\text{GBW}\gg f_H\times A_u=4.4\text{MHz}$$

（4）因输出幅度为满幅，必须考虑压摆率限制。

$$\text{SR}>2\pi f_H\times U_{max}=0.276\text{V}/\mu\text{s}$$

（5）输出必须满足轨至轨。按照题目要求，输出静默时必须是 0.9V，满幅时有一个幅度为 0.88V 的信号骑在上面，因此最高输出电压为 1.78V，最低输出电压为 0.02V。因此要求输出至轨电压必须小于 0.02V，即 20mV。

（6）输出噪声小于 $2mV_{rms}$，按照前述的噪声计算方法解决主要矛盾——平坦区噪声。只考虑白噪声影响，有下式成立：

$$U_{N\_O}=U_{N\_I}\times A_u=K\times\sqrt{f_b-f_a}\times A_u=K\times\sqrt{1.57f_H-0.1}\times A_u<0.002\text{V}$$

将 $f_H = 50$kHz 代入，可解得：

$$K < 81.1\text{nV}/\sqrt{\text{Hz}}$$

即所选运放的平坦区噪声电压密度必须小于 81.1nV/$\sqrt{\text{Hz}}$。这个要求不算高，多数运放能满足。

据此，只要能够选择到最小供电电压小于等于 1.8V、静态工作电流小于 1mA、增益带宽积大于 4.4MHz、压摆率大于 0.276V/μs、输出至轨电压小于 20mV、噪声电压密度小于 81.1nV/$\sqrt{\text{Hz}}$的运放，即可用单级放大电路实现，结构如图 9.60 所示。

至此，就应该到各个生产运算放大器的厂商的官网去找寻合适运放了。

以 ADI 公司产品为例，符合要求的运放有 AD8515，它有如下特征参数。

（1）最小供电电压 1.8V，最大供电电压 6V，静态工作电流 0.5mA。

（2）增益带宽积 5MHz。

（3）压摆率为 2.7V/μs。

（4）输出至轨电压为：在 1.8V 供电时，输出电流小于 100μA 情况下，高电平高于 1.79V，低电平低于 10mV，即两个方向的至轨电压均为 10mV。

（5）噪声电压密度为 20 ～ 22nV/$\sqrt{\text{Hz}}$。

其次，完成电路设计。这部分内容稍稍超出了课程在本阶段的要求，因此仅供参考学习。

以一个标准单电源同相比例器为核心结构，电路如图 9.60 所示。图中，运放是单电源供电的，为了保证其有效的输入动态范围和输出动态范围，运放的输入和输出静默电位应选在供电电压中心，即 0.9V。在静态，即输入信号为 0 时，C_1 和 C_2 均可视为开路，R_5 和 R_3 实施分压加载到运放正输入端，配合 R_1 反馈到负输入端，可以保证运放的静态输出电压为 0.9V，两个输入端静态电压也是 0.9V。C_2 的作用为，对静态，它起到隔直作用，使得运放具有 1 倍的增益，只有 R_1 有效接入电路，形成跟随器，这样可以保证正输入端为 0.9V，输出也就是 0.9V。对动态输入信号，C_2 则是短接的，使得运放电路的动态电压增益很大，约为 $1+R_2/R_1$。

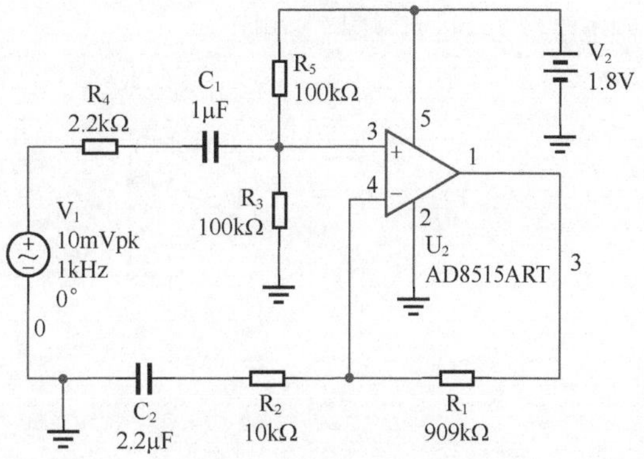

图 9.60　举例 1 放大电路

动态时，信号 V_1 经过 R_4、C_1 和 R_5、R_3 组成的高通网络，耦合到正输入端，此处信号的衰减比为：

$$k = \frac{u_{\text{in+}}}{V_1} = \frac{R_3 // R_5}{R_3 // R_5 + R_4} = 0.95785$$

进入运放正输入端的信号，被放大了 A_{uf} 倍：

$$A_{uf} = \frac{u_o}{u_{\text{in+}}} = 1 + \frac{R_1}{R_2} \tag{9-130}$$

整个放大电路的电压增益为：

$$A_u = \frac{u_o}{V_1} = k \times A_{uf} = 0.95785 \times \left(1 + \frac{R_1}{R_2}\right) = 88$$

据此设定 R_2=10kΩ，可以计算出 R_1=908.72kΩ。按照 E96（1%）电阻系列，最接近的是 909kΩ。

此电路经仿真实验，满足设计要求。据此，可以进行下一步的实际电路焊接调试，本书不介绍。

需要注意的是，本电路采用单级运放、同相比例器实现，这仅是解决问题的一种方案。还可以考虑采用多运放组成多级放大电路，或者采用反相比例器实现。多种方案各有优缺点，很少有唯一的方案，关键看侧重点之取舍。比如这个电路，看似最为简单，但它的输出失真度较大，是极为明显的一个缺点。另外，这个电路从上电到稳定工作，需要较长时间的充电稳定过程，这也是一个弊端。

举例2 低频辅助放大电路

设计一个批量使用的、常温下的低频辅助放大电路，用于测量待测电路的输出失调电压，以及30kHz内的输出噪声，要求如下。

（1）供电 ±2.5V。全频段输入阻抗大于1MΩ。

（2）增益大于2000倍，−3dB带宽大于30kHz，小于100kHz。输出最大值大于 ±2.4V，满功率带宽大于30kHz。

（3）等效输入失调电压小于10μV，等效输入噪声电压有效值小于3μV。

解：放大电路设计一般要经历初步设计、细化（优化）设计、仿真实验和实物实验4步。

初步设计

首先，这得用多级放大电路实现，且级间不得使用阻容耦合，这给控制失调电压带来了难度。按照初步规划，可以采用3级放大电路：10倍、20倍、10倍。一般来说，输入级对输入阻抗、失调电压、噪声有较高要求，最难选择，输出级对压摆率有较高要求，也不好选择，因此，它们分担的增益可以适当降低，而将大增益交给中间级。

电路结构如图9.61所示。其中，第二级（中间级）和第三级（输出级）均采用了反相放大电路，其目的是既不改变总增益为正值（测量失调电压时，符合正常思维），又利于增加低通滤波器，以控制电路带宽，进而限制噪声电压。

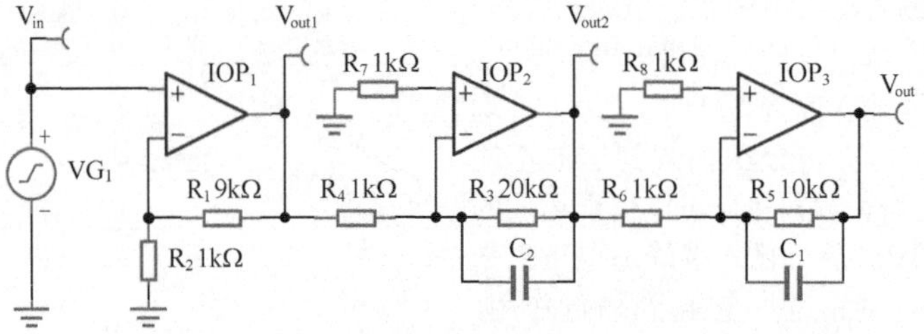

图 9.61　举例 2 初步设计的电路结构

第一步，进行第一级设计。

总的输入失调电压小于10μV，一般考虑第一级可以消耗一半，即5μV。如此，可以限定第一级运放的输入失调电压 V_{OS1}<5μV。

$$V_{OS1} < 5\mu V \tag{9-131}$$

在多级放大电路中，由于噪声叠加是平方和开根号，第一级噪声在总输出占据的分量更大，因此估算中第一级可以消耗总噪声电压的80%左右，即2.4μV。按照整个电路带宽 f_h=50kHz估算，第一级的噪声电压密度应满足：

$$U_{wh1} = K_1\sqrt{f_b - f_a} \approx K_1\sqrt{f_b} = K_1\sqrt{1.57f_h} < 2.4\mu V \tag{9-132}$$

反算出第一级运放的噪声电压密度满足：

$$K_1 < \frac{1.5\mu V}{\sqrt{1.57f_h}} = \frac{2.4\mu V}{280.18\sqrt{Hz}} = 8.566nV/\sqrt{Hz} \tag{9-133}$$

对第一级运放的带宽估计，考虑到电路总带宽大于30kHz，本级带宽应大于50kHz，增益为10倍，粗略估计本级运放的增益带宽积应满足：

$$GBW_1 > G_1 \times f_{h1} = 500kHz \tag{9-134}$$

根据这3个基本条件，加上供电必须满足 ±2.5V，在ADI、LT、TI 3家公司产品中遴选。由于厂商数据表格中给出的输入失调电压均为典型值，应先在电源电压、带宽上做出初选，噪声电压密度超过 $10nV/\sqrt{Hz}$ 的剔除，然后将 V_{OS} 典型值小于2μV的列出——一般来讲，典型值大于2μV的，最大值均会超过5μV，以ADI和LT为例，见表9.1。

表 9.1 初选器件

型号	V_{OS_typ}/μV	K/（nV/$\sqrt{Hz}$）	GBW/MHz
LTC2054/2055	0.5	/	0.5
LTC1150	0.5	/	2.5
LTC1151	0.5	/	2.0
LTC2050/1/2	0.5	/	3.0
ADA4528-1	0.3	5.8	4.0

至此，就应该下载这些运放数据手册，并认真研读，从中挑选合适的。

（1）LTC2054/2055 为一份数据手册，前者为单运放，后者为双运放。它没有在表格中给出噪声电压密度。LT1150 和 LTC1151 是两种运放，也没有给出噪声电压密度。我们需要从典型图中去看。图 9.62（a）为 LTC2054、图 9.62（b）为 LTC1150 的噪声电压密度曲线，可以看出，它们在图中的最小值为 12nV/$\sqrt{Hz}$和 15nV/$\sqrt{Hz}$，均不满足式（9-92）要求。同样的理由，LTC1151 的噪声指标也不满足要求。

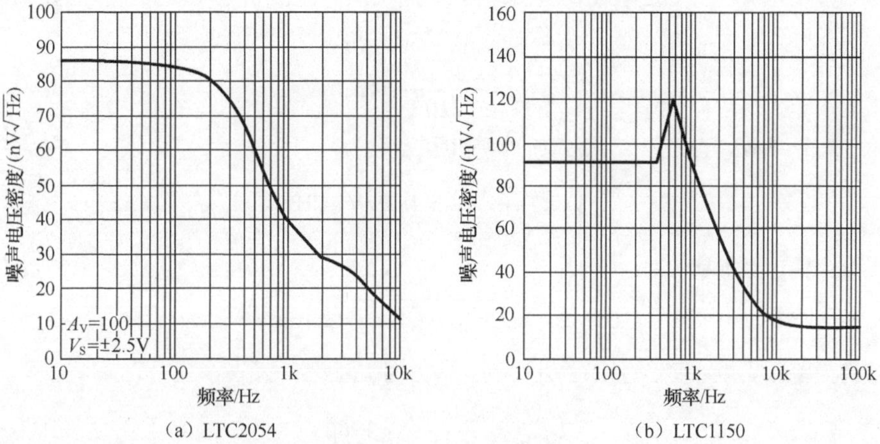

图 9.62 典型图

（2）抉择较为困难的是 LTC2050/1/2，这是单 / 双 / 四运放。关于噪声，它们只给出了 DC ～ 10Hz 内为 1.5μV_{PP}，再无其他信息。因此暂不敢用。

目前只剩下 ADA4528-1，这对于设计者来说变得很被动了。数据手册中与输出失调电压相关的截图如图 9.63 所示，只要处理得当，应该能满足输出失调电压要求。

Parameter	Symbol	Test Conditions/Comments	Min	Typ	Max	Unit
INPUT CHARACTERISTICS						
Offset Voltage	V_{OS}	V_{CM} = 0 V to 5 V		0.3	2.5	μV
		−40°C ≤ T_A ≤ +125°C			4	μV
Offset Voltage Drift	$\Delta V_{OS}/\Delta T$	−40°C ≤ T_A ≤ +125°C		0.002	0.015	μV/°C
Input Bias Current	I_B			90	200	pA
		−40°C ≤ T_A ≤ +125°C			300	pA
Input Offset Current	I_{OS}			180	400	pA
		−40°C ≤ T_A ≤ +125°C			500	pA

图 9.63 数据手册中与输出失调电压相关的截图

同时，可以从数据手册获得，其 GBW 为 4MHz，噪声电压密度为 5.9nV/$\sqrt{Hz}$，均能满足设计要求。

第二步，进行输出级设计，也就是最后一级。

最后一级的设计，重点要考虑输出性能。题目中关于输出性能有两个要求，第一个是输出摆幅要达到 ±2.4V，第二个是满功率带宽要达到 30kHz。而输入失调电压、噪声电压等要求就显得较为宽松。

1）先进行输出摆幅限制，必须选择具有轨至轨输出的运放。

2）GBW 要求与第一级相同，也是大于 500kHz。

3）满功率带宽对压摆率的要求，可以利用式（9-37）：

$$\mathrm{SR} > 2\pi U_{\max} f_{\mathrm{out}} = 0.45239\mathrm{V} \tag{9-135}$$

4）输入失调电压要求。由于放大电路总输出失调电压小于 20mV（10μV 乘以 2000 倍），第一级占用了一半，即在输出端贡献了 10mV，第二级占用其余的一半，即 5mV，最后一级单独输出不要产生大于 5mV 的输出失调电压即可满足设计要求。而最后一级，即输出级的增益为 10，则其输入失调电压不要超过 0.5mV 即可：

5）噪声要求。由于放大电路等效输入噪声电压小于 3μV，则输出噪声电压有效值应小于 6mV。而在这 6mV 中，第一级贡献 80%，即 $U_{\mathrm{N\_O1}} = 4.8\mathrm{mV}$；剩余部分由后面两级贡献，即：

$$U_{\mathrm{N\_O23}} = \sqrt{U_{\mathrm{N\_O}}^2 - U_{\mathrm{N\_O1}}^2} = 3.6\mathrm{mV}$$

第二级贡献剩余部分的 80%，即 $U_{\mathrm{N\_O2}} = 2.88\mathrm{mV}$。

第二级等效输入噪声要经过本级 21 倍噪声增益和最后一级 10 倍电压增益，即总数 210 倍才会到达输出端，因此：

$$U_{\mathrm{N\_I2}} = \frac{2.88\mathrm{mV}}{210} = 13.7\mu\mathrm{V}$$

用带宽 50kHz 估算，得到第二级运放的噪声电压密度为：

$$K_2 < \frac{13.7\mu\mathrm{V}}{\sqrt{1.57 f_{\mathrm{h}}}} = 48.9\mathrm{nV}/\sqrt{\mathrm{Hz}} \tag{9-136}$$

剩余部分由输出级贡献，即：

$$U_{\mathrm{N\_O3}} = \sqrt{U_{\mathrm{N\_O23}}^2 - U_{\mathrm{N\_O2}}^2} = 2.16\mathrm{mV}$$

输出级等效输入噪声，要经过 11 倍才会到达输出端，因此：

$$U_{\mathrm{N\_I3}} = \frac{2.16\mathrm{mV}}{11} = 196\mu\mathrm{V}$$

用带宽 50kHz 估算，得到输出级运放的噪声电压密度为：

$$K_3 < \frac{196\mu\mathrm{V}}{\sqrt{1.57 f_{\mathrm{h}}}} = 700.8\mathrm{nV}/\sqrt{\mathrm{Hz}} \tag{9-137}$$

可以说，这样的要求就和没有要求一样，我没有见过噪声电压密度如此大的运放。

据此将三大公司的运放数据表调出，从中筛选。种类太多，几乎挑花了眼，初步选择为 AD8628 和 OPA335，也可以考虑再次使用 ADA4528-1，但它的压摆率只有 0.5V/μs，与设计要求的 0.45239V/μs 相比，有点接近，暂舍弃。

第三步，进行中间级设计。

对于中间级，几乎唯一的要求就是增益要大。本例中，只赋予中间级 20 倍增益，并不过分，因此设计难度很小。在输入失调电压、噪声的要求中，与前述分析方法一致，不再赘述。结论是，如果选择与输出级完全相同的运放 AD8628 或者 OPA335，均满足要求。

如果后两个运放均选用相同器件 AD8628，可以考虑选择单芯片双运放型号 AD8629。OPA335 也有双运放型号为 OPA2335。

至此，完成了初步设计，电路如图 9.64 所示。

经过仿真实验，得出如下结论。

1）该电路中频区增益为 66.02dB，约为 2000 倍。其上限截止频率约为 33.5kHz，满足设计要求。

2）该电路输入 30kHz、1.6mV（按照中频增益，输出应为 3.2V，但 30kHz 输入时，增益已经下降），输出可以达到 ±2.42V 不失真正弦波输出，说明其满功率带宽超过 30kHz。

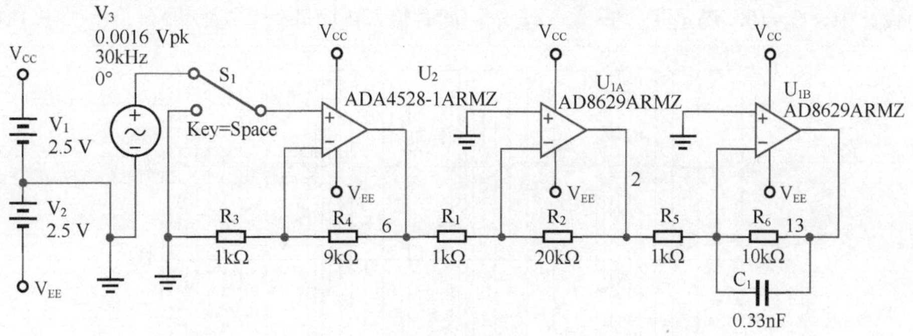

图 9.64　举例 2 初步设计电路

3）该电路输入端短接接地，测得输出直流电压为 10mV，说明等效输入失调电压约为 5μV，满足设计要求。

4）该电路的噪声指标，唯一需要谨慎的在于第一级的电阻，等会儿再分析。该电路中的各级电阻选择也没有细致分析。

5）该电路的输入电阻是否大于 1MΩ，有待分析。

设计细化

第一步，先分析输入电阻。

多数情况下，将运放接成同相比例器，设计者会默认为输入电阻非常大，大到懒得计算。其实不然，我们必须根据数据手册，谨慎对待。

不查不知道，一查吓一跳。ADA4528-1 数据手册关于输入电阻部分的截图如图 9.65 所示。

Input Resistance, Differential Mode	R_{INDM}		190	kΩ
Input Resistance, Common Mode	R_{INCM}		1	GΩ

图 9.65　ADA4528-1 数据手册关于输入电阻部分的截图

它的差模电阻只有 R_{ID}=190kΩ。根据负反馈原理，含负反馈的输入电阻有如下计算式：

$$R_{if}=\left|\left(1+\dot{A}_{uo}F\right)\right|R_{ID} \tag{9-138}$$

我们清楚，随着输入信号频率的增加，运放的开环增益$\dot{A}_{uo}$会下降，要保证 30kHz 范围内输入电阻均大于 1MΩ，需要如下等式成立：

$$\left|\left(1+\dot{A}_{uo\_30kHz}F\right)\right|R_{ID}>10^6\Omega \tag{9-139}$$

$$\left|\left(1+\dot{A}_{uo\_30kHz}F\right)\right|>\frac{10^6}{190\times10^3}=5.263 \tag{9-140}$$

在初步设计电路中，F 即反馈系数，是一个电阻分压系数，为 $R_3/(R_3+R_4)$=0.1。要知道上式是否满足要求，必须查阅 ADA4528-1 的开环增益曲线。图 9.66 是截图，从中可以看出，在 30kHz 处，开环增益约为 40dB，即 100 倍，相移约为 92°，近似为 90°。开环增益与 F 的乘积，是一个 90° 向量，与 1 相加后的模，用下式计算：

$$\left|\left(1+\dot{A}_{uo\_30kHz}F\right)\right|=\sqrt{1^2+\left(100\times F\right)^2}>5.263 \tag{9-141}$$

解得：

$$F>\frac{\sqrt{5.263^2-1}}{100}=0.05167 \tag{9-142}$$

换句话说，第一级的增益必须小于：

$$G_1<\frac{1}{F}=19.35 \tag{9-143}$$

目前设计中，G_1=10，满足式（9-143）要求，此时输入电阻即便 30kHz 输入，也大于 1MΩ。

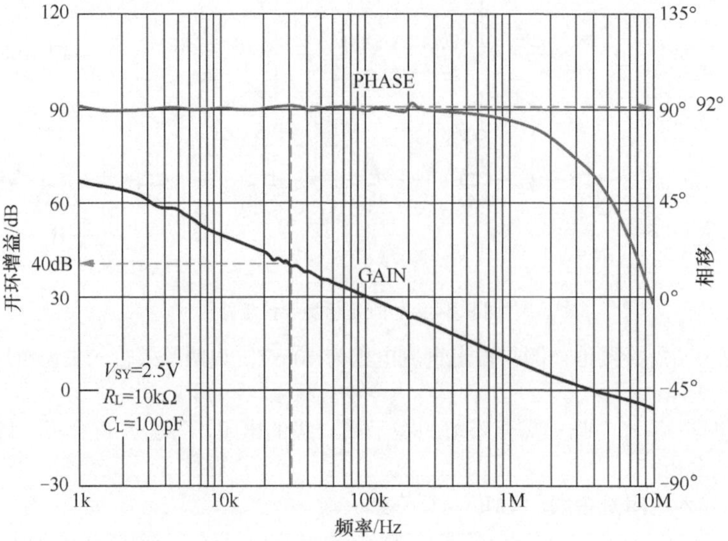

图 9.66　ADA4528-1 的开环增益、相移曲线

第二步，进行电阻值选择细化。

初步设计中，所有电阻的选择均为典型值，没有任何理由。成品设计中，就需要给出合适的值。原则是，在没有其他要求的情况下，尽量减小电阻，直到实际输出电流接近输出电流上限的一半左右。

ADA4528-1 的输出电流最大值为 ±40mA，观察其典型图，可以见到在 20mA 输出时，一切正常，因此设定输出电流约为 20mA。输出电压最大为 2.5V，ADA4528-1 的输出端，电流除了流向反馈电阻外，还流向电阻 R_1，则有：

$$\frac{2.5}{\left(R_3+R_4\right)//R_1}<0.02\text{A} \tag{9-144}$$

$$\left(R_3+R_4\right)//R_1>125\Omega \tag{9-145}$$

假设电阻 R_1=1000Ω，则可解出：

$$R_3+R_4>142.9\Omega \tag{9-146}$$

据此，根据电阻 E96 系列，选择 R_3=14.3Ω，R_4=130Ω。

上述方法是极端设计方法，无论如何电阻不能更小了。如果设计者对如此小的电阻仍心存疑虑——胆小，怕芯片烧了——可以考虑另外一种分析方法，看能否将电阻适当扩大，以满足设计者胆小的现状。

这需要从失调电压、噪声等方面考虑。

先说噪声。ADA4528-1 的输入端噪声电压密度为 5.9nV/$\sqrt{\text{Hz}}$，电阻 R_3 的噪声电压密度只要小于该值的 1/5，基本上不会给输出噪声产生更多的贡献。而电阻噪声电压密度约为：

$$K_{\text{R}}=0.128\times\sqrt{\frac{R}{1\Omega}}\text{nV}/\sqrt{\text{Hz}} \tag{9-147}$$

据此，得：

$$K_{\text{R}}=0.128\times\sqrt{\frac{R_3}{1\Omega}}\text{nV}/\sqrt{\text{Hz}}<\frac{5.9}{5}\text{nV}/\sqrt{\text{Hz}}=1.18\text{nV}/\sqrt{\text{Hz}} \tag{9-148}$$

可以反算出：

$$\sqrt{\frac{R_3}{1\Omega}}<\frac{1.18}{0.128}=9.219 \tag{9-149}$$

即：

$$R_3 < 84.98\Omega \tag{9-150}$$

即电阻 R_3 小于 84.98Ω，产生的噪声就不会给设计带来额外的麻烦。

再说失调电压贡献。如果偏置电流在电阻上产生的电压小于输入失调电压的 1/5，也不会给设计带来额外的输出失调麻烦。ADA4528-1 的输入失调电压最大值为 2.5μV，则因电流产生的等效输入失调电压应满足下式：

$$\frac{I_{B\_max} \times R_4}{G_1} < 0.5\mu V$$

也可以写成：

$$I_{B\_max} \times R_3 // R_4 < 0.5\mu V$$

查手册得，$I_{B\_max} = 200pA$，解得：

$$R_4 < \frac{G_1 \times 0.5\mu V}{200pA} = 25000\Omega$$

显然，不用再计算了，我们的设计一定不会超过此值。

对于第二级、第三级来说，一般情况下，其电阻带来的失调、噪声对总失调、总噪声的贡献都很小，无须更多细化设计。

综合以上分析，细化设计方案如图 9.67 所示。

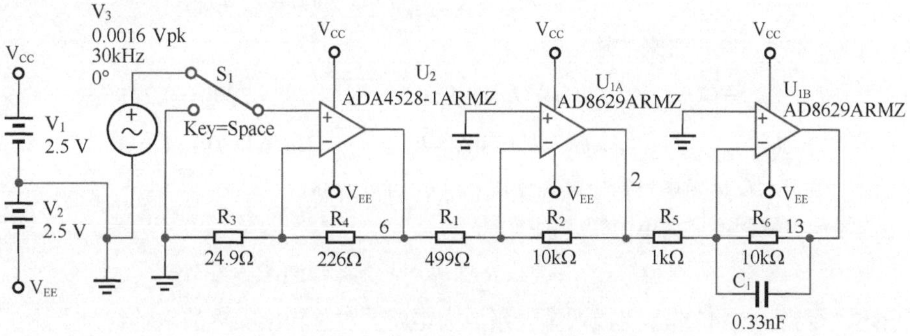

图 9.67 举例 2 细化设计电路

第三步，对上述设计进行重新估算，以确保设计要求能够实现。此时仿真软件给出的结果并不可信——它的每个运放模型是完全一样的，不可能考虑到芯片参数的分散性，特别是输出失调电压的估算，必须按照理论分析方法，进行最大值估算。

仿真软件也不是没有用，此时测试满功率带宽、测量信号带宽，最好依赖于仿真软件。

至此，细化设计全部完毕，实测和估算表明上述细化设计电路是可以满足设计要求的。

优化设计——两级的可能性

有时候，电路设计完毕后，如有其他要求，比如进一步降低成本，就需要进行优化设计。

本电路具有优化的可能性，在于可否使用两级运放电路实现题目要求。

减少一级运放带来的问题是第二级增益压力陡增：单级可能达到 100 倍以上。在如此高的闭环增益下，该级运放的 GBW 也要相应变大。而带宽一旦变大，失调电压仍能满足要求的就很难找了。让我们以两级运放为目标，试试。

首先，确定第一级为 ADA4528-1，为了降低后级增益带来的 GBW 压力，第一级增益应该尽量做大。前述分析中，式（9-143）表明，为保证输入电阻大于 1MΩ，第一级增益不得大于 19.35。为保险起见，暂定第一级增益为 18.75 倍（由 24.9Ω 和 442Ω 形成）。于是，第二级增益必须为 G_2 大于 106.67 倍。据此，对第二级运放得出初步要求。

（1）供电电压满足 ±2.5V，压摆率大于 0.45239V/μs，轨至轨输出。这与前述要求一样。

（2）对 GBW 的要求有所提高，一般可以粗选为：

$$\mathrm{GBW} > G_2 f_\mathrm{H} = 3.2\mathrm{MHz}$$

（3）对输入失调电压的选择还是比较苛刻的。因前级使用了 ADA4528-1，它消耗掉的输入失调电压为（见式（9-17））：

$$\begin{aligned} U_\mathrm{OS\_IN} &= \frac{U_\mathrm{OS\_OUT}}{G} = \frac{\frac{R_\mathrm{G}+R_\mathrm{F}}{R_\mathrm{G}}\left(V_\mathrm{OS} + I_\mathrm{B-}\times R_\mathrm{G} // R_\mathrm{F} - I_\mathrm{B+}\times R_\mathrm{MATCH}\right)}{G} \\ &= V_\mathrm{OS} + I_\mathrm{B-}\times R_\mathrm{G} // R_\mathrm{F} - I_\mathrm{B+}\times R_\mathrm{MATCH} = V_\mathrm{OS\_max} + I_\mathrm{B\_max}\left(R_\mathrm{G} // R_\mathrm{F}\right) \\ &= 2.5\mu\mathrm{V} + 4.7\mathrm{nV} \approx 2.5\mu\mathrm{V} \end{aligned}$$

因此，第二级贡献的等效输入失调电压应该小于 7.5μV。因经过第一级 18.75 倍放大后，才会进入第二级，所以第二级本身的等效输入失调电压应该小于 7.5μV 乘以 18.75 倍，即 140.625μV。

对这一部分失调电压的计算也可以采用输出等效的方法：全部输出失调电压应该小于 10μV 乘以 2000 倍，即 20mV。第一级在其中贡献了 2.5μV 乘以 2000 倍，即 5mV，剩余的 15mV 由第二级贡献。而第二级的增益为 106.67 倍，则第二级的等效输入失调电压为 15mV 除以 106.67 倍，即 140.625μV。

这 140.625μV，除运放的输入失调电压外，还要考虑偏置电流和电阻的影响。

（4）对噪声的要求很低。总输出噪声电压小于 6mV，而 ADA4528-1 贡献的噪声如下。

据式（9-60），求解由运放噪声电压密度带来的输出噪声：

$$U_\mathrm{N\_OU1} = U_\mathrm{N\_I}\times G_1\times G_2 \approx K_{4528-1}\sqrt{f_\mathrm{b}}\times 2000 = 2.043\,\mathrm{mV}$$

求解电阻 R_G1 本身热噪声带来的输出噪声：

$$U_\mathrm{N\_ORG1} = U_\mathrm{N\_RG1}\times\left(G_1 - 1\right)\times G_2 \approx 0.128\mathrm{nV}\sqrt{R_\mathrm{G1}}\times\sqrt{f_\mathrm{b}}\times 2000 = 0.221\,\mathrm{mV}$$

$$U_\mathrm{N\_ORF1} = U_\mathrm{N\_RF1}\times G_2 = 0.128\mathrm{nV}\sqrt{R_\mathrm{F1}}\times\sqrt{f_\mathrm{b}}\times 106.67 = 0.134\,\mathrm{mV}$$

可以看出，电阻本身热噪声对输出噪声贡献很小，可以忽略。

求解运放噪声电流密度通过电阻带来的噪声：

$$U_\mathrm{N\_OIB1} = K_\mathrm{I}\times R_\mathrm{F1}\times\sqrt{f_\mathrm{b}}\times G_2 = 4.08\mu\mathrm{V}$$

综上所述，得到 ADA4528-1 组成的第一级放大电路，对总输出噪声的贡献约为上述 3 项的平方和开根号：

$$U_\mathrm{N\_O1} = \sqrt{U_\mathrm{N\_OU1}^2 + U_\mathrm{N\_ORG1}^2 + U_\mathrm{N\_ORF1}^2 + U_\mathrm{N\_OIB1}^2} = 2.059\,\mathrm{mV}$$

留给第二级输出噪声贡献为：

$$U_\mathrm{N\_O2} = \sqrt{U_\mathrm{N\_O}^2 - U_\mathrm{N\_O1}^2} = 5.635\,\mathrm{mV}$$

据此，不再考虑电阻噪声、电流噪声等，估算出第二级运放的噪声电压密度约为：

$$U_\mathrm{N\_O2} = U_\mathrm{N\_I}\times G_2 \approx K_\mathrm{x}\sqrt{f_\mathrm{b}}\times 106.67 = 5.635\,\mathrm{mV}$$

$$K_\mathrm{x} = 304.99\mathrm{nV}/\sqrt{\mathrm{Hz}}$$

此值绝大多数运放能满足，故不再考虑。

据以上分析，以输入失调电压排序，找电源、RRO、压摆率满足要求的，见表 9.2。

表 9.2　各型号参数

型号	典型失调电压 /μV	GBW/MHz	压摆率 /（V/μs）	电源范围 /V	输出轨至轨
ADA4528-1	0.3	4	0.5	2.2 ～ 5.5	yes
AD8628	1	2.5	1	2.7 ～ 6	yes
LTC2050	0.5	3	2	2.7 ～ 6	yes
AD8605	20	10	5	2.7 ～ 6	yes
AD8616	23	24	12	2.7 ～ 6	yes

我们先不选择 ADA4528-1，主要是其压摆率太接近要求。

查阅数据手册，发现 AD8605 截图如图 9.68 所示。

Parameter	Symbol	Conditions	Min	Typ	Max	Unit
INPUT CHARACTERISTICS						
Offset Voltage	V_{OS}					
AD8605/AD8606 (Except WLCSP)		$V_S = 3.5\,V, V_{CM} = 3\,V$		20	65	µV
AD8608		$V_S = 3.5\,V, V_{CM} = 2.7\,V$		20	75	µV
AD8605/AD8606/AD8608		$V_S = 5\,V, V_{CM} = 0\,V \text{ to } 5\,V$		80	300	µV
		$-40°C < T_A < +125°C$			750	µV

图 9.68　AD8605

在供电为 5V 情况下，其最大输入失调电压为 300µV，不满足要求。

AD8616 截图如图 9.69 所示。

Parameter	Symbol	Conditions	Min	Typ	Max	Unit
INPUT CHARACTERISTICS						
Offset Voltage, AD8616/AD8618	V_{OS}	$V_S = 3.5\,V \text{ at } V_{CM} = 0.5\,V \text{ and } 3.0\,V$		23	60	µV
Offset Voltage, AD8615				23	100	µV
		$V_{CM} = 0\,V \text{ to } 5\,V$		80	500	µV
		$-40°C < T_A < +125°C$			800	µV

图 9.69　AD8616

在供电 5V 情况下，其最大输入失调电压为 500µV，也不满足要求。

查阅 AD8628 手册，得如图 9.70 所示截图。

Parameter	Symbol	Conditions	Min	Typ	Max	Unit
INPUT CHARACTERISTICS						
Offset Voltage	V_{OS}			1	5	µV
		$-40°C \le T_A \le +125°C$			10	µV
Input Bias Current	I_B					
AD8628/AD8629				30	100	pA
AD8630				100	300	pA
		$-40°C \le T_A \le +125°C$			1.5	nA
Input Offset Current	I_{OS}			50	200	pA
		$-40°C \le T_A \le +125°C$			250	pA
Input Voltage Range			0		5	V

图 9.70　AD8628

这说明，它的输入失调电压完全满足要求。但很遗憾，它的带宽太小了。

查阅 LTC2050 手册，得如图 9.71 所示截图。

ELECTRICAL CHARACTERISTICS The ● denotes the specifications which apply over the full operating temperature range, otherwise specifications are at $T_A = 25°C$. (LTC2050/LTC2050HV) $V_S = 5\,V$ unless otherwise noted. (Note 3)

PARAMETER	CONDITIONS	C, I SUFFIXES			H SUFFIX			UNITS
		MIN	TYP	MAX	MIN	TYP	MAX	
Input Offset Voltage	(Note 2)		±0.5	±3		±0.5	±3	µV

图 9.71　LTC2050

这说明，它的输入失调电压满足要求。但它的带宽也只有 3MHz，距离要求的 3.2MHz 尚有一点差距。

看来我们没有办法完成任务了。其实不然，真出现此类情况，也难不住我们。在带宽指标相差不多的情况下，我们可以采用频率补偿的方法。

以 AD8628 为例，它的 GBW 只有 2.5MHz，我们将其设计成图 9.72 所示电路。图 9.72 中，将输出级的增益电阻分成两个电阻的串联，然后将其一个电阻并联一个微小的电容。此时，当频率越来越高时，电阻 R_1 和电容 C_1 的并联阻抗将下降，导致理论设定增益上升，以补偿开环增益下降导致的总增益下降。这里涉及两个选择，第一，两个电阻阻值的分配，图 9.72 中由 178Ω 和 73.2Ω 串联形成，也可适当增加 R_1，由此补偿作用更加明显，但相应地，也会带来增益隆起。第二，电容的选择，电容越大补偿越明显，但也是会带来增益隆起。合理选择，总是能够带来带宽的适当拓宽。

按照图 9.72 中所选参数，本电路的中频增益为 66.0714dB（2011.73 倍），实际带宽达到了 30.81kHz，最高增益隆起发生在 10.51kHz，增益为 66.5183dB（2117.95 倍）。而在没有电容的情况下，此电路的带宽只有 23.72kHz。

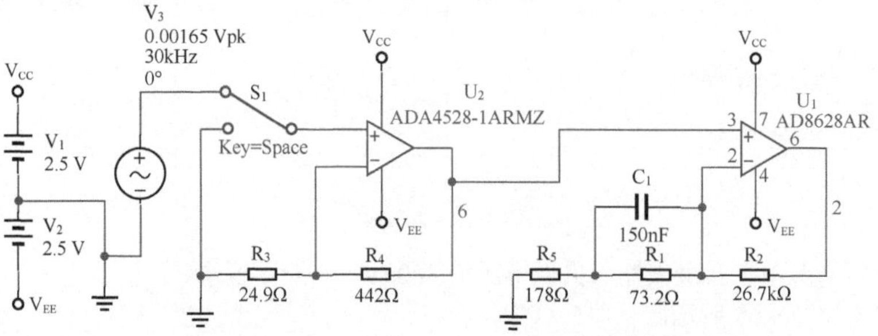

图 9.72　举例 2 以 AD8628 输出两级实现的设计电路

同样地，采用 LTC2050，电阻分配不变，电容采用 50nF，没有发生增益隆起，带宽由 27.54kHz 变成 33.7kHz。

这就是频率补偿带来的带宽微弱增加。

采用 TI 公司的 OPA376，也可以实现最后一级电路。

新增设计方案

前面的设计说得倒是头头是道，但都是利用我计算机中的陈旧放大器表格选取的，并不是最优方案。2018 年后我下载了 ADI 和 TI 的运放表格，重新整理、筛选，又形成了新设计方案，用一颗双运放 OPA2388 实现，电路如图 9.73 所示。

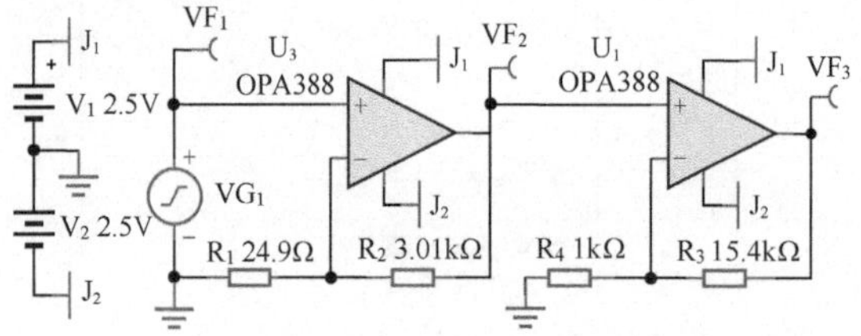

图 9.73　举例 2 以 OPA2388 实现的设计电路

OPA388 的关键指标为：输入失调电压典型值 0.25μV，常温最大值 5μV，GBW 为 10MHz，压摆率 5V/μs，电压噪声密度为 $7\text{nV}/\sqrt{\text{Hz}}$，供电 2.5 ～ 5.5V，输出至轨电压 15mV，输入电阻为 100MΩ。这么看来，此芯片好像就是为这个题目制造的——一切问题都迎刃而解了。单颗的双运放省地方，价格不贵。

为了保证输出轨至轨电压，后级反馈电阻不宜选择太小。由于前级增益很大，后级较大电阻带来的噪声影响会非常微弱。此电路最终仿真结果为：带宽 75.03kHz，输出噪声电压有效值为 $4.38\text{mV}_{\text{rms}}$，等效输入噪声为 $2.19\mu\text{V}_{\text{rms}}$，输入失调电压小于 5μV，输入电阻大于 100MΩ，输出摆幅超过 2.4V，满功率带宽超过 30kHz。

最后的新设计方案告诉我们，学无止境，因循守旧“害死”人。

举例3 宽带直流放大电路

设计一个宽带直流放大电路，要求如下。

（1）供电最大为 ±15V，电路中可以使用电源降压电路，整个电路静态工作电流小于 100mA。

（2）输入为 10mV 正弦波，源阻抗等于 50Ω。

（3）放大电路下限截止频率为 0Hz，上限截止频率大于 10MHz，通带增益大于 60dB，0 ～ 9MHz 内通带增益起伏小于 1dB。在 1MHz、10mV 输入情况下尽量增大输出不失真幅度。

（4）输出噪声小于 50mV_{rms}，对输出电流没有要求。

解：第一步，确定电路结构。

- 它必须是一个多级的、直接耦合的放大电路，否则无法实现直流放大。
- 最后一级必须能支持 ±15V 供电，以达到最大的输出摆幅。
- 整个电路增益应大于 1000 倍，最大不应超过 1500 倍——因电源电压和输入信号 10mV 限制。
- 各级放大电路应有足够增益带宽积，以保证 10MHz 带宽，以及 9MHz 内 1dB 起伏。
- 为保证输出有足够摆幅，输出失调电压应尽量小，不宜超过 0.5V。
- 整个电路的噪声应足够小，满足题目要求。
- 注意功耗，不得超过静态电流 100mA。

据此，按照经验，使用 3 级放大电路即可，得到如图 9.74 所示电路结构。

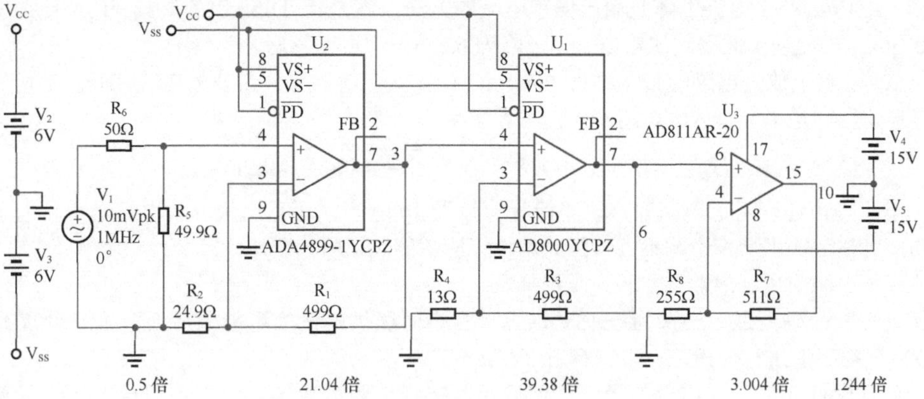

图 9.74　举例 3 放大电路

第二步，选择关键芯片。

1）最后一级非常重要，大幅度输出对运放的主要要求是：高供电电压、大压摆率。10MHz 下要求输出 15V 摆幅，则压摆率至少为：

$$SR > 2\pi f_H \times U_{max} = 942V/\mu s$$

同时，考虑到前级运放可能使用 ±5V 电源，其输出幅度最大 ±5V，因此最后一级至少应保证有 3 倍的电压增益，且对 10MHz 信号衰减不明显，这也就要求它有一定的带宽。

AD811 是满足要求的，它具有 140MHz 以上带宽，2500V/μs 压摆率，±18V 供电。

2）前级也很重要。其重要性在于对整个输出噪声、输出失调电压的影响是最大的。在整个电路中，只有这一级的噪声被放大了整个电路增益倍数，而其他放大器只会被放大局部倍数。失调电压也是如此。因此它的好坏将决定这个电路的好坏。因此最好选择失调电压小、噪声小、偏置电流也小的运放，且能保证带宽要求。

这一级因为输出幅度很小，一般不需要考虑压摆率问题。

ADA4899-1 是一个良好的选择。它具有 35μV 典型输入失调电压，$1nV/\sqrt{Hz}$电压噪声密度，6μA 输入偏置电流（稍大），以及 600MHz 带宽。它唯一的缺憾在于输入偏置电流较大，但是在选择将 /DISABLE 脚接 $+V_S$ 时，其偏置电流可以降低至 0.1μA。

3）中间级。中间级主要完成大增益任务。因此，电流反馈型的超高带宽运放应是首选。但是也应该兼顾失调电压不能太大。

AD8000 和 AD8009 是较好的选择，它们具备 1GHz 以上带宽，AD8000 具有 1mV 输入失调电压，而 AD8009 则为 2mV。因此首选 AD8000。

对于噪声，如果前级增益大于 10 倍，输出噪声将主要取决于第一级，后级噪声一般不需要考虑。AD8000 和 AD8009 的电压噪声密度均在 $2nV/\sqrt{Hz}$以内，无须考虑。

4）功耗估算。ADA4899-1 的静态电流约为 16.2mA，AD8000 的约为 14.3mA，AD811 的约为 16mA，三者相加约为 46.5mA，没有超限。

第三步，整体估算。

假设电路总增益为 1250 倍，即 10mV 输入产生 12.5V 输出。之所以是 12.5V，取决于 AD811 的输出摆幅，在 ±15V 供电、空载时，它的输出摆幅大约为 12.5V。由于信号源内阻为 50Ω，输入级应给予一个匹配的 50Ω，此处发生了 50% 衰减，因此实际的放大电路增益应为 2500 倍左右。

失调电压估算：在没有特殊要求的情况下，按照典型值估算是一个靠谱的方法，虽然我们一直强调标准设计应该按照最大值选择。前级 ADA4899-1 的输入失调电压约为 35μV，由此产生的输出失调电压应为 35μV×2500=87.5mV，这对输出摆幅的影响不大。但是，如果输入偏置电流为 6μA，它乘以外部的 25Ω（源内阻 50Ω 和匹配电阻 50Ω 的并联），能获得大约 150μV 的电压，这个电压从外部表现看等同于输入失调电压，由它造成的输出失调大约为 150μV×2500=0.375V，这将极大影响输出摆幅。因此，想办法让输入偏置电流造成的输出失调减小，是必需的。

好在，ADA4899-1 提供了降低输入偏置电流的方法，就是将 /DISABLE 脚接 $+V_S$，使得偏置电流降低为 0.1μA，进而使由此引起的输出失调下降为 6.25mV，可以忽略。

噪声估算：整个放大电路的带宽约为 10MHz，计算噪声时的等效带宽为 15.7MHz，则最为主要的平坦区噪声，也就是第一级放大电路产生的平坦区噪声有效值为：

$$U_{N\_O}=U_{N\_I}\times A_u=K\times\sqrt{1.57f_H-0.1}\times A_u=9.9\text{mV}_{rms}$$

实际电路噪声还应考虑电阻噪声、电流噪声以及 $1/f$ 噪声，还有后级放大电路噪声，但是这些都是次要的，对整个输出噪声影响不大，因此本设计应该能满足噪声要求。

第四步，电源电压、增益分配和电阻选择。

为保证性能，确定最后一级为 ±15V 供电，且将前级供电设为可能的最大电压。对 ADA4899-1 和 AD8000 数据手册进行分析，可以选择 ±6V 供电。

通过仿真软件完成上述电路的设计，然后不断选择电阻以决定各级增益，这必然会影响输出摆幅、输出失调以及通带增益平坦性。但是，盲目的设计总会浪费很多时间，必须有一定的技巧。

1）第一级增益尽量大，以保证较好的输入失调电压能够发挥作用。但是，过度增加第一级增益会加速带宽的下降。为此，将最后一级首先选择为最小增益的 3 倍。

2）剩余的 2500/3=833 倍应分担给前两级。至此，只要选择第一级增益，配套计算第二级增益即可完成实验。仿真实验中，应留有一定裕量。

3）各级电路的 R_F、R_G 电阻选择，应在保证增益的基础上，参考数据手册给出的建议。一般情况下，此电阻系列应该越小越好。但是，最好不要把 R_G 选为 20Ω 以下，除非数据手册中给出了参考选择。

4）每做一个选择，用仿真软件测试一下输出波形和幅频特性，以观察是否满足要求。

按照上述原则，我做出了图 9.74 所示的设计。仿真测试结果如下。

- 通带内增益为 61.85dB，这包含源电阻的衰减，折合成倍数为 1237 倍，即理论输出为 12.37V。
- 9MHz 处增益为 61dB，衰减为 0.85dB，满足 1dB 起伏要求。
- -3dB 带宽为 19.6MHz，满足 10MHz 带宽要求。
- 1MHz、10mV 输入时，正峰值为 12.4V，负峰值为 -12.3V，输出没有明显失真。

最后，当仿真结果满足要求后，最好能制作一套实际电路，完成焊接调试，以保证最终的实测结果满足设计要求。

举例 4 宽带辅助放大电路

设计一个批量使用的、常温下宽带辅助放大电路，用于检测某些放大电路的输出失调电压，以及 10MHz 内输出噪声，要求如下。

（1）供电为 ±5V，电路的输入阻抗为 50Ω。

（2）中频增益为 1000 倍（可稍大），-3dB 带宽大于 10MHz，小于 20MHz。输出最大值大于 ±3V，满功率带宽大于 10MHz。

（3）等效输入失调电压小于 100μV，等效输入噪声电压有效值小于 10μV。

解：本题与举例 3 的本质区别在于：第一，它的等效输入失调电压有明确要求，且很小，为 100μV，这在高频放大器中较为困难；第二，举例 3 中输出噪声电压小于 50mV，意味着等效输入噪声电压为 50μV，而本例要求等效输入噪声电压为 10μV，更苛刻了；第三，设计要求中出现了“批量”

字样，这意味着所有参数选择都应取最大值，而不是典型值。

初步设计

初步估计本例应用三级放大电路实现，第一级解决失调和噪声问题，最后一级解决压摆率和输出幅度问题，中间级承上启下实现失调和噪声的衔接，且解决增益问题。

首先进行第一级设计。

第一级运放应能够放大 5 ～ 10 倍，以缓解第二级的噪声、失调压力，因此其 GBW 至少为 50MHz（注：因电流反馈型放大器失调电压均较大，无须考虑，因此可以使用 GBW 概念）。另外，第一级噪声电压密度也可以初步估算：

$$K_1 < \frac{10\mu V}{\sqrt{1.57 \times 10MHz}} = 2.52nV/\sqrt{Hz}$$

ADI、TI、Linear 公司的供电 ±5V、GBW 大于 50MHz、失调电压典型值小于 50μV、噪声电压密度小于 $2nV/\sqrt{Hz}$的运放见表 9.3（因噪声电压密度要求较高，以此为序为佳）。

表 9.3　初选器件

型号	V_{OS_typ}/μV	K/（$nV/\sqrt{Hz}$）	GBW/MHz
ADA4898-1	20	0.9	65
AD797	25	0.9	110
ADA4899-1	35	1	600
LT1028	10	0.85	75
LT1115	50	0.9	70
LT6231	50	1.1	215

然后对每一个待选芯片进行数据手册查阅。得到如下信息。

对输入失调电压最大值，ADA4898-1 为 150μV，ADA4899-1 为 230μV，LT1115 为 200μV，LT6231 为 350μV，均应舍弃。剩下的只有 AD797 和 LT1028，数据见表 9.4。

表 9.4　初选器件再分析

型号	V_{OS_max}/μV	I_{B_max}/nA	I_{OS_max}/nA
AD797B	40	900	200
LT1028A	40	±90	50

两者的失调电压数据完全相同，但带宽上，AD797B 为 110MHz，LT1028A 为典型值 75MHz，最小值 50MHz，显得 AD797B 稍好一些。但是，由于 AD797B 的偏置电流高达 0.9μA，外部 100Ω 电阻就会换来 90μV 的等效失调电压，这给失调电压带来了风险。好在我们注意到，它的失调电流远小于偏置电流，这可以利用电阻匹配原理（见第 9.3 节）。

以 AD797B 为例，初步设计的第一级电路如图 9.75 所示。

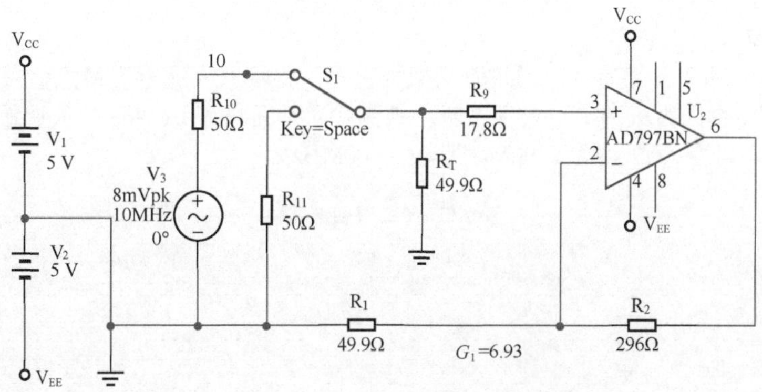

图 9.75　举例 4 第一级放大电路初步设计

需要提醒读者，图 9.75 中的 R_{10} 代表着前级的输出电阻。题目中虽然没有给出，但我们应该想象到，之所以要求本电路输入电阻等于 50Ω，一般是为了通过 50Ω 电缆线与前级实现阻抗匹配的级联。当信号为 0 时，相当于开关 S1 接到下边，通过 R11 接地。

因此，请一定注意，当信号为 0 时，从运放第 3 脚看出去的匹配电阻为：

$$R_{\text{MATCH}} = R_9 + R_{\text{T}} // R_{10} = 42.66\Omega$$

其次，进行第二级的初步设计，也就是选择第二级运放。要选择第二级运放，必须先对第一级设计结果进行初步的估算，以便对第二级运放提出要求。

1）计算失调电压，据式（9-17）：

$$U_{\text{OS\_OUT1}} = \frac{R_1 + R_2}{R_1}\left(V_{\text{OS\_max}} + I_{\text{OS\_max}} \times R_{\text{MATCH}}\right) = 336.3\mu\text{V}$$

可见，电流引起的等效输入失调电压只有 8.5μV 左右，与 40μV 的输入失调电压相比，不小但也不过分。如果不实施匹配，可能会超过 40μV。

此输出失调电压直接作用到电路的输出端，还需要经过后续的两级放大，即被放大 1000/6.93 倍，为 48.5mV，几乎占据了总输出失调电压 100mV 的一半。因此，从第二级开始的等效输入失调电压千万不能超过 350μV，它包括 V_{OS2} 以及电流引起的等效输入失调。

2）再估算噪声。总输出噪声电压不得大于 10mV。第一级对输出噪声电压的贡献为：

$$U_{\text{N\_OU1}} = U_{\text{N\_I}} \times 1000 \approx K_{\text{AD797}}\sqrt{f_{\text{b}}} \times 1000 = 3.57\,\text{mV}$$

$$U_{\text{N\_OR1}} = K_{\text{R1}}\sqrt{f_{\text{b}}} \times 1000 \times \frac{5.93}{6.93} = 3.07\,\text{mV}$$

$$U_{\text{N\_OR2}} = K_{\text{R2}}\sqrt{f_{\text{b}}} \times G_2 \times G_3 = 1.26\,\text{mV}$$

电流噪声很小，只有$2\text{pA}/\sqrt{\text{Hz}}$，它乘以电阻 50Ω，约为$0.1\text{nV}/\sqrt{\text{Hz}}$，可以忽略。

因此，第一级对输出噪声的贡献为：

$$U_{\text{N\_O1}} = \sqrt{U_{\text{N\_OU1}}^2 + U_{\text{N\_OR1}}^2 + U_{\text{N\_OR2}}^2} = 4.87\,\text{mV}$$

从第二级开始给输出级的噪声贡献为：

$$U_{\text{N\_O23}} = \sqrt{U_{\text{N\_O}}^2 - U_{\text{N\_O1}}^2} = 8.73\,\text{mV}$$

据此，如果忽略第三级带来的噪声（确实很小），第二级运放的等效输入噪声电压密度约为：

$$K_2 < \frac{8.37\text{mV}}{G_2 \times G_3 \times \sqrt{f_{\text{b}}}} = 14.6\text{nV}/\sqrt{\text{Hz}}$$

据此，可以根据如下约束，选择第二个运放：

- 输入失调电压最大值小于 350μV，典型值 50μV 以下；
- 噪声电压密度小于 $14.6\text{nV}/\sqrt{\text{Hz}}$；
- GBW 大于 200MHz（15MHz 带宽 12 倍以上）；
- 供电 ±5V。

据此得到表 9.5 所示 4 颗芯片。通过查阅数据手册，将输入失调电压最大值填入，LT6231 被立即剔除。而 LT1222 也因为失调电压过大，暂时被剔除。下面只有 LT1468-2 失调最小，但带宽只有 200MHz，以及 ADA4899-1 失调为 230μV，带宽为 600MHz。

表 9.5　第二级初选器件

型号	$V_{\text{OS\_typ}}$/μV	K/（$\text{nV}/\sqrt{\text{Hz}}$）	GBW/MHz	$V_{\text{OS\_max}}$/μV
ADA4899-1	35	1	600	230
LT1222	100	3	500	300
LT1468-2	30	5	200	175
LT6231	50	1.1	215	350

我会选择 ADA4899-1，毕竟第二级的带宽压力还是蛮大的，GBW 大的会轻松一些。但它的失调电压加上偏置电流引起的失调电压还是让我揪心。

再次，选择第三级运放。

对于第三级，本例要求下选择相对容易——毕竟题目没有要求轨至轨输出。

其压摆率必须满足：

$$SR > 2\pi f_H \times U_{max} = 188.4V/\mu s$$

对失调电压也有要求。最后一级一般放大 10 倍左右即可。它本身造成的输出失调电压如果为总要求的 1/10，也就是 10mV，一般就能接受。毕竟前面两级不应该设计到紧巴得连 1/10 都让不出来。这样，它自身的等效输入失调电压应该在 1mV 之内。

对噪声几乎没有要求。

GBW 自然也应该大于 200MHz。这样，AD8045 进入了我们的视线。当然，ADA4899-1 也是可以的，但其压摆率只有 200V/μs，有点悬乎。AD8045 的压摆率达到 1350V/μs，带宽高达 1GHz，输入失调电压最大值 1mV。

最后，选择电阻确定增益，形成初步设计的总电路，如图 9.76 所示。

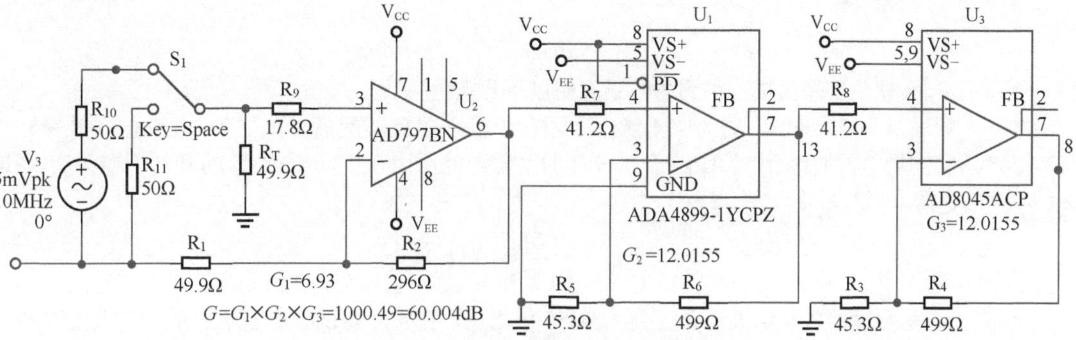

图 9.76　举例 4 放大电路初步设计

电路解释

图 9.76 中第一级，R9 的作用是利用匹配思想，进一步降低失调电压，它近似满足：

$$R_9 + R_T // R_{11} = R_1 // R_2 = 42.66\Omega$$

同样地，第二级和第三级都增加了匹配电阻，计算方法与此相同。本书中，原本是不赞成这种匹配方法的，但本例要求太高，只好使用了。

第一级增益选择为 6.93 倍，是由仿真实验确定的（注：图 9.76 中的 R_2=296Ω 是我看错选择的，E96 系列没有这个阻值）。我们当然希望第一级增益尽量大一些，以减少后级设计压力，但 AD797B 的仿真表现中，此增益下 -3dB 带宽只有 12.8MHz。对于电阻选择，参照 AD797 数据手册，基本以反馈电阻等于 300Ω 建议的。

第二级和第三级的增益基本是按照开根号分配的。剩余增益为 1000/6.93，开根号为 12.012。查阅 ADA4899-1 和 AD8045 的数据手册，发现 499Ω 做反馈电阻都是合适的。按此电阻值，G_2=G_3=12.0155。

ADA4899-1 有一个 PD 脚，它是控制低功耗状态的。要让放大器处于待机低耗状态，可以使 PD 脚接低电压，而要让放大器正常工作则有两种选择：PD 脚接高电压，或者悬空。接高电压时，运放的电流噪声会大一些，但偏置电流会由 12μA 降为 1μA，有利于降低由此带来的输出失调电压。

综合估算

按此电路，可以进行设计后的综合估算，以确保设计满足要求。中频增益、带宽、满功率带宽可以通过仿真实验进行，无须此处估算。而噪声设计中，所有芯片的选择余地都很大，也无须再算。唯一需要估算的是输出失调电压。因此，仿真软件中，芯片的失调电压、偏置电流等都是确定的，无法表现出最大值以及随机性，其失调测量结果不能代表批量生产中的结果。

前面已经算过，第一级的输出失调电压为：

$$U_{\mathrm{OS\_OUT1}}=\frac{R_1+R_2}{R_1}\left(V_{\mathrm{OS\_max}}+I_{\mathrm{OS\_max}}\times R_{\mathrm{MATCH}}\right)=336.3\mu\mathrm{V}$$

折算的输入端，第一级电路的等效输入失调电压为：

$$U_{\mathrm{OS\_IN1}}=\frac{U_{\mathrm{OS\_OUT1}}}{G_1}=V_{\mathrm{OS\_max}}+I_{\mathrm{OS\_max}}\times R_{\mathrm{MATCH}}=48.53\mu\mathrm{V}$$

第二级放大电路的等效输入失调电压为：

$$U_{\mathrm{OS\_IN2}}=V_{\mathrm{OS\_max}}+I_{\mathrm{OS\_max}}\times R_{\mathrm{MATCH}}=258.84\mu\mathrm{V}$$

第三级放大电路的等效输入失调电压为：

$$U_{\mathrm{OS\_IN3}}=V_{\mathrm{OS\_max}}+I_{\mathrm{OS\_max}}\times R_{\mathrm{MATCH}}=1053.6\mu\mathrm{V}$$

总输出失调电压为：

$$U_{\mathrm{OS\_OUT}}=U_{\mathrm{OS\_IN1}}\times G_1\times G_2\times G_3+U_{\mathrm{OS\_IN2}}\times G_2\times G_3+U_{\mathrm{OS\_IN3}}\times G_3=98.56\mathrm{mV}$$

悬死了，勉强合格。

仿真测试

用 Multisim 软件实施仿真，得到的结果表明以下几点。

1）中频增益为 53.88dB，约为 494 倍。原因在于输入阻抗匹配后，降低为 0.499 倍（衰竭）。且 AD8045 的实测增益没有达到 12.0155 倍，只有 11.9 倍。此原因在于，AD8045 的开环增益只有 63dB，即 1412 倍。据本书负反馈一章介绍：

$$A_{\mathrm{uf}}=\frac{MA_{\mathrm{uo}}}{1+FA_{\mathrm{uo}}}=11.94$$

可知，这是合理的仿真结果。要得到 12.0155 倍增益，在实际调试时适当增加反馈电阻值即可。

2）上限截止频率为 11.6MHz，满足设计要求的 10 ～ 20MHz。

3）对满功率测试，当输入 10MHz、8mV 幅度正弦波时，输出为无明显失真的正弦波，正峰值为 3.4V，负峰值为 −3.3V，满足 3V 以上的设计要求。

后 记

接近1000页的书稿，我花费了3年的时间完成。因为急着给电子竞赛的学生用，才匆忙交付印刷，书中难免有遗漏和错误。

本书绝大部分内容是我亲手实验或者仿真过的，只有功率放大、LC型正弦波发生器是我较为生疏的，因此也没有给出什么像样的实例。有些遗憾，但万事没有十全的。

请拿到书的读者，对书中存在的错误进行标注，并及时汇总给我：

yjg@xjtu.edu.cn

感谢我的夫人，在此喧嚣社会中，能一如既往地支持我。其实她压根就不懂模拟电路，但她清楚什么是正经事，这就够了。对于我来讲，人生一世有此知音足矣。感谢我的儿子，年轻人充满正能量，阳光一样的笑容吸引着我，也督促着我。

感谢西安交通大学、西安交通大学电气工程学院以及电工电子教学实验中心，给了我良好的工作平台，也给了我足够的施展空间。还有很多支持我工作的领导、同事，还有那些可爱的学生。

感谢ADI公司对本书写作的支持。